Civil Engineering Constructional Measurement Handbook

土木工程施工测量手册

(第二版)

胡伍生 潘庆林 黄 腾 主编

人民交通出版社

内 容 提 要

本手册为土木工程施工测量工具书,分为四篇:施工测量基本知识、建筑工程施工测量、交通土建施工测量、变形测量。全书内容侧重于交通土建领域,结合大量工程实例,详细介绍了各类大型工程(如地铁、桥梁、高速公路等)的施工测量技术。

本手册是专为从事土木工程施工测量的工程师编写的一本实用工具书,对土木工程设计、施工、科研、管理人员及高等院校相关专业的师生亦有较高参考价值。

图书在版编目(CIP)数据

土木工程施工测量手册/胡伍生,潘庆林,黄腾主编. —2版. —北京:人民交通出版社,2011.5
ISBN 978-7-114-09025-7

Ⅰ.①土… Ⅱ.①胡…②潘…③黄… Ⅲ.①土木工程 – 施工测量 – 技术手册 Ⅳ.①TB22 – 62

中国版本图书馆 CIP 数据核字(2011)第 064179 号

书　　　名:	土木工程施工测量手册(第二版)
著　作　者:	胡伍生　潘庆林　黄　腾
责任编辑:	吴有铭　李　农
出版发行:	人民交通出版社
地　　　址:	(100011)北京市朝阳区安定门外外馆斜街 3 号
网　　　址:	http://www.ccpress.com.cn
销售电话:	(010)59757973
总　经　销:	人民交通出版社发行部
经　　　销:	各地新华书店
印　　　刷:	北京盛通印刷股份有限公司
开　　　本:	787 × 1092　1/16
印　　　张:	33.75
字　　　数:	838 千
版　　　次:	2005 年 1 月第 1 版　2011 年 5 月第 2 版
印　　　次:	2014 年 12 月第 2 次印刷　总第 5 次印刷
书　　　号:	ISBN 978-7-114-09025-7
定　　　价:	108.00 元

(有印刷、装订质量问题的图书由本社负责调换)

第二版前言

本手册第二版共分四篇,分别为施工测量基本知识、建筑工程施工测量、交通土建施工测量和变形测量。

本手册内容全面,重点突出。手册中全面介绍了施工测量基本知识以及土木工程施工测量的各个领域,并将变形测量专门列为一篇进行了详细介绍。本手册重点介绍了交通土建施工测量,如公路工程、桥梁工程、隧道工程、地铁工程、高速铁路工程施工测量等,对测量领域中不少内容进行了全面概括,如施工控制测量技术、地下工程中的联系测量技术等,方便读者查阅和应用。

本手册编排新颖,特色鲜明。本手册在内容编排上格式统一,在介绍各种工程施工测量时,先列出其精度要求,再简单介绍其原理,最后介绍具体操作和应用,让读者在应用中加深理解。本手册不强求系统性,但讲深讲透关键要点和注意事项,语言简明扼要,可操作性强。特色鲜明之处在于:介绍了测绘新技术、新仪器及其应用,具有先进性。书中融入了编者和其他学者在土木工程施工测量领域的最新研究成果,如 GPS 技术及其在桥梁施工控制网和地铁施工控制网中的应用、全站仪公路纵横断面测量一体化技术、桥梁施工测控技术、GPS 精密高程测量技术、神经网络技术、电子数字水准仪以及变形测量技术等。

本手册图表清晰,实例丰富。手册中图表很多,有不少图表是编者精心设计的,让读者一目了然。丰富的图表,可以方便读者学习查用。书中还有大量的测量工程实例,有不少工程实例是编者亲身参与的,所有这些工程实例可以增加读者的感性认识,并帮助读者解决实际工程中常见的测量技术问题。

本手册第二版是在第一版的基础上修订而成的,删除了第一版第 9 章"特殊工程施工测量";结合当前情况,增加了"高速铁路施工测量"(第 13 章),更加突出了本手册侧重于交通土建施工领域的特色;第 14 章增加了目前广泛采用的"自由设站法";各章施工测量精度要求均根据现行规范进行了修订,并补充增加了一些工程应用实例。

参加本手册第二版编写工作的有:东南大学胡伍生(第 1、2、3、4、5、9、14、15 章),南京工业大学潘庆林(第 6、7、8、11 章,第 12 章 12.6 节)、河海大学黄腾(第 10、12、13 章)。本手册由胡伍生和潘庆林统稿。在编写过程中,我们参考了很多教材、专著和手册,收集和整理了有关科技人员和编者的大量学术论文,谨在此向本书参考文献的所有作者致谢。限于编者的水平,书中的缺点和不妥之处在所难免,恳请读者批评指正。

编 者
2010 年 12 月于南京
E-mail:wusheng. hu@163.com

第一版前言

本手册共分四篇,分别为施工测量基本知识、建筑工程施工测量、交通土建施工测量和变形测量。

本书内容全面,重点突出。书中全面介绍了土木工程施工测量的各个领域,重点介绍了交通土建施工测量,如公路工程、桥梁工程、隧道工程、地铁工程施工测量等,并将变形测量专门列为一篇进行了详细介绍。对测量领域中不少内容进行了全面概括,如:施工控制测量技术、地下工程中的联系测量技术等,以方便读者查阅和应用。

本书内容编排新颖,特色鲜明。在介绍各种工程施工测量时,先列出其精度要求,再简单介绍其原理,最后介绍具体操作和应用,让读者在应用中加深理解。本书不强求系统性,但注重讲深、讲透关键要点和注意事项,语言简明扼要,可操作性强。

本书图表清晰,工程实例丰富,实用性强。大量的测量工程实例中,有不少是编者亲身参与的,所有这些工程实例可以增加读者的感性认识,并帮助读者解决实际工程中常见的测量技术问题。丰富的图表,可以方便读者学习查用。

本书介绍了测绘新技术、新仪器及其应用,具有先进性。书中融入了编者和其他学者在土木工程施工测量领域的最新研究成果,如GPS技术及其在桥梁施工控制网和地铁施工控制网中的应用、全站仪公路纵横断面测量一体化技术、桥梁施工测控技术、GPS精密高程测量技术、神经网络技术、电子数字水准仪、变形测量技术及其技术要领等。

本书是一本非常理想的工具书,是工程设计、施工、科研、管理等有关人员必备的手册,也可供高等院校有关专业的师生参考。

参加本手册编写工作的有:东南大学胡伍生(第1、2、3、4、5、10、14章,第15章1、2、3节)、南京工业大学潘庆林(第6、7、8、12章,第13章4、6节)、河海大学黄腾(第9、11章,第13章1、2、3、5、7、8节,第15章4、5节)。东南大学何辉明参编了第2章和第3章。全书由胡伍生和潘庆林统稿。

在编写过程中,编者参考了很多教材、专著和手册,收集和整理了有关科技人员和编者的大量学术论文,谨在此向本书参考文献的所有作者致谢。限于编者的水平,书中的缺点和不妥之处在所难免,恳请读者批评指正。

编 者
2004年10月于南京
E-mail:ws.hu@jlonline.com

目 录

第一篇 施工测量基本知识

1 施工测量概述 ……………………………………………………………… 1
　1.1 施工测量的任务和作用 …………………………………………… 1
　1.2 施工测量的特点 …………………………………………………… 1
　1.3 施工测量的基本原则 ……………………………………………… 2
　1.4 施工测量的其他要求 ……………………………………………… 2
　1.5 测量的度量单位 …………………………………………………… 4
2 测量仪器简介 …………………………………………………………… 6
　2.1 水准仪 ……………………………………………………………… 6
　　2.1.1 水准仪概述 …………………………………………………… 6
　　2.1.2 DS_3 型光学水准仪 ………………………………………… 7
　　2.1.3 自动安平水准仪 ……………………………………………… 8
　　2.1.4 精密水准仪 …………………………………………………… 9
　　2.1.5 激光水准仪 …………………………………………………… 11
　　2.1.6 电子水准仪 …………………………………………………… 12
　2.2 经纬仪 ……………………………………………………………… 14
　　2.2.1 经纬仪概述 …………………………………………………… 14
　　2.2.2 DJ_6 型光学经纬仪 ………………………………………… 15
　　2.2.3 DJ_2 型光学经纬仪 ………………………………………… 18
　　2.2.4 激光经纬仪 …………………………………………………… 19
　　2.2.5 电子经纬仪 …………………………………………………… 20
　2.3 光电测距仪 ………………………………………………………… 20
　　2.3.1 光电测距仪概述 ……………………………………………… 20
　　2.3.2 短程光电测距仪简介 ………………………………………… 21
　2.4 全站仪 ……………………………………………………………… 23
　　2.4.1 全站仪的概念 ………………………………………………… 23
　　2.4.2 全站仪的数据通信 …………………………………………… 25
　　2.4.3 全站仪简介 …………………………………………………… 26
　2.5 GPS 接收机 ………………………………………………………… 31
　　2.5.1 GPS 定位系统简介 …………………………………………… 31
　　2.5.2 GPS 接收机简介 ……………………………………………… 35

1

2.6 测量仪器的检校与保养 ……………………………………………………… 39
　　　2.6.1 水准仪的检验与校正 …………………………………………………… 39
　　　2.6.2 经纬仪的检验与校正 …………………………………………………… 41
　　　2.6.3 光电测距仪的检验与校正 ……………………………………………… 44
　　　2.6.4 全站仪的检测 …………………………………………………………… 44
　　　2.6.5 测量仪器的保养 ………………………………………………………… 47
3 测量误差基本知识 ………………………………………………………………… 49
　　3.1 测量误差概述 …………………………………………………………………… 49
　　　3.1.1 测量误差产生的原因 …………………………………………………… 49
　　　3.1.2 测量误差的分类 ………………………………………………………… 49
　　　3.1.3 多余观测 ………………………………………………………………… 50
　　　3.1.4 偶然误差的特性 ………………………………………………………… 50
　　3.2 精度的概念 ……………………………………………………………………… 52
　　3.3 评定精度的标准 ………………………………………………………………… 53
　　　3.3.1 中误差 m ……………………………………………………………… 53
　　　3.3.2 极限误差(容许误差) …………………………………………………… 54
　　　3.3.3 相对误差 K …………………………………………………………… 55
　　3.4 观测值精度的评定 ……………………………………………………………… 55
　　　3.4.1 算术平均值 ……………………………………………………………… 55
　　　3.4.2 改正数 …………………………………………………………………… 55
　　　3.4.3 依据改正数计算中误差 ………………………………………………… 56
　　3.5 误差传播定律及其应用 ………………………………………………………… 57
　　3.6 权的概念及其应用 ……………………………………………………………… 60
4 施工控制测量 ……………………………………………………………………… 63
　　4.1 坐标系统与坐标转换 …………………………………………………………… 63
　　　4.1.1 坐标系统 ………………………………………………………………… 63
　　　4.1.2 坐标转换 ………………………………………………………………… 65
　　　4.1.3 坐标正算和坐标反算 …………………………………………………… 65
　　4.2 平面控制测量 …………………………………………………………………… 66
　　　4.2.1 建筑方格网 ……………………………………………………………… 66
　　　4.2.2 导线测量 ………………………………………………………………… 70
　　　4.2.3 边角测量 ………………………………………………………………… 77
　　　4.2.4 GPS 测量 ………………………………………………………………… 80
　　4.3 高程控制测量 …………………………………………………………………… 87
　　　4.3.1 水准测量 ………………………………………………………………… 87
　　　4.3.2 光电测距三角高程测量 ………………………………………………… 92
　　　4.3.3 跨河高程控制测量 ……………………………………………………… 96
　　　4.3.4 GPS 精密高程测量 ……………………………………………………… 99

5 施工测量的基本工作 ... 109
5.1 测设的三项基本工作 ... 109
5.1.1 已知距离的测设 ... 109
5.1.2 已知水平角的测设 ... 110
5.1.3 已知高程的测设 ... 111
5.2 点的平面位置的测设方法 ... 113
5.2.1 直角坐标法 ... 113
5.2.2 极坐标法 ... 114
5.2.3 角度交会法 ... 115
5.2.4 距离交会法 ... 116
5.2.5 全站仪三维坐标法 ... 117
5.3 已知直线的测设 ... 118
5.3.1 直接法 ... 118
5.3.2 正倒镜投点法 ... 119
5.4 已知坡度线的测设 ... 120
5.4.1 概述 ... 120
5.4.2 水平视线法 ... 120
5.4.3 倾斜视线法 ... 121
5.5 铅垂线测设 ... 122
5.6 测设精度分析 ... 123
5.6.1 距离放样的精度分析 ... 123
5.6.2 归化法放样角度的精度分析 ... 126
5.6.3 极坐标法测设点位的精度分析 ... 127

第二篇 建筑工程施工测量

6 工业建筑施工测量 ... 128
6.1 工业建筑施工测量的精度标准 ... 128
6.2 厂房基础施工测量 ... 130
6.2.1 工业厂房控制网的测设 ... 130
6.2.2 混凝土杯形基础施工测量 ... 131
6.2.3 钢柱基础施工测量 ... 132
6.2.4 混凝土柱子基础与柱身及平台施工测量 ... 133
6.2.5 设备基础施工测量 ... 135
6.3 厂房结构安装测量 ... 138
6.3.1 柱子安装测量 ... 138
6.3.2 吊车梁安装测量 ... 142
6.3.3 吊车轨道安装测量 ... 145

	6.3.4 屋架安装测量	146
	6.3.5 刚架安装测量	147
6.4	机械设备安装施工测量	148
6.5	管道工程施工测量	149

7 民用建筑施工测量 … 153
  7.1 民用建筑(多层)施工测量的精度标准 … 153
  7.2 民用建筑主轴线测量 … 154
    7.2.1 主轴线的设计 … 154
    7.2.2 主轴线测设的方法 … 154
  7.3 民用建筑定位测量 … 155
  7.4 民用建筑基础施工测量 … 158
  7.5 民用建筑主体施工测量 … 160
    7.5.1 轴线投测 … 160
    7.5.2 高程传递 … 160

8 高层建筑施工测量 … 162
  8.1 高层建筑施工测量的精度标准 … 162
  8.2 高层建筑桩位放样与基坑标定 … 164
  8.3 高层建筑基础施工测量 … 165
  8.4 高层建筑的轴线投测 … 166
    8.4.1 外控法 … 166
    8.4.2 内控法 … 168
    8.4.3 超高层建筑分段投测轴线法及其精度 … 172
  8.5 高层建筑的高程传递 … 175

第三篇 交通土建施工测量

9 公路工程施工测量 … 177
  9.1 公路工程施工测量的精度标准 … 177
    9.1.1 平面控制测量的精度指标 … 177
    9.1.2 高程控制测量的精度指标 … 179
  9.2 公路中桩测量 … 181
    9.2.1 公路施工前的准备工作 … 181
    9.2.2 公路中桩测量的任务 … 183
    9.2.3 中桩测量方法 … 183
  9.3 曲线元素和坐标的计算 … 185
    9.3.1 单圆曲线元素的计算 … 185
    9.3.2 缓和曲线元素的计算 … 187
    9.3.3 曲线坐标的计算 … 191

9.4 曲线测设 193
  9.4.1 单圆曲线的测设方法 194
  9.4.2 缓和曲线的测设方法 198
  9.4.3 极坐标一次放样法 203
9.5 纵横断面测量 205
  9.5.1 纵断面测量 205
  9.5.2 横断面测量 208
  9.5.3 全站仪纵横断面测量一体化技术 210
9.6 道路边桩和边坡的放样 212
  9.6.1 道路边桩的放样 212
  9.6.2 道路边坡的放样 214
9.7 竖曲线的测设 215

10 桥梁工程施工测量 218
10.1 桥梁工程施工测量的精度标准 218
10.2 桥梁施工控制网的布设 225
  10.2.1 桥梁施工平面控制网 225
  10.2.2 桥梁施工高程控制网 229
10.3 普通桥梁施工测量 231
  10.3.1 普通桥梁施工测量的主要内容 231
  10.3.2 桥梁下部构造的施工测量 232
  10.3.3 普通桥梁架设的施工测量 233
10.4 大跨径预应力混凝土连续梁桥施工测量 239
  10.4.1 大型桥梁双壁钢围堰施工测量 239
  10.4.2 大跨径预应力混凝土连续梁桥悬浇法施工测量 246
  10.4.3 南京长江二桥悬浇法施工线形控制 246
  10.4.4 特大型桥梁主梁施工测量 252
10.5 大型斜拉桥(悬索桥)施工测量 260
  10.5.1 索塔柱施工测量 260
  10.5.2 高塔柱索道管精密定位测量 268
  10.5.3 主梁索道管的精密定位测量 276

11 隧道工程施工测量 282
11.1 隧道工程施工测量的精度标准 282
11.2 隧道施工地面控制测量 285
  11.2.1 地面平面控制测量 285
  11.2.2 高程控制测量 287
  11.2.3 进洞测量 287
11.3 竖井联系测量 291
  11.3.1 竖井定向测量(一井定向) 291

5

  11.3.2 竖井定向测量(两井定向) …………………………………… 299
  11.3.3 竖井高程传递 …………………………………………… 302
 11.4 地下洞内施工控制测量 ……………………………………… 304
  11.4.1 地下洞内平面控制测量(地下导线测量) ……………… 304
  11.4.2 地下洞内高程控制测量(地下水准测量) ……………… 305
  11.4.3 洞内施工测量 …………………………………………… 306
 11.5 隧道贯通测量 ………………………………………………… 309
 11.6 隧道竣工测量 ………………………………………………… 312

12 地铁工程施工测量 …………………………………………… 315
 12.1 地铁工程施工测量概述 ……………………………………… 315
  12.1.1 地铁工程施工测量的内容及特点 ……………………… 315
  12.1.2 地铁工程施工测量的技术要求及精度标准 …………… 316
 12.2 地铁施工控制网的布设与观测 ……………………………… 320
  12.2.1 地面控制网的布设原则 ………………………………… 320
  12.2.2 控制网精度指标的确定 ………………………………… 321
  12.2.3 工程实例:南京地铁一号线工程地面控制网布设与观测 … 321
 12.3 地下车站施工测量 …………………………………………… 327
  12.3.1 明挖顺作法施工测量 …………………………………… 327
  12.3.2 盖挖逆作法施工测量 …………………………………… 329
 12.4 明挖法隧道的施工测量 ……………………………………… 332
 12.5 矿山法隧道的施工测量 ……………………………………… 333
 12.6 盾构法掘进隧道施工测量 …………………………………… 334
 12.7 地铁铺轨施工测量 …………………………………………… 343
  12.7.1 铺轨基标设置位置和种类 ……………………………… 343
  12.7.2 铺轨基标测设前的准备工作 …………………………… 344
  12.7.3 铺轨基标的测设方法 …………………………………… 346
  12.7.4 铺轨基标检测和限差要求 ……………………………… 347
 12.8 地铁设备安装测量 …………………………………………… 347

13 高速铁路施工测量 …………………………………………… 356
 13.1 高速铁路施工测量的精度标准 ……………………………… 356
  13.1.1 平面控制测量的精度标准 ……………………………… 356
  13.1.2 高程控制测量的精度标准 ……………………………… 358
  13.1.3 隧道测量的精度标准 …………………………………… 359
  13.1.4 桥涵测量的精度标准 …………………………………… 361
  13.1.5 构筑物变形测量的精度标准 …………………………… 362
  13.1.6 轨道施工测量的精度标准 ……………………………… 363
 13.2 高速铁路平面控制测量 ……………………………………… 364
  13.2.1 框架控制网(CP0) ……………………………………… 365

13.2.2　基础平面控制网(CPI) ……………………………………………… 370
　　13.2.3　线路平面控制网(CPII) ……………………………………………… 374
13.3　轨道平面控制网测量 …………………………………………………………… 377
　　13.3.1　CPIII控制网的特点 …………………………………………………… 377
　　13.3.2　CPIII点的布设 ………………………………………………………… 377
　　13.3.3　CPIII点的标志构件及测量元器件要求 ……………………………… 379
　　13.3.4　CPIII控制点编号规则 ………………………………………………… 381
　　13.3.5　CPIII平面网测量的构网形式 ………………………………………… 382
　　13.3.6　CPIII平面网观测 ……………………………………………………… 384
　　13.3.7　CPIII测量数据采集与处理软件简介 ………………………………… 387
13.4　高速铁路高程控制测量 ………………………………………………………… 388
　　13.4.1　线路水准基点控制网测量 ……………………………………………… 388
　　13.4.2　轨道控制网(CPIII)高程测量 ………………………………………… 390
13.5　高速铁路轨道施工测量 ………………………………………………………… 395
　　13.5.1　轨道基准点(GRP)测量 ………………………………………………… 397
　　13.5.2　轨道安装定位测量 ……………………………………………………… 401
　　13.5.3　轨道精调测量 …………………………………………………………… 402
　　13.5.4　双块式无砟道床轨排架法施工测量 …………………………………… 404
13.6　高速铁路检测工作 ……………………………………………………………… 407
　　13.6.1　建立维护基标 …………………………………………………………… 407
　　13.6.2　轨道铺设竣工测量 ……………………………………………………… 408
　　13.6.3　线下结构变形监测 ……………………………………………………… 409
　　13.6.4　轨道变形检测 …………………………………………………………… 411

第四篇　变　形　测　量

14　变形测量的方法和内容 …………………………………………………………… 416
14.1　变形测量的基本要求 …………………………………………………………… 416
14.2　变形测量精度等级的选择 ……………………………………………………… 419
　　14.2.1　沉降观测工程示例 ……………………………………………………… 419
　　14.2.2　水平位移观测工程示例 ………………………………………………… 420
14.3　沉降观测 ………………………………………………………………………… 422
　　14.3.1　沉降观测概述 …………………………………………………………… 422
　　14.3.2　高程控制测量 …………………………………………………………… 425
　　14.3.3　基准点观测 ……………………………………………………………… 426
　　14.3.4　沉降点观测 ……………………………………………………………… 427
　　14.3.5　沉降观测数据处理 ……………………………………………………… 428
14.4　水平位移观测 …………………………………………………………………… 429

- 14.4.1 水平位移观测概述 ······ 429
- 14.4.2 平面控制测量 ······ 431
- 14.4.3 前方交会法 ······ 434
- 14.4.4 精密导线测量 ······ 438
- 14.4.5 基准线法 ······ 439
- 14.4.6 全站仪自由设站法 ······ 445
- 14.4.7 建筑场地滑坡观测 ······ 448
- 14.5 倾斜观测 ······ 450
  - 14.5.1 倾斜观测概述 ······ 450
  - 14.5.2 水准仪观测 ······ 452
  - 14.5.3 经纬仪观测 ······ 452
  - 14.5.4 气泡倾斜仪观测 ······ 453
- 14.6 特殊变形测量 ······ 454
  - 14.6.1 裂缝观测 ······ 454
  - 14.6.2 挠度观测 ······ 454
  - 14.6.3 日照变形观测 ······ 455
- 14.7 变形分析 ······ 456
  - 14.7.1 稳定性分析 ······ 456
  - 14.7.2 观测资料整理 ······ 463
  - 14.7.3 变形观测资料分析概述 ······ 466
  - 14.7.4 变形规律分析 ······ 467
  - 14.7.5 变形建模与预报 ······ 471
- 14.8 变形测量成果的提交 ······ 476
- 15 变形观测工程实例 ······ 477
  - 15.1 基坑支护工程变形监测 ······ 477
    - 15.1.1 基坑支护工程变形监测的一般规定和精度要求 ······ 477
    - 15.1.2 基坑工程概念 ······ 478
    - 15.1.3 基坑工程监测项目与测点布置 ······ 479
    - 15.1.4 基坑工程监测的警戒值 ······ 481
    - 15.1.5 基坑工程监测实例 ······ 482
  - 15.2 高层建筑变形监测 ······ 485
    - 15.2.1 高层建筑变形监测的精度要求 ······ 485
    - 15.2.2 监测项目清单 ······ 485
    - 15.2.3 变形监测的特点 ······ 487
    - 15.2.4 变形监测的基本措施 ······ 487
    - 15.2.5 电子水准仪在高层建筑沉降观测中的应用 ······ 487
    - 15.2.6 某高教公寓主体沉降监测数据分析 ······ 490
  - 15.3 高速公路施工沉降监测 ······ 491

- 15.3.1 高速公路施工沉降监测的精度要求 …… 491
- 15.3.2 路基填筑期沉降监测细则 …… 491
- 15.3.3 预压期沉降监测细则 …… 495
- 15.3.4 路面施工期沉降监测细则 …… 496
- 15.3.5 数据库技术在路基施工沉降观测数据处理中的应用 …… 497
- 15.3.6 资料分析与施工决策 …… 501

15.4 地铁工程变形监测 …… 504
- 15.4.1 变形监测的精度要求 …… 504
- 15.4.2 变形监测的内容和方法 …… 504
- 15.4.3 变形监测网（点）的布设方案 …… 506
- 15.4.4 变形观测的周期与频率 …… 507
- 15.4.5 工程实例 …… 508

15.5 桥梁工程变形监测 …… 512
- 15.5.1 桥梁工程变形观测的精度要求 …… 512
- 15.5.2 大跨度桥梁变形观测的内容 …… 512
- 15.5.3 变形观测系统的布置 …… 513
- 15.5.4 变形观测方法 …… 513
- 15.5.5 润扬大桥悬索桥全站仪法挠度变形观测 …… 514

15.6 滑坡监测 …… 517
- 15.6.1 滑坡监测的精度要求 …… 517
- 15.6.2 滑坡监测工程实例 …… 517

参考文献 …… 521

第一篇
施工测量基本知识

1 施工测量概述

1.1 施工测量的任务和作用

1)定义

各种工程在施工阶段所进行的测量工作,称为施工测量。

2)任务

施工测量的基本任务是把设计图纸上规划设计的建筑物、构筑物的平面位置和高程,按设计要求,使用测量仪器,根据测量的基本原理和方法,以一定的精度测设(放样)到地面上,并设置标志,作为施工的依据;同时在施工过程中进行一系列的测量工作,以衔接和指导各工序间的施工。

3)内容

施工测量贯穿于施工的全过程,其内容包括:

(1)施工前施工控制网的建立;
(2)建筑物定位和基础放线;
(3)工程施工中各道工序的细部测设,如基础模板的测设、工程砌筑、构件和设备安装等;
(4)工程竣工后,为了便于管理、维修和扩建,还必须编绘竣工图;
(5)施工和运营期间对高大或特殊的建(构)筑物进行变形观测。

1.2 施工测量的特点

1)精度要求

一般情况下,施工测量的精度比测绘地形图的精度要高,而且根据建筑物、构筑物的重要性,根据结构材料及施工方法的不同,对施工测量的精度要求也有所不同。例如,工业建筑的测设精度高于民用建筑,钢结构建筑物的测设精度高于钢筋混凝土建筑物,装配式建筑物的测设精度高于非装配式建筑物,高层建筑物的测设精度高于多层建筑物等。

2)工程知识

由于施工测量贯穿于施工全过程,施工测量工作直接影响工程质量及施工进度,所以测量人员必须了解工程有关知识,并详细了解设计内容、性质及对测量工作的精度要求,熟悉有关图纸,了解施工的全过程,密切配合施工进度进行工作。

3)灵活应变与相互协调

建筑施工现场多为地面与高空各工种交叉作业，并有大量的土方填挖，地面情况变动很大，再加上动力机械及车辆来往频繁，因此，测量标志的埋设应特别稳固，且不被损坏，并要妥善保护，经常检查，如有损坏应及时恢复。同时，立体交叉作业，施工项目多，为保证工序间的相互配合、衔接，施工测量工作要与设计、施工等方面密切配合，并要事先充分做好准备工作，制订切实可行的施工测量方案。

目前，建筑平面、立面造型既新颖且复杂多变，因此，测量人员应能因地、因时制宜，灵活适应，选择适当的测量放线方法，配备功能相适应的仪器。在高空或危险地段施测时，应采取安全措施，以防发生事故。

为了确保工程质量，防止因测量放线的差错造成损失，必须在整个施工的各个阶段和各主要部位做好验线工作，每个环节都要仔细检查。

1.3　施工测量的基本原则

1）先整体后局部

测量工作中的误差是不可避免的，但错误是不容许的。施工测量必须遵循"先整体后局部"的原则。该原则在测量程序上体现为"先控制后碎部"。即首先在测区范围内，选择若干点组成控制网，用较精确的测量和计算方法，确定出这些点的平面位置和高程，然后以这些点为依据再进行局部地区的测绘工作和放样工作。其优点为：

（1）由于控制网的作用，可以保证测区的整体精度；

（2）根据控制网，把整个测区分为若干局部地区，分区进行施测，可以提高工效、缩短工期、节省经费开支。

2）逐步检查

施工测量同时必须严格执行"逐步检查"的原则，随时检查观测数据、放样定线的可靠程度以及施工测量成果所具有的精度。其主要目的是防止产生错误，保证质量。

1.4　施工测量的其他要求

1）施工测量的一些基本准则

（1）遵守国家法令、政策和规范，明确为工程施工服务。

（2）遵守先整体后局部的工作原则。

（3）要严格审核原始依据（设计图纸、测量起始点位、数据等）的正确性，坚持测量作业与计算工作步步有校核。

（4）选用科学、简捷、能满足精度要求的施测方法。合理选择、正确使用仪器，在测量精度满足工程需要的前提下，力争做到省工、省时、省费用。

（5）一切定位、放线工作要经自检、互检合格后，方可申请主管部门验线。严格执行安全、保密等有关规定，用好、管好设计图纸和有关资料。实测时要当场做好原始记录，测后要及时保护好桩位。

（6）测量人员要紧密配合施工，发扬团结协作、不畏艰难、实事求是、认真负责的工作作风。并要及时总结施工测量的经验。

2）测量记录的基本要求

测量记录应做到原始、正确、完整、工整,具体要求为:

(1)应在规定的表格上记录。开始应将表头所列各项填好,并熟悉表中所载各项内容和相应的填写位置。

(2)记录应当场及时填写清楚,不允许先写在草稿纸上再转抄誊清;记错或算错的数字,应将错数画一斜线,将正确数字写在错误数字的上方,以保持记录的"原始性"。

(3)字迹要工整、清楚。相应的数字及小数点应左右成列、上下成行、一一对齐。记录中数字的位数应反映出观测精度,例如水准读数应读至毫米,如读数 1.560m,不应记为 1.56m。

(4)记录过程中的简单计算,如取平均值等,应在现场及时进行,并做校核。草图、"点之记"等,应当场绘制,其方向、有关数据和地名等均应标注清楚。

(5)记录人员应根据现场实况以目估法随时校核所测数据,以便及时发现观测中的明显错误。

(6)测量记录,多为保密资料,应妥善保管。如采用电子手簿记录,最好打印一份原始数据,并刻录光盘,将打印稿和光盘妥善保管。

3)计算工作的基本要求

计算工作应做到依据正确、方法科学、严谨有序、步步校核、结果正确,具体要求为:

(1)图纸上的数据和外业观测结果是计算工作的依据。计算前,应认真仔细逐项审阅与校核,以保证计算依据的正确性。

(2)计算一般均应在规定的表格上进行。按图纸或外业记录在计算表中填写原始数据时,严防转抄错误。填好后,应换他人校对,这项校核十分重要。

(3)计算中,必须做到步步有校核。每项计算应在前者数据经校核无误后,才能进行后者数据的计算。校核方法以可靠、简单为原则。常用的计算校核方法有:

①复算校核。将计算的结果重算一遍,条件许可时,最好换他人校核,以免因习惯性错误而"重蹈旧辙",使校核失去意义;

②变换计算方法校核。例如,坐标反算可采用按公式计算和用计算程序计算两种方法;

③总和校核。例如,水准测量中,终点对起点的高差,应满足下式条件:

$$\sum h = \sum a - \sum b = H_{终} - H_{始}$$

式中:$\sum h$——水准测量各段高差的总和;

$\sum a$——水准测量各段后视读数的总和;

$\sum b$——水准测量各段前视读数的总和;

$H_{终}$——水准测量终点高程;

$H_{始}$——水准测量起点高程。

④用几何条件校核。例如,闭合导线中的所有内角之和 $\sum \beta$,应满足下式条件:

$$\sum \beta = (n-2) \times 180°$$

式中:n——闭合导线多边形的边数。

(4)计算中所用数字应与观测精度相适应,在不影响结果精度的情况下,要及时合理地删除多余数字,以提高计算速度。删除多余数字时,宜保留到有效数字后一位,以使最后结果中的有效数字不受删除数字之影响。删除数字应遵循"四舍六入、五凑偶(即单进、双舍)"的原则。如 1.8155 和 27.6645 保留小数三位,则应为 1.816 和 27.664。

(5)各种计算校核一般只能发现计算过程中的问题,不能发现原始数据是否有误。原始数据有错应到现场重测。

4）施工测量人员应具备的基本能力

(1)看懂设计图纸,结合测量放线工作能核审图纸中的问题,并能绘制放线中所需的大样图或现场平面图。

(2)了解并掌握不同工程类型、不同施工方法对测量放线的不同要求。

(3)了解仪器的构造和原理,并能熟练地使用、检校、维修仪器。

(4)能够对各种几何形状、数据和点位进行计算与校核。

(5)熟悉误差理论,能针对误差产生的原因采取有效措施,并能对各种观测数据进行数据处理。

(6)熟悉工程测量理论,能针对不同的工程采用不同的观测方法和校测方法,高精度高速度地完成施工测量任务。

(7)能够针对施工现场的不同情况,综合分析和处理有关施工测量中的其他问题。

1.5 测量的度量单位

1）长度单位

我国测量工作中法定的长度计量单位为米(meter)制单位：

1m(米) = 10dm(分米) = 100cm(厘米) = 1000mm(毫米)

1km(千米或公里) = 1000m

在外文测量书籍中,还会用到英(美)制的长度计量单位,它与米制的换算关系如下：

1in(英寸) = 2.54cm

1ft(英尺) = 12in = 0.3048m

1yd(码) = 3ft = 0.9144m

1mi(英里) = 1760yd = 1.6093km

2）面积单位

我国测量工作中法定的面积计量单位为平方米(m^2),大面积则用公顷(hm^2)或平方公里(km^2)。我国农业上常用市亩(mu)为面积计量单位。其换算关系如下：

$1m^2$(平方米) = $100dm^2$ = $10000cm^2$ = $1000000mm^2$

1mu(市亩) = $666.6667m^2$

1are(公亩) = $100m^2$ = 0.15mu

$1hm^2$(公顷) = $10000m^2$ = 15mu

$1km^2$(平方公里) = $100hm^2$ = 1500mu

米制与英(美)制面积计量单位的换算关系如下：

$1in^2$(平方英寸) = $6.4516cm^2$

$1ft^2$(平方英尺) = $144in^2$ = $0.0929m^2$

$1yd^2$(平方码) = $9ft^2$ = $0.8361m^2$

1acre(英亩) = $4840yd^2$ = 40.4686are = $4046.86m^2$ = 6.07mu

$1mi^2$(平方英里) = 640acre = $2.59km^2$

3）体积单位

我国测量工作中法定的体积计量单位为立方米(m^3),在工程上简称为"立方"或"方"。

4）角度单位

测量工作中常用的角度单位有"度分秒(DMS)制"和"弧度制"。
(1)度分秒制
1 圆周 = 360°(度),1° = 60′(分),1′ = 60″(秒)
(2)新度新分新秒制
1 圆周 = 400^g(新度),1^g = 100^c(新分),1^c = 100^{cc}(新秒)
两者的换算关系为:
1^g = 0.9°,1° = 1.111^g
1^c = 0.54′,1′ = 1.852^c
1^{cc} = 0.324″,1″ = 3.086^{cc}

(3)弧度制

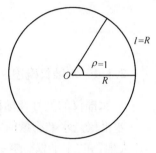

图 1-1　一个弧度的概念

弧长 l 等于半径 R 的圆弧所对的圆心角称为一个弧度,用 ρ 表示(见图 1-1)。因为整个圆周长为 $2\pi R$,故整个圆周为 2π 弧度。弧度与度分秒的关系如下:

$$\rho = \frac{180°}{\pi}$$

上式中 $\pi = 3.141592654$,由此可计算一个弧度所对应的度数、分数和秒数分别为:

$$\rho° = \frac{180°}{\pi} = 57.2957795° \approx 57.3°$$

$$\rho' = \frac{180°}{\pi} \times 60 = 3437.74677' \approx 3438'$$

$$\rho'' = \frac{180°}{\pi} \times 60 \times 60 = 206264.806'' \approx 206265''$$

2 测量仪器简介

2.1 水 准 仪

2.1.1 水准仪概述

1）水准仪的型号及标称精度

水准仪是水准测量的主要仪器。水准仪按其精度等级划分情况见表 2-1。表中，DS 分别为"大地"和"水准仪"的汉字拼音第一个字母，其下标 05、1、3 等数字表示该型号仪器的精度。通常在书写时省略字母"D"。

常用水准仪系列及精度　　　　　　　　　　　　　　　　　表 2-1

型　号	每公里往返测高差中数的中误差	适 用 场 合
DS_{05}	±0.5mm	精密水准仪，用于国家一、二等水准测量及其他精密水准测量
DS_1	±1mm	
DS_3	±3mm	普通水准仪，用于国家三、四等水准测量及一般工程水准测量

2）水准仪的功能

水准仪的主要功能是测量两点间的高差 h，它不能直接测量待定点的高程 H；另外，利用视距测量原理，它还可以测量两点间的水平距离 D。

3）常见水准仪列表（见表 2-2）

常见水准仪一览表　　　　　　　　　　　　　　　　　　　表 2-2

名　称	型　号	精度及技术指标	产地或厂家
光学水准仪	DS3	±3mm/km，水泡符合式	南京
	DS3—D	±3mm/km，水泡符合式，带度盘	
	DS3—Z	±3mm/km，水泡符合式，正像	
	DS3—DZ	±3mm/km，带度盘，正像	
	DS20	±2.5mm/km，正像，自动安平	南京、天津
	DS28	±1.5mm/km，正像，自动安平	
	DS32	±1.0mm/km，正像，自动安平	
	DSZ3	±2.5mm/km，正像，自动安平	江苏苏州
	DSZ2	±1.5mm/km，正像，自动安平	
	DSZ2 + FS1	±1.0mm/km，正像，自动安平	
	DSZ1	±1.0mm/km，正像，自动安平	
	Ni 007	±0.7mm/km，正像，自动安平	德国蔡司
	Ni 004	±0.4mm/km，倒像	
	Ni 002	±0.2mm/km，正像，自动安平	

续上表

名　称	型　号	精度及技术指标	产地或厂家
光学水准仪	NA720	±2.5mm/km,自动安平	瑞士徕卡
	NA724	±2.0mm/km,自动安平	
	NA728	±1.5mm/km,自动安平	
	NA2	±0.7mm/km,自动安平	
	NA3003	±0.4mm/km,正像,自动安平	
	N3	±0.2mm/km,倒像	
电子水准仪	DINI 20	±0.7mm/km	德国蔡司
	DINI 10	±0.3mm/km	
	DL-102	±1.0mm/km	日本拓普康
	DL-101	±0.4mm/km	
激光水准仪	TMTO	±3.0mm/km	美国
	YJS3	±3.0mm/km	山东烟台

2.1.2　DS$_3$型光学水准仪

1）DS$_3$型水准仪的构造

图2-1为国产DS$_3$型水准仪,各部件名称见图中说明。它主要由望远镜、水准器和基座三部分组成,各组成部分的主要功能见表2-3。

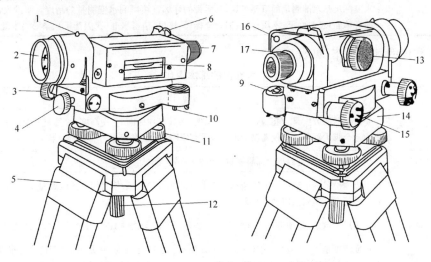

图2-1　DS$_3$型水准仪

1-准星;2-物镜;3-微动螺旋;4-制动螺旋;5-三脚架;6-照门;7-目镜;8-水准管;9-圆水准器;10-圆水准校正螺旋;11-脚螺旋;12-连接螺旋;13-物镜调焦螺旋;14-基座;15-微倾螺旋;16-水准管气泡观察窗;17-目镜调焦螺旋

望远镜调节的具体步骤如下：

(1)调节目镜:将望远镜朝向白色的物体,旋出或旋入目镜,直到看清十字丝为止。

(2)调节物镜:对准目标后,转动调焦螺旋,直到望远镜中的目标影像看得最清楚时为止。

7

DS₃型水准仪的组成部分 表2-3

序号	组成部分名称	作用及功能
1	基座	基座的作用是支承仪器的上部,并通过连接螺旋与三脚架相连。基座上的三个脚螺旋起粗平的作用
2	望远镜	望远镜是用来精确瞄准远处目标(标尺)和提供水平视线进行读数的设备。它主要由物镜、目镜、十字丝板和对光(调焦)透镜组成
3	水准器	水准器是水准仪上的重要部件,它通常分为圆水准器和管水准器两类。为了提高管水准器气泡居中的精度,水准仪中通常安置的是符合水准器

(3)检查并消除视差:如果目标影像平面与十字丝平面不完全重合,就要产生视差。检查的方法是:观测者的眼睛在目镜后方作上、下微小移动并进行观察,若发现十字线与目标影像有相对移动现象,则表示存在视差。消除视差的方法是:轻轻稍慢地转动调焦螺旋,重新进行物镜对光。

十字丝的交点与物镜光心的连线,叫做望远镜的视准轴,亦即观测时照准目标的视线。

2)水准仪的附件(见表2-4)

水准仪的附件 表2-4

序号	附件名称	作用及功能
1	三脚架	用以安置水准仪,由木质或金属制成,脚架一般可伸缩,便于携带及调整仪器高度,使用时用中心连接螺旋与仪器固紧
2	尺垫	一般由三角形的铸铁制成,下面有三个尖脚,便于使用时将尺垫踩入土中,使之稳固。上面有一个凸起的半球体,水准尺竖立于球顶最高点。尺垫通常用于转点上,每对水准标尺都配有一对尺垫。尺垫的形状如图2-2所示
3	水准标尺	水准标尺是水准测量的重要工具,其质量的好坏直接影响水准测量的精度。水准尺的形式很多,一般有单面尺、双面尺、木质标尺、铝合金标尺、塔尺、精密水准尺(因瓦尺)、条形码水准尺等

3)水准仪的基本操作(见表2-5)

水准仪的基本操作 表2-5

序号	步骤	操作方法
1	安置仪器	安置仪器的方法是,在测站上打开三角架,将其支在地面上,使高度适当,架头大致水平,并将三脚架的三个脚尖踩紧。从仪器箱中取出仪器,用中心螺旋将其与三角架连接牢固
2	粗平	仪器的粗平,就是调整仪器脚螺旋,使圆水准器气泡居中
3	瞄准	用望远镜瞄准水准尺。先用望远镜筒上方的缺口和准星,使目标在这两点的延长线上。瞄准目标后再进行望远镜调焦以消除视差
4	精平	在标尺读数前,必须进行精确整平。方法是慢慢转动微倾螺旋,调整符合水准器使气泡居中
5	读数	水准测量是用十字丝的横丝在标尺上读数的。读数前,必须转动微倾螺旋使符合水准气泡严格居中。图2-3中的读数应为"1847",其中最后一位数"7"是毫米估读数

2.1.3 自动安平水准仪

1)概述

目前,自动安平水准仪已经广泛应用于测绘和工程建设中,它的构造特点是没有长水准管和微倾螺旋,而只有一个圆水准器进行粗平。当圆水准器气泡居中后,尽管仪器视线仍有微小的倾斜,但借助仪器内补偿器的作用,视准轴在几秒钟之内自动成水平状态。因此,自动安平水准仪不仅能缩短观测时间,简化操作,而且对于施工现场地面的微小震动、风吹等使仪器出现视线微小倾斜的不利状况,能迅速自动地安平仪器,有效地减弱外界的影响,有利于提高观测精度。

图 2-2 尺垫

2) 原理

如图 2-4 所示,视准轴水平时在水准尺上的读数为 a,当视准轴倾斜一个小角 α 时,此时视线读数为 a'。为了使十字丝中丝读数仍为 a,在望远镜的光路上增设一个补偿装置,使通过物镜光心的水平视线经过补偿装置的光学元件后偏转一个 β 角,仍旧成像于十字丝中心。由于 α 和 β 都是很小的角度,当下式成立时,就能达到自动补偿的目的:

$$f \cdot \alpha = d \cdot \beta$$

式中:f——物镜到十字丝分划板的距离;
　　　d——补偿装置到十字丝分划板的距离。

3) 使用

与普通水准仪相似,操作过程包括:安置仪器、粗平、瞄准、读数(不需要"精平")。

有的自动安平水准仪配有一个键或自动安平钮,每次读数前应按一下键或按一下钮才能读数,否则补偿器不会起作用。使用时应仔细阅读仪器说明书。

2.1.4 精密水准仪

1) 概述

精密水准仪主要用于国家一、二等水准测量及精密工程测量,如建筑物变形观测、大型桥梁工程以及精密安装工程等测量工作。

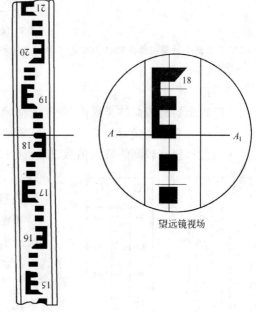

图 2-3 水准标尺读数

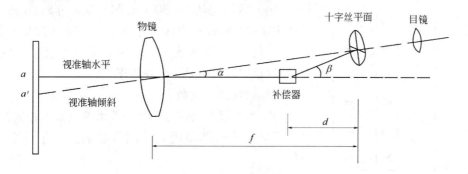

图 2-4 视线自动安平原理

精密水准仪类型很多,我国目前常用的 DS_{05} 型(如威特 N3、蔡司 Ni004)和 DS_1 型(如蔡司 Ni007、国产 DS_1)水准仪均属于精密水准仪。图 2-5 为国产 DS_1 型精密水准仪。其构造与 DS_3

水准仪基本相同,但结构更精密,性能稳定,温度变化影响小。

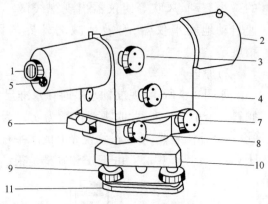

图 2-5　DS_1 型精密水准仪

1-目镜;2-物镜;3-物镜调焦螺旋;4-测微轮;5-测微器读数镜;6-粗平水准管;7-水平微动螺旋;8-微倾螺旋;9-脚螺旋;10-基座;11-底板

2)特点

(1)水准器有较高的灵敏度,便于更精确地置平仪器,使视线更准确地水平;

(2)配有光学测微器装置,用来更准确地在水准尺上读数,可以估读至 0.01mm;

(3)望远镜有较高的放大倍数,望远镜十字丝中丝刻成锲形丝,有利于准确地夹准水准尺上分划;

(4)仪器的结构稳定,受外界的影响小。

3)精密水准尺

精密水准标尺的分划是印刷在因瓦合金钢带上的。由于这种合金的温度膨胀系数很小,因此水准尺的长度准确而稳定。为了不使因瓦钢带受木质尺身伸缩的影响,以一定的拉力将其引张在木质尺身的凹槽内。水准尺的分划为线条式,如图 2-6 所示。水准尺的分划值一般为 10mm(也有分划值为 5mm 的)。

图 2-6 所示为 10mm 分划的精密水准尺。它有两排分划,右边一排注记从 0~300cm,称为基本分划;左边一排注记从 300~600cm,称为辅助分划。同一高度的基本分划与辅助分划相差一个常数 301.550cm,称为基辅差,又称尺常数,用以检查读数中是否存在错误。

4)精密水准尺读数

精密水准仪的操作方法与一般水准仪基本相同,不同之处在于每次读数都要用光学测微器测出不足一个分格的数值。

图 2-7 是 N3 水准仪目镜及测微器显微镜视场。作业时,先转动微倾螺旋使符合水准气泡居中,再转动测微螺旋用楔形丝精确地夹准水准尺上某一整分划,如图 2-7 所示。图中读数:基本分划读数 148cm,测微器上的读数为 650

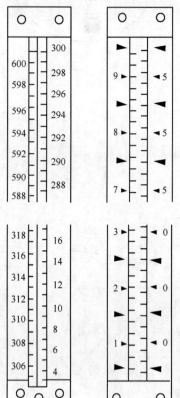

图 2-6　精密水准标尺

(0.650cm),故基本分划全部读数为148.650cm。同样可读出辅助分划读数,辅助分划读数与基本分划读数之间差一常数(301.550cm),可作读数检查之用。

2.1.5 激光水准仪

1)激光及其特点

激光是一种新光源,是20世纪60年代发展起来的一门新技术。激光具有定向性强、亮度高、单色性和相干性等特点,使它在各领域获得了广泛应用。

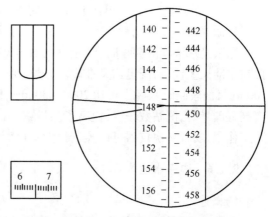

图2-7 N3水准仪目镜及测微器显微镜视场

在施工测量中,多用氦氖气体(He-Ne)为光源。He-Ne可发射波长为6328Å(埃)的红色可见光($1Å = 10^{-7}$mm)。它的亮度极高,白天在200m、夜间在400m距离处,光斑清晰可见;它的定向性强,可作高精度的准直定向测量;它的单色性和相干性好,可用来测量较长的距离。

2)激光水准仪的构造

图2-8是我国烟台光学仪器厂生产的YJ_{S3}激光水准仪的外形。其构造是在DS_3水准仪的望远镜上加装一只He-Ne气体激光器。

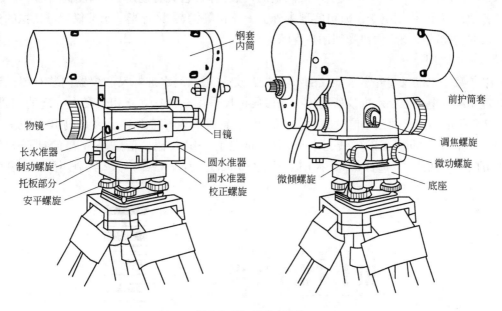

图2-8 YJ_{S3}激光水准仪

3)激光水准仪的操作方法

水准仪部分的操作与DS_3型水准仪相同。激光器的操作过程如下:

(1)把激光器的引出线接上电源。注意在使用直流电源时不能接错正、负极。

(2)开启电源开关,指示灯发亮,并可听到轻微的嗡嗡声。旋动电流调节旋钮,使激光电源工作在最佳电流值下(一般为3~7mA),便有最强的激光输出。激光束通过棱镜、透镜系统进入望远镜,由望远镜物镜端发射出去。

(3)观测完毕后,先关电源开关,这时指示灯熄灭,激光器停止工作,然后再断开电源。

4)激光水准仪的用途

用激光水准仪测高程时,激光束在水准尺上显示出一个明亮清晰的光斑,任何人都可以直接在水准尺上读数,既迅速又准确。另外,由于激光束射程较长,白天为150(尺面较亮时)~300m(尺面较暗时),晚上可达2000~3000m,因此,立尺点可距仪器更远。在平坦地区作长距离高程测量时,测站数较少,提高了测量精度,也提高了工作效率。在大面积的建筑物放样抄平工作中,安置一次仪器可以控制很大一块面积,极为方便。

2.1.6 电子水准仪

1)概述

人们从20世纪60年代开始对水准仪读数的数字化技术进行研究。由于水准仪和水准标尺在空间上是分离的,而且两者的距离可以从2m变化到100m,因此在技术上引起实现数字化读数的困难。经过近30年的尝试,1990年威特厂首先研制出数字水准仪NA2000,1994年蔡司厂研制出了电子水准仪DiNi10/20,同年拓普康厂也研制出了电子水准仪DL—101/102,随后拓普康又研制出带PCMCIA卡槽的DL—101C/102C。这意味着电子水准仪开始普及,也开始了激烈的市场竞争。

电子数字水准仪是集光学技术、电子技术、编码技术、图像处理技术、传感器技术和计算机技术于一体的高科技仪器,代表了水准测量的发展方向,它具有速度快、精度高、使用方便、作业员劳动强度小,使用电子手簿可实现内外业一体化等优点,具有光学水准仪无可比拟的优越性。因此它投放市场后很快受到用户青睐。

2)基本原理

电子数字水准仪与光学水准仪的不同之处,是采用编码水准标尺和仪器内装有图像识别和处理系统。电子数字水准仪所使用的条形码标尺采用三种独立互相嵌套在一起的编码尺,如图2-9所示。这三种独立信息码为参考码R、信息码A和信息码B。参考码R为三道等宽的黑色码条,以中间码条的中线为准,每隔3cm就有一组R码。信息码A与信息码B位于R码的上、下两边,下边10mm处为B码,上边10mm处为A码。A码与B码宽度按正弦规律改

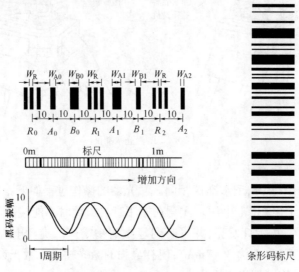

图2-9 条形码水准尺及其原理图

变,其信号波长分别为 33cm 和 30cm,最窄的码条宽度不到 1mm。上述三种信号的频率和相位可以通过快速傅立叶变换(FFT)获得。当标尺影像通过望远镜成像在十字丝平面上,经过处理器译释、对比、数字化后,在显示屏上显示出中丝在标尺上的读数或视距。

读数方法:只要将望远镜照准水准标尺并调焦后,按测量键 Meas. ,4s 后即显示中丝读数;再按测距键 Dist. ,马上显示视距;按存储键就可把数据存入内存存储器,仪器自动进行检核和高差计算。观测时,不需要精确夹准标尺分划,也不用在测微器上读数,可直接由电子手簿(PCMCIA 卡)记录。

3)特点

电子水准仪是采用条码标尺和图像处理系统而构成的光机电测量一体化的高科技产品。与传统仪器相比,所有电子水准仪的共同特点见表2-6。

电子水准仪的特点 表2-6

序号	特点	说 明
1	自动读数	不存在误读、误记问题,没有人为读数误差
2	精度高	中丝读数和视距读数都是采用大量条码分划图像经处理后取平均得出来的,因此削弱了标尺分划误差和外界条件的影响。不熟练的作业人员也能进行高精度测量
3	速度快	由于省去了报数、听、记、现场计算以及人为出错引起的重测等,测量时间与传统仪器相比可以节省1/3 左右
4	效率高	只需调焦和按键就可以自动读数,减轻了劳动强度。所有读数都能自动记录和检核,复杂的数据处理可将数据输入到电子计算机之后再进行后处理,可实现内外业一体化

4)DL—101C 简介

现在世界上只有少数几个厂家能生产出电子水准仪。1990 年第一代数字化水准仪 NA2000 在瑞士徕卡(Leica)公司问世,其测量高差精度为 1.5mm/km,能进行三、四等水准测量。目前已发展到第二代电子数字水准仪,测量高差精度为 0.3~0.5mm/km,能进行一、二等水准测量。日本拓普康(Topcon)公司生产的 DL—101C 属第二代电子数字水准仪(见图2-10),仪器的基本参数见表2-7。

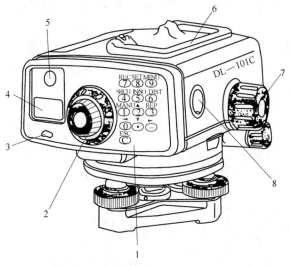

图 2-10 电子数字水准仪 DL—101C

1-操作键;2-望远镜目镜;3-开关键;4-显示窗;5-圆气泡窗;6-提手;7-望远镜调焦钮;8-测量钮

DL—101C 基本参数表 表 2-7

内 容	参 数	内 容	参 数
望远镜放大倍率	32×	内存存储器	128kB
物镜孔径	45mm	电池工作时间	10h
析象分辨能力	3″	工作温度	−20~50℃
圆水准器格值	10′/2mm	读数最小显示	0.01mm
补偿器工作范围	12′	测量高差精度	0.4mm/km
补偿器安平精度	0.3″	测距最小显示	1cm
视距范围	2~60m	测距精度	1~5cm
一次观测时间	4s	仪器尺寸(mm)	237×196×141
显示屏	2行8位	仪器质量(含电池)	2.8kg

2.2 经 纬 仪

2.2.1 经纬仪概述

1) 经纬仪的型号及标称精度

我国光学经纬仪按其精度等级划分情况见表 2-8。表中，DJ 分别为"大地测量"和"经纬仪"的汉字拼音第一个字母，其下标 07、1、2、6 分别表示该仪器一测回方向观测中误差的秒数。通常在书写时省略字母"D"。

常用经纬仪系列及精度 表 2-8

型 号	一测回方向观测中误差	适 用 场 合
DJ_{07}	±0.7″	精密经纬仪，用于精密工程测量或变形观测
DJ_1	±1″	
DJ_2	±2″	精密经纬仪，用于建筑工程测量等
DJ_6	±6″	普通经纬仪，用于建筑工程或其他普通工程测量

2) 经纬仪的功能

经纬仪的主要功能是测量两个方向之间的水平夹角 β；其次，它还可以测量竖直角 α；辅助水准尺，利用视距测量原理，它还可以测量两点间的水平距离 D 和高差 h。

3) 常见经纬仪列表(见表 2-9)

常见经纬仪一览表 表 2-9

名 称	型 号	精度及技术指标	产地或厂家
光学经纬仪	DJ6	±6″，倒像	南京、西安
	DJ6—1	±6″，倒像	
	DJ6—2	±6″，正像	
	DJ2	±2″，倒像	江苏苏州
	DJ2E	±2″，正像	
	DJ2—1	±2″，正像，自动补偿	
	DJ2—2	±2″，正像，自动补偿	

续上表

名 称	型 号	精度及技术指标	产地或厂家
光学经纬仪	010B	±2″,正像,自动补偿	德国蔡司
	020B	±6″,正像,自动补偿	
	T1	±6″,正像,自动补偿	瑞士徕卡
	T2	±0.8″,正像,自动补偿	
	T3	±0.2″,倒像	
电子经纬仪	DJD5—2	±5″,正像,自动补偿	江苏苏州
	DJD2A	±2″,正像,自动补偿	
	ET—02	±2″,正像	广州
	DJD2—G	±2″,正像,自动补偿	北京
激光经纬仪	J2—JDB	±2″,正像,自动补偿	江苏苏州
	DJJ2—2	±2″,正像,自动补偿	北京
	DT110L	±5″,正像	日本拓普康

2.2.2 DJ$_6$型光学经纬仪

1）DJ$_6$型经纬仪的构造

图2-11为我国北京光学仪器厂生产的属于DJ$_6$级的DJ$_6$—1型光学经纬仪,其外部各构件名称如图中所示。它由照准部、水平度盘和基座组成,各组成部分的作用见表2-10。

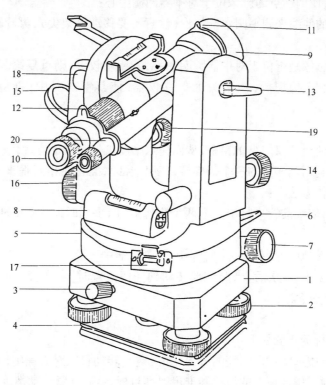

图2-11 DJ$_6$—1型光学经纬仪

1-基座;2-脚螺旋;3-轴套制动螺旋;4-脚螺旋压板;5-水平度盘外罩;6-水平方向制动螺旋;7-水平方向微动螺旋;8-照准部水准管;9-物镜;10-目镜调焦螺旋;11-瞄准用的准星;12-物镜调焦螺旋;13-望远镜制动螺旋;14-望远镜微动螺旋;15-反光照明镜;16-度盘读数测微轮;17-复测按钮;18-竖直度盘水准管;19-竖直度盘水准管微动螺旋;20-度盘读数显微镜

DJ₆型经纬仪的组成部分　　　　　　　　　　　表 2-10

序号	组成部分名称	作用及功能
1	基座	基座上有三个脚螺旋,用来整平仪器。度盘旋转轴套套在纵轴轴套外围。拧紧轴套固定螺旋,可将仪器固定在基座上。放松该螺旋,可将经纬仪水平度盘连同照准部从基座中取出,但平时此螺旋必须拧紧
2	水平度盘	水平度盘是一个光学玻璃圆盘,圆盘边缘刻有 0°~360°的刻划(顺时针方向注记)
3	照准部	照准部包括支架、望远镜、横轴、竖直度盘、光学对中器等。照准部在水平方向的转动,由水平制动螺旋和水平微动螺旋来控制。照准部上有长水准管,用以置平仪器。 照准部的旋转轴即为仪器的纵轴,纵轴插入基座内的纵轴轴套中旋转。望远镜的旋转轴称为横轴,它架于照准部的支架上

2)经纬仪的基本操作

(1)对中

对中的目的是把仪器的纵轴(竖轴)安置到测站的铅垂线上。一般可利用垂球或光学对中器来对中。垂球对中的误差一般小于 3mm,而用光学对中器对中的误差一般小于 1mm。这里简单介绍一下运用光学对中器进行对中的步骤:

①三脚架架头大致水平和目估初步对中(或借用垂球);

②转动对中器目镜对光螺旋,使对中标志清晰,然后推拉对中镜筒使地面标志点的影像清晰;

③旋转脚螺旋,使测站点的影像位于对中器圆圈中心;

④运用三脚架的伸缩来调平圆水准气泡(注意不要移动脚架尖),再旋转脚螺旋使管水准器气泡精确居中;

⑤检查测站点影像是否位于对中器圆圈中心,若相差较大,则重复第③步和第④步;若相差很小,可稍微旋松连接螺旋,在架头上平移仪器,使其精确对中;再检查和调平水准管气泡。

(2)整平

整平的目的是使经纬仪的纵轴铅垂,从而使水平度盘处于水平位置,竖直度盘位于铅垂平面内。整平工作是利用基座上的三个脚螺旋,使照准部水准管在相互垂直的两个方向上气泡都居中。整平的具体做法是:

①转动照准部,使水准管平行于任意两个脚螺旋,两手同时向内(或向外)转动脚螺旋使气泡居中;

②将照准部旋转 90°,旋转另一个脚螺旋,使气泡居中。

按上述步骤反复 1~2 次后,当照准部转动到任何位置时,水准管气泡总是居中(容许偏差一格),这时仪器已经整平。

(3)瞄准

望远镜瞄准目标的步骤如下:

①目镜对光:将望远镜对向明亮的背景(如天空),转动目镜对光螺旋,使十字丝清晰;

②粗瞄目标:通过望远镜上的缺口和准星对准目标,然后旋紧制动螺旋;

③物镜对光:转动物镜对光螺旋,使目标成像十分清晰;再旋转望远镜与水平微动螺旋使十字丝对准目标;

④消除视差:瞄准时要求目标成像与十字丝平面重合,以消除视差;如果发现存在视差,则

需重新仔细进行目镜和物镜对光,直至消除视差现象为止。

(4)读数

目前,我国生产的DJ_6型光学经纬仪,其读数装置有两类,相应的读数方法也不同。

①分微尺读数装置及其读数方法

图2-12是南京1002厂生产的DJ_6型光学经纬仪(分微尺读数装置)读数显微镜的视场,注有"H"或"水平"字样的是水平度盘读数窗,注有"V"或"竖直"字样的是竖直度盘读数窗。分微尺1°的分划间隔长度正好等于度盘的一格,即1°的宽度。读数窗口中,分微尺分成60小格,每小格代表1′,每10小格注有小号数字,表示10′的倍数。因此,分微尺可直接读到1′,估读到0.1′,分微尺上的零分划线为读数指标线。图2-12中的水平度盘读数为178°05.0′,竖直度盘读数为85°06.3′。

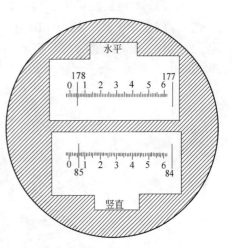

图2-12 DJ_6型经纬仪分微尺读数视场

②单平板玻璃测微器装置及其读数方法

图2-13是北京光学仪器厂生产的红旗Ⅱ型光学经纬仪(单平板玻璃测微器装置)读数显微镜的视场。单平板玻璃测微器装置主要由平板玻璃、测微尺、测微轮及传动装置组成。单平板玻璃与测微尺连在一起,当转动测微轮时,单平板玻璃与测微尺一起转动。从读数显微镜中可看到,当转动测微轮时,度盘分划线的影像也随之移动,当读数窗上的双指标线精确地夹准度盘某分划线像时,其分划线移动的角值可在测微尺上根据单指标读出。如图2-13所示的读数窗,上部窗为测微尺像,中部窗为竖直度盘分划像,下部窗为水平度盘分划像。读数窗中单指标线为测微器指标线,双指标线为度盘指标线。度盘最小分划值为30′,测微尺共有30大格,一大格分划值为1′,一大格又分为3小分格,则一小格分划值为20″。

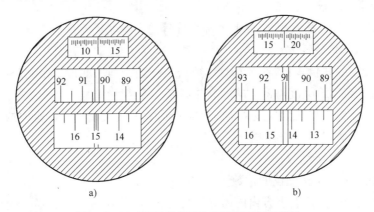

图2-13 DJ_6型经纬仪单平板玻璃测微器读数视场

读数前,应先转动读数测微轮,使度盘双指标线夹准(平分)某一度盘分划线像,读出度数和30′的整分数。如在图2-13a)中,双指标线夹准水平度盘15°00′分划线像,读出15°00′,再读出测微尺窗中单指标线所指示的测微尺上的读数,示例为12′00″,两者合起来就是整个水平度盘读数,为15°12′00″。同理,在图2-13b)中,竖直度盘读数为91°18′00″。

2.2.3　DJ₂型光学经纬仪

1）概述

DJ₂型光学经纬仪(简称J₂型)属于精密光学经纬仪,用于较高精度的角度测量。图2-14所示为苏州光学仪器厂生产的DJ₂型光学经纬仪外貌图。国内已有多家仪器厂家生产DJ₂型光学经纬仪,国外如德国蔡司厂的Zeiss 010、瑞士威特厂的Wild T₂等均属于DJ₂型光学经纬仪。

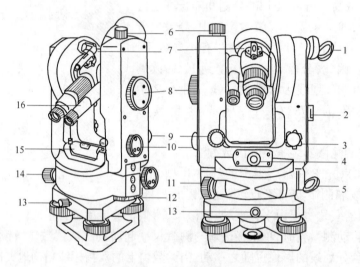

图2-14　DJ₂型光学经纬仪

1-竖盘照明镜;2-竖盘水准管观察镜;3-竖盘水准管微动螺旋;4-光学对中器;5-水平度盘照明镜;6-望远镜制动螺旋;7-光学瞄准器;8-测微轮;9-望远镜微动螺旋;10-换像手轮;11-照准部微动螺旋;12-水平度盘变换手轮;13-纵轴套固定螺旋;14-照准部制动螺旋;15-照准部水准管;16-读数显微镜

2）DJ₂型光学经纬仪的特点

(1) 与DJ₆型光学经纬仪相比,其照准部水准管的灵敏度较高;

(2) 望远镜放大倍数较大;

(3) DJ₂型光学经纬仪采用"对径符合读数法",相当于利用度盘上相差180°的两个指标读数求其平均值,可自动消除度盘偏心的影响并提高读数精度;

(4) DJ₂型光学经纬仪在读数显微镜中只能看到水平度盘或竖直度盘中的一种影像,读数时,需通过"换像手轮"选择所需的度盘影像。

3）普通DJ₂型光学经纬仪读数

(1) 苏光DJ₂ₐ型光学经纬仪的读数

首先转动测微轮,先使右下方窗内的分划线对齐,然后在右上方大窗口内读取度数;在中央凸出的小窗口内读取整10′数;在左侧测微器窗口左侧读取个位分数,在右侧读取秒数;以上读数相加即为完整的度盘读数。

图2-15a)中所示读数为150°01′54.0″,图2-15b)中所示读数为78°37′16.0″。

(2) 瑞士威特T₂和新型威特T₂经纬仪的读数

图2-16所示为瑞士威特T₂和新型威特T₂经纬仪的读数窗视场。图2-16a)所示读数为144°39′48.7″,图2-16b)所示读数为94°12′44.4″。

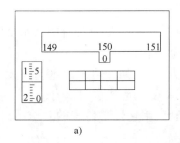 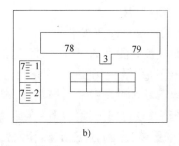

图 2-15 DJ$_{2A}$ 型光学经纬仪读数

a) 水平度盘读数；b) 竖直度盘读数

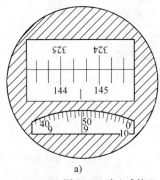 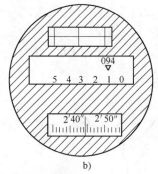

图 2-16 瑞士威特 T$_2$ 和新型威特 T$_2$ 经纬仪的读数窗视场

a) 威特 T$_2$ 经纬仪读数；b) 新型威特 T$_2$ 经纬仪读数

2.2.4 激光经纬仪

1) 激光经纬仪的构造

图 2-17 是我国苏州第一光学仪器厂生产的 J$_2$-J$_D$ 型激光经纬仪，它以 DJ$_2$ 型光学经纬仪为基础，在望远镜上加装一只 He-Ne 气体激光器而成。

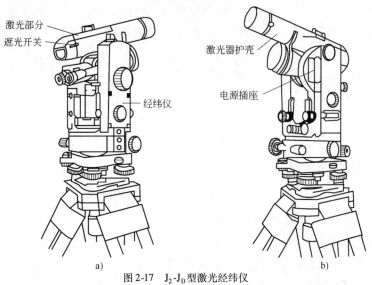

图 2-17 J$_2$-J$_D$ 型激光经纬仪

2) 激光经纬仪的操作方法

经纬仪部分的操作与 DJ$_2$ 型经纬仪相同。激光器的操作与激光水准仪相同。

3）激光经纬仪的特点

（1）望远镜在竖直面或水平面上旋转，发射的激光可扫描形成竖直的或水平的激光平面，在这两个平面上被观测到的目标，任何人都可以清晰地看到；

（2）一般经纬仪的视场狭小，测量目标离仪器太近时，如仰角大于50°，就无法观测；激光经纬仪主要依靠发射激光束来扫描定点，视场宽广，不受场地狭小的影响；

（3）激光经纬仪可向天顶发射一条垂直的激光束，用它代替传统的垂球吊线法测定垂直度，不受风力的影响，施测方便、准确、可靠；

（4）能在夜间或黑暗场地进行测量工作。

4）激光经纬仪的应用

激光经纬仪由于其特有的优点，特别适合进行以下的施工测量工作：

（1）高层建筑及烟囱、塔等高耸构筑物施工中的垂直度观测和准直定位；

（2）结构构件及机具安装的精密测平和垂直度控制测量；

（3）管道铺设及隧道、井巷等地下工程施工中的轴线测设及导向测量工作。

2.2.5 电子经纬仪

电子经纬仪作为商品出现，标志着经纬仪的发展到了一个新的阶段，它为测量工作自动化创造了有利条件。由于电子经纬仪能自动显示角值，因而使作业人员的劳动强度大大降低，仪器使用方便，工作效率高，同时提高测量精度。电子经纬仪、光电测距仪和数字记录器组合后，即成为电子速测仪（简称全站仪），能自动记录、计算和存储测量数据。如再配以适当的接口还可把野外采集的数据直接输入计算机内进行计算和绘图。

电子经纬仪在结构及外观上和光学经纬仪相类似，主要不同点在于读数系统，采用光电扫描和电子元件进行自动读数和液晶显示。图2-18为瑞士威特厂生产的T—2000型电子经纬仪。

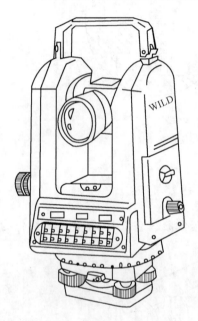

图2-18 T—2000电子经纬仪

2.3 光电测距仪

2.3.1 光电测距仪概述

1）分类

（1）按测定传播时间的方式不同，测距仪分为相位式测距仪和脉冲式测距仪两种；

（2）按测程大小可分为远程、中程和短程测距仪三种，如表2-11所示。

目前，工程测量中使用较多的是相位式短程光电测距仪。

2）光电测距仪的功能

光电测距仪的主要功能是测量两点间的斜距D'；如果通过经纬仪观测竖直角α，光电测距仪还可测量出两点间的水平距离D。由于光电测距仪只能测量距离，功能单一，因此，目前在建设工程测量中,已逐渐被功能强大的全站仪所替代。

光电测距仪的种类　　　　　　　　　表2-11

仪器种类	短程光电测距仪	中程光电测距仪	远程光电测距仪
测程	<5km	5~15km	>15km
精度	$\pm(5mm+5\times10^{-6}D)$	$\pm(5mm+2\times10^{-6}D)$	$\pm(5mm+1\times10^{-6}D)$
光源	红外光源 （GaAs发光二极管）	①GaAs发光二极管 ②激光管	He-Ne激光器
测距原理	相位式	相位式	相位式

3）标称精度的含义

光电测距的误差有两部分：一部分与所测距离长短无关，称为常误差（固定误差）a；另一部分与距离的长度D成正比，称为比例误差，其比例系数为b。因此，光电测距的测距中误差m_D（又称为测距仪的标称精度）为：

$$m_D = \pm(a + b \cdot D)$$

式中：a——仪器的固定误差（mm）；

　　　b——仪器的比例误差系数（10^{-6}）；

　　　D——测距边长度（mm）。

一般情况下，仪器的实测精度往往比其标称精度要高。

4）精度估算举例

【例2-1】 某短程红外光电测距仪标称精度为$\pm(5mm+3\times10^{-6}D)$。若用此测距仪测量距离$D_1=500m$，请估算其测距精度。

解：其测距误差为：

$$m_{D1} = \pm(5mm + 3\times10^{-6}\times500\times10^3 mm) = \pm6.5mm$$

测距相对误差为：

$$K_1 = \left|\frac{m_{D1}}{D_1}\right| = \frac{6.5}{500000} = \frac{1}{76900}$$

2.3.2 短程光电测距仪简介

1）常见光电测距仪列表（见表2-12）

短程光电测距仪　　　　　　　　　表2-12

仪器型号	RED mini 2	D3030	MD—14	DI4	DM502	DCJ32
制造厂商	Sokkia	常州大地	Pentax	Wild	Kern	北京测绘
测程	1.5km	3.2km	2.6km	3.0km	3.0km	3.0km
测距精度	$\pm(5mm+5\times10^{-6}D)\sim\pm(5mm+3\times10^{-6}D)$					

2）光电测距仪的使用

虽然不同型号的仪器其结构及操作上有一定的差异，但从大的方面来说，基本上是一致的。对具体的仪器按照其相应的说明书进行操作即可正确使用。

图2-19为RED mini 2测距仪及其在经纬仪上的安置情况。测距仪的支座下有插孔及紧固螺旋，可使测距仪牢固地安装在经纬仪的支架上方。测距仪支架上有竖直制动螺旋和微动螺旋，可使测距仪在竖直面内俯仰转动。测距仪的发射接收镜内有十字丝分划板，用以瞄准反

射棱镜。图2-20为RED mini 2测距仪的反射棱镜,图中为单块棱镜,当测程较远时需换上3块棱镜。其具体操作请参看仪器说明书。

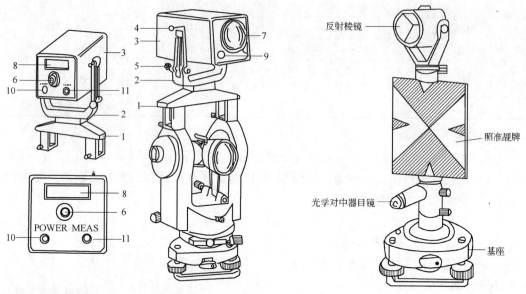

图2-19 RED mini 2光电测距仪
1-支架座;2-支架;3-主机;4-竖直制动螺旋;5-竖直微动螺旋;6-发射接收镜的目镜;7-发射接收镜的物镜;8-显示窗;9-电源电缆插座;10-电源开关键(POWER);11-测量键(MEAS)

图2-20 RED mini 2的反射棱镜

3)光电测距数据处理

测距时测得的一测回或几测回的距离平均值 D' 为斜距观测值,需要经过倾斜改正才能得到两点间的水平距离 D。在测距精度要求较高时,还需要进行仪器常数改正 ΔD_{C} 和气象改正 ΔD_{n}。

(1)倾斜改正(即高差改正):

$$D = D' \cdot \cos\alpha$$

式中:α——竖直角。

(2)仪器常数改正 ΔD_{C}:

$$\Delta D_{\mathrm{C}} = R \cdot D' + C$$

式中:R——仪器乘常数;
　　　C——仪器加常数。

(3)气象改正 ΔD_{n}:

$$\Delta D_{\mathrm{n}} = \left[1.0 \times (t - 20) - 0.4 \times \left(\frac{P}{133.322} - 760\right)\right] \cdot D' \,(\mathrm{mm})$$

式中:t——测距时的温度(℃);
　　　P——测距时的气压(Pa);
　　　D'——斜距(km)。

上式为RED mini 2光电测距仪的气象改正公式,不同型号的测距仪,其气象改正公式也不相同。在进行气象改正时,务必详细查阅仪器说明书。

仪器的加、乘常数应在仪器使用前测定,然后可预置在仪器里,测距时由仪器自动改正。同样,仪器的气象改正也可由仪器自动改正,测量时的温度和气压需在现场由人工输入到仪器中。具体操作请详细查阅仪器说明书。

4)记录及计算手簿(见表2-13)

光电测距仪记录及成果计算　　　　表2-13

测站点 仪器高 (m)	目标点 觇标高 (m)	倾斜距离 观测值 (m)	倾斜距离 平均值 (m)	竖盘读数 °	竖盘读数 ′	竖盘读数 ″	竖直角α °	竖直角α ′	竖直角α ″	温度(℃)/气压(mmHg)	气象改正数 (mm)	改正后斜距 D' (m)	水平距离 D (m)
$\dfrac{B}{1.425}$	$\dfrac{A}{1.625}$	475.073 475.071 475.074 475.074	475.073	88	17	24	+1	42	36	$\dfrac{28}{720}$	+11	475.084	474.872
$\dfrac{B}{1.425}$	$\dfrac{C}{1.328}$	1231.783 1231.784 1231.782 1231.783	1231.783	92	19	48	−2	19	48	$\dfrac{28}{720}$	+30	1231.813	1230.795

注:1.仪器的加、乘常数预置在仪器里,测距时已经由仪器自动进行了仪器常数改正。
　　2.气压单位:1mmHg = 133.322Pa。

5)使用注意事项

(1)切不可将照准头对准太阳,以免损坏光电器件;

(2)注意电源接线,不可接错,经检查无误后方可开机测量;测距完毕应关机,不要带电迁站;

(3)视场内只能有反光棱镜,应避免测线两侧及棱镜后方有其他光源和反射物体,并应尽量避免逆光观测;测站应避开高压线、变压器等处;

(4)仪器应在大气比较稳定和通视良好的条件下进行观测;

(5)仪器不要曝晒和雨淋,在强烈阳光下要撑伞,经常保持仪器清洁和干燥,在运输过程中要注意防震。

2.4 全 站 仪

2.4.1 全站仪的概念

1)全站仪的发展概况

全站仪,即全站型电子速测仪(Electronic Total Station),大致发展历程见表2-14。

全站仪的发展历程　　　　表2-14

名　　称	说　　明
电子速测仪	20世纪70年代,光电测距仪出现以后,人们将它称为"电子速测仪"(Electronic Tachymeter)
半站型电子速测仪	20世纪80年代,在光学经纬仪上加装一套光电测距仪,当时人们称之为"测距经纬仪",当全站仪出现之后,现在,人们改称之为"半站型电子速测仪"
积木式全站仪	电子经纬仪出现之后,将它和光电测距仪组合在一起使用,辅以各种传输线,便可实现测量数据的传输和自动处理,可以测量(或计算)水平角、竖直角、斜距、平距、高差等,当时便称之为全站仪,意为在一个测站上所有测量工作均可完成;同样,在整体式全站仪出现之后,现在,人们重新准确地定义它为"积木式全站仪"
整体式全站仪	20世纪90年代,将电子经纬仪和光电测距仪做成一个整体,构成整体式全站仪;现在,大部分全站仪是整体式全站仪

2）全站仪的组成

（1）为采集数据而设置的专用设备：电子测角系统、电子测距系统、数据存储系统等；

（2）过程控制机：有序地控制上述每一专用设备的功能，并控制与测量数据相连接的外围设备及进行计算、产生指令等。

3）全站仪的分类（见表 2-15）

全 站 仪 的 分 类　　　　　　　　　　　表 2-15

分类名称	说　明
积木式（Modular）	也称组合式，是指电子经纬仪和电子测距仪的组合，也可以分离。用户可以根据实际工作的要求，选择测角设备、测距设备或两者的组合
整体式（Integrated）	也称集成式，是指电子经纬仪和电子测距仪做成一个整体，无法分离

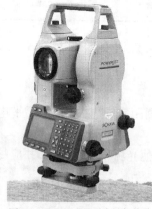

图 2-21　SET2000 型全站仪外貌

20 世纪 90 年代以来，基本上都发展为整体式全站仪。随着计算机技术的不断发展与应用以及用户的特殊要求和其他工业技术的应用，全站仪出现了一个新的发展时期，出现了带内存、防水型、防爆型、电脑型、免棱镜型等类型的全站仪，使得全站仪在测绘工程领域发挥着越来越重要的作用。目前，由于微电子技术的发展，使新一代的全站仪不论在外形、结构、体积和质量等方面，还是在功能、精度和效率方面，都有惊人的进步。图 2-21 为日本索佳 SET2000 型全站仪外貌。

4）全站仪精度等级的区分

全站仪的主要精度指标是测距标准差 m_D 和测角标准差 m_β。对于光电测距标准差 m_D，其精度等级分级情况见表 2-16。

光电测距的精度等级　　　　　　　　　　　表 2-6

等　级	精度指标	备　注
Ⅰ级仪器	$\lvert m_D \rvert \leq 5\text{mm}$	$\lvert m_D \rvert$ 为当测距 $D = 1\text{km}$ 时，其标准差的绝对值。$m_D = \pm(a + b \cdot D)$，式中：a 为仪器的固定误差（mm）；b 为仪器的比例误差系数（10^{-6}）；D 为测距边长度（mm）
Ⅱ级仪器	$5\text{mm} < \lvert m_D \rvert \leq 10\text{mm}$	
Ⅲ级仪器	$10\text{mm} < \lvert m_D \rvert \leq 20\text{mm}$	

在全站仪设计中，对测距精度与测角精度的搭配一般遵循"等影响"原则，即在 $D = 1\text{km}$ 距离上要求：$\dfrac{m_\beta}{\beta} = \dfrac{m_D}{D}$ 或 $\dfrac{m_\beta}{\beta} = 2\dfrac{m_D}{D}$。因此，目前对全站仪的准确度作 4 个档次的划分，具体见表 2-17。

全站仪的等级划分　　　　　　　　　　　表 2-17

等　级	测角标准差	测距标准差
Ⅰ级仪器	$\lvert m_\beta \rvert \leq 1''$	$\lvert m_D \rvert \leq 5\text{mm}$
Ⅱ级仪器	$1'' < \lvert m_\beta \rvert \leq 2''$	$\lvert m_D \rvert \leq 5\text{mm}$
Ⅲ级仪器	$2'' < \lvert m_\beta \rvert \leq 6''$	$5\text{mm} < \lvert m_D \rvert \leq 10\text{mm}$
Ⅳ级仪器	$6'' < \lvert m_\beta \rvert \leq 10''$	$5\text{mm} < \lvert m_D \rvert \leq 10\text{mm}$

5）全站仪的功能

全站仪在测站上一经观测，必要的观测数据如斜距、天顶距（竖直角）、水平角等均能自动显示,而且几乎是在同一瞬间内得到平距、高差、点的坐标和高程。如果通过传输接口把全站仪野外采集的数据终端与计算机、绘图机连接起来,配以数据处理软件和绘图软件,即可实现测图的自动化。

6)全站仪的使用特点

(1)所有观测工作可以在一个测站全部完成,自动显示观测数据;

(2)内置软件功能强大,很多计算自动完成,可直接显示点的坐标和高程;

(3)与计算机连接,或通过内置高级应用软件,很多测量工作可实现自动化;

(4)作业人员劳动强度降低,工作效率提高。

2.4.2 全站仪的数据通信

1)全站仪数据通信的基本概念

(1)数据通信的方式

设备之间进行数据通信不外乎两种方式,见表2-18。

设备间数据通信的方式 表2-18

通信方式	含义	备注
并行通信	数据的各位同时传送	—
串行通信	数据一位一位地顺序传送	测量设备中,常采用此方式

在串行通信中,又有两种通信方式:同步通信、异步通信。由于同步通信对设备要求较高,因此,在测量设备中,通常采用异步通信方式。异步通信(Asynchronous Data Communication)用一个起始位表示字符的开始,用停止位表示字符的结束。

(2)通信参数

要使发送和接收端能相互匹配,并保证传输数据的正确无误,必须设置通信参数。主要通信参数见表2-19。

通信参数的设置 表2-19

参数名称	含义	备注
波特率 (Baud Rate)	每秒钟传送的位数	对于异步通信,波特率一般在50~38400之间
校验位 (Parity)	也叫奇偶性校验位,是检验数据传输是否正确的一种方法,通过检测所有高电平的总数来检验数据是否正确	通常有以下5种方法: ①无校验(None):不检查奇偶性。 ②偶校验(Even):所有高电平的总数是偶数,则校验位为0;所有高电平的总数为奇数,则校验位为1。 ③奇校验(Odd):所有高电平的总数是奇数,则校验位为0;所有高电平的总数为偶数,则校验位为1。 ④标记校验(Mark):校验位总是1。 ⑤空校验(Space):校验位总是0
数据位 (Data Bit)	组成一个单向传送字符所使用的位数。数字的代码通常使用ASCII码(American Standard Code for Information Interchange,美国信息交换标准码)	一般是7位或8位
停止位 (Stop Bit)	处于最后一个数据位或校验位之后,用来表示该字符的结束	其宽度为1、1.5或2

续上表

参数名称	含　义	备　注
数据流控制 （Protocol）	如果两个设备间传输多个数据块时,这就要求接收设备能够控制数据传输	主要有以下3种方式： ①XON/XOFF：当内部数据缓冲器满时,接收器发出一个XOFF信号,发送器中止传输并等待一个XON信号；然后,恢复传送。 ②RTS/CTS（硬件方式）：通过硬件控制。 ③None：此为无回答方式,这时接收器仅按指定的波特率接收数据

（3）串行接口

目前,最常用的串行通信接口是采用EIA（Electronics Industries Association）RS（Recommended Standard）-232-C标准。按该标准设计的接口,对各信号的电平规定也是标准的,因而便于连接。

2）超级终端

（1）通信参数的设置

以中文Windows98为例,首先进入【开始/程序/附件/通信/超级终端】,启动Hypertrm.exe程序,再按以下步骤进行：

①输入：新建超级终端文件名,并选择任意一个图标。

②选择"连接时使用"：直接连接到com1。说明：计算机需要有调制解调器（Modem）。

③端口设置：通信参数的设置见表2-20。

超级终端通信参数的设置　　　　　　　　　　　　　　　　　　表2-20

参数名称	波特率	校验位	数据位	停止位	数据流控制
设置值	1200	8	无	1	硬件

注：1.设置的参数值应与全站仪上设置的通信参数值一致。
　　2.其他参数可选择系统默认值。

（2）数据传输步骤

①利用通信线将全站仪与计算机相连；

②启动计算机Windows下定义的超级终端程序,进入通信连接状态；

③打开全站仪,进入测量程序菜单,按仪器说明书在通信菜单下选择"数据（文件）发送"；

④数据传送完毕,计算机选择"断开通信",然后选择"编辑/全选"和"编辑/复制"；

⑤退出超级终端模式,打开某个文件或进入文本编辑器进行"粘贴",即可存储数据文件。

3）PCMCIA卡

PCMCIA卡是数据存储卡,简称PC卡。PC卡与仪器内存之间的数据通信可通过仪器菜单的操作来实现（详见仪器操作手册）。存有数据的PC卡,可直接插入到电脑的PC卡驱动器中,从而将测量数据传输给计算机。因此,仪器内存与计算机之间的数据通信,通过PC卡可很方便地实现,而无需使用卡读器。PCMCIA卡是进行文件传输最方便的一种数据通信方式。

2.4.3　全站仪简介

1）常见全站仪列表（见表2-21）

常见全站仪一览表 表2-21

生产厂家	全站仪型号	主要技术指标
中国南方公司	NTS—322	测程:2.6km 精度:±2″,±(3mm+2×10⁻⁶D)
	NTS—325	测程:2.3km 精度:±5″,±(3mm+2×10⁻⁶D)
日本索佳 (Sokkia)	SET1010	测程:3.5km 精度:±1″,±(2mm+2×10⁻⁶D)
	SET2010	测程:3.5km 精度:±2″,±(2mm+2×10⁻⁶D)
	SET510	测程:2.8km 精度:±5″,±(2mm+2×10⁻⁶D)
日本拓普康 (Topcon)	GTS—800	测程:2.6km 精度:±1″,±(2mm+2×10⁻⁶D)
	GTS—332	测程:3.0km 精度:±2″,±(2mm+2×10⁻⁶D)
	GTS—225	测程:3.0km 精度:±5″,±(2mm+2×10⁻⁶D)
日本宾得 (Pentax)	ATS—101	测程:3.6km 精度:±1″,±(2mm+2×10⁻⁶D)
	PCS—215	测程:1.5km 精度:±5″,±(3mm+3×10⁻⁶D)
	PCS—325	测程:1.5km 精度:±5″,±(3mm+3×10⁻⁶D)
日本尼康 (Nikon)	DTM—831	测程:3.3km 精度:±2″,±(2mm+2×10⁻⁶D)
	DTM—350	测程:2.1km 精度:±5″,±(3mm+3×10⁻⁶D)
瑞士徕卡 (Leica)	TC2003	测程:3.5km 精度:±0.5″,±(1mm+1×10⁻⁶D)
	TC1500	测程:3.5km 精度:±2″,±(2mm+2×10⁻⁶D)
	TC600	测程:1.6km 精度:±5″,±(3mm+3×10⁻⁶D)
美国天宝 (Trimble)	5600S	测程:2.8km 精度:±1″,±(1mm+1×10⁻⁶D)
	5602S	测程:2.8km 精度:±2″,±(2mm+2×10⁻⁶D)
	5605S	测程:1.2km 精度:±5″,±(3mm+3×10⁻⁶D)
德国蔡司 (Zeiss)	REC Elta—2	测程:2.5km 精度:±0.6″,±(2mm+2×10⁻⁶D)
	Elta 40R	测程:2.0km 精度:±3″,±(3mm+3×10⁻⁶D)
	Elta 50	测程:1.6km 精度:±6″,±(5mm+3×10⁻⁶D)

2）SET2000 简介

POWER SET 2000 型全站仪是日本索佳（Sokkia）公司生产的。它具有超现代的硬件造型设计和配备功能强大的应用软件，是融光、机、电、磁现代科技最新成就于一身，集小型、简便、快捷、高精度和多用性等特点于一体的、跨世纪的新一代全站型电子速测仪。图 2-21 是 SET2000 的外貌图。

(1) 仪器的主要技术指标（见表 2-22）

SET 2000 主要技术指标　　　　　　　　表 2-22

内　容	参　数	备　注
物镜孔径	45mm	
放大倍率	30×	
最短视距	1.0m	
最小显示	0.5″	水平角，天顶距
标准差	±2″	水平角，天顶距
测角时间	0.5s 以内	
最大测距	2700m	1 块棱镜
	3500m	3 块棱镜
最小显示	0.1mm	精测
标准差	$\pm(2mm+2\times10^{-6}D)$	精测
测距时间	2.1s（初次 4.2s）	精测
内部电池 BDC 35	7h	可测约 500 点
外部电池 BDC 12	23h	可测约 1600 点

(2) 仪器的显示符

索佳 SET2000 型全站仪两侧均有显示屏，且显示屏较大，可同时显示多项信息。部分显示符号及其含义见表 2-23。

SET 2000 显示符号的含义　　　　　　　　表 2-23

显示符号	含　义	显示符号	含　义
H. obs	水平角	P. C. mm	棱镜常数
V. obs	天顶距（天顶为 0）	ppm	气象改正数
S. Dist	斜距	N	数字输入状态
H. Dist	平距	A	字母输入状态
V. Dist	高差		

注：1ppm = 10^{-6}。

(3) 仪器的操作键盘

SET2000 的键盘（见图 2-22）由 43 个按键组成，包括电源开关键 1 个、照明键 1 个、软键 4 个、操作键 11 个和字母数字键 26 个。

(4) SET2000 型全站仪的操作

目前大部分全站仪都是整体式全站仪，都有内置软件，全站仪的各项操作都是根据内置软件的菜单来进行的。SET2000 型全站仪有两种工作模式：测量工作模式【MEAS mode】和记录工作模式【REC mode】。

在【MEAS mode】下,仪器有8个主菜单,分别为:【READ】(距离测量)、【PPM】(气象改正设置)、【CNFG】(仪器参数设置)、【REC】(转至记录模式)、【0 SET】(水平读数置0)、【HANG】(水平角设置)、【AIM】(返回信号测试)和【TILT】(倾角显示)。

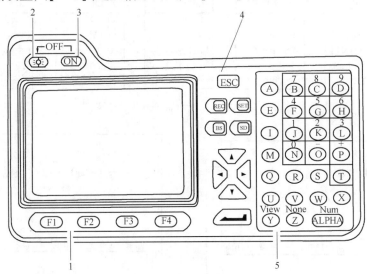

图 2-22　SET2000 操作面板

1-软键;2-照明键;3-电源开关键;4-操作键;5-字母数字键

在【REC mode】下,仪器有5个主菜单,分别为:【FUNC】(功能菜单)、【SURV】(测量菜单)、【COGO】(计算放样菜单)、【ROAD】(道路测量菜单)和【SYS】(系统菜单)。各主菜单之下分别有若干个子菜单,以便进行各种工程测量。具体操作详见仪器说明书。

3) GTS—720 简介

GTS—720 全站仪是日本拓普康(Topcon)公司生产的。它是一款全汉化的计算机型全站仪。图 2-23 是 GTS—720 的外貌图。

(1) 主要特点

仪器预装功能强大的 TopSURV 测量应用软件包,包括:标准测量程序、道路定线设计、标准放样程序、道路放样程序、偏心测量程序、横断面设计、CoGo 计算程序、边坡放样程序等。内置标准 WinCE 系统平台,二次开发更容易,可针对不同行业的需求,开发专业的应用软件。仪器配备 CF 数据存储卡系统,有 USB 接口,数据传输方便。

(2) 仪器操作

GTS—720 全站仪的固化软件包括:Program(程序)、Measurement(测量)、Memory Manage(内存管理)、Communication(通信)、Adjustment(校正)、Parameter Setting(参数设置)。其标准测量程序见图 2-24。

仪器的测量功能有四种测量模式:角度测量模式(见图 2-25)、斜距测量模式(见图 2-26)、平距测量模式(见图 2-27)和坐标测量模式(见图 2-28)。仪器的具体操作详见仪器说明书。

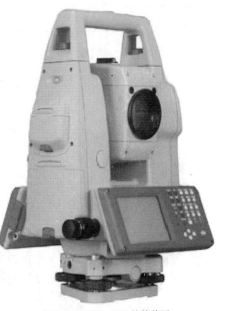

图 2-23　GTS—720 的外貌图

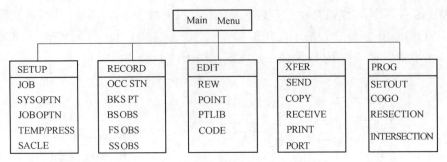

图 2-24 GTS—710 全站仪的标准测量程序

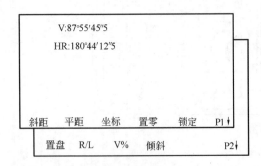

图 2-25 角度测量模式

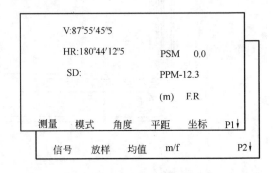

图 2-26 斜距测量模式

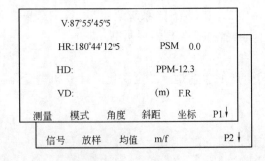

图 2-27 平距测量模式

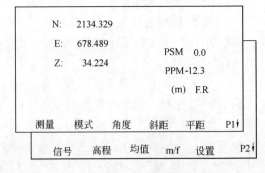

图 2-28 坐标测量模式

图 2-29 TC2003 全站仪的外貌图

4）TC2003 简介

TC2003 全站仪是瑞士徕卡（Leica）公司生产的,其外貌如图 2-29 所示。整个仪器的结构可分成三大部分,即测角系统、测距系统、测量数据处理系统。这三部分系统功能的执行和控制,由附设在仪器内的电子控制主板、存储卡板和马达控制板来完成。

为实现高精度的测量,TC2003 全站仪采用了有别于其他全站仪的许多独特先进技术,这些技术在进一步提高全站仪的性能和品质方面,发挥了十分有效的作用。此外,发展了"开放的测量世界"（OSW）的新理念,即通过使用统一标准的数据记录介质、接口和数据格式,把测量和数据处理系统有机地结合起来,为仪器的互相兼容、数据的共享,创造了条件。

现对 TC2003 的主要特点作一简介。

(1)动态角度扫描系统

在电子测角中,TC2003采用动态角度扫描系统,与其他测角系统相比,这是一个重大突破。该系统建立在计时扫描绝对动态测角的原理上,由绝对式光栅度盘及驱动系统,与仪器底座连接在一起的固定光栅探测器,以及与照准部连接在一起的活动光栅测控器和数字测微系统等组成。这种动态角度扫描系统可彻底消除度盘的分划误差和偏心误差,极大地提高了测角精度。

(2)三轴自动补偿功能

测量仪器的竖轴、横轴和视准轴的误差都会影响测量精度。特别是竖轴倾斜误差,不能采用盘左、盘右取平均的方法加以消除,因此竖轴倾斜误差是一种令人关注的误差。TC2003附设有一些液体补偿器,在仪器粗略整平后,可以精确测出距严格整平时的偏离值,按相应计算公式对所测值进行改正,从而获得准确的测值。在TC2003仪器上补偿器的补偿范围为±3°,补偿精度可达1″以内。

(3)动态频率校正

在相位法测距中,为了提高测距精度,必须采用很高的精测频率测尺。TC2003全站仪对测距频率的稳定控制,除采用晶体老化处理技术外,还采用了一种独特的动态频率校正技术。其原理是,由于影响晶体振荡器频率变化的最主要因素是温度的变化,因此精确测定出晶体振荡器的温度与频率变化特性并建立数学模型,根据此模型和实际工作的温度,对频率及测距值进行修正,达到精确测距的目的。

(4)仪器的精度高

TC2003全站仪的测距标称精度为$\pm(1mm+1\times10^{-6}D)$;测角精度为$\pm0.5″$。它是目前世界上精度最高的全站仪之一,多用于精度要求很高的精密工程测量和变形测量。

2.5 GPS 接 收 机

2.5.1 GPS定位系统简介

1)发展概况

美国国防部于1973年12月批准研制新一代的卫星导航系统——导航卫星定时测距全球定位系统(Navigation Satellite Timing and Ranging Global Positioning System),简称GPS系统。自1974年以来,GPS系统的建立经历了方案论证、系统研制和生产试验等三个阶段,总投资超过200亿美元,这是继阿波罗计划、航天飞机计划之后的又一庞大的空间计划。1978年2月22日,第一颗GPS试验卫星发射成功;1989年2月14日,第一颗GPS工作卫星发射成功;1994年全部完成24颗工作卫星(含3颗备用卫星)的发射工作。

GPS系统可以向全球数目不限的用户连续地提供高精度的全天候三维坐标、三维速度以及时间信息。GPS系统最初的主要目的是为美国海陆空三军提供实时、全天候和全球性的导航服务。GPS定位技术由于其高度自动化及高精度,现已应用于大地测量、工程勘测、地壳监测、航空与卫星遥感、地籍测量等测绘领域。它的问世导致了测绘行业的一场深刻的技术革命,并使测绘科学进入一个崭新的时代。另外,GPS系统还广泛地应用于飞机船舶和各种载运工具的导航、海空救援、水文测量、近海资源勘探、航天发射及卫星回收等技术领域。GPS系统的出现,使卫星定位技术发展到了一个辉煌的历史阶段。

2）GPS 的组成

GPS 由三部分组成，三者既有独立的功能和作用，但又是有机地配合而缺一不可的整体系统。

（1）空间部分

由 24 颗 GPS 卫星组成，其中 21 颗为工作卫星，3 颗为随时可以启用的备用卫星。如图 2-30 所示，24 颗卫星均匀分布在 6 个轨道面内，每个轨道面均匀分布有 4 颗卫星。卫星轨道平面相对地球赤道面的倾角均为 55°，各轨道平面升交点的赤经相差 60°。轨道平均高度约为 20200km，卫星运行周期为 11h58min。地面观测者见到地平面上的卫星颗数随时间和地点的不同而异，最少为 4 颗，最多可达 11 颗。

图 2-31 是 GPS 工作卫星的外形结构。主体呈圆柱形，直径约为 15m，质量约 774kg。星体两侧各伸展出一块由四叶拼成的太阳能电池翼板，其面积为 $72m^2$，能自动对准太阳，以保证卫星正常工作用电。

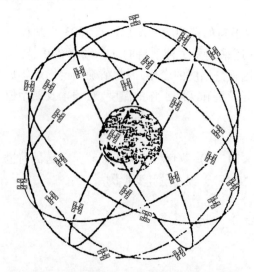

图 2-30　GPS 卫星星座

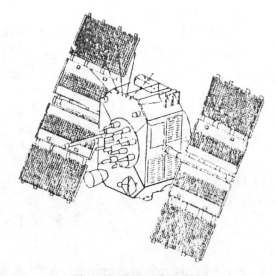

图 2-31　GPS 卫星构造示意图

在 GPS 系统中，GPS 卫星的作用是：

① 向广大用户连续发送定位信息；

② 接收和储存由地面监控站发来的卫星导航电文等信息，并适时地发送给广大用户；

③ 接收并执行由地面监控站发来的控制指令，适时地改正运行偏差或启用备用卫星等；

④ 通过星载的高精度铷钟和铯钟，提供精密的时间标准。

（2）控制部分

为了确保 GPS 系统的良好运行，地面监控系统发挥了极其重要的作用。其主要任务是：监视卫星的运行；确定 GPS 时间系统；跟踪并预报卫星星历和卫星钟状态；向每颗卫星的数据存储器注入卫星导航数据。

地面监控部分包括 1 个主控站、5 个监控站和 3 个注入站，其分布如图 2-32 所示。

① 主控站

主控站只有 1 个，设在美国本土科罗拉多州斯本斯空间联合执行中心。它负责管理和协调整个地面监控系统的工作；根据本站和其他监测站的所有跟踪观测数据，计算各卫星的轨道参数、钟差参数以及大气层的修正参数，编制成导航电文并传送至各注入站；负责调整偏离轨道的卫星,使之沿预定轨道运行;必要时启用备用卫星以代替失效的工作卫星。

图 2-32 GPS 卫星的地面监控系统

②监测站

监测站是在主控站控制下的数据自动采集中心。全球共有 5 个监测站。其主要任务是为主控站提供卫星的观测数据,用以确定卫星的轨道参数。

③注入站

注入站共有 3 个。其主要任务是将主控站发来的导航电文注入到相应卫星的存储器,每天注入 3~4 次。此外,注入站能自动向主控站发射信号,每分钟报告一次自己的工作状态。

整个 GPS 的地面监控部分,除主控站外均无人值守。各站间用现代化的通信网络联系起来:在原子钟和计算机的精确控制下,各项工作实现了高度的自动化和标准化。

(3)用户部分

GPS 用户设备部分主要包括:GPS 接收机及其天线、微处理器及其终端设备以及电源等。而其中接收机和天线,是用户设备的核心部分,一般习惯上统称为 GPS 接收机。

接收机的主要功能是:能迅速捕获按一定卫星截止高度角所选择的待测卫星信号,并跟踪这些卫星的运行,对所接收到的卫星信号进行变换、放大和处理,以便测定出 GPS 信号从卫星到接收天线的传播时间,解译出 GPS 卫星所发送的导航电文,实时地计算出测站的三维坐标、三维速度和时间等所需数据。

3) GPS 的特点

(1) 定位精度高。大量的实践和研究表明,用载波相位观测量进行静态相对定位,在小于 50km 的基线上,目前达到的典型精度为 10^{-6},而在 100~500km 的基线上可达 10^{-7}。

(2) 观测时间短。随着 GPS 系统的不断完善,软件水平的不断提高,观测时间已由以前的几小时缩短至现在的几十分钟,甚至几分钟。采取实时动态定位模式,流动站经过 1~2min 动态初始化之后,可随时定位,每站观测仅需几秒钟。

(3) 测站间无需通视。GPS 测量只要求测站上空开阔,与卫星间保持通迅即可,不要求测站之间互相通视,因而不再需要建造觇标。这一优点既可大大减少测量工作的经费和时间。

(4) 工作效率高。随着 GPS 接收机的不断改进,GPS 测量的自动化程度越来越高,有的已趋于"傻瓜化",仪器操作非常简便。另外,现在的接收机体积也越来越小,相应的重量也越来越轻,极大地减轻了测量工作者的劳动强度,也使野外测量工作变得轻松愉快。

(5) 全球全天候定位。GPS卫星的数目较多,且分布均匀,用户可以进行全球全天候的观测工作。一般除打雷闪电不宜观测外,其他天气(如阴雨下雪、起风下雾等)也不受影响,这是经典测量手段望尘莫及的。

(6) 可提供全球统一的三维地心坐标。GPS定位是在全球统一的WGS-84坐标系统中计算的,因此全球不同地点的测量成果是相互关联的。

(7) 应用广泛。目前,在导航方面,它不仅广泛地用于海上、空中和陆地运动目标的导航,而且在运动目标的监控与管理,以及运动目标的报警与救援等方面,也已获得成功的应用;在测量方面,这一定位技术在大地测量、工程测量与变形监测、地籍测量、航空摄影测量和海洋测绘等各个领域的应用,已甚为普遍。另外,GPS系统还广泛用于交通、气象、农林等众多相关领域。随着GPS定位技术的发展,其应用的领域在不断拓宽。

4) GPS在我国的应用和发展

20世纪80年代初期,我国一些院校和科研单位就开始研究GPS技术。三十多年来,我国的测绘工作者在GPS定位基础理论研究和应用开发方面做了大量的工作。

(1) 大地测量

在大地测量方面,利用GPS技术开展国际联测,建立全球或全国性大地控制网,提供高精度的地心坐标,测定和精化大地水准面。1992年组织全国10多家单位参加了"中国92GPS会战",建成了由28个点组成的平均边长约100km的GPS国家A级网,提供了亚米级精度的地心坐标基准。此后,在A级网的基础上,我国又布设了平均边长为50~150km的B级网,总点数约800个,两级网均联测了几何水准,A、B级网的建成为我国各部门的测绘工作提供了高精度的平面和高程三维基准。全国范围的C级网也正在实施之中。

(2) 工程测量

在工程测量方面,应用GPS静态相对定位技术,布设精密工程控制网,用于桥梁工程、隧道与管道工程、海峡与地铁贯通工程以及精密设备安装工程等;布设变形监测控制网,用于城市和矿区油田地面沉降监测、大坝变形监测、高层建筑变形监测等;应用GPS实时动态定位技术加密测图控制点,用于测绘地形图和施工放样。

(3) 航空摄影测量

在航空摄影测量方面,我国测绘工作者应用GPS技术进行航测外业像片控制测量、航摄飞行导航、机载GPS航测等航测成图的各个阶段。

(4) 地球动力学

在地球动力学方面,由于高精度的GPS定位技术可以精确提供有关板块运动的四维信息,因而被用于监测全球板块运动和区域性板块运动以及板块内的地壳变形。我国已开始用GPS技术监测南极洲板块运动、青藏高原地壳运动、四川鲜水河地壳断裂运动,建立了中国地壳形变监测网、三峡库区形变观测网、首都圈GPS形变监测网等。地震部门也已开始在我国多震活动断裂带布设规模较大的地壳形变GPS监测网。

(5) 其他方面

在军事部门、能源交通部门、国土资源部门、城市建设与管理部门以及农业气象等部门和行业,在航空航天、测时授时、物理探矿、姿态测定等领域,也都开展了GPS技术的研究和应用。

与此同时,在我国还广泛深入开展了 GPS 静态定位和动态定位的理论和技术的研究,研制开发了一系列 GPS 高精度定位软件和 GPS 网与地面网联合平差软件以及精密定轨软件,实现了商品化,并打入国际市场。

近几年,我国 GPS 卫星定轨跟踪网及 GPS 精密星历服务工作已取得显著进展。已先后建成了北京、武汉、上海、西安、拉萨、乌鲁木齐等永久性的 GPS 跟踪站,以实现对 GPS 卫星进行精密定轨,为高精度的 GPS 卫星定位提供精密星历服务,致力于我国自主的广域差分 GPS 方案的建立,参与全球导航定位系统(GNSS)和 GPS 增强系统(WAAS)的筹建。同时,我国已着手建立自己的卫星导航系统(北斗双星定位系统),能够生产导航型和测地型 GPS 接收机。

可以预测,随着 GPS 技术的进一步发展,GPS 的应用将进入我们的日常生活,甚至会改变我们的生活方式。所有的运载工具,都将依赖于 GPS,手表式的 GPS 接收机,将成为旅游者的忠实导游。GPS 就像移动电话、计算机互联网一样对我们的生活产生影响一样,人们将离不开它。

2.5.2　GPS 接收机简介

1) GPS 接收机的分类

(1)按接收机的用途分类(见表 2-24)

GPS 接收机按用途分类　　　　　　　　　　　　　　　　表 2-24

类　型	用　途	特　点	备　注
导航型接收机	主要用于运动载体的导航,可以实时给出载体的位置和速度	①一般采用 C/A 码伪距测量,单点实时定位精度较低,一般为 ±25m 左右; ②价格便宜,应用广泛	根据应用领域的不同,可分为:车载型(用于车辆导航定位)、航海型、航空型等
测地型接收机	主要用于精密大地测量和精密工程测量	①采用载波相位观测值进行相对定位,相对定位精度高; ②仪器结构复杂,价格较贵	—
授时型接收机	常用于天文台及无线电通信中的时间同步	主要利用 GPS 卫星提供的高精度时间标准进行授时	—

(2)按接收机的载波频率分类(见表 2-25)

GPS 接收机按载波频率分类　　　　　　　　　　　　　　　表 2-25

类　型	用　途　与　特　点
单频接收机	只能接收 L_1 载波信号,测定载波相位观测值进行定位。由于不能有效消除电离层延迟影响,单频接收机只适用于短基线(<15km)的精密定位
双频接收机	可以同时接收 L_1、L_2 载波信号。利用双频对电离层延迟的不一样,可以消除电离层对电磁波信号延迟的影响,因此双频接收机可用于长达几千公里的精密定位

2) GPS 接收机的组成

图 2-33 为中海达 GPS 接收机。GPS 接收机主要由 GPS 接收机天线单元、GPS 接收机主机单元和电源三部分组成(见表 2-26)。

GPS 接收机的组成   表 2-26

组成部分	用 途	说 明
GPS 接收机天线	将 GPS 卫星信号的极微弱的电磁波能转化为相应的电流,并将微弱的 GPS 信号电流予以放大	GPS 接收机天线有下列几种类型:①单板天线;②四螺旋形天线;③微带天线;④锥形天线
GPS 接收机主机	①使接收机通道得到稳定的高增益;②搜索并跟踪卫星;③对导航电文数据信号实行解码,解调出导航电文内容;④进行伪距测量、载波相位测量等;⑤存储数据;⑥显示有关信息	GPS 接收机主机包括:①变频器及中频放大器;②信号通道;③存储器;④微处理器;⑤显示器等
电源	为 GPS 接收机工作提供能源	包括:①内电源,主要用于 RAM 存储器供电,以防止数据丢失;②外接电源,常用可充电的 12V 直流镉镍电池组

图 2-33 GPS 接收机

3) GPS 接收机的主要任务

GPS 接收机的主要任务是:当 GPS 卫星在用户视界升起时,接收机能够捕捉到按一定卫星高度截止角所选择的待测卫星,并能够跟踪这些卫星的运行;对所接收到的 GPS 信号,具有变换、放大和处理的功能,以便测量出 GPS 信号从卫星到接收天线的传播时间,解译出 GPS 卫星所发送的导航电文,实时地计算出测站的三维位置,甚至三维速度和时间。GPS 信号接收机不仅需要功能较强的机内软件,而且需要一个多功能的 GPS 数据测后处理软件包。接收机加处理软件包,才是完整的 GPS 信号用户设备。

4) 国内外主要 GPS 接收机简介

目前,我国各部门单位购买的进口 GPS 接收机大多是 Leica GPS 接收机、Trimble GPS 接收机和 Ashtech GPS 接收机,而国产 GPS 接收机用户最多的应是中国南方测绘仪器公司、中国中海达测绘仪器有限公司和上海华测导航技术有限公司。

(1) Leica GPS 接收机

徕卡(Leica)公司的前身为瑞士威特(Wild)测量仪器厂,创建于 1921 年。凭借其在常规测绘仪器制造和销售方面的经验,利用美国马格纳沃克斯(Magnavox)公司在导航电子设备制造方面的优势,于 20 世纪 80 年代中叶合资开办了 WM 卫星测量公司,联合设计生产大地测量型 GPS 接收机。1986 年生产出世界上第一台结构紧凑、全封闭的 WM101 单频 GPS 接收机,1988 又推出改进型 WM102 双频 GPS 接收机。随后威特公司又相继与德国莱茨(Leitz)、瑞士克恩(Kern)、英国卡姆布里德格(Cambridge)等公司合并成一大国际集团公司,取名为徕卡公司。该公司于 1992 年下半年推出原 WM 型接收机的更新产品,即 Wild 200 GPS 测量系统,成为世界上第一台拥有快速静态定位功能的 GPS 测量仪器,1995 年又相继推出了增强型 Wild 300 GPS 测量系统,它与 Wild 200 机型相互兼容。Wild 200/300 外型如图 2-34 所示。徕卡公司采用了卫星信号跟踪新技术,又推出了新一代的徕卡 GPS 500 系列(见图 2-35),作为跨世纪产品。该技术在有效对付 AS 政策,克服多路径影响,消除无线电干扰,保证与未来卫星信号兼容等方面取得了突破性的进展。静态相对定位的精度可达 $\pm(5mm + 1 \times 10^{-6}D)$,动态相对定位的精度可达 1~2cm;而三维单点实时定位的精度为 15m。在基线不超过 15km 的情况下,静态相对定位,一般只要观测 1~2min,而准动态相对定位,每点只要观测数秒钟便可达到上述精度。因此该测量系统的作业速度快、精度高,能适应不同精度要求,不同边长和不同类型的测量任务,用途甚为广泛。

图 2-34　Wild 200/300 型 GPS 测量系统

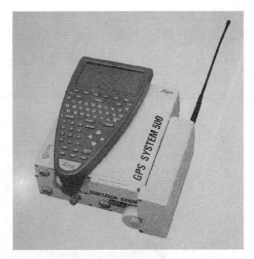

图 2-35　Wild 500 型 GPS 测量系统

徕卡最新产品 GPS1200 系列接收机(见图 2-36)是高精度多星多频测量型 GNSS 接收机,具有超强的卫星敏捷跟踪技术,全新、快速的 RTK 运算,通俗易学的导航式操作界面。该设备有以下特点:72 通道准扼流圈天线;亚毫米相位中心稳定性;内置电子抑径板;基准站、流动站可互换;全中文大尺寸图形界面,可定义功能键;触摸屏幕,实时大屏幕显示测量状态;完全支持网络参考站;17h 以上超长工作时间等。

SKI 是 Wild 200/300 GPS 测量系统静态与动态定位的通用后处理软件包。它可处理该测量系统获取的各类测量数据,其主要功能模块包括:系统配置、测量作业计划编制、项目管理、输入输出管理、多基线平差处理、数据调阅及编辑等。该软件包还有以下两项选件:①坐标系统转换和地图投影计算软件。该软件可将 GPS 测量结果,换算到用户所需要的区域性坐标系统以及将大地坐标投影到用户需要的平面坐标系统。②数据标准化交换格式(Rinex 格式)输入接口软件。应用该软件可使 SKI 软件处理不同类型 GPS 接收机的观测数据。

图 2-36　Leica GPS1200 测量系统

徕卡 GPS500 系列接收机采用新的 SKI-Pro 软件,它可以在 Windows98 和 NT 平台上运行的高度自动化的软件,同样可用最少的操作干预来精确、快速地进行处理,对于高级用户有丰富的范围进行细节的分析,可进行完整的报表和质量控制。

(2)Trimble GPS 接收机

美国天宝(Trimble)导航公司,是 1978 年成立的专门从事生产和销售 GPS 接收机的私营股份公司。迄今为止,该公司已生产有大地型、导航型和授时型三大类 GPS 接收机,计有 20 多种型号。大地型接收机从 1985 年开始陆续投放市场,其型号经历了从 A/AX、S/SX、SL/SD、ST/SST 到目前的 SE/SSE 的发展过程。当前国内 GPS 用户所拥有的接收机,主要是

ST/SST 型。其标称精度,ST 型单频机为 $\pm(10mm + 2\times 10^{-6}D)$,SST 型双频机为 $\pm(5mm + 1\times 10^{-6}D)$。该公司 1991 年下半年推出的 SE/SSE 型接收机,为该接收机系列的更新产品,按其用途分为静态大地测量型和动态大地测量型两种。其中双频 P 码大地型接收机,可用于大于 50km 的基线测量,精度可达毫米级。

目前 Trimble 系列的最新产品是 Trimble 5800。图 2-37 是 Trimble 5700,它是把 GPS 接收机、GPS 天线、RTK 电台及电台天线缩小在单一的轻型机壳中的最新型的双频 GPS 接收机。

 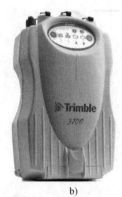

a)　　　　　　　　　b)

图 2-37　Trimble 5700 双频 GPS 接收机

Trimble GPS 软件包业经多个版本的更新,ST 型机用 60 版,而 SE 型机已用 90 版。其特点是采用项目控制方式,具有图形显示功能,能生成 Rinex 数据格式,可在 IBM-PC 机及其兼容机上运行。下面介绍它的主要组成部分和功能。

Plan 程序:根据星历预报某测站某一天内的卫星分布情况,供用户安排观测计划。

4000 程序:对接收机中的数据文件进行管理并传输到计算机内,而后调用 Trim 640 或 Trimmbp 软件进行处理。

Trim 640 和 Trimmbp 软件:用于基线处理。Trim 640 只处理单基线;Trimmbp 可处理 10 台接收机的同步观测数据,采用伪距和伪距差分定位改善测站坐标初值,自动处理周跳和劣观测值,能处理静态、准动态及动态等测量模式的观测数据。

Kin 程序:自动处理准动态测量的观测数据,只要每个流动站上有 4 颗及 4 颗以上的有效卫星,并有 2~8 个历元的观测数据,就可达到厘米级定位精度。

Tclose 程序:根据指定路线算出坐标增量闭合差,以校验 GPS 测量的精度。

Trimnet 程序:进行 GPS 网平差、坐标转换及投影变换、GPS 网与地面网联合平差等。

Trimsdb 程序:具有编辑、更新、检索、统计和图形显示功能,专用于测量控制点资料管理。

Trimmap 绘图软件的运行环境为:IBM-PC 及兼容机,CGA、EGA 或 VGA 图解机,HP 绘图机等。绘图的功能包括:提供地图符号码、图例、线形符号、平面符号等;结合"解析测图装置"(CAD),提供人机对话的编辑以说明注记、晕线及其他地图要素;利用野外定位数据,快速而准确地绘出等高线图和断面图。该软件可用于地形测量,公路、铁路的勘测、选线和建筑测量,土地开发测量、矿山测量及变形测量等。Trimmap 绘图软件包的开发成功,有效地增强了 GPS 测量后处理的功能,为测绘工作提供了一个自动化的新工具。

(3)南方 GPS

中国南方测绘仪器公司创立于 1989 年 4 月。二十几年来,已经发展成为初具规模的集贸、工、技为一体的专业测绘仪器、软件产业集团。南方测绘始终坚持专业化的产业化发展战略,现已拥有遍布全国的28家省级分公司、1家海外合资公司和5家生产厂。南方测绘长期致力测绘仪器国产化,公司能够独立研制生产电子经纬仪、全中文内存全站仪、测量型GPS等高精度测绘仪器,并大量出口到世界六大洲40多个国家和地区。

灵锐S86T GPS接收机(见图2-38)是南方公司最新推出的GPS产品。国内首创双蓝牙技术,通过手机接收差分信号,实时数据更新。快速稳定的网络数据链,兼容其他品牌或城市的CORS系统。独立2in液晶屏显示,即插即用式U盘设计,有低海拔跟踪技术与星载多路径抑制,显著改善RTK初始化。南方S86T GPS接收机的技术指标见表2-27。

图2-38　南方S86T GPS接收机

南方S86T GPS接收机技术指标　　　　　表2-27

内　容	参　数	内　容	参　数
通道	220通道	单机定位精度	1.5m
跟踪信号	GPS:L1C/A,L2E,L2C,L5 GLONASS:L1C/A,L1P,L2P	RTD平面精度	0.45m
静态平面精度	$2.5mm + 1 \times 10^{-6}D$	RTK平面精度	$1cm + 1 \times 10^{-6}D$
静态高程精度	$5mm + 1 \times 10^{-6}D$	RTK高程精度	$2cm + 1 \times 10^{-6}D$
内存	128M,支持SD卡CF卡,最大限量扩充	工作温度	$-20 \sim +50$℃

2.6　测量仪器的检校与保养

2.6.1　水准仪的检验与校正

1)轴线及其关系

如图2-39所示,DS₃型水准仪的轴线有:视准轴CC、水准管轴LL、圆水准轴$L'L'$、仪器竖轴VV。它们应该满足以下几何条件:

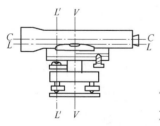

①圆水准轴平行于仪器竖轴($L'L'//VV$);
②十字丝横丝垂直于仪器竖轴;
③水准管轴平行于视准轴($LL//CC$)。

水准仪的检验就是查明仪器各轴线是否满足应有的几何条件,只有这样,水准仪才能真正提供一条水平视线,从而正确地测定两点间的高差。如果不满足几何条件,且超出规定的范围,则应进行仪器校正,所以,校正的目的就是使仪器各轴线满足应有的几何条件。

图2-39　DS₃型水准仪的轴线

2)检校项目一览表

水准仪的检校项目参见表2-28。《工程测量规范》(GB 50026—2007)规定:
(1)水准仪视准轴与水准管轴的夹角(i角),DS₁型仪器不应超过15″,DS₃型仪器不应超

过 20″;

(2)自动安平水准仪也需要进行 i 角检定,方法同普通水准仪;

(3)补偿式自动安平水准仪的补偿误差 $\Delta\alpha$,对于二等水准不应超过 0.2″,三等水准不应超过 0.5″。

水准仪检定项目表　　　　　　　表 2-28

序号	检定项目	主要检定工具	检定类别		
			新购的	使用中	修理后
1	外观及一般性能检定	—	+	⊕	+
2	管状水准器角值	水平仪检定器	+	+	+
3	符合水准器符合精度	水平仪检定器	+	+	+
4	圆水准器角值	微倾工作台	+	-	-
5	圆水准器轴相对于竖轴的平行度	—	+	⊕	+
6	望远镜横丝与竖轴的垂直度	1″测微平行光管	+	⊕	+
7	望远镜视轴与管状水准器轴在水平面内投影的平行度(交叉误差)	1″测微平行光管	+	-	+
8	望远镜视轴与管状水准器轴在视轴铅垂面内投影的平行度(i 角误差)	专用平行光管	+	⊕	+
9	视距乘常数与视距丝对称度	专用平行光管	+	-	+
10	自动安平水准仪视准轴位置准确性	专用平行光管	+	⊕	+
11	自动安平水准仪安平精度	微倾工作台	+	+	+
12	自动安平水准仪补偿误差	微倾工作台	+	+	+
13	测站单次高差的标准偏差	水准尺	+	-	+
14	每千米往返测高差中数的标准偏差	水准尺	+	-	+

注:1. 表中"+"表示必检;"-"表示可不检定;"⊕"表示对于使用频繁的仪器每 2~3 月需按有关规定的室内方法和室外方法行进校正,不必另开合格证。

　　2. 第 13、14 项可采取统计抽样的方法进行抽检。

3)检验与校正的方法

下面主要介绍表 2-28 中的第 5、8 项的检验与校正方法。

(1)圆水准器的检验与校正

目的:使仪器圆水准轴平行于仪器竖轴($L'L'//VV$)。

检验:用脚螺旋使圆气泡居中。将望远镜旋转 180°,若气泡仍居中,如图 2-40a)所示,则条件满足;若气泡偏离中央,如图 2-40b)所示,则须校正。

校正:用校正针(拨针)拨动圆水准器之校正螺旋,如图 2-41 所示;改正气泡偏离值的一半(估计),如图 2-40c)所示;再调节脚螺旋,使气泡完全居中,如图 2-40d)所示。重复以上步骤,直至校正完善为止。

a)

b) c)

d)

图 2-40　圆水准器的检校

(2)水准管轴的检验与校正

目的:使仪器水准管轴平行于视准轴($LL//CC$)。

检验:如图 2-42 所示,在一平坦场地上用钢尺量取一直线 I_1ABI_2,其中 I_1、I_2 为安置仪器处,A、B 为立标尺处,并使 $I_1A = BI_2$。设 $D_1 = BI_2$,$D_2 = AI_2$,使近标尺距离 D_1 约为 5~7m,远标尺距离 D_2 约为 40~50m。分别在 A、B 处各打一木桩(或放置尺垫),并各立上水准尺。

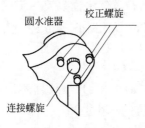

图 2-41 圆水准器校正螺旋

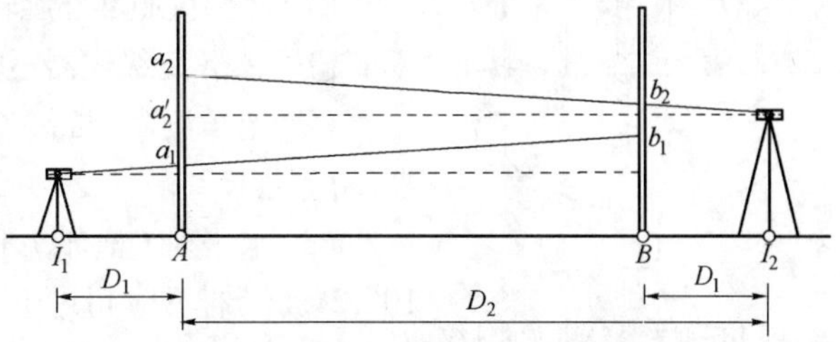

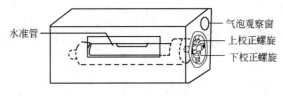

图 2-42 水准管轴平行于视准轴的检验

首先将仪器安置于 I_1 点,测出 A、B 两点的高差 $h_1 = a_1 - b_1$。然后安置仪器于 I_2 点,再测 A、B 两点的高差 $h_2 = a_2 - b_2$。若 $h_2 = h_1$,则望远镜视线成水平位置,即水准管轴平行于视准轴;如果 $h_2 \neq h_1$,则需按下式计算出仪器的 i 角值,若 i 角值大于规范规定值时必须进行校正。

$$i'' = \frac{\Delta}{D_2 - D_1} \cdot \rho'' - 1.61 \times 10^{-5} \times (D_1 + D_2) \qquad (2-1)$$

式中:$\Delta = [(a_2 - b_2) - (a_1 - b_1)]/2$。计算时,四个读数 a_1、b_1、a_2、b_2 以及距离 D_1、D_2 均取 mm 为单位。

校正:在 I_2 处,对于气泡式水准仪,转动望远镜的微倾螺旋,将望远镜视线对准 A 标尺上应有的正确读数 a_2'。a_2' 按下式计算:

$$a_2' = a_2 - \Delta \cdot \frac{D_2}{D_2 - D_1} \qquad (2-2)$$

当横丝对准 a_2' 读数后,此时视线水平,而水准管气泡必然偏离中央,用校正针直接调整水准管校正螺旋使气泡居中,如图 2-43 所示。此项检验校正工作亦须反复进行,直至仪器 i 角满足要求为止。

图 2-43 水准管轴的校正

2.6.2 经纬仪的检验与校正

1)轴线及其关系

如图 2-44 所示,DJ_6 型光学经纬仪的主要轴线有:视准轴 CC、水准管轴 LL、仪器横轴 HH、仪器竖轴 VV。它们应该满足以下几何条件:

(1)水准管轴应垂直于仪器竖轴($LL \perp VV$);

(2)十字丝竖丝垂直于仪器横轴;

(3)视准轴垂直于仪器横轴($CC \perp HH$);

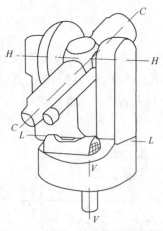

图 2-44 DJ_6 型光学经纬仪的轴线

(4)仪器横轴垂直于仪器竖轴($HH \perp VV$);

(5)竖盘指标差 $x = 0''$。

2)检校项目一览表

光学经纬仪的检校项目参见表 2-29。《工程测量规范》(GB 50026—2007)规定:

(1)经纬仪照准部旋转轴正确,各位置气泡读数较差,1″级仪器不应超过 2 格,2″级仪器不应超过 1 格;6″级仪器不应超过 1.5 格;

(2)光学测微器行差及隙动差,1″级仪器不应大于 1″,2″级仪器不应大于 2″;

(3)水平轴(横轴)不垂直于竖轴之差,1″级仪器不应超过 10″,2″级仪器不应超过 15″;6″级仪器不应超过 20″;

(4)光学对点器的对中误差,不应大于 1mm。

光学经纬仪检定项目表　　　　表 2-29

序号	检定项目	主要检定工具	检定类别		
			新购的	使用中	修理后
1	外观及一般性能检定	—	+	⊕	+
2	光学测微器行差	—	+	⊕	+
3	光学测微器隙动差	平行光管 1 台	+	+	+
4	照准部旋转的正确性	—	+	+	+
5	水准器轴与竖轴的垂直度	—	+	⊕	+
6	望远镜竖丝与横轴的垂直度	垂球、悬丝或平行光管	+	⊕	+
7	横轴与竖轴的垂直度	平行光管 2 台	+	+	+
8	竖盘指标差	平行光管 2 台	+	⊕	+
9	视准轴与横轴的垂直度	平行光管 2 台	+	⊕	+
10	望远镜调焦时视准轴的变动误差	专用平行光管	+	-	+
11	视距乘常数	标尺、钢卷尺	+	+	+
12	视距丝对称度	—	+	-	+
13	光学对点器视轴与竖轴的重合度	—	+	-	+
14	竖盘指标自动补偿器补偿误差	平行光管、微倾工作台	+	+	+
15	一测回水平方向标准偏差	平行光管	+	+	+

注:表中"+"表示必检;"-"表示可不检定;"⊕"表示对于使用频繁的仪器每 2~3 月需按有关规定的室内方法和室外方法进行校正,不必另开合格证。

3)检验与校正的方法

下面主要介绍表 2-29 中的第 5、7、8、9 项的检验与校正方法。

(1)长水准管轴的检验与校正

目的:使仪器照准部长水准管轴垂直于仪器竖轴($LL \perp VV$)。

检验:先将仪器大致安平,使长水准管轴与两个脚螺旋的连线平行,转动相应的脚螺旋,使长水准管气泡居中;然后将照准部旋转 90°,调节第三个脚螺旋,使长水准管气泡居中;再回到原来的位置,转动前两个脚螺旋,使长水准管气泡居中;此时,将照准部旋转 180°,若气泡仍然居中,则 $LL \perp VV$(即满足条件),否则气泡将偏于一方,此时需进行校正,如图 2-45a)、b)所示。

校正：记下长水准管偏离格数,用校正针拨动长水准管校正螺旋,使气泡返回原偏离总格数的一半,如图2-45c)所示。再调节三个脚螺旋,使气泡居中,如图2-45d)所示。

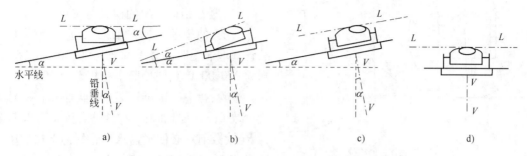

图2-45 长水准管轴的检验与校正

重复检验与校正步骤,直至校正完善为止。最后将水平度盘转至任何位置,长水准管的气泡都应准确居中(偏差不超过半格)。

(2)视准轴的检验与校正

目的：使仪器望远镜视准轴垂直于仪器横轴($CC \perp HH$)。

检验：以盘左位置瞄准远处水平位置某一目标点(与仪器大致相同高度的目标),读取水平度盘读数,设为a_1,再以盘右位置瞄准该点,读得水平度盘读数为a_2。如果$a_2 = a_1 \pm 180°$,则条件满足,若差值超过$\pm 60''$则应进行校正,如图2-46所示。

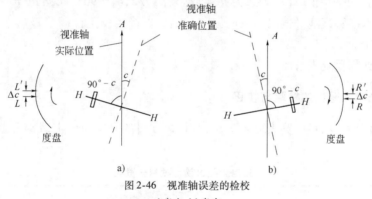

图2-46 视准轴误差的检校
a)盘左；b)盘右

校正：计算出视准轴位置正确时的读数：$a_0 = (a_1 + a_2 \pm 180°)/2$,调节水平微动螺旋,使度盘读数为$a_0$,此时十字丝交点离开了原来目标,调节十字丝环上左右相对的校正螺旋,使十字丝交点对准原来所瞄的目标点。校正时应先松开上面(或下面)一个校正螺旋,再先松后紧调节左右的校正螺旋。

校正后再检验一次,检查是否已校正完善,如已完善,可将原来放松的上面(或下面)的校正螺旋旋紧。

(3)横轴的检验与校正

目的：使仪器横轴垂直于竖轴($HH \perp VV$)。

检验：仪器安置于某一高目标P点附近,使其仰角大于20°。以盘左位置瞄准目标P点,转动望远镜至大致水平位置,按十字丝交点在前方的墙面上标出一点A。再以盘右位置瞄准目标P点,投影至相同高度墙面,标出另一点B。若A与B两点重合,则条件满足,即$HH \perp VV$；若A与B不重合,则需进行校正,如图2-47所示。

43

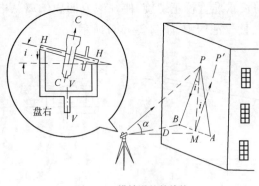

图 2-47 横轴误差的检校

校正：DJ_6 型光学经纬仪的横轴校正比较复杂，且需在室内检验台上进行，具体操作略。

(4) 竖盘指标差 x 的检验与校正

目的：使望远镜视线水平，竖盘读数指标水准管气泡居中时的竖盘读数为 $90°00.0'$（盘右时则为 $270°00.0'$），或使竖盘指标差 $x = 0''$。

检验：盘左时瞄准高处（或低处）目标，读竖盘读数 L；再以盘右瞄准该目标，读得竖盘读数为 R（读数前务必使竖盘水准管气泡严格居中）。按式 (2-3) 计算出竖盘指标差 x。

$$x = \frac{\alpha_R - \alpha_L}{2} = \frac{1}{2}(L + R - 360°) \tag{2-3}$$

如果指标差 x 不超过 $\pm 60''$，则条件满足，否则需进行校正。

校正：在盘右位置，调节竖盘读数指标水准管微动螺旋，使竖盘读数为正确值 $R_正$：

$$R_正 = R - x$$

或：

$$R_正 = \alpha + 270°$$

式中：α——竖直角平均值，计算公式为：$\alpha = (\alpha_L + \alpha_R)/2$，$\alpha_L = 90° - L$，$\alpha_R = R - 270°$。

此时竖盘水准管气泡必偏离中央而偏向一端。直接用校正针调节竖盘水准管校正螺旋，使气泡严格居中。

此项校正亦需反复进行。

2.6.3 光电测距仪的检验与校正

光电测距仪检定项目一览表见表 2-30，其检定项目的检验与校正请参看《城市测量规范》(CJJ 8—99)。

光电测距仪检定项目一览表　　　表 2-30

序　号	检 定 项 目
1	仪器和反射棱镜的光学对点器的检验与校正
2	对中杆和棱镜杆圆气泡的检验与校正
3	经纬仪视准轴和测距仪照准头光轴之间平行性的检验和校正
4	测距仪测尺频率的检校
5	测距仪照准误差和幅相误差的检验
6	测距仪周期误差的测定
7	测距仪加常数的测定
8	测距仪乘常数的测定

2.6.4 全站仪的检测

1) 全站仪的计量检定

电子全站仪作为一种现代化的计量工具，也必须依法执行计量检定，以保证其量度的统一性和标准性,及其主要指标质量的合格。按 1985 年颁布的《中华人民共和国计量法》及 1987 年发布的《中华人民共和国计量法实施细则》规定:"进口的计量器具,必须经省级以上人民政府部门检定合格后,方可销售"。由国家质量监督检验检疫总局发布,在 2004 年 3 月起实施《全站型电子速测仪》(JJG 100—2003),是对全站仪进行计量检定的准则。该规程规定检定周期一般不超过 1 年。

电子全站仪的计量检定分三个方面:光电测距性能的检测、电子测角性能的检测和数据采集与通信系统的检测。具体检定项目见表 2-31。

全站仪检定项目一览表 表 2-31

序号	类型	检定项目
1	光电测距性能的检测	调制光相位均匀性检定
2		周期误差检定
3		内符合精度检定
4		精测尺频率检定
5		加、乘常数检定
6		测距精度的综合评定
7		长基线外符合精度检查
8	电子测角性能的检测	光学对中器与安平水准管校检
9		照准部旋转时仪器基座方位的稳定性检查
10		测距轴与视准轴重合性检查
11		仪器轴系误差(照准差 C,横轴误差 i 和竖盘指标差 x)的检定
12		倾斜补偿器补偿范围与补偿准确度的测定
13		一测回水平方向标准差的测定
14		一测回竖直角标准偏差的测定
15	数据采集与通信系统的检测	RS—232C 通信接口的检测
16		PCMCIA 存储卡的检测

下面主要介绍表 2-31 中的第 1、3、7 项的检验方法,其他检定项目请参看《全站型电子速测仪》(JJG 100—2003)。

2) 调制光相位不均匀性误差及其检测

调制光相位不均匀性误差概念:红外测距仪使用砷化镓(GaAs)半导体光源。砷化镓半导体发光是一种面光源,红外发光管的发光面一般 $\phi = 50\mu m$。当向发光管注入调制电流时,发光面上各点由于电子和空穴复合速度不同而导致各部分出光相位不同,这种现象称为调制光相位不均匀。当仪器照准反光棱镜有偏差时,调制相位的不均匀性,就会对测距带来误差影响。

检定规程要求:作业时,仪器照准反光镜中心后偏调 $\pm 1'$,因调制光相位不均匀而引起的照准误差应小于出厂标称测距精度固定误差部分的 1/2。例如,某全站仪的测距标称精度为 $\pm(2mm + 2 \times 10^{-6}D)$,则该项误差的限值为 $\pm 1mm/\pm 1'$。

检测方法:最常用又方便的方法是"偏调法"。选择长约 50m 的检定场地,两端分别安置全站仪和单棱镜,使其大致等高。全站仪首先瞄准棱镜中心取多次距离读数的平均值 D_0(注:仪器测距参数要设置为"精测");此时,单棱镜固定不动,然后微调全站仪望远镜,使其在竖直方向向上调偏 $30''$,取 3 次测距平均值,设为 D_1,则视线上倾 $30''$ 后的测距误差为:$\Delta_1 = D_1 - D_0$;

依次再向上调偏30″测距离,得:$\Delta_2 = D_2 - D_0$,此为视线上倾60″后的测距误差;继续向上调偏,这样每隔30″测一点,直到测不出距离为止。然后在竖直方向向下调偏检测,同样每隔30″测一点,直到测不出距离为止。之后,再在水平方向往左和往右偏调30″测距,即可组成间距为30″的一个方格网,把测距误差$|\Delta_i|$注记在相应的方格网点上,然后用类似内插地形等高线的方法把等值的误差点连成曲线,即勾绘出了该全站仪的"等相位曲线"(见图2-48)。该图在总体上反映了仪器调制相位均匀性的情况,仪器的调制相位均匀性是否良好,即一目了然。

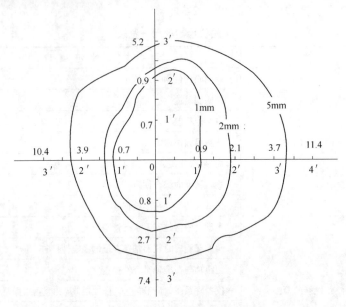

图2-48 等相位曲线图

3)测距内符合标准差的检测

测距内符合精度概念:$m_内$表示测距一次读数的中误差,它反映的是仪器对同一段距离多次读数之间的误差,它是表现仪器测距稳定性的一个量。

检定规程规定:仪器对某段距离进行多次重复测量的内符合标准差,应小于仪器标准精度的1/4。例如,某全站仪的测距标称精度为±(2mm + 2×10⁻⁶D),假设测量距离为40m,经计算,其仪器测距标称精度为±2.08mm,则其测距内符合精度应在±0.52mm以内。

检定方法:在室内(或室外)约40m距离的两端,分别安置仪器和棱镜,在仪器照准棱镜后,连续测距30次,则一次读数的标准差计算公式为:

$$m_内 = \pm\sqrt{\frac{\sum_{i=1}^{n} v_i^2}{n-1}}$$

式中:$v_i = D_0 - D_i$,D_0为n次读数的平均值。

4)测距的外符合精度检查和测程试验

测距的外符合精度概念:用全站仪对某一已知长度的基线进行测量,测量值与已知值之间的差值即可反映出测距的外符合精度。

检定规程规定:仪器的测距外符合精度应小于仪器的标准精度。例如,某全站仪的测距标称精度为±(2mm + 2×10⁻⁶D),单棱镜测程为1.2km。经计算,当$D_0 = 1.2$km时,其仪器测距标称精度为±4.4mm,则其测距外符合相对精度K应≤1/272700。

检定方法:设在检定场有一长基线(或已知边)为D_0,该基线的两端都有强制归心的仪器墩,用被检的全站仪对该基线进行测量。测量时,要求照准 4 次,每次取 10 次读数,取其平均值,设为 D_1;另外,应该记录主、镜两站观测时的气温和气压,取其平均值,然后进行气象改正 δ_{tp},再加上仪器加常数改正 C_0,乘常数改正 $R \cdot D_1$,即可得:

$$D = D_1 + \delta_{tp} + C_0 + R \cdot D_1$$

则外符合相对精度为:

$$K = \left| \frac{D - D_0}{D_0} \right|$$

必须指出,对长边的测距性能与使用的棱镜数和大气(通视)条件密切有关,因此,还必须注明,外符合检测时的大气(通视)情况和所用的棱镜数。当所选的长基线 D_0 和仪器的出厂所标测程接近时,此项外符合检查,也就相当于做"测程试验"。目的在于检查仪器在中等大气(通视)条件下,使用一定数量棱镜在保证其标称精度条件下所能测量的最远距离。

2.6.5 测量仪器的保养

1)测量仪器使用的基本要求

(1)使用测量仪器前,应对仪器及其附件进行全面检查。发现问题,应立即提出。检查的主要内容有:仪器有无碰撞伤痕、损坏,附件是否齐全、适用;各轴系转动是否灵活,有无杂音;各操作螺旋是否有效,校正螺钉有无松动或丢失;水准器气泡是否稳定、有无裂纹;自动安平仪器的灵敏件是否有效;物镜、目镜有无磨痕,物像和十字丝是否清晰;经纬仪读数系统的光路是否清晰;度盘和分微尺刻划是否清楚、有无行差等等。

(2)仪器的出入箱安置:仪器开箱时应平放,仪器取出后应及时关闭箱盖。测站应尽量选在安全的地方。

(3)仪器的一般操作:仪器安置后必须有人看护,不得离开,操作中应避免用手触及物镜、目镜。烈日下或下零星小雨时应打伞遮挡。

(4)仪器的迁站、运输和存放:迁站时,脚架合拢后,置仪器于胸前,要稳步行走。仪器运输时不可倒放,更要注意防震、防潮。仪器应存放在通风、干燥、常温的室内。仪器柜不得靠近火炉或暖气管。

(5)光电仪器的使用:使用电磁波测距仪或激光准直仪时,一定要注意电源的类型(交流或直流),电压与光电设备的额定电源是否一致。有极性要求的插头和插座一定要正确接线,不得颠倒。使用干电池的电器设备,正负极不能装反;新旧电池不要混合使用;设备长期不用,要把电池取出。使用仪器前,先要熟悉仪器的性能及操作方法,并对仪器各主要部件进行必要的检验和校正。使用激光仪器时,要有 30~60min 的预热时间。激光对人眼有害,故不可直视光源。使用电磁波测距仪时,严禁将镜头对准太阳或其他强光源;观测时,要尽量避免逆光观测。在阳光下或小雨天气作业时均要打伞遮挡,以防阳光射入接收物镜而烧坏光敏二极管,或防止雨水淋湿仪器造成短路。迁站或运输时,要切断电源并防止震动。

2)测量仪器保养的基本要求

(1)测量仪器的检验与校正。水准仪和经纬仪应根据使用情况,每隔 2~3 个月对主要轴线关系,进行检验和校正。仪器检查和校正应选在无风、无震动干扰环境中进行。各项检验、校正,须按规定的程序进行。每项校正,一般均需反复几次才能完成。拨动校正螺钉时,应先辨清其松紧方向。拨动时,用力要轻、稳、螺旋应松紧适度。每项校正完毕,校正螺旋应处于旋紧状态。各类仪器如发生故障,切不可乱拆乱卸,应送专业维修部门修理。

(2)光电仪器的保养。目前,测量上使用的光电仪器越来越多,且大都属于精密仪器,应该注意防潮、防尘和防震。作业期间,若仪器被雨淋湿,应该用干净的软布擦干,并在通风处放置一段时间。仪器装箱前,应用软毛刷刷去镜头上的灰尘,若镜头上有潮气时,可用鼓风球吹干。仪器应放置在通风良好的阴凉地方,箱内应放置防潮防霉剂。长期存放的光电仪器必须定期充电,同时检查仪器的光学、电子系统工作情况,发现故障应及时处理。不要用挥发性强的液体(如稀释剂苯)来清洁仪器,但可以用脱脂棉做的棉签蘸酒精和乙醚(6∶4)的混合液或用干净的蒸馏水,浸湿清洁它。在使用过程中,禁止任意拆卸仪器各部件,如发生故障,要认真分析原因,报请有关上级批准,送修理部门修理。

(3)钢尺的使用与保养。钢尺性脆易折,使用时要严禁人踩、车碾,遇有扭结打环,应解开后再拉尺,收尺时不得逆转。钢尺受潮易锈,遇水后要用布擦净;较长时间存放时,要涂机油或凡士林油。在施工现场使用时,要特别注意防止触电,伤尺、伤人。钢尺尺面刻划和注记易受磨损和锈蚀,量距时要尽量避免拖地而行。

(4)水准尺与标杆的使用与保养。水准尺与标杆在施测时均应由测工认真扶好,使其竖直,切不可将尺自立或靠立。塔尺抽出时,要检查接口是否准确。水准尺与标杆一般均为木制或铝制,使用及存放时均应注意防水、防潮或防变形,尺面刻划与漆皮应精心保护,以保持其鲜明、清晰。

3 测量误差基本知识

3.1 测量误差概述

3.1.1 测量误差产生的原因

测量工作的实践表明,对于某一客观存在的量进行多次观测,无论观测仪器多么精密和先进,也不管观测者多么认真仔细,其多次测量结果总是存在着差异,这说明观测值中存在测量误差。测量误差是不可避免的,例如,射击世界冠军也不能保证每次都是 10 环。产生测量误差的原因很多,概括起来有三个方面,详见表 3-1。

测量误差产生的原因　　　　表 3-1

序号	测量误差产生的原因	说　明
1	仪器的原因	测量工作是需要用经纬仪、水准仪等测量仪器进行的,而测量仪器的构造不可能十分完善,从而使测量结果受到一定影响。例如,经纬仪的度盘分划误差、横轴与竖轴不垂直等,都会使所测角度产生误差。又如水准仪的视准轴不平行于水准管轴的残余误差也会给高差测量产生影响
2	人的原因	由于观测者感觉器官的鉴别能力存在局限性,所以对仪器的各项操作,如经纬仪对中、整平、瞄准、读数等方面都会产生误差。又如在厘米分划的水准尺上,由观测者估读至毫米数,则读数误差是完全可能存在的。此外,观测者的技术熟练程度也会对观测成果带来不同程度的影响
3	外界环境的影响	测量时所处的外界环境的温度、风力、日光、大气折光、烟雾等客观情况时刻在变化,使测量结果产生误差。例如温度变化、日光照射都会使钢尺产生伸缩,风吹和日光照射会使仪器的安置不稳定,大气折光使瞄准产生偏差等

人、仪器和外界环境是测量工作得以进行的观测条件,由于受到这些条件的影响,测量中的误差是不可避免的。

3.1.2 测量误差的分类

1) 系统误差

(1) 定义: 在相同的观测条件下, 对某一量进行一系列的观测, 若误差的出现在符号和数值上均相同, 或按一定的规律变化, 这种误差称为系统误差。

(2) 举例: 例如用名义长度为 30.000m 而实际正确长度为 30.006m 的钢卷尺量距, 每量一尺段就有 +0.006m 的误差, 其量距误差的影响符号不变, 且与所量距离的长度成正比。

(3) 特点: 一方面系统误差具有积累性, 对测量结果的影响较大; 另一方面, 系统误差对观测值的影响具有一定的规律性, 且这种规律性总能想办法找到, 因此系统误差对观测值的影响可加以改正, 或用一定的测量措施加以消除或削弱。

2) 偶然误差

(1)定义:在相同的观测条件下,对某一量进行一系列的观测,若误差出现的符号和数值大小均不一致,这种误差称为偶然误差。偶然误差是由人力所不能控制的因素(例如人眼的分辨能力、仪器的极限精度、气象因素等)共同引起的测量误差。

(2)举例:例如在厘米分划的水准尺上估读毫米读数时,有时估读过大、有时过小;大气折光使望远镜中成像不稳定,引起瞄准目标有时偏左、有时偏右。多次观测取其平均,可以抵消掉一些偶然误差。

(3)特点:一方面偶然误差具有抵偿性,对测量结果影响不大;另一方面,偶然误差是不可避免的,且无法消除,但应加以限制。在相同的观测条件下观测某一量,所出现的大量偶然误差具有统计的规律,或称之为具有概率论的规律。

3)错误

在测量工作中,除了上述两种误差以外,还可能发生错误,例如瞄错目标、读错读数等。错误是一种超过规定限度的误差,是由观测者的粗心大意或不认真操作所造成的。测量工作中,错误是不允许的,含有错误的观测值应该舍弃,并重新进行观测。

3.1.3 多余观测

1)定义

在测量工作中一般要进行多于必要的观测,称为多余观测。其目的是为了防止错误的发生和提高观测成果的质量。

2)举例

例如一段距离采用往返丈量,如果往测属于必要观测,则返测就属于多余观测;如对一个水平角观测了6个测回,如果第一个测回属于必要观测,则其余5个测回就属于多余观测;又例如一个平面三角形的水平角观测,其中两个角属于必要观测,第三个角属于多余观测。有了多余观测就可以发现观测值中的错误,以便将其剔除或重测。

3)数据处理(测量平差)

由于观测值中的偶然误差不可避免,有了多余观测,观测值之间必然产生差值(不符值、闭合差)。根据差值的大小可以评定测量的精度(精确程度),差值如果大到一定的程度,就认为观测值中有错误(不属于偶然误差),称为误差超限。差值如果不超限,则按偶然误差的规律加以处理,称为闭合差的调整,以求得最可靠的数值。这项工作,在测量上称为"测量平差"。

3.1.4 偶然误差的特性

1)偶然误差的计算公式

$$\Delta_i = X - l_i \quad (i = 1,2,\cdots,n) \tag{3-1}$$

式中: X——真值;

$l_1、l_2、\cdots、l_n$——观测值;

$\Delta_1、\Delta_2、\cdots、\Delta_n$——偶然误差(又称真误差)。

从单个偶然误差来看,其符号的正负和数值的大小没有任何规律性。但是如果观测的次数很多,观察其大量的偶然误差,就能发现隐藏在偶然性下面的必然性规律。进行统计的数量越大,规律性也越明显。下面结合某观测实例,用统计方法进行分析。

2)举例

某一测区,在相同的观测条件下共观测了365个三角形的全部内角。由于每个三角形内角之和的真值(180°)已知,因此可以按式(3-1)计算三角形内角之和的偶然误差 Δ_i(三角形闭合差),再将正误差、负误差分开,并按其绝对值由小到大进行排列。以误差区间 $d\Delta = 2''$ 进行误差个数 k 的统计,顺便计算其相对个数 $k/n (n=365)$,k/n 称为误差出现的频率。结果见表3-2。

偶然误差的统计　　　　　　　　　　　　　　　　　　表3-2

误差区间 d∆	负　误　差		正　误　差	
	k	k/n	k	k/n
$0''\sim 2''$	47	0.129	46	0.126
$2''\sim 4''$	42	0.115	41	0.112
$4''\sim 6''$	32	0.088	34	0.093
$6''\sim 8''$	22	0.060	22	0.060
$8''\sim 10''$	16	0.044	18	0.050
$10''\sim 12''$	12	0.033	14	0.039
$12''\sim 14''$	6	0.016	7	0.019
$14''\sim 16''$	3	0.008	3	0.008
$16''\sim$	0	0	0	0
合计	180	0.493	185	0.507

3) 频率直方图

为了直观地表示偶然误差的分布情况,可以按表3-2的数据作图(图3-1)。图中以横坐标表示误差的正负与大小,以纵坐标表示误差出现于各区间的频率(相对个数)除以区间的间隔 $d\Delta$,每一区间按纵坐标做成矩形小条,则小条的面积代表误差出现在该区间的频率,而各小条的面积总和等于1。该图称为频率直方图。

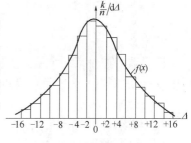

图3-1　频率直方图

4) 偶然误差的特性

从表3-2的统计中可以归纳出偶然误差的4个特性,见表3-3。

偶然误差的特性　　　　　　　　　　　　　　　　　　表3-3

序号	特　性	说　明
1	有界性	在一定观测条件下的有限次观测中,偶然误差的绝对值不会超过一定的限值
2	单峰性	绝对值较小的误差出现频率大,绝对值较大的误差出现的频率小;误差在0附近出现高峰
3	对称性	绝对值相等的正、负误差具有大致相等的频率
4	抵偿性	当观测次数无限增大时,偶然误差的理论平均值趋近于零,即偶然误差具有抵偿性。用公式表示:$\lim\limits_{n\to\infty}\dfrac{[\Delta]}{n}=0$

注:$[\Delta]=\sum\limits_{i=1}^{n}\Delta_i$。

5) 正态分布

以上根据365个三角形角度闭合差作出的误差出现频率直方图的基本图形(中间高、两边低并向横轴逐渐逼近的对称图形),并不是一种特例而是统计偶然误差出现的普遍规律,并且可以用数学公式来表示。

当误差的个数 $n \to \infty$,同时又无限缩小误差的区间 $d\Delta$ 时,则图3-1中各小长条的顶边的折线就逐渐成为一条光滑的曲线。该曲线在概率论中称为正态分布曲线,它完整地表示了偶然误差出现的概率。正态分布的数学方程式为:

$$y = f(\Delta) = \frac{1}{\sqrt{2\pi}\sigma} e^{-\frac{\Delta^2}{2\sigma^2}} \tag{3-2}$$

式中:π——圆周率(取3.1416);
e——自然对数的底(取2.7183);
σ——标准差,标准差的平方 σ^2 称为方差。

标准差的计算公式为:

$$\sigma = \pm \lim_{n \to \infty} \sqrt{\frac{[\Delta\Delta]}{n}} \tag{3-3}$$

由上式可知,标准差的大小决定于在一定条件下偶然误差出现的绝对值的大小。由于在计算时取各个偶然误差的平方和,当出现有较大绝对值的偶然误差时,在标准差 σ 中会得到明显的反映。

3.2 精度的概念

1) 定义

精度系指在对某一个量的多次观测中,各观测值之间的离散程度。若观测值非常密集,则精度高;反之则低。为使泛指性的精度更加确切,应按不同性质的误差来定义精度。

2) 其他基本概念

(1) 精密度:表示测量结果中的偶然误差大小的程度。
(2) 正确度:表示测量结果中的系统误差大小的程度。
(3) 准确度:是测量结果中系统误差与偶然误差的综合,表示测量结果与真值的一致程度。

3) 举例

现以射击为例来说明。如图3-2,靶心相当于真值。图3-2a)所示弹孔普遍距靶心较远,这说明系统误差大,正确度低;而弹孔与弹孔之间比较密集,则说明偶然误差小,精密度高。图3-2b)所示弹孔分布情况,则说明系统误差小,正确度高;但偶然误差大,精密度低。图3-2c)所示弹孔分布情况,则说明系统误差和偶然误差都小,准确度高。

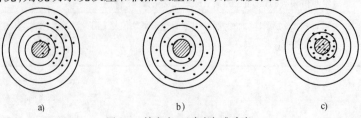

图3-2 精密度、正确度与准确度

对于射击或测量来说,有时精密度好但正确度不一定好,或者正确度好但精密度不一定好,而准确度好则需要精密度和正确度都好。因此,在科学实验和测量工作中,我们都希望得到准确度好的结果。

3.3 评定精度的标准

评定精度的标准有:中误差 m、极限误差 $\Delta_{容}$、相对误差 K 等。

3.3.1 中误差 m

1)定义公式

$$m = \pm\sqrt{\frac{\Delta_1^2 + \Delta_2^2 + \cdots + \Delta_n^2}{n}} = \pm\sqrt{\frac{[\Delta\Delta]}{n}} \tag{3-4}$$

或:

$$m = \pm\sqrt{\frac{v_1^2 + v_2^2 + \cdots + v_n^2}{n-1}} = \pm\sqrt{\frac{[vv]}{n-1}} \tag{3-5}$$

式(3-5)中各符号的说明详见 3.4.3。由于观测次数 n 是有限的,中误差 m 实际上是标准差 σ 的估值。我国采用中误差 m 作为评定精度的标准。

2)利用真误差 Δ 计算中误差 m

【例 3-1】 对 10 个三角形的内角进行两组观测,观测结果见表 3-4,请分别计算两组观测值的中误差 m。

解:根据两组观测值中的偶然误差(真误差 Δ),分别按式(3-4)计算其中误差列于表 3-4。

按观测值的真误差 Δ 计算中误差　　　　表 3-4

序 号	第 一 组 观 测			第 二 组 观 测		
	观测值 l_i	真误差 Δ_i	Δ_i^2	观测值 l_i	真误差 Δ_i	Δ_i^2
1	179°59′59″	+1″	1	180°00′08″	−8″	64
2	179°59′58″	+2″	4	179°59′54″	+6″	36
3	180°00′02″	−2″	4	180°00′03″	−3″	9
4	179°59′57″	+3″	9	180°00′00″	0″	0
5	180°00′03″	−3″	9	179°59′53″	+7″	49
6	180°00′00″	0″	0	179°59′51″	+9″	81
7	179°59′56″	+4″	16	180°00′08″	−8″	64
8	180°00′03″	−3″	9	180°00′07″	−7″	49
9	179°59′58″	+2″	4	179°59′54″	+6″	36
10	180°00′02″	−2″	4	180°00′04″	−4″	16
Σ		−2″	60		−2″	404
中误差	$[\Delta\Delta]=60, n=10$ $m_1 = \sqrt{\frac{[\Delta\Delta]}{n}} = \pm 2.5″$			$[\Delta\Delta]=404, n=10$ $m_2 = \sqrt{\frac{[\Delta\Delta]}{n}} = \pm 6.4″$		

由此可见,第二组观测值的中误差大于第一组观测值的中误差。虽然这两组观测值的真误差之和是相等的,但是在第二组观测值中出现了较大的误差(-8″,+9″),因此相对来说其精度较低。

3)不同中误差的正态分布曲线

不同中误差的正态分布曲线见图3-3。当 m 较小时,曲线在纵轴方向的顶峰较高,表示小误差比较密集;当 m 较大时,曲线在纵轴方向的顶峰较低,曲线形状平缓,表示误差分布比较离散。因此,m 越小,误差分布就越密集,精度就越高。

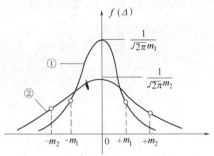

图3-3 不同中误差的正态分布曲线

3.3.2 极限误差(容许误差)

1)正态分布

由频率直方图(见图3-1)知道,各矩形小条的面积代表误差出现在该区间中的频率;当统计误差的个数无限增加、误差区间无限减小时,频率逐渐稳定而成概率,直方图的顶边即形成正态分布曲线。因此根据正态分布曲线可以求得出现在小区间 $d\Delta$ 中的概率 $P(\Delta)$:

$$P(\Delta) = f(\Delta)d\Delta = \frac{1}{\sqrt{2\pi}m}e^{-\frac{\Delta^2}{2m^2}} \cdot d\Delta$$

2)区间概率

根据上式的积分可以得到偶然误差在任意区间出现的概率。设以 k 倍中误差作为区间,则在此区间中误差出现的概率 $P(|\Delta|<k \cdot m)$ 为:

$$P(|\Delta|<k \cdot m) = \int_{-km}^{+km} \frac{1}{\sqrt{2\pi}m} \cdot e^{-\frac{\Delta^2}{2m^2}} \cdot d\Delta$$

上式经积分后,以 $k=1、2、3$ 代入,可得到偶然误差的绝对值不大于1倍中误差、2倍中误差和3倍中误差的概率:

$$P(|\Delta|<m) = 0.683 = 68.3\%$$
$$P(|\Delta|<2m) = 0.954 = 95.4\%$$
$$P(|\Delta|<3m) = 0.997 = 99.7\%$$

3)极限误差定义

由此可见,偶然误差的绝对值大于2倍中误差的约占误差总数的5%,而大于3倍中误差的仅占误差总数的0.3%。由于一般进行测量的次数有限,上述情况(小概率事件)很少遇到,因此以2倍或3倍中误差作为误差的极限,称为容许误差或称极限误差(限差):

$$\Delta_{容} = 2m \quad 或 \quad \Delta_{容} = 3m$$

测量中出现的误差如果大于容许误差,即认为观测值中存在错误,该观测值应该放弃或重测。因此,极限误差是区分偶然误差与错误的标准。

例如:一级导线测量,测角中误差 $m_\beta = \pm 5″$,则一级导线方位角闭合差的中误差为 $m_\beta\sqrt{n}$,式中 n 为测站数,取2倍中误差作为误差的极限,则方位角闭合差的限差为:$\pm 10″\sqrt{n}$(参见本书第4章表4-7)。

3.3.3 相对误差 K

1）定义

对于某些观测成果，单靠中误差还不能准确描述其精度，此时，要用相对误差来衡量。绝对误差（中误差）与相应量的近似值之比称为相对误差，以 K 来表示。在实际计算时，要写成分子为 1 的形式。

2）举例

例如丈量了两段距离，其结果分别为 $D_1 = 51.852$m，$D_2 = 108.836$m，它们的中误差为 $m_{D1} = m_{D2} = \pm 10$mm。虽然两者的中误差相同，但两者的丈量精度是不同的。经计算：

$$K_1 = \left|\frac{m_{D1}}{D_1}\right| = 1/5100, K_2 = \left|\frac{m_{D2}}{D_2}\right| = 1/10800$$

很显然，第二段距离的测量精度要高。特别说明一下，计算结果 $K_1 = 1/5185$，但不能写成 $K_1 = 1/5200$，因为实测精度低于 1/5200。

测量规范中也规定有相对误差的限值，这些限值称为容许相对误差。

3.4 观测值精度的评定

3.4.1 算术平均值

在相同观测条件下，对某未知量进行 n 次观测，其观测值分别为 l_1、l_2、……、l_n，将这些观测值取算术平均值 x 作为该未知量的最可靠的数值，即：

$$x = \frac{l_1 + l_2 + \cdots + l_n}{n} = \frac{[l]}{n} \tag{3-6}$$

可以证明，当观测次数 n 无限大时，算术平均值趋近于该量的真值。但在实际工作中不可能进行无限次的观测，这样，算术平均值就不等于真值，因此，我们就把有限个观测值的算术平均值认为是该量的最可靠值。

3.4.2 改正数

1）定义

算术平均值与观测值之差，称为观测值的改正值，以 v 表示，即：

$$v_i = x - l_i \tag{3-7}$$

式中：x——算术平均值；

l_i——观测值。

2）特点

（1）$[v] = 0$

很容易证明上式成立（读者可以自己证明）。因此，相同观测条件下，一组观测值的改正值之和恒等于零。这一结论可作为计算工作的校核。

（2）$[vv] = \min$

证明：设在式（3-7）中以 x 为自变量（待定值，未知），则改正值 v_i 为自变量 x 的函数。如果使改正值的平方和为最小值，即：

$$[vv] = (x-l_1)^2 + (x-l_2)^2 + \cdots + (x-l_n)^2 = \min$$

以此作为条件(称为"最小二乘原则")来求 x,这就是高等数学中求条件极值的问题。令:

$$\frac{d[vv]}{dx} = 2[(x-l)] = 0$$

可得到:

$$x = \frac{[l]}{n}$$

此式即为式(3-6)。由此可知,取一组等精度观测值的算术平均值作为最可靠值,并据此得到各个观测值的改正值是符合最小二乘原则的,即满足 $[vv] = \min$。

3.4.3 依据改正数计算中误差

1)计算公式

在一般情况下,观测值的真值 X 是不知道的,真误差 Δ 也就无法求得,因此就不能用式(3-4)来求中误差。由上一节知道:在同样条件下对某量进行多次观测,可以计算其最可靠值——算术平均值 x 及各个观测值的改正值 v_i;并且也知道,最可靠值 x 在观测次数无限增多时,将逐渐趋近于真值 X。在观测次数有限时,以 X 代替 x,就相当于以改正值 v_i 代替真误差 Δ_i。由此得到按观测值的改正值计算观测值的中误差的实用公式(证明略):

$$m = \pm\sqrt{\frac{[vv]}{n-1}} \tag{3-8}$$

上式和式(3-4)不同之处除了以 $[vv]$ 代替 $[\Delta\Delta]$ 之外,还以 $(n-1)$ 代替 n。其简单的解释为:在真值已知的情况下,所有 n 个观测值均为多余观测;在真值未知情况下,则有一个观测值是必要的,其余 $(n-1)$ 个观测值是多余的。因此 n 和 $(n-1)$ 是代表两种不同情况下的多余观测数。

2)举例

【例3-2】 对于某一水平角,在同样条件下用 DJ_6 光学经纬仪进行6次观测,数据见表3-5。求其算术平均值 x、观测值的中误差 m 及算术平均值的中误差 m_x。

解:计算在表3-5中进行。在计算算术平均值时,由于各个观测值相互比较接近,为便于计算,可令各观测值共同部分为 l_0,差异部分为 Δl_i,即:

$$l_i = l_0 + \Delta l_i \quad (i = 1, 2, \cdots, n)$$

则算术平均值的实用计算公式为:

$$x = l_0 + \frac{[\Delta l]}{n}$$

按观测值的改正值计算中误差(角度)　　　表3-5

序号	观测值 l_i	Δl_i	改正值 v_i	v_i^2	计算 x 及 m_x
1	78°26′42″	42″	-7″	49	
2	78°26′36″	36″	-1″	1	$x = l_0 + \frac{[\Delta l]}{n} = 78°26′35″$
3	78°26′24″	24″	+11″	121	$[vv] = 300$
4	78°26′45″	45″	-10″	100	$n = 6$
5	78°26′30″	30″	+5″	25	$m = \pm\sqrt{\frac{[vv]}{n-1}} = \pm 7.8″$
6	78°26′33″	33″	+2″	4	$m_x = \frac{m}{\sqrt{n}} = \pm 3.2″$
Σ	$l_0 = 78°26′00″$	210″	0″	300	

【例 3-3】 用日本索佳公司生产的 RED mini2 光电测距仪观测某一段距离,共观测 8 次,数据见表 3-6。求其算术平均值 x、观测值的中误差 m、算术平均值的中误差 m_x 及相对误差 K。

解:计算在表 3-6 中进行。

按观测值的改正值计算中误差(距离)　　　　表 3-6

序号	观测值 l_i (m)	Δl_i (m)	改正值 v_i (mm)	v_i^2 (mm²)	计算 x 及 m_x
1	315.279	0.079	1.25	1.5625	
2	315.279	0.079	1.25	1.5625	$x = l_0 + \dfrac{[\Delta l]}{n} = 315.28025\text{m}$
3	315.281	0.081	-0.75	0.5625	$\approx 315.280\text{m}$
4	315.280	0.080	0.25	0.0625	$[vv] = 7.5, n = 8$
5	315.282	0.082	-1.75	3.0625	$m = \pm\sqrt{\dfrac{[vv]}{n-1}} = \pm 1.04\text{mm}$
6	315.280	0.080	0.25	0.0625	$m_x = \dfrac{m}{\sqrt{n}} = \pm 0.37\text{mm}$
7	315.281	0.081	-0.75	0.5625	
8	315.280	0.080	0.25	0.0625	$K = |m_x/x| = 1/852000$
∑	$l_0 = 315.200$	—	0.00	7.5	

3.5　误差传播定律及其应用

1)概述

前面已经叙述了衡量一组等精度观测值的精度指标,并指出在测量工作中通常以中误差作为衡量精度的指标。但在实际工作中,某些未知量不可能或不便于直接进行观测,而需要由另一些直接观测量根据一定的函数关系计算出来。例如,欲测量两点之间的高差 h,可以用水准仪测量后视读数 a 和前视读数 b,利用公式 $h = a - b$ 来计算。显然,在此情况下,函数值 h(高差)的中误差 m_h 与观测值 a(后视读数)、b(前视读数)的中误差 m_a、m_b 之间,必定有一定的关系。阐述观测值与它的函数之间中误差关系的定律,称为误差传播定律。

2)误差传播定律

设有一般函数:

$$Z = F(x_1, x_2, \cdots, x_n) \tag{3-9}$$

式中:x_1、x_2、$\cdots$、x_n——可直接观测的相互独立的未知量,设其中误差分别为 m_1、m_2、$\cdots$、m_n;

　　　Z——不便于直接观测的未知量。

则有(证明略):

$$m_Z = \pm\sqrt{\left(\dfrac{\partial F}{\partial x_1}\right)^2 \cdot m_1^2 + \left(\dfrac{\partial F}{\partial x_2}\right)^2 \cdot m_2^2 + \cdots + \left(\dfrac{\partial F}{\partial x_n}\right)^2 \cdot m_n^2} \tag{3-10}$$

上式即为计算函数中误差的一般形式。应用式(3-10)时,必须注意:各观测值必须是相互独立的变量。

3)应用举例

【例 3-4】 在 1:500 地形图上,量得某线段的平距为 $d_{AB} = 51.2\text{mm} \pm 0.2\text{mm}$。求 AB 的实地平距 D_{AB} 及其中误差 m_D。

解:函数关系为:
$$D_{AB} = 500 \times d_{AB} = 25600 \text{mm}$$

$f_1 = \frac{\partial D}{\partial d} = 500, m_d = \pm 0.2\text{mm}$,代入误差传播公式(3-10)中,得:
$$m_D^2 = 500^2 \times m_d^2 = 10000$$
$$m_D = \pm 100\text{mm}$$

最后得:
$$D_{AB} = 25.6\text{m} \pm 0.1\text{m}$$

【例3-5】 水准测量测站高差计算公式:$h = a - b$。已知后视读数误差为$m_a = \pm 1\text{mm}$,前视读数误差为$m_b = \pm 1\text{mm}$。计算每测站高差的中误差m_h。

解:函数关系为$h = a - b$,则有:
$$f_1 = \frac{\partial h}{\partial a} = 1$$
$$f_2 = \frac{\partial h}{\partial b} = -1$$

应用误差传播公式(3-10),有:
$$m_h^2 = 1^2 m_a^2 + (-1)^2 m_b^2$$

将$m_a = \pm 1\text{mm}, m_b = \pm 1\text{mm}$代入上式,可得:
$$m_h = \pm 1.42\text{mm}$$

【例3-6】 对某段距离测量了n次,观测值为l_1、l_2、……、l_n,所有观测值为相互独立的等精度观测值,观测值中误差为m。试求其算术平均值x的中误差m_x。

解:函数关系式为:
$$x = \frac{[l]}{n} = \frac{1}{n} \cdot l_1 + \frac{1}{n} \cdot l_2 + \cdots + \frac{1}{n} \cdot l_n$$

上式取全微分:
$$dx = \frac{1}{n} \cdot dl_1 + \frac{1}{n} \cdot dl_2 + \cdots + \frac{1}{n} \cdot dl_n$$

根据误差传播定律有:
$$m_x^2 = \frac{1}{n^2} \cdot m^2 + \frac{1}{n^2} \cdot m^2 + \cdots + \frac{1}{n^2} \cdot m^2$$

整理得:
$$m_x = \frac{m}{\sqrt{n}} \tag{3-11}$$

由此看出,n次等精度直接观测值的算术平均值的中误差,为观测值中误差的$1/\sqrt{n}$。因此,增加观测次数可以提高算术平均值的精度。

【例3-7】 电磁波测距三角高程公式:$h = D\tan\alpha + i - v$。已知:$D = 192.263\text{m} \pm 0.006\text{m}$,$\alpha = 8°9'16'' \pm 6''$,$i = 1.515\text{m} \pm 0.002\text{m}$,$v = 1.627\text{m} \pm 0.002\text{m}$,求$h$值及其中误差$m_h$。

解:高差值为:
$$h = D\tan\alpha + i - v = 27.437\text{m}$$

对上式全微分,有:

$$dh = \tan\alpha \times dD + (D\sec^2\alpha)\frac{d\alpha''}{\rho''} + di - dv$$

所以:$f_1 = \tan\alpha = 0.1433$,$f_2 = (D\sec^2\alpha)/\rho'' = 0.9513$,$f_3 = +1$,$f_4 = -1$。由已知条件知:$m_D = \pm 0.006\text{m}$,$m_\alpha = \pm 6''$,$m_i = \pm 0.002\text{m}$,$m_v = \pm 0.002\text{m}$,应用误差传播公式(3-10),有:

$$m_h^2 = f_1^2 m_D^2 + f_2^2 m_\alpha^2 + f_3^2 m_i^2 + f_4^2 m_v^2 = 41.3182$$

$$m_h = \pm 6.5\text{mm} \approx \pm 7\text{mm}$$

最后结果写为:

$$h = 27.437\text{m} \pm 0.007\text{m}$$

【例 3-8】 已知 P 点坐标的计算公式为:$x_P = D\cos\alpha$,$y_P = D\sin\alpha$。现测量得:$D = 229.326\text{m} \pm 0.005\text{m}$,$\alpha = 32°15'27'' \pm 2''$。请计算 P 点坐标的中误差。

解:对 P 点坐标的计算公式进行全微分,得:

$$dx_P = \cos\alpha \cdot dD - D \cdot \sin\alpha \cdot d\alpha/\rho$$

$$dy_P = \sin\alpha \cdot dD + D \cdot \cos\alpha \cdot d\alpha/\rho$$

式中:D、dD 取 mm 为单位,$d\alpha$、ρ 取″(秒)为单位。经计算得:$f_1 = \cos\alpha = 0.845658$,$f_2 = -D \cdot \sin\alpha \cdot d\alpha/\rho = -0.593397$,$f_3 = \sin\alpha = 0.533725$,$f_4 = D \cdot \cos\alpha \cdot d\alpha/\rho = 0.940205$。由已知条件知:$m_D = \pm 0.005\text{m}$,$m_\alpha = \pm 2''$,应用误差传播公式(3-10),有:

$$m_{xp} = \pm\sqrt{f_1^2 \cdot m_D^2 + f_2^2 \cdot m_\alpha^2} = \pm 4.4\text{mm}$$

$$m_{yp} = \pm\sqrt{f_3^2 \cdot m_D^2 + f_4^2 \cdot m_\alpha^2} = \pm 3.3\text{mm}$$

【例 3-9】 在 1:500 地形图上量得某圆形建筑物的半径 $R = 32.5\text{mm} \pm 0.1\text{mm}$。求算该建筑物在实地的面积及其中误差。

解:建筑物在实地的面积计算公式为:

$$S = \pi \cdot R^2 \cdot M^2 = 829.5768\text{m}^2$$

式中:M——地形图比例尺分母,本例 $M = 500$。

对上式全微分得:

$$dS = 2 \cdot \pi \cdot R \cdot M^2 \cdot dR$$

经计算:

$$f_1 = 2 \cdot \pi \cdot R \cdot M^2 = 51050.88$$

而 $m_R = \pm 0.1\text{mm}$,故有:

$$m_S = \pm f_1 \cdot m_R = \pm 5.1\text{m}^2$$

最后结果写为:

$$S = 829.6\text{m}^2 \pm 5.1\text{m}^2$$

【例 3-10】 现对某一长方体集装箱的内径进行了测量,结果为:长度 $a = 15.996\text{m} \pm 0.005\text{m}$,宽度 $b = 2.998\text{m} \pm 0.002\text{m}$,高度 $c = 1.802\text{m} \pm 0.001\text{m}$。求该集装箱载货量的体积及其中误差。

解:集装箱载货量的体积计算公式为:

$$V = a \cdot b \cdot c = 86.4167\text{m}^3$$

对上式全微分得:

$$dV = b \cdot c \cdot da + a \cdot c \cdot db + a \cdot b \cdot dc$$

经计算:$f_1 = b \cdot c = 5.402396$,$f_2 = a \cdot c = 28.824792$,$f_3 = a \cdot b = 47.956008$。由已知条件

知：$m_a = \pm 0.005\text{m}, m_b = \pm 0.002\text{m}, m_c = \pm 0.001\text{m}$，应用误差传播公式(3-10)，有：

$$m_V = \pm \sqrt{f_1^2 \cdot m_a^2 + f_2^2 \cdot m_b^2 + f_3^2 \cdot m_c^2} = \pm 0.0797\text{m}^3$$

最后结果写为：

$$V = 86.42\text{m}^3 \pm 0.08\text{m}^3$$

3.6 权的概念及其应用

1）权的定义公式

在对某一未知量进行不等精度观测时，各观测值的中误差各不相同，即观测值具有不同程度的可靠性。在求未知量最可靠值时，就不能像等精度观测那样简单地取算术平均值。因为，较可靠的观测值会对最后结果产生较大的影响。

各不等精度观测值的不同可靠程度，可用一个数值来表示，称为各观测值的权，用 P 表示。"权"是权衡轻重的意思，权的定义公式为：

$$p_i = \frac{\mu^2}{m_i^2} \tag{3-12}$$

式中：μ——任意常数；

p_i——观测值的权；

m_i——该观测值的中误差。

由此公式可知，观测值的精度较高，其可靠性也较强，则权也较大。

2）常用定权公式

（1）角度测量

$$p_i = n_i/C$$

式中：C——任意正常数；

n_i——角度观测的测回数。

（2）距离测量

$$p_i = C/D_i$$

式中：C——任意正常数；

D_i——距离观测值。

（3）高差测量

$$p_i = C/n_i \quad \text{或} \quad p_i = C/L_i$$

式中：C——任意正常数；

n_i——水准测量的测站数；

L_i——水准测量路线的长度。

【例3-11】 设对某一水平角观测了 n 个测回，求算术平均值 x 的权。

解：设一测回角度观测值的中误差为 m，则由式(3-11)可知，算术平均值的中误差 $m_x = \frac{m}{\sqrt{n}}$。设 $\mu = m$，由权的定义公式(3-12)，有

一测回观测值的权为：

$$p = \mu^2/m^2 = 1$$

算术平均值 x 的权为：

$$p = \mu^2/m_x^2 = n$$

取一测回角度观测值之权为1，则 n 个测回观测值的算术平均值 x 的权为 n。故角度观测的权与其测回数成正比。

3）单位权中误差 μ

单位权观测值：权等于1的观测值称为单位权观测值。

单位权中误差：单位权观测值的中误差称为单位权中误差。

4）加权平均值

设对同一未知量进行了 n 次不等精度观测，观测值为 l_1、l_2、……、l_n，其相应的权为 p_1、p_2、……、p_n，则加权算术平均值 x 为不等精度观测值的最可靠值，其计算公式可写为：

$$x = \frac{p_1 l_1 + p_2 l_2 + \cdots + p_n l_n}{p_1 + p_2 + \cdots + p_n}$$

可写为：

$$x = \frac{[pl]}{[p]} \tag{3-13}$$

5）加权平均值中误差

（1）理论计算公式

式（3-13）可写为：

$$x = \frac{[pl]}{[p]} = \frac{p_1}{[p]} \cdot l_1 + \frac{p_2}{[p]} \cdot l_2 + \cdots + \frac{p_n}{[p]} \cdot l_n$$

根据误差传播定律，依据式（3-10），经计算整理，可得 x 的中误差 m_x 为：

$$m_x = \pm\sqrt{\frac{[p\Delta\Delta]}{n[p]}} = \pm\mu\sqrt{\frac{1}{[p]}}$$

$$\mu = \pm\sqrt{\frac{[p\Delta\Delta]}{n}}$$

式中：μ——单位权中误差。

（2）实用公式

实用中常用观测值的改正数 v_i 来计算中误差 m_x。计算公式为：

$$\mu = \pm\sqrt{\frac{[pvv]}{n-1}} \tag{3-14}$$

$$m_x = \pm\sqrt{\frac{[pvv]}{(n-1)[p]}} = \pm\mu\sqrt{\frac{1}{[p]}} \tag{3-15}$$

注意，不等精度观测值的改正值满足下列条件：

$$[pv] = [p(x-l)] = [p]x - [pl] = 0 \tag{3-16}$$

式（3-16）可作计算校核用。

6）举例

【例3-12】 某水平角用 DJ_2 经纬仪分别进行了三组观测，每组观测的测回数不同（见表3-7）。请计算该水平角的加权平均值 x 及其中误差 m_x。

解：计算在表3-7中进行。

角度测量定权公式为：

$$p_i = \frac{n_i}{C}$$

式中：n_i——角度观测的测回数；
　　　C——任意正常数。

本算例取 $C=1$。

加权平均值及其中误差的计算　　　表3-7

序号	测回数	观测值 l_i	权 p_i	v_i	p_iv_i	$p_iv_i^2$
1	3	35°32′29.5″	3	+5.0	+15.0	75.0
2	5	35°32′34.3″	5	+0.2	+1.0	0.2
3	8	35°32′36.5″	8	-2.0	-16.0	32.0
∑			16		0	107.2

$$x = \frac{[pl]}{[p]} = 35°32′34.5″$$

$$\mu = \pm\sqrt{\frac{[pvv]}{n-1}} = \pm 7.4″$$

$$m_x = \pm\mu\sqrt{\frac{1}{[p]}} = \pm 1.8″$$

4 施工控制测量

4.1 坐标系统与坐标转换

4.1.1 坐标系统

1) 高斯平面直角坐标

高斯投影首先是将地球按经线分为若干带(称为投影带),再从首子午线(零子午线)开始,自西向东每隔6°划为一带,每带均有统一编排的带号,用 N 表示,位于各投影带中央的子午线称为中央子午线(L_0);也可由东经1°30′开始,自西向东每隔3°划为一带,其带号用 n 表示,如图4-1所示。我国国土所属范围大约为6°带第13号带至第23号带,即带号 $N = 13 \sim 23$;相应3°带大约为第24号带至第46号带,即带号 $n = 24 \sim 46$。6°带中央子午线经度 $L_0 = 6N - 3$,3°带中央子午线经度 $L_0' = 3n$。

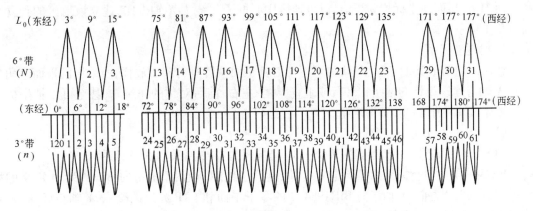

图4-1 投影分带与6°(3°)带

设想一个横圆柱体套在椭球外面,使横圆柱的轴心通过椭球的中心,并与椭球上某投影带的中央子午线相切,然后将中央子午线附近(即本带东西边缘子午线构成的范围)的椭球面上的点、线投影到横圆柱面上。再顺着过南北极的母线圆柱面剪开,并展开为平面,这个平面称为高斯投影平面。在高斯投影平面上,中央子午线和赤道的投影标是两条相互垂直的直线。规定中央子午线的投影为 x 轴,赤道上的投影为 y 轴,两轴交点 O 为坐标原点,并令 x 轴上原点以北为正,y 轴上原点以东为正,由此建立了高斯平面直角坐标系,如图4-2a)所示。在图4-2a)中,地面点 A、B 在高斯平面上的位置,可用高斯平面直角坐标 x、y 来表示。

由于我国国土全部位于北半球(赤道以北),故我国国土上全部点位的 x 坐标值均为正值,而 y 坐标值则有正有负。为了避免 y 坐标值出负值,我国规定将每带的坐标原点向西移500km,如图4-2b)所示。由于各投影带上的坐标系是采用相对独立的高斯平面直角坐标系,为了能正确区分某点所处投影带上的位置,规定在横坐标 y 值前面冠以投影带带号。例如,图4-2a)中 B 点位于高斯投影6°带,第20号带内($N = 20$),其真正横坐标 $y_b = -113424.690\text{m}$,

按照上述规定 y 值应改写为 $Y_b = 20(-113424.690 + 500000) = 20386575.310$。反之,人们从这个 Y_b 值中可以知道,该点是位于 6°第 20 号带,其真正坐标 $y_b = 386575.310 - 500000 = -113424.690m$。

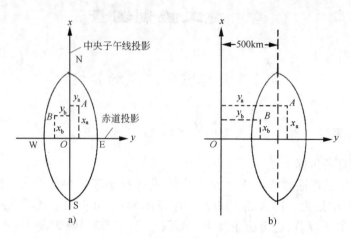

图 4-2 高斯平面直角坐标

2）独立平面直角坐标

当测量的范围较小时,可以把该测区的地表一小块球面当作平面看待。将坐标原点选在测区西南角,从而使坐标均为正值,以该地区中心的子午线为 X 轴方向,建立该地区的独立平面直角坐标系。

3）建筑坐标系

在房屋建筑或其他工程工地,为了便于对其平面位置进行施工放样,所采用的平面直角坐标系 X 轴与建筑设计的轴线相平行或垂直,对于左右、前后对称的建筑物,甚至可以把坐标原点设置于其对称中心,以简化计算。

4）WGS—84 坐标系

GPS 已广泛应用于施工测量,WGS—84 坐标系是 GPS 所采用的坐标系。

WGS—84 大地坐标系的几何定义是:原点位于地球质心,Z 轴指向 BIH1984.0 定义的协议地球极（CTP）方向,X 轴指向 BIH1984.0 的零子午面和 CTP 赤道的交点,Y 轴与 Z 轴、X 轴构成右手坐标系。对应于 WGS—84 大地坐标系有 WGS—84 椭球。

WGS—84 椭球及有关常数采用国际大地测量（IAG）和地球物理联合会（IUGG）第 17 届大会对大地测量常数的推荐值,4 个基本常数为:

(1) 长半轴 $a = 6378137m \pm 2m$；

(2) 地心引力常数（含大气层）$GM = (3986005 \pm 0.6) \times 10^8 (m^3 \cdot s^{-2})$；

(3) 正常化二阶带谐系数 $\overline{C}_{2,0} = -484.16685 \times 10^{-6} \pm 1.30 \times 10^{-9}$；

(4) 地球自转角速度 $\omega = 7292115 \times 10^{-11} \pm 0.1500 \times 10^{-11} (rad \cdot s^{-1})$。

利用以上 4 个基本常数,可以计算出其他的椭球常数,如第一偏心率 e、第二偏心率 e' 和扁率 α 分别为：$e^2 = 0.00669437999013$；$e'^2 = 0.00673949674227$；$\alpha = 1/298.257223563$。

某点大地水准面高 N 等于由 GPS 定位测定的该点大地高 H 减去该点的正高 $H_正$。N 值可以利用球谐函数展开式和一套 $n = m = 180$ 阶项的 WGS—84 地球重力场模型系数计算得出；也可以用特殊的数学方法（如曲面拟合法等）精确计算局部大地水准面高 N。一旦大地水准面高 N 确定之后,便可利用 $H_正 = H - N$ 计算各 GPS 点的正高 $H_正$。

GPS 单点定位的坐标以及相对定位中解算的基线向量属于 WGS—84 大地坐标系,因为 GPS 卫星星历是以 WGS—84 坐标系为根据而建立的。在中国,实用的测量成果往往属于国家坐标系(如 1980 年国家大地坐标系)或地方坐标系(也叫局部参考坐标系),因而必须进行坐标转换。GPS 计算软件一般都有坐标转换功能。

4.1.2 坐标转换

建筑坐标系亦称施工坐标系。设计图上建(构)筑物点位坐标及施工控制测量的建筑方格网大都采用施工坐标系,而施工坐标系与测量坐标系往往不一致,因此施工测量前需要进行施工坐标系与测量坐标系之间的换算。

如图 4-3,设 XOY 为测量坐标系,$X'O'Y'$ 为施工坐标系,$x_{o'}$、$y_{o'}$ 为施工坐标系的原点 O' 在测量坐标系中的坐标,α 为施工坐标系的纵轴 $O'X'$ 在测量坐标系中的方位角。设已知 P 点的施工坐标为 (x'_p, y'_p),则可按下式将其换算为测量坐标 (x_p, y_p):

$$\left. \begin{array}{l} x_p = x_{o'} + x'_p \cos\alpha - y'_p \sin\alpha \\ y_p = y_{o'} + x'_p \sin\alpha + y'_p \cos\alpha \end{array} \right\}$$

如已知 P 点的测量坐标 (x_p, y_p),则可将其换算为施工坐标 (x'_p, y'_p):

$$\left. \begin{array}{l} x'_p = (x_p - x_{o'})\cos\alpha + (y_p - y_{o'})\sin\alpha \\ y'_p = -(x_p - x_{o'})\sin\alpha + (y_p - y_{o'})\cos\alpha \end{array} \right\}$$

4.1.3 坐标正算和坐标反算

(1)坐标正算

如图 4-4 所示,A 为已知点,B 为未知点,假设已知水平距离 D_{AB} 和 AB 边的方位角 α_{AB},则可以计算出 B 点的坐标,这项工作称为坐标正算。

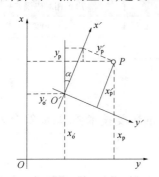

图 4-3 施工坐标与测量坐标的换算

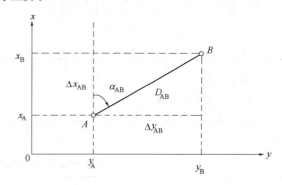

图 4-4 坐标正反算

由图 4-4 可知:

$$\left. \begin{array}{l} x_B = x_A + \Delta x_{AB} = x_A + D_{AB} \times \cos\alpha_{AB} \\ y_B = y_A + \Delta y_{AB} = y_A + D_{AB} \times \sin\alpha_{AB} \end{array} \right\}$$

(2)坐标反算

如图 4-4 所示,假设已知 A、B 两点的平面坐标值,则可以由此计算出 A、B 两点间的水平距离 D_{AB} 和方位角 α_{AB},这项工作称为坐标反算。

由图 4-4 可知:

$$D_{AB} = \sqrt{\Delta x_{AB}^2 + \Delta y_{AB}^2} \tag{4-1a}$$

$$\alpha_{AB} = \arctan\left(\frac{\Delta y_{AB}}{\Delta x_{AB}}\right) \tag{4-1b}$$

式中：$\Delta y_{AB} = y_B - y_A$，$\Delta x_{AB} = x_B - x_A$。

需要特别说明的是：式(4-1b)等式左边的坐标方位角，其值域为 0°~360°，而等式右边的 arctan 函数，其值域为 -90°~+90°，两者是不一致的。故当按式(4-1b)的反正切函数计算坐标方位角时，计算器上得到的是象限角值，因此，应根据坐标增量 Δx、Δy 的符号，按表4-1决定其所在象限，再把象限角换算成相应的坐标方位角。

坐标增量符号与坐标方位角的关系　　　　　　表4-1

象 限	方位角 α	Δx	Δy	换 算 公 式
I	0°~90°	+	+	$\alpha = \arctan(\Delta y/\Delta x)$
II	90°~180°	-	+	$\alpha = \arctan(\Delta y/\Delta x) + 180°$
III	180°~270°	-	-	$\alpha = \arctan(\Delta y/\Delta x) + 180°$
IV	270°~360°	+	-	$\alpha = \arctan(\Delta y/\Delta x) + 360°$

4.2 平面控制测量

4.2.1 建筑方格网

4.2.1.1 建筑方格网的技术要求

1) 主要技术要求(见表4-2)

建筑方格网的主要技术要求　　　　　　表4-2

等 级	边 长	测角中误差	边长相对中误差
I级	100~300m	±5″	≤1/30000
II级	100~300m	±8″	≤1/20000

2) 其他要求

(1) 方格网的精度要求

建筑方格网的首级控制，可采用轴线法或布网法，其施测的主要技术要求，应符合表4-3的规定。

建筑方格网首级控制的精度要求　　　　　　表4-3

方　法	具 体 要 求
轴线法	1. 宜位于场地的中央，与主要建筑物平行；长轴线上的定位点，不得少于3个；轴线点的点位中误差，不应大于5cm； 2. 放样后的主轴线点位，应进行角度观测，检查直线度；测定交角的测角中误差，不应超过2.5″；直线度的限差，应在180°±5″以内； 3. 轴交点，应在长轴线上丈量全长后确定； 4. 短轴线，应根据长轴线定向后测定，其测量精度应与长轴线相同，交角的限差应在90°±5″以内
布网法	宜增测对角线的三边网，其测量精度应满足如下规定：平均边长≤2km；测距中误差≤20mm；测距相对中误差≤1/100000

(2)水平角观测方法及技术要求

角度观测可采用方向观测法,其主要技术要求,应符合表4-4的规定。

角度观测的主要技术要求　　　　　　　　　　　　　　　表4-4

方格网等级	经纬仪型号	测角中误差	测回数	测微器两次读数差	半测回归零差	一测回中2倍照准差变动范围	各测回方向较差
I级	DJ$_1$	±5″	2	≤1″	≤6″	≤9″	≤9″
	DJ$_2$	±5″	3	≤6″	≤8″	≤13″	≤9″
II级	DJ$_2$	±5″	2	—	≤12″	≤18″	≤12″

(3)边长测量方法及技术要求

当采用测距仪测定边长时,应对仪器进行检测,采用仪器的等级及测回数,应符合表4-5的规定。

采用仪器的等级及测回数　　　　　　　　　　　　　　表4-5

方格网等级	仪器分级	总测回数
I级	I级、II级精度	4
II级	II级精度	2

注:测距仪的仪器精度分级标准见表2-17。

4.2.1.2 建筑方格网的设计

建筑方格网的设计应根据建筑物设计总平面图上的建筑物和各种管线的布设,并结合现场的地形情况而定。设计时先定方格网的主轴线,后设计其他方格点。格网可设计成正方形或矩形,如图4-5所示。方格网设计时应注意以下几点:

(1)方格网的主轴线应布设在整个场区中部,并与拟建主要建筑物的轴线相平行;

(2)方格网的转折角应严格成90°;

(3)方格网的边长一般为100~200m,边长的相对精度一般为1/10000~1/20000;

(4)方格网的边应保证通视,点位标石应埋设牢固,以便能长期保存。

4.2.1.3 建筑方格网主轴线的测设

建筑方格网主轴线点的定位是根据测图控制点来测设的。

(1)首先应将测图控制点的测量坐标换算成施工坐标。

(2)计算测设数据。在图4-6中,N_1、N_2、N_3为测量控制点,A、O、B为主轴线点,按坐标反算公式计算出放样元素β_1、D_1、β_2、D_2、β_3、D_3。

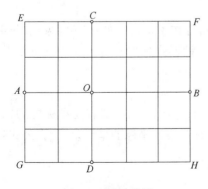

图4-5　建筑方格网

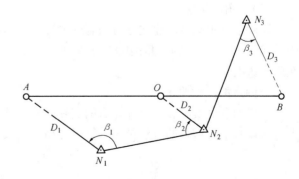

图4-6　主轴线点的测设

(3)然后用经纬仪(或全站仪)以极坐标法测设 A、O、B 点的概略位置 A′、O′、B′,再用混凝土桩把 A′、O′、B′标定下来。桩的顶部常设置一块 100mm×100mm 的铁板供调整点位用。

(4)精确测量∠A′O′B′角值,它应该等于180°,误差不应超过±10″,否则,将此三点作微小移动使之成一直线。

(5)定好 A、O、B 三个主点后,将仪器安置在 O 点,再测设与 AOB 轴线相垂直的另一主轴线 COD。实测时瞄准 A 点(或 B 点),分别向右、向左各转 90°,在地上用混凝土桩定出 C′和 D′点,再精确地测出∠AOC′和∠AOD′,分别算出它们与 90°之差,再按公式计算出改正数,并调整此两点位置,定出 C、D 点。

(6)然后再实测改正后∠COD,其角值与 180°之差不应超过±10″。

(7)最后自 O 点起,用钢尺(或全站仪)分别沿直线 OA、OC、OB 和 OD 精密测设主轴线的距离,最后在桩顶的铁板上刻出 A、O、B、C、D 的点位。

4.2.1.4 建筑方格网点的归化改正

1)网点坐标测定方法

(1)导线法

①中心轴线法:在建筑场地不大,布设一个独立的方格网就能满足施工定线要求时,则一般先行建立方格网中心轴线。如图 4-7 所示,AB 为纵轴,CD 为横轴,中心交点为 O,轴线测设调整后,再测设方格网,从轴线端点定出 N_1、N_2、N_3 和 N_4 点,组成大方格。通过测角、量边、平差、调整后构成一个四个环形的 I 级方格网,然后根据大方格边上点位,定出边上的内分点和交会出方格中的中间点,作为网中的 II 级点。

②一次布网法:一般小型建筑场地和在开阔地区中建立方格网,可以采用一次布网法。如图 4-8 所示,先将长边 N_1—N_5 定出,再作长边 N_1—N_5 的垂直方向线定出其他方格点 N_6—N_{15} 构成八个方格环形,通过测角、量距、平差、调整后的工作,构成一个 II 级全面方格网。

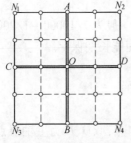
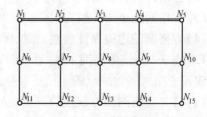

图 4-7 中心轴线方格网图　　　　图 4-8 一次布设方格网图

(2)三角测量法

采用小三角测量法建立方格网有两种形式:一种是附合在主轴线上的小三角网,如图 4-9 所示,为中心六边形的三角网附合在主轴线 AOB 上;另一种形式是将三角网或者三角锁附合在起算边上。

2)网点的归化改正

方格网点经实测和平差计算后的实际坐标往往与设计坐标不一致,则需要在标桩的标板上进行调整。其调整的方法是先计算出方格点的实际坐标与设计坐标的坐标差,计算公式是:

$$\left.\begin{array}{l}\Delta x = x_{设计} - x_{实际} \\ \Delta y = y_{设计} - y_{实际}\end{array}\right\}$$

然后,以实际点位至相邻点在标板上方向线来定向,用三角尺在定向边上量出 Δx 和 Δy,

如图4-10所示,并依据其数值平行推出设计坐标轴线,其交点 A 即为方格点正式点位。标定后,将原点位消去。

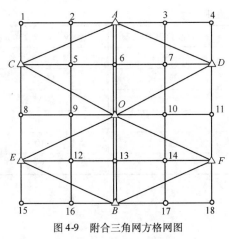

图4-9　附合三角网方格网图

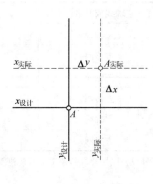

图4-10　方格网点位改正图

4.2.1.5　建筑方格网的加密

在建立边长较长的方格网之后,要再加密中间的方格网点。方格网的加密,常采用下述两种方法:

1)直线内分点法

在一条方格边上的中间点加密方格点时,如图4-11所示,从已知点 A 沿 AB 方向线按设计要求精密丈量定出 M 点。由定线偏差得 M'。置经纬仪于 M',测定∠AM'B 的角值 β,按下式求得偏差值:

$$\delta = \frac{S \cdot \Delta\beta}{2\rho}$$

式中:S——AM'的距离;

$\Delta\beta = 180° - \beta$。

按 δ 值对 M' 进行改正,得 M 点。

2)方向线交会法

如图4-12所示,在方格点 N_1 和 N_2 上置经纬仪瞄准 N_4 和 N_3,此两方向线相交,得 a 点,即方格网加密点。检测和改正的方法是在 a 点安置经纬仪,先把 a 点改正到 N_1N_4 直线上,再把新点 a 改正到 N_2N_3 直线上,即得 a 点的正确位置。

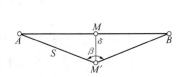

图4-11　直线内分点法加密方格点示意图　　　图4-12　方向线交会法加密方格点示意图

4.2.1.6　建筑方格网的最后检查

建筑方格网的归化改正和加密工作完成以后,应对方格网进行全面的实地检查测量(注:

角度测量和边长测量的技术要求见表4-4和表4-5)。检查时,间隔点设站测量角度并实测几条边的长度,检查的结果应满足表4-6的要求,如超出规定,应再对点位进行调整。

方格网的精度要求　　　　　　　　　　　　　　　　表4-6

等级	主轴线或方格网	边长精度	直线角误差	主轴线交角或直角误差
Ⅰ	主轴线	1∶50000	±5″	±3″
	方格网	1∶40000		±5″
Ⅱ	主轴线	1∶25000	±10″	±6″
	方格网	1∶20000		±10″
Ⅲ	主轴线	1∶10000	±15″	±10″
	方格网	1∶8000		±15″

注:小型厂房、民用建筑和施工不复杂建筑场地可采用Ⅲ级布设。

4.2.2 导线测量

4.2.2.1 导线测量的技术要求
1)主要技术要求(见表4-7)

导线测量的主要技术要求见表4-7,详细内容可参看《工程测量规范》(GB 50026—2007)。

导线测量的主要技术要求　　　　　　　　　　　　表4-7

等级	导线长度(km)	平均边长(km)	测角中误差(″)	测距中误差(mm)	测距相对中误差	测回数			方位角闭合差(″)	导线全长相对闭合差
						DJ_1	DJ_2	DJ_6		
三等	14	3	±1.8	±20	≤1/150000	6	10	—	$±3.6\sqrt{n}$	≤1/55000
四等	9	1.5	±2.5	±18	≤1/80000	4	6	—	$±5\sqrt{n}$	≤1/35000
一级	4	0.5	±5	±15	≤1/30000	—	2	4	$±10\sqrt{n}$	≤1/15000
二级	2.4	0.25	±8	±15	≤1/14000	—	1	3	$±16\sqrt{n}$	≤1/10000
三级	1.2	0.1	±12	±15	≤1/7000	—	1	2	$±24\sqrt{n}$	≤1/5000

注:1. 表中 n 为测站数。
　　2. 当测区测图的最大比例尺为1∶1000时,一、二、三级导线的平均边长及总长可以适当放长,但最大长度不应大于表中规定的2倍。

2)其他要求

(1)当导线平均边长较短时,应控制导线的边数,但不得超过表4-7相应等级导线长度和平均边长算得的边数;当导线长度小于表4-7规定长度的1/3时,导线全长的绝对闭合差不应大于13cm。

(2)导线宜布设成直伸形状,相邻边长不宜相差过大。当附合导线长度超过规定时,应布设成结点网形。当导线网用作首级控制时,应布设成环形网,网内不同环节上的点不宜相距过近。

4.2.2.2 导线测量的基本知识
1)概述

将测区内相邻控制点连成直线而构成的折线,称为导线。构成导线的平面控制点称为导线点。导线测量就是依次测定各导线边的长度和各转折角值;根据起算数据,推算各边的坐标方位角,从而求出各导线点的坐标。

用经纬仪测量转折角,用钢尺测定边长的导线,称为经纬仪导线;若用光电测距仪测定导线边长,则称为光电测距导线。

2)导线布设形式

导线测量是建立小地区平面控制网常用的一种方法。根据测区的具体情况,单一导线的布设有下列三种基本形式(见图4-13):

(1)闭合导线:以高级控制点 A、B 中的 A 点为起始点,并以 AB 边的坐标方位角 α_{AB} 为起始坐标方位角,经过1、2、3、4点仍回到起始点 A,形成一个闭合多边形的导线称为闭合导线。

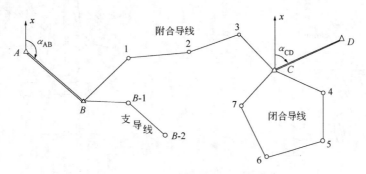

图4-13 导线布设形式

(2)附合导线:以高级控制点 A、B 中的 B 点为起始点,以 AB 边的坐标方位角 α_{AB} 为起始坐标方位角,经过5、6、7、8点,附合到另外两个高级控制点 CD 中的 C 点,并以 CD 边的坐标方位角 α_{CD} 为终边坐标方位角,这样的导线称为附合导线。

(3)支导线:从一个高级控制点 B 和一条高级边的坐标方位角 α_{AB} 出发延伸出去的导线(B-1、B-2)称为支导线。由于支导线缺少对观测数据的检核,故其边数及总长都有限制。

(4)导线网:两条或两条以上的附合导线或闭合导线通过公共导线点互相连接在一起、组成网状结构的图形称为导线网。导线网的结构和图形种类很多,图4-14是其中最简单的一种。

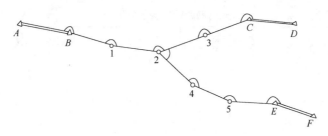

图4-14 导线网布设形式

3)导线测量的外业工作

(1)踏勘选点及建立标志

选点前,应调查搜集测区已有地形图和高一级的控制点的成果资料,把控制点展绘在地形图上,然后在地形图上拟定导线的布设方案,最后到野外去踏勘,实地核对、修改、落实点位。如果测区没有地形图资料,则需详细踏勘现场,根据已知控制点的分布、测区地形条件及测图和施工需要等具体情况,合理地选定导线点的位置。

实地选点时,应注意以下几点:相邻点间通视良好,地势较平坦,便于测角和量距;点位应选在土质坚实处,便于保存标志和安置仪器;视野开阔,便于施测碎部;导线各边的长度应大致相等,其边长和平均边长应满足规范要求;导线点应有足够的密度,分布较均匀,便于控制整个测区。

导线点选定后,要在每一点位上打一大木桩,其周围浇灌一圈混凝土(见图4-15),桩顶钉一小钉,作为临时性标志;若导线点需要保存的时间较长,就要埋设混凝土桩(见图4-16)或石桩,桩顶刻"十"字,作为永久性标志。导线点应统一编号。为了便于寻找,应量出导线点与附近固定而明显的地物点的距离,绘一草图,注明尺寸,称为"点之记",如图4-17。

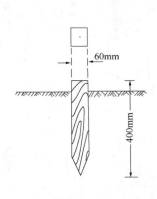

图4-15 (临时)导线点的埋设

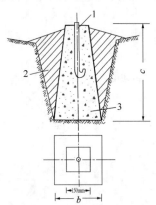

图4-16 (永久)导线点的埋设
1-粗钢筋;2-回填土;3-混凝土;b、c-视埋设深度而定

(2)量边

导线边长一般用光电测距仪测定,测量时要同时观测竖直角,供倾斜改正之用。导线边长如果用全站仪测定,可直接测量平距,而无需观测竖直角。

距离测量的技术要求详见表4-7和表4-8。若用钢尺丈量,钢尺必须经过检定。钢尺丈量距离的技术要求详见《工程测量规范》(GB 50026—2007)。

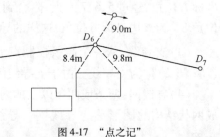

图4-17 "点之记"

光电测距的主要技术要求　　　　　表4-8

平面控制网等级	仪器精度等级	每边测回数		一测回读数较差 (mm)	单程各测回较差 (mm)	往返测距较差 (mm)
		往	返			
三等	5mm级仪器	3	3	≤5	≤7	$\leq\sqrt{2}(a+b\cdot D)$
	10mm级仪器	4	4	≤10	≤15	
四等	5mm级仪器	2	2	≤5	≤7	
	10mm级仪器	3	3	≤10	≤15	
一级	10mm级仪器	2	—	≤10	≤15	—
二、三级	10mm级仪器	1	—	≤10	≤15	

注:1. 测回是指照准目标一次,读数2~4次的过程。
　　2. 困难情况下,边长测距可采取不同时间段测量代替往返观测。

(3)测角

导线角度测量一般采用测回法来观测,测量时要么全部观测导线左角(位于导线前进方向左侧的角),要么全部观测导线右角(位于导线前进方向右侧的角)。构成结点的导线网,结点上采用方向观测法测量角度。角度测量的技术要求详见表4-7。

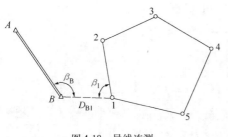

图4-18 导线连测

（4）连测

如图4-18，导线与高级控制点连接，必须观测连接角 β_B、β_1，连接边 D_{B1}，作为传递坐标方位角和坐标之用。如果附近无高级控制点，则应用罗盘仪施测导线起始边的磁方位角，并假定起始点的坐标作为起算数据。

4.2.2.3 导线测量的数据处理

1）近似平差法

导线平差计算的目的是：根据导线中已知点的坐标、观测的水平角和水平距离来计算未知点坐标。导线近似平差是将角度闭合差的分配和坐标闭合差的分配分别处理的。下面以图4-19的附合导线为例来介绍导线近似平差的计算过程。

（1）检查复核

①应全面检查导线测量外业记录、数据是否齐全，有无记错、算错，成果是否符合精度要求，起算数据是否准确；

②绘制导线略图，把起算数据、观测数据标注在图上相应的位置，如图4-19所示；应对标注的数据进行复核；

③确定内业计算中数值取位的要求；对于一般工程项目，以一、二级导线居多，因此，角度取位至秒（"），边长和坐标取位至毫米（mm）。

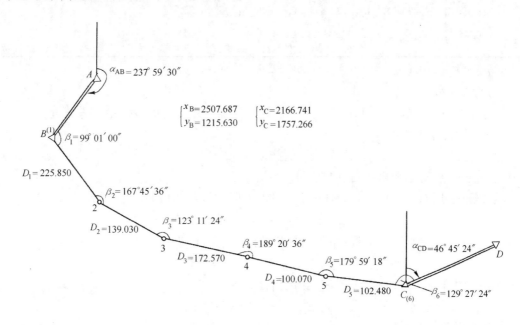

图4-19 附合导线略图

（2）准备工作

①对图4-19的导线略图进行检查，包括已知数据和观测数据；

②准备导线计算表（见表4-9），并将图4-19中的已知数据和观测数据填入表中相应的位置。

73

导线坐标计算表 表4-9

点号	观测角	改正后角度	方位角	距离(m)	坐标增量(m) Δx	坐标增量(m) Δy	坐标(m) x	坐标(m) y
(1)	(2)	(3)	(4)	(5)	(6)	(7)	(8)	(9)
A			237°59′30″					
$B(1)$	+6″ 99°01′00″	99°01′06″	157°00′36″	225.850	+0.045 −207.911	−0.043 88.210	2507.687 2299.821	1215.630 1303.797
2	+6″ 167°45′36″	167°45′42″	144°46′18″	139.030	+0.028 −113.568	−0.026 80.198	2186.281	1383.969
3	+6″ 123°11′24″	123°11′30″	87°57′48″	172.570	+0.035 6.133	−0.033 172.461	2192.449	1556.397
4	+6″ 189°20′36″	189°20′42″	97°18′30″	100.070	+0.020 −12.730	−0.019 99.257	2179.739	1655.635
5	+6″ 179°59′18″	179°59′24″	97°17′54″	102.480	+0.021 −13.019	−0.019 101.650	2166.741	1757.266
$C(6)$	+6″ 129°27′24″	129°27′30″	46°45′24″					
D								
$\sum$	888°45′18″	888°45′54″		740.000	$\sum \Delta x =$ −341.095	$\sum \Delta y =$ 541.776	$x_C - x_B =$ −340.946	$y_C - y_B =$ 541.636

$f_\beta = -36″$ $f_{\beta容} = \pm 60″\sqrt{n} = \pm 144″$ $f_\beta < f_{\beta容}$

$f_x = -341.095 - (-340.946) = -0.149\text{m}$ $f_y = 541.776 - 541.636 = 0.140\text{m}$

$f_D = \sqrt{f_x^2 + f_y^2} = 0.20\text{m}$ $K = \dfrac{1}{\sum D/f_D} = \dfrac{1}{3700} < \dfrac{1}{2000}$

注：$\sum \beta_{理}^{左} = 888°45′54″$，$\sum \beta_{测} = 888°45′18″$，$f_\beta = \sum \beta_{测} - \sum \beta_{理} = -36″$。

(3) 计算过程

所有计算均在表格中完成，以下仅列出各计算步骤的计算公式，以供读者参考。

① 角度闭合差 f_β 的计算

$$f_\beta = \sum \beta_{测} - \sum \beta_{理}$$

式中：$\sum \beta_{测}$——所有水平角观测值的总和；

$\sum \beta_{理}$——所有水平角总和的理论值，如图4-19，角度观测值为左角，其计算公式为：

$$\sum \beta_{理}^{左} = \alpha_{CD(终边)} - \alpha_{AB(始边)} + n \times 180°$$

n——水平角观测个数；如果角度观测值是右角，则为：

$$\sum \beta_{理}^{右} = \alpha_{始边} - \alpha_{终边} + n \times 180°$$

如果是闭合导线，角度观测值一般为内角，则有：

$$\sum \beta_{理} = (n-2) \times 180°$$

② 角度闭合差的调整

如果角度闭合差 f_β 如果不满足规范要求（具体指标见表4-7），则说明所测角度不符合要求，应重新观测水平角。若 f_β 不超过 $f_{\beta容}$，可将角度闭合差反符号平均分配到各观测角度中。

③ 推算各边的坐标方位角

用改正后的导线左角或右角推算各边的坐标方位角，参看图4-19，角度观测值为左角，推算公式为：

$$\alpha_{23(\text{前})} = \alpha_{12(\text{后})} + \beta_2^{\text{左}} - 180°$$

如果观测右角,则为:

$$\alpha_{23(\text{前})} = \alpha_{12(\text{后})} - \beta_2^{\text{右}} + 180°$$

在推算过程中必须注意:如果推算出的 $\alpha_{\text{前}} > 360°$,则应减去 $360°$;如果推算出的 $\alpha_{\text{前}} < 0°$,则应加上 $360°$。

根据改正后的观测角,利用方位角推算公式计算各边的方位角,填入表 4-9 中第 4 栏。推算方位角时应特别注意观测角是左角还是右角。计算的结果是否正确,可以由 CD 边的已知方位角和计算的方位角是否一致来检查。

④坐标增量的计算

$$\left.\begin{array}{l}\Delta X_{ij} = D_{ij} \cdot \cos\alpha_{ij} \\ \Delta Y_{ij} = D_{ij} \cdot \sin\alpha_{ij}\end{array}\right\}$$

⑤坐标增量闭合差的计算

坐标增量闭合差 f_x、f_y 的计算公式为:

$$\left.\begin{array}{l}f_x = \sum\Delta x_{\text{计算}} - \sum\Delta x_{\text{理论}} \\ f_y = \sum\Delta y_{\text{计算}} - \sum\Delta y_{\text{理论}}\end{array}\right\}$$

对于闭合导线,有:

$$\sum\Delta x_{\text{理论}} = \sum\Delta y_{\text{理论}} = 0$$

对于附合导线,如图 4-19,则有:

$$\left.\begin{array}{l}\sum\Delta x_{\text{理论}} = X_{C(\text{终点})} - X_{B(\text{始点})} \\ \sum\Delta y_{\text{理论}} = Y_{C(\text{终点})} - Y_{B(\text{始点})}\end{array}\right\}$$

导线全长闭合差 f_D 的计算公式:

$$f_D = \sqrt{f_x^2 + f_y^2}$$

导线全长相对闭合差 K 的计算公式:

$$K = \frac{f_D}{\sum D} = \frac{1}{\sum D / f_D}$$

式中:$\sum D$——各导线边长的总和。

K 要用分子为 1 的分式表示。导线全长相对闭合差 K 是衡量导线是否符合精度要求的另一个重要指标,它也必须满足表 4-7 中规定的要求,若超限,说明距离测量误差太大,必须返工重测。

⑥坐标增量闭合差的调整

如果导线全长相对闭合差 K 小于规范规定的限差值,则可对坐标增量闭合差进行调整。调整的原则是:将 f_x、f_y 改变符号,再根据边长的大小分配到各边的坐标增量中去。

$$\left.\begin{array}{l}v_{xi} = -\dfrac{f_x}{\sum D} \times D_i \\ v_{yi} = -\dfrac{f_y}{\sum D} \times D_i\end{array}\right\}$$

各边的坐标增量加上式计算出的改正数就可得到坐标增量的平差值。

⑦计算各导线点的坐标

如图 4-19,根据 B 点的起算坐标及改正后各边的坐标增量,直接相加就得到各导线点的坐标,填入表 4-9 中第 8、9 栏,计算的结果是否正确,可以由 C 边的已知坐标和计算的坐标是否一致来检查。

2) 严密平差法

导线的近似平差计算的前提条件是角度闭合差是由角度观测引起的,坐标闭合差是由边长观测引起的,因此在平差计算时分两步进行:首先计算角度闭合差f_β,再按平均分配的原则将f_β分配到各个转折角上;然后计算坐标闭合差f_x、f_y,再按边长的长短将f_x、f_y分配到导线边上。

这种平差计算方法是不严密的,因为从几何意义上可知:角度误差会产生坐标闭合差,边长误差同样会产生角度闭合差。因此,严密的导线平差方法是将角度闭合差和坐标闭合差同时计算和分配。与导线近似平差相比,严密平差将方位角闭合差和坐标闭合差作为一个整体进行求解,其理论严密、结果可靠。同时,除了能计算导线点坐标以外,还能进行精度评定,例如:单位权中误差、观测值和平差值中误差、导线边方位角中误差、导线点坐标中误差。这是近似平差无法做到的。

严密平差计算过程比较复杂,尤其是精度评定的内容,由于理论较深奥,这里不作介绍。有兴趣的读者可以参阅有关测量平差参考书。目前,利用计算机软件进行严密平差已十分普遍。

4.2.2.4 无定向导线的计算

无起算方位角的导线称之为无定向导线。

例如,在隧道工程施工测量中,往往需要将地面控制点的坐标和方位角传递到地下去,一般采用"一井定向"和"两井定向"(详见第11章第11.3.1条和第11.3.2条)。在一井定向中,如果井筒直径小,两吊丝间距也小,则垂线投影的误差对支导线端点的横向位置有较大的影响。为了减小垂线投影误差的影响,可以采用两井定向。

在相距较远的两个井筒中各挂一根吊垂线,根据地面控制点测定它们的平面坐标。在地下隧道中用导线联测这两根吊垂线。经过计算可以求得地下导线点的坐标和导线边的方位角。如图4-20所示,O_1、O_2是两个相距较远的竖井。在隧道施工中,通过地下导线将O_1、O_2两点连接起来,则该地下导线就是无定向导线。

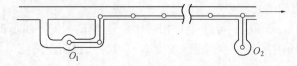

图4-20 两井定向中的地下导线

如图4-21的无定向导线,设有导线A、1、2、……、$(n-1)$、B,附合(挂)在A、B两个控制点上。测量了诸边长s,并在1、2、……、$(n-1)$诸点上测了转折角β(假设观测了左角)。

假定一个坐标系,其原点在A,其x'轴与$A1$边重合。显然,在此坐标系中$\alpha_1' = 0$,$x_a' = y_a' = 0$。按下述步骤计算各导线点的坐标:

1) 计算各导线点在假定坐标系中的坐标值

$$x_k' = \sum_{i=1}^{k} S_i \cdot \cos\alpha_i'$$

$$y_k' = \sum_{i=1}^{k} S_i \cdot \sin\alpha_i'$$

$$\alpha_i' = \alpha_1' + \sum_{j=1}^{i-1} (\beta_j - 180°)$$

$$k = 1, 2, \cdots, (n-1), n$$

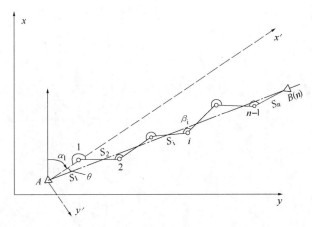

图 4-21 无定向导线的计算

2）计算 $A1$ 边在大地坐标系中的方位角

$$\alpha_1 = \alpha_{AB} - \theta = \arctan\frac{Y_B - Y_A}{X_B - X_A} - \arctan\frac{Y'_n}{X'_n}$$

式中：(X_A, Y_A)、(X_B, Y_B)——A、B 点在大地坐标系中的坐标；

(X'_n, Y'_n)——B 点在假定坐标系中的坐标。

3）计算长度比 M

$$M = \frac{\sqrt{(X_B - X_A)^2 + (Y_B - Y_A)^2}}{\sqrt{X'^2_n + Y'^2_n}}$$

4）计算各导线点在大地坐标系中的坐标

$$\begin{pmatrix} X_i \\ Y_i \end{pmatrix} = \begin{pmatrix} X_A \\ Y_A \end{pmatrix} + M \cdot \begin{pmatrix} \cos\alpha_1 & -\sin\alpha_1 \\ \sin\alpha_1 & \cos\alpha_1 \end{pmatrix} \begin{pmatrix} X'_i \\ Y'_i \end{pmatrix}$$

5）计算各边在大地坐标系中的方位角

$$\alpha_i = \alpha'_i + \alpha_1$$

4.2.3 边角测量

1）边角测量方法概述

边角测量方法包括：三角测量（测角网）、三边测量（测边网）和边角测量（边角网）。

（1）三角测量（测角网）

三角测量是建立平面控制网的一种传统的常用方法。三角测量以三角形为基本图形，观测各三角形的内角，在网中测定少数边长（称为基线），其余边长按基线长度及三角形内角用正弦定律推算。当网中具有起算点的坐标和起始边的方位角时，就可以推算各三角点的坐标。在桥梁、隧道工程的建设中，常布设边长较短的三角网，作为平面控制网。

根据测区的地形条件、高级控制点的分布情况和工程的要求，三角网可以布设成单三角锁、大地四边形和中点多边形等基本图形（见图4-22）。

（2）三边测量（测边网）

三边测量（测边网）是对三角形网只观测边长，不观测角度。这种方式目前已经很少采用。

(3) 边角测量(边角网)

边角测量(边角网)是对三角形网同时观测边长和角度。这种方式目前已经被广泛采用。

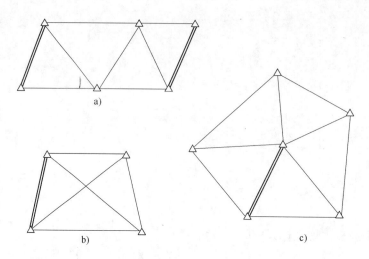

图 4-22 三角网的基本图形
a)单三角锁;b)大地四边形;c)中点多边形

2) 边角网的特点

测角网有利于控制网中点位的与控制网线方向垂直的方向的误差,测边网有利于控制网中点位的与控制网线方向平行的方向的误差,两者的点位误差椭圆长轴方向大致成正交。因此,如果在同一网中对边长和角度都进行观测,构成所谓边角网,就能达到取长补短,有效地提高点位精度的目的。由于全站仪的普及,边角网已经在工程中得到广泛应用。

边角网可分为完全边角网和混合边角网两种。完全边角网:观测由三角形构成网形中的全部边长和全部角度。混合边角网:观测由三角形构成网形中的部分边长和部分角度,其中包括观测全部边长,但仅观测若干个角度,或观测全部角度,但仅观测若干个边长等情况。

混合边角网的观测值应进行合理组合,一般在野外作业前,先要利用计算机进行混合边角网优化设计工作。布设混合边角网比较灵活,可根据仪器设备的精度和优化设计的结果将这两种观测手段进行组合,以便能在经济合理的条件下提高控制网的精度。

3) 简单边角网的精度分析

最简单的边角网如图 4-23 所示。该网为一个三角形的边角网(边角前方交会),A、B 为已知点,C 为待定点,观测了边长 S_a、S_b 和角度 β_a、β_b。已知值和观测值标注在图 4-23 中。已知:$m_{\beta_a} = m_{\beta_b} = \pm 1.41''$,$m_{S_a} = \pm 0.3 \text{cm}$,$m_{S_b} = \pm 0.5 \text{cm}$。用下式计算观测值的权:

$$P_{S_a} = 1/m_{S_a}^2 = 11$$
$$P_{S_b} = 1/m_{S_b}^2 = 4$$
$$P_{\beta_a} = P_{\beta_b} = 1/m_{\beta}^2 = 0.5$$

按边角网进行平差,求得 C 点坐标及其中误差为:

$$X_C = 2000.0025 \text{m} \pm 0.0027 \text{m}$$
$$Y_C = 2000.0020 \text{m} \pm 0.0028 \text{m}$$

按测角网进行平差,求得 C 点坐标及其中误差为:

$$X_C = 2000.0000 \text{m} \pm 0.0059 \text{m}$$

$$Y_C = 2000.0000\text{m} \pm 0.0034\text{m}$$

按测边网进行平差,求得 C 点坐标及其中误差为:

$$X_C = 2000.0032\text{m} \pm 0.0030\text{m}$$
$$Y_C = 2000.0064\text{m} \pm 0.0050\text{m}$$

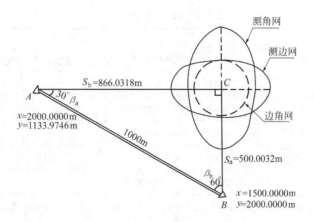

图 4-23 简单边角网的精度分析

经计算,C 点的误差椭圆参数见表 4-10,误差椭圆图见图 4-23。

C 点误差椭圆参数　　　　　表 4-10

参　数	测 角 网	测 边 网	边 角 网
A	5.9mm	5.0mm	2.8mm
B	3.4mm	3.0mm	2.7mm
φ	0°	90°	90°

注:参数 A 为误差椭圆长半轴;参数 B 为误差椭圆短半轴;参数 φ 为误差椭圆长半轴与 X 轴的夹角。

由图 4-23 绘出的三种网形的误差椭圆大小和形状可以看出,边角网的误差椭圆是近似圆形,且在测角网和测边网的公共区域以内,这可形象地验证采用精度合理匹配的边角组合观测能获得取长补短、较显著地提高点位精度的效果。上述示例是一个简单的特例,即坐标中误差正好等于误差椭圆长短半轴,但很能证明边角网的特点。通过各类网形的平差计算和精度评定可知,边角网的点位精度比测角网和测边网都要高。

4)边角观测值的精度匹配

在同一边角网的观测中,如果角度观测值的精度很高,而边长观测值的精度较低,经对平差结果分析可知,此时,边角网的平差结果精度稍高于测角网的精度。换句话说,此时的边长观测值对整个边角网的平差结果精度提高帮助很小,观测边长意义不大。同样,在同一边角网的观测中,如果边长观测值的精度很高,而角度观测值的精度较低,经对平差结果分析可知,此时,边角网的平差结果精度稍高于测边网的精度。换句话说,此时的角度观测值对整个边角网的平差结果精度提高帮助很小。因此,边角网观测一定要关注边角观测值的精度匹配问题。

对于完全边角网,关于网中边角观测值的精度如能按照下式来确定观测纲要,则可以得到测边网和测角网的误差椭圆大小大致相同的结果,即:

$$\frac{m_0}{\rho''} = \frac{m_S}{S} \tag{4-2}$$

式中:m_0——方向观测中误差。

式(4-2)可以作为边角网中两种观测值精度相互配合的标准。

5)边角网测量技术要求

三角测量主要技术要求见表 4-11;三角测量一般采用方向观测法进行角度测量,观测技术要求见表 4-12;边长测量的技术要求见表 4-8。

三角测量的主要技术要求　　　　　　　　表 4-11

等级	平均边长(km)	测角中误差(″)	测边相对中误差	最弱边边长相对中误差	测回数 1″级仪器	测回数 2″级仪器	测回数 6″级仪器	三角形最大闭合差(″)
二等	9	1	≤1/250000	≤1/120000	12	—	—	3.5
三等	4.5	1.8	≤1/150000	≤1/70000	6	9	—	7
四等	2	2.5	≤1/100000	≤1/40000	4	6	—	9
一级	1	5	≤1/40000	≤1/20000	—	2	4	15
二级	0.5	10	≤1/20000	≤1/10000	—	1	2	30

注:当测区测图的最大比例尺为 1∶1000 时,一、二级网的平均边长可适当放长,但不应大于表中规定长度的 2 倍。

水平角方向观测法的技术要求　　　　　　　　表 4-12

等级	仪器精度等级	光学测微器两次重合读数之差(″)	半测回归零差(″)	一测回内 2C 互差(″)	同一方向值各测回较差(″)
四等及以上	1″级仪器	1	6	9	6
四等及以上	2″级仪器	3	8	13	9
一级及以下	2″级仪器	—	12	18	12
一级及以下	6″级仪器	—	18	—	24

注:1. 全站仪、电子经纬仪水平角观测时不受光学测微器两次重合读数之差指标的限制。
2. 当观测方向的垂直角超过 ±3°的范围时,该方向 2C 互差可按相邻测回同方向进行比较,其值应满足表中一测回内 2C 互差的限值。

4.2.4 GPS 测量

4.2.4.1 GPS 测量的技术要求

1)GPS 网精度分级

《全球定位系统(GPS)测量规范》(GB/T 18314—2009),将 GPS 网按其精度分成了 A、B、C、D、E 共五级。各级 GPS 网相邻点间基线长度精度计算公式:

$$\sigma = \sqrt{a^2 + (b \cdot D \times 10^{-6})^2} \tag{4-3}$$

式中:σ——标准差(mm);

a——固定误差(mm);

b——比例误差系数;

D——相邻点间的距离(mm)。

A 级 GPS 网由卫星定位连续运行基准站构成,其精度应不低于表 4-13 的要求,B、C、D 和 E 级的精度应不低于表 4-14 的要求。各级 GPS 网的用途见表 4-15。

A级GPS网精度要求　　　　　　　　　　　　　　　　　　　　　　　表4-13

级别	坐标年变化率中误差		相对精度	地心坐标各分量年平均中误差（mm）
	水平分量（mm/a）	垂直分量（mm/a）		
A	2	3	1×10^{-8}	0.5

各级GPS网精度要求　　　　　　　　　　　　　　　　　　　　　　　表4-14

级别	相邻点基线分量中误差		相邻点间平均距离（km）
	水平分量（mm）	垂直分量（mm）	
B	5	10	50
C	10	20	20
D	20	40	5
E	20	40	3

各级GPS网的用途表　　　　　　　　　　　　　　　　　　　　　　　表4-15

级别	用途
A	国家一等大地控制网；进行全球性的地球动力学研究；地壳形变测量；精密定轨等等
B	国家二等大地控制网；建立地方或城市坐标基准框架；区域性的地球动力学研究；地壳形变测量；局部形变监测；各种精密工程测量等等
C	国家三等大地控制网；建立区域、城市及工程测量的基本控制网等等
D	国家四等大地控制网；中小城市、城镇及测图、地籍、土地信息、房产、物探、勘测、建筑施工等的控制网等等
E	中小城市、城镇及测图、地籍、土地信息、房产、物探、勘测、建筑施工等的控制网等等

2）GPS接收机的选用

各级GPS网测量选用GPS接收机按表4-16的规定执行。

各级GPS网测量选用GPS接收机的规定表　　　　　　　　　　　　　　表4-16

级别	B	C	D、E
单频/双频	双频/全波长	双频/全波长	双频或单频
观测量至少有	L1、L2载波相位	L1、L2载波相位	L1载波相位
同步观测接收机数	≥4	≥3	≥2

3）GPS观测的技术要求（见表4-17）

GPS测量基本技术要求　　　　　　　　　　　　　　　　　　　　　　表4-17

项目	级别			
	B	C	D	E
卫星截止高度角（°）	10	15	15	15
同时观测有效卫星数	≥4	≥4	≥4	≥4
有效观测卫星总数	≥20	≥6	≥4	≥4
观测时段数	≥3	≥2	≥1.6	≥1.6
时段长度	≥23h	≥4h	≥60min	≥40min
采样间隔（s）	30	10～30	5～15	5～15

注：1. 计算有效观测卫星总数时，应将各时段的有效观测卫星数扣除其间的重复卫星数。
　　2. 观测时段长度，应为开始记录数据到结束记录的时间段。
　　3. 观测时段数≥1.6，指采用网观测模式时，每站至少观测一时段，其中二次设站点数应不少于GPS网总点数的60%。
　　4. 采用基于卫星定位连续运行基准站点观测模式时，可连续观测，但观测时间应不低于表中规定的各时段观测时间的和。

4)工程测量控制网 GPS 测量作业的技术要求(见表4-18)

GPS 测量作业的基本技术要求　　　　　　　　表 4-18

等级		二等	三等	四等	一级	二级
接收机类型		双频	双频或单频	双频或单频	双频或单频	双频或单频
仪器标称精度		$10\text{mm}+2\times10^{-6}D$	$10\text{mm}+5\times10^{-6}D$	$10\text{mm}+5\times10^{-6}D$	$10\text{mm}+5\times10^{-6}D$	$10\text{mm}+5\times10^{-6}D$
观测量		载波相位	载波相位	载波相位	载波相位	载波相位
卫星高度角(°)	静态	≥15	≥15	≥15	≥15	≥15
	快速静态	—	—	—	≥15	≥15
有效观测卫星数	静态	≥5	≥5	≥4	≥4	≥4
	快速静态	—	—	—	≥5	≥5
观测时段长度(min)	静态	30~90	20~60	15~45	10~30	10~30
	快速静态	—	—	—	10~15	10~15
数据采样间隔(s)	静态	10~30	10~30	10~30	10~30	10~30
	快速静态	—	—	—	5~15	5~15
点位几何图形强度因子 PDOP		≤6	≤6	≤6	≤8	≤8

4.2.4.2　GPS 测量的实施

GPS 测量的实施可分为以下四个步骤:技术设计、外业准备、外业实施和数据处理。

1)GPS 控制网的技术设计

(1)基准设计

通过 GPS 测量我们可以获得 WGS—84 坐标系下的地面点间的基线向量。通常情况下,我们需要的是国家坐标系(1954 北京坐标系或 1980 西安坐标系)或独立坐标系。因此对于一个 GPS 网,在技术设计阶段就应首先明确 GPS 成果所采用的坐标系统和起算数据,即 GPS 网的基准设计。进行 GPS 控制网的基准设计时,必须注意以下几个问题:

①GPS 测量成果转化到我们所需要的地面坐标系,应选择足够的地面坐标系的起算数据与 GPS 测量数据相重合,或者联测足够的地方控制点,以求得坐标转换参数。一般控制网联测起算点的个数不少于 3 个。

②GPS 网经三维平差后,得到的是相对于参考椭球面的大地高,为求得 GPS 网点的正常高,应根据需要适当进行高程联测。AA、A 级网应按二等水准逐点联测高程,B 级网应按三等水准每隔 2~3 点联测一点的高程,C 级网应按四等水准每隔 3~6 点联测一点的高程,D、E 级网应按四等水准根据具体情况确定联测高程点的点数,联测点一般应均匀分布在整个测区。

③GPS 网的坐标系统应尽量与测区原有坐标系统一致。若采用独立坐标系,应掌握以下参数:参考椭球、中央子午线、纵横坐标的加常数、坐标系的投影面、测区平均高程异常、起算点的坐标。

(2)网形设计

①基本概念

对于常规控制网来说,网形设计十分重要。GPS 网的精度主要取决于观测时卫星与测站间的几何网形、观测数据的质量以及相应的数据处理方法,与 GPS 网形关系不大。这样给 GPS 网的布设带来很大的方便与灵活性,因此 GPS 网的设计主要取决于用户的要求与用途。GPS 测量的几个基本概念见表 4-19。

GPS 测量的基本概念　　　　　　　　　　　　　　　　表 4-19

序号	名　称	含　义
1	观测时段	测站上从开始接收卫星信号到停止接收,连续观测的时间间隔称为观测时段,简称时段
2	同步观测	两台或两台以上接收机同时对同一组卫星进行的观测
3	同步观测环	三台或三台以上接收机同步观测所获得的基线向量构成的闭合环,简称同步环,如图 4-24 所示。当 N 大于 2 时,即可构成不同边数的同步环
4	独立基线	由 N 台 GPS 接收机同步观测可得到基线边总条数:$J = \dfrac{N(N-1)}{2}$。其中相互独立的边为:$DJ = N-1$。即这 DJ 条边间相互不能构成任何检核条件,称为独立基线
5	独立观测环(异步环)	由非同步观测获得的独立基线向量构成的闭合环,简称独立环或异步环
6	重复基线	同一条 GPS 边若观测了多个时段,可得到多个基线结果,这种边称为重复基线

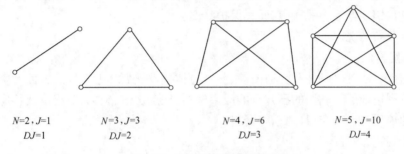

$N=2, J=1$　　　$N=3, J=3$　　　$N=4, J=6$　　　$N=5, J=10$
$DJ=1$　　　　$DJ=2$　　　　$DJ=3$　　　　$DJ=4$

图 4-24　N 台接收机同步观测图形

②有关技术要求

不同时段独立基线连在一起即构成 GPS 网。在 GPS 网形设计中,为了确保 GPS 成果的精度与可靠性,有效发现粗差,GPS 网中的独立基线必须构成一些几何图形,构成一些独立环或附合路线,从而形成一些几何检核条件。根据规范规定,各级 GPS 网独立环或附合路线的边数要求见表 4-20。

独立环或附合路线的边数规定　　　　　　　　　　　　表 4-20

级　别	B	C	D	E
独立环或附合路线的边数	≤6	≤6	≤8	≤10

根据规范规定,独立环或附合路线的坐标闭合差(环中或路线中各 GPS 边的坐标差分量之和与理论值之差)应满足:

$$W_x = \sum_{i=1}^{n} \Delta x_i \leq 3\sqrt{n}\sigma \qquad (4\text{-}4a)$$

$$W_y = \sum_{i=1}^{n} \Delta y_i \leq 3\sqrt{n}\sigma \qquad (4\text{-}4b)$$

$$W_z = \sum_{i=1}^{n} \Delta z_i \leq 3\sqrt{n}\sigma \qquad (4\text{-}4c)$$

$$W = \sqrt{W_x^2 + W_y^2 + W_z^2} \leq 3\sqrt{3n}\sigma \qquad (4\text{-}4d)$$

式中:σ——网中相邻点间的距离中误差(mm),可按式(4-3)计算。

③GPS 网常用的几种布网形式

GPS 网常用的布网形式有:跟踪站式、会战式、多基准站式(枢纽点式)、同步图形扩展式,以及单基准站式等。采用同步图形扩展式布设 GPS 网时,根据同步图形的连接形式不同,又可分为:点连式、边连式、网连式、混连式等(具体可参看有关 GPS 测量书籍)。

2)GPS 控制网的外业准备

(1)测区的踏勘

接到 GPS 控制网测量任务后,首先应到实地踏勘,主要了解以下情况:

①测区的地理位置及其范围、控制网的控制面积;

②用途和精度等级:根据控制网的用途,确定 GPS 网的等级;

③点位分布及点的数量:根据控制网的用途与等级,大致确定一下控制网的点位分布、点的数量及密度,并了解一下是否存在对点位分布有特殊要求的区域;

④实地交通状况:了解公路、铁路的分布情况;

⑤水系分布情况:了解江河、湖泊、水渠、码头、桥梁的分布情况以及水路交通情况等;

⑥已知控制点分布情况:测区或测区附近已有控制点的数量及分布情况,包括国家等级点、城市控制点、GPS 点等,并了解其标志保护状况;

⑦居民点分布情况等。

(2)资料收集

①各类图件,如测区地形图、交通图等;测区总体建设规划和近期发展方面的资料;

②测区及周边地区可利用的已知点的成果资料,如点之记、坐标、高程以及相应的系统;

③测区的地质、气象、交通、通信等资料;

④有关的规范、规程等。

(3)技术设计书的编写

技术设计书的内容见表 4-21。

技术设计书的内容 表 4-21

序号	标题	内容
1	概述	包括项目来源、性质、用途及意义。项目总体概况,如总体工作量等。测区概况:测区隶属,测区范围的地理坐标、控制面积,测区交通状况、地形及气候状况、人文地理、时间要求等
2	作业依据	列出完成该项目所需的所有的测量规范、工程规范、行业标准
3	技术要求	根据甲方要求或网的用途提出具体的精度指标要求,提供成果的坐标系统等
4	测区已有资料	列出所收集到的测区资料,特别是测区已有控制点的资料,包括控制点的数量、点名、坐标、高程以及所属系统
5	布网方案	根据测区踏勘与项目要求,在适当比例尺的地形图上进行 GPS 网的设计,包括网形、网点数、连接形式,GPS 网中包含的同步环、异步环的个数估计、精度估算等
6	选点与埋标	GPS 点布设的基本要求,点位标志的类型、规格,埋设要求,点的编号等
7	GPS 网的观测	采用的仪器与测量模式,观测的基本程序与观测的基本要求,包括观测纲要、时间、时段等。外业观测时的具体操作规程,包括仪器参数的设置(如采样率、截止高度角等)、对中精度、整平精度、天线高的量测方法及精度要求等
8	观测数据处理	①包括数据的下载、基线解算的软件、方法,对基线解算的要求、外业观测的成果检核,如同步环、异步环、重复基线的闭合差的限差要求,以及对重测、补测的要求。②数据处理软件与方法,包括三维无约束平差、约束平差、坐标转换等
9	其他情况	质量保证措施,人员配备情况,设备配备情况
10	验收与上交资料	项目完成后需要提交的成果

(4)其他准备工作

根据技术设计书,进行其他准备工作,如:GPS仪器的选择与检验、辅助设备准备、人员组织、观测计划的拟订等。

3)GPS控制网的外业实施

(1)选点

由于GPS测量不需要点间通视,而且网的结构也较灵活,因此选点工作较常规测量要简便得多。对于一个GPS点,其点位的基本要求是:

①周围便于安置接收设备和操作,视野开阔,视场内障碍物的高度角不宜超过15°;

②远离大功率无线电发射源(如电视台、电台、微波站等),其距离应大于200m;远离高压输电线和微波无线电传送通道,其距离应大于50m;

③附近不应有强烈反射卫星信号的物件(如大型建筑物等);

④交通方便,并有利于其他测量手段扩展和联测;

⑤地面基础稳定,易于点的保存;

⑥充分利用符合要求的旧控制点,当利用旧点时,应对旧点的稳定性、完好性,以及觇标是否安全可用性作一检查,符合要求方可利用。

(2)埋石

GPS点应埋设具有中心标志的标石,以精确标定点位。点的标志与标石必须稳定、坚固,以利于长久保存与利用。关于标石的类型、构造可参阅GPS测量规范。点位埋石结束后,应认真绘制"点之记",并待埋石点稳定一段时间,方可进行观测。

(3)外业观测

①天线安置:天线的正确安置是获取点位精确成果的前提。对于控制测量,天线一般应尽可能利用三脚架直接安置在标志中心的垂直方向上,对中误差不大于3mm。对于B级以上网不允许在高标上安置天线。

②观测作业:通过观测作业,采集GPS卫星信号,以获取定位所需的数据。GPS接收机都随机带有操作手册,具体操作按操作手册执行。在同一时段观测过程中,不允许进行以下操作:接收机关闭又重新启动、进行自测试、改变卫星高度角、改变数据采样间隔、改变天线位置、按动关闭文件和删除文件等功能键。在GPS快速静态定位测量中的同一观测单元期间,参考站观测不能中断,参考站和流动站采样间隔要相同,不能变更。

③观测记录:外业观测过程中,所有的观测数据和资料都应妥善记录。GPS测量的观测记录包括两部分:由接收机完成的观测记录与由人工完成的记录手簿。GPS测量手簿记录格式、内容可参考GPS测量规范。

④外业检核:GPS外业观测成果的检核是确保外业观测质量、提高观测精度的重要环节。一般将每天的观测数据及时下载到计算机,然后用随机软件进行基线解算,对同步环、异步环等外业数据进行检核,发现不合格的数据,根据情况及时重测或补测。

4)GPS测量数据处理

GPS接收机采集的是接收机天线相位中心至卫星发射中心的伪距、载波相位和卫星星历等数据,而不是常规测量技术所测的地面点间的相对位置关系量(如边长、角度、高差等)。因而要想得到有实用意义的测量定位成果,需要对采集到的数据进行一系列的处理。

GPS测量数据处理是指从外业采集的原始观测数据到最终获得测量定位成果的全过程,大致可以分为数据的粗加工、数据的预处理、基线向量解算、GPS基线向量网平差或与地面网联合平差等几个阶段。数据处理的基本流程如图4-25所示。

图 4-25 中第一步数据采集和实时定位在外业测量过程中完成;数据的粗加工至基线向量解算一般用随机软件(后处理软件)将接收机记录的数据传输至计算机,进行预处理和基线解算;GPS 网平差可以采用随机软件进行,也可采用国内外高校或科研机构开发的专用平差软件包来完成。

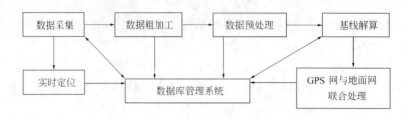

图 4-25　GPS 数据处理基本流程图

4.2.4.3　GPS 测量技术总结

1)技术总结内容

(1)项目名称、任务来源、施测目的、施测单位、作业时间及作业人员情况;

(2)测区范围与位置、自然地理条件、气候特点、交通及电信、电源情况;

(3)测区内已有测量资料情况及检核、采用情况;

(4)坐标系统与起算数据的选定,作业的依据及施测的精度要求;

(5)GPS 接收机的类型、数量及相应的技术参数,仪器检验情况等;

(6)选点和埋石情况,观测环境评价及与原有测量标志的重合情况;

(7)观测实施情况、观测时段选择、补测与重测情况以及作业中发生与存在的问题说明;

(8)观测数据质量分析与野外检核计算情况;

(9)数据处理的内容、方法及所用软件情况、平差计算和精度分析;

(10)成果中尚存问题和需要说明的其他问题;

(11)必要的附表和附图。

2)成果验收

(1)实施方案是否符合规定和技术设计要求;

(2)补测、重测和数据剔除是否合理;

(3)数据处理的软件是否符合要求,处理的项目是否齐全,起算数据是否正确;

(4)各项技术指标是否达到要求;

(5)验收完成后,应写出成果验收报告;在验收报告中对成果的质量作出评定。

3)上交资料

GPS 测量任务完成后,各项技术资料均应仔细加以整理,并经验收后上交,以提供给用户使用。上交资料的内容一般应包括:

(1)GPS 测量技术设计书;

(2)GPS 网图;

(3)GPS 控制点的"点之记"、测站环视图;

(4)卫星可见性图、预报表及观测计划;

(5)原始数据软盘、外业观测手簿及其他记录(如归心元素);

(6)GPS 接收机及气象仪器等检验资料;

(7)外业观测数据的质量评价和外业检核资料;

(8)数据处理资料和成果表(包括软盘存储的有关文件);

(9)技术总结和成果验收报告。

4.3 高程控制测量

4.3.1 水准测量

4.3.1.1 水准测量的技术要求

1)主要技术要求(见表 4-22 和表 4-23)

水准测量的主要技术要求　　　　表 4-22

等级	每千米高差全中误差(mm)	路线长度(km)	水准仪的型号	水准尺	观 测 次 数		往返较差、附合或环线闭合差	
					与已知点联测	附合或环线	平地(mm)	山地(mm)
二等	±2	—	DS_1	因瓦	往返各一次	往返一次	$±4\sqrt{L}$	—
三等	±6	≤50	DS_1	因瓦	往返各一次	往返各一次	$±12\sqrt{L}$	$±4\sqrt{n}$
			DS_3	双面		往返各一次		
四等	±10	≤16	DS_3	双面	往返各一次	往一次	$±20\sqrt{L}$	$±6\sqrt{n}$
五等	±15	—	DS_3	单面	往返各一次	往一次	$±30\sqrt{L}$	—

注:1.结点之间或结点与高级点之间,其路线的长度,不应大于表中规定的 0.7 倍。
　2. L 为往返测段,附合或环线的水准路线长度(km);n 为测站数。
　3.数字水准仪测量的技术要求与同等级的光学水准仪相同。

水准观测的主要技术要求　　　　表 4-23

等级	水准仪的型号	视线长度(m)	前后视较差(m)	前后视累计差(m)	视线离地面最低高度(m)	基本分划、辅助分划或黑面、红面读数较差(mm)	基本分划、辅助分划或黑面、红面所测高差数较差(mm)
二等	DS_1	50	1	3	0.5	0.5	0.7
三等	DS_1	100	3	6	0.3	1.0	1.5
	DS_3	75				2.0	3.0
四等	DS_3	100	5	10	0.2	3.0	5.0
五等	DS_3	100	近似相等	—	—	—	—

注:1.二等水准视线长度小于 20m 时,其视线高度不应低于 0.3m。
　2.三、四等水准采用变动仪器高度单面水准尺时,所测两次高差较差,应与黑面、红面所测高差之差要求相同。
　3.数字水准仪观测,不受基、辅分划或黑、红面读数较差指标的限制,但测站两次观测的高差较差,应满足表中相应等级基、辅助分划或黑、红面所测高差较差的限制。

2)其他要求(见表 4-24)

4.3.1.2 国家三、四等水准测量

1)观测方法

三、四等水准测量的观测应在通视良好、望远镜成像清晰稳定的情况下进行。若用普通 DS_3 型水准仪观测,则应注意:每次读数前都应精平(即:使符合水准气泡居中)。如果使用自动安平水准仪,则无需精平,工作效率大为提高。以下介绍用双面水准尺法在一个测站的观测

程序：

水准测量的其他要求 表4-24

项 目	具 体 要 求
水准仪	①水准仪视准轴与水准管轴的夹角,DS_1型不应超过15″,DS_3型不应超过20″; ②二等水准测量采用补偿式自动安平水准仪时,其补偿误差$\Delta\alpha$不应超过0.2″
水准尺	水准尺上的米间隔平均长与名义长之差,对于因瓦水准尺,不应超过0.15mm;对于双面水准尺,不应超过0.5mm。
水准点	①水准点应选在土质坚硬、便于长期保存和使用方便的地点; ②墙上水准点应选设于稳定的建筑物上,点位应便于寻找、保存和引用; ③各等级水准点,应埋设水准标石; ④各等级的水准点,应绘制点之记,必要时设置指示桩

（1）后视水准尺黑面,读取上、下视距丝和中丝读数,记入记录表（表4-25）中(1)、(2)、(3);

（2）前视水准尺黑面,读取上、下视距丝和中丝读数,记入记录表（表4-25）中(4)、(5)、(6);

（3）前视水准尺红面,读取中丝读数,记入记录表（表4-25）中(7);

（4）后视水准尺红面,读取中丝读数,记入记录表（表4-25）中(8)。

这样的观测顺序简称为"后—前—前—后",其优点是可以减弱仪器下沉误差的影响。四等水准测量可按"后—后—前—前"的观测顺序进行。概括起来,每个测站共需读取8个读数,并立即进行测站计算与检核,满足三、四等水准测量的有关限差要求后方可迁站。

三、四等水准测量记录 表4-25

测站编号	点 号 视距差 $d/\sum d$	后尺 上丝 下丝 中丝	前尺 上丝 下丝 中丝	方 向	中丝读数		黑+K-红 (mm)	平均高差 (m)	高程 (m)
					黑面	红面			
		(1)	(4)	后	(3)	(8)	(14)		
	(11)	(2)	(5)	前	(6)	(7)	(13)	(18)	
		(9)	(10)	后—前	(15)	(16)	(17)		
1	BM.1~TP.1	1329	1173	后	1080	5767	0	+0.1475	17.438
		0831	0693	前	0933	5719	−1		
	+1.8/+1.8	49.8	48.0	后—前	+0.147	+0.048	−1		17.5855
2	TP.1~TP.2	2018	2467	后	1779	6567	−1	−0.4435	
		1540	1978	前	2223	6910	0		
	−1.1/+0.7	47.8	48.9	后—前	−0.444	−0.343	−1		17.142

注:表中所示的(1)、(2)、……、(18)表示读数、记录和计算的顺序。

2)测站计算与检核

（1）视距计算

根据前、后视的上、下视距丝读数计算前、后视的视距：

后视距离:(9) = 100 × [(1) − (2)]

前视距离:(10) = 100 × [(4) − (5)]

计算前、后视距差(11):(11) = (9) - (10)

对于三等水准测量,(11)不得超过3m;对于四等水准测量,(11)不得超过5m。

计算前、后视距离累积差(12):(12) = 上站(12) + 本站(11)

对于三等水准测量,(12)不得超过6m;对于四等水准测量,(12)不得超过10m。

(2)尺常数 K 检核

同一水准尺黑面与红面读数差的检核:

$$K_1 = (13) = (7) - (6)$$
$$K_2 = (14) = (8) - (3)$$

K_i 为双面水准尺的红面分划与黑面分划的零点差(常数为4.687m或4.787m)。对于三等水准测量,尺常数误差不得超过2mm;对于四等水准测量,尺常数误差不得超过3mm。

(3)高差计算与检核

按前、后视水准尺红、黑面中丝读数分别计算该站高差:

黑面高差:(15) = (3) - (6)

红面高差:(16) = (8) - (7)

红黑面高差之差:(17) = (15) - (16) = (14) - (13)

如果观测没有误差,(17)应为100mm(原因是:使用配对的水准尺,尺常数相差100mm)。对于三等水准测量,(17)与100mm的误差不得超过3mm;对于四等水准测量,(17)与100mm的误差不得超过5mm。

红黑面高差之差在容许范围以内时取其平均值,作为该站的观测高差:

$$(18) = \{(15) + [(16) \pm 100\text{mm}]\}/2$$

上式计算中,当(15)>(16)时,100mm前取正号计算;当(15)<(16)时,100mm前取负号计算。总之,平均高差(18)应与黑面高差(15)很接近。

(4)每页水准测量记录计算检核

每页水准测量记录应作总的计算检核:

高差检核: $\sum(3) - \sum(6) = \sum(15)$

$\sum(8) - \sum(7) = \sum(16)$

$\sum(15) - \sum(16) = 2\sum(18)$ (偶数站)

或: $\sum(15) - \sum(16) = 2\sum(18) \pm 100\text{mm}$ (奇数站)

视距差检核:$\sum(9) - \sum(10) =$ 本页末站(12) - 前页末站(12)

本页总视距:$\sum(9) + \sum(10)$

4.3.1.3 国家一、二等水准测量

1)观测仪器

国家测量规范规定:国家一等水准测量应采用 DSZ_{05}、DS_{05} 型水准仪,国家二等水准测量应采用 DS_{05} 型或 DS_1 型水准仪。仪器在使用之前,应按规范要求进行仪器检校,具体检验项目与要求参看《国家一、二等水准测量规范》(GB/T 12897—2006)。

2)水准观测

(1)测站观测顺序和方法

①往测时,奇数测站照准标尺分划的顺序为:

a.后视标尺的基本分划;

b.前视标尺的基本分划;

c. 前视标尺的辅助分划;
d. 后视标尺的辅助分划。
②往测时,偶数测站照准标尺分划的顺序为:
a. 前视标尺的基本分划;
b. 后视标尺的基本分划;
c. 后视标尺的辅助分划;
d. 前视标尺的辅助分划。
③返测时,奇、偶测站照准标尺的顺序分别与往测偶、奇测站相同。

(2) 测站观测操作程序

测站观测采用光学测微法。现以往测奇数测站为例,介绍一个测站的观测操作程序。

①首先将仪器整平(气泡式水准仪望远镜绕垂直轴旋转时,水准气泡两端影像的分离不得超过1cm,自动安平水准仪的圆气泡位于指标环中央);

②将望远镜对准后视标尺(此时,利用标尺上圆水准器整置标尺垂直),使符合水准器两端的影像近于符合(双摆位自动安平水准仪应置于第Ⅰ摆位)。随后用上下丝照准标尺基本分划进行视距读数。视距第四位数由测微鼓直接读得。然后,使符合水准器气泡准确符合,转动测微鼓用楔形平分丝精确照准标尺基本分划,并读定标尺基本分划与测微鼓读数(读至测微鼓的最小刻划);

③旋转望远镜照准前视标尺,并使符合水准气泡两端影像准确符合(双摆位自动安平水准仪仍在第Ⅰ摆位),用楔形平分丝精确照准标尺基本分划,并读定标尺基本分划与测微鼓读数,然后用上、下丝照准标尺基本分划进行视距读数;

④用微动螺旋转动望远镜,照准前视标尺的辅助分划,并使符合气泡两端影像准确符合(双摆位自动安平水准仪置于第Ⅱ摆位),用楔形平分丝精确照准并进行标尺辅助分划与测微鼓读数;

⑤旋转望远镜,照准后视标尺的辅助分划,并使符合水准气泡的影像准确符合(双摆位自动安平水准仪仍在第Ⅱ摆位),用楔形平分丝精确照准并进行辅助分划与测微鼓的读数。

3) 主要技术要求

国家一、二等水准测量是精度要求最高的水准测量方法,一般用于变形监测和大范围的高程控制测量。国家一、二等水准测量的测站观测技术要求见表4-26,测站观测限差要求见表4-27,高差不符值限差要求见表4-28。

国家一、二等水准测量的测站观测技术要求　　　　表4-26

等级	仪器类别	视线长度		前后视距差		任一测站上前后视距差累积		视线高度		数字水准仪重复测量次数
		光学	数字	光学	数字	光学	数字	光学（下丝读数）	数字	
一等	DSZ_{05}、DS_{05}	≤30	≥4 且 ≤30	≤0.5	≤1.0	≤1.5	≤3.0	≥0.5	≤2.80 且 ≥0.65	≥3次
二等	DSZ_1、DS_1	≤50	≥3 且 ≤50	≤1.0	≤1.5	≤3.0	≤6.0	≥0.3	≤2.80 且 ≥0.55	≥2次

注:下丝为近地面的视距丝。几何法数字水准仪视线高度的高端限差一、二等允许到2.85m,相位法数字水准仪重复测量次数可以为上表中数值减少一次。所有数字水准仪,在地面震动较大时,应随时增加重复测量次数。

国家一、二等水准测量的测站观测限差要求　　　　　　　　　　　　　　　表 4-27

等　级	上下丝读数平均值与中丝读数的差		基辅分划读数的差	基辅分划所测高差的差	检测间歇点高差的差
	0.5cm 刻划标尺	1cm 刻划标尺			
一等	1.5mm	3.0mm	0.3mm	0.4mm	0.7mm
二等	1.5mm	3.0mm	0.4mm	0.6mm	1.0mm

注：1. 使用双摆位自动安平水准仪观测时，不计算基辅分划读数差。
　　2. 对于数字水准仪，同一标尺两次读数差不设限差，两次读数所测高差的差执行基辅分划所测高差之差的限制。
　　3. 测站观测误差超限，在本站发现后可立即重测，若迁站后才检查发现，则应从水准点或间歇点（须经检测符合限差）起始，重新观测。

国家一、二等水准测量的高差不符值限差要求　　　　　　　　　　　　　　　表 4-28

等　级	测段、区段、路线往返测高差不符值	附合路线闭合差	环闭合差	检测已测测段高差之差
一等	$1.8\sqrt{K}$ mm	—	$2\sqrt{F}$ mm	$3\sqrt{R}$ mm
二等	$4\sqrt{K}$ mm	$4\sqrt{L}$ mm	$4\sqrt{F}$ mm	$6\sqrt{R}$ mm

注：K 为测段、区段或路线长度，km；L 为附合路线长度，km；F 为环线长度，km；R 为检测测段长度，km。

4）观测注意事项

（1）水准观测应在标尺分划线成像清晰而稳定时进行。下列情况下，不应进行观测：日出后与日落前 30min 内；太阳中天前后各约 2h 内；标尺分划线的影像跳动而难于照准时；气温突变时；风力过大而使标尺与仪器不能稳定时。

（2）观测前 30min，应将仪器置于露天阴影下，使仪器与外界气温趋于一致；设站时，须用测伞遮蔽阳光；迁站时，应罩上仪器罩。

（3）对气泡式水准仪，观测前应测出倾斜螺旋的置平零点，并作标记，随着气温变化，应随时调整零点位置。对于自动安平水准仪的圆水准器，须严格置平。

（4）在连续各测站上安置水准仪的三脚架时，应使其中两脚与水准路线的方向平行，而第三脚轮换置于路线方向的左侧与右侧。

（5）除路线转弯处外，每一测站上仪器与前后视标尺的三个位置，应接近一条直线。

（6）同一测站上观测时，不得两次调焦。转动仪器的倾斜螺旋和测微鼓时，其最后旋转方向，均应为旋进。

（7）每一测段的往测与返测，其测站数均应为偶数。由往测转向返测时，两支标尺须互换位置，并应重新整置仪器。

4.3.1.4　水准测量的成果整理

下面以一个工程实例为例，介绍水准测量成果整理的全过程。

【例 4-1】　图 4-26 所示为某平原地区附合水准路线测量示意图。现按国家三等水准测量要求进行了观测，已知数据和测量结果都标注在图 4-26 中。请计算待测水准点的高程。

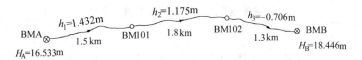

图 4-26　附合水准路线略图

解：（1）高差闭合差的计算

$$f_h = \sum h_{测} - \sum h_{理} = \sum h_{测} - (H_B - H_A) = -0.012 \text{m}$$

$$f_{h容} = \pm 12\sqrt{L} = \pm 12\sqrt{4.6} = \pm 26mm = \pm 0.026m$$

$f_容 < f_{h容}$,成果合格。

(2)高差闭合差的调整

调整原则:将高差闭合差反其符号,按距离(或测站数)分配。本例计算公式为:

$$v_i = -\frac{D_i}{\sum D_i} \cdot f_h$$

各观测值的改正值计算结果列于表4-29中。

(3)计算改正后的高差值(结果见表4-29)

$$\tilde{h}_i = h_i + v_i$$

(4)计算待测水准点的高程(结果见表4-29)

$$H_{101} = H_A + \tilde{h}_1, H_{102} = H_{101} + \tilde{h}_2, H_B = H_{102} + \tilde{h}_3(检核用)$$

附合水准路线测量成果整理表　　表4-29

点　号	距离 D_i(km)	高差 h_i(m)	改正数 v_i(m)	改正后高差 $\tilde{h}_i$(m)	高程 H_i(m)	备　注
BMA	1.5	1.432	+0.004	1.436	16.533	已知高程
BM101	1.8	1.175	+0.005	1.180	17.969	
BM102	1.3	-0.706	+0.003	-0.703	19.149	
BMB					18.446	已知高程
∑	4.6	1.901	0.012	1.913		
备注	\multicolumn{6}{l}{$f_h = \sum h_测 - \sum h_理 = \sum h_测 - (H_B - H_A) = -0.012m$ $f_{h容} = \pm 12\sqrt{L} = \pm 12\sqrt{4.6} = \pm 26mm = \pm 0.026m$ $f_h < f_{h容}$,成果合格。}

4.3.2 光电测距三角高程测量

4.3.2.1 光电测距三角高程测量的技术要求

1)主要技术要求(见表4-30和表4-31)

电磁波测距三角高程测量的技术要求　　表4-30

等级	每千米高差全中误差(mm)	边长(km)	观测方式	对向观测高差较差(mm)	附合或环形闭合差(mm)
四等	10	≤1	对向观测	$40\sqrt{D}$	$20\sqrt{\sum D}$
五等	15	≤1	对向观测	$60\sqrt{D}$	$30\sqrt{\sum D}$

注:1. D 为测距边的长度,km。
　2. 起讫点的精度等级,四等应起讫于不低于三等水准的高程点上,五等应起讫于不低于四等的高程点上。
　3. 路线长度不应超过相应等级水准路线的长度限值。

电磁波测距三角高程观测的技术要求　　表4-31

等级	垂直角观测				边长测量	
	仪器精度等级	测回数	指标差较差(″)	测回较差(″)	仪器精度等级	观测次数
四等	2″级仪器	3	≤7″	≤7″	10mm级仪器	往返各一次
五等	2″级仪器	2	≤10″	≤10″	10mm级仪器	往一次

注:当采用2″级光学经纬仪进行垂直观测时,应根据仪器的垂直角检测精度,适当增加测回数。

2)其他要求

(1)对向观测宜在较短时间内进行。计算时,应考虑地球曲率和折光差的影响。

(2)三角高程的边长的测定,应采用不低于Ⅱ级精度的测距仪。四等应采用往返各一测回;五等应采用一测回。

(3)仪器高度、反射镜高度或觇牌高度,应在观测前后量测。四等应采用测杆量测,取其值精确至1mm,当较差不大于2mm,取用平均值;五等量测,其取值精确至1mm,当较差不大于4mm时,取用平均值。

(4)四等垂直角观测宜采用觇牌为照准目标。每照准一次读数两次,两次读数较差不应大于3″。

(5)当内业计算时,垂直角度的取值,应精确至0.1″;高程的取值,应精确至1mm。

4.3.2.2 光电测距三角高程测量的计算公式

1)测量原理与计算公式

(1)测量原理

如图4-27所示,已知 A 点的高程 H_A,要测定 B 点的高程 H_B,可安置经纬仪(或全站仪)于 A 点,量取仪器高 i_A;在 B 点竖立觇标,量取其高度称为觇标高 v_B;用经纬仪中丝瞄准觇标,测定竖直角 α。如果已知 AB 两点间的水平距离 D(如全站仪可直接测量平距),则 AB 两点间的高差计算式为:

$$h_{AB} = D \times \tan\alpha + i_A - v_B \quad (4-5)$$

如果用光电测距仪测定两点间的斜距 D',则 AB 两点间的高差计算式为:

$$h_{AB} = D' \times \sin\alpha + i_A - v_B \quad (4-6)$$

以上两式中,α 为仰角时 $\tan\alpha$ 或 $\sin\alpha$ 为正,俯角时为负。目前所采用的全站仪功能更强大,经过设置可以直接测量出公式中 $D \times \tan\alpha$ 的值,这时只要直接加上仪器高与觇标高之差 $(i_A - v_B)$ 即可。

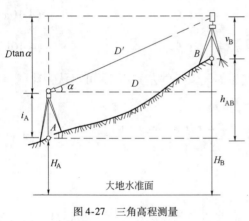

图4-27 三角高程测量

(2)球气差改正 f

①球差改正 f_1

在图4-27中,假定大地水准面是一平面,事实上大地水准面是一曲面,因此三角高程测量高差计算公式应进行地球曲率影响的改正,称为球差改正 f_1。球差改正的计算公式为:

$$f_1 = \frac{D^2}{2R} \quad (4-7)$$

式中:R——地球平均曲率半径,一般取 $R = 6371$km。

计算公式的推导可参考有关书籍。

②气差改正 f_2

另外,由于视线受大气垂直折光影响而成为一条向上凸的曲线,使视线的切线方向向上抬高,如图4-28所示。大气折光影响的改正,称为气差改正 f_2。气差改正的计算公式为:

$$f_2 = k \times \frac{D^2}{2R} \quad (4-8)$$

式中：k——大气垂直折光系数；折光系数 k 随气温、气压、日照、时间、地面情况和视线高度等因素的变化而改变；在我国，其变化范围大约在 0.12~0.16，一般计算时取 $k = 0.14$。

③球气差改正 f

球差改正和气差改正合在一起称为球气差改正 f。则 f 应为：

$$f = f_1 - f_2 = (1-k) \times \frac{D^2}{2R} \quad (4-9)$$

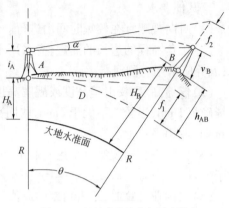

图 4-28 地球曲率及大气折光影响

（3）观测措施

①对向观测

由于球气差 f 在水平距离 D 为 390m 时，其对高差的影响就能达到 10mm，因此球气差影响是制约三角高程测量精度的主要因素。在实际工作中，常常采用对向观测取平均的方法来消除球气差的影响。考虑球气差改正时，三角高程测量的高差对向观测计算公式为：

$$h_{AB} = D \times \tan\alpha_{AB} + i_A - v_B + f \quad (4-10a)$$

$$h_{BA} = D \times \tan\alpha_{BA} + i_B - v_A + f \quad (4-10b)$$

当往返观测在同一时间段进行时，由于温度、气压等气象条件差异不大，可以认为球气差 f 相等，那么，有：

$$h_{AB} = \frac{h_{AB} - h_{BA}}{2} = \frac{(D \times \tan\alpha_{AB} + i_A - v_B) - (D \times \tan\alpha_{BA} + i_B - v_A)}{2} \quad (4-11)$$

可见，公式中已消除了球气差 f。

②提高竖直角的观测精度

提高三角高程测量精度的另一个关键技术是提高竖直角的观测精度。一是要盘左盘右观测以消除竖盘指标差；二是要增加竖直角观测的测回数以提高竖直角的观测精度。

2）三角高程测量的观测步骤

(1) 在测站上安置经纬仪（或全站仪），量取仪器高 i_A。

(2) 在目标点上安置标杆或觇牌，量取觇标高 v_B。i_A 和 v_B 用小钢卷尺量 2 次取平均，读数至 1mm。

(3) 用经纬仪望远镜中丝瞄准目标，将竖盘水准管气泡居中（竖盘有自动归零装置的除外），读竖盘读数，盘左盘右观测为一测回，此为单向观测步骤。一般应进行对向观测。

具体测量技术要求见表 4-30。

4.3.2.3 光电测距三角高程测量的数据处理

【例 4-2】 图 4-29 所示为三角高程测量控制网略图。在 A、B、C 三点间进行三角高程测量（按照四等测量要求），构成闭合线路，已知 A 点的高程为 56.432m，所有观测数据均注于图上，求 B、C 两点的高程。说明：图中距离数据为水平距离 D。

解：(1) 对向观测高差计算在表 4-32 中进行。

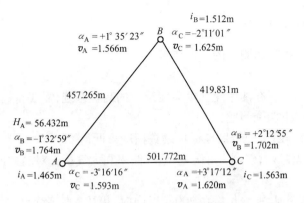

图 4-29 三角高程测量控制网略图

三角高程测量高差计算 表 4-32

测站点	A	B	B	C	C	A
目标点	B	A	C	B	A	C
水平距离 D(m)	457.265	457.265	419.831	419.831	501.772	501.772
竖直角 α	$-1°32'59''$	$+1°35'23''$	$-2°11'01''$	$+2°12'55''$	$+3°17'12''$	$-3°16'16''$
测站仪器高 i(m)	1.465	1.512	1.512	1.563	1.563	1.465
目标棱镜高 v(m)	1.764	1.566	1.625	1.702	1.620	1.593
球气差改正 f(m)	0.014	0.014	0.012	0.012	0.017	0.017
单向高差 h(m)	-12.656	+12.650	-16.109	+16.113	+28.775	-28.789
高差较差 Δh	6mm		4mm		14mm	
限差值 $\Delta h_{限}$	±27mm		±26mm		±28mm	
平均高差 $\bar{h}$(m)	-12.653		-16.111		+28.782	

注:限差值计算公式为 $\Delta h_{限} = \pm 40\sqrt{D}$(见表 4-30)。

(2)三角高程测量闭合线路的高差闭合差计算、高差调整及高程计算在表 4-33 中进行。高差闭合差按两点间的距离成正比例反号分配。

三角高程测量成果整理(单位:m) 表 4-33

点 号	水平距离	观测高差	改正值	改正后高差	高 程
A	457.265	-12.653	-0.006	-12.659	56.432
B					43.773
C	419.831	-16.111	-0.005	-16.116	27.657
A	501.772	+28.782	-0.007	+28.775	56.432
Σ	1378.868	+0.018	-0.018	0.000	
备注	$f_h = +18mm;\sum D = 1.378868km;f_{h容} = \pm 20\sqrt{\sum D} = \pm 23mm;f_h \leqslant f_{h容}$,成果合格				

注:高差闭合差的容许值为 $f_{h容} = \pm 20\sqrt{\sum D}$(见表 4-30)。

4.3.3 跨河高程控制测量

4.3.3.1 跨河高程控制测量的技术要求

1）概述

在桥梁施工阶段，为了在两岸建立可靠而统一的高程系统，需要将高程从河的一岸传递到另一岸。这时，存在以下两个问题：

（1）由于过河视线较长，使得照准标尺读数精度太低；

（2）前后视距相差悬殊，仪器 i 角误差、地球曲率和大气折光对高差成果的影响较大。

2）一般规定

当水准路线跨越江河，视线长度在200m以内时，可用"直接读尺法"进行，但在测站上应变换一次仪器高度，观测两次，两次高差之差应不超过7mm。如果视线长度超过200m时，应根据跨河宽度和仪器设备等情况，选用"微动觇板法"或"测距三角高程法"等方法。当河宽超过500m时，可考虑采用经纬仪倾角法（详见本章第4.3.3.3节）。当跨河视线长度超过2000m时，采用的方法和要求，须依据测区条件进行专项设计。

3）跨河水准技术要求（见表4-34）

跨河水准测量的技术要求 表4-34

跨越距离 （m）	观测次数	单程测回数	半测回远尺读数次数	测回差（mm）		
				三等	四等	五等
<200	往返各一次	1	2	—	—	—
200~400	往返各一次	2	3	8	12	25

注：1. 一测回的观测顺序：先读近尺，再读远尺；仪器搬至对岸后，不动焦距先读远尺，再读近尺。
  2. 当采用双向观测时，两条跨河视线长度宜相等，两岸岸上长度宜相等，并大于10m；当采用单向观测时，可分别在上午、下午各完成半数工作量。

4.3.3.2 跨河水准测量的实施

1）跨河水准地点的选择

跨河水准测量场地应尽量选在水面较窄、土质坚实、便于设站的河段，尽可能有较高的视线高度，安置标尺和仪器点应尽量等高。

两岸测站点和立尺点可布成图4-30所示的"Z"形图形或类似图形。图中Ⅰ、Ⅱ为测站点（同时又是立尺点），A、B 为立尺点，要求 $IA = ⅡB$，且 IA、$ⅡB$ 均不得小于10m。图中各点用大木桩牢固打入地中，其顶端钉上铁帽钉供安置标尺用。

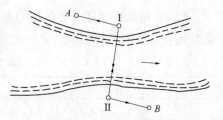

图4-30 跨河水准测量的测站点和立尺点

2）施测过程

下面介绍"直接读尺法"一个测回的观测过程：

（1）先在 A 与 I 的中间等距处安置水准仪，用同一标尺按水准测量方法，测定 AI 的高差 h_{AI}；

（2）移仪器于Ⅰ点，先瞄准本岸 A 点上的近标尺，按中丝读取标尺基本、辅助分划各一次；再瞄准对岸Ⅱ点上的远标尺，按中丝读取标尺基本、辅助分划各两次；此时，用胶布将调焦螺旋固定（确保不受触动）；

（3）立即过河，将仪器搬到对岸Ⅱ点上，A 点上标尺移至Ⅰ点安置，Ⅱ点上标尺移到 B 点安置；仪器先瞄准对岸Ⅰ点上的远标尺，按中丝读取标尺基本、辅助分划各两次；再瞄准本岸 B 点上的近标尺,按中丝读取标尺基本、辅助分划各一次。

3) 计算公式

上半测回高差:
$$h'_{AB} = h_{AII} + h_{IIB}$$

下半测回高差:
$$h'_{BA} = h_{BI} + h_{IA}$$

一测回高差:
$$h_{AB} = (h'_{AB} - h'_{BA})/2$$

4) 注意事项

(1) 观测前应将仪器从仪器箱取出,在测站附近阴影处露放30min;观测时须用大白测伞遮蔽阳光。

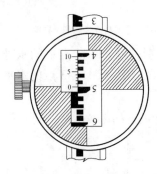

图4-31 特制的觇板

(2) 仪器换岸搬移时,应细心装箱与护运,确保其不受震动和不触动调焦螺旋。

(3) 观测应在影像完全稳定时进行,一般上午在日出后30min开始,至中天前1.5h止;下午自中天后3h起到日落前30min止。当风力达五级或五级以上时,应停止观测。

(4) 当河面较宽(河宽为300~500m),水准仪读数有困难时,此时可采用"微动觇板法",将特制的可活动的觇板装在水准尺上(见图4-31),由观测者指挥上下移动觇板,直到觇板红白分界线与十字丝中横丝相重合为止,由立尺者直接读取并记录标尺读数。其观测程序和计算方法与"直接读尺法"相同。

4.3.3.3 精密跨河高程测量

1) 概述

现代大型桥梁、大型水电工程及过江隧道等工程都必须解决水面两岸的精密高程传递的问题,以使两岸分别施工的建筑物在高程系统方面最终精密地构成一个整体,满足施工的各种要求。

现代建筑物对两岸高程传递的精度要求往往很高。例如,现代大型桥梁主跨常达1km左右。我国于2003年开工建设的苏通大桥,将跨越6km的长江水面。由于现代大型桥梁都采用新型结构和技术,有200多米高的塔柱、众多的钢结构物和装配件等,其定位精度要求极高。在施工安装中,钢箱主梁的拼接误差为±1~±2mm,因此,两岸跨河高程控制测量的精度要满足现代大型建筑物在施工和技术上的要求。

2) 工程实例(高程网布置)

南京长江二桥,是主跨达628m的斜拉桥,两索塔均位于距江边200多米的水中。跨河高程断面距离约1.4km,桥址为淤积平原,无高地可利用,最高位置是防洪的江堤,堤顶距江水面约6~7m。两岸跨河高程控制测量要满足国家二等水准的精度标准。

根据南京长江二桥所处的地形条件,同时考虑跨河高程的检核,高程网布置成三个环(见图4-32)。其中I1、I2和II1、II2为跨河高程传递断面,I断面跨河距离约1.4km,II断面跨河距离约0.9km。跨河高程控制测量采用"经纬仪倾角法",其余路段均以陆地二等精密水准测定。

3) 跨河高程测量原理(经纬仪倾角法)

各断面跨河高程实施时,布置成对称图形进行。以I1断面为例,如图4-33所示,BM1和BM3设有观测墩,可架设经纬仪,距观测墩10m以内的A1、A3点设立跨河水准标志,四点均位于江堤顶,构成矩形。

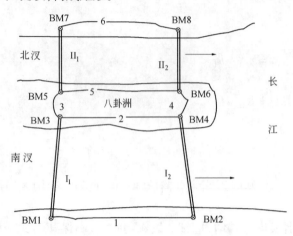
图 4-32 南京长江二桥高程测量控制网布置图

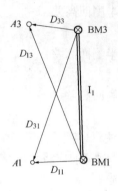
图 4-33 跨河高程控制测量布置

经纬仪倾角法的测量原理见图 4-34:在 BM1 上安置经纬仪,分别瞄准 A1、A3 点上的水准尺,读取中丝读数 a_{11}、a_{13},测量竖直角 α_{11}、α_{13}(用测回法观测)。假设 BM1 到 A1、A3 点的水平距离分别为 D_{11}、D_{13},则 A1 与 A3 点之间的高差为:

$$h' = (a_{11} - x_{11}) - (a_{13} - x_{13}) = (a_{11} - D_{11}\tan\alpha_{11}) - (a_{13} - D_{13}\tan\alpha_{13}) \quad (4\text{-}12)$$

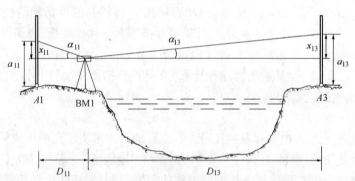
图 4-34 倾角法高程控制测量示意图

如果考虑地球曲率和大气折光影响,则式(4-12)变为:

$$h' = (a_{11} - D_{11}\tan\alpha_{11}) - \left(a_{13} - D_{13}\tan\alpha_{13} + \frac{1-K_{13}}{2R}D_{13}^2\right) \quad (4\text{-}13)$$

式中:K_{13}——测站点 BM1 至目标点 A3 方向的大气折光系数。

由于 D_{11} 很小,后视读数的大气折光影响近似为零。同样,利用在 BM3 上的观测数据,也可以计算 A1 与 A3 点之间的高差 h'':

$$h'' = \left(a_{31} - D_{31}\tan\alpha_{31} + \frac{1-K_{31}}{2R}D_{31}^2\right) - (a_{33} - D_{33}\tan\alpha_{33}) \quad (4\text{-}14)$$

式中:K_{31}——测站点 BM3 至目标点 A1 方向的大气折光系数。

同时对向观测时,$K_{13} \approx K_{31}$;由于布设成对称图形(参看图 4-33),$D_{13} \approx D_{31}$;因此,对上面两个高差值取平均,则可以大大减弱大气折光对测量结果的影响。

4)经纬仪倾角法同时对向观测实施过程

(1)在 A1、A3 上同时架设特殊水准尺,在尺上安置反光装置,如图 4-35 所示。将 10W 左

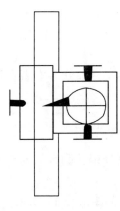

右的小灯泡安置在旋转抛物面反光壳的焦点,发射出较高亮度的平行光束。抛物面反光壳由外框架固定在水准尺上,光束出口处安置刻有十字丝的圆形盖板,十字丝中心即为标志中心。安置反光装置时,先将经纬仪对准水准尺上某固定分划,旋松外框架固定螺钉,再由经纬仪指挥,移动外框架,使其十字丝中心与经纬仪十字丝中心重合,然后固定外框架。利用强反光标志,白天和晚上都可以测量。

(2)在 BM1、BM3 上同时安置 T3 经纬仪,同时瞄准 A1 和 A3 标志,读取中丝读数 a_{11}、a_{13}、a_{31}、a_{33},测量竖直角 α_{11}、α_{13}、α_{31}、α_{33}[有关观测技术要求参看《国家一、二等水准测量规范》(GB/T 12897—2006)]。

图 4-35 强反光照准标志

(3)用测距仪或全站仪观测测站点至目标点之间的水平距离 D_{11}、D_{13}、D_{31}、D_{33}。根据式(4-13)和式(4-14)计算 A1 与 A3 之间的高差 h' 和 h'',取其平均值。

(4)最后,用精密水准仪采用二等水准测量方法测量 BM1 与 A1、A3 与 BM3 之间的高差。三个高差之和即为 BM1 与 BM3 之间的高差。

5)实例结果

南京长江二桥跨河高程控制测量,采用了经纬仪倾角法同时对向观测的作业方案。以 T3 经纬仪正、倒镜 4 次为一测回,历时约 6min,测回间隔 10min。每断面观测 36 测回,晴天的观测时段为 9:30~16:30。

南京长江二桥跨河高程控制测量及水准网各环的观测结果和闭合差结果见表 4-35。经计算,每千米水准测量的高差偶然中误差为:$m_\Delta = \pm 0.76$mm/km。《工程测量规范》(GB 50026—2007)规定:m_Δ 的绝对值不应超过各等级水准测量每千米高差全中误差 m_W 的1/2。对照表 4-22 可知:二等水准测量的 $m_W = \pm 2$mm。因此,测量成果达到了国家二等水准测量精度要求,取得了较好成果。

水准网各测段高差及闭合差(单位:mm) 表 4-35

测 段	高 差	测 段	高 差	测 段	高 差	备 注
1	664.5	2	464.0	5	120.6	经计算,每千米水准测量的高差偶然中误差为:$m_\Delta = \pm 0.76$mm/km
I_1	1117.0	3	-341.6	II_1	-604.8	
2	-464.0	5	-120.6	6	878.4	
I_2	-1314.5	4	-2.2	II_2	-394.8	
第 1 环闭合差	+3.0	第 2 环闭合差	-0.4	第 3 环闭合差	-0.6	

4.3.4 GPS 精密高程测量

国内外大量实践证明,GPS 平面相对定位精度已达到了 1×10^{-7},甚至更高,因此,GPS 以其精度高、速度快、经济方便等优点,在布设各种形式的平面控制网、变形监测网及精密工程测量等诸多方面都得到迅速、广泛的应用。但是 GPS 高程测量的精度还不够高,影响了 GPS 三维控制网和垂直形变监测网的应用。在某种程度上讲,GPS 可以提供三维坐标的优越性未能得到充分发挥。近十几年来,国内外测绘界已做了大量试验,并进行了深入细致的研究,发现影响 GPS 高程测量精度的主要因素有两个:

(1)电离层和对流层对 GPS 信号的折射严重影响 GPS 测量定位的垂直分量的精度;

(2)受区域性似大地水准面精度影响,GPS 测量的大地高在向正常高转换过程中,精度受到较大损失。

因此,要提高 GPS 高程测量精度,一定要解决好上述两方面的问题。目前众多学者在研究这两方面的问题,也取得了不少突破性进展。

4.3.4.1 GPS 拟合高程测量概述

1) GPS 拟合高程测量技术要求

(1) GPS 网应与四等或四等以上的水准点联测。联测的 GPS 点,应分布在测区的四周和中央。若测区为带状地形,则联测的 GPS 点应分布于测区两端及中部。

(2)联测的点数,应大于选用计算模型中未知参数个数的 1.5 倍,点间距应小于 10km。

(3)地形高差变化较大的地区,应适当增加联测的点数。

(4)地形趋势变化明显的大面积测区,宜采用分区拟合的方法。

(5) GPS 观测的技术要求,应按照表 4-17 和表 4-18 的有关规定执行;其天线高应在观测前后各量测一次,取其平均值作为最终高度。

2) GPS 高程拟合计算

(1)充分利用当地的重力大地水准面模型或资料。

(2)应对联测的已知高程点进行可靠性检验,并剔除不合格点。

(3)对于地形平坦的小测区,可采用平面拟合模型;对于地形起伏较大的大面积测区,应采用曲面拟合模型。

(4)对拟合高程模型应进行优化。

(5) GPS 点的高程计算,不宜超出拟合高程模型所覆盖的范围。

3) GPS 高程测量成果检验

对 GPS 点的拟合高程成果,应进行检验。

(1)检测点数不少于全部高程点的 10% 且不少于 3 点。

(2)高差检验,可采用相应等级的水准测量方法或电磁波测距三角高程测量方法进行,其高差较差不应大于 $30\sqrt{D}$ mm(D 为检查路线的长度,km)。

4.3.4.2 高程系统

为帮助读者更好地理解 GPS 高程测量工作,先简要介绍一下高程系统(图 4-36)。

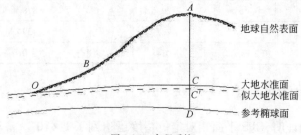

图 4-36 高程系统

1)大地高高程系统

以参考椭球面为高程基准面的高程系统称为大地高高程系统。GPS 测量所求得的高程是相对于 WGS—84 椭球而言的,即 GPS 高程是大地高,记为 H_{GPS}。H_{GPS} 仅具有几何意义而缺乏物理意义,因此,它在一般的工程测量中不能直接应用。

2)正高高程系统

正高高程系统是以大地水准面为高程基准面,地面上任意一点的正高高程是该点沿垂线方向至大地水准面的距离。如图 4-36,A 点的正高为:

$$H_{正}^{A} = \int_{CA} dH = \frac{1}{g_{m}^{A}} \int_{OBA} g dh \tag{4-15}$$

式中:g_{m}^{A}——A 点铅垂线上 AC 线段间的重力平均值;

dh、g——分别为沿 OBA 路线所测得的水准高差和重力值。

由于 g_{m}^{A} 并不能精确测定,也不能由公式推导出来,所以,严格说来,地面点的正高高程不能精确求得。通常采用近似方法求正高的近似值,A 点的近似正高计算公式为:

$$H_{近}^{A} = \frac{1}{\gamma_{m}^{A}} \int_{OBA} \gamma dh$$

式中:γ——正常重力值;正常重力值并不顾及地球内部质量密度分布的不规则现象,因此,它仅随纬度的不同而变化,计算公式为:

$$\gamma = \gamma_{45°}(1 - \alpha \cos 2\varphi + \cdots)$$

$\gamma_{45°}$——纬度 45°处的正常重力值;

φ——某点的纬度;

α——常数,$\alpha \approx 0.0026$。

由于地球内部质量分布并不是均匀的,因此,正常重力值 γ 与实测重力值 g 并不相同,在某些地区(如我国西部高山地区)差异很大,因此,近似正高在这些地区会受到较大的歪曲。

3)正常高高程系统

以似大地水准面为基准面的高程系统称为正常高高程系统。正常高高程计算公式为:

$$H_{常}^{A} = \frac{1}{\gamma_{m}^{A}} \int_{OBA} g dh \tag{4-16}$$

由上式与式(4-15)比较可知,正高高程无法精确求得,但正常高高程可以精确求得。在式(4-16)中,g 可由重力测量结果求得,dh 可由水准测量的结果求得,而 γ_{m}^{A} 可由正常重力公式计算求得。因此,我国现在使用的高程系统为正常高高程系统。

4)GPS 大地高转换为正常高的方法

在普通地面测量中,点的正常高一般是通过水准测量求得的。水准测量所得的两点间的高差,加上正常水准面不平行改正和重力异常改正,即为两点间的正常高高差。水准测量是当前公认的最精密的高程测量技术之一。GPS 测量所得的大地高必须将其转换为正常高后才能在工程测量中应用。将 GPS 大地高转换为正常高的方法有:利用重力测量方法、模拟内插法、平差转换法、联合平差法、神经网络方法等。

4.3.4.3 GPS 高程测量的野外工作

由于大地高是根据 GPS 观测成果三维平差得到的,因此 GPS 高程测量从方案设计、外业观测与内业数据处理过程与 GPS 平面控制测量完全相同(见本章第 4.2.4 节),这里不需赘述。除此之外,为满足高程测量需要,在野外工作时应做到以下几点:

(1)为便于观测和水准联测,GPS 网点一般应设在视野开阔和水准测量容易到达的地方。

(2)在测区中心附近布设一个基准点,并纳入 GPS 网中。

(3)天线的妥善安置是实现精密定位的重要条件之一。其安置工作应满足以下要求:

①静态相对定位时天线应尽可能利用三脚架,并安置在标志中心的上方直接对中观测。

在特殊情况下,方可进行偏心观测,但必须精密测定归心元素和高差。

②当天线需要安置在三角点觇标的基板上时,应先将觇标顶部拆除,以防止对信号的干扰。这时可将标志中心投影到基板上作为安置天线的依据,并精确量取标志中心至天线底座的距离。

③天线底板上的圆水准器必须居中。

④天线的定向标志应指向正北,并顾及当地磁偏角影响,以减弱相位中心偏差的影响。定向的误差依定位的精度不同而异,一般应不超过 ±3°~±5°。

⑤雷雨天气安置天线时,应注意将其底盘接地,以防止雷击。

(4)天线安置后应在各测段的前后各量测天线高一次。两次量测结果之差不应超过3mm,并取其平均值。所谓天线高,系指天线的相位中心至观测点标志中心顶端的垂直距离。一般分为上、下两段:上段是从相位中心至天线底面的距离,这一段的数值由仪器制造厂家给出,并作为常数;下段是从天线底面至观测点标志中心顶端的距离,这一段由用户用小钢尺测定。天线高的量测值应为上、下两段距离之和。

(5)GPS 测量可采用静态模式观测,也可以先在测区的一部分点上采用静态模式观测,然后将这部分点作为固定站,采用快速静态定位模式测定其余的观测点。

(6)水准测量按国家水准测量规范要求进行。进行水准联测的 GPS 点(水准重合点)应尽量均匀分布在整个测区。

4.3.4.4 大气对流层折射概述

大气对 GPS 信号的折射是影响高精度 GPS 平面相对定位及垂直方向重复性的重要因素之一,其中电离层折射的影响对 GPS 相对定位的影响已很小。其原因是:电离层折射的影响可通过改正模型进行改正,以及利用双频接收机进行双频改正,而且通过双差观测值也可得到有效消除。而对流层折射影响对 GPS 相对定位的影响较大,一方面其改正模型的精度不高,另一方面对流层折射影响在双差观测值中不能得到有效消除。因此,近几年来,提高 GPS 网精度(尤其是 GPS 高程测量精度)的主要研究工作便集中到对流层的改正方法上。

由于对流层中的物质分布在时间和空间上具有较大的随机性,因而使得对流层折射延迟亦具有较大的随机性。实际上,对流层折射影响是由干燥气体和水蒸气产生的影响共同组成的,即:

$$\Delta D_{trop} = (\rho_d + \rho_w) m(ei)$$

式中:ΔD_{trop}——对流层折射对 GPS 信号所产生的等效路径延迟;

ρ_d、ρ_w——分别为干、湿气体所产生的误差分量;

$m(ei)$——与传播路径高度角 ei 有关的投影函数。

众多研究表明,干燥气体引起的误差,约占整个延迟量的80%,干分量折射比较稳定,天顶方向的折射量随时间和空间的变化率比较稳定(约为2cm/h),这一部分影响量可通过模型改正(如 Hopfield 模型)得到较好的消除,经改正后误差仅为1%。水蒸气引起的误差约占总延迟量的20%,湿分量折射却很不稳定,其天顶方向的折射量随时间和空间的变化率可能达到6~8cm/h,是干分量变化率的3~4倍,湿气延迟很复杂,影响因素较多,且利用改正模型进行改正的精度只能达到10%~20%。因此,如何采用更精确有效的方法对湿分量 ρ_w 来模拟计算,就成为提高 GPS 高程测量精度的关键。

目前,GPS 测量数据处理软件中大都提供了对流层折射改正的 Hopfield 模型和 Saastamoinen 模型,对改善 GPS 高程精度有较大帮助。但这些模型都只考虑了测站的大气压、湿气压、温度、测站高以及测站纬度等因素。由于测站气象元素并不能很好地表征传播路径上的气象条件，因此，改正模型并不能很好地模拟实际的对流层折射影响，尤其是其中的湿分量的影响。如果要进行高精度的 GPS 高程测量，则还需要进一步提高对流层折射模拟精度。利用水蒸气辐射仪直接观测湿分量折射量数据是一种有效的方法，但水蒸气辐射仪比较笨重，价格又很昂贵，且使用不方便。因此，模拟对流层折射影响的最有效办法是在平差过程中采用附加未知参数的方法。如何设置附加未知参数，有兴趣的读者可参考有关 GPS 测量书籍。

4.3.4.5 GPS 高程转换方法概述

由 GPS 相对定位的基线向量，可以得到高精度的大地高差。GPS 测量是在 WGS—84 地心坐标系中进行的，所提供的高程为相对于 WGS—84 椭球的大地高，记为 H_{GPS}。我国在实际工程应用中，采用以似大地水准面为基准的正常高（normal height）高程系统，记为 H_{Nor}。两者的关系为：

$$\xi = H_{GPS} - H_{Nor} \tag{4-17}$$

式中：ξ——A 点的高程异常（见图 4-36）。

由式(4-17)可很清楚地看出，如果知道某点的高程异常值 ξ，则可很方便地将该点的 GPS 高程（大地高）转化为正常高高程。目前，GPS 高程转换方法一般有以下几种：

1）用地球重力场模型直接求 ξ

高程异常是地球重力场的参数，利用地球重力场模型，根据点位信息，直接可求得该点的高程异常值。在一定区域内，只要有足够数量的重力测量数据，就可以比较精确地求定该区域的高程异常值。由于我国缺乏精确的重力资料，用此法求得的地面点的高程异常 ξ 精度较低，不能满足工程的精度要求。

2）数学模型拟合法

该法的主要思路是将部分 GPS 点布设在高程已知的水准点上，或通过水准联测求得部分 GPS 点的正常高高程，使得这些点同时具有 H_{GPS} 和 H_{Nor}。在某一区域内，如果有一定数量的已知点（GPS 大地高和正常高均已知），则已知点的高程异常值就可根据式(4-17)计算得到。然后，再用一个函数来模拟该区域的似大地水准面的高度，这样就可以用数学内插的方法求解区域内任意一点的高程异常 ξ 值。此时，在该区域内，如果通过 GPS 测量得到了某点的 H_{GPS}，我们就可以用模拟好的数学模型求解该点的 ξ，进而求得该点的正常高 H_{Nor}。根据数学模型的不同，又有加权平均法、多面函数法、曲面拟合法等方法。目前，我国普遍采用曲面拟合法，因此，这里只介绍曲面拟合法的数学模型。

平面拟合（一次多项式）的方程为：

$$\xi(x,y) = a_0 + a_1 x + a_2 y$$

若采用二次曲面拟合（二次多项式），则方程为：

$$\xi(x,y) = a_0 + a_1 x + a_2 y + a_3 x^2 + a_4 xy + a_5 y^2 \tag{4-18}$$

式中：(x,y)——点的平面坐标；

a_i——模型系数。

对于平面拟合，区域已知点个数应不少于 3 个；对于二次曲面拟合，已知点不少于 6 个。一般来说，若已知点个数足够多，则二次曲面拟合的精度要高于平面拟合的精度。

在平原地区，似大地水准面的变化是非常平缓的。在 15km² 范围内，一般只有 0.1~0.2m 的起伏变化。如果同时具有 H_{GPS} 和 H_{Nor} 的点能保证 4~6km 一点的密度，则用二次曲面法拟合的高程异常精度一般可达到毫米级。

3)神经网络方法

人工神经网络是一门新兴交叉科学,它是生物神经系统的一种高度简化后的近似。从20世纪80年代以来,许多领域(包括工程界)的科学家掀起了研究人工神经元网络的新高潮,现已取得了不少突破性进展。基于神经网络转换GPS高程是一种自适应的映射方法,没作假设,能减少模型误差。目前,有不少学者在研究用神经网络方法来转换GPS高程。

此外,GPS高程转换方法还有数学模型抗差估计法、数学模型优化方法、平差转换法和联合平差法等。但以上诸多方法各自都存在一些缺点,因此,如何来进行GPS高程转换,且保持高精度,确实仍需不断研究。

4.3.4.6 转换GPS高程的二次曲面拟合法

众多研究表明,采用二次曲面拟合法来转换GPS高程,能取得比较理想的结果。计算模型为:

$$\xi(x,y) = a_0 + a_1\Delta x + a_2\Delta y + a_3\Delta x^2 + a_4\Delta x\Delta y + a_5\Delta y^2 + \varepsilon$$

$$\Delta x = x - x_0, \Delta y = y - y_0$$

式中:x_0、y_0——参考点坐标,一般取为重心坐标。

设某GPS水准联测点P_i,其拟合残差为v_i,则有:

$$v_i = a_0 + a_1\Delta x_i + a_2\Delta y_i + a_3\Delta x_i^2 + a_4\Delta x_i\Delta y_i + a_5\Delta y_i^2 - \xi_i$$

若有n个已知点,其构成的误差方程式为:

$$V = B \cdot X - \xi$$

其中:

$$\underset{n\times 1}{V} = \begin{bmatrix} v_1 & v_2 & \cdots & v_n \end{bmatrix}^T$$

$$\underset{6\times 1}{X} = \begin{bmatrix} a_0 & a_1 & \cdots & a_5 \end{bmatrix}^T$$

$$\underset{n\times 1}{\xi} = \begin{bmatrix} \xi_1 & \xi_2 & \cdots & \xi_n \end{bmatrix}^T$$

$$\underset{n\times b}{B} = \begin{bmatrix} 1 & \Delta x_1 & \Delta y_1 & \Delta x_1^2 & \Delta x_1\Delta y_1 & \Delta y_1^2 \\ 1 & \Delta x_2 & \Delta y_2 & \Delta x_2^2 & \Delta x_2\Delta y_2 & \Delta y_2^2 \\ \cdots & \cdots & \cdots & \cdots & \cdots & \cdots \\ 1 & \Delta x_n & \Delta y_n & \Delta x_n^2 & \Delta x_n\Delta y_n & \Delta y_n^2 \end{bmatrix}$$

按最小二乘法可求得拟合系数X为:

$$X = (B^TB)^{-1} \cdot B^T \cdot \xi$$

采用二次曲面拟合时,至少应有6个已知点。当已知点少于6个时,可采用平面函数拟合。在实际工作中,应根据GPS水准联测点的分布情况选用不同方案进行计算。

4.3.4.7 神经网络BP算法

目前,测绘界已有不少学者在研究采用神经网络BP算法进行GPS高程转换,取得了一些有益的结论。

1)BP网络算法的思路

BP网络模型结构见图4-37。BP网络不仅有输入层节点,输出层节点,而且有隐含层节点(隐层可以是一层或多层)。对于输入信号,要先向前传播到隐节点,经过激活函数后,再把隐节点的输出信息传播到输出节点,最后给出输出结果。节点的激活函数通常选取标准Sigmoid

型函数：

$$f(x) = \frac{1}{1+e^{-x}} \tag{4-19}$$

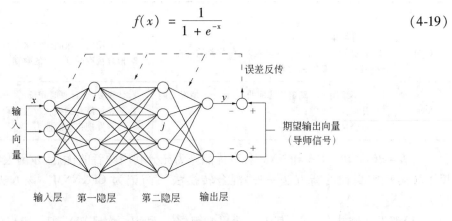

图 4-37　BP 网络模型结构

BP 算法的主要思想是把学习过程分为两个阶段：

第一阶段(正向传播过程)：给出输入信息通过输入层经隐含层逐层处理并计算每个单元的实际输出值。

第二阶段(反向传播过程)：若在输出层未能得到期望的输出值，则逐层递归地计算实际输出与期望输出之差值(即误差)，以便根据此差调节权值。具体地说，就是可对每一个权重计算出接收单元的误差值与发送单元的激活值的积。因为这个积和误差对权重的(负)微商成正比(又称梯度下降算法)，把它称作权重误差微商。权重的实际改变可由权重误差微商按各个模式分别计算出来。

这两个过程的反复运用，使得误差信号最小。实际上，误差达到人们所希望的要求时，网络的学习过程就结束。

BP 算法是一个很有效的算法，许多问题都可由它来解决。BP 模型已成为神经网络的重要模型之一。BP 算法的计算公式请读者参看有关书籍。

2) 转换 GPS 高程的五层 BP 网络

根据工程应用的特点，我们构造了转换 GPS 高程的五层 BP 神经网络结构(见图 4-38)。网络共设五层，分别为输入转换层、输入层、隐含层、输出层和输出转换层。网络只设一个隐含层，但另外增加了一个输入数据转换层和一个输出数据转换层。增加设置这两个转换层是必要的，因为采用标准 Sigmoid 激活函数的神经网络，其标准输入、输出数据限定范围为 $[0,1]$。而实际工程应用中的参数取值范围各异，如 GPS 高程转换中的坐标参数(X,Y)，其数值都非常大，需要将其转换为 $[0,1]$ 区间内的值。另外，输出结果接近 0 或接近 1 的区域是网络的饱和区，因此，输出数据范围最好设定为 $[0.2,0.8]$ 或 $[0.1,0.9]$，从而避开网络的饱和区。

输入转换层和输出转换层的计算公式因工程而异，具体应用时，应通过编程由电脑实现自动转换。

3) 基于神经网络的"混合转换法"

转换 GPS 高程的二次曲面拟合法(以下简称 CFM) 和常规神经网络模拟法(以下简称 NNM) 特点见表 4-36。

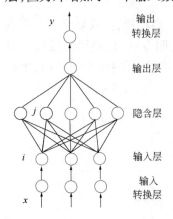

图 4-38　五层 BP 神经网络结构

CFM 方法与 NNM 方法优缺点比较表　　　　　　　表 4-36

方法	优　点	缺　点
CFM	1. 计算简单、方便； 2. 若已知点数据中含有粗差,利用抗差估计法,可减小粗差对平差结果的影响	1. 所采用的二次曲面与水准面不完全贴合； 2. 拟合精度受到一定的限制
NNM	1. 并不采某一确定的几何曲面,在一定情况下能减少几何模型误差； 2. 拟合精度较高	1. 计算复杂,计算时间长； 2. 初始权值对结果和收敛影响大； 3. 没有发现粗差的能力

由表 4-36 可知, CFM 和 NNM 各有优点。为充分利用两者的优点,东南大学胡伍生博士构思了转换 GPS 高程的新方法——"混合转换法",简记为 CF&NNM。该方法的具体计算过程为：

(1) 假设区域共有 n 点,其中 n_1 个已知点(H_{GPS} 和 H_{Nor} 均已知),则待定点(已知 H_{GPS},待求 H_{Nor})的个数 $n_2 = n - n_1$；已知点个数最好大于或等于 8。

(2) 根据 n_1 个已知点信息,利用二次曲面拟合法(CFM)拟合出所有 GPS 点的高程异常 ξ。

(3) 计算 n_1 个已知点的高程异常误差：

$$\Delta \xi = \xi_0 - \xi$$

式中：ξ_0——高程异常已知值,计算公式为：$\xi_0 = H_{GPS} - H_{Nor}$。

(4) 此时,再将上述 n_1 个已知点的所有信息构成学习集样本：

$$(x_i, y_i, \xi_i ; \Delta \xi_i) \quad (i = 1, 2, \cdots, n)$$

其中,x、y、ξ 作为输入单元参数,$\Delta \xi$ 作为输出单元参数。用图 4-38 的(五层)BP 神经网络方法(NNM)来模拟高程异常误差 $\Delta \xi$,即利用 n_1 个学习集样本对该 BP 网络进行训练。经反复试验,隐含层节点数取 15 为佳。

(5) 用训练好的神经网络对 n_2 个待求点进行计算,可得各点的高程异常误差 $\Delta \xi$,从而计算出其正常高高程。

$$H_{Nor} = H_{GPS} - \xi_0 = H_{GPS} - (\xi + \Delta \xi) \qquad (4-20)$$

式中：ξ——CFM 拟合的高程异常值；

$\Delta \xi$——NNM 模拟得出的高程异常误差。

故称此法为 CF&NNM。

4) 组合技术(国家发明专利)

在"混合转换法"的基础上,再利用格网(Grid)技术进行 GPS 高程拟合,效果更好。东南大学胡伍生和沙月进将此方法(简称"组合技术")申请了国家发明专利(已经得到授权),发明名称为"精确确定区域高程异常的方法"。该发明是一种利用神经网络技术和格网技术精确求定区域高程异常的方法。具体步骤包括：

(1) 确定区域范围并布点；

(2) 野外测量(数据采集)；

(3) 二次多项式拟合；

(4) 测量平差；

(5) 神经网络模拟计算；

(6) 模型精化；

(7) 区域格网化；

(8)高程异常内插

使用"组合技术",区域高程异常计算结果精度高,使得 GPS 高程测量成果的应用范围扩大。经过大量工程实例应用结果分析,"组合技术"较之二次多项式拟合,高程异常的计算结果精度要提高 20%～60%。精度提高之后,GPS 高程可以代替低等级的水准测量,从而使费用高、难度大、周期长的传统低等级水准测量工作量减少到最低限度,经济效益明显。

5)工程实例

(1)工程实例简介

江苏省的 C 级 GPS 网水准联测点 171 个,采用三等水准测量。区域面积约 100000km²,这些点分布整个江苏省。江苏省北与山东省相邻,西与安徽省相邻,东与黄海相邻,南与浙江省相邻。江苏省属于平原地区,水域面积比较大。网中有 171 个 GPS 水准点,区域高程异常 ξ 的最大值和最小值为:$\xi_{max}=12.5377m, \xi_{min}=-8.2549m$,高程异常的变化很大。点的分布情况如图 4-39 所示。由图可知,已知点的密集性不是很好,部分区域存在空白区,原因是这些空白区大部分都是水域,水准测量的实施有一定的困难。

图 4-39 江苏省 C 级 GPS 网水准联测点分布位置图

对全部 171 个 GPS 水准点,我们按照常规方法进行了异常点判断,初步确定粗差点有 20 个。剔除 20 个粗差点,在剩下的 151 个点中,选取均匀分布于整个江苏省域的 76 个点为学习样本(已知点),余下的 75 个点为检验样本(检验点)。采用不同方法进行 GPS 高程拟合,以便进行效果分析。

(2)五种拟合方法

为充分说明不同的方法之效果,对此工程实例,选取了五种拟合方案,以便进行比较分析:方案 A(平面拟合法)、方案 B(二次曲面拟合法)、方案 C(神经网络 BP 算法)、方案 D(神经网络"混合转换法")、方案 E("组合技术")。在用神经网络方法进行拟合计算时,我们对神经网络模型进行了模型优化,优化之后,神经网络 BP 算法、神经网络"混合转换法"的模型结构和模型参数见表 4-37。

(3)结果分析

利用 75 个检验点,来检验各种方法的效果。现以均方差 MSE 的平方根(中误差)作为评价指标。上述五种方案的"检验集"中误差见表 4-38。从表 4-38 中结果可以看出,相对于二次曲面拟合法,神经网络 BP 算法,其拟合精度要提高 20%;采用神经网络"混合转换法",其拟合精度要提高 50%;而采用"组合技术",其拟合精度要提高 80%,效果更好。

神经网络模型结构和参数表　　　　　　　　　　　表 4-37

项　目	模 型 结 构	主 要 网 络 参 数
BP 算法	网络结构:$2 \times 20 \times 1$ 输入层 2:x、y 隐含层 20:单元数为 20 输出层 1:高程异常 ξ	学习速率 $\eta = 1.5$ 平滑因子 $\alpha = 0.7$ 学习误差控制为 $E = 0.015$
"混合转换法"	网络结构:$3 \times 20 \times 1$ 输入层 3:x、y、ξ 隐含层 20:单元数为 20 输出层 1:高程异常偏差 $\Delta\xi$	学习速率 $\eta = 1.2$ 平滑因子 $\alpha = 0.6$ 学习误差控制为 $E = 0.03$

五种不同拟合方法结果表　　　　　　　　　　　表 4-38

序　号	拟 合 方 法	检验点中误差(75 个点)	全部点中误差(151 个点)
A	平面拟合法	±306mm	±313mm
B	二次曲面拟合	±240mm	±239mm
C	神经网络 BP 算法	±182mm	±188mm
D	神经网络"混合转换法"	±115mm	±112mm
E	组合技术	±49mm	±47mm

(4)小结

①对于大区域似大地水准面模型的精化,用函数法(如多项式)拟合,其拟合效果不好,平面拟合法(一次多项式)效果更差。原因是大区域的似大地水准面非常复杂,无法用一个具体的数学函数来表达。所以在大区域的似大地水准面模型精化中,建议不要采用函数拟合法。

②从本工程实例的应用效果来看,神经网络 BP 算法的拟合效果比二次曲面拟合法要好(精度能提高约 20%)。效果好的原因是,神经网络没作函数模型假设,它能逐渐逼近似大地水准面的形状。但神经网络 BP 算法有几个缺点,如收敛速度慢、模拟结果不稳定等,因此,在工程应用中,应对神经网络 BP 算法进行改进。

③"混合转换法"是在神经网络 BP 算法的基础上采取了不少改进措施,其应用效果良好。较之二次曲面拟合法,"混合转换法"拟合精度能提高约 50%。

④采用"组合技术"(神经网络 + 格网技术),拟合效果又有了很大的改善。在本工程实例中,较之二次曲面拟合法,"组合技术"拟合精度能提高约 80%。该实例表明这种方法在大区域似大地水准面精化中有很好的工程应用前景。

⑤需要说明的是,以上各种方法都是数值逼近方法,GPS 高程的逼近精度都受已知点的数量和分布状况的影响,更受大地水准面不规则变化的影响。因此为提高 GPS 高程的精度,尚需从理论上与实用上作进一步的研究。

5 施工测量的基本工作

5.1 测设的三项基本工作

5.1.1 已知距离的测设

1)基本概念

已知水平距离的测设,是从地面上一个已知点出发,沿给定的方向,量出已知(设计)的水平距离,在地面上定出另一端点的位置。

2)图示说明

如图 5-1 所示,设 A 为地面上已知点,D 为已知(设计)的水平距离,要在地面上沿给定 AB 方向上测设出水平距离 D,以定出线段的另一端点 B。

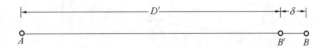

图 5-1 测设已知水平距离

3)一般方法

(1)初设

从 A 点开始,沿 AB 方向用钢尺拉平丈量,按已知设计长度 D 在地面上定出 B' 点的位置。

(2)测定

按常规方法量取 AB' 之间水平距离 D',可往返观测多次取其平均值,要求测量相对误差在容许范围(1/3000~1/5000)之内。

(3)计算

计算改正数 δ,即已知设计长度 D 与实际距离 D' 之差,$\delta = D - D'$。

(4)改正

根据改正数 δ,将端点 B' 加以改正,求得 B 点的最后位置,使 AB 两点间水平距离等于已知设计长度 D。当 δ 为正时,向外改正;当 δ 为负时,则向内改正。

4)精密方法

(1)思路

当测设精度要求较高时,可按设计水平距离 D,用前述方法在地面上概略定出 B' 点,然后再精密测量出 AB' 的距离,并加尺长改正、温度改正和倾斜改正等三项改正数,求出 AB' 的精确水平距离 D'。若 D' 与 D 不相等,则按其差值 $\delta = D - D'$ 沿 AB 方向以 B' 点为准进行改正。当 δ 为正时,向外改正;反之,向内改正。

(2)实例

【例 5-1】 已知设计水平距离 D_{AB} 为 52.000m,试在地面上由 A 点测设 B 点。现有名义长度 l_0 = 30m 钢尺按一般方法测得 B' 点,经测量 $D_{AB'}$ 为 52.015m,钢尺的检定实长 l' 为

29.996m，检定温度 $t_0 = 20℃$，测量时温度 $t = 8℃$，A、B' 两点间高差为 $h = 0.65m$。求 B 点与 B' 点的归化距离 δ。（注：钢尺热膨胀系数 $\alpha = 0.0000125$。）

解：先求三项改正数：

尺长改正 $\Delta l_d = \dfrac{l' - l_0}{l_0} \times D_{AB'} = \dfrac{29.996-30}{30} \times 52.015 = -0.007m$

温度改正 $\Delta l_t = \alpha \cdot (t - t_0) \times D_{AB'} = 1.25 \times 10^{-5} \times (8-20) \times 52.015 = -0.008m$

倾斜改正 $\Delta l_h = -\dfrac{h^2}{2 \times D_{AB'}} = -\dfrac{0.65^2}{2 \times 52.015} = -0.004m$

则 AB' 的精确平距 $D' = D_{AB'} + \Delta l_d + \Delta l_t + \Delta l_h = 51.996m$，$\delta = +0.004m$，故 B' 点应向外移动 4mm，得到正确的 B 点，此时 AB 的水平距离正好为 52.000m。

5）用光电测距仪测设水平距离

（1）具体操作

如图 5-2，安置光电测距仪于 A 点，瞄准已知方向。沿此方向移动棱镜位置，使仪器显示值略大于测设的距离 D，定出 B' 点。在 B' 点安置棱镜，测出棱镜的竖直角 α 及斜距 L。

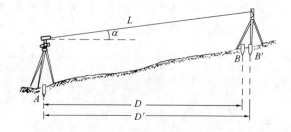

图 5-2 用测距仪测设水平距离

（2）计算

水平距离，$D' = L \cdot \cos\alpha$；改正数 δ，D' 与应测设的已知水平距离 D 之差 $\delta = D - D'$。

（3）改正

根据 δ 的符号在实地用小钢尺沿已知方向改正 B' 至 B 点，并在木桩上标定其点位。

（4）检核

为了检核，应将棱镜安置于 B 点，再实测 AB 的水平距离，与已知水平距离 D 比较；若不符合要求，应再次进行改正，直到测设的距离符合限差要求为止。

5.1.2 已知水平角的测设

1）基本概念

已知水平角的测设，就是在已知角顶点并根据一已知角边方向标定出另一角边方向，使两方向的水平夹角等于已知角值。

2）图示说明

如图 5-3 所示，设地面已知方向 AB，A 为角顶，β 为已知角值，AC 为拟定的方向线。

3）一般方法

当测设水平角的精度要求不高时，可用盘左、盘右分中

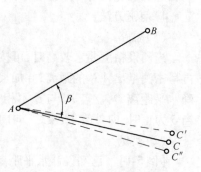

图 5-3 测设水平角

的方法测设,具体操作过程如下:

(1)在 A 点安置经纬仪,对中、整平,用盘左位置照准 B 点,调节水平度盘位置变换轮,使水平度盘读数为 $0°00.0'$。

(2)转动照准部使水平度盘读数为 β 值,按视线方向定出 C' 点。

(3)然后用盘右位置重复上述步骤,定出 C'' 点。

(4)取 $C'C''$ 连线的中点 C,则 AC 即为测设角值为 β 的另一方向线,$\angle BAC$ 即为测设的 β 角。

4)归化方法

(1)思路

当测设水平角的精度要求较高时,可先用一般方法按已知角值测设出 AC 方向线(见图5-4),然后对 $\angle BAC$ 进行多测回水平角观测,设其观测值为 β'。根据 β' 与 β 之间的差值 $\Delta\beta$ 及 AC 边的长度 D_{AC},通过计算对 C 点位置进行改正。

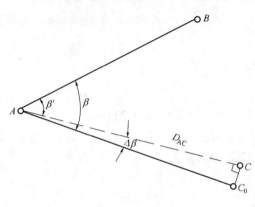

图 5-4 归化法测设水平角

(2)具体操作过程

①初设:按前述一般方法测设出 AC 方向线,在实地标出 C 点位置。

②测定:用经纬仪对 $\angle BAC$ 进行多测回水平角观测,设其观测值为 β'。

③计算:可以按下式计算垂距 CC_0:

$$\Delta\beta = \beta - \beta', \quad CC_0 = D_{AC} \cdot \tan\Delta\beta = D_{AC} \cdot \frac{\Delta\beta''}{\rho''}$$

④改正:从 C 点起沿 AC 边的垂直方向量出垂距 CC_0,定出 C_0 点。则 AC_0 即为测设角值为 β 的另一方向线。必须注意,从 C 点起向外还是向内量垂距,要根据 $\Delta\beta$ 的正负号来决定。若 $\beta' < \beta$,即 $\Delta\beta$ 为正值,则从 C 点向外量垂距,反之则向内改正。

(3)实例

【例 5-2】 已知测设水平角 $\beta = 90°00'00''$,现用一般方法测设出 AC 方向(参考图5-4),经多测回观测得 $\beta' = \angle BAC = 90°00'17''$。已知 AC 的平距为 60m,求垂距 CC_0 值,使得 $\angle BAC_0 = 90°00'00''$。

解:
$$\Delta\beta = \beta - \beta' = -17''$$
$$D_{AC} = 60.000 \text{m}$$

则:
$$CC_0 = 60.000 \times \frac{-17''}{206265''} = -0.005 \text{m}$$

过 C 点作 AC 的垂线,在 C 点沿垂线方向向 $\angle BAC$ 内侧量垂距 5mm,定出 C_0 点,则 $\angle BAC_0$ 即为要测设的 β 角。

5.1.3 已知高程的测设

1)基本概念

已知高程的测设是利用水准测量的方法,根据附近已知水准点,将设计高程测设到地面上。

2)图示说明

如图5-5,A点为已知水准点,高程H_A已知。地面上B点有一木桩,要测设的高程H_B已知,现需要在B点的木桩上画一条红线,使其高程正好是H_B。

3)一般方法

(1)实例

下面通过一个实例来说明已知高程测设的一般方法。

【例5-3】 如图5-5,已知水准点A的高程H_A为21.370m,测设于B桩上的已知设计高程H_B为22.400m。水准仪在A点上的后视读数a为1.783m,请在B桩上画一水平线,使该线的高程正好等于H_B。

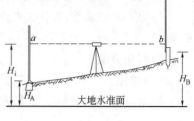

图5-5 测设已知高程

解:设B桩的前视读数为b,则b应满足关系式:

$$H_A + a = H_B + b$$

即:

$$b = (H_A + a) - H_B = 21.370 + 1.783 - 22.400 = 0.753\text{m}$$

测设时,将水准尺沿B桩的侧面上下移动。当水准尺上的读数刚好为0.753m时,紧靠水准标尺底部在B桩上划一红线,该红线的高程H_B即为22.400m。

(2)特殊情况

在实际工程中,可能会碰到下面两种特殊情况。

①测设点的高程太低,位于原地面以下。此时,应根据实际情况可以测设$(H_B + C)$的高程位置,C为整数,如0.5m、0.7m、1.0m等。测设结束后,应在标志线上注明高程,如标注"$H_B + 1.0$m",则表示再往标志线以下挖1.0m才是H_B的高程位置。

②测设点的高程太高,比原地面高出许多。此时,可以测设$(H_B - C)$的高程位置,C为整数。同样,测设结束后,应在标志线上注明高程,如标注"$H_B - 1.5$m",则表示在标志线以上填土1.5m才是H_B的高程位置。

4)上下传递法

(1)思路

当向较深的基坑和较高的建筑物上测设已知高程时,除用水准尺外,还需借助钢尺采用高程传递的方法来进行。

(2)向基坑测设高程实例

【例5-4】 如图5-6,设已知水准点A的高程$H_A = 21.370$m,要在基坑内侧测出高程$H_B = 12.500$m的B点位置。现悬挂一根带重锤的钢卷尺,零点在下端。先在地面上安置水准仪,后视A点读数$a_1 = 1.573$m,前视钢尺读数$b_1 = 10.826$m;再在坑内安置水准仪,后视钢尺读数$a_2 = 1.387$m,问此时如何测设出B点的高程位置。

解:设B桩的前视读数为b_2(见图5-6),则b_2应满足关系式:

$$H_A + a_1 = H_B + b_2 + (b_1 - a_2)$$

即:

$$b_2 = H_A + a_1 - b_1 + a_2 - H_B = 1.004\text{m}$$

式中:$(b_1 - a_2)$——钢尺段长度。

计算出前视读数 b_2 之后,沿坑壁竖立水准标尺,上下移动水准标尺;当其读数正好为 b_2 时,不要移动标尺,沿水准标尺底面向基坑壁钉设木桩(或粗钢筋),则木桩顶面的高程即为 H_B。

(3)向高处建筑物测设高程

如图 5-7,向高建筑物 B 处测设高程 H_B,则可于该处悬吊钢尺,钢尺零端朝下,上下移动钢尺,使水准仪的中丝对准钢尺零端(0 分划线),则钢尺上端分划读数为 b 时,$b = H_B - (H_A + a)$,该分划线所对位置即为测设的高程 H_B。为了校核,可采用改变悬吊位置后,再用上述方法测设,两次较差不应超过 ±3mm。

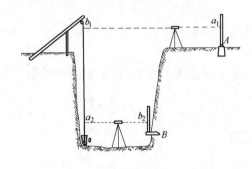

图 5-6 向深基坑测设已知高程

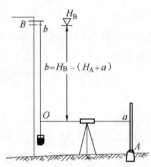

图 5-7 向高处测设已知高程

5.2 点的平面位置的测设方法

5.2.1 直角坐标法

1)基本概念

直角坐标法是根据已知纵横坐标之差,测设地面点的平面位置。

2)适用条件

直角坐标法适用于施工控制网为建筑方格网或建筑基线的形式,且量距方便的地方。

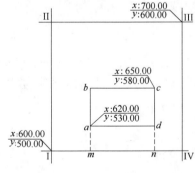

图 5-8 直角坐标法测设点位

3)图示说明

如图 5-8 所示,设 Ⅰ、Ⅱ、Ⅲ、Ⅳ 为建筑场地的建筑方格网点,$a、b、c、d$ 为需测设的某厂房的四个角点,根据设计图上各点坐标,可求出建筑物的长度、宽度及测设数据。

4)举例

【例 5-5】 根据图 5-8 中的各点坐标数据,简述利用直角坐标法来放样 a 点的过程。

解:①计算

首先计算测设数据。根据 Ⅰ 点的坐标及 a 点的设计坐标算出纵横坐标之差:

$$\Delta x = x_a - x_Ⅰ = 620.00 - 600.00 = 20.00\text{m}$$
$$\Delta y = y_a - y_Ⅰ = 530.00 - 500.00 = 30.00\text{m}$$

②放样方法

安置经纬仪于Ⅰ点上,瞄准Ⅳ点,沿Ⅰ—Ⅳ方向测设长度 $\Delta y(30.00\mathrm{m})$,定出 m 点;再搬仪器于 m 点,瞄准Ⅳ点,向左测设 90°角,得 ma 方向线,在该方向上测设长度 $\Delta x(20.00\mathrm{m})$,即得 a 点在地面上的位置。用同样方法可测设建筑物其余各点的位置。

③校核

当 a、b、c、d 四点都放好后,应检查建筑物四角是否等于90°,各边是否等于设计长度,其误差均应在限差以内。

5.2.2 极坐标法

1)基本概念

极坐标法是根据已知水平角和水平距离测设地面点的平面位置。

2)适用条件

使用灵活,只要在通视条件下都可用。因此,极坐标法是目前施工现场最常用的一种方法。

3)图示说明

如图 5-9 所示,1、2 是建筑物轴线交点,A、B 为附近的控制点。1、2、A、B 点的坐标均为已知,欲测设 1 点,需按坐标反算公式求出测设数据 β_1 和 D_1:

$$\alpha_{A1} = \arctan \frac{y_1 - y_A}{x_1 - x_A}$$

$$\alpha_{AB} = \arctan \frac{y_B - y_A}{x_B - x_A}$$

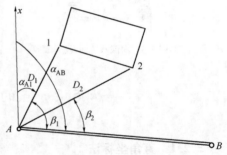

图 5-9 极坐标法测设点位

需要提醒的是:以上两式等式左边的坐标方位角,其值域为 0°~360°,而等式右边的 arctan 函数,其值域为 -90°~+90°,两者是不一致的。具体数据处理方法请参看表 4-1。

则:

$$\beta_1 = \alpha_{AB} - \alpha_{A1}$$

$$D_1 = \sqrt{(x_1 - x_A)^2 + (y_1 - y_A)^2}$$

同理,也可求出 2 点的测设数据 β_2 和 D_2。

4)举例

【例 5-6】 如图 5-9,已知 $\alpha_{AB} = 102°32'51''$,$x_A = 351.237\mathrm{m}$,$y_A = 437.821\mathrm{m}$,$x_1 = 380.000\mathrm{m}$,$y_1 = 450.000\mathrm{m}$,现准备在 A 点架设仪器,利用极坐标法来放样 1 号点,求测设数据 β_1 和 D_1,并简述测设过程(使用经纬仪和钢尺)。

解:①计算测设数据

$$x_1 - x_A = 380.000 - 351.237 = 28.763\mathrm{m}$$

$$y_1 - y_A = 450.000 - 437.821 = 12.179\mathrm{m}$$

$$\alpha_{A1} = \arctan \frac{y_1 - y_A}{x_1 - x_A} = 22°56'57''$$

注:α_{A1} 位于第一象限,按表 4-1 中相应公式计算方位角。

$$\beta_1 = \alpha_{AB} - \alpha_{A1} = 102°32'51'' - 22°56'57'' = 79°35'54''$$

$$D_1 = \sqrt{(x_1 - x_A)^2 + (y_1 - y_A)^2} = 31.235 \text{m}$$

②放样方法

测设时,在 A 点安置经纬仪,瞄准 B 点(参看图5-9),向左测设 β_1 角(反拨 β_1 角,即水平度盘读数为 $360° - \beta_1$),由 A 点起沿视线方向用钢尺测设距离 D_1,即定出1点。同样,可根据 (β_2, D_2) 定出2点。

③校核

最后用钢尺丈量1、2两点间的水平距离与设计长度进行比较,其误差应在限差以内。

5.2.3 角度交会法

1)基本概念

根据坐标反算求出测设数据 β_1 和 β_2,利用这两个角度来放样点位的方法。

2)适用条件

角度交会法适用于测设点离控制点较远或量距较困难的场合。

3)图示说明

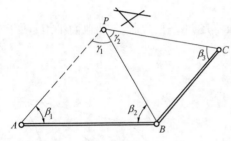

图5-10 角度交会法测设点位

如图5-10,测设点 P 和控制点 A、B 的坐标均为已知。测设时,在 A、B 两点同时安置经纬仪,分别测设出 β_1 和 β_2 角,两视线方向的交点即为测设点 P。为了保证交会点的精度,实际工作中还应从第三个控制点 C,测设 β_3 定出 CP 方向线作为校核。若三方向线不交于一点,会出现一个示误三角形,当示误三角形边长在限差以内,可取示误三角形重心作为测设点 P。两个交会方向所形成的夹角 γ_1、γ_2 应不小于30°或不大于150°。

4)举例

【例5-7】 已知控制点 A、B 和放样点 P 的坐标值: $x_A = 612.335$ m, $y_A = 248.731$ m, $x_B = 602.512$ m, $y_B = 300.109$ m, $x_P = 635.875$ m, $y_P = 286.362$ m。请计算用角度交会法来放样 P 点的测设数据,并简述测设方法。

解:①计算测设数据

$$\alpha_{AB} = \arctan\frac{y_B - y_A}{x_B - x_A} = \arctan\frac{51.378}{-9.823} = -79°10'34'' + 180° = 100°49'26''$$

$$\alpha_{BA} = \alpha_{AB} + 180° = 280°49'26''$$

$$\alpha_{AP} = \arctan\frac{y_P - y_A}{x_P - x_A} = \arctan\frac{37.631}{23.540} = 57°58'19''$$

$$\alpha_{BP} = \arctan\frac{y_P - y_B}{x_P - x_B} = \arctan\frac{-13.747}{33.363} = -22°23'38'' + 360° = 337°36'22''$$

注:α_{AB} 位于第二象限,α_{AP} 位于第一象限,α_{BP} 位于第四象限,按表4-1中相应公式计算方位角。

参看图5-10,计算放样角度 β_1、β_2:

$$\beta_1 = \alpha_{AB} - \alpha_{AP} = 42°51'07''$$
$$\beta_2 = \alpha_{BP} - \alpha_{BA} = 56°46'56''$$

注：$360° - \beta_1 = 317°08'53''$。

②放样方法

在 A 点架设仪器，瞄 B 定向，将水平度盘拨到 $0°0'0''$，反拨 β_1 角（即水平度盘读数为 $360° - \beta_1$），在此视线方向上相隔一定距离设置两个桩点，记为 A_1、A_2；然后，在 B 点架设仪器，瞄 A 定向，将水平度盘拨到 $0°0'0''$，正拨 β_2 角，在此视线方向上相隔一定距离设置两个桩点，记为 B_1、B_2；用尼龙绳拉线，A_1、A_2 的连线和 B_1、B_2 的连线相交，其交点即为 P 点。

③校核

最后丈量 P 点与其他放样点之间的水平距离与设计长度进行比较，其误差应在限差以内。

5.2.4 距离交会法

1）基本概念

根据坐标反算求出测设数据 D_1 和 D_2，利用这两个距离来放样点位的方法。

2）适用条件

距离交会法适用于测设点离两个控制点较近（一般不超过一整尺长），且地面平坦，便于量距的场合。

3）图示说明

如图 5-11，根据测设点 P_1、P_2 和控制点 A、B 的坐标，可求出测设数据 D_1、D_2、D_3、D_4。测设时，将钢尺拉平，以 A 点为圆心，以 D_1 为半径在实地画一短圆弧，再以 B 点为圆心，以 D_2 为半径在实地画圆弧，两圆弧的交点即为 P_1 点，得到交点 P_1 后，再复查 D_1 和 D_2 长度。

需要特别注意的是：此两圆弧在实地会有两个交点。因此，用此法在现场放样时应对照图纸，确认 P_1 点与 A 点、B 点的相对位置关系，千万不要搞错。

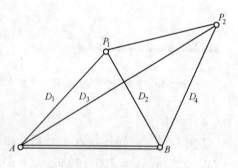

图 5-11 距离交会法测设点位

4）举例

【例 5-8】 已知数据同例 5-7，请计算用距离交会法来放样 P 点的测设数据，并简述测设方法。

解：①计算测设数据

$$D_{AP} = \sqrt{(x_P - x_A)^2 + (y_P - y_A)^2} = 44.387\text{m}$$

$$D_{BP} = \sqrt{(x_P - x_B)^2 + (y_P - y_B)^2} = 36.084\text{m}$$

②放样方法

需用 50m 的钢尺进行放样。放样时，先将钢尺拉开、放平；然后，将钢尺零点位置对照 A 点，以 A 点为圆心，以 D_{AP} 为半径在地上适当位置画圆弧；再将钢尺零点位置对照 B 点，以 B 点为圆心,以 D_{BP} 为半径在地上适当位置画圆弧,两圆弧之交点即为 P 点。

需要特别提醒的是:在放样时,应先画出草图,确定 A、B、P 三点之间的相对位置关系,别把 P 点位置放错了。如本例,P 点位于 AB 连线的北端,放样时应加倍小心,千万不要把 P 点放样到 AB 连线的南端。

③校核

最后丈量 P 点与其他放样点之间的水平距离与设计长度进行比较,其误差应在限差以内。

5.2.5 全站仪三维坐标法

全站仪的普及带来了施工放样的技术进步,大大简化了传统的施工测量方法,使现代施工测量方法变得灵活、方便、精度高、劳动强度小、工作效率高,并带来了施工测量的数字化、自动化和信息化。

全站仪用于施工测量除了精度高外,最大的优点在于能实施三维定位放样和测量,所以,三维直角坐标法和三维极坐标法已成为施工测量的常用方法,前者一般用于位置测定,后者用于定位放样。其实对于全站仪而言,实际测量值是距离、水平角度和天顶距,由于仪器自身具有自动计算和存储功能,可以通过计算获得所测点的坐标元素和极坐标元素,所以全站仪直角坐标法和全站仪极坐标法只是在概念上有区别,在现场施工测量中完全可以认为是同一种方法。本节统称为全站仪三维坐标法。

1)三维坐标测量方法

利用全站仪进行三维坐标测量是在预先输入测站数据后,便可直接测定目标点的三维坐标。测站数据包括测站坐标、仪器高、目标高和后视方位角。仪器高和目标高可用小钢尺等量取;坐标数据可以预先输入仪器或从预先存入的工作文件中调用;后视方位角可通过输入测站点和后视点坐标后照准后视点进行设置。在完成了测站数据的输入和后视方位角的设置后,通过距离测量和角度测量便可确定目标点的位置。

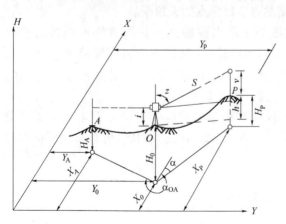

图5-12 三维坐标法测量示意图

如图 5-12 所示,O 为测站点,A 为后视点,P 点为待测点(目标点)。A 点的坐标为 X_A、Y_A、H_A,O 点的坐标为 X_O、Y_O、H_O,P 点的坐标为 X_P、Y_P、H_P。为此,根据第 4 章第 4.1.3 节坐标反算公式(4-1)先计算出 OA 边的坐标方位角(称后视方位角):

$$\alpha_{OA} = \arctan\frac{Y_A - Y_O}{X_A - X_O}$$

在测站点和后视点坐标输入到仪器之后,全站仪能自动进行这项计算。在瞄准后视点后,通过键盘操作,能将水平度盘读数自动设置为计算出的该方向的坐标方位角,即 X 方向的水平度盘读数为 0°。此时,仪器的水平度盘读数就与坐标方位角相一致。当用仪器瞄准 P 点,显示的水平读数就是测站 O 点至目标 P 点的坐标方位角 α_{OP},仪器会按下列公式自动算出 P

点的坐标。目标点 P 三维坐标测量的计算公式为：

$$X_P = X_0 + S \cdot \sin z \cdot \cos \alpha$$

$$Y_P = Y_0 + S \cdot \sin z \cdot \sin \alpha$$

$$H_P = H_0 + S \cos z + \frac{1-K}{2R}(S \cdot \sin z)^2 + i - v$$

式中：S——测站点至目标点的斜距；

z——测站点至目标点的天顶距；

α——测站点至目标点的坐标方位角（即水平读数）；

i——仪器高；

v——目标高（棱镜高）；

K——大气垂直折光系数；

R——地球半径。

实际上，这些计算通过操作键盘可直接由仪器完成从而得到目标点坐标，并可将目标点坐标显示在仪器的屏幕上。测量完毕后，可将观测数据和坐标计算结果都存储于所选的工作文件中。

2）三维极坐标放样方法

首先输入测站数据（测站点坐标、仪器高、目标高和后视点坐标），后视方位角可通过输入测站点和后视点坐标后照准后视点进行设置。然后，输入放样点的点号及其二维或三维坐标。

实地放样时，当仪器后视定向后，只要选定该放样点的点号，仪器便会自动计算出该点的二维或三维极坐标法放样数据（α, S）或（α, S, z）。α 为测站点与放样点之间的方位角（即水平读数），S 为测站点与放样点之间的斜距，z 为测站点至目标点的天顶距。

全站仪瞄准任意位置的棱镜测量后，仪器会显示出该棱镜位置与放样点位置的差值（$\triangle \alpha$、$\triangle S$、$\triangle z$），然后再根据这些差值而指挥移动棱镜，全站仪不断跟踪棱镜测量（注：仪器要设置为"跟踪测量"状态），直至 $\triangle \alpha = 0$、$\triangle S = 0$、$\triangle z = 0$，即可标定出放样点的空间位置。

日本 Sokkia 公司生产的 SET2000 型全站仪三维极坐标放样过程可参看本书第 9 章第 9.4.3 节。其他型号全站仪的三维极坐标放样过程与 SET2000 基本相同，可查阅仪器操作说明书。

5.3 已知直线的测设

直线放样是应用最广泛的一种放样工作，是公路、桥梁、隧道等线型工程中的主要放样工作。设地面已有 A、B 两点，所谓放样直线就是在这两点之间或延长线上放样一些点，使它们位于 AB 直线上。直线放样的原理比较简单，就是利用了光线沿直线传播的原理。

5.3.1 直接法

直接法放线根据精度要求不同，又有目估法和经纬仪放线法两种方法。

1）在两点间放线

如图 5-13 所示，设 A、B 两点相互通视，要在 A、B 两点间的直线上放出 1、2 等点。其步骤为:在 A、B 两点上树立标杆,甲站在 A 点标杆后约 1~2m 处,指挥乙左右移动标杆,直到甲从 A 点沿标杆同一侧看到 A、2、B 三根标杆在一条直线上为止。两点间放线一般应由远到近,同时为不挡住视线,甲、乙应站到直线的异侧。

2) 过山谷放线

如图 5-14 所示,在 A、B 两点上树立标杆。甲位于 A 点处,根据 AB 方向指挥乙在 1 点处插上标杆;乙再立于 B 点处,根据 BA 方向指挥甲在 2 点处插上标杆;再根据 1、2 两点按上述方法继续放点,直到谷底为止。也可以用 $A2$、$B1$ 延长线定出 3 点。

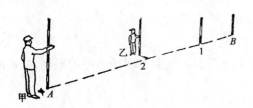
图5-13 通视时两点放线

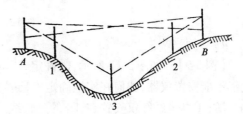
图5-14 过山谷放线

3) 过山头放线

设 A、B 两点在山头两侧不通视,如图 5-15 所示。放线时,甲持标杆位于 C_1 点,使该点尽量靠近 AB 方向线和 A 点,又能看见 B 点的地方;甲根据 C_1B 方向指挥乙定 D_1 点,使该点尽量靠近 B 点又能看见 A 点,然后乙根据 D_1A 方向指挥甲定 C_2 点;如此互相指挥移动,直至甲认为 C、D、B 标杆重合,乙认为 D、C、A 标杆重合时,则 A、B、C、D 即在同一直线上。

5.3.2 正倒镜投点法

1) 基本概念

利用经纬仪或全站仪提供的视线进行直线投点的方法。

2) 适用条件

在进行直线投点时,一般是把仪器安置在直线一端,瞄准相应的另一端点,进行放线投点。若直线两端点之间不通视时,则可将仪器置于两端点之间的高处位置,运用正倒镜投点法进行投点。

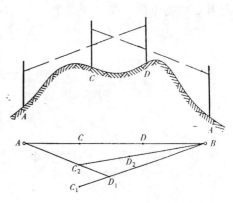
图5-15 过山头放线

3) 图示说明

如图 5-16 所示,A、C 两点互不通视,需在 A、C 间定出 B 点位置。具体操作过程:

① 将经纬仪安置在 AC 直线的近旁 B' 点上。
② 分别用正倒镜(盘左、盘右)后视 A 点,倒镜定出 C_1 点和 C_2 点。
③ 取 C_1C_2 的中点定出 C_m 点;量取 CC_m,按下式求取 $B'B$:

$$B'B = \frac{AB}{AC}CC_m$$

④ 工作中,尽量使 B' 点与 A、C 两端点等距。当用一个镜位(如盘左)投点刚好落在 C 点时,仍须用第二镜位(如盘右)进行投点检验,以消除或减仪器视准轴误差和横轴不水平误差的影响。

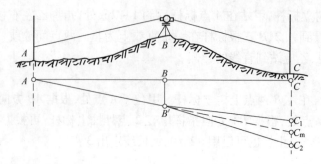

图 5-16 正倒镜投点法

4)举例

【例 5-9】 如图 5-17 所示,需确定 AB 延长线上的 C 点。但由于现场条件的限制,A、B 两点都不能安置仪器,如何在实地确定 C 点位置。

解:①可将经纬仪安置在 AB 的延长线近旁 C' 点上。

②分别用正倒镜(盘左和盘右)瞄准 A 点,观察 B 点是否落在视准线上。取两镜位的中数定出 B' 点的位置。

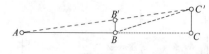

图 5-17 延长线上的投点定线

③量取 BB',按相似三角形计算出 CC'。

④根据 CC' 值,定出 C 点位置,则 C 点就位于 AB 的延长线上。

⑤实际工作中往往要进行多次,逐渐趋近,直至 C 点位于 AB 的延长线上为止。

5.4 已知坡度线的测设

5.4.1 概述

1)基本概念

坡度线的测设是根据附近水准点的高程、设计坡度和坡度端点的设计高程,用水准测量的方法将坡度线上各点的设计高程标定在地面上。在道路施工、平整场地及铺设管道等工程中,经常需要在地面上测设设计坡度线。

2)测设方法

测设方法有:

(1)水平视线法;

(2)倾斜视线法。

5.4.2 水平视线法

1)图示说明

水平视线法是采用水准仪来测设的。

如图 5-18 所示,A、B 为设计坡度线的两端点,其设计高程均已知,同时,AB 两点间平距 D 和设计坡度 i_{AB} 也已知。为使施工方便,要在 AB 方向

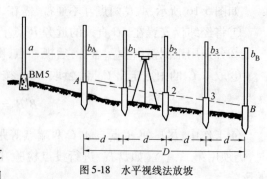

图 5-18 水平视线法放坡

上每隔距离 d 定一木桩,要在每个木桩上标线,目的是使所有木桩标线的连线为设计坡度线。

2)举例

【例5-10】 如图5-18所示,已知水准点 BM5 的高程为 $H_5 = 10.283\text{m}$,设计坡度线两端点 A、B 的设计高程分别为 $H_A = 9.800\text{m}$,$H_B = 8.840\text{m}$,AB 两点间平距 $D = 80\text{m}$,AB 设计坡度为 $i_{AB} = -1.2\%$。为使施工方便,要在 AB 方向上,每隔距离20m定一木桩,试在各木桩上标定出坡度线。

解:施测方法如下:

①沿 AB 方向,用钢尺定出间距为 $d = 20\text{m}$ 的中间点1、2、3的位置,并打下木桩。

②计算各桩点的设计高程:

第1点的设计高程
$$H_1 = H_A + i_{AB} \cdot d = 9.560\text{m}$$

第2点的设计高程
$$H_2 = H_1 + i_{AB} \cdot d = 9.320\text{m}$$

第3点的设计高程
$$H_3 = H_2 + i_{AB} \cdot d = 9.080\text{m}$$

B 点的设计高程
$$H_B = H_3 + i_{AB} \cdot d = 8.840\text{m}$$

或
$$H_B = H_A + i_{AB} \cdot D = 8.840\text{m}(检核)$$

注意:坡度 i 有正有负,计算设计高程时,坡度应连同其符号一并运算。

③安置水准仪于水准点 BM5 附近,设后视读数 $a = 0855\text{m}$,则可计算仪器视线高程:
$$H_i = H_5 + a = 11.138\text{m}$$

④然后根据各点设计高程计算测设各点的应读前视尺读数:
$$b_j = H_i - H_j$$

依次计算得:$b_A = 1.338\text{m}$,$b_1 = 1.578\text{m}$,$b_2 = 1.818\text{m}$,$b_3 = 2.058\text{m}$,$b_B = 2.298\text{m}$。

⑤水准尺分别贴靠在各木桩的侧面,上、下移动水准尺,直至尺读数为 b_j 时,便可沿水准尺底面画一横线,各横线连线即为 AB 设计坡度线。

5.4.3 倾斜视线法

1)图示说明

倾斜视线法测设坡度线一般是用经纬仪,坡度不大时也可采用水准仪。

如图5-19所示,A、B 为坡度线的两端点,其水平距离为 D,A 点的高程为 H_A,要沿 AB 方向测设一条坡度为 i_{AB} 的坡度线。

2)方法思路

下面介绍用水准仪来测设坡度线的倾斜视线法的思路。

(1)先根据 A 点的高程、坡度 i_{AB} 及 A、B 两点间的水平距离计算出 B 点的设计高程。

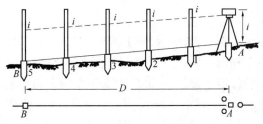

图5-19 倾斜视线法放坡

（2）再按测设已知高程的方法，将 A、B 两点的高程测设在地面的木桩上。

（3）然后将水准仪安置在 A 点上，使基座上一个脚螺旋在 AB 方向上，其余两个脚螺旋的连线与 AB 方向垂直，量取仪器高 i，再转动 AB 方向上的脚螺旋和微倾螺旋，使十字丝中横丝对准 B 点水准尺上的读数等于仪器高 i，此时，仪器的视线与设计坡度视线与设计坡度线平行。

（4）在 AB 方向的中间各点 1、2、3、……的木桩侧面立尺，上、下移动水准尺，直至尺上读数等于仪器高 i 时，沿尺子底面在木桩上一红线，则各桩红线的连线就是设计坡度线。

注意：如果设计坡度较大，超出水准仪脚螺旋所能调节的范围，则要用经纬仪测设，其方法相同。

5.5 铅垂线测设

建造高层建筑、电视发射塔、斜拉桥索塔等高耸建筑物和竖井等深入地下的建筑物时，需要测设以铅垂线为基准的点和线，称为"垂准线"。测设垂准线的测量作业称为"垂直投影"。建筑物的上下高差越大，垂直投影的精度要求也越高。

1）悬挂垂球法

最原始和简便的垂直投影方法是用细绳悬挂垂球，例如用于测量仪器向地面点的对中、检验墙面和柱子的垂直偏差等，这种垂直投影的相对精度大约为 1/1000。将垂球加重，绳子减细，可以提高用垂球进行垂直投影的精度。例如，传统上用于建造高层房屋、烟囱、竖井等工程时，用直径不大于 1mm 的钢丝悬挂 10～15kg 的大垂球，垂球浸于油桶中，以阻尼其摆动，其垂直投影德尔相对精度可达 1/20000 以上。但悬挂大垂球的方法操作费力，并且容易受风力和气流等干扰而产生偏差。

2）经纬仪垂直投影法

在垂直投影的高度不大并且有开阔的场地时，可以用两台经纬仪或全站仪（也可以用一台仪器两次安置），在两个大致相互垂直的方向上，利用置平仪器后的视准轴上下转动为一铅垂平面，两铅垂平面相交而测设铅垂线。如图 5-20 所示，安置于 A、B 两点的经纬仪均瞄准 C 点后，制动照准部，则视准轴上下转动形成铅垂面，相交于通过 C 点的铅垂线上的点，如 C_1、C_2 等。这是建筑施工中常用的点的垂直投影方法。

用经纬仪或全站仪作点的垂直投影，望远镜需要瞄准较高的目标时，仪器应配置直角目镜（又称弯管目镜）。图 5-21 所示为全站仪安装弯管目镜。弯管目镜能使望远镜的视准轴转折 90°。安装时，先将原有目镜按逆时针方向旋下，然后旋上弯管目镜。装上弯管目镜后的经纬仪或全站仪，不但可以瞄准仰角或俯角很大的目标，并且可以直接瞄准位于天顶的目标，作垂直投影。

3）垂准仪法

测设铅垂线的专用仪器为垂准仪，又称天顶仪。图 5-22 所示为 PD_3 型垂准仪及其垂直剖面示意图。它有两个上下装置的望远镜，便于向上和向下做垂直投影；在望远镜光路中安装直角棱镜，使上、下目镜及十字丝分划板位于水平位置，便于观测；在基座上安装有两个相互垂直的水准管，用于置平仪器，使视准轴位于铅垂线方向。PD_3 垂准仪垂直投影的相对精度为 1/40000，同样精度的垂准仪有 DZJ_3 型等。最高精度的垂准仪（如 Wild—ZL 型、Wild—NL 型）的垂直投影精度可达 1/200000，用于大型精密工程的施工和变形观测。安装弯管目镜的经纬仪或全站仪,由于可以瞄准天顶的目标,因此也具有垂准仪的功用。

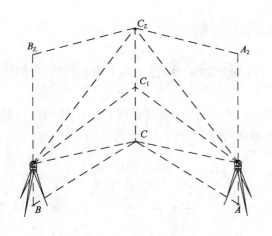

图 5-20 用经纬仪作垂直投影

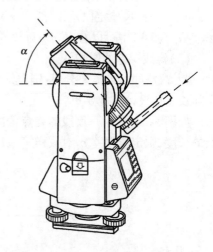

图 5-21 安装弯管目镜的全站仪

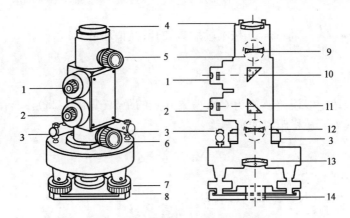

图 5-22 PD$_3$型垂准仪及其剖面示意图

1-上目镜;2-下目镜;3-水准管;4-上物镜;5-上物镜调焦螺旋;6-下物镜调焦螺旋;7-脚螺旋;8-底板;9-上调焦透镜;10-上直角棱镜;11-下直角棱镜;12-下调焦透镜;13-下物镜;14-连接螺旋孔及向下瞄准孔

5.6 测设精度分析

5.6.1 距离放样的精度分析

1)钢尺放样距离的精度

用钢尺放样距离,其误差主要有尺长检定误差、定线误差、拉力误差、温度改正误差、倾斜误差、钢尺读数误差、测段标记及端点标定误差等。

(1)钢尺检定误差的影响 $\Delta_{检}$

设钢尺存在检定误差 $m_{\Delta l}$,则其对放样距离的影响为:

$$\Delta_{检} = \frac{m_{\Delta l}}{l_0} \cdot D_{设} \tag{5-1}$$

式中: l_0——钢尺尺长;

$D_{设}$——设计测设距离；

$m_{\Delta l}$——钢尺检定误差，一般在 ±5mm 以内。

从式(5-1)中可以看出，$m_{\Delta l}$ 对放样距离的影响与距离成正比。

(2) 定线误差的影响 $\Delta_{定}$

距离放样时，若需要分段，则定线的偏差将使欲测设的直线段实际上变成折线，故测设的实际长度比设计长度要短。

如图 5-23，设第一尺段的终点偏离直线的距离为 ε_1，l'_1 为放样折线长度，l_1 为归算到直线上的长度，则定线误差 ε_1 对放样第一尺段的影响 $\Delta_{定}$ 为：

$$\Delta_{定1} = l'_1 - l_1$$

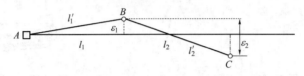

图 5-23 定线误差的影响

而 $l_1 = l'_1 \cdot \cos\dfrac{\varepsilon_1}{l_1}$，将 $\cos\dfrac{\varepsilon_1}{l_1}$ 按泰勒级数展开，经整理可得：

$$\Delta_{定1} = \dfrac{\varepsilon_1^2}{2l_1}$$

注意：第二尺段定线误差 ε_2 应为 C 点偏离 B 点的距离（见图 5-23）。若待设距离分为 n 尺段放样，则定线误差对放样距离的影响为：

$$\Delta_{定} = \sum_{i=1}^{n}\Delta_{定i}$$

(3) 拉力误差的影响 $m_{拉}$

拉力误差对放样一尺段距离的影响为：

$$m_{拉1} = \dfrac{\Delta p}{A \cdot E} \cdot l$$

式中：Δp——拉力误差(kg)；

A——钢尺的横截面积(cm^2)；

E——钢尺的弹性系数(kg/cm^2)；

l——钢尺尺段(m)。

若放样 n 尺段，则总影响为：

$$m_{拉} = m_{拉1} \cdot \sqrt{n}$$

(4) 温度误差的影响 $m_{温}$

温度测定误差 m_t 对放样距离 $D_{设}$ 的影响为：

$$m_{温} = \alpha \cdot D_{设} \cdot m_t$$

式中：α——钢尺热膨胀系数。

(5) 测定高差的误差对放样距离的影响 $m_{斜}$

沿倾斜地面放样距离时，一般可根据尺段两端点间高差(h_1)计算该尺段距离的倾斜改正数。则高差 h_1 的测量误差 m_h 对放样一尺段距离的影响为：

$$m_{斜1} = \dfrac{h_1}{l} \cdot m_h$$

对于分 n 尺段放样的距离,若各段高差变化不大,则测定高差误差对总距离的影响为:

$$m_{斜} = m_{斜1} \cdot \sqrt{n}$$

(6)钢尺读数误差的影响 $m_{读}$

设每次读数误差为 $m_{读1}$,每段距离为两端点读数之差,因此,每尺段读数误差影响为:

$$m_{读1} \cdot \sqrt{2}$$

若分 n 段测设距离,则读数误差的总影响为:

$$m_{读} = m_{读1} \cdot \sqrt{2n}$$

(7)尺段标记及端点标定误差影响 $m_{标}$

设标定误差为 $m_{标1}$,它的大小随方法不同而异,一般为 ±0.5 ~ ±4mm。当放样距离有 n 个尺段,则标定误差对所测设距离的总影响为:

$$m_{标} = m_{标1} \cdot \sqrt{n}$$

综合上述各项误差,对分 n 尺段进行放样的距离 D,所产生的总影响为:

$$m_D = \sqrt{\Delta_{检}^2 + \Delta_{定}^2 + m_{拉}^2 + m_{温}^2 + m_{斜}^2 + m_{读}^2 + m_{标}^2} \tag{5-2}$$

从以上分析可以看出,用钢尺进行距离测设,费时费力,且影响测设精度的因素很多,测设精度不高。目前,多采用光电测距仪来测设距离。

2)光电测距仪放样距离的精度

光电测距仪放样距离的误差包括仪器误差和观测误差两部分。

(1)仪器误差对放样距离的影响

仪器误差有:载波相位差 $\Delta\phi$ 的测定误差、真空中光速测定误差、调制频率误差、周期误差等。经仔细分析,部分仪器误差对距离测量(或放样)的影响与所测距离成正比,称这部分误差为比例误差;而另外一部分仪器误差对距离测量(或放样)的影响与距离无关,称这部分误差为固定误差,写成公式为:

$$m_{仪} = \pm(a + b \cdot D) \tag{5-3}$$

式中:a——固定误差;

b——比例误差;

D——测设距离。

例如,日本索佳公司生产的光电测距仪 RED mini2,仪器的标称精度为 ±(5mm + 5 × $10^{-6}D$)。若用该仪器测设距离 200m,则仪器误差的影响为:$m_{仪} = \pm(5\text{mm} + 5 \times 10^{-6} \times 200 \times 1000\text{mm}) = \pm 6\text{mm}$。

对于精密放样距离,在放样前,必须对仪器认真检定,对出厂时的标称精度加以检核。测定仪器综合精度的方法请参阅有关书籍或查阅仪器操作说明书。

(2)观测误差对放样距离的影响

观测误差主要包括:仪器及棱镜的对中误差、外界条件影响引起的误差、由竖直角误差引起的倾斜改正误差等。

①对中误差对放样距离的影响 $m_{中}$

一般而言,采用垂球对中,对中误差不大于 ±3mm;采用光学对中器对中,其对中误差不大于 ±1mm;采用对中杆对中时,其对中误差为 ±0.5 ~ 1mm;当采用强制归心的观测方法对中时,可认为此项误差为零。

②外界条件影响引起的误差对放样距离的影响 $m_{外}$

当外界条件发生变化时,导致所测定的气象元素(如温度 t、湿度 e 和气压 p)发生变化,由此将使气象改正数带有误差。

为了使外界条件的影响对放样距离的影响最小,在距离放样中应采取以下措施:一是要在测站处和棱镜处同时测定温度、气压和湿度等元素,然后取平均值,再进行气象改正数的计算;二是选择最有利的天气和时间进行观测。实践证明:阴天多云且略有风的天气,或日出前后和日落前后一段时间,对光电测距仪测设距离是最有利的。

③由竖直角误差引起的倾斜改正误差 $m_{斜}$

设测设距离为 $D_{设}$,竖直角为 α,则利用光电测距仪实际应放样出倾斜距离 $D_{斜}$ 为:

$$D_{斜} = \frac{D_{设}}{\cos\alpha}$$

设竖直角的测量误差为 m_α,对上式应用误差传播定律,经整理得:

$$m_{斜} = \left(\frac{D_{设}}{\cos\alpha} \cdot \tan\alpha\right) \cdot \frac{m_\alpha}{\rho} \tag{5-4}$$

综上所述,用光电测距仪放样距离时,各误差对放样距离所产生的影响为:

$$m_D = \sqrt{m_{仪}^2 + m_{中}^2 + m_{外}^2 + m_{斜}^2} \tag{5-5}$$

5.6.2 归化法放样角度的精度分析

1)计算公式

由图 5-4 可知:$\Delta\beta = \beta - \beta'$,按 $\Delta\beta$ 和 D 计算归化量 ε:

$$\varepsilon = CC_0 = D \cdot \frac{\Delta\beta}{\rho} \tag{5-6}$$

式中:$\rho = 206265''$。

顾及式(5-6),测设角 β 可写成:

$$\beta = \beta' + \Delta\beta = \beta' + \frac{\varepsilon}{D} \cdot \rho \tag{5-7}$$

2)测设精度分析

由式(5-7)可知,归化法放样角度 β 的精度与下列三个因素有关:①角度 β' 的测量误差 $m_{\beta'}$;②归化距离 ε 的测设误差 m_ε;③AC 边距离 D 的测量误差 m_D。

将式(5-7)全微分:$d\beta = d\beta' + \frac{\rho}{D} \cdot d\varepsilon - \frac{\varepsilon}{D^2} \cdot \rho \cdot dD$,根据误差传播定律有:

$$m_\beta = \pm\sqrt{m_{\beta'}^2 + \left(\frac{\rho}{D}\right)^2 \cdot m_\varepsilon^2 + \left(\frac{\varepsilon}{D^2} \cdot \rho\right)^2 \cdot m_D^2} \tag{5-8}$$

3)举例

【例 5-11】 设 AC 边距离 $D = 100\text{m}$,$m_D = \pm 20\text{mm}$,归化距离 $\varepsilon = 20\text{mm}$,$m_\varepsilon = \pm 1\text{mm}$,角度 β' 的测量精度 $m_{\beta'} = \pm 10''$,求角度 β 的测设精度。

解:将上述已知值代入式(5-8)可得:

$$m_\beta = \pm\sqrt{100 + 4.25 + 6.8 \times 10^{-5}} = \pm 10.2''$$

由此可以看出,归化法放样角度的精度,主要取决于 β' 的测定精度 $m_{\beta'}$,其次为归化距离 ε 的测设误差 m_ε,而距离 D 的测量误差 m_D 对测设角度 β 的影响可以忽略不计。

5.6.3 极坐标法测设点位的精度分析

用极坐标法放样点位,影响放样点精度的误差主要有:放样角度的误差、放样距离的误差、仪器对中误差、点位标定误差和控制点点位误差等。这里主要讨论前面两项误差对放样点位的影响。

1) 放样角度的误差对放样点位的影响

如图 5-24,设 A、B 为已知点,P 点为待定点的正确位置,AP 的距离为 b。由于放样 β 角的误差 $\Delta\beta$,使点位从 P 点偏移到 P'。由 $\Delta\beta$ 产生的偏移量 PP' 称为横向位移,用 Δu 表示,则有:

$$\Delta u = \frac{\Delta\beta''}{\rho''} \cdot b \tag{5-9}$$

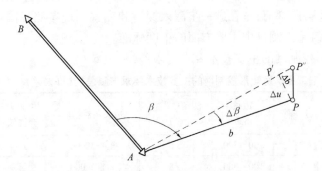

图 5-24 极坐标法放样点位的误差

2) 放样距离的误差对放样点的影响

如图 5-24,由于放样距离 b 的误差 Δb 使点位从 P' 又移到了 P''。由 Δb 产生的偏移是 $P'P''$ 称为纵向位移,其值即为 Δb。

由于 $\Delta\beta$ 和 Δb 的综合影响使点位由 P 点偏移到 P''。角度误差和距离误差都是独立的,若将两者对点位的综合影响转化为中误差形式,则有:

$$m_P = \pm\sqrt{m_b^2 + m_u^2} = \pm\sqrt{m_b^2 + \left(\frac{m_\beta}{\rho}\right)^2 \cdot b^2} \tag{5-10}$$

3) 举例

【例 5-12】 如图 5-24,用极坐标法放样 P 点。已知 P 点的测设数据为:$\beta = 109°45'06''$,$D = 156.125\text{m}$。现准备用 SET2000 全站仪来放样,已知该仪器的测角标称精度为 $\pm 2''$,测距标称精度为 $\pm(3\text{mm} + 2 \times 10^{-6}D)$,不顾及其他误差的影响,试估算 P 点的测设精度。

解: 对照图 5-24,依题意知,$m_\beta = \pm 2''$,$\rho = 206265''$,$b = 156125\text{mm}$。

$$m_b = \pm(3\text{mm} + 2 \times 10^{-6} \times 156125\text{mm}) = \pm 3.3\text{mm}$$

将以上数据代入式(5-10)得:

$$m_P = \pm 3.6\text{mm}$$

第二篇 建筑工程施工测量

6 工业建筑施工测量

6.1 工业建筑施工测量的精度标准

工业建筑施工测量的精度标准问题是一个十分重要的基本问题,近年来国内外的设计、施工和测量有关单位及科研部门,正在进一步深入探讨和完善。现参照我国目前的施工测量有关规范,列出工业建筑施工测量中主要方面的精度标准。

1)工业厂房矩形控制网的主要技术要求与限差(见表6-1)

工业厂房矩形控制网的主要技术要求与限差(允许误差)   表6-1

等级	类别	厂房类别	边长(m)	测角中误差(″)	边长相对精度	主轴线交角的允许偏差(″)	矩形角允许偏差(″)
I	田字形网	大型	100~300	±5	≤1/30000	±3~±5	±5
II	单一矩形网	中、小型	100~300	±8	≤1/20000	—	±7~±10

2)基础中心线及标高测设的限差(见表6-2)

基础中心线及标高测设的限差(mm)   表6-2

测量内容	基础定位	垫层面	模板	螺栓
中心线端点测设	±5	±2	±1	±1
中心线投点	±10	±5	±3	±2
标高测设	±10	±5	±3	±3

注:测设螺栓及模板标高时,应考虑预留高度。

3)基础中心线及标高的竣工测量限差

根据厂房内、外控制点测设基础中心线的端点,其测量限差为±1mm。基础中心线及标高的竣工测量限差见表6-3。

基础中心线及标高的竣工测量限差(允许误差)   表6-3

测量内容		测量限差(mm)
基础中心线竣工测量	连续生产线上设备基础	±2
	预埋螺栓基础	±2
	预留螺栓孔基础	±3
	基础杯口	±3
	烟囱、烟道、沟槽	±5

续上表

测量内容		测量限差
基础标高竣工测量	杯口底标高	±3
	钢柱、设备基础面标高	±2
	地脚螺栓标高	±3
	工业炉基础面标高	±3

4) 工业厂房结构安装测量的精度标准(见表6-4)

工业厂房结构安装测量的限差(允许误差)　　表6-4

测量内容		测量限差(mm)
柱子安装测量	钢柱垫板标高	±2
	钢柱±0标高检查	±2
	预制钢筋混凝土柱±0标高检查	±3
	混凝土柱、钢柱垂直度	±3
吊车梁安装测量 (钢梁、混凝土梁)	吊车梁中心线投点(牛腿上)	±3
	安装后梁面垫板标高	±2
	梁间距	±3
吊车轨道安装测量	轨道跨距丈量	±2
	轨道中心线(加密点)投点	±2
	轨道安装标高	±2

注:H-柱子高度(mm)。当柱高$H \leqslant 10$m时,限差为±10mm;当柱高$H > 10$m时,限差为$H/1000$,且≤±20mm。

5) 构件预装测量的限差(见表6-5)

构件预装测量的限差(允许误差)　　表6-5

测量内容	测量限差(mm)	测量内容	测量限差(mm)
平台面抄平	±1	预装过程中抄平工作	±2
纵、横中心线的正交度	$±0.8\sqrt{L}$		

注:L-自交点起算的横向中心线长度(m),不足5m时,以5m计。

6) 管道施工测量的限差(见表6-6)

管道施工测量的限差(允许误差)　　表6-6

测量内容		测量限差(mm)
架空管道中心线(桩)投测		±3
开槽管道或模板中心线的定位		±5
管道标高的测量 (开槽与架空管道)	自流管(下水道)	±3
	气体压力管	±5
	液体压力管	±10
	电缆地沟	±10
	地槽(挖土与垫层)	±10

6.2 厂房基础施工测量

6.2.1 工业厂房控制网的测设

工业厂房一般都应建立厂房矩形控制网作为厂房施工放样的依据,其建立形式一般有下列两种:单一的厂房矩形控制网和主轴线组成的矩形控制网。前者一般适用于中、小型厂房,后者适用于大型厂房或系统工程。

根据厂区施工控制网(建筑方格网)测设厂房矩形控制网,如图6-1所示,A、B、C、D、E、F、G、……L为厂区建筑方格网点,其坐标已精确测定;P、Q、R、S等四点为厂房矩形控制网的控制点,其设计坐标可由设计图上得知;1、2、3、4等四点为厂房的房角点,其坐标也可从设计图上查取。根据设计图布设的厂房矩形网的控制点与邻近建筑方格网的控制点之间的关系,可以计算出相应的放样数据(详见本书第5章第5.2.1节),使用经纬仪与测距仪(或钢尺)用直角坐标法在实地测出P、Q、R、S的平面位置,并用大木桩标定之。最后,应检查实地四边形$PQRS$的四个内角是否等于$90°$,四条边长是否等于其相应的设计长度。其主要技术要求参见表6-1,适用于中、小型厂房。

对于有些小型厂房,也可采用本书第7章民用建筑的测设方法,直接测设厂房的四个房角点;然后,将轴线投测至轴线控制桩或龙门板上。

对于大型或设备复杂的工业厂房,应先根据厂区建筑方格网或其他控制网测设厂房控制网的主轴线,再根据主轴线测设厂房矩形控制网,构成由主轴线组成的矩形控制网。图6-2所示为田字形的厂房矩形控制网。图中,AOB与COD为长、短主轴线,可根据厂区施工控制网(建筑方格网)定出主轴线;E、F、G、H等四点为厂房矩形控制网点,可根据测设的主轴线上A、B、C、D及O点用测设直角交会定出。然后,精密丈量AH、AE、BG、……各段距离,其精度要求与主轴线相同,详参见表6-1中有关规定。如误差在要求以内,应按照轴线法中所述方法予以调整(本书第4章第4.2.1节),使之符合设计要求。

为了便于以后进行厂房细部的施工放线,在测定矩形网各边长时,应按施测方案确定的位置与间距测设距离指示桩,如图6-2所示。距离指示桩的间距一般等于厂房柱子间距的整倍数,使距离指示桩位于厂房柱行列线或主要设备中心线方向上。在距离指示桩上直线投点的允许偏差为$±5mm$。

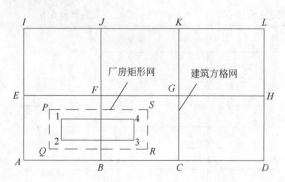

图6-1 用建筑方格网测设厂房矩形网点

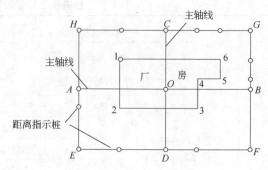

图6-2 主轴线组成的矩形控制网

6.2.2 混凝土杯形基础施工测量

1）柱基础定位

图 6-3 为厂房柱基定位略图。首先根据厂房矩形控制网控制点,按照厂房柱基平面图和基础大样图有关尺寸,在厂房矩形网各边上测定基础中心线与厂房矩形网各边的交点,称为轴线控制桩(端点桩)。测定的方法是:根据矩形控制网各边上的距离指示桩,以内分法测设(距离闭合差应进行配赋)。然后用两台经纬仪分别安置在相应轴线控制桩上,瞄准相对应的轴线桩,交出柱基中心位置。例如,图 6-3 中,$A—A'$ 轴线的轴线控制桩为 A、A',$2—2'$ 轴线的轴线控制桩为 2、$2'$,将两台经纬仪分别安置在轴线控制桩 A 点和 2 点上,对中与整平仪器,瞄准相应轴线控制桩 A' 和 $2'$,两方向交点即为 2 号柱基的中心位置。

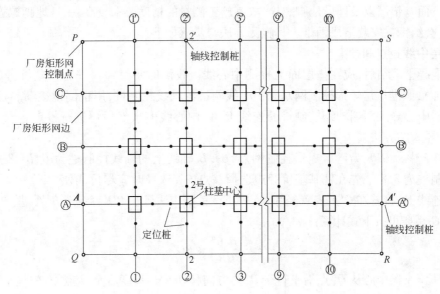

图 6-3 工业厂房柱基定位略图

再按照基础图,进行柱基放线,用灰线把基坑开挖边线在实地标出。在开挖边线外约 0.5～1.0m 处方向线上打入四个定位桩,钉以小钉子标出柱基中线方向,供修坑立模之用。

在进行柱基定位测量时,有时一个厂房的柱基类型不一、尺寸各异,有时定位轴线不一定都是柱基础中心线,因此测设时应特别注意。

依此方法,测设出厂房全部柱基。

2）基坑抄平

当基坑快要挖到设计高程时(一般离设计高程 0.3～0.5m),应在基坑的四壁或坑底边沿和中央设置若干个水平桩,使用水准仪在水平桩上引测同一高程值的标高线,作为基坑修坡和清底的高程依据。

此外,还应在基坑内测设出垫层的高程,即在坑底打下几个小木桩,使木桩顶面恰好位于垫层的设计高程上。

3）基础模板定位

打好垫层以后,根据坑边定位桩,用拉线的方法,吊垂球把柱基定位线投到垫层上,并弹墨线标明,用红漆画出标志,作为柱基立模板和布置基础钢筋网的依据。立模时,将模板底线对准垫层上的定位线,并用垂球检查模板是否竖直。然后用水准仪将柱基顶面设计高程测设在模板内壁。在立杯底模板时,应注意使实际浇出来的杯底顶面比原设计的高程略低 3~5cm,以便于拆模后填高修平杯底。

4)杯口中线投点与抄平

在柱基拆模后,根据厂房矩形控制网的轴线控制桩,用经纬仪正倒镜取中法将柱中线投到杯口顶面,并绘标志标明,以便吊装柱子时使用。再用水准仪在杯口内壁定出 ±0.000 标高线,并画出"▼"标志,以此线控制杯底标高,如图 6-4 所示。

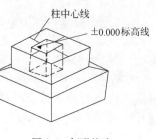

图 6-4 杯形基础

6.2.3 钢柱基础施工测量

钢柱基础定位和基坑底层抄平方法与混凝土杯形基础相同,但由于钢柱基础的基坑较深,而且基础下面有垫层以及埋设地脚螺栓,故其施工测量的精度要求较高,一旦地脚螺栓的位置偏离超限,会给钢柱安装造成困难。其施测方法与步骤如下:

1)垫层中线投点和抄平

垫层混凝土凝结后,应在垫层面上投测中心线。投测时将经纬仪安置在基坑旁(以能看到坑底为准),照准厂房矩形控制网基础中心线两端的轴线控制桩,用正倒镜逐渐趋近法。将经纬仪仪器中心导入两端轴线控制桩的连线上(即中心线上),然后再进行投点。现以图 6-5 为例,简介导入的方法。

在图 6-5 中,$PQRS$ 为厂房矩形控制网点,$B—B'$ 轴线上的轴线控制桩为 B、B',$8—8'$ 轴线的轴线控制桩为 8、$8'$。先在柱基基坑旁边选择一点 O',选择时应尽可能使 O' 位于 B、B' 轴线控制桩的连线上,接着在 O' 点安置经纬仪,用正倒镜取中法延长 BO' 直线至 B'' 处,量取 $B'B''$ 距离。则 $O'O$ 距离可按下式计算:

$$O'O = \frac{B'B''}{BB'} \times BO' \tag{6-1}$$

将经纬仪仪器中心从 O' 点沿平行于 $B''B'$ 方向移动 $O'O$ 长度后至 O 点,对中整平后,仍用上法继续进行,直到仪器中心正好位于 B 与 B' 的连线上,即 BO 的延长线正好通过 B' 点为止。

根据垫层上的中线点弹出墨线,绘出地脚螺栓固定架的位置,以便下一步安置固定架并根据中线支立模板,如图 6-6 所示。

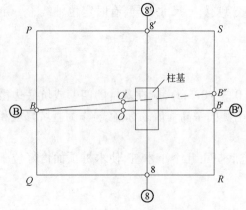

图 6-5 正倒镜延长直线逐渐趋近法

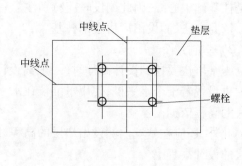

图 6-6 垫层放线与螺栓固定架位置

地脚螺栓固定架位置在垫层上绘出后,即测定固定架外框四角处的高程,以便于检查与修平垫层混凝土面,使其符合设计高程和便于安装固定架。如基础过深,可用水准仪吊钢尺法从地面引测基础底面高程。

2）安置地脚螺栓固定架

为保证地脚螺栓的正确位置,施工中常用型钢制成固定架用来固定螺栓,如图6-7所示。固定架要有足够的刚度,以防浇注混凝土过程中发生变形。固定架的内口尺寸应是螺栓的外边线,以便焊接螺栓。安置固定架时,把固定架上的中线用吊垂线的方法与垫层上的中线对齐,将固定架四角用钢板垫稳垫平,然后再将垫板、固定架、斜支撑与垫层中的预埋件焊牢。

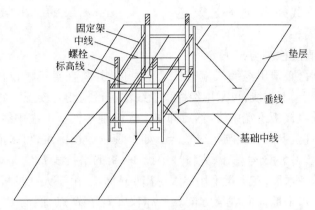

图6-7 地脚螺栓与固定架的安置

3）固定架高程测量

用水准仪在固定架四角的立角钢上,测定出基础顶面设计标高线(同一数值),并刻绘标志,作为安装螺栓和控制混凝土高程的依据。

4）安装地脚螺栓

在固定架上,对准已测定的立角钢上标高点,拉上一细钢丝,在螺栓上也画出同一高程的位置线,安装地脚螺栓时将螺栓上的标高位置线与固定架上的标高线对齐,待螺栓的距离、高度、垂直度校正好后,将螺栓与固定架上、下横梁焊牢。

5）检查校正

用经纬仪检查固定架中线,其投点误差(相对于控制桩)不应大于±2mm;用水准仪检查基础顶面标高线允许偏差为-5mm,施工时混凝土顶面可稍低于设计高程。地脚螺栓不宜低于设计高程,可允许偏高+5～+25mm,中心线位移允许偏差为5mm。

基础混凝土浇注完后,应立即对螺栓位置进行检查,发现问题及时处理。

为了节省钢材,有的基础采用木固定架。这种木架与模板连接在一起,并要有足够的刚度,在模板与木架支撑牢固后,即在其上投点放线。因木固定架稳定性较差,在浇注混凝土过程中应进行看守观测。

6.2.4 混凝土柱子基础与柱身及平台施工测量

当柱基础、柱身到上面每层平台采用现场捣制混凝土的方法进行施工时,配合施工要进行下列测量工作:

1）基础中线投点及高程的测设

当基础混凝土凝固拆模以后,根据厂房矩形控制网边上的轴线控制桩或定位桩,用经纬仪将中线投测到基础顶面上,弹出十字形中线供柱身支模及校正之用。有时基础中的预留钢筋恰好在中线上，投测时不通视，可采用借线法投测。如图6-8中，将经纬仪侧移安置在 a 点，先测出与柱中线相平行的 aa' 直线，然后再根据 aa' 直线恢复柱中线位置。

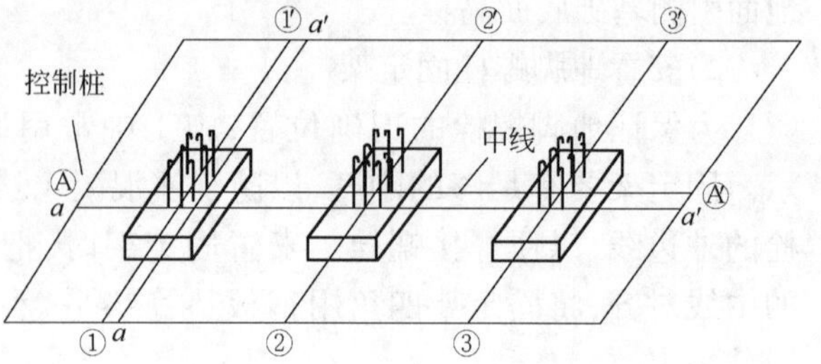

在基础露出的预留钢筋上用水准仪测设出某一标高线，作为柱身控制高程的依据。

每根柱除给出中线外，为便于支模，还应弹出柱的断面边线。

图6-8 现浇柱基础投线及高程测量

2) 柱身支模垂直度检测与校正

柱身模板支好后，必须用经纬仪检查柱子垂直度，并将柱身模板校正。如果现场通视较好，直接能看到柱身上、下中线，可采用经纬仪投线法进行检测与校正。如图6-9所示，经纬仪安置在 A 点，对准柱身模板下端中线，然后仰视望远镜观察模板上端中线，如上端中线偏离视线，校正上端模板，直至上端中线与视线重合。如果现场通视困难，可采用平行线投点法进行检测与校正，如图6-9中的3号柱子，先作柱中线 $A—A'$ 的平行线 BB'，平行线至柱中线的间距一般可取1m。另做一木尺，在木尺上用墨线标出1m标志，由一人在模板上端持木尺，把木尺零点端对齐柱中线，水平地伸向观测方向。经纬仪安置于 B 点，照准 B'，仰起望远镜观看木尺，若视线正好照准木尺上1m标志，表示模板在这个方向上垂直。如果木尺上1m标志偏离视线，则要校正模板上端，使木尺上1m标志与视线重合为止。垂直度检测应满足表6-4中的要求。有时由于现场通视困难，不能应用平行线投点法校正一整排或一整列柱子，则可先按上法校正好一排或一列中首末两根柱子，中间的其他柱子可根据柱行或列间的设计距离，丈量其长度加以校正。

需要注意的是，当再校正横轴方向时，原先检查校正好的纵轴方向是否又发生倾斜。

有时条件所限或柱身支模垂直度检校精度要求不高时，可采用吊线坠法进行校正，如图6-10所示。

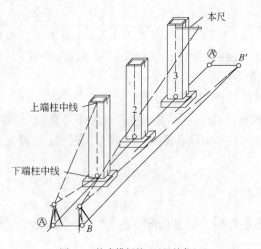

图6-9 柱身模板校正（经纬仪）

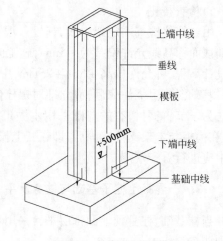

图6-10 吊线坠法校正模板

3) 柱顶及平台模板抄平

柱身模板垂直度校正好后，应选择不同行列的两三根柱子，从柱子下面已测设好的标高点,用钢尺沿柱身竖直向上量距,引测两三个同一高程的点于柱子上端模板上。然后在平台模板上安置水准仪,以上述引测至柱子上端模板上的任一标高点作后视,测定柱顶模板高程,并闭合于柱子上端模板上另一标高点,以作校核。

平台模板支好后,必须用水准仪检查平台模板的高程及水平情况。

4)高层柱子中心线投点与高程引测

当第一层柱子与平台混凝土浇注好后,将柱中线及高程引测到第一层平台上,作为支第二层柱身模板和平台模板的依据,如此类推。

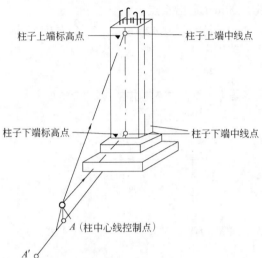

图6-11 高层柱顶中心线投点与高程引测

(1)高层柱顶中心线投点(放线)

将经纬仪安置在柱中心线端点,照准柱子下端中线点,仰视向上投点,如图6-11所示。若经纬仪离开柱子的距离过短,仰角偏大不便投点时,可将中线端点 A 用正倒镜取中法外延至 A',然后将经纬仪安置在 A' 点向上投点。有时也可用吊线坠法向上投点。

(2)高层柱高程引测(抄平)

根据柱子下端已测设的标高点用钢尺沿柱身竖直向上量距引测。

高程引测的允许误差为 $\pm 5mm$;纵横中线投点的允许误差:当投点高度在5m及5m以下时为 $\pm 3mm$,5m以上时为 $\pm 5mm$。

6.2.5 设备基础施工测量

1)设备基础的定位程序

设备基础施工程序有两种情况:一种是设备基础与柱基础同时施工,采用这种施工方案的多数为大型设备基础,这时可直接根据厂房矩形控制网定位;另一种是厂房柱子基础和厂房部分建成后才进行设备基础施工,采用这种施工方法,必须在厂房砌筑砖墙之前,将厂房外面的控制网引进厂房内部,建立一个内控制网,作为设备基础施工和设备安装的依据。

设备基础有独立基础和联动生产线两种。联动生产线的定位,不仅要按厂房轴线定位,同时必须建立统一的主轴线或控制网,以保证设备安装时能吻合衔接。

有的设备有很多条螺柱组轴线,但决定设备基础在厂房中平面位置的只有纵横各一条主轴线,它是定位的依据。其他轴线要根据设备主轴线来测设。

在厂房扩建中,若扩建部分的设备与原厂房设备有联动关系,定位时应尽量找出原有设备的轴线,作为扩建部分设备的定位依据,以保证新旧设备安装时能吻合衔接。

2)厂房内控制网(内控系统)的设置

(1)以柱身轴线为内控系统

对于中、小型设备,内控系统(内控网)的标志一般采用在柱身上预埋标板,然后将柱身中心线投测到标板上,构成内控系统,并以此作为依据来测设设备基础的平面位置。

由于预制柱吊装时都会有位移偏差,因此对于平面位置要求较高的设备基础,要把杯形基础顶面的中线引测到柱立面上,作为设备基础定位的依据。

现以图 6-12 为例,简介定位步骤:

首先找出或引测出柱子轴线(中心线),设定位桩距基础边线 50cm;在Ⓐ轴与Ⓑ轴柱间拉小线。在Ⓑ轴沿所拉小线从Ⓐ轴柱外丈量 300mm(轴线 500mm)钉木桩 a,标出十字线。再继续丈量 4400mm 钉木桩 b,标出十字线。在Ⓐ轴从Ⓑ轴柱外丈量 700mm(轴线 1500mm)钉木桩 c,标出十字线。再继续丈量 2600mm,钉木桩 d,标出十字线。然后从 a 点起用作Ⓑ轴垂线的方法丈量 2600mm(轴线 3000mm)定出 1 点。从 b 点量 2600mm 定出 2 点。从 c 点起用作Ⓐ轴垂线的方法丈量 1800mm 定出 3 点。从 d 点丈量 1800mm 定出 4 点。

最后检查 1 点距Ⓐ轴距离应为 500mm,1、2 点间距应为 4400mm。3、4 点间距应为 2600mm。3 点距Ⓑ轴距离应为 1100mm。

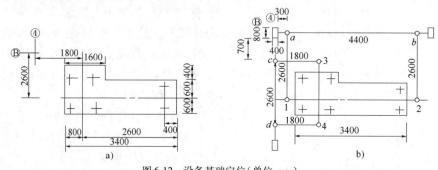

图 6-12 设备基础定位(单位:mm)
a)设备基础平面图;b)定位平面图

(2)建立厂房内部控制网

大型设备基础如电站汽轮机基础、选矿车间生产流水线等,不仅占地面积大,且结构复杂,为满足施工的需要,设备基础的定位要事先建立厂房内部控制网,建立高程控制点。

图 6-13 为厂房内部控制网立面布置图。先在设置内控网点的厂房钢柱上引测相同高程的标高点,其高度以便于量距为准,然后用边长为 50mm×100mm 的槽钢或 50mm×500mm 的角钢,将其水平地焊牢于柱子上。为使其牢固,可加焊角钢于钢柱上;柱间跨距大时,可在槽钢中间加一木支撑。

然后根据厂房矩形控制网,将设备基础主要中心线端点,投测于槽钢上,以构成内部控制网。

注意:如果厂房柱子是混凝土柱子,应在柱子适宜的高度焊接处事先预埋铁件,以便于焊接槽钢。

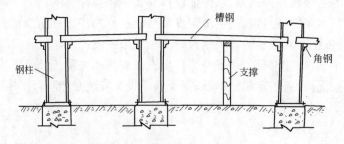

图 6-13 内部控制网立面布置

有时,大型设备基础也可能与厂房基础同时施工,此时不可能设置内部控制网,而采用靠近设备基础的周围架设钢线板或木线板的方法。根据厂房矩形控制网,将设备基础的主要中

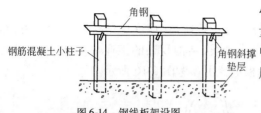

图6-14 钢线板架设图

心线投测于线板上,然后根据主要中心线用精密量距的方法,在线板上定出其他中心线和螺栓组中心的位置,由此拉线来安装螺栓,如图6-14所示。

3)设备基础的定位

(1)中小型设备基础定位

中小型设备基础相当于厂房独立柱基础,其定位的测设方法与厂房柱基础定位相同。不过在基础平面图上,如果设备基础的位置是以基础中心线与柱子中心线关系来表示,这时测设数据,需将设备基础中心线与柱子中心线的关系,先换算成与矩形控制网上距离指示桩的关系尺寸,然后在矩形控制网的纵横对应边上测量基础中心线的端点。

对于采用封闭式施工的基础工程(即先厂房而后设备基础施工),应根据内部控制网进行设备基础定位测量。

(2)大型设备基础定位

大型设备基础中心线较多,为便于施测,应根据设计原图,编绘中心线测设图,并将全部中心线及地脚螺栓组中心线统一编号,注明其与柱子中心线和厂房控制网上距离指示桩的尺寸关系。定位放线时,按中心线测设图,在厂房矩形控制网或内部控制网对应边上测出各中心线的端点,并在距离基础开挖边线约1.0~1.5m处,设置中心定位柱,以便开挖。

4)基础开挖与基础底层放线

当基坑采用机械挖土时,可根据厂房控制网或现场其他控制点测定开挖范围线,其测量允许误差为±5cm。高程可根据场地上的水准点测设,其测量允许误差为±3cm。在开挖过程中常配合检查挖土高程。基坑开挖竣工后,应实测挖土面高程,其测量允许误差为±2cm。

设备基础底层放线包括坑底抄平与垫层中线投点等两项工作,其测设方法同前。

5)设备基础上层放线

设备基础上层放线指的是支模过程中利用各轴线桩来确定基础顶面螺栓、孔洞、隔墙、沟道的位置。当基础主轴线确定后,其他各中线都应以主要轴线为依据测设细部尺寸(测设方法同前)。如图6-15中先确定基础主轴线a—a'、b—b'轴线,其他各中线都依据a—a'、b—b'轴线量距得出。

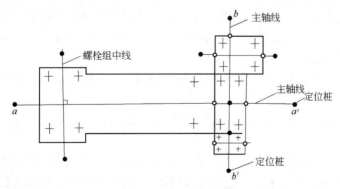

图6-15 设备基础上层放线

由于大型设备基础地脚螺栓很多,大小类型及高程不一,宜在施测前绘制地脚螺栓分区编号图,以便于测设与安装。

6)设备基础中心线标板与投点

对于重要设备基础,为了在施工过程中能完好保存中线标志,应在中线位置埋设标板,然后投点。如联动生产线的基础轴线、重要设备的纵横轴线、结构复杂的工业炉基础、环形设备基础的中心点等轴线位置都应埋设钢质标板。标板形式可参考图6-16所示。

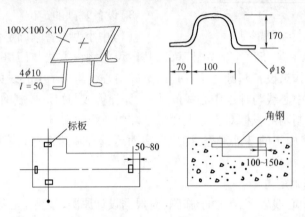

图6-16 预埋标板形式(单位:mm)

根据厂房控制网边上的中线端点,将经纬仪安置于中线一端点上,照准另一个中线端点,以正倒镜取中法将中线投测于标板上。若中线端点不便安置经纬仪,可仿照两点间测设直线的逐渐趋近法,先将经纬仪置于两中线端点连线上,然后再投点。

6.3 厂房结构安装测量

工业厂房大多采用装配式结构,一个单位工程中预制构件的规格、型号很多,结构形式也较复杂。安装测量前应认真熟悉设计图纸,要按结构平面布置图把各种型号构件的数量、规格、断面尺寸,各部位高程,预埋件位置等有关数据分别核对清楚。结构安装测量主要是在预制构件上放出(弹出)各种标志线,为安装过程中的对位和校正提供依据。

6.3.1 柱子安装测量

1)弹出柱子中心线

对于装配式结构,柱子安装是关键工序。柱子在安装前,应对基础中心线及其间距、基础顶面和杯底底面高程等进行认真的复核,把每根柱子按轴线位置进行编号,并检查各尺寸是否满足图纸设计要求,无误后,才可进行弹线。

在柱身的三面,用墨线弹出柱中心线,一般每面在中心线上画出上、中、下三个标志,如图6-17所示。

注意第三个侧面的中线要与对应面的中线应互相平行,柱底四边中线连成十字线应互相垂直。

如果柱子制作时几何尺寸存在误差,截面不是矩形,柱子的各角不是直角,此时第三个侧面不能采用简单取中的方法标定中点,可采用如下垂线法使柱底中线连线互相垂直。如图6-18所示,A、B为已弹好的两条中线。先在第四个面标出中点D,作BD连线,然后过A点作BD的垂线,将垂线延长标出C点,用C点再弹出第三个面的中线,就可以满足中线间连线互相垂直的条件。

如果柱子为变截面(如有牛腿的面)可采用拉通线或目测法来标出中线各点,如图 6-19 所示。如果拉线离开柱面较高,可用吊线坠(如图 6-19 中 3 点)或用拐尺把中线投测在柱面上。

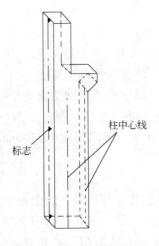

图 6-17　柱中心线弹线示意图

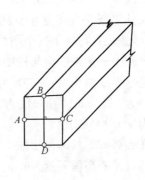

图 6-18　用垂线法标出第三面中点

2) 柱子安装线的弹法

对于中线不能从柱脚通到柱顶的柱,或者中线不在同一平面上(如工字柱、双肢柱)及安装时不便观测校正的柱,均应在靠近柱边位置(一般距柱边缘为 10cm)作中线的平行线。这条从柱脚通到柱顶的线,称为安装线。安装线必须是一条直线。

如图 6-20 所示,安装线距柱边缘 10cm。此时可根据柱中线向柱边量 40cm,标出 A、B 两点,AB 连线并延长至柱顶就能弹出柱子的安装线了。

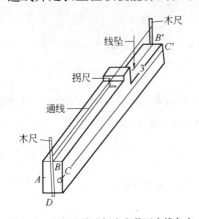

图 6-19　用拉通线法标出变截面中线各点

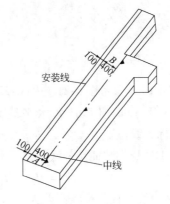

图 6-20　安装线的弹法(单位:mm)

另外,吊车梁在柱子牛腿面上有两条纵横方向安装线,屋架在柱顶上也有两条纵横安装线,以便于安装吊车梁与屋架。

注意:预制柱上有时还焊有钢牛腿、钢平台等,在柱子弹线时应把这些结构的安装位置标出来。

3) 柱长检查及修整杯底高程

柱子安装时对高程要求精度高的部位是承受吊车梁的牛腿面。因此,应以牛腿面为基准检查柱长和确定柱子其他高程。若牛腿面不水平,量尺时应以与吊车梁接触面最高的点为准向下量尺。当柱子有两个牛腿面,若两牛腿面间实际高差小于设计高差时,应以位于下部的牛腿面为准向下量尺,否则,应以上部的牛腿面为准向下量尺,看其是否符合设计要求。如不相符,就要根据实际柱长修整杯底高程,以使柱子吊装后,牛腿面的高程符合设计要求。

柱身长度检查具体做法如下:

用钢尺从牛腿面沿柱身竖直向下先量到某一高程位置(如±0.000线),但距柱底宜在 1.0~1.5m 之间,并在柱子三个侧面弹出同一高程的水平线(称为捆线),如图 6-21 所示。用特制的拐尺画出的水平线应与柱中线及安装线垂直。然后以这些水平线为准向下量尺,检查柱底四角至水平线的长度,并将尺寸标在柱面上,作为修整杯底高程的依据。如图 6-21 中,柱底 a 角长度为 1110mm,b 角长度为 1090mm,c 角长度为 1100mm,d 角长度为 1100mm(图 6-21 中水平线为±0.000标高线)。

修整杯底高程的具体做法如下:

先在杯口顶面高程下返50mm,在杯口四角画一水平线,作为杯底找平的依据。如图 6-22 中设 H_3 为 -0.50m,那么柱底至柱上水平线的长度减去柱水平线与杯口四角所画的水平线的高差就是柱子插入杯口标高线以下的实际长度。然后按柱子插入杯口后各角对应位置,在杯底立面分别标出各点杯底高程,用水泥砂浆或细石混凝土找平,即可达到修平杯底,使柱底面与杯口底面吻合接触。

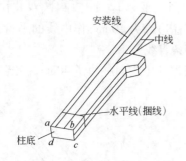

图 6-21 柱身捆线及柱长检查

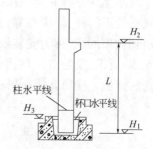

图 6-22 杯底高程找平方法

【例 6-1】 参考图 6-21 与图 6-22 有关数据,已知:柱底高程 $H_1 = -1.10$m,牛腿面设计高程 $H_2 = +7.80$m,杯口四角水平线高程 $H_3 = -0.50$m。测设柱上水平线(捆线)高程为±0.000标高线位置。

解:①柱身牛腿面至柱底长度

$$L = H_2 - H_1 = 7.80 - (-1.10) = 8.90\text{m}$$

②杯口线与柱水平线高差为

$$0.000 - (-0.50) = 0.50\text{m} = 500\text{mm}$$

③柱四角插入杯口线以下实际长度为:

a 角　　　　1110 - 500 = 610mm
b 角　　　　1090 - 500 = 590mm
c 角　　　　1100 - 500 = 600mm
d 角　　　　1110 - 500 = 610mm

从杯口线向下量出以上各角实际长度数值,即可进行杯底修整找平。

另外,一个单位工程中预制柱子的规格、型号较多,因此要按施工图认真核对柱的型号和安装后所在的轴线位置,按轴线进行编号。同时,对于某些特殊型号柱子或吊装过程中不易辨别方向的柱子(如双向牛腿、双轴线柱等),还要标明安装就位方向,以防安装时出现差错。

4)柱子安装时的测量

(1)柱子安装就位

柱子安装时的要求是保证柱子平面与高程位置符合设计要求,柱身垂直。

预制混凝土柱插入杯口后,应使柱底三面的中线与杯口中线对齐,并用木楔或钢楔作临时固定,如有偏差可用锤敲打楔子拔正,其允许偏差为±5mm。

钢柱安装就位时,首先根据基础面上的标高点修整基础面,再根据基础面设计高程与柱底到牛腿面的高度计算垫板厚度,安放垫板要用水准仪配合抄平,使其符合设计高程要求,就位时应使柱中线与基础面上的中线对齐。

柱子立稳后,即用水准仪观测 ±0.000 高程是否符合设计要求,其允许偏差应符合表6-4的要求。

(2)柱子垂直度校正测量

柱子就位立起后,尽管通过用锤打楔子的方法使柱子立直,但仍有垂直偏差,因此,必须进行柱子垂直度校正测量。目前常用方法是经纬仪校正法,如图6-23 所示。对于小构件安装,也可用简易的吊弹尺校正法,如图6-24 所示。

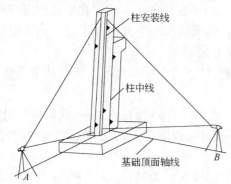

图6-23 经纬仪校正法

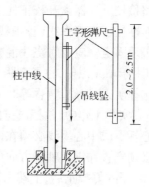

图6-24 吊弹尺校正法

现简介常用的经纬仪校正法的具体做法:

如图6-23,使用两台经纬仪,分别安置在柱子纵、横轴线方向上同时进行校正测量。在实际工作中,常是成排柱子进行校正测量,所以两台经纬仪有时不可能同时安置在纵、横轴线方向上(如图6-23 中 A、B 点),一般是一台经纬仪安置在横轴线方向上(如 A 点),另一台经纬仪可安置在纵轴线方向的一侧(偏离轴线不宜大于 3m),当然如有可能也尽可能安置在纵轴方向上(如 B 点)。仪器至柱子的水平距离,不宜小于柱高的 1.5 倍,以便于向上投测与校正。

观测时,先用望远镜照准柱中线(或柱安装线)的底部标志,然后抬高望远镜,若柱上端中线(或安装线)偏离视线,指挥安装人员利用校正工具转动柱身,调节拉绳或支撑,再采用敲打楔子等办法使柱子上端中线(安装线)与视线重合。再重复一次,直至柱子上端中线(安装线)与视线重合为止。为了消除仪器某些误差,应用正倒镜取中法检测柱子的垂直偏差值(垂直度),其数值应符合表6-4 规定的要求。

当柱子垂直度满足要求后,要立即灌浆,以固定柱子位置。

对于钢柱的垂直校正测量的方法与上述预制混凝土柱的方法基本相同。不同的是钢柱不是插入杯口内,而是坐在基础面上,基础面的高差通过改变垫板厚度来找平。所以钢柱的垂直校正测量是先用经纬仪望远镜照准钢柱顶上端中线,用正倒镜取中法向钢柱底部下端投点,如投下来点偏离钢柱底部中线,设偏离值为 δ,参见图 6-25,则可计算钢柱垫板厚度 h 为:

$$h = b \cdot \frac{\delta}{L} \qquad (6-2)$$

式中：b——两垫板间中心距离；

δ——柱顶相对于柱脚的垂直偏差；

h——垫层调整厚度；

L——柱长。

图 6-25 钢柱垂直校正方法

采用上述方法进行校正,不需反复试垫就可使钢柱子垂直,减少重复劳动,提高工作效率。

5)柱子安装测量时的注意事项

(1)柱子安装测量前应认真仔细做好准备工作,如认真熟悉图纸、检查与清理构件等。

(2)要认真仔细做好柱子的弹线(中心线、安装线)及其标志。

(3)柱子安装就位后,临时固定应牢固。用经纬仪校正法校正柱子垂直度时,仪器事先应经过严格检校。仪器离开校正柱子的水平距离不宜小于柱高的 1.5 倍。初步校正后,要将视线再次照准柱子底部中线(校正线),进行复测,当纵、横轴线两个方向都不超过允许误差时,才能作最后固定。应及时浇注混凝土,以防柱子发生倾斜。

(4)由于阳光照射,柱子有阴阳面,受温度影响,柱子将向阴面弯曲。因此柱子垂直校正测量宜选择阴天、清晨、黄昏等时间进行。

(5)在实际工作中,常把成排的柱子都竖起来,然后一起进行校正测量,此时应注意柱子上的中心标点或中心墨线必须在同一平面上,经纬仪才可以安置于纵、横轴线方向的一侧。否则仪器必须安置在纵横轴线方向(中心线)上。

(6)柱子立好校正后,上端为自由端,在吊装上部构件时要避免以柱子为支点强行撬拨,以防柱身倾斜；另外柱子也不宜向厂房外侧倾斜,否则,屋架受力后下弦杆增长,会增大柱子的倾斜度。

(7)当柱子(框架)过长或过重时,由于起重设备或构件刚度限制,多采用分节预制、分节吊装的施工方法,此时对于分节柱(框架)的弹线和安装与上述方法略有不同。常见方法有整体预制的弹线方法和分节预制的弹线方法。读者可参考本书参考文献[42],此处不再详述。

6.3.2 吊车梁安装测量

吊车梁安装测量主要是保证吊车梁中线位置和梁的高程满足设计要求。

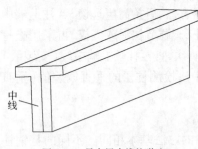

图 6-26 吊车梁中线的弹法

1)吊车梁弹线

吊车梁从几何形状上可分为 T 形、工字形、鱼腹式、桁架式等,从空间位置上可分上承式和下卧式。吊车梁弹线主要是在吊车梁两端立面和顶面上弹出梁的中线。梁两端立向的中线应互相平行,如图 6-26 所示。端跨及伸缩缝处特殊型号的吊车梁要在梁明显位置标明型号。

2)吊车梁高程校正

由于柱子安装误差和吊车梁制作高度误差,吊车梁在吊装时还需作高程调整。高程校正(通过牛腿面垫板)应在吊装过程中完成,避免二次起吊。

高程校正方法有两种:

(1)根据柱子吊装后测设的+0.50m标高线,用钢尺沿柱身竖直向上量尺,在柱面上标出吊车梁顶面标高线,吊车梁安装时用水平尺进行检查,如图6-27所示。

(2)如图6-28中,±0.00线是柱子弹线时从牛腿面下返的标高线,+0.50m线是柱子安装后以厂房高程控制点(水准点)测设的标高线。h表示两条线理论高差为0.50m,h'表示两条线实际高差(实量求取)。则牛腿面存在的实际误差$\triangle = h - h'$。

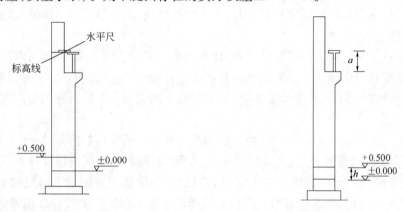

图6-27 用标高线控制吊车梁顶面高程(高程单位:m)　　图6-28 以标高线计算吊车梁顶面高程(高程单位:m)

此处,$\triangle$为"-"表示牛腿面低于设计高程;$\triangle$为"+"表示牛腿面高于设计高程。

另外,图6-28中,a为吊车梁的设计高度,b为实际高度,则吊车梁制作误差l为:

$$l = b - a$$

式中,l为"+"表示吊车梁实际尺寸大于设计高度,l为"-"表示吊车梁实际尺寸小于设计高度。

考虑上述两种误差联合影响,吊车梁的高程校正值$\triangle H$为:

$$\triangle H = \triangle + l \tag{6-3}$$

式中,当$\triangle H = 0$时,吊车梁安装后,顶面符合设计高程;当$\triangle H > 0$时,吊车梁安装后,顶面高于设计高程;当$\triangle H < 0$时,吊车梁安装后,顶面低于设计高程。

【例6-2】 如图6-28,若实量高差$h' = 0.510$m,吊车梁制作误差$l = b - a = -5$mm。试计算吊车梁的高程校正值$\triangle H$。

解: $\triangle = h - h' = 0.500 - 0.510 = -10$mm

由式(6-3)得:

$$\triangle H = \triangle + l = -10 + (-5) = -15\text{mm}$$

计算数据表明,吊车梁安装后,顶面比设计高程低15mm。根据这个计算结果,吊装前准备好合适厚度的垫板用来找平吊车梁顶面高程。

3)牛腿面吊车梁中线的弹法

吊车梁在柱子牛腿面上有两条安装线,一条是吊车梁横轴方向的中线,另一条吊车梁纵轴方向的中线。横轴方向的中线可沿上、下柱的中线连线,也可根据柱截面宽度取中确定;纵轴方向中线要根据柱子安装线来确定。

如图6-29中吊车梁纵向中线至柱子安装线的距离为a,当轴线至柱子边缘没有联系尺寸时(图6-29a)),则有:

$$a = s - b \tag{6-4}$$

当轴线至柱子边缘有联系尺寸时(图6-29b)),则有:

$$a = s + d - b \tag{6-5}$$

式(6-4)与式(6-5)中:s——吊车梁中线至轴线距离;

b——柱子安装线至柱子边缘的距离;

d——轴线至柱子边缘联系尺寸。

在柱子牛腿面上标线形式如图6-29c)所示,两条纵、横中线要互相垂直。对于端柱及伸缩缝处柱,由于吊车梁伸出柱支座外,牛腿面上中线被遮盖,不便吊车梁对准就位,宜在牛腿面上标出吊车梁的边线。

必须指出,柱子牛腿面上吊车梁纵、横中线是根据柱子安装线来确定的。在柱子安装就位时,由于柱中线对杯口中线产生位移以及柱身产生垂直偏差,都会影响到原来弹出的吊车梁中线的正确位置。因此必须在吊车梁安装前,对牛腿面上的纵横中线进行检测与纠正,以满足吊车梁的精度要求。

如图6-30,用经纬仪正倒镜取中法将牛腿面标高处柱安装线(校正线)某点 A 向下投测于柱下端 B 点,量取 B 点至柱下端安装线(校正线)的距离,即为牛腿面高程处柱的垂直偏差值。假设此值是向里倾斜8mm。再检查柱中线对杯口中线的位移偏差假设也向里倾斜6mm。由于这两项偏移方向相同,所以牛腿面上原吊车梁弹出中线相对定位轴线合计偏差为14mm,将此值标记在柱面上,并画箭头指明吊车梁中线偏移方向。在吊车梁安装时,将吊车梁中线对牛腿面安装中线向箭头指明的反方向移位14mm,这样就把偏差纠正过来了。

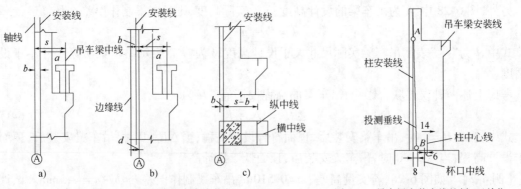

图6-29 牛腿面吊车梁中线的弹法　　图6-30 吊车梁安装中线的纠正(单位:mm)

4)吊车梁中线对位与平面校正

吊车梁安装时,将吊车梁端部中线与牛腿面安装中线对齐。对中线时应考虑到原弹在牛腿面上的吊车梁中线相对于定位轴线的偏移,并予以纠正。吊车梁中线对定位轴线位移的允许偏差应符合表6-4的要求。

5)吊车梁顶面高程测量

吊车梁吊装时,可按图6-27或图6-28的方法进行高程校正。修平梁面后,安置水准仪于吊车梁面上,以柱子上端已测设的标高线为后视,在梁面上每隔3~4m检测梁面的高程是否符合设计要求,其测量允许误差不应超过表6-4的规定。

6)吊车梁的垂直校正

根据梁端中线,用吊垂线方法进行垂直校正。对于梁截面较高或下卧式(如鱼腹式)梁,宜采用吊弹尺法进行校正,且要检查跨中截面尺寸的最大部位,其具体做法类似于图6-24。

6.3.3 吊车轨道安装测量

吊车轨道安装测量的目的是保证轨道中心线和轨顶高程符合设计要求。它的内容包括测设轨道中心线、高程测量及轨道检校等。

1) 在吊车梁上测设轨道中心线

在吊车梁上测设轨道中心线,一般有两种方法:

(1) 利用平行线法测设轨道中心线

当吊车梁在牛腿上安装好后,牛腿面上的中线将被吊车梁掩盖,所以在梁面上要再次测设轨道中心线,以便安装吊车轨道。具体做法是:

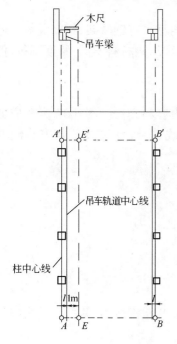

图 6-31 平行线法测设吊车轨道中心线

如图 6-31,先在地面上沿垂直于柱中心线的方向 AB 和 $A'B'$ 各量一段距离 AE 和 $A'E'$,并使 $AE = A'E' = l + 1\text{m}$($l$ 为柱列中心线至吊车轨道中心线的距离)。这样,EE' 就是与吊车轨道中心线相距 1m 的平行线。

然后,将经纬仪安置在 E 点,照准 E' 点,抬高望远镜向上投点。这时一人在吊车梁上水平横放一根 1m 长的木尺,移动木尺使一端位于视线方向上,则木尺另一端刚好位于吊车轨道中心线位置,并在梁面上画线标明。同法可以定出吊车轨道中心线上其他各点。

吊车轨道另一条中心线的位置,可采用上述方法测设,也可以按照轨道中心线间的设计间距,以已测设好的轨道中心线为准,用钢尺悬空量距的方法定出来。

(2) 根据吊车梁两端投测的中线点测设轨道中心线

根据地面上柱中心线控制点或厂房矩形控制网点,测设出吊车梁中心线点,然后根据此点用经纬仪在厂房两端的吊车梁面上各投测一点,两条吊车梁共投测四点,再用钢尺精确丈量两端所投中线点的跨距是否符合设计要求。如实量跨距与设计值较差超过 ±5mm,则以实量长度为准予以调整。

将经纬仪安置在吊车梁一端中线点上,照准另一端中线点,在梁面上进行中线投点加密,一般每隔 18m 左右加密一点,并弹上墨线。如果吊车梁面较窄,难以安置三脚架,应采用特制仪器架安置仪器。

必须指出,轨道中心线最好在屋面安装后测设,否则当屋面安装完毕后应重新检查中心线。同时在测设吊车梁中心线时,应将其方向引测在墙上或屋架上。

2) 吊车轨道安装时的高程测量

吊车轨道中线点在梁面上测定以后,应根据中线点弹出墨线,以便安放轨道垫板。此时,应根据柱子上端已测设的标高线(点),测出垫板高程,使之符合设计要求,其测量允许误差为 ±2mm。

3) 吊车轨道检查调整

(1) 轨道中心线检查:安置经纬仪在吊车梁上,照准预先标示在墙上或屋架上的中线两端点,用正倒镜逐渐趋近法将仪器中心导入轨道中心线上,然后每隔 18m 左右投测一点,检查轨道中心线是否在一直线上,有时也可用细钢丝拉通线检查,允许偏差为 ±2mm;否则,应重新调整轨道。轨道中心线不允许有折线。

(2)轨距(跨距)检查:在厂房横剖面轨道对称点上,用钢尺精密丈量其轨距尺寸,实测值与设计值较差不得超过±3~±5mm;否则,应予调整。轨道中心线经调整后,必须保证轨道安装中心线与吊车梁实际中心线的偏差小于±10mm。

(3)轨顶高程检查:吊车轨道安装好后,必须根据在柱子上端已测设的标高线(水准点)检查轨顶高程。在两轨接头处各测一点,中间每隔6m测一点,允许误差为±2mm。

以上检查与调整结果要做记录,作为竣工资料。吊车轨道安装竣工检查测量的允许误差应满足表6-4的要求。

6.3.4 屋架安装测量

屋架形式有三角形、梯形、拱形、多腹杆及折线形等,按结构材料有钢屋架、钢筋混凝土屋架、预应力钢筋混凝土屋架及组合屋架等。虽然屋架几何形状和结构材料不同,跨度不等,但吊装过程的安装测量方法基本相同。

1)屋架弹线

现以折线形钢筋混凝土屋架为例,简介屋架弹线的基本内容和方法。图6-32为预应力折线形屋架几何尺寸图。屋架弹线的内容包括跨度轴线弹线、中线弹线及节点安装线弹线等。

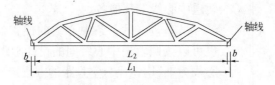

图6-32 屋架跨度轴线弹线

(1)跨度轴线弹线

跨度轴线弹线的目的是便于与柱顶安装线相一致。当屋架两端构造相同时,先量出屋架下弦的全长 L_1,则屋架轴线至屋架端头的距离 b 为:

$$b = \frac{1}{2}(L_1 - L_2) \tag{6-6}$$

式中:L_2——屋架轴线长度。

从屋架端头分别向中间量取 b,即为屋架轴线位置,见图6-32。

(2)中线弹线

屋架应在两端立面和上弦顶面标出中线,量尺时可按屋架截面实际宽度取中,再将各中点连线,沿端头及上弦弹出通长中线,作为搭接屋面板和垂直校正的依据。当屋架有局部侧向翘曲时,应按设计尺寸取直弹线,以保证屋架平面的正确位置。

(3)节点安装线的弹法

节点安装线指的是与屋架侧面相连接的垂直支撑、水平系杆、天窗架、大型板等构件的安装线。垂直支撑、水平系杆等是与屋架侧面相联结的构件,其安装线是以屋架两端跨度轴线为依据,向中间量尺划分,并标在屋架侧面。天窗架、大型屋面板等是与屋架上弦顶面相联结的构件,其安装线可从屋架中央向两端量尺划分,应标在上弦顶面。

为了正确安装屋架及其相应连接构件,宜对屋架进行编号和标出朝向。

2)屋架安装校正

(1)屋架安装

屋架安装时要将屋架支座中线(跨度轴线)在纵、横两个方向与柱顶安装线对齐。为了保证屋架安装精度,屋架对中时也要考虑到柱顶位移,如同吊车梁纠正柱子位移的方法一样,把柱顶安装线(或中线)的偏差纠正过来。

屋架安装后,对混凝土屋架,其下弦中心线对定位轴线的允许偏差为5mm。

(2)屋架垂直检查与校正

屋架垂直度的允许偏差不大于屋架高度的1/250,其检查校正方法有:垂线法、经纬仪校正法及吊弹尺校正法等。现简介经纬仪校正法的具体做法:

如图6-33,在地面上作厂房柱横轴中线平行线 AB,将经纬仪安置于 A 点,照准 B 点,抬高望远镜,一人在屋架上 B' 端持木尺水平伸向观测方向,将尺零端与观测视线对齐,在屋架中线位置读出尺的读数,即视线至屋架中线的距离,设为500mm。

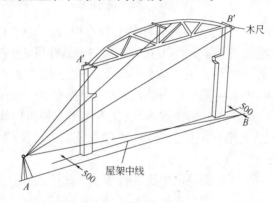

图 6-33　经纬仪校正法校正屋架(单位:mm)

再抬高望远镜,照准屋架上另一端 A' 处,也在 A' 处持水平尺伸向观测视线方向,将尺的零端与视线对齐,设读出视线至屋架中线的距离为560mm,则两端数平均值为(500 + 560) ÷ 2 = 530mm。

一人在屋架上弦中央位置持尺,将尺的530mm对齐屋架中线,纵转望远镜再观测木尺,若尺的零端与视线对齐,则表示屋架垂直。否则应摆动上弦,直至尺的零端与视线对齐为止。此法检查校正精度高,适用于大跨度屋架的校正,受风力干扰小,但易受场地限制。

6.3.5　刚架安装测量

1)刚架的弹线方法

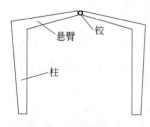

图 6-34　刚架形式

门式刚架是梁柱一体的构件,有双铰、三铰等形式,如图6-34所示。柱子部分和悬臂部分都是变截面,一般是预制成两个"厂"形,吊装后进行拼接。

刚架柱子部分应在三个侧面按图示尺寸弹出中线,悬臂部分应在顶面和顶端弹出中线,要从刚架铰接中心向两侧量尺标出屋面板等构件的节点安装线。对特殊型号的刚架要标出轴线标号。

2)刚架安装校正

门式刚架安装的重点是校正横轴的垂直度,并保证悬臂拼接后中线连线的水平投影在一条直线上。图 6-35 为刚架安装校正示意图。

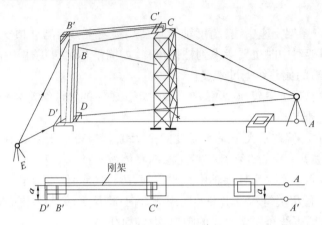

图 6-35 刚架校正方法

刚架立好后要进行校正。校正时,将经纬仪安置在中线控制柱 A 点,对中、整平,照准刚架底部中线(D)后,仰视刚架柱上部中线(B),再观测刚架悬臂顶端中线(C),若它们都与视线重合,则表示刚架垂直。若 B 处与 C 处中线偏离视线,需校正刚架使 B、C 处中线与视线重合。如果经纬仪安置在 A 点有困难,可采用平行线法,从 A 点先平移一段距离 a,得 A' 点,安置仪器在 A' 点,同时在刚架 C、B、D 处分别横置木尺,使木尺平直伸出中线以外的长度等于 a,得 C'、B'、D' 点。观测时,视线先瞄准木尺顶端 D',再仰视分别木尺顶端 B'、C';若木尺顶端 B'、C' 与视线重合,则表示刚架垂直。

为了提高校正精度,宜采用正倒镜取中法进行校正。此外,还应在 E 点安置仪器,校正刚架柱子的垂直度。

6.4 机械设备安装施工测量

机械设备安装测量是设备安装工艺过程中的主要工作,它的目的是调整设备的中心线、水平和高程,使三者的安装精度在规定要求范围以内。

1)设备安装基准线和基准点的确定

设备安装前应确定纵向和横向基准线(中心线)和基准点(标高点),作为设备安装时定位的依据。基准线和基准点确定具体步骤如下:

(1)检查前土建施工单位移交的基础或结构中心线和标高点,检查精度可按表 6-2 表 6-3 的规定;如精度不符合规定,应协同有关单位予以校正。

(2)根据已校正的中心线和标高点,测出基准线的端点和基准点的高程。

(3)根据所测的或前土建施工单位移交的基准线和基准点,检查基础或结构的相关位置、高程和距离等是否符合安装要求。如核对后需调整基准线或基准点,应根据有关部门的正式决定调整。

2)平面基准线的设置形式

安装线一般应为直线,只要能在基准中心线上测出两点,就能构成一条平面基准线,平面基准线至少应有纵横方向两条。

基准线的形式有画墨线、用点代替线、用光线代替线及拉线等。其中简单的拉线是放平面位置基准常用的方法。

3）基准线（中心线）与副线的检查

（1）基准线的正交度检查

对现场组装和连续生产线上的设备,应检查安装基准线的正交角正交度的允许误差是否满足表6-5要求。

（2）副线的间距检查

当设备由若干部分组装时,要测设若干副线,副线与基准线（中心线）间距的允许误差为 $0.4\sqrt{L}$ mm（L 为间距的米数,不足5m者以5m计）。

由基准线与副线的端点投测中间点或挂线点的允许误差为 ±0.5mm。

4）设备安装定位测量

对于大型机组及导轨等设备的安装,必须保证设计位置的平直度。为此,应根据设备几何轴线及实地主轴线进行定位安装工作。

设备安装定位的精度,根据设备的特点和要求而异。除了充分利用常规的测量仪器和方法外,还应考虑使用专门的仪具及方法,例如特制的标志形式、精密的活动觇牌、平行光管及激光准直等专门仪器与工具。

5）设备安装高程测量

首先埋设设备高程基准点,一般有两种：

（1）简单高程基准点

一般作为独立设备安装的基准点,可在设备基础或附近墙上、柱上的适当部位处分别用油漆画上标志,然后根据附近水准点（或其他已知高程的标高线）用水准仪测出油漆标志的高程,其数值标明在标志附近,高程测定允许误差为 ±3mm。如有两个以上安装基准点时,其任意两点间高差的允许误差为1mm。

（2）预埋高程基准点

在连续生产线上安装设备时,应用钢制高程基准点,可用直径 $\phi19 \sim \phi25$mm、杆长不小于50mm 的铆钉,牢固埋设在基础表面边缘处（注意不能在设备下面）,铆钉的球形头露出基础表面约 10～14mm。埋点位置应尽可能靠近被测设备,且易为测量的地方,相邻安装基准点高差的误差应在 ±0.5mm 以内。

这些高程基准点,可作为控制设备安装时高程的依据,同时也可作为在设备安装期间设备基础沉降的观测点。

6）设备安装期间的变形观测

变形观测内容较多,根据工程需要与设备特点而定,一般内容为沉降观测、水平位移观测、倾斜观测、裂缝观测及挠度观测等。变形观测的目的是保证设备安装期间设备安装的质量与安全。上海宝钢在设备安装期间曾定期进行沉降观测,及时提供沉降数据,以利于设备正确安装与调整。

有关沉降观测、水平位移观测及挠度观测等的详细内容可参见本书第14章。

6.5 管道工程施工测量

工业建筑场地各类管道很多,有在地上的架空管线,也有埋在地下的管线,其类型有给水、排水、热力、煤气、电力、通信及电缆等。它是工业建筑场地施工测量一个重要部分。本节将简要介绍管道工程施工测量方面的内容。

1) 地下管线施工测量

(1) 开槽地下管道中心线及施工控制桩的测设

根据管线的起止点和各转折点，测设管沟的挖土中心线，一般每20m测设一点，打下木桩。中心线的投点允许误差为±10mm，量距的往返相对闭合差不得大于1/2000。管道中线定出后，就可根据中线位置和槽口开挖宽度，在地面上撒出灰线标明开挖边界。在测设中线时应同时定出管线井位等附属构筑物的位置。

由于管道中线桩在开挖管槽时被挖掉，因此在开挖前，在不受施工干扰、易于保存桩位的地方，测设中线控制桩及附属构筑物（井位）控制柱。中线控制桩一般测设在主点中心线的延长线上，井位等控制桩则测设在管道中线的垂直线上，如图6-36所示。

控制桩可采用大木桩钉设，钉好后应有保护措施。

(2) 确定开挖边线并钉立边桩

如图6-37所示，图中a和b是由横断面设计图上查取左、右两侧边桩至中心桩O点的水平距离。施测时在中心桩O点处插立十字方向架，定出横断面位置，在断面方向上，用皮尺拉平丈量a和b，定出两侧边桩A和B。相邻断面同侧边桩的连线，即为开挖边线，撒上白灰，作为开挖的界限。开挖边线的宽度是根据管径大小、埋设深度和土质等情况而定。

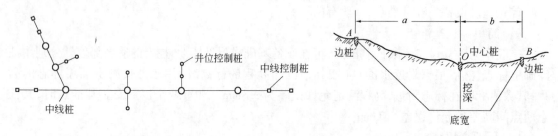

图6-36　管线控制桩　　　　　　　图6-37　横断面边桩测设

(3) 埋设坡度板

坡度板是控制中线、掌握管道设计高程的标志，一般跨槽埋设，如图6-38所示。当槽深小于2.5m时，开槽前在槽上口每隔10～15m埋设一块坡度板。如果槽深大于2.5m，应待槽挖到距槽底2m左右时再在槽内埋设坡度板。

坡度板埋设应稳定牢固，其顶面应保持水平。以中线控制桩为准，用经纬仪将管道中心线投测到坡度板上，钉上中心钉，并将里程桩号写在坡度板侧面。安装管道时，可在中心钉上悬挂垂球，确定中线位置，以中心钉为准，放出混凝土垫层边线、开挖边线及沟底边线。

根据附近水准点，用水准仪测定各坡度板板顶高程。板顶高程与管底设计高程之差，就是从板顶往下挖到管底的深度，通常称为下返数。为了施工方便，一般使一段管道内的各坡度板的下返数相同，且为一整"分米"数。因此，需在各坡度板上钉一坡度立板，在坡度立板的一侧钉一无头小钉（称为坡度钉），使由该点起的下返数恰好为某段预定的整"分米"数。

例如，用水准仪测得0+180坡度板中心线处的板顶高程为36.183m，从管道横断面设计图上查取该里程的管底设计高程为33.790m，从板顶往下量36.183 - 33.790 = 2.393m，即为管底高程（图6-38）。根据各坡度板的板顶高程情况，选定一个统一的整"分米"数2.400m作为下返数，这样只要从板顶向上量0.007m并用坡度钉在坡度立板上标出这一点位，则由此点往下量 2.400m，即为管底设计高程位置。

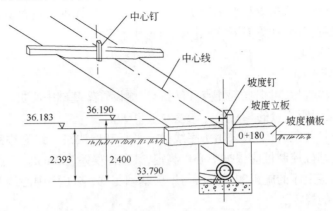

图 6-38 坡度板的设置（单位：m）

2）顶管施工测量

当地下管线穿越铁路、道路、江河或重要建筑物时，由于不能或不允许开槽施工，这时就采用顶管法施工。在顶管施工中，施工测量的主要任务是控制管道中线方向、管道高程和坡度。

(1) 中线测量

先挖好顶管工作坑，根据地面管道的中线控制桩，用经纬仪将顶管中线桩分别引测到坑壁的前后，并打入木桩和铁钉，以标定中线的位置，如图 6-39 所示。

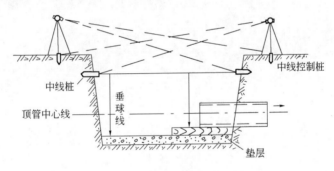

图 6-39 顶管中心线的引测

在进行中线测量时，先在两个中线钉之间拉紧一条细线，细线上挂两个垂球，然后贴靠两垂球再拉紧一水平细线，这根水平细线即标明了顶管的中线方向。为了保证中线测量的精度，两垂球间的距离应尽可能大些。这时在管内前端横置一根小水平尺（尺长略小于管径），尺上有刻划和用小钉表示尺的中心点，顶管时用水准器将尺放平，此时尺上的小钉即位于管子的中心线上。通过拉入管内的细线与水平尺上的小钉（中心点）比较，可以检查管子中心的偏差，以便及时调整。一般管子每顶进 0.5~1.0m 进行一次中线检查。

(2) 高程测量

先在顶管工作坑内设置临时水准点，将水准仪置于坑内，后视临时水准点，前视立于管内待测点上的短标尺（特制），即可测得管底各点的高程，将管底高程与管底设计高程比较，就可知道校正顶管坡度的数据。

(3) 过江顶管精密动态定位测量

当对长距离的穿越大江大河的顶管进行施工测量时,应采用精密的施工测量方法,使用自动精密导向系统,确保顶管按设计要求准确贯通。上海市过黄浦江底大型顶管工程施工动态定位测量为典型工程实例,详见参考文献[80]、[81]、[82]。

3)架空管线施工测量

(1)管架基础施工测量

管线定位并经检查后,可根据起止点和转折点,测设管架基础中心桩。其直线投点的允许误差为±5mm,基础间距丈量的相对允许误差为1/2000。

管架基础中心桩测定后,一般采用十字线法或平行基线法沿中线和中线的垂直方向打下四个定位桩。管架基础控制桩应根据中心桩测定,其允许误差为3mm。

架空管道基础各工序的施工测量方法与厂房基础相同,各工序中心线及高程的测量允许误差应符合表6-6的规定。

(2)支架安装测量

架空管道系安装在钢筋混凝土支架、钢支架上。安装管道支架时,应配合施工,进行支架柱子垂直校正和高程测量,其方法及精度要求均与厂房柱子安装测量相同。管道安装前,应在支架上测设中心线和高程。中心线投点和高程测量的允许误差均为±3mm。

7 民用建筑施工测量

7.1 民用建筑(多层)施工测量的精度标准

1)主轴线测量精度要求(见表7-1)

主轴线测量精度要求　　　　　　　表7-1

测量内容	精度要求	备注
主轴线定位	定位点的点位中误差不得大于5cm	相对于测量控制点
测角	测角中误差不应超过±2.5″	
定线	直线度限差为±5″	
测距	测距相对误差≤1/10000	

2)定位测量精度要求(见表7-2)

定位测量精度要求　　　　　　　表7-2

测量内容		精度要求	备注
房屋基础放线	轴线投点	限差为±5mm	经纬仪
	轴线间距	相对误差≤1/2000	钢尺实量
龙门板的设置	投点	限差为±5mm	经纬仪
	标高测定	限差为±5mm	水准仪
	龙门板顶面轴线钉的间距	相对误差≤1/2000	钢尺实量

3)基础施工测量精度要求(见表7-3)

基础施工测量精度要求　　　　　　　表7-3

测量内容	精度要求		备注
基槽抄平	标高点测定	限差为±10mm	水准仪
垫层中线投测	投测点位	限差为±5mm	经纬仪或其他方法
垫层高程控制	标高测定	限差为±5mm	水准仪或其他方法
防潮层轴线投测	投点	限差为±5mm	经纬仪
防潮层抄平	标高测定	限差为±5mm	水准仪
墙身皮数杆的设置	测设±0.000标高位置	限差为±3mm	水准仪

4) 主体施工测量精度要求（见表7-4）

主体施工测量精度要求 表7-4

测量内容		精度要求	备注
轴线投测	轴线投点	限差为±5mm	经纬仪正倒镜取中法
	轴线间距	相对误差≤1/2000	钢尺实量
高程传递	每层墙体顶标高	限差为±15mm	钢尺实量、皮数杆、吊钢尺法、水准测量
墙体垂直度	墙体每层垂直度	允许偏差为5mm	全高≤10m时,允许偏差10mm;全高>10m时,允许偏差20mm
室内地坪	抹灰及楼板抄平	限差为±3mm	水准仪或其他方法
阳台、走廊、圈梁模板	抄平	限差为±5mm	水准仪或其他方法

7.2 民用建筑主轴线测量

主轴线是多层民用建筑物细部位置测设的依据。施工前,应在平整后的建筑场地上测设出建筑物的主轴线。

7.2.1 主轴线的设计

根据建筑物的布置情况和施工现场实际条件,建筑物主轴线可布设成如图7-1所示的各种形式。

主轴线点的位置,一般在总平面图上进行设计确定,并应满足下列要求:

(1)无论采用何种形式,主轴线上的点数不得少于3个,主轴线尽可能位于场地的中央位置,狭长场地也可布设在场地的一边。

(2)主轴线纵、横轴要互相垂直,其长度应能控制整个建筑物场地的范围。

(3)主轴线中,纵、横轴各个端点应布设在场区的边界上,必要时也可布设在场区外的延长线上。

各轴线点应布设在便于保存、量距、定线的地方,不能布设在建筑物、各种管道上或道路中。

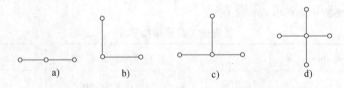

图7-1 主轴线的布设
a)三点直线形；b)三点直角形；c)四点丁字形；d)五点十字形

7.2.2 主轴线测设的方法

1)根据建筑红线测设主轴线

在城市建设中,新建建筑物由城市规划部门给设计或施工单位规定建筑物的边界位置,这种由城市规划部门批准并经测定的具有法律效用的建筑物位置边界线,称为建筑红线。

建筑红线一般与道路中心线平行,它是一系列红线桩的连线。如图 7-2 中,I、II、III 为红线桩,其连线 I—II、II—III 为建筑红线。建筑物的主轴线 AO、OB 可根据建筑红线来测设。由于图 7-2 中建筑物主轴线与建筑红线平行或垂直,故用直角坐标法测设主轴线较为方便。当 A、O、B 三个轴线点在地上标出后,应在 O 点安置经纬仪,检测 ∠AOB 是否等于 90°(限差为 ±5″),AO、OB 的长度用钢尺实量检测(限差为 1/10000)。

如检测误差超限,应作合理调整,使之满足规定要求。

2)根据现有建筑物测设主轴线

在现有建筑群内新建或扩建建筑物时,设计图上通常给出拟建的建筑物与现有建筑物或道路中心线的位置关系数据,拟建建筑物的主轴线可根据给出的位置关系数据在现场测设。

图 7-3a)表示拟建中多层民用建筑物主轴线 AB 在现有建筑物(斜线)的轴线 MN 的延长线上。现场测设主轴线 AB 方法如下:

先作 MN 的垂线 MM′ 和 NN′,使 MM′ = NN′ = 1～2m;然后在 M′ 点安置经纬仪,作 M′N′ 的延长线 A′B′,并使 N′A′ = d_1(设计间距);再在 A′、B′ 安置经纬仪,分别测设直角,沿它们垂线方向退回 1～2m,即得 A、B 两点,主轴线 AB 位置即可确定。

图 7-3b)可按上法定出 O 点后,再顺转测设 90°,然后根据有关数据定出 AB 轴线。

图 7-3c)为拟建建筑物主轴线平行于现有道路的中心线。其测设方法是先定出现有道路中心线位置,再用经纬仪和钢尺测设垂线和量距,定出建筑物的主轴线。

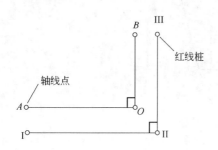

图 7-2 根据建筑红线测设主轴线

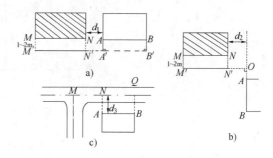

图 7-3 根据现有建筑物测设主轴线

3)根据建筑方格网测设主轴线

在施工现场有建筑方格网控制时(一般工业厂区),可根据建筑物各角点的坐标,应用第一篇第 5 章第 5.2 节介绍的直角坐标法测设主轴线。

4)根据施工控制网(导线与导线网)测设主轴线

在城镇地区拟建多层民用建筑小区,一般布设以导线与导线网为主要形式的施工控制网。此时,可根据建筑物各角点的坐标,应用第一篇第 5 章第 5.2 节介绍的极坐标法或角度交会法测设主轴线。

7.3 民用建筑定位测量

1)基础放线

根据场地民用建筑物主轴线点或其他施工控制点,应用第一篇第 5 章第 5.2 节测设点位平面位置的方法,先将房屋外墙轴线交点测设到地上,钉以木桩,并在桩顶钉以小钉作为标志;然后根据建筑物设计平面图,将其内部开间的所有轴线都一一测出,在木桩上用小钉标示;最后,用钢尺或测距仪检测房屋各轴线间的距离,其相对误差不应超过 1/2000,测设的轴线点位误差应小于 ±5mm。如果同一建筑小区各建筑物的纵、横边线在同一直线上,在相邻建筑物定位时,必须进行校核调整,使纵向或横向边线的相对偏差在 5cm 以内。

根据房屋中心轴线和基础开挖宽度,用石灰在场地上撒出基槽开挖边线,以便于开挖。

基础开挖宽度与基础开挖深度和土质条件有关。如果施工组织设计中对挖方边线有明确规定,撒白灰放线时按此规定办理;如果只给定放坡比例,则参照图 7-4 按下式计算放坡宽度和挖方宽度。

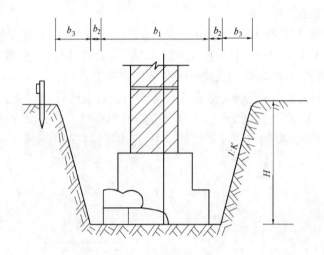

图 7-4 基槽剖面

$$b_3 = K \cdot H \tag{7-1a}$$

$$b = b_1 + 2(b_2 + b_3) \tag{7-1b}$$

式中:b_3——放坡宽度;
  b——挖方宽度;
  K——放坡系数;
  H——挖方深度;
  b_1——基础底宽;
  b_2——施工工作面。

施工工作面(b_2),施工组织设计中有规定时,则按规定计算。如无规定时,可参照下列规定计算:毛石基础或砖基础每边增加工作面 15cm;混凝土基础或垫层需支模的,每边增加作面 30cm;使用卷材或防水砂浆做垂直防潮层时,增加工作面 80cm。

放坡系数(K),如在施工组织设计中无明确规定,可按下列规定计算:

(1)在地质条件良好,土质均匀且地下水位低于基槽(坑)或管沟底面高程,且挖方深度不超过表 7-5 中的数值时,可直立开挖,不放坡;超过表 7-5 中的挖方深度,必须进行放坡或做直立壁加支撑。

不放坡的挖方深度 表7-5

土的类别	挖方深度(m)
密实、中密的砂土和碎石类土(充填物为砂土)	≤1.0
硬塑、可塑的粉土及粉质黏土	≤1.25
硬塑、可塑的黏土和碎石类土(充填物为黏性土)	≤1.5
坚硬的黏土	≤2.0

(2)如地质条件良好,土质均匀且地下水位低于基槽(坑)或管沟底面高程时,挖方深度在5m以内不加支撑的基槽(坑),其边坡的放坡系数采用表7-6的规定。

边坡的放坡系数 表7-6

土的类别	放坡坡度(高:宽)		
	坡顶无荷载	坡顶有静载	坡顶有动载
中密的砂土	1:1.00	1:1.25	1:1.50
中密的碎石类土(充填物为砂土)	1:0.75	1:1.00	1:1.25
硬塑的粉土	1:0.67	1:0.75	1:1.00
中密的碎石类土(充填物为黏性土)	1:0.50	1:0.67	1:0.75
硬塑的粉质黏土、黏土	1:0.33	1:0.50	1:0.67
老黄土	1:0.10	1:0.25	1:0.33
软土(经井点降水后)	1:1.00	—	—

注:静载指堆土或材料等,动载指机械挖土或汽车运输作业等。静载或动载距挖方边缘的距离应保证边坡和直立壁的稳定,堆土或材料应距挖方边缘0.8m以外,高度不超过1.5m。

(3)如人工挖土,土不抛在槽(坑)边上而随时运走,可适当减少放坡。如有施工经验和足够资料,或采用斗式挖土机时,可不受表7-6的限制。但深度超过2.5m或底宽小于深度的槽(坑)挖方,应坚持按施工组织设计或表7-6规定办理,以防止塌方造成安全事故。

(4)同样土质,春、夏、秋、冬四季及雨季或旱季等不同季节,土的活动情况有很大区别,要随时对土质的变化和边坡情况进行检查,及时发现与处理塌方危险。

(5)若建筑场地自然地面高差较大,有的基槽虽然基础宽度相同,但挖方深度不同,在基槽放线时,可根据不同的挖方深度,随自然地面高差变化,改变基槽开口宽度。

【例7-1】 如图7-4中,设砖基础底宽为1.80m,挖方深度为2.0m,土质为亚黏土(取$K=0.5$)。试按一般规定的放坡要求由式(7-1)计算基槽开口宽度b。

解:已知,基础宽$b_1=1.80$m,工作面$b_2=0.15$m(一般规定),则放坡宽度b_3为:

$$b_3 = K \cdot H = 0.5 \times 2.00 = 1.00 \text{m}$$

因此,开口宽度b为:

$$b = b_1 + 2 \times (b_2 + b_3) = 1.80 + 2 \times (0.15 + 1.00) = 4.10 \text{m}$$

2)轴线控制桩(引桩)的测设

施工开槽时,测设的轴线桩要被挖掉,为了便于施工,在多层民用建筑物施工中,一般常在开挖基槽(坑)外一定距离(约1~1.5m)外钉设龙门板,如图7-5a)所示。

订设龙门板,经检测合格后,以轴线钉为准,将墙宽、基槽宽标示在龙门板顶面上,以便施工,如图7-5b)所示。

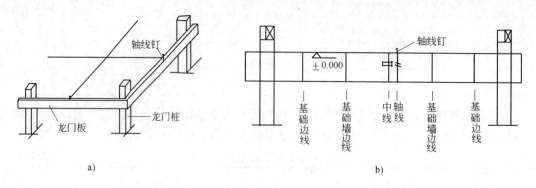

图7-5 龙门板与标线形式

由于龙门板在挖基槽(坑)施工时不易保存,且占用场地、耗费木材较多等,目前已很少采用。现在大多采用在基槽(坑)外各轴线的延长线上测设轴线控制桩(引桩)的方法(见图7-6),作为开槽(坑)后各阶段施工中确定(恢复)轴线位置的依据。另外,即使有条件采用龙门板,为防止被碰动,也需要测设轴线控制桩。

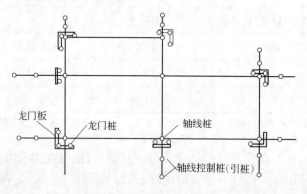

图7-6 轴线控制桩(引桩)的布设

在多层民用建筑物施工中,轴线控制桩(引桩)是房屋向上投测各层轴线的依据。

轴线控制桩一般钉在基槽开挖边线至少2m以外的地方。在多层民用建筑物施工中,为了便于向上层投测轴线点位,宜在较远的地方埋设轴线控制桩。如附近有固定建筑物,也可把轴线控制桩定在建筑物屋顶上。

在一般小型多层民用建筑物施工中,轴线控制桩根据轴线桩来测设;在大型民用建筑物施工中,为保证轴线控制桩的精度,一般是先测设轴线控制桩,再根据轴线控制桩测设轴线桩。

7.4 民用建筑基础施工测量

1)基槽抄平

建筑施工中的高程测设,又称为抄平。为了控制基槽的开挖深度,当基槽挖到离槽底设计高程0.3~0.5m时,应用水准仪在基槽壁上测设若干个水平的小木桩(水平桩),使水平桩的上表面离槽底的设计高程为一固定值,如图7-7所示。为了施工方便,一般在槽壁各拐角处和槽壁每隔3~4m处均测设一个水平桩。必要时,可沿水平桩上表面拉上白线绳,作为清理槽底和打基础垫层时掌握高程的依据。水平桩高程测设限差为±10mm。

【例7-2】 如图7-7中,槽底设计高程为-1.800m,龙门板高程为±0.000,现用水准仪测设比槽底高0.500m的水平桩(即水平桩设计高程为-1.300m),水准仪后视龙门板上±0.000标高线时水准尺读数$a=1.100$m。试计算应读的前视读数。

解:已知,$a=1.100$m,则水准仪前视水平桩上表面水准尺应读前视读数b为:
$$b = 0.000 + 1.100 - (-1.800 + 0.500) = 2.400\text{m}$$

将水准尺立于槽壁上,上下移动尺身,当前视读数刚好为2.400m时停住,沿尺底面钉设水平桩。利用水平桩可以很方便地检查槽底高程。

2)垫层中线投测与高程控制

垫层打好以后,根据轴线控制桩(引桩)或龙门板上的轴线钉,用经纬仪把基础轴线投测到垫层上,然后根据投测的轴线,在垫层上将墙中心线和基础边线用墨线弹出,以便砌筑基础。如果未设垫层,可在槽底钉木桩,把轴线及基础边线投测到木桩上。

垫层高程控制可以在槽壁弹线,或者在槽底打下小桩进行控制。如果垫层上支有模板,则可以直接在模板上弹出高程控制线。

3)防潮层抄平与轴线投测

当基础墙砌筑到±0.000高程下一层砖时,应用水准仪测设防潮层的高程,其测量高程限差为±5mm。防潮层做好之后,根据轴线控制桩或龙门板上的轴线钉,用经纬仪将墙体轴线和墙边线投测到防潮层上,其投点限差为±5mm;然后将墙体轴线和边线用墨线弹出,并把这些线加以延伸,画到基础墙立面上,如图7-8所示。

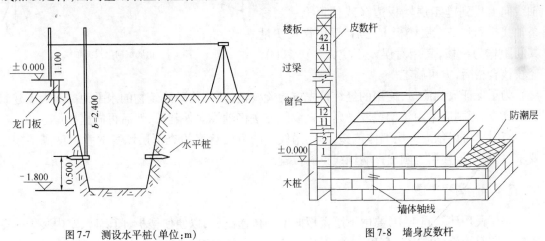

图7-7 测设水平桩(单位:m)   图7-8 墙身皮数杆

4)墙身皮数杆的设置

墙身皮数杆(又称线杆)是控制砌体高程和保持砖缝水平的重要依据。画皮数杆要按照建筑剖面图和有关大样图的高程进行,在皮数杆上应标明±0.000、砖层、窗台、过梁、预留孔及楼板等位置,如图7-8所示。

皮数杆一般钉立在建筑物拐角和隔墙处,若墙长超过20m,中间应加设皮数杆。施工时采用里脚手架时,皮数杆立在墙外边,采用外脚手架时,皮数杆立在墙里边。钉立皮数杆时,先在立杆处打下一木桩,用水准仪在木桩侧面测设出±0.000高程位置,其测设限差为±3mm;然后将画好的皮数杆上±0.000标高线与木桩侧面上±0.000标高线对齐,用钉钉牢。为了使皮数杆稳固,可在皮数杆上加钉斜拉支撑。钉好后应用水准仪检查。

两层以上建筑立上层皮数杆时,要从下层皮数杆往上接。如果已砌墙顶面高程存在误差,应在砌上层墙体时纠正过来。如果下层皮数杆被破坏,要对楼层重新抄平,以设计高程为依据钉立皮数杆。如果遇到砖层存在误差,应让砖层服从皮数杆,不能让皮数杆随砖层走。

7.5 民用建筑主体施工测量

多层民用建筑每层砌筑前都应进行轴线投测和高程传递,以保证建筑物轴线位置和高程正确,其精度要求参见表7-4,与此同时还应进行相应的放样工作。

7.5.1 轴线投测

在多层建筑墙身砌筑过程中,可用经纬仪以底层轴线为准把轴线投测到各施工层楼板边缘或柱顶上。每层楼板中心线应测设长线(列线)1~2条、短线(行线)2~3条,从底层一直到顶层,投测点的限差为±5mm。然后根据由底层投测上来的轴线,在楼板上分间弹线,如图7-9所示。

投测轴线具体做法:将经纬仪安置在轴线控制桩A、B上,严格对中整平,后视底层(首层)墙体底部的轴线标志线(点),用正倒镜取中法,将轴线向上投到施工层楼板边缘或柱顶上。当多条轴线投测到施工层楼板上之后,要用钢尺实量其间距作为校核,其相对误差不应大于1/2000,经校核合格后,方可施工。

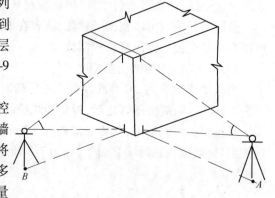

图7-9 由底层向上投测轴线

为了保证投测质量,使用的经纬仪先应检验校正,经纬仪距建筑物的水平距离要大于建筑物的高度,否则应采用正倒镜取中延长直线的方法将轴线向外延长,然后再向上投点。

有时也可以依靠下层墙体传递,即用吊线坠的方法认真检查下层墙身的垂直度满足规定要求后,在上层楼层上画出该墙轴线正确位置。

7.5.2 高程传递

多层民用建筑施工中,要由下层楼板向上层传递高程,以便使楼板、门窗口、室内装修等工程的高程符合设计要求。高程传递一般可采用以下几种方法进行:

(1)采用皮数杆传递高程:皮数杆上±0.000标高线,门窗口、过梁及楼板等构件的高程都已标明,一层楼砌好后,再从第二层立皮数杆,一层、一层往上接,就可以把高程传递到各施工楼层。在向上接皮数杆时应检查下层皮数杆是否发生变动。

(2)利用钢尺直接丈量:从设在外墙角或楼梯间的±0.000标高线起,用钢尺竖直向上直接丈量,把高程传递上去。然后根据由下面传递上来的高程立皮数杆,作为该层墙身砌筑和安装门窗、过梁及室内装修、地坪抹灰时掌握高程的依据。这种传递高程方法精度优于上法。

(3)吊钢尺法:在楼梯间悬吊钢尺(钢尺零点朝下),用水准仪读数,把下层高程传到上层,如图7-10,传递至第二层楼面的高程H_2可根据第一层楼面已知高程H_1计算而得。这种方法传递高程精度较高。

$$H_2 = H_1 + a + (c - b) - d \tag{7-2}$$

式中:a、d——水准尺读数;

c、b——钢尺读数;

H_1——已知高程值。

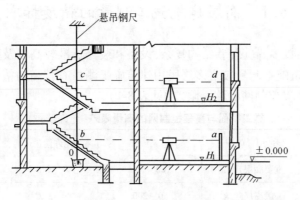

图7-10　吊钢尺法传递高程

(4)普通水准测量法:在条件许可时,直接使用水准仪和水准尺,按普通水准测量方法沿楼梯逐站向上,将高程传递到各施工层楼面,作为该施工楼层抄平的依据。

8 高层建筑施工测量

8.1 高层建筑施工测量的精度标准

由于高层建筑层数多、高度高、结构复杂,设备和装修标准较高以及建筑平面、立面造型新颖多变,所以高层建筑施工测量较之多层民用建筑施工测量有较高的精度要求。

1) 施工平面与高程控制网的测量限差(见表 8-1)

施工平面与高程控制网的测量限差(允许偏差)　　表 8-1

平面网等级	适用范围	边长(m)	允许偏角(″)	边长相对精度
一级	重要高层建筑	100~300	±15	≤1/30000
二级	一般高层建筑	50~200	±20	≤1/15000

注:1. 平面控制网应使用 5″级以上的全站仪,测距精度为 $\pm(3mm + 2 \times 10^{-6}D)$。
2. 高程控制网应使用 DS_3 以上水准仪,高差闭合差限差为 $\pm 6\sqrt{n}$ mm 或 $\pm 20\sqrt{L}$ mm。

2) 基础放线尺寸定位限差(见表 8-2)

基础放线尺寸定位限差(允许偏差)　　表 8-2

项　目	限　差(mm)
基础桩位放样	(1)单排桩或群桩中的边桩:±10 (2)群桩:±20
长度 L(宽度 B)≤30m 30m < L(B) ≤60m 60m < L(B) ≤90m L(B) >90m	±5 ±10 ±15 ±20

3) 各施工层施工放线限差(见表 8-3)

各施工层施工放线限差(允许偏差)　　表 8-3

项　目		限　差(mm)
外廓主轴线长 L	L≤30m	±5
	30m < L ≤60m	±10
	60m < L ≤90m	±15
	L >90m	±20
细部轴线		±2
承重墙、梁、柱边线		±3
非承重墙边线		±3
门窗洞口线		±3

4) 轴线竖向投测限差（见表 8-4）

轴线竖向投测限差（允许偏差） 表 8-4

项 目		限 差（mm）
每层（层间）		3
建筑总高（全高）H(m)	$H \leqslant 30\text{m}$	5
	$30\text{m} < H \leqslant 60\text{m}$	10
	$60\text{m} < H \leqslant 90\text{m}$	15
	$90\text{m} < H \leqslant 120\text{m}$	20
	$120\text{m} < H \leqslant 150\text{m}$	25
	$H > 150\text{m}$	30

注：建筑全高 H 竖向投测偏差不应超过 $3H/10000$（H 单位为 mm），且不应大于表中值。对于不同的结构类型或不同的投测方法，其竖向允许偏差要求略有不同。

5) 高程竖向传递限差（见表 8-5）

高程竖向传递限差（允许偏差） 表 8-5

项 目		限 差（mm）
每层（层间）		±3
建筑总高（全高）H(m)	$H \leqslant 30\text{m}$	±5
	$30\text{m} < H \leqslant 60\text{m}$	±10
	$60\text{m} < H \leqslant 90\text{m}$	±15
	$90\text{m} < H \leqslant 120\text{m}$	±20
	$120\text{m} < H \leqslant 150\text{m}$	±25
	$H > 150\text{m}$	±30

注：建筑全高 H 高程竖向传递测量误差不应超过 $3H/10000$（H 单位为 mm），且不应大于表中值。

6) 各种钢筋混凝土高层结构施工中竖向与轴线位置的施工限差（见表 8-6）

钢筋混凝土高层结构施工中竖向与轴线位置施工的限差（允许偏差） 表 8-6

限差	结构类型	现浇框架 框架—剪力墙	装配式框架 框架—剪力墙	大模板施工 混凝土墙体	滑模施工	检查方法
层间（mm）	层高不大于 5m	8	5	5	5	2m 靠尺检查
	层高大于 5m	10	10			
全高 H		$H/1000$ 但不大于 30mm	$H/1000$ 但不大于 20mm	$H/1000$ 但不大于 30mm	$H/1000$ 但不大于 50mm	激光经纬仪 全站仪实测
轴线位置	梁、柱（mm）	8	5	5	3	钢尺检查
	剪力墙（mm）	5	5			

注：H-建筑总高度（m）。

7）各种钢筋混凝土高层结构施工中高程的施工限差（见表8-7）

钢筋混凝土高层结构施工中高程的施工限差（允许误差）　　表8-7

限差 \ 结构类型	现浇框架 框架—剪力墙	装配式框架 框架—剪力墙	大模板施工 混凝土墙体	滑模施工	检查方法
每层（mm）	±10	±5	±10	±10	钢尺检查
全高（mm）	±30	±30	±30	±30	水准仪实测

8）高层钢结构施工中构件安装的允许偏差（见表8-8）

钢结构安装允许偏差　　表8-8

项目类别	项目内容	允许偏差	测量方法
地脚螺栓	钢结构的定位轴线	$L/2000$	钢尺和经纬仪
	钢柱的定位轴线	±1mm	钢尺和经纬仪
	地脚螺栓的位移	±2mm	钢尺和经纬仪
	柱子的底座位移	±3mm	钢尺和经纬仪
	柱底的标高	±2mm	水准仪检查
钢柱	底层柱基准点标高	±2.0mm	水准仪检查
	同一层各节柱柱顶高差	±5.0mm	水准仪检查
	底层柱柱底轴线对定位轴线偏移	±3.0mm	经纬仪和钢尺检查
	上、下连接处错位（位移、扭转）	±3.0mm	钢尺和直尺检查
	单节柱垂直度	$±H_1/1000$mm 且小于10.0mm	经纬仪检查
主梁	同一根梁两端顶面高差	$±L/1000$mm 且小于10.0mm	水准仪检查
次梁	与主梁上表面高差	±2.0mm	直尺和钢尺检查
主体结构 整体偏差	垂直度	$±(H/2500+10)$mm 且小于50.0mm	按各节柱的偏差累计计算
	平面弯曲	$±L/1500$mm 且小于25.0mm	按每层偏差累计计算

注：H—钢柱和主体结构高度；L—梁长；H_1—单节柱高度（H、L、H_1 单位均为 mm）。

8.2 高层建筑桩位放样与基坑标定

1）桩位放样

高层建筑在软土地基区域常用桩基，一般打入钢管桩或钢筋混凝土方桩。由于高层建筑的上部荷重主要由钢管桩或混凝土方桩承受，所以对桩位要求较高，一般要求钢管桩或混凝土方桩的定位偏差不得超过 $D/2$（D 为圆桩直径或方桩边长）。因此，桩位放样必须按照建筑施工控制网，实地测设出控制线，再按设计的桩位图中尺寸逐一定出桩的位置，同时还应丈量桩位间的尺寸进行校核，以防定错，如图8-1所示。

2）建筑物基坑标定

高层建筑由于采用箱形基础和桩基础较多，所以其基坑较深，有时深达20多米。在开挖深基坑时，应当根据规范和设计所规定的平面和高程精度要求，完成基坑土方工程。

基坑下轮廓线的标定和土方工程的定线，可以沿着建筑物的设计轴线进行定点，最好是根据施工控制网进行定线。

根据设计图纸,常用的方法有下列几种:
(1)投影交会法

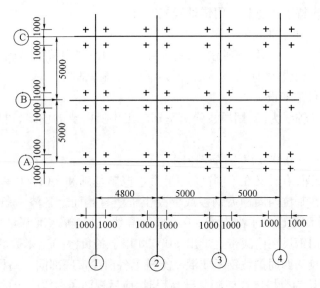

图8-1 桩位图(单位:mm)

根据建筑物轴线控制桩(端点桩),利用经纬仪投影交会出建筑物所有外围轴线桩,然后根据设计图纸用钢尺定出其开挖基坑的边界线。

(2)主轴线法

施工建筑方格网一般都确定一条或两条主轴线。主轴线的形式有L形、T形或十字形等布设形式。这些主轴线是作为建筑物施工的主要控制依据。因此,当建筑物放样时,按照建筑物柱列线或轮廓线与主轴线的关系,在建筑现场上定出主轴线后,即可根据主轴线逐一定出建筑物的轮廓线。

(3)极坐标法

由于高层建筑平面、立面造型新颖多变,给建筑物的放样定位带来一定的复杂性,采用极坐标法可以较好地解决定位问题。具体做法是:首先按照设计要素(如轮廓坐标、曲线半径等与施工控制点的关系),计算其方位角(角度)及边长,在控制点上按其计算所得的方位角(角度)及边长,逐一测设点位,将建筑物的所有轮廓点位定出后,应检查其点位位置及其关系是否满足设计要求。

总之,根据施工现场的条件和建筑物几何图形繁简程度,选择最合适的定位放样方法,然后根据测设出的建筑物外围轴线定出其开挖基坑的边界线。

8.3 高层建筑基础施工测量

这方面内容类似于多层建筑基础施工测量,它包括基础放线和±0.000以下高程控制。当高层建筑基坑垫层浇筑后,在垫层上测定建筑物各条轴线、边界线、墙宽线等,称为基础放线(俗称撂底)。这是具体确定建筑物位置的关键。施测时应严格保证精度,严防出错;同时也要保证±0.000以下高程控制的测设精度。

1)基础放线

(1) 轴线控制桩的检测

根据建筑物施工控制网(点),检测各轴线控制桩确实无碰动和位移后方可使用。对于较复杂的建筑物轴线,应特别注意防止用错轴线控制桩。

(2) 建筑物四大角和主轴线的投测

根据经检测后基槽边上的轴线控制桩,用经纬仪正倒镜取中法向基础垫层上投测建筑物四大角、四轮廓线和主轴线,经闭合校核后,再详细放出细部轴线。

(3) 基础细部线位的测设

根据基础图,以各轴线为准,用墨线弹出基础施工中所需要的中线、边界线、墙宽线、柱列线及集水坑线等。

2) 基础高程控制(±0.000 以下高程控制)

高层建筑基础较深,有时又在不同高程上,为了控制基础和 ±0.000 以下各层的高程,在基坑开挖过程中,应在基坑四周护坡钢板或混凝土桩竖直侧面上各漆一条宽 10cm 的竖向白漆带。用水准仪根据附近已知水准点或 ±0.000 标高线,以二等水准测量精度测定竖向白漆条上顶的标高;然后用钢尺在白漆带上量出 ±0.000 以下各负(-)整米数的水平线;最后将水准仪安置在基坑内,校测四周护坡钢板或混凝土桩上各白漆带底部同一高程的水平线,若其误差在 ±5mm 以内,则认为合格。在施测基础高程时,应后视两条白漆带上的水平线以作校核。

3) 基础验线

基础放线和高程控制经有关技术部门和建筑单位验线后,方可正式交付施工使用,其允许偏差见本章第 8.1 节。

8.4 高层建筑的轴线投测

高层建筑施工到 ±0.000 后,随着结构的升高,要将首层轴线逐层向上竖向投测,作为各层放线和结构竖向控制的依据。这是高层建筑施工测量的主要内容。进入 21 世纪后,随着城市高层建筑愈来愈多、愈来愈高,施工中对高层建筑竖向偏差(垂直度)的控制要求也更为严格。故高层建筑轴线向上投测的方法及其精度应与之相适应,以确保高层建筑竖向偏差值在规定的要求以内。

因此,无论采用何种方法向上投测轴线,都必须在基础工程完成后,根据施工控制网,校测建筑物轴线控制桩,合格后将建筑物轮廓线和各细部轴线精确地弹测到 ±0.000 首层平面上,作为向上投测轴线的依据。目前,高层建筑的轴线投测方法分为外控法和内控法两类。

8.4.1 外控法

当拟建建筑物外围施工场地比较宽阔时,常用外控法。它是在高层建筑物外部,根据建筑物的轴线控制桩,使用经纬仪将轴线向上投测,故称经纬仪竖向投测法,类似于多层民用建筑轴线投测。但由于高层建筑施工特点和场地情况不同,安置经纬仪的位置也有不同,可分下列三种投测方法:延长轴线法、侧向借线法和正倒镜逐渐趋近法(挑直法)。下面介绍延长轴线法和侧向借线法。

1) 延长轴线法

此法适用于建筑场地四周宽阔的条件,能将建筑物轮廓轴线延长到远离建筑物的总高度以外,或附近的多层建筑物的楼顶上,并可在轴线的延长线上安置经纬仪,以首层轴线为准,向上逐层投测。南京金陵饭店(塔楼37层,高度110.75m)和北京中央电视台播出楼(高度103.4m)均采用此法进行轴线竖向投测。

现以南京金陵饭店塔楼轴线竖向投测为例,加以说明。

图8-2为建筑平面位置示意图,A、B为施工坐标系,CC'轴和$33'$轴为塔楼基础中心轴线,O'为塔楼基础中心轴线交点。在CC'轴线和$33'$轴线上距塔楼尽可能远而又在施工区范围内桩钉四个轴线控制桩C、C'、3、$3'$(本工程因场地所限,距塔楼约为70m),基础平面的细部位置即可根据O'点及CC'、$33'$轴线全部放样出来。

当基础工程完工后,应用经纬仪将3、C轴线精确地投测在塔楼底部并标定之,如图8-3中a、a'、b、b'点。随着建筑物不断升高,要逐层向上投测其柱列轴线,这都是以3轴和C轴为基准使用经纬仪竖向投测法进行。其具体做法如下:

先将经纬仪安置在C、C',3、$3'$的轴线控制桩上,严格对中与整平,分别以正倒镜两个盘位照准塔楼底层3、C轴线标志a、a'、b、b',向上投测到施工楼层的楼面上,取正倒镜投测点位的中点作为该层楼面轴线的投影点,如图8-3中某楼层面上的投影点为a_1、a_1'、b_1、b_1'点。中心轴线交点O'采用归化法正倒镜投点将轴线实测在楼面相交而得。金陵饭店10层以下都是采用上述方法,并以底层作为基准向上投测轴线点。

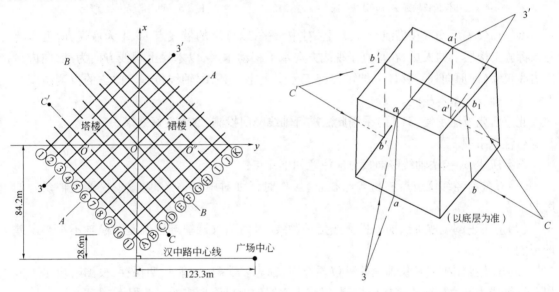

图8-2 建筑平面位置示意图　　　　图8-3 经纬仪竖向投测法(10层以下)

当超过10层时,因仪器距建筑物太近、仰角大,投测不便且影响投测精度。因此将轴线控制桩延长引测到施工围墙以外120m远的安全地面或附近多层民用建筑物的楼顶上,重新桩钉,如图8-4中的C_1、C_1'点,即为C轴线延长后新的轴线控制桩。在新的轴线控制桩上安置经纬仪,瞄准10层楼面上的C轴线的标志b_{10}、b_{10}',再逐层向上投测,这种方法称为延长轴线法。本工程四个延长轴线后的控制桩均距塔楼120m以远,其中三个位于地面,一个位于附近某民用建筑的五层楼顶上。

投测前应严格检核仪器,操作时仪器应仔细对中整平,宜选择阴天无风天气进行投测。本工程用上述方法投测后,又采用吊线坠法对投测的轴线进行检核,其结果令人满意。经甲方验收,竖向偏差均在±10mm以内,符合规范允许偏差±20mm的要求,表明此法是实用可靠的。

2）侧向借线法

此法适用于场地四周范围较小的条件，高层建筑物四廓轴线无法延长，但可以将轴线向建筑物外侧平行移出（俗称借线）。移出的尺寸应视外脚手架的情况而定，尽可能不超过 2m，如图 8-5 所示中 AA_1 直线即为 A 轴线的借线。

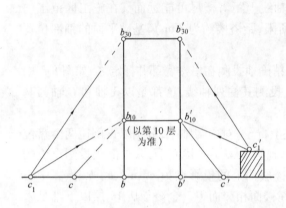

图 8-4　经纬仪延长轴线法（10 层以上）　　　　图 8-5　侧向借线法示意图

将经纬仪先后安置在借线点 A、A_1 上，对中整平，以首层的借线点 A_1、A 为后视，向上投测并指挥施工楼层上的人员，在垂直于视线方向水平移动木尺，以木尺上视线方向为准，向内量出借线尺寸（即原向外平移量），即可在施工楼层上定上 $A'A_1'$ 轴线位置。此法的投测精度与上述延长轴线法基本相同。

北京西苑饭店主楼（31 层）采用此法进行轴线竖向投测，取得良好效果。

3）注意事项

综上所述，外控法轴线竖向投测应注意如下几点：

（1）投测前经纬仪应严格检验与校正，操作时仔细对中与整平，以减少仪器竖轴误差的影响。

（2）应用正倒镜取中法向上投测或延长轴线，以消除仪器视准轴误差和横轴不水平误差的影响。

（3）轴线控制桩或延长轴线的桩位要稳固，标志要明显，并能长期保存，投测时应尽可能以首层轴线为准直接向施工楼层投测，以减少逐层向上投测造成的误差积累。

（4）当使用延长轴线法或侧向借线法向上投测轴线时，建议每隔 5 层或 10 层，用正倒镜逐渐趋近法或其他的方法校测一次，以提高投测精度，减少竖向偏差的积累。

8.4.2　内控法

若施工现场窄小，无法在建筑物外面轴线上安置经纬仪进行投测，特别是城市中建筑物密集的市区建造高层建筑，均使用此法。

根据建筑物平面图和施工现场条件，在建筑物内部的首层仔细布设内控点，精确地测定内控点的位置。内控点宜选在建筑物的主要轴线上或平行于建筑物的主要轴线上，并便于向上竖向投测。这种根据垂准线原理进行的轴线投测，由于使用的仪器不同，可分为下列三种投测方法：

1）吊线坠法

此法是悬吊特制的较重的线坠，以首层靠近建筑物轮廓的轴线交点为准，直接向各施工楼层悬吊引测轴线。施测中，如果采取措施得当，此法可做到既经济，又简单直观。其投测精度对于3~4层高的楼层，只要认真操作，由下一层向上一层悬吊铅直线的偏离误差不会大于±3mm。若采取依次逐层悬吊线坠投测，例如投测至第16层，其累积的总偏差一般不会大于 $\pm 3\sqrt{16} = \pm 12$mm。此精度能满足规范要求。

南京金陵饭店塔楼(37层)曾采用吊线坠法作轴线竖向投测偏差检测。具体方法是在基础层施工完后，以1/10000量距精度精确测设出距3轴和C轴为9.75m的平行辅助轴线，在辅助轴线上距塔楼边梁30cm处埋设8块10cm见方的钢板，在钢板上精确刻出9.75m辅助轴线的标志。以后每层楼面相应的位置均预留8个洞孔，如图8-6所示。使用特制15kg锤球，用直径1mm钢丝悬吊，操作时严格使锤球尖对准钢板轴线标志，为防止风力引起摆动，在下层使用防风板，采用对讲机上下联系。由于此法是用于检测，故每隔5层吊锤引测轴线一次，10层以下是以首层为准，10~20层是以第10层轴线标志为准，20~30层是以第20层轴线标志为准，30~37层是以第30层轴线标志为准。其目的是为了克服悬吊钢丝过长摆动不易稳定。

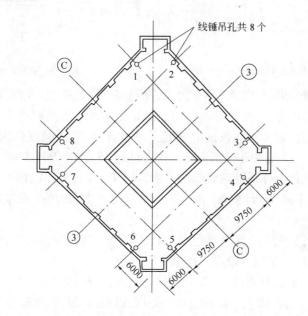

图8-6 吊线坠法预留吊孔示意图(单位:mm)

每隔5层用悬吊线坠法引测结果与相应经纬仪竖向投测法相比较，两者间最大差值仅为4mm。表明吊线坠法只要认真操作，措施得当，可以达到较高的精度，此法也可作为其他方法的辅助检测。但在操作中应注意：线坠(锤球)形状要正规，重量应适当，悬吊细钢丝应无扭曲；线坠尖应仔细对准轴线标志，线坠上端应固定牢固，钢丝中间无障碍物，防止侧向风吹和振动；如是逐层向上引测，应在每隔3~5层时，用更大的线坠由下面直接向上引测一次通线，以作校测。

2) 天顶准直法

天顶准直法是使用能测设天顶方向的专用仪器，进行轴线竖向投测。常用测设天顶方向的仪器有：激光经纬仪、配有90°弯管目镜的经纬仪、激光准直仪、自动天顶准直仪及自动天顶—天底准直仪等。以南京市某高层住宅楼(17层)工程为例，使用激光准直仪进行轴线投测，该实例说明天顶准直法不仅操作简便，而且能保证较高的投测精度。

图8-7为南京市某高层住宅楼平面图,A、B、C为首层内控点,精心埋设并精确测定,AB轴线与BC轴线互相垂直并平行于相应的房屋轴线。

(1) 具体实施步骤

①将激光经纬仪分别安置在首层内控点A、B、C上,仔细对中,严格整平,在内控点竖直方向上的各施工楼层均预留孔洞(200mm×200mm),在孔洞上方放置画有不同直径圆圈的透明塑料板,作为接收光靶,如图8-8所示。

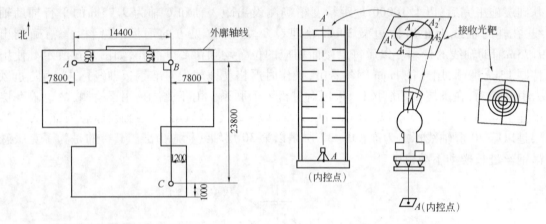

图8-7 楼房平面图与内控点布设示意图(单位:mm)　　图8-8 激光准垂仪投测法

②仪器启动后,激光束(红光点)竖直向上,投射在接收光靶上,观测仪器人员用对讲机指挥施工楼层上人员,移动光靶,使激光束(红光点)正好对准接收光靶的十字中心,然后转动照准部180°,又投测一次,如果两次投测的红光点不重合,取其中间点作为该楼层的投测点位置。有时接收光靶是一块无圆圈的玻璃板,则可以用照准部0°、90°、180°、270°等四个位置分别向上投测,在接收光靶上分别得到如图8-8所示的A'_1、A'_2、A'_3、A'_4四个投测点,将$A'_1A'_3$连线与$A'_2A'_4$连线相交,即得到投测点位A'。一般再重复一次,如两次相差在限差以内,取其中点作为最后结果。

当施工楼层不高,且激光束光斑清楚细小时,每次施工楼层投测,宜以首层内控点为准向上投测;当施工楼层较高,采用分段向上投测是有利的。

③复测检查:施工单位投测后,监理对此进行复测检查,复测每一个点位,并用DJ_2型经纬仪实测$\angle ABC$,用钢尺实量AB与BC间的水平距离,以便与设计值比较。

(2) 精度分析

使用激光准直仪进行竖向轴线投测,其投测点的点位误差主要来源于仪器光学对中误差、竖轴铅垂误差以及投测点位标定误差等方面。一般认为仪器光学对中误差m_1可控制在 ± 1mm以内(即$m_1 = \pm 1$mm);竖轴铅垂误差(整平误差)$m_2 = \pm 0.2 \cdot \dfrac{\tau''}{\rho''} \cdot H$,式中$H$为投测施工楼层至首层的高度,$\tau''$为仪器水准管分划值;投测点位标定误差$m_3$可取$\pm 0.5$mm。则投测本身的点位中误差$M_1$为:

$$M_1 = \sqrt{m_1^2 + m_2^2 + m_3^2} \tag{8-1}$$

如顾及内控点的点位中误差M_2,则投测点位的中误差M为:

$$M = \sqrt{M_1^2 + M_2^2} \tag{8-2}$$

【例8-1】 南京市新街口某超高层塔楼,使用激光准直仪内控法投测各施工楼层轴线,首层内控点共4个,精确测定其位置,经平差计算,内控点的点位中误差(最大)为 $M_2 = \pm 0.6$mm。试进行精度分析。

解:现投测某施工楼层,$H = 34$m,使用仪器水准管分划值 $\tau'' = 15''$,由式(8-1)得:

$$M_1 = \sqrt{m_1^2 + m_2^2 + m_3^2} = \sqrt{1^2 + \left(0.2 \times \frac{15}{206265} \times 34 \times 10^3\right)^2 + 0.5^2} = \pm 1.22 \text{mm}$$

由式(8-2)得:

$$M = \sqrt{M_1^2 + M_2^2} = \pm 1.36 \text{mm}$$

本工程使用的激光准直仪标称垂准精度为 1/30000,当建筑高度 $H = 34$m 时,其投测垂准精度为 1.13mm,基本上与精度估算值 1.22mm 数值相当,说明精度估算与分析比较合理。

(3)注意事项

在超高层建筑施工中,大多采用内控法进行轴线竖向投测。但由于内控点所构成边长均较短,一般为 20~50m 之间,虽然在轴线投测至施工楼层后,对每一楼层上边角和自身尺寸进行检测,但检查不了内控点(网)在施工楼层上的位移与转动。因此,近年来在一些超高层建筑轴线竖向投测中,采用内、外控法互相结合的方法进行轴线投测,取得了良好的效果。例如我国超高层建筑上海金茂大厦(高度 420.50m),就是采用内外控相结合的方法,效果较好。

在高层建筑轴线投测中,无论采用何种方法,都会遇到阳光照射,使建筑物有阴阳面,导致建(构)筑物向阴面倾斜(弯曲),特别是钢结构的高层建筑。因此,轴线投测宜选择阴天进行,并在实践中注意摸索规律,采取合适的措施,减少外界的影响。

3)天底准直法

天底准直法是使用能测设天底方向(指过测站点铅直向下的方向)的专门仪器,进行轴线竖向投测。这类仪器有自动天顶—天底准直仪、垂准经纬仪、自动天底准直仪等。例如,自动天底准直仪可将仪器安置在施工楼层上,将首层轴线铅直投测上来,一般适用现场浇注混凝土工程,既安全,又能保证精度。现以使用 DJ_6—C6 垂准经纬仪为例简介具体做法:

首先,按照现场条件与建筑平面图,在建筑物内部底层布设内控点,称为基准点,精心埋设,精确测定;在相应竖直方向的各施工楼层上设置预留孔洞,一般孔径为 $\phi 150 \sim 200$mm,称为俯视孔。在施工楼层俯视孔位置上安置垂准经纬仪。如图 8-9 所示,在底层内控点(基准点)上放置目标分划板,使分划板中心与基准点标志中心严格重合。为了使标志清楚,应开启分划板附属照明设备。

利用仪器望远镜和目镜组,将望远镜指向天底方向,然后调焦使分划板清晰,并使望远镜十字丝与基准点十字分划线相互平行,读出基准点的坐标读数为 A_1,转动照准支架 180°,再读一次基准点的坐标读数为 A_2。由于仪器误差,A_1 与 A_2 不一致,故取中数 $A = \frac{1}{2}(A_1 + A_2)$。此时仪器中心与基准点坐标

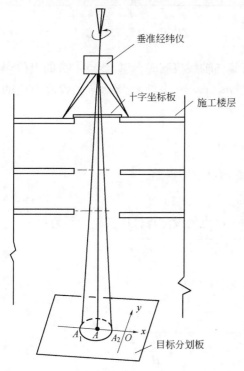

图 8-9 垂准经纬仪投测示意图

A 在同一铅垂线上,完成了基准点的对中。

最后,将望远镜调整至施工楼层上,在施工楼层俯视孔位置放置十字坐标板(仪器附件),将垂准点标定在施工楼层的十字坐标板上,用墨线将其位置弹在俯视孔四侧边上。这就完成了一次基准点的投测。

上海华东电管局大楼(高度 126.60m)采用 DJ_6—C6 垂准经纬仪内控法投测轴线,取得良好的效果。投测后用吊线坠法校核,最大偏差不超过 3mm,表明此法也具有较高的投测精度。

8.4.3 超高层建筑分段投测轴线法及其精度

超高层建筑(建筑全高 $H \geqslant 100m$)施工测量中的主要问题是控制竖向偏差,即如何准确地将各层轴线向上投测,作为施工的依据,并使竖向偏差(垂直度)满足表 8-4 的规定要求。这个规定是进行超高层建筑轴线投测方案设计与施测的出发点与依据。超高层建筑轴线内控法投测时,采用分段投测法可以提高轴线投测精度,有效控制竖向偏差。理论分析与工程实践证明,分段投测法是十分实用的。

1)分段投测法与直接投测法的精度比较

如图 8-10 所示,设建筑物全高为 H,分段投测高度均为 h,分段数目 $n = H/h$。A 为首层内控点,a_1、a_2、……、a_{n-1}、a_n 为分段投测时各分段施工层上相应的投测点,其竖向投测点位中误差分别为 M_{a1}、M_{a2}、……、M_{an};A_1、A_2、……、A_{n-1}、A_n 分别为直接投测时各段施工层上的投测点,其竖向投测点位中误差为 M_{A1}、M_{A2}、……、M_{An}。

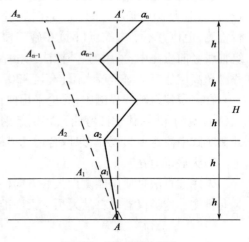

图 8-10 分段投测示意图

由内控法的投测原理可知,使用激光垂准仪进行竖向轴线投测时,其投测点本身的点位误差主要来源有仪器的光学对中误差 m_1、竖轴铅垂误差 m_2($m_2 = \pm 0.2 \times \tau''/\rho \times h$)、投测点位的标定误差 m_3。则投测点本身的点位中误差:

$$M_1 = \sqrt{m_1^2 + m_2^2 + m_3^2}$$

若考虑到首层控制点的点位中误差 M_A,则投测点的点位中误差:

$$M = \sqrt{M_1^2 + m_A^2} \tag{8-3}$$

由式(8-3),我们可以求得分段投测时 a_1、a_2、……、a_n 点的投测点位中误差分别为:

$$M_{a1} = \sqrt{M_1^2 + M_A^2} = \sqrt{m_1^2 + (0.2 \times \tau''/\rho \times h)^2 + m_3^2 + M_A^2}$$

$$M_{a2} = \sqrt{m_1^2 + (0.2 \times \tau''/\rho \times h)^2 + m_3^2 + \frac{\sqrt{2}}{2}M_A^2}$$

……

$$M_{an} = \sqrt{\frac{H}{h}} \times \sqrt{m_1^2 + (0.2 \times \tau''/\rho \times h)^2 + m_3^2 + \frac{\sqrt{h}}{H}M_A^2} \tag{8-4}$$

如采用直接投测法,即轴线均由首层直接投测到各施工层上,则在各段施工层上的投测点

A_1、A_2、……、A_n的点位中误差为:

$$M_{A1} = \sqrt{m_1^2 + (0.2 \times \tau''/\rho \times h)^2 + m'^2_3 + M_A^2}$$

$$M_{A2} = \sqrt{m_1^2 + (0.2 \times \tau''/\rho \times 2 \times h)^2 + m'^2_3 + M_A^2}$$

……

$$M_{An} = \sqrt{m_1^2 + (0.2 \times \tau''/\rho \times H)^2 + m'^2_3 + M_A^2} \quad (8-5)$$

式中：m'_3——直接投测时的标定点位中误差。

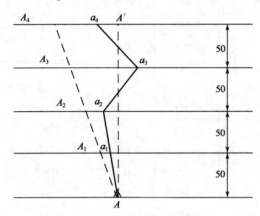

图 8-11 广州国贸大厦分段投测示意图(单位:m)

现以广州国贸大厦($H = 200.18\text{m}$)为例进行验算。如图 8-11 所示，将其全高分为四段，每段 $h = 50\text{m}$，设首层控制点 A 无误差，即 $M_A = 0$。在一般情况下，可取对中误差 $m_1 = \pm 0.5\text{mm}$，竖轴铅垂误差 $m_2 = \pm 0.2 \times \tau''/\rho \times h$，$\tau$ 为仪器水准管分划值($\tau = 15''$)，分段投测时的点位标定误差 $m_3 = \pm 0.5\text{mm}$，直接投测至顶层时的点位标定误差 $m'_3 = \pm 2\text{mm}$。根据上面的式(8-4)和式(8-5)可以计算出:

$$M_{a4} = \pm 0.23\text{mm}, M_{A4} = \pm 3.56\text{mm}$$

显然，$M_{a4} < M_{A4}$，表明分段投测比直接投测点位精度要高。

2) 分段投测时分段高度的计算

经过上述分析，可知分段投测要优于直接投测。但是在实际工程中，我们应怎样计算分段投测的高度，并使得在此分段高度时，投测点的点位中误差最小？下面我们来讨论这个问题。

由前面的分析可知，式(8-4)为分段投测时投测点 a_n 的点位中误差 M_{an} 与投测段高度 h 的关系式。现对式(8-4)求取关于 h 的一阶导数 M'_{an}。为便于计算与分析，不考虑 M_A 的影响，即:

$$M'_{an}|_k = -\frac{1}{2}\sqrt{H} \times h^{-\frac{3}{2}} \times \sqrt{m_1^2 + (0.2 \times \tau''/\rho \times h)^2 + m_3^2} + \frac{1}{2}\sqrt{\frac{H}{h}}$$

$$\times \frac{(0.2 \times \tau''/\rho)^2 \times 2h}{\sqrt{m_1^2 + (0.2 \times \tau''/\rho \times h) + m_3^2}}$$

令 $M'_{an}|_h = 0$，经简化得:

$$m_1^2 + m_3^2 = (0.2 \times \tau''/\rho)^2 \times h^2$$

$$h = \sqrt{\frac{m_1^2 + m_3^2}{(0.2 \times \tau''/\rho)^2}} = \frac{\rho}{0.2 \times \tau''} \times \sqrt{m_1^2 + m_3^2}$$

将上式 h 的单位化为米表示时:

$$h = \frac{\rho}{200 \times \tau''} \times \sqrt{m_1^2 + m_3^2} \quad (8-6)$$

由上述推导可知当分段投测的高度 $h = \frac{\rho}{200 \times \tau''} \times \sqrt{m_1^2 + m_3^2}$ 时，投测到第 n 段的投测 a_n 的投测点位中误差 M_{an} 为最小。

由式(8-6)看出，分段投测高度 h 与投测时仪器(分划值)、对中误差及标定点位误差等有关。例如：$\tau''=15''$, $m_1=m_2=\pm 0.5$mm, $\rho=206265$ 时，计算分段投测高度 $h=48.6$m。实际工作中，大多选用分段投测高度50m。

我们模拟不同建筑全高 H 和不同分段投测高度 h，代入式(8-4)进行试算。为计算方便，设 $M_A=0$，其结果列于表8-9。

分段投测精度比较表　　　　　　　　　　　　　　　　　表8-9

楼层高度 H (m)	投测高度 h (m)	m_1 (mm)	τ (″)	m_2 (mm)	m_3 (mm)	M_{an} (mm)
100	40	0.5	15	0.582	0.5	1.45
	45	0.5	15	0.654	0.5	1.44
	50	0.5	15	0.727	0.5	1.43
	55	0.5	15	0.800	0.5	1.44
	60	0.5	15	0.873	0.5	1.45
150	40	0.5	15	0.582	0.5	1.78
	45	0.5	15	0.654	0.5	1.76
	50	0.5	15	0.727	0.5	1.75
	55	0.5	15	0.800	0.5	1.76
	60	0.5	15	0.873	0.5	1.78
200	40	0.5	15	0.582	0.5	2.05
	45	0.5	15	0.654	0.5	2.04
	50	0.5	15	0.727	0.5	2.03
	55	0.5	15	0.800	0.5	2.04
	60	0.5	15	0.873	0.5	2.06
250	40	0.5	15	0.582	0.5	2.29
	45	0.5	15	0.654	0.5	2.27
	50	0.5	15	0.727	0.5	2.26
	55	0.5	15	0.800	0.5	2.27
	60	0.5	15	0.873	0.5	2.29
300	40	0.5	15	0.582	0.5	2.51
	45	0.5	15	0.654	0.5	2.49
	50	0.5	15	0.727	0.5	2.48
	55	0.5	15	0.800	0.5	2.50
	60	0.5	15	0.873	0.5	2.52

由表8-9看出，当建筑全高 H 不同时，分段投测高度 $h=50$m，其投测点点位精度最佳，这也符合由上述式(8-6)计算的数据。当然考虑到超高层建筑各层层高可能不同，以选用最接近计算分段高度的楼层来确定分段投测高度和分段数目。

3) 分段投测网形的变形及其调整措施

在施工过程中，内控法分段投测可以使点位投测的精度提高，但是由于施工环境、仪器以及测量人员操作的影响，内控网点的竖向投测误差会随着楼层高度的增加而积累，从而使施工层上内控点产生变形。这种变形一般表现在距离和角度与首层内控网的不一致以及投测后网形的扭转和偏移上,如图8-12所示(实线为首层设计内控网,虚线为投测后变形的内控网)。

我们可以通过对投测后的内控网进行边角数据检测来调整其影响。边角检测的结果应与首层内控网点的原始边角数据进行比较,若超限,则应重新投测;若在限差以内,可根据检测的结果归化至设计位置。

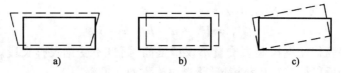

图8-12 矩形网几种可能的变形

在某些情况下,即使通过边角检测,也不能完全保证分段投测点构成网形与首层内控点网形一致,即投测点所得网形发生偏移或扭转,如图8-12b)、c)所示。这时,一般通过内外控结合的办法来解决。上海金茂大厦($H = 420.50m$)施工测量时,为了防止投测网形的偏移和扭转,在东方明珠电视台、招商大厦、世界广场及文峰大酒店设置已知坐标检核点,通过这些外控点来调整投测后的内控点。实践证明这种方法是十分有效的。

随着测绘技术的进步,GPS作为一种新兴的测量技术得到越来越广泛的应用。我们也可以应用GPS静态相对定位技术来替代传统的边角检测,解决内控网竖向投测过程中的变形问题,详见参考文献[55]。

8.5 高层建筑的高程传递

高层建筑高程传递的目的是根据现场水准点或±0.000标高线,将高程向上传递至施工楼层,作为施工中各楼层测设标高的依据。高程传递也有多种方法,类似于多层民用建筑高程传递,也应事先校测施工现场已知水准点或±0.000标高线的正确性。

1)高程传递的方法

目前常用下列方法:

(1)水准仪配合钢尺法

①先用水准仪根据现场水准点或±0.000标高线,在各向上引测处(至少3处)准确地测出相同的起始标高线(一般测+1.000m标高线)。

②用钢尺沿铅直方向,由各处起始标高线开始向上量取至施工楼层,并画出正(+)米数的水平线。高差超过一整钢尺时,应在该层精确测定第二条起始标高线,作为再向上引测的依据。

③将水准仪安置在施工楼层上,校测由下面传递上来的各水平线,误差应在±6mm以内。在各施工楼层抄平时,水准仪应后视两条水平线作校核。

(2)全站仪配合弯管目镜法

近年来,全站仪在建筑施工测量中得到广泛应用,将全站仪配合弯管目镜,在高层建筑高程传递中能直接测得较大的竖向高差,取得良好的效果。

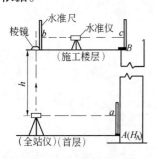

图8-13 全站仪配合弯管目镜法

如图8-13所示,首层已知水准点$A(H_A)$,将其高程传递至某

施工楼层 B 点处。其具体做法是:

①将全站仪安置在首层适当位置,以水平视线后视水准点 A,读取水准尺读数 a。

②将全站仪视线调至铅垂视线(通过弯管目镜)瞄准施工楼层上水平放置的棱镜,测出铅直距离,即竖向高差 h。

③将水准仪安置在施工楼层上,后视竖立在棱镜面处水准尺,读数为 b,前视施工楼层上 B 点水准尺,读数为 c。则 B 点高程 H_B 为:

$$H_B = H_A + a + h + b - c$$

这种方法传递高程比钢尺竖直丈量不仅精度高,而且不受钢尺整尺段影响,操作也较方便。如果用很薄的反射棱镜片代替棱镜,将会更为方便与准确。

2)注意事项

(1)水准仪应检验与校正,施测时尽可能保持前后视距相等;钢尺应检定,应施加尺长改正和温度改正(钢结构不加温度改正),当钢尺向上铅直丈量时,应施加标准拉力。

(2)采用预制构件的高层结构施工时,要注意每层的偏差不要超限;同时更要注意控制各层的高程,防止误差积累使建筑物总高度偏差超限。因此,在高程传递至施工楼层后,应根据偏差情况,在下一层施工时对层高进行适当调整。

(3)为保证竣工时 ±0.000 和各层高程的正确性,在高层建筑施工期间应进行沉降、位移等项目的变形观测。有关施工期间基坑与建筑物沉降的影响、钢柱负荷后对层高的影响等,应请设计单位和建设单位加以明确。

第三篇

交通土建施工测量

9 公路工程施工测量

勘测设计阶段,道路测量的内容包括初测和定测。勘测前首先应搜集和掌握下列基本资料:各种比例尺的地形图、航测像片,国家及有关部门设置的三角点、导线点、水准点等资料;沿线自然地理概况、地质、水文、气象、地震基本烈度等资料;沿线农林、水利、铁路、航运、城建、电力、通信、文物、环保等部门与本路有关系的规划、设计、规定、科研成果等资料。其次,根据工程可行性研究报告拟定的路线基本走向方案,在 1:10000~1:50000 地形图上或航测像片上进行室内研究,经过对路线方案的初步比选,拟定出需勘测的方案(包括比较线)及需现场重点落实的问题。然后进行路线初测和定测。公路初测和定测的内容包括:路线平面控制测量、高程控制测量、带状地形图测绘、路线定线、纵横断面测量、水文调查、桥涵勘测等。

初测和定测之后便要进行施工,施工前设计单位把道路施工图通过业主移交给施工单位。道路施工图中包含道路测量的资料,如:沿线的导线点资料、水准点资料、中线设计和测设资料、纵横断面资料及带状地形图等。

公路工程施工测量是指道路施工过程中所要进行的各项测量工作,主要包括:道路复测、中线测量、纵横断面测量、边桩和边坡放样、高程放样和沉降观测等。

9.1 公路工程施工测量的精度标准

9.1.1 平面控制测量的精度指标

公路平面控制测量,包括路线、桥梁、隧道及其他大型建筑物的平面控制测量。平面控制网的布设应符合因地制宜、技术先进、经济合理、确保质量的原则。有关平面控制测量的原理、方法和要求可参看本书第 4 章。依据《公路勘测规范》(JTG C10—2007),下面列出部分公路勘测平面控制测量的精度指标要求,考虑到公路工程的特殊性,有些精度指标与第 4 章略有不同。

平面控制测量应采用 GPS 测量、导线测量、三角测量或三边测量方法进行;各等级平面控制测量,其最弱点点位中误差不得大于 ±5cm;最弱相邻点相对点位中误差不得大于 ±3cm;最弱相邻点边长相对中误差不得大于表 9-1 的规定;桥梁、隧道和各级公路平面控制测量的等级不得低于表 9-2 的规定;选择路线平面控制测量坐标系时,应使测区内投影长度变形值不大于 2.5cm/km;大型构造物平面控制测量坐标系,其投影长度变形值不应大于 1cm/km;投影分带位置不应选择在大型构造物处。

平面控制测量精度要求 表9-1

测 量 等 级	最弱相邻点边长相对中误差	测 量 等 级	最弱相邻点边长相对中误差
二等	1/100000	一级	1/20000
三等	1/70000	二级	1/10000
四等	1/35000		

平面控制测量等级选用 表9-2

高架桥、路线控制测量	多跨桥梁总长 L(m)	单跨桥梁 L_K(m)	隧道贯通长度 L_G(m)	测 量 等 级
—	$L \geqslant 3000$	$L_K \geqslant 500$	$L_G \geqslant 6000$	二等
—	$2000 \leqslant L < 3000$	$300 \leqslant L_K < 500$	$3000 \leqslant L_G < 6000$	三等
高架桥	$1000 \leqslant L < 2000$	$150 \leqslant L_K < 300$	$1000 \leqslant L_G < 3000$	四等
高速、一级公路	$L < 1000$	$L_K < 150$	$L_G < 1000$	一级
二、三、四级公路	—	—	—	二级

平面控制测量的技术要求有：导线测量的主要技术要求见表9-3；三角测量的主要技术要求见表9-4；三边测量的主要技术要求见表9-5；GPS观测的主要技术要求见表9-6；水平角观测的主要技术要求见表9-7；其他规定请参看《公路勘测规范》（JTG C10—2007）。

导线测量的主要技术要求 表9-3

测量等级	附(闭)合导线长度（km）	边数	每边测距中误差（mm）	单位权中误差（″）	导线全长相对闭合差	方位角闭合差（″）
三等	≤18	≤9	≤±14	≤±1.8	≤1/52000	$\leqslant 3.6\sqrt{n}$
四等	≤12	≤12	≤±10	≤±2.5	≤1/35000	$\leqslant 5\sqrt{n}$
一级	≤6	≤12	≤±14	≤±5.0	≤1/17000	$\leqslant 10\sqrt{n}$
二级	≤3.6	≤12	≤±11	≤±8.0	≤1/11000	$\leqslant 16\sqrt{n}$

注：1. 表中 n 为测站数。
2. 以测角中误差为单位权中误差。
3. 导线网节点间的长度不得大于表中长度的0.7倍。

三角测量的主要技术要求 表9-4

测 量 等 级	测角中误差（″）	起始边边长相对中误差	三角形闭合差（″）	测 回 数		
				DJ_1	DJ_2	DJ_6
二等	≤±1.0	≤1/250000	≤3.5	≥12	—	—
三等	≤±1.8	≤1/150000	≤7.0	≥6	≥9	—
四等	≤±2.5	≤1/100000	≤9.0	≥4	≥6	—
一级	≤±5.0	≤1/40000	≤15.0	—	≥3	≥4
二级	≤±10.0	≤1/20000	≤30.0	—	≥1	≥3

三边测量的主要技术要求 表9-5

测 量 等 级	测距中误差(mm)	测距相对中误差
二等	≤±9.0	≤1/330000
三等	≤±14.0	≤1/140000
四等	≤±10.0	≤1/100000
一级	≤±14.0	≤1/35000
二级	≤±11.0	≤1/25000

GPS 观测的主要技术要求　　　　　　　　　　　表 9-6

项　目	测量等级	二等	三等	四等	一级	二级
卫星高度角(°)		≥15	≥15	≥15	≥15	≥15
时段长度	静态(min)	≥240	≥90	≥60	≥45	≥40
	快速静态(min)	—	≥30	≥20	≥15	≥10
平均重复设站数(次/每点)		≥4	≥2	≥1.6	≥1.4	≥1.2
同时观测有效卫星数(个)		≥4	≥4	≥4	≥4	≥4
数据采样率(s)		≤30	≤30	≤30	≤30	≤30
GDOP		≤6	≤6	≤6	≤6	≤6

水平角观测的主要技术要求　　　　　　　　　　　表 9-7

测量等级	经纬仪型号	光学测微器两次重合读数差(″)	半测回归零差(″)	同一测回中 $2C$ 较差(″)	同一方向各测回间较差(″)	测回数
二级	DJ_1	≤1	≤6	≤9	≤6	≥12
三等	DJ_1	≤1	≤6	≤9	≤6	≥6
	DJ_2	≤3	≤8	≤13	≤9	≥10
四等	DJ_1	≤1	≤6	≤9	≤6	≥4
	DJ_2	≤3	≤8	≤13	≤9	≥6
一级	DJ_2	—	≤12	≤18	≤12	≥2
	DJ_6	—	≤24	—	≤24	≥4
二级	DJ_2	—	≤12	≤18	≤12	≥1
	DJ_6	—	≤24	—	≤24	≥3

注：当观测方向的垂直角超过 ±3° 时，该方向的 $2C$ 较差可按同一观测时间段内相邻测回进行比较。

9.1.2 高程控制测量的精度指标

有关高程控制测量的原理、方法和要求可参看本书第 4 章。依据《公路勘测规范》(JTG C10—2007)，下面列出部分公路勘测高程控制测量的精度指标要求，考虑到公路工程的特殊性，有些精度指标与第 4 章略有不同。

高程控制测量应采用水准测量或三角高程测量的方法进行；公路高程系统，宜采用 1985 国家高程基准；同一个公路项目应采用同一个高程系统，并应与相邻项目高程系统相衔接；各等级公路高程控制网最弱点高程中误差不得大于 ±25mm；用于跨越水域和深谷的大桥、特大桥的高程控制网最弱点高程中误差不得大于 ±10mm；每公里观测高差中误差和附合(环线)水准路线长度应小于表 9-8 的规定；各级公路及构造物的高程控制测量等级不得低于表 9-9 的规定。

高程控制测量的技术要求

表9-8

测量等级	每公里高差中数中误差(mm)		附合或环线水准路线长度(km)	
	偶然中误差 M_Δ	全中误差 M_W	路线、隧道	桥梁
二等	±1	±2	600	100
三等	±3	±6	60	10
四等	±5	±10	25	4
五等	±8	±16	10	1.6

注：控制网节点间的长度不应大于表中长度的0.7倍。

高程控制测量等级选用

表9-9

高架桥、路线控制测量	多跨桥梁总长 L(m)	单跨桥梁 L_K(m)	隧道贯通长度 L_G(m)	测量等级
—	$L \geq 3000$	$L_K \geq 500$	$L_G \geq 6000$	二等
—	$1000 \leq L < 3000$	$150 \leq L_K < 500$	$3000 \leq L_G < 6000$	三等
高架桥,高速、一级公路	$L < 1000$	$L_K < 150$	$L_G < 3000$	四等
二、三、四级公路	—	—	—	五等

高程控制测量的主要技术要求有:水准测量的主要技术要求见表9-10;光电测距三角高程测量的主要技术要求见表9-11;水准测量观测的主要技术要求见表9-12;光电测距三角高程测量观测的主要技术要求见表9-13;跨河水准测量两次观测高差之差见表9-14;其他规定请参看《公路勘测规范》(JTG C10—2007)。

水准测量的主要技术要求

表9-10

测量等级	往返较差、附合或环线闭合差(mm)		检测已测测段高差之差(mm)
	平原、微丘	重丘、山岭	
二等	$\leq 4\sqrt{l}$	$\leq 4\sqrt{l}$	$\leq 6\sqrt{L_i}$
三等	$\leq 12\sqrt{l}$	$\leq 3.5\sqrt{n}$ 或 $\leq 15\sqrt{l}$	$\leq 20\sqrt{L_i}$
四等	$\leq 20\sqrt{l}$	$\leq 6.0\sqrt{n}$ 或 $\leq 25\sqrt{l}$	$\leq 30\sqrt{L_i}$
五等	$\leq 30\sqrt{l}$	$\leq 45\sqrt{n}$	$\leq 40\sqrt{L_i}$

注：计算往返较差时,l 为水准点间的路线长度(km);计算附合或环线闭合差时,l 为附合或环线的路线长度(km);n 为测站数。L_i 为检测测段长度(km),小于1km时按1km计算。

光电测距三角高程测量的主要技术要求

表9-11

测量等级	测回内同向观测高差较差(mm)	同向测回间高差较差(mm)	对向观测高差较差(mm)	附合或环线闭合差(mm)
四等	$\leq 8\sqrt{D}$	$\leq 10\sqrt{D}$	$\leq 40\sqrt{D}$	$\leq 20\sqrt{\sum D}$
五等	$\leq 8\sqrt{D}$	$\leq 15\sqrt{D}$	$\leq 60\sqrt{D}$	$\leq 30\sqrt{\sum D}$

注：D-测距边长度(km)。

水准测量观测的主要技术要求 表9-12

测量等级	仪器类型	水准尺类型	视线长（m）	前后视较差（m）	前后视累积差（m）	视线离地面最低高度（m）	基辅（黑红）面读数差（mm）	基辅（黑红）面高差较差（mm）
二等	DS$_{05}$	因瓦	≤50	≤1	≤3	≥0.3	≤0.4	≤0.6
三等	DS$_1$	因瓦	≤100	≤3	≤6	≥0.3	≤1.0	≤1.5
三等	DS$_2$	双面	≤75				≤2.0	≤3.0
四等	DS$_3$	双面	≤100	≤5	≤10	≥0.2	≤3.0	≤5.0
五等	DS$_3$	单面	≤100	≤10	—	—	—	≤7.0

光电测距三角高程测量观测的主要技术要求 表9-13

测量等级	仪器	测距边测回数	边长（m）	垂直角测回数（中丝法）	指标差较差（″）	垂直角较差（″）
四等	DJ$_2$	往返均≥2	≤600	≥4	≤5	≤5
五等	DJ$_2$	≥2	≤600	≥2	≤10	≤10

跨河水准测量两次观测高差之差 表9-14

测量等级	高差之差(mm)	测量等级	高差之差(mm)
二等	≤1.5	四等	≤7
三等	≤7	五等	≤9

9.2 公路中桩测量

9.2.1 公路施工前的准备工作

1）公路施工前的资料准备

公路施工前应收集道路施工图中有关道路测量的资料，如：沿线的导线点资料、水准点资料、中线设计和测设资料、纵横断面资料及带状地形图等。

2）交桩

施工单位在接到道路测量资料的同时，也必须到实地由设计单位将导线点、水准点和中桩点的实地位置在现场移交给施工单位。这个过程称为交桩。

3）公路施工复测

（1）复测内容

道路的施工复测基本上与设计阶段相同，它包括导线测量、水准测量、道路的放样、中线测量和纵横断面测量。

首先必须对沿线的导线点和水准点进行检查和必要的加密，破坏严重的要重新布设，这是道路施工的基础。一般情况下，导线点的密度能够满足施工要求，水准点要加密到200m以内一个点，以方便施工使用。

然后必须对道路中线进行详细的测设，这是道路施工的依据。特别是对设计单位测设的道路交点、直线转点、曲线控制点（主点）和重要的桥涵加桩更要重点检查。对部分改线地段则重新测设定线，测设相应的纵横断面图。

接着必须进行纵横断面测量,并和设计单位的测量成果相比较。

(2) 复测特点

施工复测的特点是:检验原有桩点的准确性,而不是重新测设。凡是与原来的成果或点位的差异在允许限差以内时,一律以原有成果为准,不作改动。只有经过多次复测证明与原有成果或点位确有较大差异时才能改动,而且改动尽可能限制在局部范围内。施工复测的精度与定测相同。

(3) 控制桩的保护

道路的中线桩是路基施工的重要依据,在整个施工过程中,要根据它来确定路基的位置、高程和各部分尺寸,所以必须妥善保护。但是在施工中,这些桩又很容易被移动或破坏,所以在路基施工过程中经常要进行中线桩的恢复和测设的工作。为了能迅速而又准确地把中线桩恢复在原来的位置上,必须在施工前对道路上起控制作用的主要桩点(如交点、转点、曲线主点等)设置护桩。所谓护桩,就是在施工范围以外不易被破坏的地方钉设的一些木桩,根据这些护桩,用简单的方法(如交会、量距等)即可迅速地恢复原来的桩点位置。

设置护桩的方式可采用图 9-1 中的任意一种。图 9-1 中 a)、b)是两个方向交会;c)也是用两个方向交会,但确定每一个方向的护桩设在控制点的两侧;d)是用两个或三个以上距离进行交会;e)用一个方向和一个距离来定桩点。一般要根据周围的地形条件来决定采用适当的护桩方式。

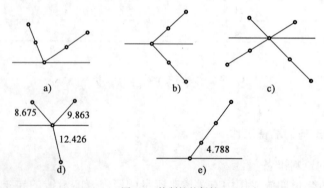

图 9-1 控制桩的保护

设置护桩时,将经纬仪安置在控制点上,选择好设置护桩的方向后,先在远处打一木桩,以正镜位置照准该点,然后沿这方向由远到近设置其他护桩,并在桩顶上作出临时标记;接着用倒镜再次照准该点,同时对其他桩逐一进行检查。如果正倒镜所定的点不重合,则取其平均位置,并钉一小钉作为所用方向之标记;最后测出道路与该方向之间的夹角,并量出控制桩到各护桩的距离。同法设置其他方向上的护桩。

为了便于寻找护桩,护桩的位置应用草图或文字作详细说明。草图上应绘出护桩的形式,说明桩点的性质、里程及各种数据,并在实地对每一护桩作出明显标记加以编号。此外设置护桩还要注意以下几点:

①在道路每一直线段上,至少应对三个控制桩设置护桩。这样,即使有一个控制桩不能恢复时,仍可用其他两点把该直线段恢复到原来位置上。

②每个方向上至少应设置三个护桩,便于恢复控制桩。

③两方向线的交角尽可能接近 90°,交角不宜小于 30°。

④护桩应选在施工范围之外,但不宜太远。护桩之间距离也不能太远。

9.2.2 公路中桩测量的任务

公路中桩测量的任务是把图纸上设计好的道路中心线在地面上标定出来。这项工作一般分两步进行，即"定线测量"和"中线测量"。

1）定线测量

把确定道路的交点和必要的转点测设到地面，这个工作称为定线或放线。它对标定道路的位置起着决定性的作用。如图 9-2，JD_1、JD_2、JD_3 是道路的交点，ZD_1、ZD_2、ZD_3、ZD_4 是道路直线上的转点，相邻点之间相互通视。定线测量就是根据这些交点和转点的设计位置在实地将它们放样出来。常用的定线测量方法有穿线法放线、拨角法放线和极坐标法放线。

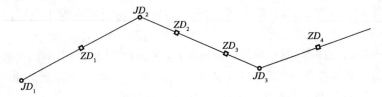

图 9-2 定线测量

2）中线测量

中线测量是在定线测量的基础上，将道路中线的平面位置在地面上详细地标定出来。它与定线测量的区别在于：定线测量中，只是将道路交点和直线段的必要转点标定出来，而在中线测量中，根据交点和转点用一系列的木桩（相邻中桩间距约为 10～50m）将道路的直线段和曲线段在地面上详细标定出来。

9.2.3 中桩测量方法

1）公路中桩及其里程

地面上表示中线位置的桩点称为中线桩，简称"中桩"。中桩的密度根据地形情况而定，对于平坦地区，直线段间隔 50m、曲线段间隔 20m 一个中桩；对于地形较复杂地区，直线段间隔 20m、曲线段间隔 10m 一个中桩；路线中桩间距不应大于表 9-15 的规定。中桩除了标定道路平面位置外，还标记道路的里程。所谓里程是指从道路起点沿道路前进方向计算至该中桩点的距离，其中曲线上的中桩里程是以曲线长计算的。具体表示方法是将整公里数和后面的尾数分开，中间用"＋"号连接，在里程前还常常冠以字母 K。如离起点距离为 14368.472m 的中桩里程表示为：K14＋368.472。

中 桩 间 距   表 9-15

直 线 (m)		曲 线 (m)			
平原、微丘	重丘、山岭	不设超高的曲线	$R > 60$	$30 < R < 60$	$R < 30$
50	25	25	20	10	5

注：R-平曲线半径(m)。

2）中桩的分类

道路上所有桩点分为三种：道路控制桩、一般中线桩和加桩。

（1）道路控制桩

道路控制桩是指对道路位置起决定作用的桩点，主要包括直线上的交点 JD、转点 ZD、曲线上的曲线主点。控制桩点通常用 5cm×5cm×(30～40)cm 的大方桩打入地内，桩顶与地面相平,桩上要钉以小钉表示准确位置。同时,控制桩旁要设立标志桩,标志桩可用大板桩,上部露出地面20cm,写明该点的名称和里程。标志桩钉在控制桩的一侧约30cm处,在直线上钉在左侧,曲线上钉在外侧,字面对着控制桩。

(2)一般中线桩

一般中线桩是指中线上除控制桩外沿直线和曲线每隔一段距离钉设的中线桩,它都钉设在整50m或20m的倍数处。中桩一般用2cm×5cm×40cm的大板桩(又称竹片桩)表示,露出地面20cm,上面写明该点的里程,字母对着道路的起始方向,中桩一般不钉小钉。

(3)加桩

加桩主要是沿道路中线上有特殊意义的地方钉设的中线桩,包括地形加桩和地物加桩。地形加桩是指沿中线方向地形起伏变化较大的地方钉设的加桩,它对于以后设计施工尤其是纵坡的设计起很大的作用;地物加桩则是指沿中线方向遇到对道路有较大影响的地物时布设的加桩,如遇到河流、村庄等,则在两侧均布设加桩,遇到灌溉渠道、高压线、公路交叉口等也都要布置加桩。加桩还包括下面几种桩:百米桩,即里程为整百米的中线桩;公里桩,即里程为整公里的中线桩。所有的加桩都要注明里程,里程标注至米即可。

3)中桩测量方法概述

公路中桩测量的详细过程请见本章第9.4节,这里先简单介绍一下两种公路中桩测量方法。

(1)先定线测量后中线测量

①直线段

直线上的中线测量比较简单,一般在交点或转点上安置经纬仪,以另一端交点或转点为零方向作为控制方向,然后沿经纬仪的视线方向按规定的距离钉设中桩。距离测量的方法一般有两种:一是用红外光电测距仪,先根据欲测设点的里程与测站点的里程计算测设的距离,将反光镜安置在目测距离大致相等的地方,用测距仪测量距离,然后根据两个距离之差用钢尺修正,以确定正确的中桩位置;另一种测设方法是用钢尺丈量,根据已测设的中桩用钢尺量出欲测设的中桩位置,它的缺点是每个中桩不是独立测设,存在误差积累。

在遇到需要布设加桩的地方也要量出加桩的里程,丈量至米。

在测设中,必须经常检核中线测设的正确性,尤其是在用钢尺丈量的情况下更要检查误差积累情况,一般中线测量的限差见表9-16。

中桩平面桩位精度　　　　　　　　　表9-16

公 路 等 级	中桩位置中误差(cm)		桩位检测之差(cm)	
	平原、微丘	重丘、山岭	平原、微丘	重丘、山岭
高速公路,一、二级公路	≤±5	≤±10	≤10	≤20
三级及三级以下公路	≤±10	≤±15	≤20	≤30

②曲线段

曲线的中线测量是在定线测量的基础上分两步进行:先由交点和转点测设曲线主点,然后在曲线主点之间详细测设曲线。曲线的计算及测设方法将在本章第9.3节着重介绍。

(2)极坐标一次放样法

随着全站仪的普及,无论是设计单位还是施工单位,道路中线放样都采用全站仪用极坐标法来进行。这样就可以将定线测量和中线测量同时进行,所以称为一次放样法。这部分内容详见本章第9.4.3节。

4）断链

中线测量一般是分段进行。由于地形地质等各种情况常常会进行局部改线或者由于计算或丈量发生错误时，会造成已测量好的各段里程不能连续，这种情况称为断链。

如图9-3，由于交点JD_3改线后移至JD'_3，原中线改线至图中虚线位置，使得从起点至转点ZD_{3-1}的距离比原来减少。而从ZD_{3-1}往前已进行了中线测量，如将所有里程改动或重新

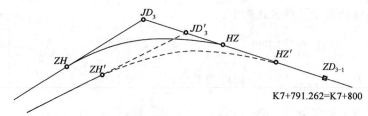

图9-3 断链

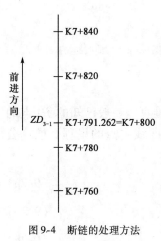

图9-4 断链的处理方法

进行中线测量，则外业工作量太大。为此，可在现场断链处即转点ZD_{3-1}的实地位置设置断链桩，用一般的中线桩钉设，并注明两个里程，将新里程写在前面，也称"来向里程"，将原来的里程写在后面，也称"去向里程"，并在断链桩上注明新线比原来道路长或短了多少。由于改线后道路缩短，来向里程小于去向里程，这种情况称为"短链"；如果由于改线后新道路变长，则使得来向里程大于去向里程，那么就称为"长链"。断链的处理方法见图9-4。

断链桩一般应设置在百米桩或10m桩处，不要设置在有桥梁、村庄、隧道和曲线的范围内，并做好详细的断链记录，供初步设计和计算道路总长度作参考。

9.3 曲线元素和坐标的计算

曲线是道路重要的组成部分。我国高速公路的平面线形中，曲线占70%。道路放样工作重点也在曲线路段。曲线分为单圆曲线和缓和曲线两种。

9.3.1 单圆曲线元素的计算

1）单圆曲线的曲线主点

交点是曲线最重要的曲线主点，用JD来表示（见图9-5）。单圆曲线的其他三个主点是：

①直圆点：即按线路前进方向由直线进入圆曲线的起点，用直圆两个汉字拼音的第一个字母ZY表示。

②曲中点：即整个曲线的中间点，用QZ表示。

③圆直点：即由圆曲线进入直线的曲线终点，用YZ表示。

其中，ZY、QZ、YZ又称为单圆曲线的三个主点。

2）单圆曲线要素的计算

为了要测设这些主点并求出这些点的里程，必须计算单圆曲线要素。单圆曲线的要素有

(参见图 9-5):

①切线长:由交点至直圆点或圆直点之长,称切线长,用 T 表示;

②外矢距:由交点沿分角线方向至曲中点的距离,称外矢距,用 E 表示;

③曲线长:由直圆点沿曲线计算到圆直点之长,称曲线长,以 L 表示;

④切曲差:从 ZY 点沿切线到 YZ 点和从 ZY 点沿曲线到 YZ 点的长度是不相等的,它们的差值称为切曲差,用 D 表示。

如图 9-5,各曲线要素计算公式如下:

$$T = R \cdot \tan\frac{\alpha}{2} \tag{9-1a}$$

$$L = R \cdot \alpha \cdot \frac{\pi}{180°} \quad (\alpha \text{ 以度为单位}) \tag{9-1b}$$

$$E = R\left(\sec\frac{\alpha}{2} - 1\right) \tag{9-1c}$$

$$D = 2T - L \tag{9-1d}$$

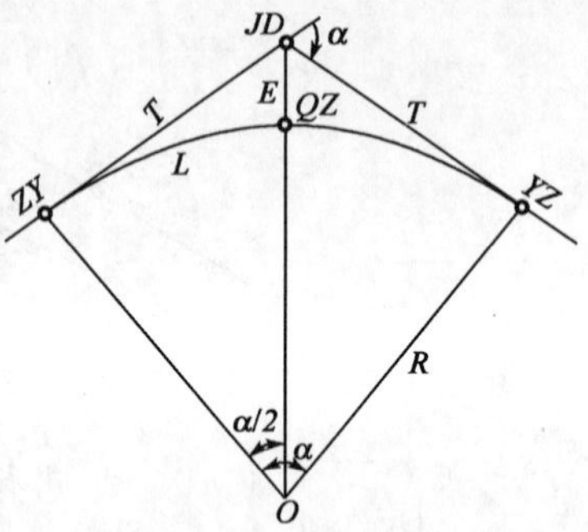

式中:R——圆曲线的半径;

α——转向角。

图 9-5 单圆曲线的要素计算

R、α 的大小均由设计所定。

3)里程

圆曲线上各点的里程都是从一已知里程的点开始沿曲线逐点推算。一般已知的 JD 点的里程是从前一直线段推算而得,然后,再由 JD 的里程推算其他各曲线主点的里程。推算公式为:

$$ZY_{里程} = JD_{里程} - T \tag{9-2a}$$

$$QZ_{里程} = ZY_{里程} + L/2 \tag{9-2b}$$

$$YZ_{里程} = QZ_{里程} + L/2 \tag{9-2c}$$

计算检核公式为:

$$YZ_{里程} = JD_{里程} + T - D \tag{9-2d}$$

4)实例

【例 9-1】 已知某一单圆曲线的转向角 $\alpha = 24°36'48''$,设计半径 $R = 500\text{m}$,交点 JD 里程为 K12+382.40,计算该单圆曲线的曲线要素及曲线主点里程。

解:①单圆曲线要素的计算

$$T = R \cdot \tan\frac{\alpha}{2} = 500 \times \tan\frac{24°36'48''}{2} = 109.08\text{m}$$

$$L = R \cdot \alpha \cdot \frac{\pi}{180°} = 500 \times 24.613 \times \frac{\pi}{180} = 214.79\text{m}$$

$$E = R\left(\sec\frac{\alpha}{2} - 1\right) = 500 \times \left(\sec\frac{24°36'48''}{2} - 1\right) = 11.76\text{m}$$

$$D = 2T - L = 3.37\text{m}$$

②曲线主点里程计算及检核

	计算		检核
JD:	K12 +382.40	JD:	K12 +382.40
$-T$	−109.08	$+T$	+109.08
ZY:	K12 +273.32		K12 +491.48
$+L/2$	+107.395	$-D$	−3.37
QZ:	K12 +380.715	YZ	K12 +488.11
$+L/2$	+107.395		
YZ:	K12 +488.11		

9.3.2 缓和曲线元素的计算

1) 缓和曲线的性质

缓和曲线是用于连接直线和圆曲线、圆曲线和圆曲线间的过渡曲线。它的曲率半径是沿曲线按一定的规律而变化。设置缓和曲线的目的是使直线和圆曲线之间、圆曲线和圆曲线之间的连接更为合理,使车辆行驶平顺而安全。

车辆在曲线上行驶会产生离心力,所以在曲线上要用外侧高、内侧低呈现单向横坡形式来克服离心力,称弯道超高。离心力的大小与曲线半径有关,半径愈小,离心力愈大,超高也就愈大。故一定半径的曲线上应有一定量的超高。此外,在曲线的内侧要有一定量的加宽。因此,在直线与圆曲线和两个半径相差较大的圆曲线中间,就要考虑如何设置超高和加宽的过渡问题。为了解决这一问题,在它们之间采用一段过渡的曲线。如在与直线连接处,它的半径等于无穷大,随着距离的增加,半径逐渐减小,到与圆曲线连接处,它的半径等于圆曲线的半径 R。同样随着半径的逐渐减小,使相应的超高和加宽之间增大,起到过渡的作用。这种曲率半径处处都在改变的曲线称为缓和曲线。

2) 缓和曲线常数

缓和曲线可用多种曲线来代替,如回旋线、三次抛物线和双曲线等。我国公路部门一般都采用回旋线作为缓和曲线。从直线段连接处起,缓和曲线上各点的曲率半径 ρ 和该点离缓和曲线起点的距离 l 成反比。即:

$$\rho = \frac{c}{l}$$

式中:c——常数,称为缓和曲线变更率。

在与圆曲线连接处,l 等于缓和曲线全长 l_0,ρ 等于圆曲线的半径 R,故:

$$c = R \cdot l_0$$

c 一经确定,缓和曲线的形状也就确定。c 愈小,半径的变化愈快;反之,c 愈大,半径的变化愈慢,曲线也就愈平顺。当 c 为定值时,缓和曲线的长度视所连接的圆曲线半径而定(见图9-6)。

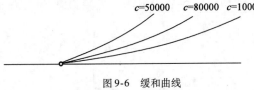

图9-6 缓和曲线

3) 缓和曲线方程式

由上述可知,缓和曲线是按线性规则变化的,其任意点的半径为:

$$\rho = \frac{c}{l} = \frac{Rl_0}{l}$$

由图9-7可看出:

$$d\beta = \frac{dl}{\rho} = \frac{l}{Rl_0} \cdot dl$$

$$\beta = \int_0^l d\beta = \int_0^l \frac{l}{Rl_0} \cdot dl = \frac{l^2}{2Rl_0} \tag{9-3}$$

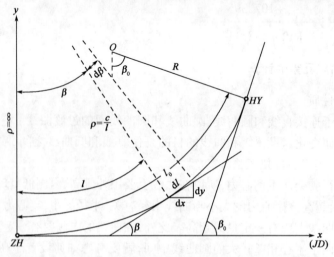

图9-7 缓和曲线方程式

由图9-7又可得出:

$$dx = dl \cdot \cos\beta$$
$$dy = dl \cdot \sin\beta$$

将 $\sin\beta$ 和 $\cos\beta$ 用泰勒级数展开,顾及式(9-3),再积分得(推导过程略):

$$x = \int_0^l dx = l - \frac{l^5}{40R^2 l_0^2} + \frac{l^9}{3456R^4 l_0^4} - \cdots$$

$$y = \int_0^l dy = \frac{l^3}{6Rl_0} - \frac{l^7}{386R^3 l_0^3} + \frac{l^{11}}{42240R^5 l_0^5} - \cdots$$

上式中略去高次项,便得出曲率按线性规则变化的缓和曲线方程式为:

$$\left.\begin{array}{l} x = l - \dfrac{l^5}{40R^2 l_0^2} = l - \dfrac{l^5}{40c^2} \\[2mm] y = \dfrac{l^3}{6Rl_0} = \dfrac{l^3}{6c} \end{array}\right\} \tag{9-4}$$

缓和曲线终点的坐标为(取 $l = l_0$,并顾及 $c = R \cdot l_0$):

$$\left.\begin{array}{l} x_0 = l_0 - \dfrac{l_0^3}{40 \cdot R^2} \\[2mm] y_0 = \dfrac{l_0^2}{6R} \end{array}\right\} \tag{9-5}$$

4）缓和曲线参数的计算方法

如图9-8，虚线部分为一转向角为 α、半径为 R 的圆曲线 AB，今欲在两侧插入长为 l_0 的缓和曲线。圆曲线的半径 R 不变而将圆心从 O' 移至 O 点，使得移动后的曲线离切线的距离为 P。曲线起点沿切线向外侧移至 E 点，设 $DE=m$，同时将移动后圆曲线的一部分（图中的 $C\sim F$）取消，从 E 点到 F 点之间用弧长为 l_0 的缓和曲线代替，故缓和曲线大约有一半在原圆曲线范围内，而另一半在原直线范围内。缓和曲线的倾角 β_0 即为 $C\sim F$ 所对的圆心角。

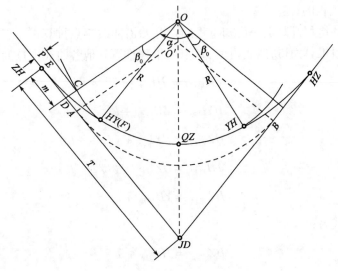

图9-8 缓和曲线连同圆曲线

这里缓和曲线的倾角 β_0、圆曲线的内移值 P 和切线的外延量 m 称为缓和曲线参数，其计算公式如下（推导过程略）：

$$\beta_0 = \frac{l_0}{2R}(\text{弧度}) = \frac{l_0}{2R} \cdot \frac{180°}{\pi}(\text{度}) \tag{9-6}$$

$$P = \frac{l_0^2}{24R} - \frac{l_0^4}{2688 \cdot R^3} \approx \frac{l_0^2}{24R} \tag{9-7}$$

$$m = \frac{l_0}{2} - \frac{l_0^3}{240R^2} \approx \frac{l_0}{2} \tag{9-8}$$

5）缓和曲线的曲线主点

交点是曲线最重要的曲线主点，用 JD 来表示。缓和曲线的其他五个主点是：直缓点 ZH、缓圆点 HY、曲中点 QZ、圆缓点 YH 和缓直点 HZ（参看图9-8）。

6）缓和曲线综合要素的计算

为了要测设这些曲线主点并求出这些点的里程，必须计算缓和曲线要素，主要有：切线长 T、外矢距 E、曲线长 L 和切曲差 D。

如图9-8，各曲线要素计算公式如下：

$$T = (R+P) \cdot \tan\frac{\alpha}{2} + m \tag{9-9a}$$

$$L = R \cdot (\alpha - 2\beta_0) \times \frac{\pi}{180°} + 2l_0 = R \cdot \alpha \cdot \frac{\pi}{180°} + l_0 \tag{9-9b}$$

$$E = (R+P) \times \sec\frac{\alpha}{2} - R \tag{9-9c}$$

$$D = 2T - L \tag{9-9d}$$

式中： R——圆曲线的半径,其大小由设计确定；

　　　　α——转向角,其大小由设计确定；

　　　　l_0——缓和曲线的弧长；

　　　　β_0、P、m——缓和曲线参数,分别代表缓和曲线的倾角、圆曲线的内移值和切线的外延量,其计算公式见式(9-6)～式(9-8)。

7) 缓和曲线里程的计算

曲线上各点的里程都是从一已知里程的点开始沿曲线逐点推算。一般已知的 JD 点的里程是从前一直线段推算而得,然后再由 JD 点的里程推算其他各曲线主点的里程。

$$ZH_{里程} = JD_{里程} - T \tag{9-10a}$$

$$HY_{里程} = ZH_{里程} + l_0 \tag{9-10b}$$

$$QZ_{里程} = HY_{里程} + (L/2 - l_0) \tag{9-10c}$$

$$YH_{里程} = QZ_{里程} + (L/2 - l_0) \tag{9-10d}$$

$$HZ_{里程} = YH_{里程} + l_0 \tag{9-10e}$$

计算检核公式为：

$$HZ_{里程} = JD_{里程} + T - D \tag{9-10f}$$

8) 实例

【例 9-2】 已知一带有缓和曲线的圆曲线,转向角 $\alpha = 24°36'48''$,设计半径 $R = 500\mathrm{m}$,缓和曲线长 $l_0 = 80\mathrm{m}$,交点 JD 里程为 K12 + 382.40,计算缓和曲线参数、曲线的要素及曲线主点里程。

解：① 缓和曲线参数计算

$$\beta_0 = \frac{l_0}{2} \times \frac{180°}{\pi} = \frac{80}{2} \times \frac{180°}{\pi} = 4°35'01''$$

$$P = \frac{l_0^2}{24R} = \frac{80^2}{24 \times 500} = 0.53\mathrm{m}$$

$$m = \frac{l_0}{2} - \frac{l_0^3}{240R^2} = 39.99\mathrm{m}$$

② 圆曲线要素的计算

$$T = (R + P) \cdot \tan\frac{\alpha}{2} + m = 189.18\mathrm{m}$$

$$L = R \cdot \alpha \cdot \frac{\pi}{180°} + l_0 = 294.79\mathrm{m}$$

$$E = (R + P) \times \sec\frac{\alpha}{2} - R = 12.30\mathrm{m}$$

$$D = 2T - L = 3.57\mathrm{m}$$

③曲线主点里程计算及检核

计算		检核	
JD	K12+382.40	JD	K12+382.40
$-T$	-149.18	$+T$	$+149.18$
ZH	K12+233.22		K12+531.58
$+l_0$	$+80$	$-D$	-3.57
HY	K12+313.22	HZ	K12+528.01
$+(L/2-l_0)$	$+67.395$		
QZ	K12+380.615		
$+(L/2-l_0)$	$+67.395$		
YH	K12+488.01		
$+l_0$	$+80$		
HZ	K12+528.01		

9.3.3 曲线坐标的计算

目前,公路工程施工放样一般都采用全站仪极坐标一次放样法。采用该法,首先必须建立一个贯穿全线的统一的坐标系,这个坐标系一般采用国家坐标系统。然后,根据路线地理位置和几何关系计算出道路中线上各桩点在该坐标系中的坐标。因此,该法的关键工作是曲线坐标的计算。曲线坐标的计算公式比较复杂,这里直接写出计算公式,对于其推导过程,有兴趣的读者可参看有关文献。目前,很多高校和科研生产部门都有自己开发的公路路线坐标计算软件。

1) 直线上中桩坐标计算

如图 9-9,设交点坐标为 $JD(X_J,Y_J)$,交点相邻直线的方位角分别为 A_1 和 A_2,则 ZH(或 ZY)点坐标为:

$$\left.\begin{array}{l}X_{ZH} = X_J + T \cdot \cos(A_1 + 180) \\ Y_{ZH} = Y_J + T \cdot \sin(A_1 + 180)\end{array}\right\} \quad (9\text{-}11)$$

HZ(或 YZ)点坐标:

$$\left.\begin{array}{l}X_{HZ} = X_J + T \cdot \cos A_2 \\ Y_{HZ} = Y_J + T \cdot \sin A_2\end{array}\right\} \quad (9\text{-}12)$$

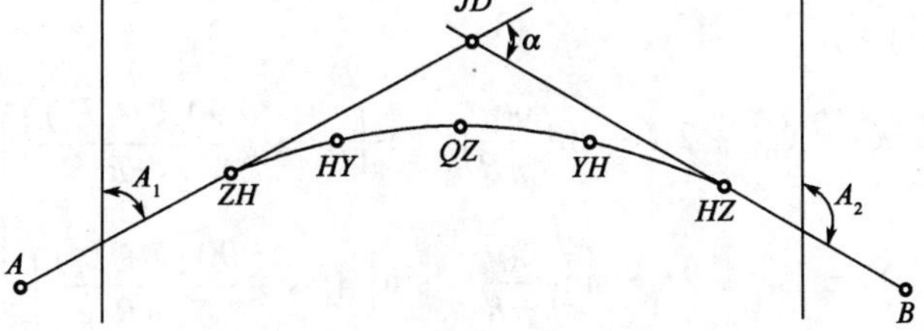

图 9-9 中桩坐标计算示意图

设直线上加桩里程为 L，ZH、HZ 表示曲线起、终点里程，则前直线上任意点（$L \leqslant ZH$，即位于 A 与 ZH 之间的点）的坐标为：

$$X = X_J + (T + ZH - L) \cdot \cos(A_1 + 180)$$
$$Y = Y_J + (T + ZH - L) \cdot \sin(A_1 + 180)$$

后直线上任意点（$L > HZ$，即位于 HZ 与 B 之间的点）的坐标为：

$$X = X_J + (T + L - ZH) \cdot \cos A_2$$
$$Y = Y_J + (T + L - ZH) \cdot \sin A_2$$

2）单圆曲线内中桩坐标计算

曲线起终点坐标按式(9-11)、式(9-12)计算。设其坐标分别为 $ZY(X_{ZY}, Y_{ZY})$、$YZ(X_{YZ}, Y_{YZ})$，则圆曲线上各点的坐标为：

$$X = X_{ZY} + 2R \cdot \sin\left(\frac{90l}{\pi R}\right) \cdot \cos\left(A_1 + \xi \frac{90l}{\pi R}\right)$$
$$Y = Y_{ZY} + 2R \cdot \sin\left(\frac{90l}{\pi R}\right) \cdot \sin\left(A_1 + \xi \frac{90l}{\pi R}\right)$$

式中：l——圆曲线内任意点至 ZY 点的曲线长；
R——圆曲线半径；
ξ——转角符号，右偏为"+"，左偏为"-"。

3）缓和曲线内中桩坐标计算

曲线上任意点的切线横距计算公式：

$$x = l - \frac{l^5}{40R^2 L_s^2} + \frac{l^9}{3456R^4 L_s^4} - \frac{l^{13}}{599040R^6 L_s^6} + \cdots$$

式中：l——缓和曲线上任意点至 ZH（或 HZ）点的曲线长；
L_s——缓和曲线长度。

（1）第一缓和曲线（$ZH \sim HY$）内任意点坐标

$$\left.\begin{array}{l} X = X_{ZH} + x \cdot \sec\left(\dfrac{30l^2}{\pi R L_s}\right) \cdot \cos\left(A_2 + \xi \dfrac{30l^2}{\pi R L_s}\right) \\ Y = Y_{ZH} + x \cdot \sec\left(\dfrac{30l^2}{\pi R L_s}\right) \cdot \sin\left(A_2 + \xi \dfrac{30l^2}{\pi R L_s}\right) \end{array}\right\} \quad (9\text{-}13)$$

（2）圆曲线内任意点坐标

① 由 $HY \sim YH$ 时

$$X = X_{HY} + 2R \cdot \sin\left(\frac{90l}{\pi R}\right) \cdot \cos\left[A_1 + \xi \frac{90(l + L_s)}{\pi R}\right]$$
$$Y = Y_{HY} + 2R \cdot \sin\left(\frac{90l}{\pi R}\right) \cdot \sin\left[A_1 + \xi \frac{90(l + L_s)}{\pi R}\right]$$

式中：l——圆曲线内任意点至 HY 点的曲线长；

X_{HY}、Y_{HY}——HY 点的坐标,由式(9-13)计算而来。

②由 YH~HY 时

$$X = X_{YH} + 2R \cdot \sin\left(\frac{90l}{\pi R}\right) \cdot \cos\left[A_2 + 180 - \xi \frac{90(l+L_s)}{\pi R}\right]$$
$$Y = Y_{YH} + 2R \cdot \sin\left(\frac{90l}{\pi R}\right) \cdot \sin\left[A_2 + 180 - \xi \frac{90(l+L_s)}{\pi R}\right]$$

式中:l——圆曲线内任意点至 YH 点的曲线长。

(3)第二缓和曲线(YH~HZ)内任意点坐标

$$X = X_{HZ} + x \cdot \sec\left(\frac{30l^2}{\pi RL_s}\right) \cdot \cos\left(A_2 + 180 - \xi \frac{30l^2}{\pi RL_s}\right)$$
$$Y = Y_{HZ} + x \cdot \sec\left(\frac{30l^2}{\pi RL_s}\right) \cdot \sin\left(A_2 + 180 - \xi \frac{30l^2}{\pi RL_s}\right)$$

式中:l——第二缓和曲线内任意点至 HZ 点的曲线长。

9.4 曲线测设

9.4.1 单圆曲线的测设方法

1)单圆曲线主点的测设方法

(1)传统方法:在交点上安置经纬仪,瞄准前后两直线上的转点或交点。在视线方向分别量出切线长 T,准确钉出 ZY 和 YZ 的位置。把视线转到分角线方向上,即平分线路右角 β 的方向,如图 9-5 沿交点至圆曲线的圆心方向(称为分角线方向)量出外矢距 E,钉出 QZ 点。

(2)一次放样法:在初测导线点上用极坐标法(全站仪)直接测设曲线主点和曲线的细部点。

2)单圆曲线细部点的测设方法

(1)偏角法

在测设曲线主点的基础上,详细测设圆曲线的细部中桩点称为曲线的细部放样。常用的传统方法是偏角法。

所谓偏角法,就是将经纬仪安置在曲线上任意一点(通常是曲线主点),则曲线上所欲测设的各点可用相应的偏角 δ 和弦长 C_1 来测定。偏角是指安置经纬仪的测站点的切线和待定点的弦之间的夹角,即弦切角。如图 9-10 中,ZY 为测站点,以切线方向为零方向,第一点可用偏角 δ_1 和 1 点至 ZY 点的弦长 C_1 来测设,第二点可用偏角 δ_2 和从 1 点量至 2 点的弦长 C_2 来测设。以后各点均可用同样的方法测设。即用偏角来确定测设点的方向,而距离是从相应点上量出弦长而得到。该方法实际上是方向和距离交会法。由此可见,用偏角法测设圆曲线必须先计算出偏角 δ 和弦长 C。

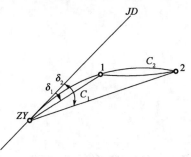

图 9-10 偏角法测设圆曲线

①偏角 δ 的计算公式

偏角 δ 即弦切角,它等于相应弦所对圆心角之半:

$$\delta = \frac{\alpha}{2} = \frac{L}{2R}(弧度) = \frac{L}{2R} \cdot \frac{180°}{\pi}(度) \tag{9-14}$$

式中:R——曲线的半径;

L——测站点到测设点的弧长。

由式(9-14)可知,对于半径 R 确定的圆曲线,偏角与弧长成正比。当弧长成倍增加时,相应的偏角也成倍增加;当弧长增加某一固定值时,偏角也相应增加一固定角值。这就是圆曲线上偏角的特性。

如图 9-10 中,ZY 点至 1 点的弧长 l_1 可通过两点里程求得,偏角 δ_1 为:

$$\delta_1 = \frac{\alpha_1}{2} = \frac{l_1}{2R} \cdot \frac{180°}{\pi}$$

而从第 1 点开始,通常都是弧长增加相等的值 l_0,则可以先求点 l_0 所对应的偏角 σ_0:

$$\delta_0 = \frac{\alpha_0}{2} = \frac{l_0}{2R} \cdot \frac{180°}{\pi}$$

以后每增加弧长 l_0,偏角就增加一个 δ_0,即:

$$\delta_2 = \delta_1 + \delta_0$$
$$\delta_3 = \delta_1 + 2\delta_0$$
$$\cdots\cdots$$
$$\delta_i = \delta_1 + (i-1) \cdot \delta_0$$

②弦长 C 的计算公式

弦长的计算公式为:

$$C = 2R \cdot \sin\delta$$

在实际操作中,用经纬仪拨偏角时,存在正拨和反拨的问题。当线路为右转向时,偏角为顺时针方向,以切线方向为零方向时,经纬仪所拨角即为偏角值,此时为正拨;当线路为左转向时,偏角为逆时针方向,经纬仪所拨角应为 $360° - \delta$,此时为反拨。

(2)切线支距法

切线支距法即直角坐标法,支距即垂距,相当于直角坐标系中的 Y 值。切线支距法通常是以 ZY 或 YZ 点为坐标原点,以切线为 X 轴,过原点的半径为 Y 轴,曲线上各点的位置用坐标值 x、y 来测设。由此可见,用切线支距法测设圆曲线必须先计算出各点的坐标值。由图 9-11 可得 x、y 的计算公式如下:

$$\alpha = \frac{l}{R}(弧度) = \frac{l}{R} \cdot \frac{180°}{\pi}(度)$$

$$x = R \cdot \sin\alpha$$

$$y = R(1 - \cos\alpha)$$

(3)实例

【例 9-3】 如图 9-12,已知:转折角(右偏)$\alpha = 20°00'$。$JD:3 + 509.82$,半径 $R = 300$m。求算单圆曲线诸元素、曲线主点里程桩桩号、偏角法测设数据、切线支距法测设数据。

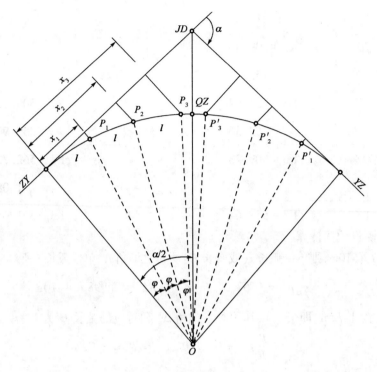

图 9-11 切线支距法测设圆曲线

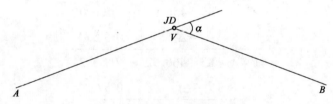

图 9-12 单圆曲线测设数据计算

解:①求算圆曲线诸元素

切线长:

$$T = R \cdot \tan\frac{\alpha}{2} = 52.90\text{m}$$

曲线长:

$$L = R \cdot \alpha \cdot \frac{\pi}{180°} = 104.72\text{m}$$

外矢距:

$$E = R \cdot \left(\sec\frac{\alpha}{2} - 1\right) = 4.63\text{m}$$

切曲差:

$$D = 2T - L = 1.08\text{m}$$

②曲线主点里程桩桩号计算及检核

计算

JD	K3+509.82			
−T	52.90		检核	
ZY	K3+456.92		JD	K3+509.82
+L/2	52.36		+T	52.90
QZ	K3+509.28			K3+562.72
+L/2	52.36		−D	1.08
YZ	K3+561.64		YZ	K3+561.64

③偏角法测设数据计算

单位弧长 l 取 10m，则单位弧长 l（或弦长 C）所对之偏角 Δ、单位弧长 l 所对应的弦长 C 为：

$$\Delta = \frac{l}{2R}\rho'' = 0°57.3', C = 2R\sin\Delta = 9.998\text{m} \approx 10\text{m}$$

分弧长 l' 为 4.72m（即余长），其所对之偏角 Δ' 和对应的弦长 C' 为：

$$\Delta' = \frac{l'}{R}\rho'' = 0°27.0', C' \approx l' = 4.72\text{m}$$

曲线上各点之偏角为：

ZY······	K3+456.92······	0°00.0′
	+Δ	0°57.3′
1	K3+466.92	0°57.3′
	+Δ	0°57.3′
2	K3+476.92	1°54.6′
	+Δ	0°57.3′
3	K3+486.92	2°51.9′
	+Δ	0°57.3′
4	K3+496.92	3°49.2′
	+Δ	0°57.3′
5	K3+506.92	4°46.5′
QZ······	K3+509.28······	5°00.0′
	+Δ	0°57.3′
6	K3+516.92	5°53.8′
	…………	
10	K3+556.92	9°33.0′
	+Δ′	0°27.0′
YZ······	K3+456.92······	10°00.0′

④偏角法测设单圆曲线数据表(见表9-17)

偏角法测设圆曲线　　　　　　　　　　　　　表9-17

点　号	桩　号	偏　角	曲线说明	备　注
ZY	K3+456.92	0°00.0′	JD:K3+509.82	
1	K3+466.92	0°57.3′	α:右20°00′	
2	K3+476.92	1°54.6′	R=300m	
3	K3+486.92	2°51.9′	T=52.90m	
4	K3+496.92	3°49.2′	L=104.72m	
5	K3+506.92	4°46.5′	E=4.63m	
QZ	K3+509.28	5°00.0′	D=1.08m	
6	K3+516.92	5°43.8′	C=10m	单位弧长
7	K3+526.92	6°41.1′	Δ=0°57.3′	
8	K3+536.92	7°38.4′	C'=4.72m	分弧长
9	K3+546.92	8°35.7′	Δ'=0°27.0′	
10	K3+556.92	9°33.0′		
YZ	K3+561.64	10°00.0′		

注:表中箭头表示放样时的方向和顺序。

⑤切线支距法测设数据计算

计算曲线上各副点之直角坐标(x,y),其计算公式为:

$$\left.\begin{array}{l} x_i = R \cdot \sin\varphi_i \\ y_i = R(1-\cos\varphi_i) \end{array}\right\}$$

式中:$\varphi_i = \dfrac{l_i}{R} \cdot \dfrac{180°}{\pi}(i=1,2,3\cdots)$。

对$l_1=10$m,则由公式可计算得:$x_1=10.00$m,$y_1=0.17$m;对$l_2=20$m,则有:$x_2=19.99$m,$y_2=0.67$m……对$l_5=50$m,则有:$x_5=49.77$m,$y_5=4.16$m。

⑥切线支距法(直角坐标法)测设单圆曲线数据表(见表9-18)

直角坐标法测设圆曲线　　　　　　　　　　　　　表9-18

点　号	桩　号	X(m)	Y(m)	曲线说明	备　注
ZY	K3+456.92	0.00	0.00	JD:K3+509.82	
1	K3+466.92	10.00	0.17	α:右20°00′	
2	K3+476.92	19.99	0.67	R=300m	
3	K3+486.92	29.95	1.50	T=52.90m	
4	K3+496.92	39.88	2.66	L=104.72m	
5	K3+506.92	49.77	4.16	E=4.63m	
QZ	K3+509.28	52.10	4.56	D=1.08m	
5′	K3+511.64	49.77	4.16	l=10m	单位弧长
4′	K3+521.64	39.88	2.66	l'=2.63m	分弧长
3′	K3+531.64	29.95	1.50		
2′	K3+541.64	19.99	0.67		
1′	K3+551.64	10.00	0.17		
YZ	K3+561.64	0.00	0.00		

注:表中箭头表示放样时的方向和顺序。

(4)极坐标法测设单圆曲线

如果知道了圆曲线上点的坐标,而测量控制点的坐标是已知的,则可按第5章第5.2节介绍的极坐标法来放样圆曲线上的细部点。测设数据的计算及测设过程可参看第5章第5.2节。目前,由于全站仪的普及,测设圆曲线和缓和曲线已普遍采用极坐标法。"极坐标一次放样法"见本章第9.4.3节。

9.4.2 缓和曲线的测设方法

1)缓和曲线主点的测设方法

(1)传统方法:在交点上安置经纬仪,瞄准前后两直线上的转点或交点。在切线方向分别量出切线长 T,准确钉出 ZH 和 HZ 的位置。

与此同时,可由 JD 点在切线方向分别量出切线长 $(T-x_0)$,得到 HY 点和 YH 点的垂足,然后在垂足点安置仪器,沿切线的垂直方向测设距离 y_0,就得到 HY 点和 YH 点。

把视线转到分角线方向上,即沿交点至圆曲线的圆心方向(称为分角线方向)量出外矢距 E,钉出 QZ 点。

(2)一次放样法:在初测导线点上用极坐标法(全站仪)直接测设曲线主点和曲线的细部点。

2)缓和曲线细部点的测设方法

(1)偏角法

①缓和曲线上偏角的特性

如图9-13,P 点为缓和曲线上一点,根据式(9-4)缓和曲线方程,可求得其坐标 (x_P, y_P),则 P 点的偏角为:

$$\delta \approx \sin\delta \approx \frac{y}{l} \approx \frac{l^2}{6c} = \frac{l^2}{6Rl_0} \quad (9-15)$$

这是在缓和曲线起点测设缓和曲线上任意点偏角的基本公式,称为正偏角。反之,在缓和曲线上的 P 点测设缓和曲线起点的偏角为 b,称为反偏角。其与 β、δ 的关系为:

$$\delta : b : \beta = 1 : 2 : 3$$

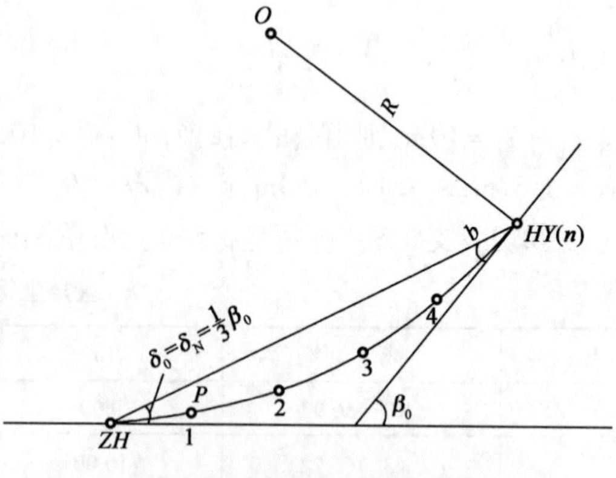

图9-13 缓和曲线偏角的计算

这一关系只有包括缓和曲线起点在内才正确,即 δ 必须是起点的偏角。

与圆曲线不同,缓和曲线上同一弧段的正偏角和反偏角不相同;等长的弧段偏角的增量也不等,如在起点的偏角是按弧长的平方增加的。

②缓和曲线上的偏角计算和测设

在实际应用中,缓和曲线全长一般都选用10m的倍数。为了计算和编制表格方便起见,缓和曲线上测设的点都是间隔10m的等分点,此谓整桩距法。当缓和曲线分为 N 段时,各等分点的偏角可用下述方法计算:

设 δ_1 为缓和曲线上第1个等分点的偏角,δ_i 为第 i 个等分点的偏角,则有:

$$\delta_i : \delta_1 = l_i^2 : l_1^2$$

$$\delta_i = \left(\frac{l_i}{l_1}\right)^2 \cdot \delta_1 = i^2 \cdot \delta_1$$

故第二点的偏角:

$$\delta_2 = 2^2 \cdot \delta_1$$

第三点的偏角:

$$\delta_3 = 3^2 \cdot \delta_1$$

······

第 N 点即终点的偏角:

$$\delta_N = N^2 \cdot \delta_1 = \delta_0$$

故:

$$\delta_1 = \frac{1}{N^2} \cdot \delta_0$$

而:

$$\delta_0 = \frac{l_0^2}{6Rl_0} = \frac{l_0}{6R} = \frac{1}{3}\beta_0$$

因此,由 $\beta_0 \rightarrow \delta_0 \rightarrow \delta_1$ 这样的顺序计算出 δ_1,然后按 2^2、3^2、……、N^2 的倍数乘以 δ_1 求出各点的偏角,这比直接用公式(9-15)计算要方便。也可以根据缓和曲线长编制成偏角表,在实际作用中可查表测设。

如果测设的点不是缓和曲线的等分点,而是桩号为曲线点间距的整倍数时,此谓整桩号法。这时曲线的偏角严格按式(9-15)进行计算。

偏角法测设时的弦长,严密的计算法用相邻两点的坐标反算而得,但较为复杂。由于缓和曲线和圆曲线半径都较大,因此常以弧长来代替弦长进行测设。缓和曲线弦长的计算式为:

$$C_0 = x_0 \cdot \sec\delta_0$$

(2)切线支距法测设缓和曲线连同圆曲线

与切线支距法测设圆曲线相同,以过 ZH 或 HZ 的切线为 x 轴,过 ZH 或 HZ 点作切线的垂线为 y 轴,如图 9-14。无论是缓和曲线还是圆曲线上的点,均用同一坐标系的 x 和 y 来测设。

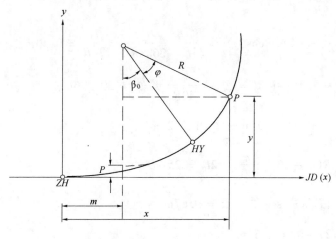

图 9-14 切线支距法测设缓和曲线

由图 9-14 可得出曲线上各点坐标的公式。其中,缓和曲线部分各点坐标的计算公式:

$$\left.\begin{array}{l} x = l - \dfrac{l^5}{40c^2} \\ y = \dfrac{l^3}{6c} \end{array}\right\}$$

式中:l——曲线点里程减去 ZH 点里程(或 HZ 里程减去曲线点里程)。

其中,圆曲线上各点的坐标如下:

$$\left.\begin{array}{l} x = R \cdot \sin\alpha + m \\ y = R \cdot (1 - \cos\alpha) + P \end{array}\right\}$$

$$\alpha = \dfrac{l - l_0}{R} \times \dfrac{180°}{\pi} + \beta_0$$

式中:l——该点至 ZH 点或 HZ 点的曲线长。

(3)实例

【例 9-4】 如图 9-15,已知 JD = K5 + 324.00,$\alpha_{右}$ = 22°00′,R = 500m,缓和曲线长 l_0 = 60m。求算缓和曲线诸元素、曲线主点里程桩桩号、偏角法测设数据、切线支距法测设数据。

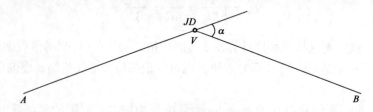

图 9-15 缓和曲线计算

解:①缓和曲线元素

$$\beta_0 = \dfrac{l_0}{2R} \cdot \rho = 3°26.3′$$

$$x_0 = l_0 - \dfrac{l_0^3}{40R^2} = 59.98\text{m}$$

$$y_0 = \dfrac{l_0^2}{6R} = 1.20\text{m}$$

$$P = y_o - R(1 - \cos\beta_0) = \dfrac{l_0^2}{24R} - \dfrac{l_0^4}{2688R^3} \approx \dfrac{l_0^2}{24R} = 0.30\text{m}$$

$$m = x_0 - R \cdot \sin\beta_0 = \dfrac{l_0}{2} - \dfrac{l_0^3}{240R^2} \approx \dfrac{l_0}{2} = 29.996\text{m}$$

$$T = m + (R + P)\tan\dfrac{\alpha}{2} = 127.24\text{m}$$

$$L = R(\alpha - 2\beta_0)\dfrac{\pi}{180°} + 2l_0 = 251.97\text{m}$$

$$E = (R + P)\sec\dfrac{\alpha}{2} - R = 9.67\text{m}$$

$$D = 2T - L = 2.51\text{m}$$

②计算各主点桩号

计算

$$JD\cdots\cdots K5+324.00$$
$$-\quad T\qquad 127.24$$
$$ZH\quad K5+196.76$$
$$+\quad l_0\qquad 60.00$$
$$HY\quad K5+256.76$$
$$+\quad (L-2l_0)/2\quad 65.98$$
$$QZ\quad K5+322.74$$
$$+\quad (L-2l_0)/2\quad 65.99$$
$$YH\quad K5+388.73$$
$$+\quad l_0\qquad 60.00$$
$$HZ\cdots\cdots K5+448.73$$

校核

$$JD\cdots\cdots K5+324.00$$
$$+\quad T\qquad 127.24$$
$$-\quad D\qquad 2.51$$
$$HZ\cdots\cdots K5+448.73$$

③计算曲线副点之偏角

缓和曲线上各副点之偏角:

$$l_0 = 60\text{m}, \Delta_H = \frac{\beta_0}{3} = 1°08.8'$$

$$l_1 = 20\text{m}, \delta_1 = \frac{1}{9}\Delta_H = 0°7.6'$$

$$l_2 = 40\text{m}, \delta_2 = \frac{4}{9}\Delta_H = 0°30.6'$$

圆曲线上各副点之偏角($C=20$m):

$$\delta = \frac{C}{2R}\rho = 1°08.8'$$

④偏角法测设缓和曲线数据表(见表9-19)

偏角法测设缓和曲线　　　　　　表9-19

点号	桩号	总偏角	曲线说明	备注
ZH	K5+196.76	0°00.0′	JD:K5+324.00	C=20m
1	K5+216.76	0°07.6′	α: 右22°00′	
2	K5+236.76	0°30.6′	R=500m	
HY	K5+256.76	1°08.8′ (0°00.0′)	l_0=60m	
3	K5+276.76	1°08.8′	β_0=3°26.3′	
4	K5+296.76	2°17.6′	x_0=59.98m	
5	K5+316.76	3°26.4′	y_0=1.20m	
QZ	K5+322.74	3°46.9′	P=0.30m	
6	K5+336.76	4°35.2′	m=29.99m	
7	K5+356.76	5°44.0′	T=127.24m	
8	K5+376.76	6°52.8′	L=251.97m	
YH	K5+388.73	7°33.7′ (358°51.2′)	E=9.67m	
2′	K5+408.73	359°29.4′	D=2.51m	
1	K5+428.73	359°52.4′	α−β_0=15°07.4′	
HZ	K5+448.73	0°00.0′	δ=1°08.8′	

注:表中箭头表示放样时的方向和顺序。

⑤直角坐标法测设缓和曲线数据表(见表9-20)

缓和曲线上各副点之坐标计算公式[见式(9-4)]:

$$x = l - \frac{l^5}{40R^2l_0^2}, y = \frac{l^3}{6Rl_0}$$

在缓和曲线后圆曲线上任意点坐标计算公式:

$$x_1 = m + R\sin(\beta_0 + \varphi), y_1 = P + R[1 - \cos(\beta_0 + \varphi)]$$

$$x_2 = m + R\sin(\beta_0 + 2\varphi), y_2 = P + R[1 - \cos(\beta_0 + 2\varphi)]$$

……

曲线中点坐标 x_{QZ}、y_{QZ} 为:

$$x_{QZ} = m + R \cdot \sin\frac{\alpha}{2}, y_{QZ} = P + R\left(1 - \cos\frac{\alpha}{2}\right)$$

直角坐标法测设缓和曲线 表9-20

点号	桩号	X(m)	Y(m)	曲线说明	备注
ZH	5+196.76	0.00	0.00	JD:5+324.00	l=20m
1	5+206.76	10.00	0.01	α：右22°00′	
2	5+216.76	20.00	0.04	R=500m	
3	5+226.76	30.00	0.15	l_0=60m	
4	5+236.76	40.00	0.36		
5	5+246.76	49.99	0.69	β_0=3°26.3′	
HY	5+256.76	59.98	1.20	x_0=59.98m	
6	5+276.76	79.91	2.80	y_0=1.20m	
7	5+296.76	99.77	5.19	P=0.30m	
8	5+316.76	119.51	8.38	m=29.99m	
QZ	5+322.76	125.40	9.48		
8′	5+328.73	119.51	8.38	T=127.24m	
7′	5+348.73	99.77	5.19	L=251.97m	
6′	5+368.73	79.91	2.80	E=9.67m	
YH	5+388.73	59.98	1.20	D=2.51m	
5′	5+398.73	49.99	0.69		
4′	5+408.73	40.00	0.36		
3′	5+418.73	30.00	0.15	φ=2°17.5′	
2′	5+428.73	20.00	0.04		
1′	5+438.73	10.00	0.01		
HZ	5+448.73	0.00	0.00		

注:表中箭头表示放样时的方向和顺序。

3)极坐标法测设缓和曲线连同圆曲线

与极坐标法测设单圆曲线一样,利用全站仪采用极坐标法来测设缓和曲线已在实际工程中得到广泛应用。"极坐标一次放样法"见本章第9.4.3节。

9.4.3 极坐标一次放样法

1）方法思路

随着全站仪的普及,无论是设计单位还是施工单位,道路中线放样都采用全站仪用极坐标法来进行。这样就可以将定线测量和中线测量同时进行,所以称为一次放样法。极坐标一次放样法的关键工作是计算中桩点坐标。

直线段的中桩坐标计算方法比较简单,它是根据中桩里程在相邻交点之间内插。曲线段的中桩坐标计算相当复杂,这部分内容已经在本章第9.3.3节中作了介绍。

中桩点坐标一般是测设之前根据中线测量的要求预先计算好,然后拿到实地放样,这也是目前使用最多的方法。由于地形限制或通视因素,当预先计算的中桩点无法测设时,可能很长一段道路中桩都无法测设。比较好的方法是用便携计算机或PC—E500在实地根据需要现场计算,目前已有很多软件可以采用。东南大学测绘工程系也编有类似软件,该软件的主要特点有:①以数据库的形式管理公路测量的所有观测数据和设计资料,能对观测数据进行严密平差形成导线点表;②只需输入测站点号、定向点号和中桩桩号即可显示放样数据;③通视困难地区可输入测量资料直接增设临时控制点,并将临时控制点自动添加至数据库中;④设置加桩简单易行,并直接形成沿线中桩点资料表。另外,目前有些型号的全站仪已经有内置"公路中桩放样程序",只需按照程序操作即可。

2）测设数据计算举例

笔者用VB编写了"公路工程中桩放样程序"。首先,用两个Txt文件来存放已知数据。①将所有测量控制点的成果存放在"控制点数据.txt"文件中,其存放格式为:"点号,X坐标值,Y坐标值,高程值,点号,X坐标值,Y坐标值,高程值,……"。如某工程其中两个控制点的坐标值见表9-21。②将各个中桩的设计坐标值存放在"逐桩坐标表.txt"文件中,其存放格式为:"桩号,X坐标值,Y坐标值,桩号,X坐标值,Y坐标值,……"。一般该文件可由道路坐标计算软件自动生成,其桩号间隔可选10m、5m、1m等。表9-22为某路线局部路段的逐桩坐标表,其桩号间隔为5m。

测量控制点成果表 表9-21

点　　号	X坐标(m)	Y坐标(m)	高程(m)
115	50872.764	32041.279	12.929
116	51053.931	32283.157	13.398

逐桩坐标表 表9-22

桩　　号	X坐标(m)	Y坐标(m)	桩　　号	X坐标(m)	Y坐标(m)
100	50796.908	32057.367	130	50821.481	32074.577
105	50801.004	32060.235	135	50825.576	32077.445
110	50805.099	32063.103	140	50829.672	32080.313
115	50809.194	32065.972	145	50833.767	32083.182
120	50813.290	32068.840	150	50837.862	32086.050
125	50817.385	32071.708	155	50841.958	32088.919

然后,运行"公路工程中桩放样程序",通过对话框,程序将"控制点数据.txt"和"逐桩坐标表.txt"两个文件中的所有数据读入电脑内存中。利用本书第5章第5.2.2节介绍的"极坐标法放样点位"计算公式便可算出各中桩放样数据表。程序计算前,需输入以下信息:测站点点号、定向点点号、放样起点桩号、放样终点桩号等。如上例,各中桩放样数据见表9-23。

中桩放样数据表 表9-23

输 入 信 息				
测站点点号	115		放样起点桩号	K0+100
定向点点号	116		放样终点桩号	K0+155
放 样 数 据				
桩号	水平角 (度.分秒)	水平距离 (m)	桩号	水平角 (度.分秒)	水平距离 (m)
100	114.5132	77.543	130	93.5014	61.145
105	112.0208	74.222	135	89.2154	59.453
110	108.5723	71.097	140	84.3940	58.143
115	105.3617	68.197	145	79.4631	57.242
120	101.5808	65.550	150	74.4615	56.768
125	98.0241	63.188	155	69.4317	56.732

3)全站仪测设方法介绍

下面以日本Sokkia公司生产的全站仪SET2000为例,介绍测设一个点的全部过程。其他型号全站仪的测设过程与SET2000大同小异,详见仪器操作说明书。

(1)数据准备

在全站仪到现场放样之前,最好先把测量控制点成果和待放样的路线中桩(逐桩)坐标输入到全站仪的内存中。有两种方法可以实现:

①键盘输入:先在全站仪中新建一个工作文件,然后,在【SURV】或【SETOUT】菜单下选取【Keyboard Input】选项,通过键盘将控制点坐标和待放样点坐标逐一输入到该文件中。很显然,这样做工作量很大。

②数据传输:用串行电缆将全站仪与计算机连接起来,在【FUNC】菜单中选取【Comms Menu】选项,在该选项子菜单中再选取【Comms Input】选项,全站仪SET2000可以接收来自计算机的测量数据,并将接收到的测量数据以一新的工作文件名进行存储。利用该方法可以很方便地将计算机中某文件(如前例中的"控制点数据.txt"和"逐桩坐标表.txt"两个文件)的测量数据传输到全站仪。

当然,如果时间来不及,以上数据未输入到全站仪中也没有关系。在现场放样时,需要用到哪个点,现场临时输入该点坐标即可。只不过这样的话,野外测量放样的工作效率要稍低一些。

(2)测站设置

用全站仪内置程序进行地形测量、放样、路线纵横断面测量等工作时,都需要进行"测站设置"。将仪器置于新测站上时,仪器屏幕出现如图9-16所示显示,等待输入测站点点号和坐标等信息。

图9-16中,"Stn"字段表示测站点点号,"North、East、Elev"字段为该点的X、Y、H坐标值,"Theo ht"字段表示仪器高,"Pressure、Temperature"字段为气压和温度。首先在"Stn"字段后输入测站点点号,如果全站仪内存中已有该点的坐标,坐标值将被自动填入坐标字段中(可供现场检查),否则,坐标字段的值显示为"Null"(空),您需要输入该点的已知坐标值。然后再输入仪器高,按【OK】。

输入测站信息后,屏幕显示等待输入后视点名。输入后视点名之后,同样,如果全站仪内存中没有该点的坐标值,则需要人工输入。

后视点数据输入完毕后,屏幕显示等待读取后视点观测值(见图9-17):

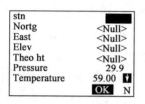

图9-16 设立测站点

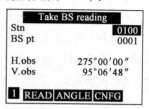

图9-17 观测后视点

此时,按【READ】(观测距离)或【ANGLE】(不测距离)对后视点进行测量,完成后按【OK】结束。测站设置工作完毕。

(3) 点位放样

在【COGO】菜单中选取【Set Out Coords】选项。放样时,仪器应先进行"测站设置"。在完成上述工作后,SET2000将对当前工作文件进行查找,看是否存在现有的放样数据表。如果有,则放样点点名会显示在屏幕上;如果没有,可以立即输入或添加新的放样点名和坐标数据。

从"放样点名表"中选取待放样点,此时,屏幕上将显示出待放样点的所有信息:放样时所需的水平角、垂直角、斜距、平距、高差和方位角等,如图9-18所示。

按照"Aim H"字段所显示的水平角值转动望远镜,直至使"dH.obs"字段的值为0,然后指挥棱镜移至该方向上。照准棱镜按【READ】进行读数,待显示后按【OK】,有关放样点的平面位置信息显示如图9-19所示。

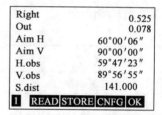

图9-18 放样点测设数据　　　　图9-19 放样点位置信息

第一字段"Left"或者"Right"的值,表示棱镜应"向左方"或者"向右方"移动的距离;第二字段"In"或者"Out"的值,表示棱镜应向"靠近仪器方向"或者"远离仪器方向"移动的距离。棱镜按上述要求移动后,再按【READ】进行读数,每次读数后屏幕都将按图9-19样式显示放样点位置信息。

当头两个字段的值为0时,则表示放样点的平面位置已经完全确定。此时,按【OK】可继续高程放样(高程放样过程略);按【ESC】则返回到"放样点名表"界面,选取其他点依次进行放样。若该测站放样工作完成,再按【ESC】即可退出程序。

9.5 纵横断面测量

9.5.1 纵断面测量

1) 纵断面测量概述

通过中线测量,直线和曲线上所有的线路控制桩、中线桩和加桩测设定位,就可以进行纵横断面测量。纵断面测量就是沿着地面上已经定出的线路,测出所有中线桩的高程,并根据测得的高程和各桩的里程,绘制线路的纵断面图,供设计单位使用。线路的纵断面设计是公路设计中最重要的组成部分之一,主要根据地形条件和行车要求确定线路的坡度、路基的高程和填挖高度以及沿线桥梁、涵洞、隧道等位置。虽然根据地形图也可获得线路的纵断面图,但不能满足设计要求,还需根据地面上已经测设的中线,准确地测出中线上地面起伏情况。

纵断面测量分为水准点高程测量(称为基平测量)和中桩高程测量(称为中平测量)。

2)基平测量

(1)技术要求

对于在线路初测中已布设了水准点并进行了水准测量的线路,施工阶段的基平测量就是对道路初测中的高程控制测量的检核。基平测量的另一个任务就是施工沿线水准点的加密。由于道路初测阶段的水准点的间距一般在 1km 左右,不能满足施工的需要,加密以后的水准点密度一般为 200m 一个水准点。基平测量的技术要求见本章第 9.1.2 节表 9-8 和表 9-9。

(2)方法

由于施工阶段所观测的水准点数量多,密度大,精度相对较高,测量的方法以水准测量为主。在相邻已知水准点之间布设成附合水准路线,按本章第 9.1.2 节表 9-8 中的精度要求施测。

3)中平测量

(1)精度要求

中平测量就是根据基平测量设置的水准点,测量所有控制桩和中线桩的高程。中桩高程测量的精度要求见表 9-24。

中桩高程测量的精度要求　　　　　　　　表 9-24

公 路 等 级	闭合差(mm)	两次测量之差(mm)
高速公路,一、二级公路	≤$30\sqrt{L}$	≤5
三级及三级以下公路	≤$50\sqrt{L}$	≤10

注:L-高程测量的路线长度(km)。

(2)水准测量法

中平测量就是根据基平设置的水准点,测量所有控制桩和中线桩的高程。中平测量从水准点开始,如图 9-20,在测站 1 安置水准仪,后视水准点 BM1,读数至毫米,记于表 9-25 中"后视"一栏,然后从起点 K0+000 开始观测一系列中桩上的水准尺读数,读至厘米。各个中线桩读数记入表 9-25 中"中视"一栏。当视线受阻或视线长度大于 150m 时,可在前进

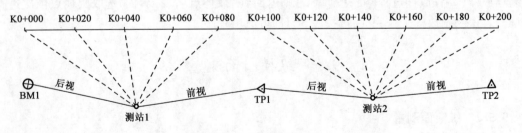

图 9-20　中平测量示意图

方向选择一坚固点位作为前视转点 TP1,读数至毫米,记入"前视"一栏。然后迁站至测站 2,以 TP1 转点作为后视,同样方法继续沿线向前观测。一直附合到下一个水准点以形成一附合水准路线。

在两个水准点之间的中平测量完成后,就进行内业计算。

中 平 测 量 记 录　　　　　　　　　表 9-25

测　点	水 准 尺 读 数			视 线 高	高 程	附　注
	后视	中视	前视			
BM1	2.191			514.505	512.314	
DK0+000		1.62			512.89	
+020		1.90			512.61	
+040		0.62			513.89	
+060		2.03			512.48	
+080		0.91			513.60	
TP1	3.162		1.006	516.661	51.499	
+100		050			516.16	
+120		0.52			516.14	
+140		0.82			515.84	
+160		1.20			515.46	
+180		1.01			515.65	
TP2			1.521		515.140	
……						

首先计算水准路线的闭合差。由于中线桩的中视读数不影响路线的闭合差,因此只要计算后视点的后视读数 a 和前视点的前视读数 b,水准路线观测高差为 $\sum h = \sum a - \sum b$,水准路线的理论高差为 $\sum h_{理} = H_{终} - H_{始}$,则 $f_h = \sum h_{测} - \sum h_{理}$。中平测量的水准路线的闭合差的限差为 $f_{h限} = \pm 50\sqrt{L}$ mm。L 为水准路线的长度,以 km 计。

在闭合差满足条件的情况下,不必进行闭合差的调整,可直接进行中线桩高程的计算。中视点的地面高程以及前视转点高程一律按所属测站的视线高程进行计算,每一测站的各项计算按下列公式进行:

$$视线高程 = 后视点高程 + 后视点的读数$$

$$转点高程 = 视线高程 - 前视读数$$

$$中桩高程 = 视线高程 - 中视读数$$

进行中桩高程测量时,测量控制桩应在桩顶立尺,测量中线桩应在地面立尺。为了防止因地面粗糙不平或因上坡陡峭而引起中桩四周高差不一,一般规定立尺应紧靠木桩不写字的一侧。

(3)三角高程法

当采用一次放样法测设线路中线时,可在测设中桩的同时测量中桩高程。在中桩钉设完毕后,在中桩点安置反光镜,测站上的测距仪分别用盘左盘右观测中桩点的距离和竖直角,并精确量取仪器高和觇标高至厘米,求得中线桩的高程。由此可见,用全站仪进行线路定测,可以将放线、中线测量(包括曲线测量)和纵断面测量三项工作同时进行,是一种较好的定测手段。具体方法详见本章第9.5.3节。

9.5.2 横断面测量

1) 横断面测量概述

横断面测量是测量中桩两侧垂直于中线方向地面起伏情况,并绘制横断面图。横断面测量常与纵断面测量同时进行。横断面图供路基、边坡、隧道、特殊构造物的设计、土石方计算和施工放样之用。横断面中的高程和距离的读数取位至0.1m,检测限差应符合表9-26的要求。

横断面检测互差限差　　　　　　　表9-26

公路等级	距离 (m)	高差 (m)
高速公路,一、二级公路	$\leq L/100 + 0.1$	$\leq h/100 + L/200 + 0.1$
三级及三级以下公路	$\leq L/50 + 0.1$	$\leq h/50 + L/100 + 0.1$

注:L-测点至中桩的水平距离(m);h-测点至中桩的高差(m)。

2) 横断面方向的确定

横断面测量的首要工作就是确定线路中线的垂直方向,常用的方法有两种:方向架法和经纬仪法。

(1) 方向架法

方向架法就是在一个竖杆上钉有两根互相垂直的横轴,每根横轴上还有两根瞄准用的小钉,如图9-21,使用时将方向架置于测点上,用其中一方向瞄准线路前方或后方的中桩,则另一方向即为测点的横断面方向。图9-22是将方向架设在要测设横断面的曲线中桩A点上,在A点前后等距离处的曲线上定出中桩点B和C,方向架的一条视线照准B,反方向延伸至C',C'应在C的附近,平分CC'得C''点,再将方向架的一方向照准C'',则另一方向即为曲线上A点的横断面方向。

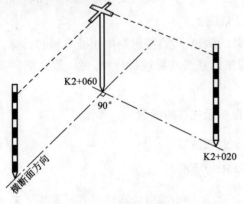

图9-21　方向架示意图

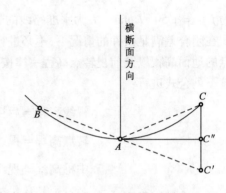

图9-22　方向架在曲线段的使用

(2) 经纬仪法

用经纬仪测定横断面方向不仅方法简单而且精度也高。在直线段,测点上安置经纬仪,以线路前方或后方一中桩为零方向拨角90°即可。在曲线段,如图9-22,测点A上安置经纬仪,

先计算 B 点至零方向 A 点弧长 l 相对应的偏角 δ：

$$\delta = \frac{l}{2R} \cdot \frac{180°}{\pi}$$

则弦线 AB 与横断面方向的夹角为 $90°+\delta$ 或 $90°-\delta$。在缓和曲线段测定横断面方向，较短距离内可把缓和曲线按圆弧处理，若要求较准确的方向，可求出该处缓和曲线的偏角，用经纬仪测设。如图9-22中，设 A 为缓和曲线上一点，前视 A 点的偏角为 δ_q，则弦线 AB 与横断面方向的夹角为 $90°\pm\delta_q$。

3) 横断面测量方法

横断面方向确定以后，便测定从中桩至左右两侧变坡的距离和高差，根据所用仪器不同，一般常采用以下三种方法。

(1) 标杆皮尺法

如图9-23，a、b、c 为断面方向上的变坡点。标杆立于 a 点，皮尺靠中桩地面，拉平量至 a 点，读得距离，而皮尺截于标杆的红白格数（每格0.2m）即为两点间的高差。同法测出 a 至 b、b 至 c、……测段的距离和高差，直至需要的宽度为止。

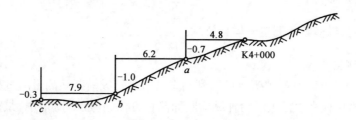

图 9-23　标杆皮尺法测量横断面(单位:m)

横断面测量的记录表格如表9-27。表中按前进方向分左右侧，中间一格为桩号，自下至上桩号由小到大填写。分数形式表示各测段的高差和距离，分母表示测点间的距离，分子表示高差，正号表示升坡，负号表示降坡，自中桩由近及远逐段记录。

横断面测量记录表　　　　　　　　　　　　　　　　表9-27

左　　侧				桩　号	右　　侧			
—	—	—	—		—	—	—	—
—	—	—	—		—	—	—	—
$\frac{-0.6}{8.5}$	$\frac{+0.3}{4.8}$	$\frac{+0.7}{7.5}$	$\frac{-1.0}{5.1}$	K4+020	$\frac{+0.5}{4.5}$	$\frac{+0.9}{1.8}$	$\frac{+1.6}{7.5}$	$\frac{+0.5}{10.0}$
平	$\frac{-0.3}{7.9}$	$\frac{-1.0}{6.2}$	$\frac{-0.7}{4.8}$	K4+000	$\frac{+0.7}{3.2}$	$\frac{+1.1}{2.8}$	$\frac{-0.4}{7.0}$	$\frac{+0.9}{6.5}$

(2) 水准仪法

当线路两侧地势平坦，且要求测绘精度较高时，可采用水准仪法。先用方向架定向，水准仪后视中桩标尺，求得视线高程；然后前视横断面方向变坡点上的标尺。视线高程减去诸前视点读数即得各测点高程。点位距中桩距离可用钢尺（或者皮尺）量距。实测时，若仪器安置得当，一站可测十几个断面。

用水准仪法测量线路的横断面,记录表格同表9-27,只不过分子表示变坡点的水准仪读数,分母表示变坡点至中桩的距离。

(3)经纬仪法

在地形起伏较大地区,一般可采用经纬仪法。先安置经纬仪于中桩点,确定横断面方向;然后用经纬仪测横断面方向上各个变坡点的视距、中丝读数和竖直角;最后计算出变坡点至中桩点的水平距离和高差,边测量边计算,将计算的结果记录于表9-27的分母和分子中,同时在现场绘制横断面草图。

(4)全站仪法

全站仪法则更方便。安置全站仪于任意一点上(一般安置在测量控制点上),先观测中桩点,再观测横断面方向上各个变坡点,观测数据包括:水平角、竖直角、斜距、棱镜高、仪器高等。其测量结果可根据自编软件来计算。具体操作见本章第9.5.3节。

横断面测量操作比较简单,但工作量较大,测量的准确与否,对整个线路设计有一定的影响。横断面宽度应根据中桩填挖高度、边坡大小以及有关工程的特殊要求而定,一般自中线向两侧各10~50m。横断面的密度,除有中桩处应施测外,在大中桥头、隧道口、挡土墙等重点工程地段,可根据需要加密。

9.5.3 全站仪纵横断面测量一体化技术

1)纵横断面测量步骤

下面仍然以SET2000全站仪为例说明利用全站仪进行纵横断面测量的过程。

SET2000全站仪程序中提供了两种纵横断面测量方法,一般习惯采用"最少距离移动法"(见图9-24)。

(1)测站设置

在【ROAD】菜单中选取【Cross-section Survey】选项进行断面测量。程序运行后即要求进行测站点和后视点的设立工作,此项工作与坐标放样时的测站设置工作是一样的,具体过程详见本章第9.4.3节。

(2)参数设置

测站设置工作完成后,屏幕显示如图9-25。

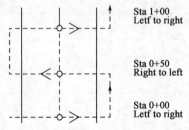
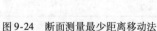
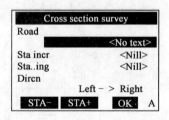

图9-24 断面测量最少距离移动法　　　　　图9-25 断面测量参数设置

在"Road"字段处,输入不多于16字符的道路文件名称,该文件用于存储将要进行的断面测量的数据。

在"Sta..ing"字段输入第一个横断面的桩号,输入格式为"××××.×××",仪器显示格式为"××+××.×××"。例如,在"Sta..ing"字段输入"1000",仪器显示为"10+00.000"。

"Sta incr"字段和【STA+】、【STA-】键提供了一种快速输入桩号递增或递减值的方法，这对进行等间隔的断面测量尤为有用。例如，在"Sta incr"字段输入"20"，在"Sta..ing"字段输入"1000"，则按【STA+】键即为"10+20.000"桩号，按【STA-】键即为"9+80.000"桩号。

在完成了至少一个横断面测量之后，不必输入后面断面测量的桩号，SET2000会按"Sta incr"字段值自动增加或减少，从而得到您想要进行测量的下一个断面桩号。

用"Dircn"字段指明进行横断面测量的方向，按【←】或【→】选择"Left→Right"（由左向右）或"Right→Left"（由右向左）。

(3) 断面测量

在以上参数设置好后，按【OK】开始横断面测量。施测可以从横断面上的任何位置开始，但第一个非中心线上的测点必须与"Dircn"字段中指定的方向相符。跑点顺序可参看图9-26和图9-27。

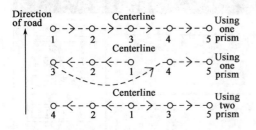

图9-26 指定方向为"由左向右"

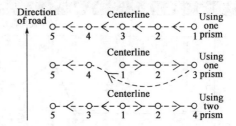

图9-27 指定方向为"由右向左"

在对横断面上的点进行观测时，SET2000需要对上一观测点是否为显著点做出判断。每一个横断面测量都有两个显著点：①中线点；②最后一个测点。

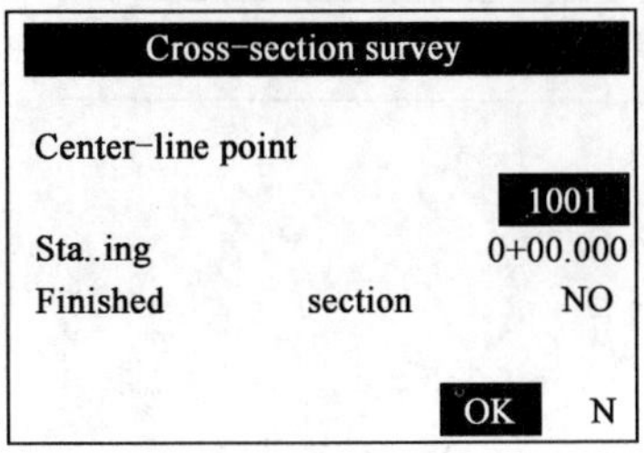

每个点观测完毕后，需要按【OK】或【READ】继续。如果按【OK】，表示该点为显著点，此时会出现如图9-28的屏幕显示，需要对该显著点进行确认；如果按【READ】，即告诉SET2000所测点是非显著点，并继续下一读数。

在图9-28中，如果该点（点号为1001）为中线点（Centerline Point），则再按【OK】确认；如果该点（点号为1001）为最后一个测点，则需要将"Finished Section"字段改为"YES"，然后按【OK】确认。测量结束后，按【ESC】退出，所有测量数据会自动保存在指定文件中。

图9-28 断面测量"显著点"确认

2) 软件开发

野外工作结束后，通过数据通信，可将测量结果从全站仪传输到电脑。断面测量的数据文件可以在电脑中打开查看，在认真观察之后，我们发现，观测数据和测量结果是按照一定的规律排列在"数据文件"中，数据之间没有逗号或空格，因此，要看懂它很困难。不过，通过SET2000内置程序，我们可以在全站仪上将结果一一调出来进行查看，并记录下来。当然，这样做工作效率很低。因此，开发相应的计算软件是很有必要的。笔者在东南大学科学基金的资助下，开发出一套全站仪公路测量数据处理软件。利用该软件，可对全站仪断面测量数据进行处理，自动生成纵断面测量结果文件和横断面测量结果文件，并绘制出断面图：纵断面地面线图见图9-29，横断面地面线图见图9-30。

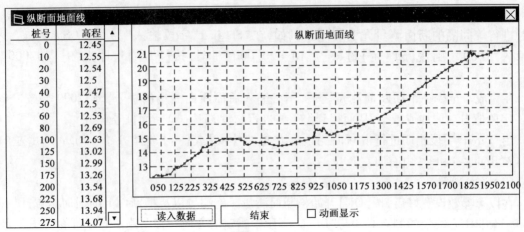

图 9-29 纵断面地面线图(K0+000～K2+100)

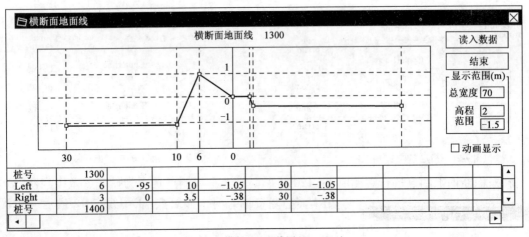

图 9-30 横断面地面线图(K1+300)

9.6 道路边桩和边坡的放样

9.6.1 道路边桩的放样

1) 概述

在中线恢复以后,首先进行的是路基施工,因此必须定出路基的边桩,即路堤的坡脚线或路堤的坡顶线。修筑路基的土石方工程就从边桩开始填筑或开挖。下面介绍测设边桩的几种方法。

2) 在横断面图上求边桩的位置

当所测的横断面图有足够的精度时,可在横断面图上根据设计高程绘出路基断面。按此比例量出左右两侧边桩至中线桩的水平距离,在实地用皮尺放出边桩。这是测设边桩最简单的方法,此法只用于填挖方量不大的地区。

3) 按公式计算边桩的位置

在平坦地面,边桩到中线桩的水平距离还可用公式计算。图 9-31 中水平距离 D,可按下式计算:

$$D_{左} = D_{右} = \frac{b}{2} + m \cdot H$$

式中：b——路堤时为路基顶面宽度，路堑时为路基顶面宽加侧沟和平台的宽度；

m——边坡的坡度比例系数；

H——中桩的填挖高度，可从纵断面图或填挖高度表上查得。

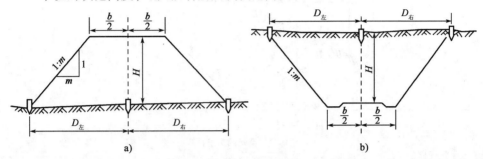

图 9-31　用公式计算边桩位置

4）用趋近法测设路基边桩

在倾斜地面上，不能利用公式直接计算而且两侧边桩也不相等时，可采用逐步趋近的方法在实地测设路堤或路堑的边桩。

当测设路堤的边桩时（图 9-32），首先在下坡一侧大致估计坡脚位置，假设在点 1，用水准仪测出点 1 与中桩的高差 h_1，再量出 1 点离中桩的水平距离 D'_1。这时可算出高差为 h_1 时坡脚位置到中桩的距离 D_1 为：

$$D_1 = \frac{b}{2} + m \cdot (H + h_1)$$

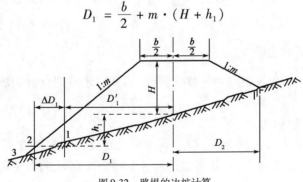

图 9-32　路堤的边桩计算

如计算所得的 D_1 大于 D'_1，说明坡脚应位于 1 点之外，正如图 9-32 中所示；如 D_1 小于 D'_1，说明坡脚应在点 1 之内。按照差数 $\Delta D_1 = D_1 - D'_1$ 移动水准尺的位置（ΔD_1 为正向外移，为负向内移），再次进行测试，直至 $\Delta D_1 < 0.1 \mathrm{m}$，则立尺点即可认为是坡脚的位置。从图 9-32 中可以看出：计算出的 D_1 是点 2 到中桩的距离，而实际坡脚在点 3。为减少试测次数，移动尺子的距离应大于 $|\Delta D_1|$。这样，一般试测一两次即可找出所需的坡脚点。

在路堤的上坡一侧，D_2 的计算式为：

$$D_2 = \frac{b}{2} + m \cdot (H - h_2)$$

当测设路堑的边坡时，可参看图 9-33。在下坡一侧，D_1 按下式计算：

$$D_1 = \frac{b}{2} + m \cdot (H - h_1)$$

实际量得为 D'_1。根据 $\Delta D_1 = D_1 - D'_1$ 来移动尺子，ΔD_1 为正时向外移，为负时向里移。但

移动的距离应略小于$|\Delta D_1|$。

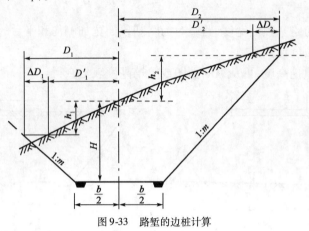

图 9-33 路堑的边桩计算

在路堑的上坡一侧,D_2按下式计算:

$$D_2 = \frac{b}{2} + m \cdot (H + h_2)$$

实际量得为D'_2。根据$\Delta D_2 = D_2 - D'_2$来移动尺子,但移动的距离应稍大于$|\Delta D_2|$。

5)用全站仪按坐标放样

通过计算机软件,利用地形测量数据,可以生成公路施工区域带状地形图的数字地面模型(DTM),再输入路线设计有关参数,借助于 DTM,软件又可以计算出公路各边坡点的坐标;然后,用全站仪按坐标进行放样。东南大学已经开发出此类软件,如公路几何设计程序系统 AHCAD'99。

9.6.2 道路边坡的放样

在边桩放样后,为了保证填挖的边坡达到设计要求,还应把设计边坡在实地上标定出来,以方便施工。

1)用竹竿和绳索放样边桩

如图 9-34,O 为中桩,A、B 为边桩,$CD = b$ 为路基宽度。放样时在 C、D 处竖立竹竿,于高度等于中桩填土高处 H 之处 C'、D'用绳索连接,同时由 C'、D'用绳索连接到边桩 A、B 上,则设计坡度展现于实地。

当路堤填土不高时,可用上述方法一次挂线;当路堤填土较高时,可分层挂线施工,如图 9-35 所示。

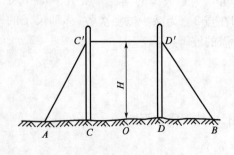

图 9-34 用竹竿、绳索放样边坡

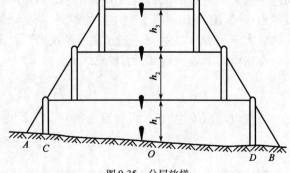

图 9-35 分层放样

2)用边坡板放样边坡

施工前按照设计边坡坡度做好边坡样板,施工时,按照边坡样板进行放样。用活动边坡尺放样边坡,做法如图 9-36 所示。当水准气泡居中时,边坡尺的斜边所指示的坡度正好为设计边坡坡度,故借此可指示与检核路堤的填筑。同理边坡尺也可指示与检核路堑的开挖。

用固定边坡样板放样边坡,做法如图 9-37 所示。在开挖路堑时,于坡顶外侧按设计坡度设立固定样板,施工时可随时指示并检核开挖和修整情况。

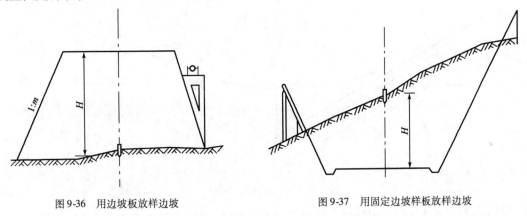

图 9-36　用边坡板放样边坡　　　　　　图 9-37　用固定边坡样板放样边坡

9.7　竖曲线的测设

1)竖曲线的概念

在线路中,除了水平的路段外,还不可避免地有上坡和下坡。两相邻坡段的交点称为变坡点。按有关规定,当相邻坡度的代数差超过 0.003 ~ 0.004 时,为了保证行车安全,在相邻坡段间要加设竖曲线。竖曲线按顶点所在位置又可分为凸形竖曲线和凹形竖曲线。

2)竖曲线参数(θ、L、T、E_0)计算

图 9-38 中,i_1、i_2、i_3 分别为设计的路面坡道线的坡度,上坡为正,下坡为负。θ 为竖曲线的转折角。由于路线设计时的允许坡度一般总是很小的,所以可以认为 θ 等于相邻坡道之坡度的代数差,如 $\theta_1 = i_2 - i_1$,$\theta_2 = i_3 - i_2$。θ 大于零时为凹形竖曲线,θ 小于零时为凸形竖曲线。为了书写方便,计算中直接用 $\theta = |\theta|$ 来计算。

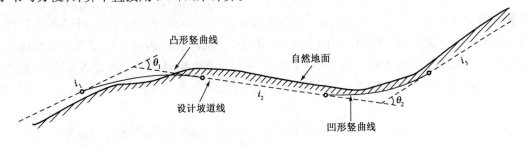

图 9-38　竖曲线

竖曲线可用抛物线或圆曲线表示。用抛物线过渡,在理论上似乎更为合理,但实际上用圆曲线计算与用抛物线计算结果是非常接近的,因此在公路工程中竖曲线都采用圆曲线。根据纵断面设计中给定的竖曲线半径 R,以及由相邻坡道之坡度求得的线路竖向转折角 θ,可以计算竖曲线长 L、切线长 T 和外矢距 E 等曲线要素。由图 9-39 可以看出:

$$L = R \cdot \theta = R(i_2 - i_1) \tag{9-16}$$

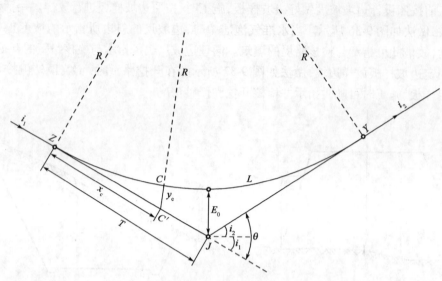

图 9-39 竖曲线的计算

因为 θ 值一般都很小,而且竖曲线半径 R 都比较大,所以切线长 T 可近似以曲线长 L 的一半来代替,外矢距 E_0 也可按近似公式来计算,则有:

$$\left.\begin{array}{l} T \approx \dfrac{1}{2}L = \dfrac{1}{2}R(i_2 - i_1) \\[2mm] E_0 \approx \dfrac{T^2}{2R} \end{array}\right\} \tag{9-17}$$

切线长 T 求出后,即可由变坡点 J 沿中线向两边量取 T 值,定出竖曲线的起点 Z 和终点 Y。

3) 竖曲线上各加桩点的高程计算

竖曲线上一般要求每隔 10m 测设一个加桩以便于施工。测设前按规定间距确定各加桩至竖曲线起(终)点的距离并求出各加桩点的设计高程(简称高程),以便在竖曲线范围内的各加桩点上标出竖曲线的高程。

在图 9-39 中,C 为竖曲线上某个加桩点,将过 C 点的竖曲线半径延长,交切线于 C'。令 C' 到起点 Z 的切线长为 x_C,$CC' = y_C$。由于设计坡度较小,可以把切线长 x_C 看成是 Z、C' 两点间的水平距离,而把 y_C 看成是 C、C' 两点间的高程差。也就是说,若按上述情况定义竖曲线上各点的 x、y 值,则竖曲线上任一点的 x 值即可根据其到竖曲线起(终)点的距离来确定,而它的 y 值即表示其在切线和竖曲线上的高程差。因而,竖曲线上任一点的高程(H_i)可按下式求得:

$$H_i = H'_i \pm Y_i$$

式中:H'_i——该点在切线上的高程,也就是它在坡道线上的高程,称为坡道点高程;

Y_i——该点的高程改正,当竖曲线为凸形曲线时,公式取"$-$"号;当为凹形曲线时取"$+$"号。

坡道点高程 H'_i 可根据变坡点 J 的设计高程 H_0、坡度 i 及该点至坡点的间距来推求,计算公式为:

$$H'_i = H_0 \pm (T - x_i) \cdot i$$

至于曲线上任一点的 y 值,可根据该点的 x 值求得。由图 9-39 可知:$(R+y)^2 = R^2 + x^2$,$2Ry = x^2 - y^2$。由于 y 与 R 相比很小,故可将 y^2 略去,有:

$$y = \frac{x^2}{2R}$$

从图中还可以看出,$y_{\max} \approx E_0$,所以有:

$$E_0 = \frac{T^2}{2R}$$

4)计算示例(竖曲线算例)

【例 9-5】 已知变坡点的里程桩号为 K13+650,变坡点设计高程 $H_0 = 290.95$m,设计坡度为 $i_1 = -2.5\%$,$i_2 = +1.1\%$。现欲设置 $R = 2500$m 的竖曲线,要求曲线间隔为 10m,求竖曲线元素和各曲线点的桩号及高程。

解:①由式(9-16)和式(9-17)计算竖曲线元素:

$$L = R(i_2 - i_1) = 2500 \times 36\% = 90\text{m} \quad (\theta > 0,为凹形竖曲线)$$

$$T = \frac{1}{2}L = 45\text{m}$$

$$E_0 = \frac{T^2}{2R} = \frac{45^2}{2 \times 2500} = 0.4\text{m}$$

②计算竖曲线起、终点的里程:

变坡点 J	K13+650
$+T$	-45
起点 Z	K13+605
$+L$	$+90$
终点 Y	K13+695

其余各项计算结果见表 9-28。

竖曲线算例　　　　　　　　　表 9-28

点　名	桩号	x	高程改正 y (m)	坡道点 $H' = H_0 \pm (T-x) \cdot i$ (m)	路面设计高程 $H = H' \pm y$ (m)
起点 Z	K13+605	0	0.00	292.08	292.08
	615	10	0.02	291.82	291.84
	625	20	0.08	291.58	291.66
	635	30	0.18	291.32	291.50
	645	40	0.32	291.08	291.40
变坡点 J	K13+650	$T=45$	$E=0.40$	$H_0 = 291.95$	291.35
	655	40	0.32	291.00	291.32
	665	30	0.18	291.12	291.30
	675	20	0.08	291.22	291.30
	685	10	0.02	291.34	291.36
终点 Y	K13+695	0	0.00	291.44	291.44

10 桥梁工程施工测量

道路通过河流或跨越山谷时需要架设桥梁,城市交通的立体化也需要建造桥梁,如立交桥、高架桥等。桥梁按其主跨度大小通常可分为小型(8~30m)、中型(30~100m)、大型(100~500m)和特大型(>500m)四类。不同类型的桥梁其施工测量的方法和精度要求不相同,但内容大同小异,主要有:

(1)对设计单位交付的所有桩位和水准点及其测量资料进行检查、核对。

(2)建立满足精度与密度要求的施工控制网,并进行平差计算,已建好施工控制网的要作复测检查。

(3)定期复测控制网,并根据施工的需要加密或补充控制点。

(4)测定墩(台)基础桩的位置。

(5)进行构造物的平面和高程放样,将设计高程及几何尺寸测设于实地。

(6)对有关构造物进行必要的施工变形观测和施工控制观测,尤其在大型和特大型桥梁施工中,塔柱和梁悬拼(浇)的中轴线及高程的施工控制是确保成桥线形的关键。

(7)测定并检查施工结构物的位置和高程,为工程质量的评定提供依据。

(8)对已完工程进行竣工测量。

桥梁施工测量的目的是把图上所设计的结构物的位置、形状、大小和高低,在实地标定出来,作为施工的依据。施工测量将贯穿整个桥梁施工全过程,是保证施工质量的一项重要工作。

10.1 桥梁工程施工测量的精度标准

桥梁工程施工测量执行的相关规范和规程有《公路工程质量检验评定标准 第一册 土建工程》(JTG F80/1—2004)、《公路勘测规范》(JTG C10—2007)、《公路桥涵施工技术规范》(JTJ 041—2000)、《铁路测量技术规则》(TBJ 101—85)等。现摘录部分桥梁施工测量限差要求列于表10-1~表10-7。

1)桥梁基础工程施工测量限差要求(见表10-1)

桥梁基础工程施工测量限差要求　　　　　表10-1

分项工程	测量项目		规定值或允许偏差	测量仪器和方法
钻孔灌注桩	群桩		100mm	全站仪极坐标法
	排架桩	允许	50mm	
		极限	2倍允许偏差	
	孔径		不小于设计规定	钢尺丈量
	孔深		不小于设计规定	测绳测深
	倾斜度	桩长≤50m	1%桩长	测斜仪
		桩长>50m	不大于设计规定	
	沉淀层厚	摩擦桩	符合设计要求	测绳测深计算孔深变化
		支承桩	不大于设计规定	

续上表

分项工程	测量项目		规定值或允许偏差	测量仪器和方法
钻孔灌注桩	钢筋骨架底高程		±50mm	钢尺丈量钢筋骨架反算
	桩顶高程		±10mm	水准仪
钻孔灌注桩钢筋笼定位	钢筋笼外径偏差		±5mm	钢尺丈量
	钢筋笼保护层厚度偏差		±10mm	钢尺丈量
	钢筋笼中心平面位置		20mm	全站仪极坐标法
	钢筋骨架长度		±10mm	钢尺丈量
双壁钢围堰的制作拼装	顶面中心偏位	顺桥向	20mm	全站仪极坐标法
		横桥向	20mm	
	围堰平面尺寸		D/500 或 30mm，互相垂直的直径差 <20mm	全站仪极坐标法或钢尺丈量
	节间错台		2mm	—
钢围堰（套箱）承台封底	基底高程		+0mm, -200mm	测绳测深
	封底厚度		不小于设计	测深或水准仪测量计算
	顶面高程		±50mm	水准仪
大体积混凝土承台	中心偏位		200mm	全站仪极坐标法
	断面尺寸		±30mm	全站仪极坐标法或钢尺丈量
	结构高度		±30mm	水准仪或钢尺丈量
	顶面高程		±20mm	水准仪
	大面积平整度		8mm	—

2）普通桥梁总体控制限差要求（见表10-2）

普通桥梁总体控制限差要求　　　表10-2

分项工程	测量项目		规定值或允许偏差	测量仪器和方法
桥梁总体	桥面中线偏位		10mm	全站仪极坐标法
	桥宽	车行道	±10mm	全站仪极坐标法
		人行道	±10mm	全站仪极坐标法
	桥长		+300mm, -100mm	全站仪极坐标法
	引道中心线与桥梁中心线的衔接		±20mm	全站仪极坐标法
	桥头高程衔接		±3mm	水准仪
桥梁承台	尺寸		±30mm	全站仪极坐标法
	顶面高程		±20mm	水准仪
	轴线偏位		15mm	全站仪或用经纬仪纵向控制

219

续上表

分项工程	测量项目		规定值或允许偏差	测量仪器和方法
桥梁墩身/台身	断面尺寸		±20mm	钢尺丈量
	竖直度或斜度		0.3%H 且不大于 20mm	垂线或经纬仪
	顶面高程		±10mm	水准仪
	轴线偏位		10mm	全站仪或用经纬仪纵、横控制
	大面积平整度		5mm	用 2m 直尺
	预埋件位置		10mm	钢尺丈量
现浇连续梁(板)	断面尺寸	高度	+5mm，-10mm	全站仪极坐标法、钢尺丈量
		顶宽	±30mm	
		顶、底、腹板厚	+10mm，-0mm	
	长度		+5mm，-10mm	用尺量
	轴线偏位		10mm	全站仪、经纬仪
	铺装平整度		8mm	用 2m 直尺
	支座板平面高差		2mm	水准仪
一般桥面铺装	厚度		+10mm，-5mm	水准仪
	横坡		±0.3%	每 100m 检查 3 个断面
普通伸缩缝安装	缝宽		符合设计要求	钢尺丈量
	与桥面高差		2mm	水准仪
	纵坡	大型	±0.2%	水准仪
		一般	±0.3%	
	横向平整度		3mm	3m 直尺
支座安装	支座中心与梁体中心线偏位		2mm	经纬仪或钢尺
	支座顺桥向偏位		10mm	全站仪或经纬仪
	支座高程		±5mm	水准仪
	支座四角高差	承压力≤500kN	1mm	水准仪
		承压力>500kN	2mm	
桥头搭板浇筑	枕梁尺寸	宽、高	±20mm	钢尺丈量
		长	±30mm	
	板尺寸	长、宽	±30mm	钢尺丈量
		厚	±10mm	
	与桥面高差		2mm	水准仪
	板顶斜度	纵	0.3%	水准仪
		横	20mm	

3) 斜拉桥索塔安装限差要求(见表10-3)

斜拉桥索塔安装限差要求　　　　表10-3

分项工程	测量项目	规定值或允许偏差	测量仪器和方法
索塔塔座	尺寸	±30mm	全站仪极坐标法和钢尺丈量
	顶面高程	±20mm	水准仪
	轴线偏位	15mm	全站仪极坐标法
斜拉桥钢筋混凝土塔柱	倾斜度	≤$H/3000$，且不大于30mm	经纬仪或全站仪纵、横向控制
	塔柱底水平偏位	10mm	经纬仪或全站仪纵、横向控制
	外轮廓尺寸	±20mm	全站仪极坐标法或钢尺丈量
	壁断面厚度	±10mm	钢尺丈量
	预埋件位置	5mm	钢尺丈量
索塔钢—混结合段塔柱	倾斜度	≤$H/3000$，且不大于30mm	经纬仪或全站仪纵、横向控制
	塔柱底水平偏位	10mm	经纬仪或全站仪纵、横向控制
	外轮廓尺寸	±10mm	全站仪极坐标法和钢尺丈量
	壁断面厚度	±10mm	钢尺丈量
	钢板、剪力键偏位	5mm	钢尺丈量
	预埋件位置	5mm	钢尺丈量
索塔钢筋混凝土横梁	轴线偏位	10mm	全站仪极坐标法
	断面尺寸　高	+5mm，-10mm	全站仪极坐标法、水准仪和钢尺丈量
	断面尺寸　顶宽	±30mm	
	断面尺寸　顶、底、腹板厚	+10mm，-0mm	
	对称点高程差	20mm	水准仪
	顶面高程	±10mm	水准仪

4）斜拉桥钢箱梁制作与安装限差要求（见表10-4）

斜拉桥钢箱梁制作与安装限差要求　　　　表10-4

分项工程	测量项目	规定值或允许偏差	测量仪器和方法
钢箱梁段制作	梁宽	±3mm	钢尺丈量
	梁高	±3mm	
	梁长	+1mm，-3mm	
	横断面对角线差	4mm	
	顶板四角高差	5mm	
	风嘴外边缘直线度	5mm	
边跨端支架上安装钢箱梁段	轴线偏位	10mm	经纬仪或全站仪
	线形（高程）	±10mm	水准仪
	桥面板四角水平	6mm	水准仪
主塔横梁及托架上安装钢箱梁段	轴线偏位	10mm	经纬仪或全站仪
	线形（高程）	±10mm	水准仪
	桥面板四角水平	6mm	水准仪
	横梁及托架上梁段3点相对高程差	±4mm	全站仪检查3点高程

续上表

分项工程	测量项目	规定值或允许偏差	测量仪器和方法
悬臂安装钢箱梁段	轴线偏位	10mm	经纬仪或全站仪
	线形(高程)	+20mm,-10mm	水准仪
	上下游相对称吊点高程差	符合设计要求	水准仪
钢箱梁段边跨合龙及线形调整	轴线偏位	10mm	经纬仪或全站仪
	线形(高程)	±10mm	水准仪
	上下游相对称吊点高程差	符合设计要求	水准仪
钢箱梁段中跨合龙及线形调整	轴线偏位	10mm	经纬仪或全站仪
	线形(高程)(主塔处、跨中)	±10mm	水准仪
	上下游相对称吊点高程差	符合设计要求	水准仪
钢箱梁抗风支座安装	竖向支座轴线纵、横向偏位	5mm	全站仪或经纬仪
	支座高程	±10mm	水准仪测量
	竖向支座轴线与桥轴线垂直度	≤1.5/1000	全站仪或经纬仪
	竖向支座滑板中线与桥轴线平行度	≤1/1000	全站仪或经纬仪
	竖向支座垫石钢板水平度	2mm	水准仪、钢板尺
	抗风支座支挡垂直度	≤1mm	水准仪、钢板尺
	抗风支座支挡表面平行度	≤1mm	水准仪、钢板尺
	抗风支座支挡表面与抗风支座表面间隙	2mm	卡尺量测

5)斜拉桥总体控制限差要求(见表10-5)

斜拉桥总体控制限差要求　　　　表10-5

分项工程	测量项目	规定值或允许偏差	测量仪器和方法
桥梁总体	桥面中线偏位	10mm	全站仪极坐标法
	桥面宽偏差(车行道、检修道)	±10mm	全站仪极坐标法
	桥长偏差	+300mm,-100mm	全站仪极坐标法
	桥头高程衔接	±3mm	水准仪
	引桥中线与主桥中线的衔接	±20mm	全站仪极坐标法、水准仪
大型伸缩缝安装	安装总长度(20℃)	符合设计要求	钢尺丈量
	齿状柱缝宽(20℃)	符合设计要求	钢尺丈量
	与桥面高差	2mm	水准仪
	纵坡偏差	±0.2%	水准仪
	横向平整度	3mm	3m直尺
钢防撞护栏安装	平面偏位	4mm	全站仪极坐标法或钢尺丈量
	立柱中距偏差	±5mm	全站仪极坐标法或钢尺丈量
	立柱竖直度误差	4mm	垂线、直尺
	横梁高度偏差	±5mm	水准仪
	护栏纵向顺直度误差	±5mm	拉线、直尺
钢栏杆安装	栏杆平面偏位	4mm	每5根柱拉线检查
	栏杆扶手平面偏位	3mm	30m拉线或用经纬仪检查
	栏杆柱顶面高差	4mm	水准仪
	栏杆柱纵、横向竖直度	4mm	垂线
	相邻栏杆扶手高差	5mm	水准仪

6)悬索桥施工测量限差要求(见表10-6)

悬索桥施工测量限差要求   表10-6

分项工程	测量项目		规定值或允许偏差
锚杆、锚梁制作安装	锚杆制造	长度	±3mm
		高度	
		宽度	
	支架安装	中心线偏差	±10mm
		横向安装锚杆之平联高差	+5mm,−2mm
	锚杆安装	X 轴	±10mm
		Y 轴	±5mm
		Z 轴	±5mm
	后锚梁安装	中心偏位	5mm
		偏角	符合设计要求
预应力锚固系统施工	前锚孔道中心坐标		±10mm
	前锚面孔道角度		±0.2°
	拉杆轴线偏位		5mm
	连接器轴线		5mm
锚碇混凝土施工精度	锚碇结构轴线偏位	基础	20mm
		锚面槽口	10mm
	断面尺寸		±30mm
	基础底面高程	土质	±50mm
		石质	+50mm,−200mm
	顶面高程		±20mm
	大面积平整度		5mm
	预埋件位置		符合设计要求
索塔施工精度	塔柱底水平偏位		10mm
	倾斜度		塔高的1/3000,且不大于30mm或设计要求
	断面尺寸		±20mm
	系梁高程		±10mm
	索鞍底板面高程		+10mm,−0mm
	预埋件位置		符合设计要求
梁段验收允许误差	跨度(L)	L 为三段试装时最外两吊点的中心距(m)	±(5+0.15L)mm
		分段时两吊点中心距	±2mm
	全长	分段累加全长	±20mm
		分段长	±2mm
	盖板宽	盖板单元纵向有对接时的盖板宽	±1mm
		箱梁段的盖板宽	±3mm

续上表

分项工程	测量项目		规定值或允许偏差
钢加劲梁安装后的允许误差	吊点偏位		20mm
	箱或桁梁顶面高程在两吊索处高差		20mm
	相邻节段匹配高差		2mm
支座安装精度	竖向支座	纵轴	±5mm
		横轴	±5mm
		高程	±10mm
	抗风支座	牛腿垂直度	±10mm
		与牛腿侧面的间隙	2mm

7）钢桥施工测量限差要求（见表10-7）

钢桥施工测量限差要求　　　　表10-7

分项工程	测量项目		规定值或允许偏差
板梁试拼装主要尺寸允许偏差	梁高 h	L≤2m	±2mm
		L>2m	±4mm
	跨度 L（支座中心至中心）		±8mm
	全桥长度		±15mm
	主梁中心距		±3mm
	旁弯（桥梁中心线与其试拼装全长 L 的两端中心所连直线的偏差）		L/5000
	平联节间对角线差		3mm
	横联对角线差		4mm
	主梁倾斜		5mm
	支点高低差（支座处3点水平时，另一点翘起高度）		3mm
桁梁试拼装主要尺寸允许偏差	桁高（上下弦杆中心距离）		±2mm
	节间长度		±2mm
	旁弯（桥面系中线与其试拼装全长 L 的两端中心所连接直线的偏差）		L/5000
	试装全长	L≤50000	±5mm
		L>50000	±L/10000
	拱度（计算拱度）	f≤60	±3mm
		f>60	±5f/100
	对角线（每个节间）		±3mm
	主桁中心距		±3mm
钢梁安装后的允许误差	轴线偏位	钢梁中线	10mm
		相邻两孔横梁中线相对偏差	5mm
	梁底高程	墩台处梁底	±10mm
		两孔相邻横梁相对高差	5mm
	固定支座顺桥向偏差	连续梁或60m以上简支梁	20mm
		60m以下简支梁	10mm
	支座纵、横线扭转		1mm
	活动支座鞍设计气温定位前偏差		3mm
	支座底板四角相对高差		2mm

10.2 桥梁施工控制网的布设

桥梁施工开始前,必须在桥址区建立统一的施工控制基准,布设施工控制网。桥梁施工控制网的作用主要用于桥墩基础定位放样和主梁架设,因此,必须结合桥梁的桥长、桥型、跨度以及工程的结构、形状和施工精度要求布设合理的施工控制网。

桥梁施工控制网分为施工平面控制网和施工高程控制网两部分。

10.2.1 桥梁施工平面控制网

1) 平面控制网的布设形式

随着测量仪器的更新、测量方法的改进,特别是高精度全站仪的普及,给桥梁平面控制网的布设带来了很大的灵活性,也使网形趋于简单化。比如,一般的中小型桥梁,高速公路互通,城市立交桥、高架桥和跨越山谷的高架桥等,通常采用一级导线网,或在四等导线控制下加密一级导线;对于跨越江河湖海的大型、特大型桥梁,由于其所处的特定地理环境,决定了其施工平面控制网的基本形式为以桥轴线为一边的大地四边形(图 10-1a))或以桥轴线为公共边的双大地四边形(图 10-1b)),对跨越江(湖)心岛的桥梁,条件允许时可采用中点多边形(图10-1c))。

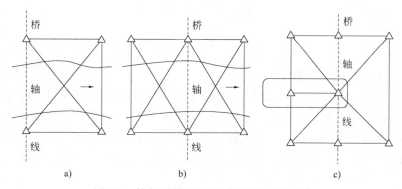

图 10-1 特大型桥梁施工平面控制网的基本形式

特大桥通常有较长的引桥,一般是将桥梁施工平面控制网再向两侧延伸,增加几个点构成多个大地四边形网,或者从桥轴线点引测敷设一条光电测距精密导线。导线宜采用闭合环。

对于大型和特大型的桥梁施工平面控制网,自 20 世纪 80 年代以来已广泛采用边角网或测边网的形式,并按自由网严密平差。图 10-2 是润扬长江公路大桥施工平面控制网。

从图 10-2 中可以看出,控制网在两岸轴线上都设有控制点,这是传统设计控制网的通常做法。传统的桥梁施工放样主要的是依靠光学经纬仪,在桥轴线上设有控制点,便于角度放样和检测,易于发现放样错误。全站仪普及后,施工通常采用坐标放样和检测,在桥轴线上设有控制点的优势已不明显,因此,在首级控制网设计中,可以不在桥轴线上设置控制点。

无论施工平面控制网布设采用何种形式,首先控制网的精度都必须满足施工放样的精度要求,其次考虑控制点尽可能地便于施工放样,且能长期稳定而不受施工的干扰。一般中、小型桥梁控制点采用地面标石,大型或特大型桥梁控制点应采用配有强制对中装置的固定观测墩或金属支架。

2)桥梁施工平面控制网精度的确定

目前确定控制网精度的设计方法有两种:按桥式、桥长(上部结构)来设计;按桥墩中心点位误差(下部结构)来设计。

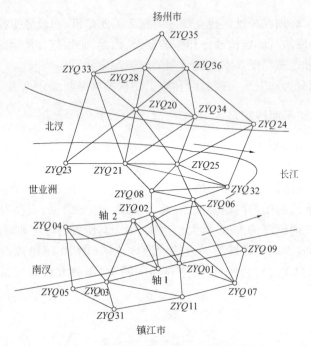

图10-2 润扬长江公路大桥施工平面控制网

(1)按桥式确定控制网的精度

按桥式确定控制网精度的方法是根据跨越结构的架设误差(它与桥长、跨度大小及桥式有关)来确定桥梁施工控制网的精度。桥梁跨越结构的形式一般分为简支梁和连续梁。简支梁在一端桥墩上设固定支座,其余桥墩上设活动支座,如图10-3所示。在钢梁的架设过程中,它的最后长度误差来源于两部分:一种是杆件加工装配时的误差;另一种是安装支座的误差。

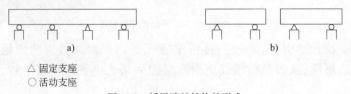

△ 固定支座
○ 活动支座

图10-3 桥梁跨越结构的形式
a)连续梁;b)简支梁

根据《铁路钢桥制造规范》(TB 10212—2009)的有关规定,钢桁梁节间长度制造容许误差为±2mm,两组孔距误差±0.5mm,则每一节间的制造和拼装误差为 $\Delta l = \pm \sqrt{0.5^2 + 2^2} = \pm 2.12$mm。当杆件长为16m时,其相对容许误差为:

$$\frac{\Delta l}{l} = \frac{2.12}{16000} = 1/7547$$

由 n 根杆件铆接的桁式钢梁的长度误差为:

$$\Delta L = \pm \sqrt{n \Delta l^2}$$

设固定支座安装容许误差为 δ,则每跨钢梁安装后的极限误差为:

226

$$\Delta d = \pm\sqrt{\Delta L^2 + \delta^2}$$

根据《铁路钢桁梁拼装及架设施工技术规则》，δ 的值可根据固定支座中心里程的纵向容许偏差大小和梁长与桥式来确定，目前一般取 $\delta = \pm 7\text{mm}$。

由上述分析，即可根据各桥跨求得其全长的极限误差：

$$\Delta L = \pm\sqrt{\Delta d_1^2 + \cdots + \Delta d_N^2}$$

式中：N——桥跨数。

当为等跨时，有：

$$\Delta L = \pm\sqrt{N}\cdot\Delta d$$

取 $\frac{1}{2}$ 极限误差为中误差，则全桥轴线长的相对中误差为：

$$\frac{m_L}{L} = \frac{1}{2}\cdot\frac{\Delta L}{L}$$

表 10-8 中是根据上述铁路规范列举出的以桥式为主结合桥长来确定控制网的精度要求；表 10-9 是根据《公路桥涵施工技术规范》(JTJ 041—2000)列举出的以桥长为主来确定控制网测设的精度。显而易见，铁路规范比公路规范要求高。在实际应用中，尤其是对特大型公路桥，应结合工程需要确定首级网的等级和精度。例如南京长江二桥南汊桥虽为公路桥，按公路桥涵施工技术规范要求可只布设四等三角网，但考虑其为大型斜拉桥，要求放样精度较高；因此采取了按国家规范二等三角网的要求来布设其首级施工控制网，除按全组合法进行测角之外，同时还进行了测边，平差后其精度高于国家二等三角网的要求。

铁路规范规定的桥位三角网精度要求　　　　　　　　　　　表 10-8

等　级	测角中误差(″)	桥轴线相对中误差	最弱边相对中误差
一	±0.7	1/175000	1/150000
二	±1.0	1/125000	1/100000
三	±1.8	1/75000	1/60000
四	±2.5	1/50000	1/40000
五	±4.0	1/30000	1/25000

公路规范规定的桥位三角网精度要求　　　　　　　　　　　表 10-9

等　级	桥轴线桩间距离(m)	测角中误差(″)	桥轴线相对中误差	基线相对中误差	三角形最大闭合差(″)
二	>5000	±1.0	1/130000	1/260000	±3.5
三	2001～5000	±1.8	1/70000	1/140000	±7.0
四	1001～2000	±2.5	1/40000	1/80000	±9.0
五	501～1000	±5.0	1/20000	1/40000	±15.0
六	201～500	±10.0	1/10000	1/20000	±30.0
七	≤200	±20.0	1/5000	1/10000	±60.0

(2) 按桥墩放样的容许误差确定平面控制网的精度

在桥墩的施工中，从基础至墩台顶部的中心位置要根据施工进度随时放样确定，由于放样的误差使得实际位置与设计位置存在着一定的偏差。

根据桥墩设计理论，当桥墩中心偏差在 ±20mm 内时，产生的附加力在容许范围内。因此,目前在《铁路测量技术规则》(TBJ 101—85)中,对桥墩支座中心点与设计里程纵向容许偏差作了规定,对于连续梁和跨度大于60m的简支梁,其容许偏差为±10mm。

上述容许偏差,即可作为确定桥梁施工控制网的必要精度时的依据。在桥墩的施工放样过程中,引起桥墩点位误差的因素包括两部分:一部分是控制测量误差的影响;另一部分是放样测量过程中的误差。它们可用下式表示:

$$\Delta^2 = m_{控}^2 + m_{放}^2 \tag{10-1}$$

式中:$m_{控}$——控制点误差对放样点处产生的影响;

$m_{放}$——放样误差。

进行控制网的精度设计,就是根据 Δ 和实际施工条件,按一定的误差分配原则,先确定 $m_{放}$ 和 $m_{控}$ 的关系,再确定具体的数值要求。

结合桥梁施工的具体情况,在建立施工控制网阶段,施工工作尚未展开,不存在施工干扰,有比较充裕的时间和条件进行多余观测以提高控制网的观测精度;而在施工放样时,现场测量条件差、干扰大,测量速度要求快,不可能有充裕的时间和条件来提高测量放样的精度。因此,控制点误差 $m_{控}$ 要远小于放样误差 $m_{放}$。不妨取 $m_{控}^2 = 0.2 \cdot m_{放}^2$,按式(10-1)可求得 $m_{控} = 0.4\Delta$。

当桥墩中心测量精度要求 $\Delta = \pm 20$mm 时,$m_{控} = \pm 8$mm。当以此作为控制网的最弱边边长精度要求时,即可根据设计控制网的平均边长(或主轴线长度,或河宽)确定施工控制网的相对边长精度要求。如南京长江二桥南汊桥要求桥轴线边长相对中误差≤1/180000,最弱边边长相对中误差≤1/130000,起始边边长相对中误差13000000。

3)平面控制网的坐标系统

(1)国家坐标系

桥梁建设中都要考虑与周边公路的衔接,因此,平面控制网应首先选用国家统一坐标系统。但在大型和特大型桥梁建设中,选用国家统一坐标系统时应具备的条件是:①桥轴线位于高斯正形投影统一3°带中央子午线附近;②桥址平均高程面应接近于国家参考椭球面或平均海水面。

(2)抵偿坐标系

由计算可知,当桥址区的平均高程大于160m或其桥轴线平面位置离开统一的3°带中央子午线东西方向的距离(横坐标)大于45km时,其长度投影变形值将会超过2.5mm/km(1/40000)。此时,对于大型或特大型桥梁施工来说,仍采用国家统一坐标系统就不适宜了。通常的做法是人为地改变归化高程,使距离的高程归化值与高斯投影的长度改化值相抵偿,但不改变统一的3°带中央子午线进行的高斯投影计算的平面直角坐标系统,这种坐标系称为抵偿坐标系。所以,在大型桥梁施工中,当不具备使用国家统一坐标系时,通常采用抵偿坐标系。

(3)桥轴坐标系

在特大型桥梁的主桥施工中,尤其是桥面钢构件的施工,定位精度要求很高,一般小于5mm。此时选用国家统一坐标系和抵偿坐标系都不适宜,通常选用高斯正形投影任意带(桥轴线的经度作为中央子午线)平面直角坐标系,称为桥轴坐标系。其高程归化投影面为桥面高程面,桥轴线作为 X 轴。

在实际应用中,常常会根据具体情况共用几套坐标系。比如,在南京长江二桥建设中就使用了桥轴坐标系、抵偿坐标系和北京54坐标系。在主桥上使用桥轴坐标系,引桥及引线使用抵偿坐标系,而在与周边接线及航道上则使用北京54坐标系。

4）平面控制网的加密

桥梁施工首级控制网由于受图形强度条件的限制,其岸侧边长都较长。例如,当桥轴线长度在1500m左右时,其岸侧边长大约在1000m,则当交会半桥长度处的水中桥墩时,其交会边长达到1200m以上。这对于在桥梁施工中用交会法频繁放样桥墩是十分不利的,而且桥墩愈是靠近本岸,其交会角就愈大。从误差椭圆的分析中得知,过大或过小的交会角,对桥墩位置误差的影响都较大。此外,控制网点远离放样物,受大气折光、气象干扰等因素影响也增大,将会降低放样点位的精度。因此,必须在首级控制网下进行加密。这时通常是在堤岸边上合适的位置上布设几个附点作为加密点,加密点除考虑其与首级网点及放样桥墩通视外,更应注意其点位的稳定可靠及精度。结合施工情况和现场条件,可以采用如下的加密方法：

（1）由3个首级网点以3方向前方交会或由2个首级网点以2个方向进行边角交会的形式加密；

（2）在有高精度全站仪的条件下,可采用导线法,以首级网两端点为已知点,构成附合导线的网形；

（3）在技术力量许可的情况下,也可将加密点纳入首级网中,构成新的施工控制网,这对于提高加密点的精度行之有效。

加密点是施工放样使用最频繁的控制点,且多设在施工场地范围内或附近,受施工干扰,临时建筑或施工机械极易造成不通视或破坏而失去效用,在整个施工期间,常常要多次加密或补点,以满足施工的需要。

5）平面控制网的复测

桥梁施工工期一般都较长,限于桥址地区的条件,大多数控制点（包括首级网点和加密点）位于江河堤岸附近,其地基基础并不十分稳定,随着时间的变化,点位有可能发生变化；此外,桥墩钻孔桩施工,降水等也会引起控制点下沉和位移。因此,在施工期间,无论是首级网点还是加密点,都必须进行定期复测,以确定控制点的变化情况和稳定状态,这也是确保工程质量的重要工作。控制网的复测周期可以采取定期进行的办法,如每半年进行一次；也可根据工程施工进度、工期,并结合桥墩中心检测要求情况确定。一般在下部结构施工期间,应对首级控制网及加密点进行至少两次复测。

第一次复测宜在桥墩基础施工前期进行,以便据以精密放样或测定其墩台的承台中心位置。第二次复测宜在墩、台身施工期间进行,并宜在主要墩、台顶帽竣工前完成,以便为墩、台顶帽位置的精密测定提供依据。而这个顶帽竣工中心即作为上部建筑放样的依据。

复测应采用不低于原测精度的要求进行。由于加密点是施工控制的常用点,在复测时通常将加密点纳入首级控制网中观测,整体平差,以提高加密点的精度。

值得提出的是,在未经复测前要尽量避免采用极坐标法进行放样,否则应有检核措施,以免产生较大的误差。无论是复测前或复测后,在施工放样中,除后视一个已知方向之外,都应加测另一个已知方向（或称双后视法）,以观察该测站上原有的已知角值与所测角值有无超出观测误差范围的变化。这个办法也可避免在后视点距离较长时特别是气候不好、视线不甚良好时发生观测错误的影响。

10.2.2 桥梁施工高程控制网

1）桥址区水准基点资料的调查

无论是公路桥、铁路桥或公铁两用桥,在测设桥梁施工高程控制网前都必须收集两岸桥轴线附近国家水准点资料。对城市桥还应收集有关的市政工程水准点资料;对铁路及公铁两用桥还应收集铁路线路勘测或已有铁路的水准点资料,包括其水准点的位置、编号、等级、采用的高程系统及其最近测量日期等。

在我国,规定统一采用黄海高程系统。但是由于历史的原因,有些地区曾采用自己的高程系统,如长江流域曾采用吴淞高程系统,珠江流域曾采用珠江高程系统等。因此在收集已有水准点资料时,应特别注意其高程系统及其与其他高程系统的关系。在收集已有水准点资料时,桥轴线每岸应不少于两个已知水准点,以便在联测时或发现有较大出入时,有所选择。

2) 水准点的布设

水准点的选点与埋设工作一般都与平面控制网的选点与埋石工作同步进行。水准点应包括水准基点和工作点。水准基点是整个桥梁施工过程中的高程基准,因此,在选择水准点时应注意其隐蔽性、稳定性和方便性。即水准基点应选择在不致被损坏的地方,同时要特别避开地质不良、过往车辆影响和易受其他振动影响的地方。此外还应注意其不受桥梁和线路施工的影响,又要考虑其便于施工应用。在埋石时应尽量埋设在基岩上。在覆盖层较浅时,可采用深挖基坑或用地质钻孔的方法使之埋设在基岩上;在覆盖层较深时,应尽量采用加设基桩(即开挖基坑后打入若干根大木桩的方法)以增加埋石的稳定性。水准基点除了考虑其在桥梁施工期间使用之外,还要尽可能做到在桥梁施工完毕交付运营后能长期用作桥梁沉降观测之用。

对于特大桥,每岸应选设不少于 3 个水准点,当能埋设基岩水准点时,每岸也应不少于 2 个水准点;当引桥较长时,应不大于 1km 设置 1 个水准点,并且在引桥端点附近应设有水准点。

在桥梁施工过程中,单靠水准基点是难以满足施工放样需要的,因此,在靠近桥墩附近再设置水准点,通常称为工作基点。这些点一般不单独埋石,而是利用平面控制网的导线点或三角网点的标志作为水准点。采用强制对中观测墩时则是将水准标志埋设在观测墩旁的混凝土中。

3) 跨河水准测量

跨河水准测量是桥梁施工高程控制网测设工作中十分重要的一环。这是因为桥梁施工要求其两岸的高程系统必须是统一的。同时,桥梁施工高程精度要求高,因此,即使两岸附近都有国家或其他部门的高等级水准点资料,也必须进行高精度的跨河水准测量,使与两岸自设水准点一起组成统一的高精度高程控制网。

跨河水准测量必须采取一些特殊的方法。这些方法及其具体要求,在国家水准测量规范中都有明确的规定(可参看本书第 4 章第 4.3.3 节)。对于作为特大桥施工的高程控制网的跨河水准测量,其跨河水准路线一般都选择在桥轴线附近,避免离桥轴线太远而增加两岸联测施工水准点的距离。为慎重起见,往往采用双处跨河水准测量,即在桥轴线上、下游处分别进行跨河水准测量,再通过陆上水准路线,使两处跨河水准测量自身组成水准网。跨河水准测量的精度应与施工高程控制网的精度一致。

在桥梁施工中跨河水准测量,同样要进行多次复测。为作业方便,最好在两岸跨河点分别建造观测台(或墩)以及跨河水准点。

图 10-4 为南京长江三桥首级施工高程控制网。其中有两处跨河水准测量,a_1、a_2 和 b_1、b_2 为 4 个跨河水准点,分别位于桥轴线上、下游约 500m 的位置,跨河视线长度分别为 1894m 和 1840m,采用 2 台 T3 经纬仪,按经纬仪倾角法,以二等跨河水准测量要求进行施测。

4) 水准测量及联测

桥梁施工高程控制网测量的大部分工作量在跨河水准测量上。在进行跨河水准测量前,应对两岸高程控制网,按设计精度进行测量,并联测将用于跨河水准测量的临时(或永久)水准点。同时将两岸国家水准点或部门水准点的高程引测到桥梁施工高程控制网的水准点上来,并比较其两岸已知水准点高程是否存在问题,以确定是否需要联测到其他已知高程的水准点上。但最后均采用由一岸引测的高程来推算全桥水准点的高程,在成果中应着重说明其引测关系及高程系统。

桥梁施工高程控制网复测一般配合平面控制网复测工作一并进行。复测时应采用不低于原测精度的方法。当水中已有建成或即将建成的桥墩时,可予以利用,以缩短其跨河视线的长度。

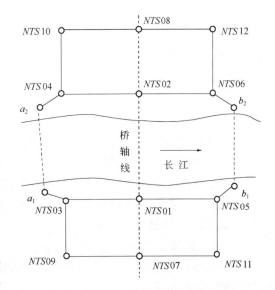

图10-4 南京长江三桥施工首级高程控制网

10.3 普通桥梁施工测量

10.3.1 普通桥梁施工测量的主要内容

目前最常见的桥梁结构形式,是采用小跨度等截面的混凝土连续梁或简支梁(板),如大型桥梁的引桥段、普通中小型桥梁等。普通桥梁结构,仅由桥墩和等截面的平板梁或变截面的拱(梁)构成,虽然在桥梁设计上为考虑美观(如城市高架桥中常见的鱼腹箱梁)会采用形式多样、特点各异的桥墩和梁结构,但在施工测量方法和精度上基本大同小异。本节所要介绍的构造物是指其桥墩(台)和梁,其施工测量的主要工作内容有:

(1)基坑开挖及墩台扩大基础的放样;
(2)桩基础的桩位放样;
(3)承台及墩身结构尺寸、位置放样;
(4)墩帽及支座垫石的结构尺寸、位置放样;
(5)各种桥型的上部结构中线及细部尺寸放样;
(6)桥面系结构的位置、尺寸放样;
(7)各阶段的高程放样。

在现代普通桥梁建设中,过去传统的施工测量方法已较少采用,常用的方法是全站仪二维或三维直角坐标法和极坐标法。

用全站仪施工放样前,可以在室内将控制点及放样点坐标储存在全站仪文件中,实地放样时,只要定位点能够安置反光棱镜,仪器可以设在施工控制网的任意控制点上,且与反光棱镜通视,即可实施放样。在桥梁施工测量中,控制点坐标是要反复使用的,应利用全站仪的存储功能,在全站仪中建立控制点文件,以便于测量中控制点坐标的反复调用。这样既可以减少大量的输入工作,更可以避免差错。

10.3.2 桥梁下部构造的施工测量

桥梁下部构造是指墩台基础及墩身、墩帽,其施工放样是在实地标定好墩位中心的基础上,根据施工的需要,按照设计图,自下而上分阶段地将桥墩各部位尺寸放样到施工作业面上,属施工过程中的细部放样。下面将其各主要部分的放样介绍如下:

1)水中钢平台的搭设

水中建桥墩,首先要搭设钢平台来支撑灌注桩钻孔机械。

(1)平台钢管支撑桩的施打定位

平台支撑桩的施工方法一般是利用打桩船进行水上沉桩。测量定位的方法是全站仪极坐标法。施工时仪器架设在控制点上进行三维控制。一般沉桩精度控制在:平面位置 ±10cm,高程位置 ±5cm,倾斜度 1/100。

(2)平台的安装测量

支撑桩施打完毕后,用水准仪抄出桩顶高程供桩帽安装,用全站仪在桩帽上放出平台的纵横轴线进行平台安装。

2)桩基础钻孔定位放样

根据施工设计图计算出每个桩基中心的放样数据,设计图纸中已给出了的也应经过复核后方可使用,施工放样采用全站仪极坐标法进行。

(1)水上钢护筒的沉放

用极坐标法放出钢护筒的纵横轴线,在定位导向架的引导下进行钢护筒的沉放。沉放时,在两个互相垂直的测站上布设两台经纬仪,控制钢护筒的垂直度,并监控其下沉过程,发现偏差随时校正。高程利用布设在平台上的水准点进行控制。护筒沉放完毕后,用制作的十字架测出护筒的实际中心位置。精度控制在:平面位置 ±5cm,高程 ±5cm,倾斜度 1/150。

(2)陆地钢护筒的埋设

用极坐标法直接放出桩基中心,进行护筒埋设,不能及时护筒埋设的要用护桩固定。护筒埋设精度:平面位置偏差 ±5cm,高程 ±5cm,倾斜度 1/150。

3)钻机定位及成孔检测

用全站仪直接测出钻机中心的实际位置,如有偏差,通过调节装置进行调整,直至满足规范要求。然后用水准仪进行钻机抄平,同时测出钻盘高程。桩基成孔后,灌注水下混凝土前,在桩附近要重新抄测高程,以便正确掌握桩顶高程。必要时还应检测成孔垂直度及孔径。

4)承台施工放样

用全站仪极坐标法放出承台轮廓线特征点,供安装模板用。通过吊线法和水平靠尺进行模板安装。安装完毕后,用全站仪测定模板四角顶口坐标,直至符合规范和设计要求。用水准仪进行承台顶面的高程放样,其精度应达到四等水准测量要求,用红油漆标示出高程相应位置。

5)墩身放样

桥墩墩身形式多样,大型桥梁一般采用分离式矩形薄壁墩。墩身放样时,先在已浇筑承台的顶面上放出墩身轮廓线的特征点,供支设模板用(首节模板要严格控制其平整度)。用全站仪测出模板顶面特征点的三维坐标,并与设计值相比较,直到差值满足规范和设计要求为止。

6)支座垫石施工放样和支座安装

用全站仪极坐标法放出支座垫石轮廓线的特征点,供模板安装。安装完毕后,用全站仪进行模板四角顶口的坐标测量,直至符合规范和设计要求。用水准仪以吊钢尺法进行支座垫石的高程放样,并用红漆标示出相应位置。待支座垫石施工完毕后,用全站仪极坐标法放出支座安装线供支座定位。

7)墩台竣工测量

全桥或标段内的桥墩竣工后,为了查明墩台各主要部分的平面位置及高程是否符合设计要求,需要进行竣工测量。竣工测量的主要内容有:

(1)通过控制点用全站仪极坐标法来测定各桥墩台中心的实际坐标,并计算桥墩台中心间距。用带尺丈量拱座或垫石的尺寸和位置以及拱顶的长和宽。这些尺寸与设计数据的偏差不应超过 2cm。

(2)用水准仪进行检查性的水准测量,应自一岸的永久水准点经过桥墩闭合到对岸的永久水准点,其高程闭合差应不超过 $\pm 4\sqrt{n}$ mm(n 为测站数)。在进行该项水准测量时,应测定墩顶水准点、拱座或垫石顶面的高程,以及墩顶其他各点的高程。

(3)最后根据上述竣工测量的资料编绘墩台竣工图、墩台中心距离一览表、墩顶水准点高程一览表等,为下阶段桥梁上部构造的安装和架设提供可靠的原始数据。

10.3.3 普通桥梁架设的施工测量

普通桥梁,尽管跨度小,但形式多样,其分类见表 10-10。

普通桥梁分类　　　　　　表 10-10

分类方法	桥梁类型	备注
按材料分类	钢梁	
	混凝土梁	
按支撑受力分类	简支梁	
	连续梁	
按结构形式分类	平板梁	有些跨径较大的梁还常常采用变截面、变高度箱梁
	T 形梁	
	箱梁	
按架梁的方法分类	预制(式)梁	
	现浇(式)梁	采用支架现浇,或滑模现浇等

因桥梁上部构造和施工工艺的不同,其施工测量的内容及方法也各异。但不论采用何种方法,架梁过程中细部放样的重点都是要精确控制梁的中心和高程,使最终成桥的线形和梁体受力满足设计要求。对于吊装的预制梁,要精确放样出桥墩(台)的设计中心及中线,并精确测定墩顶的实际高程;对于现浇梁,首先要放样出梁的中线,并通过中线控制模板(上腹板、下腹板、翼缘板)的水平位置,同时控制模板高程使其精确定位。

现仅就预应力混凝土简支梁及现浇混凝土箱梁的施工测量工作略作介绍。

1)预应力简支梁架设施工测量

(1)架梁前的准备工作

上节中介绍的桥墩(台)施工测量主要的目的是为架梁作准备,在竣工测量中,已将桥墩的中心标定了出来,并将高程精确地传递到了桥墩顶。这为梁的架设提供了基准。

架梁前,首先通过桥墩的中心放样出桥墩顶面十字线及支座与桥中线的间距平行线,然后精确地放样出支座的位置。由于施工、制造和测量都存在误差,梁跨的大小不一,墩跨间距的误差也有大有小,架梁前还应对号将梁架在相应墩的跨距中,做细致的排列工作,使误差分配得最相宜,这样梁缝也能相应地均匀。

(2)架梁前的检测工作

①梁的跨度及全长检查

预应力简支梁架梁前必须将梁的全长作为梁的一项重要验收项目,必须实测以期架到墩顶后保证梁间缝隙的宽度。

梁的全长检测一般与梁跨复测同时进行,由于混凝土的温胀系数与钢尺的温胀系数非常接近,故量距计算时,可不考虑温差改正值。检测工作宜在梁台座上进行,先丈量梁底两侧支座座板中心翼缘上的跨度冲孔点(在制梁时已冲好)的跨度,然后用小钢尺,从该跨度点量至梁端边缘。梁的顶面全长也必须同时量出,以检查梁体顶、底部是否等长。方法是从上述两侧的跨度冲孔点用弦线作出延长线,然后用线绳投影至梁顶,得出梁顶的跨度线点,从该点各向梁端边缘量出短距,即可得出梁顶的全长值,如图10-5所示。

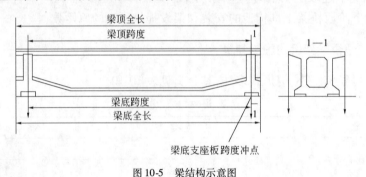

图10-5 梁结构示意图

②梁体的顶宽及底宽检查

顶宽及底宽检查,一般检查两个梁端、跨中及1/4跨度、3/4跨度共5个断面即可。除梁端可用钢尺直接丈量读数外,其他3个断面,读数时要注意以最小值为准,保证检测断面与梁中线垂直。

③梁体高度检查

梁体高度检查的位置与检查梁宽的位置相同,需同样测5个断面,一般采用水准仪正、倒尺读数法求得,如图10-6所示。梁高 $h = h_1 + h_2$,h_1 为尺的零端置于梁体底板面上时水准尺的读数,h_2 为尺的零端置于梁顶面上时水准尺的读数。

当然,当底板底面平整时,也可采用在所测断面的断面处贴底紧靠一根刚性水平尺,从梁顶悬垂钢卷尺来直接量取 h 值求得梁高。

(3)梁架设到桥墩上后的支座调整测算

①确定梁的允许误差

按《铁路桥涵施工规范》(TB 10203—2002)确定梁的有关允许误差。梁的实测全长 L 和梁的实测跨度 L_p 应满足:

$$L = l \pm \Delta_1 \tag{10-2a}$$

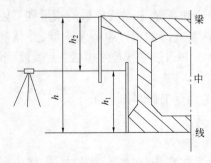

图10-6 梁体高度测量

$$L_p = l_p \pm \Delta_2 \tag{10-2b}$$

式中：l——两墩中心间距的设计值；

Δ_1——两墩中心间距实测值与设计值的差值，两墩中心实测间距小于设计中心间距时，Δ_1 为负号，反之则为正号；

l_p——梁的设计跨度；

Δ_2——架梁前实测的箱梁跨度与设计值的差值，大于设计值时取负号，反之则取正号。

支承垫石高程允许偏差为 $\pm \Delta H$。

②下摆和座板的安装测量

下摆是指固定支座的下摆，座板是指活动支座的座板。安装铸钢固定支座前，应在砂浆抹平的支承垫石上放样出支座中心的十字线位置，同时也应将座板或支座下摆的中心事先分中，用冲钉冲成小孔眼，以便对接安装。

设计规定，固定支座应设在箱梁下坡的一端，活动支座安装在箱梁上坡的一端，如图10-7所示。

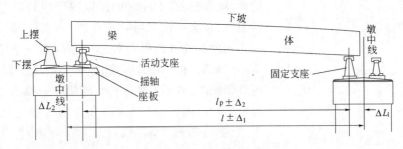

图 10-7 支座安装方法

③计算固定支座调整值 ΔL_1

固定支座调整值，以墩中线为准来放样，故有：

$$\Delta L_1 = L_0 \pm \frac{\Delta_1}{2} \pm \frac{\Delta_2}{2} + \frac{\delta_{n1}}{2} + \frac{\delta_{n2}}{2} + \Delta_3 + \frac{\delta_t}{2} \tag{10-3}$$

式中：L_0——墩中心至支座下摆中心的设计值（一般为550mm）；

Δ_1、Δ_2——含义同式(10-2)；

δ_{n1}——梁体混凝土收缩引起的支座调整值；

δ_{n2}——体混凝土徐变引起的支座调整值；

Δ_3——曲线区段增加的支座调整值；

δ_t——架梁时的温度与当地平均温度的温差造成的支座位移改正数。

当为摆式支座时，用实测若干片梁的收缩徐变量的平均值来放样下摆的中心，较为可靠。目前在无条件实测时，可用下列近似公式计算。

δ_{n1} 的计算：按《铁路桥涵施工规范》(TB 10203—2002)有关规定，混凝土收缩的影响，系假定用降低温度方法来计算，对于分段浇筑的钢筋混凝土结构，相当于降低温度10℃。计算公式为：

$$\delta_{n1} = -0.00001 \times 10℃ \times l_p \times B \tag{10-4}$$

式中：0.00001——混凝土的膨胀系数；

l_p——梁的设计跨度；

B——混凝土收缩未完的百分数，若以混凝土浇完后 90d 来计算，则为 0.4。

δ_{n2} 的计算：

$$\delta_{n2} = -\frac{n}{E_g} \cdot \sigma_{s1} \times l_p \times B \tag{10-5}$$

$$n = \frac{E_g}{E_h}$$

式中：E_g——钢的弹性模量，取 2MPa；

E_h——混凝土的弹性模量，取 0.35MPa；

σ——混凝土的有效预应力，取 20.3MPa。

④计算活动支座调整值 ΔL_2

活动支座的座板中心调整值计算，ΔL_2 也从墩中线出发放样，其值与 ΔL_1 值相同。

⑤计算温差影响调整值 ΔL_3

活动支座上摆与摇轴上端中心到摇轴下端中心距离的计算。当安装支座时的温度等于设计时采用的当地平均温度，且梁体张拉后有 3 年以上的龄期时，则上摆中心与摇轴中心及其座板位置的中心应在一条铅垂线上。但实际安装时，很难凑此温度；故必然会产生温差改正值 δ_t，而且架梁时，也不可能等所有的梁在张拉后达到 3 年龄期再来进行。因此，必须求得在任何时候与任何温度条件下，上摆与摇轴下端中心（也就是座板中心）的距离，见图10-8。

活动支座上摆在架梁前业已连接到上摆锚栓上，在发现梁端底不平时，应用薄垫板调整。

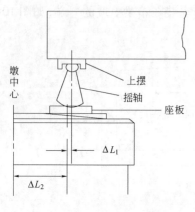

图 10-8 支座上摆与摇轴几何关系图

$$\Delta L_3 = \pm \delta_t + \delta_{n1} + \delta_{n2} \tag{10-6}$$

架梁时的温度大于当地平均温度时，δ_t 取正值，向跨中方向移动；反之，小于当地平均温度时，δ_t 取负值，向梁端方向移动。

从上面的计算和测量可知，固定支座在架梁时，是一次安装完毕后，就不再移动。而活动支座端，则通过温度的调整以及由于存在的测量误差，由 ΔL_2 与 ΔL_3 值各自放样座板的中心位置，理论上应在同一点上，若发现误差较大，则应以实际的上摆中心投影后，通过 ΔL_3 来调整支座的座板的位置为准。

【例 10-1】 九江长江大桥引桥两桥墩的墩中心间距设计值为 40.700m，实测值为 40.705m，架梁前实测梁体跨度为 39.610m，设计值为 39.600m，按式（10-4）、式（10-5）得收缩徐变之和 $\delta_{n1} + \delta_{n2} = 10.8$mm，架梁时的温度为 +5℃，求 Δ_1 和 Δ_2 值。

解：首先应计算 δ_t 值。

$$\delta_t = a \cdot \Delta t \cdot l_p = 0.00001 \times (5℃ - 15℃) \times 39600 = -4\text{mm}$$

$$\Delta_1 = 40.705 - 40.700 = +5\text{mm}（向跨中移动）$$

$$\Delta_2 = 39.600 - 39.610 = -10\text{mm}（大于设计跨度，取负号）$$

于是

$$\Delta L_1 = 550 + \frac{5}{2} - \frac{10}{2} + \frac{11}{2} - \frac{4}{2} = 551 \text{mm}$$

以桥墩中心线来放样时:

$\Delta L_1 = \Delta L_2 = 551\text{mm}$ 架设时温度低于平均温度,δ_t 取负,按式(10-6),得:

$$\Delta L_3 = \delta_{n1} + \delta_{n2} - \delta_t = 11 + 4 = 15\text{mm}$$

故自上摆中心向座板投影后,向梁端(也就是本墩的墩中心)方向移动15mm。

在支座平面位置就位后,应及时测量支座间和支座本身平面的相对高差,读数精度应估读至0.2mm,供施工参考。为了防止"三支点"状态(39.6m 跨度的箱形梁为四点支承,若四点不在同一平面内,会造成三支点状态),最后还应以千斤顶的油压作为控制,使四个支座同时受力。

(4) 桥面系的中线和水准测量

对于箱梁的上拱度的终极值要在3年甚至5年以后方能达到。因此设计规定桥面承轨台的混凝土应尽可能放在后期浇注。这样可以消除全部近期上拱度和大部分远期上拱度的影响。即要求将预应力梁全部架设完毕后进行一次按线路设计坡度的高程放样,再立模浇注承轨台混凝土,则能更好地保证工程质量。当墩台发生沉降时,则在支座上设法抬高梁体,保证桥面的坡度。可以通过最先制造好的梁的实测结果来解决桥面系高程放样的问题。

2) 预应力混凝土等高连续箱梁顶推法的施工测量

(1) 顶推法施工工艺流程

预应力混凝土等高连续箱梁的逐段顶推施工方法,目前已在国内外广泛应用,其优点是预制场地占地面积较小,模板用量较少,可进行周期性的生产。而且这种施工方法,不必使用膺架或托架以及移动式支架等类似的大型临时性设施,而仅需少量的小型设备,便可架设长大型桥梁,同时可以与墩台施工进行流水作业。

用顶推法安装预应力混凝土等高连续箱梁的概况是:在桥台处,先筑一固定制梁台座,与桥的纵轴线平行或一致,其高度与墩顶同高或在一个坡度线上。台座的长度视分段的最长的节段长度而定,这种连续箱梁是三向(即三维)预应力梁,梁体横断面混凝土采用一次性浇注法。在平台顶面与各墩台顶面均设置不锈钢滑道,滑道上摆放聚四氟乙烯板,第一段箱梁在预制平台上预制完毕并达到一定强度后,拆除模板,安装导梁,张拉先期预应力钢丝束,用水平千斤顶将梁段向前顶推一个预制单元的长度。梁是通过滑块板在不锈钢滑道上滑移的。接着就在空出的台座上预制第二段箱梁。如此循环进行。整个工艺流程见图10-9。

调整底模、外模 → 扎底板、腹板钢筋 → 安装波纹管 → 安装内模 → 扎顶板钢筋 →

安装顶板的波纹管 → 检查模板及钢筋各部分尺寸 → 浇注混凝土 → 蒸汽或自然养护 →

张拉 → 压浆 → 先脱台座下四个滑动支点的小底板及侧模板 →

安放聚四氟乙烯板、顶贴梁底 → 脱拆外模板 → 顶推作业

图10-9 顶推法施工工艺流程图

波纹管作为穿通钢丝束所设的孔道用,一定要固定好位置,防止浇注混凝土时,将其推动位移,否则会影响钢丝束的穿通。若位移过大,一旦钢丝束通过,张拉时就会产生异向应力,严重的甚至会使梁体产生裂缝。这个问题在其他大桥上有教训,必须引起施工人员的注意。

(2) 顶推法施工精度要求

顶推法对梁体轮廓尺寸,对顶推过程中墩顶滑道的高程控制要求较严。因此在模板检查和顶推过程中,必须进行精密测量和认真检查。对模板检查的要求见表10-11。

顶推法施工对模板检查的要求　　　　　　　　　表10-11

序号	项目	要求
1	底模中心线与桥梁中心线的偏差	≤2mm
2	底模底板的纵坡高程偏差	±1mm
3	支座螺杆中心位置偏差	≤1mm（含对角线）
4	梁长	±3mm
5	断面尺寸	±5mm
6	顶板、腹板、底板的厚度	$\pm \dfrac{5}{3}$mm

对顶推过程中的施工测量,要求每次顶推,必须对顶推的梁段中线和水平、各滑道的高程进行观测,控制的误差允许范围见表10-12。

顶推法施工测量控制的误差允许范围　　　　　　　　　表10-12

序号	项目	要求
1	梁体中线与桥中线偏移（观测位置在导梁前端的分中点上）	≤2mm
2	相邻两跨度支承点同侧的滑移装置的纵向顶面高程差	±1mm
3	同一支承点上滑移装置的横向顶面高程差	±1mm
4	导梁纵横向底面高程差（包括接头处）	±1mm
5	顶推梁段与导梁的连接面下垂直	≤H/1000

注：H为梁高。

为了保证顶推作业的顺利进行,滑动支承的顶面应确保平滑,其方向及坡度必须与顶推线形相吻合,所使用的经纬仪必须经过检验与校正。观测时,必须严格对中,最好将后视前进方向的远方点作为后视点;若无此条件,应采用正倒镜读数取其平均值,以消除仪器的误差。视线长度不宜超过200m。将激光准直仪与顶推工作组合成自动化导向操作是一种有效的方法。

水准测量最好采用精密的自动安平水准仪配备倾斜测微水准尺,这样就可保证读数精度不低于0.5mm。因为同一墩上的左右两滑动支承的高度误差会造成主梁扭转,所以,必须提高观测和安装的精度。

在每一循环的顶推施工开始前和结束后,必须测量滑动支承的高程,若不在同等高程线上或同一坡度线上,就要用不同厚度的聚四氟乙烯板进行调整。在顶推施工过程中,应对主梁底面的高程变化密切注意。若有少量下沉,便应分别加厚聚四氟乙烯板,随着主梁顶推移动,顺次加以调整。当发现有快速下沉时,应用千斤顶将主梁顶高,垫上所要求厚度的聚四氟乙烯板。若在施工过程的监测中,发现主梁有偏移时,要及时提醒施工人员在横向导向装置上插入聚四氟乙烯板的金属片进行调整。观测的前点一般设在导梁的前端部,可横置水准尺直接读得偏移值。

在制梁过程中,要特别注意梁长的控制。设计和施工人员应根据测量人员提供的各墩间跨度,计算出每次制梁时不同的气温、弹性收缩和张拉后徐变收缩的叠加值,来确定不同跨间的梁的不同长度。这样才能保证全梁顶推完毕后,与墩台间的跨度相适应;若忽略此问题,往往会出现累积误差,导致梁的支点不能正确地落在墩顶支座上,发生严重质量问题,增加整改的工作量。

3）现浇曲线形箱梁施工放样

混凝土箱梁施工采用整体移动模架进行。由于整个桥梁处在较大半径的圆曲线上,为保证箱梁的线形平顺,至少以5m为一个计算断面,算出箱梁底板中线、两侧边线和两侧翼缘板的三维坐标,据此进行施工放样。具体做法如下:先在支架上放出箱梁底板中心和两侧的设计位置,配合水准仪进行箱梁底板定位(考虑预拱度),待底板固定后进行翼缘板和腹板模板的施工,最后用全站仪测出箱梁翼缘板模板的实际三维坐标,将其与设计值相比,如超出规范允许偏差,要进行调整,直至满足要求。曲线放样设计坐标的计算,可采用计算机程序或Excel电子表格。

10.4 大跨径预应力混凝土连续梁桥施工测量

10.4.1 大型桥梁双壁钢围堰施工测量

1)双壁钢围堰底节拼装测量

(1)概述

跨越江河、海湾的大型和特大型桥梁主墩基础工程,因墩位处水深流急,地质条件较为复杂,通常采用大型双壁钢围堰法进行施工。已建成的数座长江大桥都是采用此方法。

双壁钢围堰是大中型桥梁建设中深水主墩施工的大型临时设施,因其结构庞大,受运输、制造、起吊能力的限制,一般采用底节整体浮运,再分片拼装,逐节接高焊接成整体的施工工艺。首先在岸上或岸边的拼装船上制作底节围堰,然后浮运到桥墩位置,边接高边加重下沉。围堰底部快接近河床时进行精确着床定位,之后围堰在覆盖层中边吸泥下沉边接高,直沉到设计高程并着岩为止,结构形式如图10-10所示。

钢围堰拼装必须在测量的指导下才能顺利进行。拼装测量就其本质而言,是要保证围堰各片、节的相对位置关系正确,保证围堰的几何外形正确。具体来说可归纳为以下几点:

①围堰刃脚应在一个平面内,此平面称为基准面;
②围堰拼接时各节的中轴线应重合为一条直线;
③中轴线应垂直于基准面;

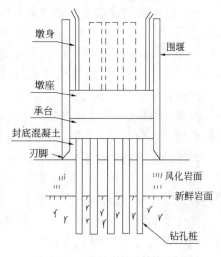

图10-10 围堰主墩基础结构示意图

④各节每片围堰到中轴线的距离都应等于围堰的半径。

南京长江二桥,主塔基础采用浮运式大型双壁围堰法施工,钢围堰外径36m,内径33m,堰壁厚度1.5m,南塔围堰总高54.23m,北塔围堰总高65.50m。围堰设计成圆柱形,在圆周上共有12个块件(见图10-11),采用以圆心为对称的两个块件作为一组两两进行拼接,这样便于围堰圆度和垂度的控制。设计要求围堰内径误差不大于±D/500,同平面直径误差不大于±20mm,倾斜度不大于±H/1000。

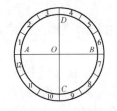

图10-11 围堰块件拼接图

南北塔钢围堰底节均在岸上固定住的滑动平台上拼装。为保证钢围堰几何外形的正确性,控制围堰的圆度和垂直度,保证每片围堰到中轴线的距离都等于设计半径,在底节围堰拼装之前,建立了4个基准点构成基准面并进行刃脚放样。把基准面传递到刃脚基准面上,建立

4个对应的基准点E、F、G、H,作为整个钢围堰拼装接高的高程传递基准。

南塔围堰底节高6.35m,质量约174t;北塔围堰底节高7.22m,质量为198t。钢围堰分多层焊接拼装接高。随着围堰的逐层接高,基准面也逐层向上传递,其传递方法是自刃脚的4个基准点用鉴定钢尺逐层向上垂直量取,从而传递层段高程。这样逐层拼装接高直到设计高度,并在节段顶面标定节段基准点A、B、C、D,用水准仪作平面检核无误(限差一般为±5mm)后,即为底节制作完毕。底节成品由滑动平台通过滑道送至水中后浮运到桥墩位置,再进行接高下沉和定位。

(2)基准面的建立(倾斜经纬仪法)

如围堰在处于浮动状态的拼装船上拼接,在浮动状态下进行围堰拼装接高放样是测量工作的一个难点,不是常规测量方法所能解决的。浮动状态下,测量仪器的水准气泡是不断变化的,也就是说此时常规测量所依赖的基准——水准面不可能找到。因此,需要采用特殊的测量方法,寻找新的基准来快速、准确地进行钢围堰的拼接。

倾斜经纬仪法正是针对浮动的特点而采取的一种特殊方法,其关键是在拼装船上找一个相对于拼装船不动的永久性平面——基准面,同时确定一条垂直于基准面的直线作为围堰的中轴线,基准面和中轴线都可随围堰的接高而逐节向上传递。

倾斜经纬仪法的基本原理如下:

若在浮动向拼装船上有如图10-11所示的5个点,且A、B、C、D位于以O为圆心的圆上。在O点置经纬仪,大致对中,将望远镜固定在竖盘约90°处,在A、B、C、D四点立尺,读数得a、b、c、d。因三点决定一个平面,且$AO=BO=CO=DO$,第四点是否在前三点决定的平面内可用$(a+b)/2$与$(c+d)/2$是否相等来判定。若不等可调整第四点的高度使四点在一个平面上,此平面即为基准面。建立了基准面后,为得到垂直于基准面的中轴线,需将经纬仪的水平度盘调至与基准面平行,且仪器对中于中心点O。此时,纵转望远镜就可将中心点O沿中轴线方向投设到任意高度上去。这样,拼接钢围堰的前三个基本要求都得到了满足。

倾斜经纬仪法建立基准面的具体操作步骤为:

①如图10-11,在中心点O安置经纬仪,使经纬仪的一对基座螺旋与AB(或CD)平行,将望远镜固定在竖盘读数约90°处,在A点立尺、照准、读数得a。

②照准部转动180°,望远镜照准B,立尺并读数得b。一般a、b不等,调整AB方向上的一对基座脚螺旋,读数调至$(a+b)/2$。

③再旋转照准部望远镜,回到原来方向,立尺读数,检查与前面所调读数是否相等,不等则再微调。

④照准部旋转90°,望远镜照准C(或D),立尺调节第三个基座脚螺旋,使读数也等于$(a+b)/2$。

⑤再旋转照准部,检查A、B点读数有无变化。若有变化,则重复上述操作,直到三点读数相等。

⑥检查光学对中器是否对中;若不对中应重新对中,重复以上5步再检查,直到对中为止。

⑦旋转照准部,望远镜照准D点,立尺读数,采取抄垫的措施使四点读数完全相同,则此四点在一个平面内,此平面即为基准面。且此时经纬仪的水平度盘与基准面平行。

按上述步骤建立好基准面后,若将望远镜固定在竖盘90°处,则望远镜视线扫出的平面将平行于基准面,因此就能很方便地测出任一点相对于基准面的高差。

(3)刃脚放样

在底节围堰拼装之前,除建立基准面外,为保证每片围堰到中心点的距离都等于设计半径

R，必须进行刃脚放样。刃脚放样是在完成建立基准面的具体操作后，根据围堰片数，利用经纬仪拨角，钢尺配合，放出刃脚控制点的位置，同时检查基准点 A、B、C、D 是否在互相垂直的两直线上，不垂直则调整到垂直。再固定望远镜，在刃脚控制点上逐一立尺、读数，则可得出各控制点相对于基准面的高差，取最高点为零，其余点抄垫至零，则刃脚控制点都在一个平面内且与基准面平行，刃脚放样完毕。

(4) 围堰拼装接高

每节围堰顶口放样同样是控制每片围堰到中轴线的距离。因每节围堰拼装时都有内脚手架支撑，内脚手架随着围堰而逐节提升，每节围堰顶口中心点往往投到内脚手架面上。随着围堰的逐节接高，基准面也须逐节向上传递。其传递方法是自刃脚的四个基准点用钢尺逐节以同量值向上量取，这样每节围堰都有与刃脚基准点 A、B、C、D 相对应的四个节段基准点，显然这四点所在的平面平行于刃脚基准面。节段基准点是用来"调平"仪器的，调整时采用建立基准面操作步骤的①～⑥步，第⑦步作为检查用。因基准面在向上传递的过程中不可避免地存在误差，四点不可能严格在一个平面内。如果不符值较小（小于5mm），可忽略；若接近10mm，则应取四点之平均平面作为基准面，即第⑦步时应调整基座螺旋使两对对称节段基准点读数分别相等。此时可认为经纬仪水平度盘与基准面平行，纵转望远镜，扫出两个相交且过仪器竖轴的面，每个面标定两点在内支撑架顶面上，由两连线相交即可得上投的中心点。

在每节围堰拼接完后的检查测量和焊接完后的竣工测量中都要进行抄平测量，以测定顶面特殊点相对于基准面的相对高差。抄平前也要用以上的方法来"调平"仪器。在只进行抄平作业时，也可用水准仪来进行。水准仪同样架设在中心处，只要四个基准点读数相等，也不需要严格对中，水准仪视线扫出的面也与基准面平行。

围堰的拼接测量除了要保证以上所述的主要轴系相对关系外，在检查及竣工验收时，还需要提供一些特征数据，如每片围堰顶口内、外半径，围堰顶口外周长，顶口内、外板环特征点相对于基准面的高差等等。

由大量的围堰检查、竣工资料比较可知，围堰在焊接过程中产生收缩变形，焊接后围堰周长往往会缩小约3cm。根据此经验数据，在拼接围堰时，顶口控制半径一般放大5mm左右为宜。

以上所介绍的围堰接高方法不仅在浮动的状态下适用，在围堰着床后吸泥下沉的相对稳定时期同样适用。虽然围堰相对稳定时期接高可以采用常规的方法，根据围堰的实测倾斜度来进行改正投点放样，但倾斜经纬仪法同样适用，且具有快捷、简单的特点。因此，倾斜经纬仪法除了用于水中围堰的接高放样外，在岸上沉井的下沉测量放样中也普遍使用。

大型双壁钢围堰的施工，随着现代化的大型起吊、运输设备的出现，已采用分节整体吊装的方法来拼长。整体吊装时，因每节都是在车间制造拼成整体，则每节的相对位置关系可以采用常规的测量方法，而得到很好的控制。

2) 双壁钢围堰接高下沉测量定位

双壁钢围堰的定位从整个施工过程可分为：着床前的初步定位；着床时的精密定位与着床后下沉过程中的位置监测。下面以南京长江二桥大型双壁钢围堰接高下沉定位测量为实例对比作详细介绍。

双壁钢围堰的施工定位通过稳定可靠的锚定系统来实现。图 10-12 所示为南主塔墩钢围堰所采用的锚定系统示意图，它能很牢固地锚定导向船及围堰，也能很方便地调整围堰的位置。围堰底节通过滑道下水，浮运到桥墩位置，按设计位置要求进行钢围堰初步定位，使钢围堰在设计位置附近呈悬浮状。其中 A、B 为上下游方向，C、D 为南北岸方向。此间，定位船的定位要求纵横向限差为 ±5m，导向船的限差为 ±1m。扭角为 ±1°。南塔钢围堰接高至 36.23m 时开始着床，即进行精密定位。围堰的精密定位和着床一般选在风速小于 4 级，无雾无雨，水位、流速均较低时进行。围堰着床后，通过选择堰内覆盖层清除部位来调整围堰位置，调整幅度有限。围堰在着床前水中下沉过程中，其位置的调整通过导向船的移动，下拉缆和八字锚的施力，堰壁各隔舱内不同程度的灌水来完成，这种调节范围同样有限。因此，导向船和钢围堰在围堰水中下沉过程中需经常通过位置测量进行调整，使钢围堰始终与正确位置不能相差太大。着床前，首先调整好导向船位置并拉紧锚缆固定，同时必须预先进行河床测量，了解河床冲刷情况，以便必要时抛碎石整平河床。着床时，在岸上桥轴线方向控制点 $NQ01$ 架设 TC2002 全站仪（$0.5''$，$1mm + 1 \times 10^{-6}D$），利用极坐标法来确定钢围堰的中心坐标及偏离值，分别测定 A、B、C、D 四基准点的三维坐标，利用平面坐标值（x,y）确定顶中心位置，再由 A、B 和 C、D 点的高差分别确定钢围堰的倾斜方向，从而计算得底节刃脚中心的位置及其偏离值，进而利用拉缆、兜缆尽量调平，调整围堰并根据刃脚距河床的高低情况，迅速压重下沉达到稳定的深度。利用全站仪极坐标法进行围堰着床定位，与传统的角差—位移图解法相比较，工作内容大为简化，而且通视问题也得到很好的解决。用全站仪同步观测，及时提供动态围堰的位置，借助对讲机等通信工具，能迅速准确地调整钢围堰灌水下沉，从而达到精密着床定位。定位中，利用不同的控制点、不同的方向进行观测计算比较，以检验成果，确保可靠。

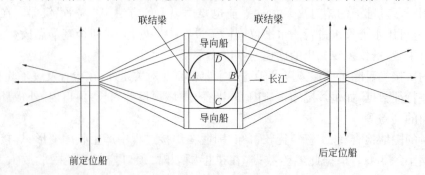

图 10-12　锚定系统示意图

3）围堰吸泥下沉测量和竣工测量

（1）测量围堰的各种偏差

钢围堰精密定位着床后，围堰继续接高并且吸泥下沉。在围堰上下游、南北向或堰内中心均匀清除覆盖层，可使围堰均匀下沉，也可有选择地使围堰整体朝上下游方向或南北方向或任意某方向移动，还可通过高端清除覆盖物置平围堰。此时，由于围堰部分已经嵌入覆盖层里，围堰相对稳定，而且变化有规律，采用多次测量（每天两次）和系统比较的方法来确定围堰的下沉情况，同样利用全站仪极坐标法测定节段基准点 A、B、C、D 的三维坐标，求得围堰的顶中心偏移及高程、底中心偏移、刃脚高程、扭角、倾斜等围堰观测资料，指导围堰接高下沉和纠偏的实施，如图 10-13a）、b）、c）所示。

根据测得四个节段基准点 A、B、C、D 的三维坐标（x_i, y_i, H_i），及四个节段基准点与节段顶面的差值（基顶差）Δ_i、墩位中心设计值（x, y）、围堰高度 H 和内径 R，可得顶中心偏移量和顶中心高程分别为：

$$\Delta X_{顶} = \frac{1}{4}(X_A + X_B + X_C + X_D) - X$$

$$\Delta Y_{顶} = \frac{1}{4}(Y_A + Y_B + Y_C + Y_D) - Y$$

$$H_{顶} = \frac{1}{4}(H_A + H_B + H_C + H_D)$$

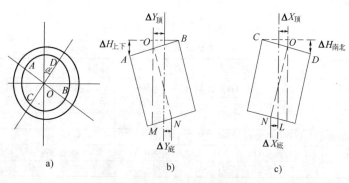

图 10-13 围堰的各种偏差

下面根据图 10-13b)和图 10-13c),推算底中心偏移量 $\Delta x_{底}$、$\Delta y_{底}$。

由图 10-13c)知,南北岸高差为:

$$\Delta H_{南北} = (H_D - H_C) - (\Delta_D - \Delta_C)$$

纵向顶底偏移差为:

$$D_{LN} = \frac{\Delta H_{南北}}{\sqrt{R^2 - \Delta H_{南北}^2}} \times H$$

由于 $\Delta H_{南北}$ 很小,可取 $\sqrt{R^2 - \Delta H_{南北}^2} \approx R$,所以有:

$$\Delta X_{底} = \Delta X_{顶} + D_{LN} = \Delta X_{顶} + \frac{\Delta H_{南北}}{R} \times H$$

同理,由图 10-13b)可求得:

$$\Delta Y_{底} = \Delta Y_{顶} + D_{MN} = \Delta Y_{顶} + \frac{\Delta H_{上下}}{R} \times H$$

刃脚 E 点(位于 A 点下方)的高程为:

$$H_E = H_A - \frac{R}{\sqrt{R^2 - \Delta H_{上下}^2}} \times (H + \Delta_A)$$

由于围堰倾斜率一般较小,而高度较大,即:$\Delta H_{上下}$ 较小,故 $\sqrt{R^2 - \Delta H_{上下}^2}$ 可近似取 R。则上式可简化成:

$$H_E = H_A - (H + \Delta_A)$$

同理,可得其他三个刃脚点的高程为:

$$H_F = H_B - (H + \Delta_B)$$
$$H_G = H_C - (H + \Delta_C)$$
$$H_H = H_D - (H + \Delta_D)$$

扭角测定是为了了解围堰 A、B、C、D 十字线与设计桥轴线相比扭转的情况。如图 10-13a)中 α 角,可直接由任意一个节段基准点求得:

$$\alpha = \arctan\frac{Y_C - Y_O}{X_C - X_O} \quad 或 \quad \alpha = \arctan\frac{X_A - X_O}{Y_A - Y_O}$$

式中:X_o、Y_o——分别为顶中心坐标。

围堰倾斜的测定是通过测定围堰顶面节段基准点的相对高差进行推算,南北岸倾斜率为 $\Delta H_{南北}/R$,上下游倾斜率为 $\Delta H_{上下}/R$,即围堰在十字线方向的斜率。

(2)围堰观测记录举例

围堰观测记录及成果资料摘录见表 10-13 和表 10-14。

24 号墩围堰观测记录表　　　　　　表 10-13

日期:1998.12.28		观测:×××		记录:×××	
时间:9:00		水位(m):1.90		节段基准高度(m):38.80	
节段基准点号		A	B	C	D
基顶差(mm)		48	49	33	56
三维坐标	X(m)	17468.701	17469.433	17452.549	17485.516
	Y(m)	12984.035	13016.990	13000.860	13000.184
	H(m)	13.592	13.389	13.222	13.749

24 号墩围堰观测成果表　　　　　　表 10-14

日期:1998.12.28		计算:×××	
时间:9:00		水位(m):1.90	围堰高度(m):38.846
高差(mm)		上(下)	上高 204
		南(北)	北高 504
顶中心偏移(mm)		上(下)	下偏 517
		南(北)	南偏 605
底中心偏移(mm)		上(下)	下偏 277
		南(北)	南偏 12
刃脚高程(m)		上	−25.256
		下	−25.460
		南	−25.611
		北	−25.107
		平均	−25.358
顶中心高程(m)			13.488
围堰扭角			−1°09′
倾斜		上(下)	下倾 0.62%
		南(北)	南倾 1.53%

(3)围堰下沉测量

在测定节顶基准点高程时,由于围堰下沉过程中主要是掌握围堰的下沉趋势,便于指导施工,对其绝对高程的精度要求并不高。一般只要采用单向三角高程测量,成果经两差改正即可。而围堰观测的频率和精度应视不同时期而定。在围堰着床时刻,围堰处于浮动状态,其位置多变且难控制,为保证围堰准确着床,往往每 10min 左右就要观测一次,但精度要求相对降低,可只用盘左半测回测定三维坐标;随着围堰的逐步落入河床,观测频度相对减少,时间可增加为 30min、1h、2h 等;当围堰刃脚全部着床,围堰处于相对稳定下沉,或在下沉深度到达设计深度一半以后的吸泥下沉中,则主要以纠正围堰的倾斜为主,一般每天观测一次;在围堰基本上下沉到设计深度着岩时(南塔钢围堰接高到 54.23m 着岩,着岩深度为 −46.23m,北塔钢围堰接高到 65.50m 着岩,着岩深度为 -57.50m),以清基为主,此期间围堰位置变化不大,根据情况隔天观测;围堰着床后处于相对稳定状态,观测精度应相对提高,一般要求用一个测回(盘右、盘左)观测三维坐标值,取平均值。

为更好地了解围堰的下沉过程及趋势,指导实际施工,根据历次观测资料绘制沉降曲线、下沉偏移曲线、下沉倾斜曲线。南塔围堰相应曲线如图 10-14、图 10-15、图 10-16 所示。通过对监测资料的分析,可以了解围堰下沉进度,预测围堰下沉偏位差和围堰倾斜情况,及时调整围堰,确保围堰按预定位置正确着岩。

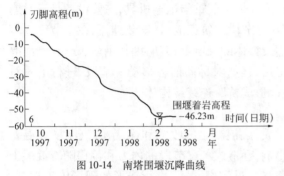

图 10-14　南塔围堰沉降曲线

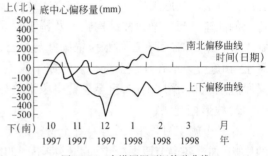

图 10-15　南塔围堰下沉偏移曲线

(4)围堰竣工测量

围堰下沉到位着岩后,必须清除干净围堰内基底,暴露成片的基岩面,以便进行围堰的封底。为具体了解基底情况,需要详细测定围堰内基底高程竣工图,它是工程阶段性竣工的重要资料。高程测点布设结合围堰内钻孔桩钢护筒的安装定位设计,在钢围堰上的贝雷桁架及工字钢平台上布置成方格网点。这种布设不但能了解整个围堰内基底的情况,计算封底混凝土方量,还能具体了解每个护筒位置的基底情况,保证钢护筒整体吊装时能正确地放置到位且与基底吻合,也可根据相应测点高度情况对个别护筒底部进行切割处理。考虑到围堰内是静水,测量高程通常采用测深锤直接测深,既简单又有效。最后绘制基底竣工图。

围堰清基完工后已基本稳定,此时必须精密测定围堰的精确位置,即要求更精确地测定围堰顶中心位置及高程,并重新推算围堰的偏移、倾斜、扭角和刃脚高程,确定围堰的竣工位置,纳入全桥坐标系统,作为钻孔桩施工放样的依据,为桥墩基础施工提供基础位置。此时的竣工测量要求较高,可以采用三维极坐标、测角交会、测边交会等多种方法测量、计算、校核。采用全站仪三维极坐标法进行测量,要求在两个控制点上进行闭合测量,或在两个时段测量,每次测量四个测回。这种方法直接测定了三维坐标,简单易行,可以满足精度要求,是一种较理想的测量方法。采用测角交会法时,应使用 2″以上的经纬仪观测四测回,并选择合适的交会角。采用测边交会法时,应选择三边交会或多边交会。后两种交会法只能测量围堰顶中心平面位置,对于围堰顶的高程,可采用三角高程法测定,用 2″级经纬仪观测竖直角四测回,仪器高用小钢尺直读测定,觇标高变换两次,分别测定竖直角以提高精度,并作对

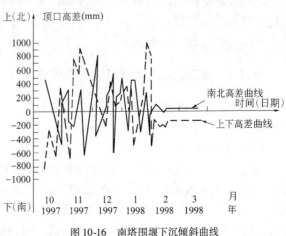

图 10-16　南塔围堰下沉倾斜曲线

向观测,以消除球气差的影响。观测应选择在成像清晰、气象条件稳定的时间段进行,最好在阴天进行。

10.4.2 大跨径预应力混凝土连续梁桥悬浇法施工测量

1)分段悬臂浇筑法

随着造桥技术的改进以及预应力混凝土工艺的不断完善,分段悬臂浇筑法(简称悬浇)成为目前国内外大跨径预应力混凝土悬臂桥梁、连续桥梁、T形刚构桥、连续刚构桥等结构的主要施工方法。其施工特点是无须建立落地支架,无须大型起重与运输机具,主要设备是一对能行走的挂篮。当桥梁墩柱结构施工及桥墩顶部0号节段浇筑完成后,安装挂篮,在梁节段逐节施工过程中,挂篮可在已经张拉锚固并与墩身连成整体的梁段上移动,绑扎钢筋、立模、浇注混凝土、预施应力都在挂篮上进行。完成本段施工后,挂篮对称向前各移动一节段,进行下一对梁段施工,如此循序渐进,直至悬臂梁段浇筑完成形成桥跨连续结构体。

2)线形控制测量

在整个施工过程中,因为混凝土材料的非匀质性、混凝土的收缩和徐变、大气温度和温差的影响,加之各梁节段混凝土加载龄期不同的影响,会造成各梁节段的内力和位移随着混凝土浇注过程而偏离预计值。因此,在梁的整个悬臂浇筑过程中,若不进行线形的现场施工控制,会造成悬臂施工的梁体无法顺利合龙,整体结构线形不平顺,桥面高程达不到设计要求造成无法进行桥面铺装施工,或者桥面铺装厚度严重不均匀,导致桥梁的安全性、实用性和使用耐久性下降。因此,在梁分段悬臂浇筑施工过程中,线形控制测量是保证成桥线形和受力状态与设计一致的重要工作。

3)悬浇法施工测量内容

梁悬浇施工中,其结构体的动态变形给施工测量带来了新的问题,按常规的施工测量做法已不能保证施工控制的目标,必须成立专门的控制小组来进行现场测量、变形分析、线形计算,以施工测控模型随时分析施工过程中实测的各阶段主梁内力和变形与设计预期值的差异,并找出原因,提出修正对策,以保证各节段梁的施工符合设计的要求。

大跨径混凝土连续梁悬浇施工测量的内容主要有:

①根据悬浇施工控制的需要,建立可靠、精度满足要求的平面和高程控制网;

②按照设计尺寸及施工控制修正值放样定位、放样模板;

③进行悬浇施工过程中各阶段的梁体线形控制测量,内容包括高程测量、中轴线位置测量和施工挂篮变形测量;

④定期进行墩位沉降观测。

10.4.3 南京长江二桥悬浇法施工线形控制

现以南京长江二桥北汊桥主桥施工为例,具体介绍大跨径预应力混凝土连续箱梁悬浇施工的测量工作。

1)工程概述

南京长江二桥北汊桥是目前亚洲最大跨径的预应力混凝土连续桥梁,主桥为 90m + 3 × 165m + 90m 五跨变截面连续箱梁桥,位于半径 $R = 16000m$ 的竖曲线上。桥面宽 32.0m,预应力混凝土箱梁由上、下行分离的两个单箱单室箱形截面组成。箱梁根部梁高 8.8m,跨中梁高 3.0m,箱梁顶板宽 15.42m,底板宽 7.5m,翼缘板悬臂长 3.96m,箱梁梁高从距墩中心 3.0m 处到跨中按二次抛物线变化,如图 10-17 所示。

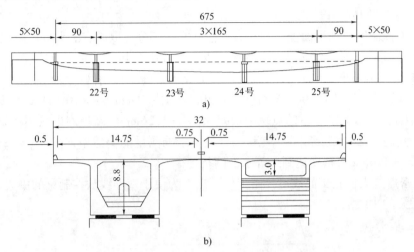

图 10-17 南京长江二桥北汊桥桥型布置图(单位:m)
a)主桥立面;b)典型断面

全桥施工程序是单幅桥五跨连续箱梁在四个主墩(22 号、23 号、24 号、25 号)上分别独立采用挂篮对称悬臂逐段浇筑施工,中跨和次中跨在吊架上现浇,边跨现浇段在落地支架上浇筑。各单"T"箱梁纵向除 0 号块外分 23 对箱梁节段,长度为 $5 \times 2.5\mathrm{m} + 5 \times 3.0\mathrm{m} + 5 \times 3.5\mathrm{m} + 8 \times 4.0\mathrm{m}$,0 号节段长 8.0m,中跨和次中跨合龙段长度均为 3.0m,边跨合龙段长度为 2.0m,边跨现浇段长度为 6.72m。从 2 号梁节段开始至 23 号节段,最大悬臂长度为 81m,最大质量 156.2t,以边跨合龙→次中跨合龙→中跨合龙顺序完成施工。

2)高程测控计算

施工过程中,现浇箱梁节段的高程是实时变化的,需要根据设计的线形、高程以及实时测量、现场测试参数经过变形计算来确定理论立模高程。如第 i 节段箱梁的理论立模高程为:

$$H_i = H_0 + f_i + \frac{1}{2}\Delta$$

式中:H_0——第 i 节段箱梁的设计立模高程;
　　　f_i——第 i 节段箱梁的施工挠度;
　　　Δ——不计冲击系数的静荷载在成桥状态时引起的 i 节段箱梁的挠度。

由于施工过程中会使悬臂梁端的实际高程与控制高程之间有较大的误差,也就是说,如果按照计算的预抛高值施工,最终成桥状态不一定是理想的状态。因而,必须对其进行误差分析,调整计算参数和修正计算模型,通过下阶段箱梁节段高程的调整,使之误差在控制范围内。按照自适应控制思路,误差分析采用"最小二乘估计"进行参数识别的方法(详见人民交通出版社出版的由向中富主编的《桥梁施工控制技术》和由徐君兰主编的《大跨度桥梁施工控制》等书)。

北汊桥线形控制计算模型是将桥简化为平面结构,各节段离散为梁单元,四个主墩端部为固定支座,两边跨端视为活动铰支座。预应力混凝土连续箱梁悬臂施工计算通常采用平面杆系有限元分析法,针对施工控制而言,又分为前进分析法和倒退分析法。北汊桥主桥共离散成 221 个节点及 220 个杆件单元,根据施工工艺和进度安排,采用了前进分析法和倒退分析法交替使用的方法进行计算。

3)控制网及测点的布设

(1)施工控制网的布设

箱梁施工控制网包括平面控制网和高程控制网两部分。以原有的大桥首级施工控制网为基础,在22号、23号、24号、25号上下游双幅桥墩0号块上共加密8个点,联测南北岸$BC03$、$BC05$、$BC04$和$BC06$四个首级网控制起算点,构成箱梁施工控制网,平面和高程点兼用,如图10-18所示。平面网采用TC2003全站仪(测角$0.5''$,测距$1mm + 1 \times 10^{-6}D$)6测回边角观测,严密平差后,最弱点24号(下)的点位中误差$M_P \leq \pm 1.26mm$。高程网也采用TC2003全站仪以高精度三角高程法观测,经严密平差后,每公里水准测量的偶然中误差$M_\Delta = \pm 0.86mm$,全中误差$M_w = \pm 1.45mm$,精度达到二等水准网指标。

8个加密点是大桥施工的线形控制工作基点。为便于视准线法控制梁的中线,8个点最终要移归到桥梁的中线上。

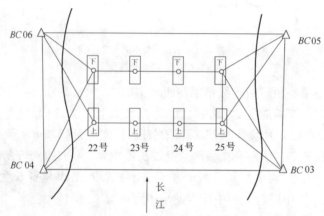

图10-18 箱梁施工控制网

(2)桥梁0号块上施工控制基准点的布设

为了控制箱梁各悬浇节段中线位置,单靠8个加密控制点是不够的,又分别在各"T"箱梁的0号块上布设了9个(包含1个加密控制点)中线控制点,如图10-19所示。图中的$S(X)1$至$S(X)3$连线、$S(X)4$至$S(X)6$连线、$S(X)7$至$S(X)9$连线即为箱梁各悬浇节段中线位置的控制基准线,$S(X)5$为箱梁施工控制网的加密控制点。

控制点标志采用$\phi 16mm$、长约81cm的螺纹钢制作,埋设在混凝土中,露出混凝土顶面10mm,露出端顶部加工磨圆并刻上"+",周边涂上红漆。埋设位置及相互之间的距离误差控制在$\pm 10mm$以内。埋设时,测点钢筋应与箱梁顶板中上、下层钢筋焊接牢固,其底板要抵紧底板的底模板,并在混凝土浇注时严禁踩踏、碰撞。

(3)悬浇梁段测点布设

每个悬浇梁节段设两个测点,以箱梁中线为准对称布置,测点离节段前端15cm,如图10-20所示。图10-21为箱梁测点的整体布置图。测点标志及埋设同上。

悬浇梁节段上设的测点既为控制箱梁中线平面位置的测点,又为箱梁高程和挠度变形观测点。

4)悬浇施工的主要控制精度与测量要求

桥梁施工控制中的几何(变形)控制总目标是要达到设计的几何状态要求,最终结果的误差容许值与桥梁的规模、跨径大小、技术难度有关,目前我国还没有统一规定,需根据具体桥梁施工控制需要确定。南京长江二桥的悬浇法施工控制精度要求见表10-15。

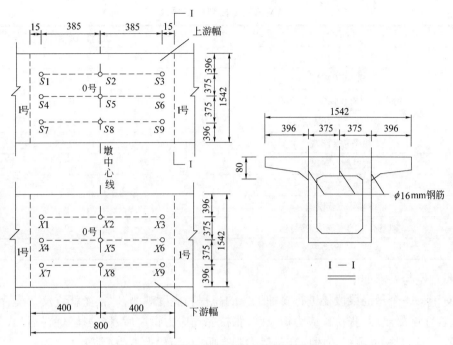

图 10-19 0号块顶面测量基准点布置图(单位:cm)

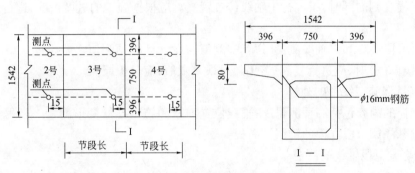

图 10-20 悬浇梁节段测点布置图(单位:cm)

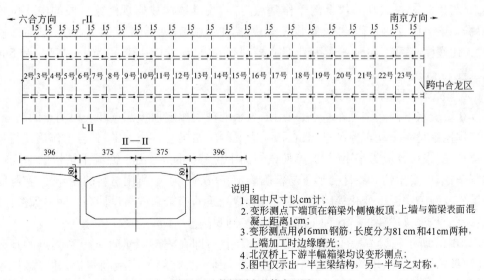

说明:
1. 图中尺寸以cm计;
2. 变形测点下端顶在箱梁外侧横板顶,上端与箱梁表面混凝土距离1cm;
3. 变形测点用ϕ16mm钢筋,长度分为81cm和41cm两种,上端加工时边缘磨光;
4. 北汊桥上下游半幅箱梁均设变形测点;
5. 图中仅示出一半主梁结构,另一半与之对称。

图 10-21 箱梁测点整体布置图

悬浇法施工控制精度要求　　　　　　　　　表 10-15

项　目	允许误差(mm)
箱梁底、顶板中线误差	5
箱梁顶面高程	±10
箱梁底、顶板和腹板厚度误差	+10；-0
箱梁底、顶板误差	±30
箱梁高度误差	+5；-10
同跨对称点高程差	±20
梁段高程误差	±15
中轴线位置误差	5
悬臂合龙的中线位置误差	10
悬臂合龙的高程差	±20

测量规定与要求如下：

①对于每一个悬浇梁段要进行6种工况的高程和挠度观测，即挂篮就位及立模后、浇注混凝土前、浇注混凝土后、张拉预应力钢束前、张拉完预应力钢束后、移动挂篮前(后)。

②除立模调整外，测量一般应在早晨太阳高照前(清晨七八点)结束。

③在高程观测的同时，应进行中轴线位置观测。应根据施工的进度情况，进行周期性的墩沉降观测。

④在对梁段高程和中轴线测量时，若实测值与设计计算预测值之差超过±15mm(高程)、5mm(中轴线偏位)时，应进行复测；若仍超过误差限值，应分析原因。

5) 箱梁悬浇施工线形的测控

线形测控的内容包括高程测量、中轴线位置测量和施工挂篮变形测量。高程和中线测量主要是控制悬浇梁节段立模的轴线及高程。

(1) 现浇梁节段轴线的测控

箱梁当前悬浇节段的施工挂篮初步就位后，在0号块工作基点(S5或X5)上架设J_2级光学经纬仪，以相邻桥墩0号块上的工作基点定向，视准线法放样现浇梁节段的中线位置。然后，根据箱梁节段立模高程要求，安装底模、侧模和顶模，用水准仪控制，调整挂篮前吊杆高度等方法，使底模高程、顶板底模高程满足立模高程要求，误差应小于±15mm(高程)和5mm(中轴线位置)。

(2) 现浇梁节段高程的测控

以0块块水准网点作工作基点，采用二等水准精度测定顶板测点和底板测点的高程值。

高程控制是一个动态控制过程，在预应力混凝土箱梁悬臂施工中，其自重作用使得悬臂端向下位移，当张拉预应力钢束时，又将使梁体向上位移。同时，由于混凝土结构的徐变与收缩机理复杂，结构发生的非线性变形不易精确确定；其次，施工中所用材料的变异性、实际结构的受力条件及施工中温度变化等因素，将使得悬臂浇筑的箱梁高程与设计高程明显偏离。因此，对于每一个悬浇梁段要进行6种工况的线形控制观测。

图10-18所示箱梁节段的测点为箱梁顶板测点，即在施工测量时可得到测点的高程。但是，北汉桥箱梁施工采用的挂篮有两个悬挂系统，其一悬挂箱梁底板和腹板，其二悬挂箱梁顶板，即使是按顶板测点测出了各工况高程来推出变形值，也与直接测的底板高程来推出的变形

值有较大的差异,达不到高程控制的目的。为了获取箱梁高程控制的真实信息,采取在浇注混凝土前、后的工况直接测量底板高程和顶板测点的高程,从而在其他工况得到顶板测点高程后,可以推算出相应的底板高程。

设混凝土浇注后测得的顶板测点高程为 H_1 和 H_2,而底板的高程实测值为 H_d,则可以得到箱梁高度差:

$$\Delta_1 = H_1 - H_d$$
$$\Delta_2 = H_2 - H_d$$

式中:Δ_1、Δ_2——分别为顶板测点1和2端头到梁底面的高度差。

假若在预应力钢束张拉后,仅测顶板测点1和2的高程,设其分别为 H_{1y} 和 H_{2y},那么可以按下式推算此时底板高程值 H_{dy}:

$$H_{dy} = H_{1y} - \Delta_1 \quad \text{或} \quad H_{dy} = H_{2y} - \Delta_2$$

这时 H_{dy} 视为实测值,可以与施工控制计算值进行比较。

由于每个箱梁节段都有相应的 Δ_1 和 Δ_2,故对于已施工的梁段,只要测量顶板测点的高程,就可以推算出相应箱梁底板的高程。

在箱梁浇注混凝土后,底板高程点 A 已经在混凝土内(见图10-22),此外,因变高度箱梁节段会产生较大差别,且施工现场有许多施工残留混凝土及梁端面的预留钢筋,A 点已无法准确立测尺进行直接测量。因此,采取了底板高程传递测量技术来测量梁端面底板高程。

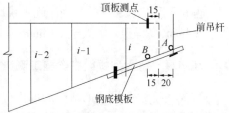

图10-22 箱梁底板高程测量示意图(单位:cm)

在即将施工的梁段 i,测点 B 为要求的底板测点,测点 A 为临时点。在进行立模高程检查时,同时测出点 A 与 B 的高程。在浇注混凝土之后,因测点 A 与梁端有约20cm 的距离,因而可以方便地测出 A 的高程。设 A 测点在混凝土浇注前、后的高程为 H_A 和 $H_{A'}$,则其变化值 Δ_A 为:

$$\Delta_A = H_{A'} - H_A$$

由于箱梁底模板抗弯刚度较大,加之测点 A 与 B 相距约40cm,故可认为底模板两测点的变形一致。这样,在混凝土浇注后箱梁底板 B 测点的高程值为:

$$H_{B'} = H_B - \Delta_B$$

式中:H_B——混凝土浇注前箱梁底板的实测高程值。

(3)施工挂篮的变形测量及计算

悬臂施工的挂篮为钢结构,在混凝土浇注后会产生变形,造成箱梁下挠,依挂篮类型不同其量值达15~25mm,这在线形计算分析和箱梁立模高程预报中不可忽视。因此,第 i 节段箱梁立模高程预报值应为:

$$H'_i = H_i + f_g$$

式中:H_i——第 i 节段理论箱梁立模高程;

f_g——挂篮变形值。

挂篮变形值 f_g 通常可通过试验方法测定,但在箱梁悬臂施工中,挂篮的实际变形受到浇注混凝土体量的变化(超方)、挂篮后锚杆的松紧程度、前支承点处箱梁顶面混凝土不平等影响,使挂篮变形产生较大差异,因此,必须根据混凝土浇注前后的高程实测值来分析出挂篮实际变形值。由图10-23可以推算出当前段 i 浇注混凝土后引起的挂篮实际变形量 f_g 为:

$$f_\mathrm{g} = f_\mathrm{t} - f_\mathrm{i} = f_\mathrm{t} - \frac{l'_\mathrm{i} + l_\mathrm{i}}{l'_\mathrm{i}}f'_\mathrm{i} + \frac{l_\mathrm{i}}{l'_\mathrm{i}}f''_\mathrm{i}$$

式中：f_t——第 i 梁节段浇注混凝土后第 i 梁的总变形量（a 点处）；

f'_i——第 i 梁节段浇注混凝土后已成梁节段的变形量（b 点处）；

f''_i——第 i 梁节段浇注混凝土后已成梁节段的变形量（c 点处）。

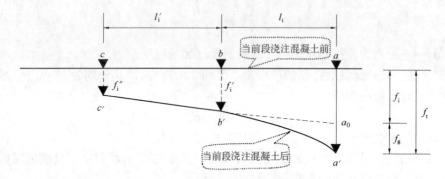

图 10-23 施工过程中箱梁变形示意图

南京长江二桥北汊桥悬浇法施工线形控制，其最后的检测结果是：10 个合龙段，轴线误差不大于 ±4mm，高程误差不大于 ±13mm；全桥合龙后通测的成桥线形均在设计允许误差范围内。

10.4.4 特大型桥梁主梁施工测量

特大型桥梁主梁施工测量是现代桥梁施工测量的重要组成部分，在桥梁施工和架设中有着特别重要的位置。主梁架设程序和方法取决于桥梁结构体系以及工程的自身特点。目前，用于特大型桥梁的主梁有预应力混凝土梁、钢箱梁和钢桁梁三种基本形式。而主梁施工大致又分为现场浇筑和预制标准构件拼装两种基本方法。无论哪种形式的主梁或采用何种方法进行主梁施工，它们的特点都是采用悬臂法进行架设，即由索塔下或墩上双向对称悬臂架设、跨中合龙的方法；而且都是动态施工；施工测量的任务都是为保证成桥线形符合设计的要求。

现以南京长江二桥钢箱梁拼装为例介绍钢箱梁（钢桁梁类似）施工测量的方法。

南京长江二桥南汊桥为双塔双索面扁平流线闭口钢箱梁斜拉桥，主跨 628m。主塔采用倒 Y 形空间混凝土索塔，塔高 195.41m。主梁采用正交异性流线型钢箱梁，梁高 3.5m，宽 33.6m，斜拉索 80 对，主跨共 40 个梁段，如图 10-24 所示。主梁安装时，采用南、北塔对称协调逐段拼接固焊方法。

大桥修建中，不仅钢箱梁的吊装施工难度大，拼接精度要求高，而且在缆索张紧处理时，必须确保钢箱梁构成的桥型曲线及缆索拉应力与设计允许值协调一致。在采用正装分析设计的斜拉桥施工中，按指定的施工方法及施工索力进行调整后，会发生结构体系的各类响应值与预期值不一致的情况。国内外已有一些大跨度斜拉桥在建成后出现主梁的最终外形曲线与设计严重不符的现象，这不仅显著影响桥梁的美观和行车的舒适，同时也使桥梁的最终内力状态偏离设计值，影响桥梁的使用寿命。

大跨度桥梁钢箱梁架设过程中的测控，就是根据施工全过程中实际发生的各项影响桥梁内力与变形的参数，结合施工过程中实测的各阶段主梁内力与变形数据，以施工测控模型，随时分析各施工阶段中主梁内力和变形与设计预期值的差异，并找出原因，提出修正对策，以确保全桥建成时桥梁的内力状态及外形曲线与设计值尽可能相符。

钢箱梁施工中的实时监控测量主要包括三个部分,即:环境量测量,如气象、钢箱梁温度、气温、风力等;线形测量,如主梁线形、主塔位置(变形);应力应变测量,如索力、主梁和主塔应力等。实时测量的数据是各安装阶段指导钢箱梁施工和缆索调整的主要依据,不仅需要很高的精度而且必须确保其可靠性。

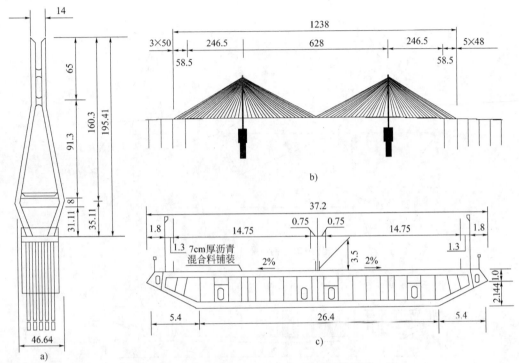

图 10-24　南京长江二桥南汊主桥梁和塔立面图(单位:m)
a)索塔;b)大桥立面;c)钢箱梁断图

1)钢箱梁安装中的监控测量要求(见表10-16)

钢箱梁安装监控测量要求　　　　表10-16

项　目	要　求	备　注
主梁高程测量	高程精度±1mm	测量时间在22:00～次日6:00,在控制梁段定位的精匹配阶段及梁段对应的斜拉索完成张拉后,进行主梁高程测量,包括对该梁段前面已完成定位梁段的测量
主梁轴线测量	施工梁段轴线误差不超过±3.0mm	在梁段定位的精匹配阶段及梁段对应的斜拉索第二次张拉后进行,包括该梁段前面已施工完成梁段的测量
主梁悬臂端倾角测量	倾角测定的误差不大于10″	在每梁段完成斜拉索第二次张紧后进行
索塔偏位(变形)测量	测定的偏位误差不超过±4mm	在每梁段精匹配阶段及斜拉索二次张拉后进行偏位测量

2)钢箱梁施工控制网的布设

桥梁施工的原有首级施工控制网是满足不了钢箱梁拼装精度和测量要求的,必须根据钢箱梁施工的特点及线形测量的精度要求,建立一个钢箱梁施工控制网。

平面控制网是在南塔、北塔的下横梁加密 S、N 两个点,以南北岸桥轴线控制点 $NQ01$、$NQ02$ 为起算点,并联测南岸 $NC01$、$NC07$、$NC06$ 和北岸 $NC05$、$NC08$ 五个首级网控制点,构成钢箱梁施工控制网,如图 10-25 所示。采用 TC2003 全站仪 6 测回边角观测,严密平差后,最弱点 NC08 的点位中误差 $M_p \leqslant \pm 0.62 \text{mm}$。当起始梁段 S01 和 N01 块钢箱梁就位后,S、N 两点要分别转移(投测)到 S01 和 N01 块钢箱梁上(见图 10-26),点位标志采用强制对中观测墩。

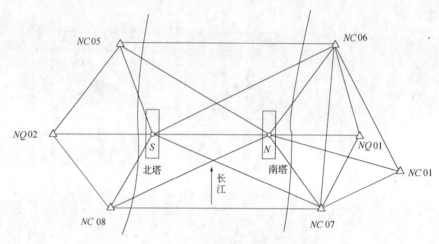

图 10-25　钢箱梁施工控制网

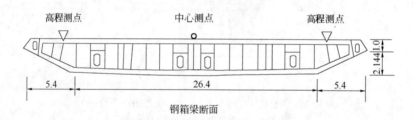

图 10-26　钢箱梁顶面中线和高程测点位置示意图(单位:m)

高程控制网以 NQ01、NQ02 处的水准基点为起算点,分别在南塔、北塔的下横梁上设置两个水准点,高程用 TC2003 全站仪精密三角高程(对向观测)法传递。联测完后,横梁上的点要引至索塔门洞内,以便于水准点的长久保护和使用。

3) 钢箱梁施工中的监控测量

在钢箱梁施工过程中,影响其线形和结构内力的因素很多,其中尤以温度场影响最大。大气温度的影响表现为温度升高,缆索伸长,主梁高程下降,其变化量随主梁伸臂长度的增大而增大。在不同的大气温度条件下,钢箱梁不同时间的高程观测值也随之而异,亦即主梁高程观测值是时间的函数。为便于主梁线形控制并对以后节段拼装时温度的影响进行预测,确保主梁施工按设计预定的目标状态向前延伸,直至边跨、中跨准确合龙,必须在施工过程中实施有效的监控。由此可见,监控测量的目的与作用是为施工设计提供已架设梁段的实时状态数据,作为设计架设梁段线形(及索力等)的依据,它是确保安全和质量的一个重要技术措施。监控测量包括测量主梁线形(高程)、中线、悬臂梁的倾角及塔柱变形等项内容,而前两项是其中最主要的监控项目。

钢箱梁拼装的程序是:吊装→初步就位→监控量测→索力张拉→监控量测→索力二次张拉→直至达到设计线形。为避免日照、温度场对钢箱梁的影响,钢箱梁的施工监控测量要在夜间进行。

(1) 起始梁段的定位

位于南、北塔柱下横梁上的 N01 和 S01 两块起始梁段的定位,在全桥钢箱吊装精匹配中起关键作用。它们定位的准确性,直接影响到后续梁段的定位。对此,在精匹配定位时,除用轴线点定位外,还以另两个控制点边、角前方交会,经严密平差后求得实际坐标,指导安装。

(2) 主梁线形(高程)测量

主梁线形测点布设在钢箱梁顶面,距悬臂端 0.3m 处,如图 10-26 所示。用精密水准仪按几何水准测量方法进行,校正的水准仪 i 角要小于 $10''$。观测时必须在梁体较稳定的状态下进行,采取闭合水准路线,并力求在最短的时间段完成测量,以保证观测成果的质量。

(3) 主梁中线测量

主梁中线测量系指测量悬臂最前端现拼装段钢箱梁的中线与设计的偏差值。在工厂加工制作的每个钢箱梁均在其中线位置靠悬臂端刻有测量标志线,测量方法是在 S(或 N)点上架设 TC2003 全站仪,以岸上或 N(或 S)点为定向点,用小角度法或极坐标法测量中线的偏差。由于控制网采用的是桥轴坐标系,X 与桥轴线同轴,中线的偏差实质就是坐标 Y 测量值。

(4) 悬臂梁的倾角测量

悬臂梁的倾角,在每个悬臂梁段斜拉索第二次张拉后,以设置在悬臂端前、后相距 10m 的两个水准标点,采用精密水准测定高差后计算求得。

(5) 索塔柱偏位测量

塔柱受两侧索力不等、温度、日照、风力以及塔柱两侧主梁重力不对称等影响,将会产生位移,其中以顺桥向方向上的分量最为突出。在正常情况下,塔柱纵向偏移与塔柱两侧主梁微倾,在数值大小和方向上有着密切关系。

索塔柱偏位测量是在南、北两塔上、下游方向顶部,各预先设置全方位观测棱镜,分别于南岸 NC01、北岸 NC05 控制点以高精度全站仪 TC2003 极坐标法观测,实时获得索塔位移、扭转等形变特性参数。

4) 钢箱梁定位测控

南京长江二桥钢箱梁的安装,南、北塔均采用以塔柱为中心、两边对称协调逐段拼接固焊的方法进行。测控在每段钢箱梁的安装中都必须实施。这里仅介绍南塔 13 号梁段安装测控实例。

由 12 号梁段的吊机把 13 号梁段起吊到桥面支架,实时测量系统指导精确轴线定位和控制梁段倾角,拉索第一次张紧。钢箱梁焊接,精密测量,得第一次张拉后各梁段高程及索力值。与设计值比较后知,线形曲线及索力与设计值有差异,特别是 5 号梁段以后,因安装 13 号梁的缘故,所受影响十分显著。在进行第二次调整索力及高程前,进行施工控制分析计算,经多种方案的优化最后确定控制参数,13 号梁段索力为 2443.92kN,9 号梁段控制索力 2171.04kN,6 号梁段控制索力为 1815.71kN。吊机前移到 13 号梁段,按控制值进行缆索第二次张拉,并经实时测量精密测定,各梁段第二次张拉后的高程与索力值见表 10-17。

由表 10-17 可知,根据控制值进行第二次索力张拉后,各梁段的高程值与设计值最大差异在 10mm 以内,索力与设计值的差异也不大于 4%,达到了安装的要求。

从 13 号梁段定位及缆索第二次张紧后的检测结果可知,实际测值与设计值确存在一些差异,表明设计计算中采用的一些经验参数与实际情况不完全相符。但是,这种差异在数值上并不大,因此,大桥的整个安装质量是很好的,第二次张拉后检测的结果与设计值基本一致。

利用实时施工控制系统指导施工,可以准确迅捷地确定出控制指标,使主梁的调整不仅迅速有效,而且保证了桥形曲线及索力控制。当然,最终的调整,尚有待全桥安装完成后,经实时测量,由施工测控系统分析,确定出最终的调整量。在确保实际施工结果与设计值相差甚微的情况下,最终的调整是不复杂和不困难的。南京长江二桥钢箱梁拼装合龙后,经各项指标测试和分析,桥的线形和索力均满足设计要求,未再作合龙状态下的全桥线形和索力统调。这在国内同类桥梁建设中尚属首例。

13号梁段实时测控成果 表10-17

梁段号	第一次张拉		第二次张拉		设 计 值	
	梁端索力(10kN)	梁段高程(m)	梁端索力(10kN)	梁段高程(m)	梁端索力(10kN)	梁段高程(m)
J_1	—	—	317.723	39.522	313.793	39.524
J_2	—	—	216.924	39.933	212.914	39.939
J_3	—	—	178.436	40.314	175.656	40.323
J_4	—	—	163.819	40.672	158.088	40.674
J_5	164.267	40.970	167.901	41.013	161.240	41.018
J_6	180.211	41.285	181.571	41.333	177.241	41.338
J_7	190.687	41.564	188.280	41.625	183.439	41.635
J_8	211.641	41.821	203.831	41.901	196.615	41.912
J_9	231.647	42.065	217.104	42.174	212.389	42.181
J_{10}	250.519	42.289	228.257	42.431	223.897	42.441
J_{11}	270.436	42.490	234.494	42.673	230.617	42.668
J_{12}	263.346	42.682	219.139	42.910	213.170	42.903
J_{13}	129.406	42.870	244.392	43.143	240.697	43.141

5)钢箱梁温度变形特性分析及合龙状态控制

大桥主跨钢箱梁共41段,分别以南、北索塔为中心,与边跨钢箱梁一起,对称逐段拼装焊接,并经精密实时测量及施工控制分析系统计算,确定施工控制值,实施缆索张拉与调整。大桥主梁以南、北索塔为起点,对向各安装20段后,最终仅剩合龙段(约3.4m)。合龙时段,大桥钢箱梁随温度变化的特性是复杂的,不能简单地以悬臂梁温度变化的特性表述。这是由于承重的柔性斜拉索和以斜拉索张紧的悬臂梁段组合的结构体在温度作用下的整体响应所致。主梁受温度影响后,预留的合龙段间隔,有着独特的变形特性。如果加工的合龙梁段比预留的合龙间距长,则梁段放不到位;若合龙梁段过短,接缝很大,则难于焊接。这些都直接影响大桥的质量。

主梁合龙时,考虑最佳焊缝宽,要求合龙梁段的长度比预留合龙间距小14~22mm。在实施合龙段安装时,为确保此控制值,必须研究和分析预留的合龙间隔值温度变化的特性及规律、合龙间隔的时间变化特性、最佳合龙时段的选择及步骤,使合龙质量得到有效控制。

(1)温度测控方法

①测点布置

大桥钢箱梁宽31m,高4m,由顶板、底板、纵隔板、腹板等构成,如图10-27所示。

为测控钢箱梁的温度变形特性和分析大型钢箱梁接合端在不同温度作用下的平整情况,合龙段南、北

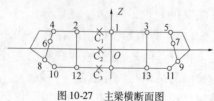

图10-27 主梁横断面图

NJ20 和 SJ20 梁段,距梁端面 1.5mm 左右的对应位置布置 13 对测量标志。标志上画很细的十字线,粘贴在观测部位,如图 10-28 所示。

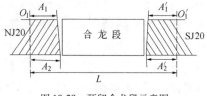

图 10-28　预留合龙段示意图

图 10-28 中,L 为观测距离,约 6.5m,观测部位到梁端面的距离 A_1、A_2 等预先精确量出。于 7 月 4 日～5 日共进行 40 多小时连续观测。各对观测点间用 3 把检定过的钢尺直接测量,采用一端固定,另一端弹簧秤拉力及读数的方法。为防止江风对钢尺读数的影响,尺外设有保护管。观测同时实测气温、O_1 和 O_1' 两点的高差及钢箱梁的温度,根据气温进行尺长改正及倾斜改正。实测结果的精度分析表明,各次观测中误差均不超过 ±0.3mm。

②测温断面

各段焊接而成的钢箱梁是一个封闭体,在不同外界条件作用下,断面的温度分布场有其特点,直接影响着钢箱梁的温度变形规律。为实测钢箱梁断面温度的分布情况,除桥面布置电测温度计外,在距合龙处 12m 左右的南北两个梁段 NJ19、SJ19 的中轴线顶板下层、中隔板、底板上层分别布置一只精度为 0.1℃ 的温度传感器,即图 10-27 中的 C_1、C_2、C_3。在每次距离测量的同时,测读梁体温度,观测到的温度过程线如图 10-29 所示。由图 10-29 可见,白天由于太阳照射及环境温度的升高,顶板温度上升剧烈;而夜晚,由于钢材的散热,顶板温度下降迅速。中隔板内温度由于处在封闭环境和热传导距离较长,其温度升降相对平缓。顶板所测最高温度出现在下午 2:00,中隔板及底板最高温度在下午 3:00 到下午 6:00 以后,中隔板温度高于顶板温度。

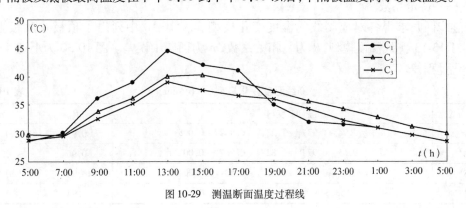

图 10-29　测温断面温度过程线

③位移测量精度分析

钢尺量距过程中,因温度变化、拉力变化、倾斜等主要因素对距离测量的影响分别为:

$$m_1 = L \cdot \alpha \cdot m_{\Delta t}$$

$$m_2 = \frac{m_p}{w} \cdot \frac{L}{E}$$

$$m_3 = \frac{h}{L} m_h$$

式中:α——线胀系数,取 1.0×10^{-5};

w——钢尺横截面积,取 4.5mm^2;

E——弹性模量,取 1.5×10^{-6};

并取 $L = 6.5\text{m}$,$h = 10\text{mm}$。

若 $m_{\Delta t} = 1℃$,$m_p = 0.5\text{kg}$,$m_h = \pm 1\text{mm}$,则可以计算得 m_1 不大于 ±0.06mm,m_2 不大于

±0.04；m_3 不大于 ±0.002mm。可见,就钢尺本身的误差,在此 6.5m 距离测量中,不会大于 ±0.1mm,测值的精度可以满足钢箱梁温度变形特性分析的要求。但是,由钢箱梁温度及气温测值知,白天每小时梁体温度变化可达 2℃ 以上,如果 13 段距离不同时观测(设每段观测需 3min,分三组观测,则每组观测 4 段距离,共需 12min),在 12min 内,白天梁体温度可变化 0.4℃ 以上,钢箱梁南北两段共长 625m 左右,以固定端的悬臂梁估计,并取 $\alpha = 1.0 \times 10^{-5}$,则 12min 内主梁的变化约 2.4mm。

由以上分析可知,钢尺本身丈量的误差对合龙段长度测定的精度影响较小,而测量误差主要来源于合龙段 13 个间距测量不同步所产生的差异,即白天梁体温度变化引起已安装部位的钢箱梁伸缩。所以在合龙段温度控制观测中,必须保证各间距观测的同步性。

(2)合龙时段温度变化规律

①测线温度变化模型

根据 7 月 4 日~5 日合龙段布设的 13 对观测距离,经每小时观测以及测温断面处布设的温度传感器对应测值,采用统计模型分析合龙段温度变化的特性。合龙段的温度变化,实际上是主梁悬臂段、柔性斜拉索及混凝土索塔日照特性等随温度变化的总体响应。由于上述结构比较复杂,且测温断面不同点处的温度差异显著,因此所选模型为:

$$x = a_0 + \sum_{i=1}^{3}(a_i T_i + b_i T_i^2)$$

式中:T_i——温度断面测温点处的温度值;

a_i、b_i——待定系数。

经逐步回归求得各对应测线的温度变化模型。表 10-18 中列出了顶板及底板上 1-1′、4-4′、5-5′、13-13′测线温度模型,R 为复相关系数,m 为回归中误差。图 10-30 为上述 4 条测线长度变化过程线。

测线温度变化模型(单位:cm) 表 10-18

测 线	温 度 变 化 模 型	R	m
1-1′	$673.94 - 1.03T_1 + 1.22T_2 - 0.93T_3 - 0.005$	0.91	0.18
4-4′	$679.65 - 0.97T_1 + 0.82T_2 - 0.86T_3 - 0.002$	0.96	0.09
5-5′	$670.01 - 0.71T_1 + 0.87T_2 - 0.80T_3 - 0.004$	0.98	0.06
13-13′	$668.34 - 1.08T_1 + 0.26T_2 - 0.21T_3$	0.94	0.14

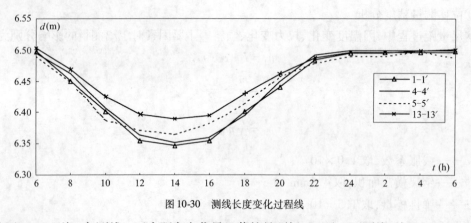

图 10-30 测线长度变化过程线

从图 10-30 可知,各测线一天中距离变化最显著的是顶板 1-1′及 4-4′测线,从 6:00~22:00 这一时间段的变化量值可达 13cm。相对而言,底板 13-13′测线变化量较小,为 9cm 左右。此外,各测线从22:00~次日6:00时这一段变化量值均很小,处于相对稳定状态,最大的差值约为2cm。

②合龙面的温度变形模型

合龙断面布设的13条测线,分布在整个断面周边。以虚拟的中心位置作为参考标准,在各个观测时刻,每条测线所测长度的1/2,即为虚拟中心面到该点的距离。此中心面的在各个观测时刻到各测点的距离变化,就描述了合龙断面在各对应时刻因温度作用而产生扭曲及畸变的情况。取中隔板和腹板交点为原点,坐标轴选取如图10-27所示。合龙断面的整体变形统计模型为:

$$\frac{1}{2}L(t,y,z) = F[T(t),y,z] = \sum_{j=0}^{2}(a_j y^j + b_j z^j) + c(y,z) + \sum_{j=1}^{3}\sum_{k=1}^{2}d_{jk}T_j^k$$

式中:a_j、b_j、c、d_{jk}——待定系数;

　　　　y、z——点的坐标值;

　　　　T_j——温度断面测温点处的温度值。

经逐步回归后,可求得各时刻合龙断面的温度变形曲面。

以7月4日6:00为参考基准,到18:00时,NJ20端面因温度变化而产生的端面畸变情况如图10-31所示。由于不均匀温度影响,在一天中,使平整的端面发生弯曲、凹凸,最大相对变化值为4号测点,达52mm左右,最小相对变化是11号测点,约40mm。此外,一天中,端面在靠近顶板处,相对变形量大,达45~60mm;而邻近底板处的相对变化量较小,约30mm。两者是难于控制的,故合龙时间不宜选择在白天。

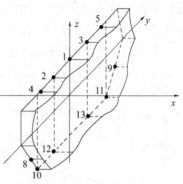

图10-31 端面相对变形图

(3)合龙状态的确定

①最佳合龙时段

根据钢箱梁安装、焊接工艺,从梁段起吊到各缆索调整结束,约需6h。调整结束后立即进行焊接。由上述合龙段距离随温度变化的特性分析知,钢箱梁各测线间距,虽然在白天变化显著,其速率可达20~30mm/h,但是22:00~次日6:00时段内变化微小,速率仅2.6mm/h。因此,该时段钢箱梁处于相对稳定状态,是实施合龙的理想时段。

此外,从合龙端面来看,由于梁体内温度分布不均匀,以及柔性斜拉索和塔柱日照变形,使端面在白天发生弯曲和畸变,变化显著之处可达30mm。而22:00~次日6:00,合龙预留处的南北钢箱梁端面基本保持不变。因此,合龙最佳时段应选择在22:00,此时起吊合龙段就位,经实时施工测量和结合施工控制系统的计算分析,调整缆索张力及梁段高程(约6h)。监测两端面处的接缝宽度变化及不断测读测温断面布置的C_1、C_2、C_3温度传感器。如果所选合龙温度为$T_2=28℃$,则温度计达到此值且接缝宽满足规定的要求时,可实施钢箱梁的焊接。

②合龙段体形的确定

合龙段钢箱梁的体形必须先期提供,以便预先加工成型。结合本地区长期气象观测资料,7月份22:00~次日6:00的一般气温约为28℃。经最终研究确定,取合龙时钢箱梁的温度为28℃。对此,以分布于合龙端面周边13对测线的统计模型计算28℃时各测线的长度L_i,并选定两端面接缝间隙的预留量$d=10mm$。则合龙段各测线对应位置的尺寸可由式(10-7)计算(计算结果见表10-19),从而控制了合龙段加工时的体形。

$$D_i = L_i - A_i - A'_i - 2d \tag{10-7}$$

合龙梁段加工宽度(单位:m)　　　　　　表10-19

位置	1-1'	2-2'	3-3'	4-4'	5-5'	6-6'	7-7'	8-8'	9-9'	10-10'	11-11'	12-12'	13-13'
L	6.495	6.492	6.495	6.500	6.493	6.485	6.480	6.483	6.480	6.483	6.478	6.485	6.490
A_i	1.487	1.483	1.480	1.485	1.479	1.498	1.500	1.502	1.506	1.508	1.512	1.506	1.514
A'_i	1.440	1.446	1.442	1.445	1.443	1.465	1.461	1.473	1.468	1.485	1.480	1.492	1.487
$2d$	0.02	0.02	0.02	0.02	0.02	0.02	0.02	0.02	0.02	0.02	0.02	0.02	0.02
D	3.548	3.543	3.553	3.550	3.551	3.502	3.499	3.488	3.486	3.470	3.466	3.467	3.469

(4)几点说明

①斜拉桥钢箱梁合龙段的温度变形特性是比较复杂的。这是由于钢箱梁悬臂段、柔性的斜拉索及塔柱等组合而成的结构体,在不均匀日照、环境温度、梁体内分布的温度场共同作用下的综合反映,其温度变化有着固有的特性。

②根据合龙段的条件,建立高精度的测量系统,通过一定时段的实测,并结合统计模型分析,可以获得较精确的合龙段温度变形模型,有效地指导钢箱梁准确合龙。

③白天日照状态下,钢箱梁合龙段间距的变化速率显著,要获得精密的测值,在距离丈量中,必须十分重视各测线的同步观测。

10.5 大型斜拉桥(悬索桥)施工测量

10.5.1 索塔柱施工测量

索塔是斜拉桥和悬索桥三个基本结构体系中的重要组成部分,以其简洁、稳定的几何形态高耸于宽阔的水面上,雄伟壮观,气势恢弘,起到了标志性建筑的作用。同时,索塔又是桥梁的主要受力构件,除自重引起的轴力外,还有水平荷载以及通过拉索传至索塔的竖向荷载(活载)和水平荷载。

索塔一般由塔座、塔柱、横梁和塔冠等几部分组成,其结构形式有单柱式、双柱式、门架式、倒Y形、A形、H形以及钻石形等。目前,我国的大型桥梁索塔多采用钢筋混凝土材料。正在兴建的南京长江第三大桥是我国第一座钢索塔桥梁。

主塔因其高耸(一般都在百米以上)、纤细、受力巨大,设计对施工测量都提出了高标准的要求。如垂直度要求不大于$H/3000$(H为塔高);轴线点平面位置偏位不超过$\pm 5 \sim \pm 10$mm;断面几何尺寸偏差不超过± 10mm(或1/1000);塔冠高程偏差± 10mm;对于斜拉桥,位于上塔柱的索道管及锚具要求更高,一般要求其偏差小于± 5mm。由此可见,塔柱施工测量是一项特种精密工程测量。

塔柱施工测量的重点是保证塔柱各部分的倾斜度、垂直度和外形几何尺寸,以及一些内部构件的空间位置。其主要内容有:塔柱各节段轴线放样,各节段劲性骨架与劲性柱的定位与检查,各节段模板安装定位及验收,预埋件定位,各节段竣工测量等;对于斜拉桥,还有一个主要任务是索道管的精密定位与竣工测量等。

索塔施工测量有外控法和内控法两种。前者适用于塔离岸较近的情况,一般在300m以内。采用何种测量方案应结合具体的现场情况和施工方法来确定。

10.5.1.1 用内控法进行索塔柱的施工测量

特大型桥梁主塔相对高度大,且位于水域的主航道附近,当距离岸边较远时,若直接利用岸上的施工控制网点来进行施工放样和控制,无论是在精度上还是在速度上都无法满足索塔高精度施工的要求,这时通常采用内控法进行施工测量。即在主塔基础(承台)完成后,通过岸上施工控制网在主塔基础平(承)台上建立平面和高程控制点。随着塔柱的升高,再根据塔柱的结构特点,结合施工现场情况,将控制基准逐级向上传递,在不同的施工部位建立相应的施工控制点,来满足不同施工阶段测量放样的需要。这种方法测量精度易于保证,但测量工作烦琐,基准传递工作量大,且测量作业面狭小,受施工干扰大。

武汉长江二桥索塔施工采用了该种方法,现以其为例进行具体介绍。

1)索塔柱施工控制基准的布设

武汉长江二桥斜拉桥索塔为 H 形断面,自基底至塔顶高192m,由墩身、V 构、下横梁、中塔柱、上横梁及上塔柱几部分组成,结构形式如图10-32。

索塔施工前,首先在塔座+28m 平台建立了如图10-33所示的控制点,作为下塔柱及下横梁施工阶段放样的依据。墩中心点 A 将作为整个塔柱平面控制的基准,上投到下横梁和上横梁。A 点的位置确定是整个塔柱控制的重点,通过两岸桥梁施工控制网点采用距离后方交会法精密确定。在墩中线上距 A 点上、下游各 7m 处布设平面控制点 B、C 作检核与备用。高程基准采用三角高程测量方法由岸上精密传递,在平台上、下、南、北共设 4 个水准点。中心点和高程点须由甲方委托监理单位复测认可,最后作为整个塔柱施工放样的基准。

对称于中心的 4 个水准点,除作高程控制外,还可用来观测塔墩的沉陷。通过定期观测其绝对高程变化可确定绝对沉陷值;通过观测其相对高差变化而确定不均匀沉陷及塔柱的倾斜。

根据主塔施工的阶段性,于下横梁竣工后,在其顶面建立了如图10-34 的控制点,作为中塔柱及上横梁施工阶段放样的依据。A 为墩中心点,B、C 在墩中线上且皆距离 A 点为 11.7m。水准点也布设了上、下、南、北 4 点。为了便于基准点的向上传递,结合下横梁的结构,在桥轴线上适当位置布置了一直径约为 150mm 的预留孔。

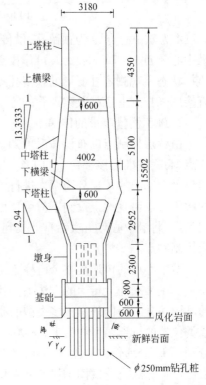

图10-32 武汉长江二桥索塔结构图(单位:cm)

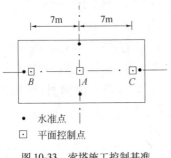

图10-33 索塔施工控制基准

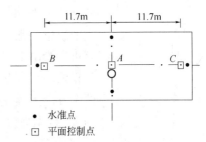

图10-34 中塔柱施工控制基准

上横梁竣工后,在其顶面上,考虑到上塔的具体外形及上塔柱索道管定位的特殊要求,为方便上塔柱施工,布设了如图10-35 的控制点。

图 10-35　上塔柱及索道管施工控制基准

A 为墩中心点,J 为预留孔,供传递中心基准点用。另设有 I、K 两孔,它们在墩中线上且距墩中心 A 点 11.7m。孔 I、K 可作投点检核用,同时也是塔柱日照扭转变形观测和梁体施工时监控状态下观测塔柱变形的预留孔。矩形控制网点 M、N、Z、P 建立在上塔柱 H 形断面内,可直接用来控制上塔柱及索道管的施工。

2) 施工测量基准的传递

由各层控制点的布设情况可知,整个塔柱施工测量的平面基准为 +28m 平台顶面的墩中心点,高程基准为该平台上的 4 个水准点。

平面基准的传递分为两次进行:第一次是在下横梁竣工后,借助于预留孔,将 +28m 平台的墩中心点铅直地上投到下横梁顶面,以建立如图 10-34 的平面控制点线;第二次是在上横梁竣工后,将墩中心点再次铅直上投到上横梁顶面,以建立如图 10-35 的上塔柱及索道管定位平面控制网点。

墩中心点的传递是整个塔柱施工测量的关键,其正确与否直接影响塔柱及索道管定位的质量。基准点向上传递的方法很多,精密投点是其中方法之一,而具体的精密投点随仪器设备的不同而异。国内外有很多类型的激光铅直仪,利用激光铅直仪可直接向上投点。一般来讲,该类仪器的投点精度约为 1/30000。结合现有的仪器设备,在高塔柱的施工中,使用了一种充分利用 T2 经纬仪的竖盘自动补偿装置、配合折角目镜来进行铅直投点的方法——精密天顶基准法。该方法充分发挥了仪器高精度补偿器(补偿精度可达 1″~2″)的功能,使用方便可靠,且精度较高,足以满足施工的需要。

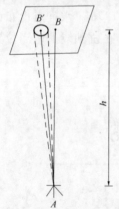

图 10-36　精密天顶基准法原理

该法具体操作过程如图 10-36。在 A 点安置经纬仪,精确对中、整平,装上折角目镜;将望远镜固定在竖盘读数为零处,在需要投点的高度面上,于望远镜视场内十字丝处,固定一透明玻带板。旋转经纬仪照准部一周,由于视准轴与放置轴的不一致,十字丝交叉点在玻带板上的轨迹一般是一个圆。旋转一周时,均匀间隙地选择 4 点或 8 点,就可描绘出十字丝交叉点在玻带板上的轨迹,取轨迹的中心点,得初步投设的铅直点 B'。在 B' 点做上明显的标志,然后经纬仪分别在 x、y 两个方向上盘左、盘右照准 B' 点,读取天顶距两测回,算出天顶距 Z_x 与 Z_y,根据玻带板离仪器视准轴中心的垂直高度 h 可知:

$$\Delta x = h \cdot \tan Z_x \approx h \cdot \frac{Z_x}{\rho''}$$

$$\Delta y = h \cdot \tan Z_y \approx h \cdot \frac{Z_y}{\rho''}$$

根据 Δx、Δy,在 x、y 两方向上,将 B' 改正到 A 的正天顶 B 点。改完后再施测一遍,直至 x、y 两方向上天顶距趋近于零。此时 A 点就铅直地投设到另一高度上的 B 点处。

因具有竖盘自动补偿装置的 T2 经纬仪其补偿精度高达 $1'' \sim 2''$,天顶距的实际测角精度为 $m_a = \pm 2''$。

B 点的设点点位精度:

$$m_x = m_y = \frac{h}{\rho''} \cdot m''_a = \frac{2}{206265} \cdot h$$

$$m_B = \pm\sqrt{m_x^2 + m_y^2} = \sqrt{2} m_x = \frac{h}{73000}$$

$$m_B/h = 1/73000$$

可见,精密天顶基准法投点的精度可达 1/73000,大大高于一般激光铅直仪 1/30000 的精度,且该法还可以同时建立铅直面,满足塔柱快速施工的需要。

高程基准的传递,常采用水准仪和检定过的钢尺相结合的传递方法,并应考虑温度改正、尺长改正及垂曲改正。为检核,后视尺应分别立于 4 个已知水准点,且钢尺应变换 3 次高度,较差合格后再取均值作为最后结果。

对整个塔柱的高程基准,即 +28m 平台上的水准点,应定期与岸上水准点进行联测,以确定其沉降量。

3) 塔柱施工放样数据准备与放样图表

塔柱施工放样主要有劲性骨架或劲性柱的定位和各节模板的定位。下塔柱为 V 形实心断面,顺桥向宽 7m,横桥向垂直于塔柱断面宽 6m。下塔柱内劲性骨架分 3 节,如图 10-37。每节都是预制好后成片吊装。第一节固定在 +20m 墩身埋设的预埋件上,严格控制预埋件的位置和高程,保证第一节底部位置准确;以后各节为保证骨架正确的倾斜度,需控制每节骨架顶部内侧到桥轴线的距离,每节控制距离可由结构尺寸与倾斜度算出,其原始数据及计算出的控制距离见图 10-37。骨架横桥向中心的定位,因横桥向中心铅直,且断面尺寸不变,可以直接用经纬仪放出。

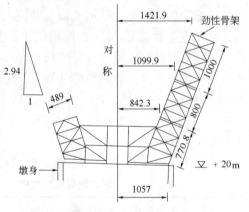

图 10-37 各节劲性骨架的定位尺寸(单位:cm)

下塔柱的模板控制是依据塔柱中心十字线来进行的,因此需在每节模板顶口高度处放出塔柱理论中心十字线。根据模板的尺寸、模板总体布置及塔柱倾斜度,可计算出每节模板顶口顺桥向中心线到桥轴线的距离 L_i(见图 10-38)。

$$H_i = L_1 + (H_i - H_1)/2.94$$
$$L_1 = 7.883 + 0.492/3.1054 + (3/3.1054) \times 2.94 = 10.882$$
$$H_1 = 28.0 + (0.492/3.1054) \times 2.94 - 3/3.1054 = 27.5$$
$$L_i = 10.882 + (H_i - 27.5)/2.94$$

式中:H_i——模板顶中心高度。

图 10-38　各节模板的定位尺寸(单位:mm)

又因下塔柱上、下游柱外侧形体皆设有倒角,在 +20m 切面内为 $1m \times 1m$,到 +45.02m 处线性收缩为 $0.03m \times 0.03m$,所以每节模板顶口控制时,还应控制倒角尺寸。图 10-39 为下塔柱倒角尺寸推算示意图。a、b 为倒角尺寸。图中剖面 $\triangle AB'C$ 为沿垂直于塔柱方向切得的,即 a 值可沿模板顶口直接量取。每节模板顶口所对应的 b 值可直接根据模板的高度尺寸内插求得。而 a 值与 b 值有确定的对应关系,如图 10-39。$\triangle ABC$ 为平切塔柱模板所得到的倒角三角形,为等腰直角三角形,$AB = AC = b$;$\triangle AB'C$ 为模板顶口平面上的倒角三角形。由已知条件可求得:$\angle ABB' = 69°14'54.45''$,$\angle AB'B = 91°57'59.48''$。解 $\triangle ABB'$ 可求得:$a = (\sin \angle ABB'/\sin \angle AB'B) \cdot b = 0.9357b$。

由以上计算可列出下塔柱模板放样数据,见表 10-20。

下塔柱模板放样数据　　　表 10-20

节号	中心高程 H_i (m)	塔柱顺桥向中心线到桥轴线距离 L_i(m)	b (mm)	a (mm)
一	27.500	10.882	747	701
二	30.340	11.848	637	598
三	33.180	12.814	526	494
四	36.021	13.780	416	391
五	38.861	14.746	306	288
六	41.701	16.331	86	—

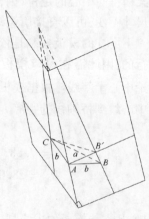

图 10-39　倒角尺寸推算示意图

中塔柱的数据准备同样主要包括劲性柱和模板两部分。中塔柱劲性柱的拼接基本上采用单根拼接再焊接成一个整体,拼接时主要控制内侧的3根劲性柱,再根据相对位置关系来控制外侧的3根劲性柱。图10-40为中塔柱正面布置图。根据图中有关数据和中塔柱的倾斜度就可计算出每节劲性柱顶中心到桥轴线的设计距离。表10-21列举了所需数据。

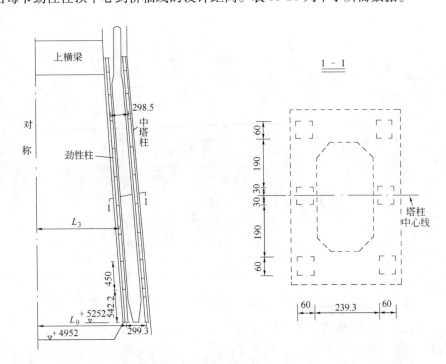

图10-40 中塔柱正面布置图(单位:cm)

中塔柱劲性柱放样尺寸　　　　　　　　　　　　　　　　表10-21

节号	劲性柱顶中心到桥轴线距离 L_i(mm)	节号	劲性柱顶中心到桥轴线距离 L_i(mm)
0	15773	6	13685
1	15367	7	13348
2	15031	8	13012
3	14694	9	12675
4	14358	10	12440
5	14021		

中塔柱的模板控制和下塔柱一样,是通过每节模板顶口高度处的塔柱中心十字线来控制的。顺桥向中心线到桥轴线的距离可根据中塔柱的倾斜度和中塔柱的模板布置及模板结构尺寸(见图10-41)计算得出,计算公式如下:

$$L_i = L_0 - (H_i - 49.52)/13.3333$$

因中塔柱顺桥向有96:1的倾斜度,从下横梁宽7m收缩到上横梁宽6m,也应按模板的结构尺度,按比例内插出每节模板顶口的顺桥向宽度。图10-42为中塔柱放样数据平面图。具体放样数据见表10-22。

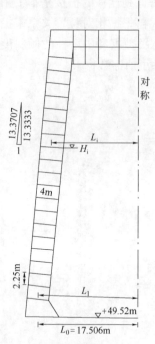

中塔柱放样数据表 表10-22

节号	模板顶中心高程（m）	中塔柱顺桥向轴线到桥轴线距离（mm）	外侧模板顶口顺桥向宽度（$2x_i$）（mm）	内侧模板顶口顺桥向宽度（$2y_i$）（mm）
1	52.747	17264	3466	3469
2	54.991	17096	3443	3446
3	57.234	16927	3419	3422
……				
8	68.453	16086	3302	3305
9	70.697	15918	3278	3281
10	72.940	15750	3255	3258
……				
19	93.134	14235	3044	3047
20	95.378	14067	3021	3024

图10-41 中塔柱模板布置及结构尺寸

上塔柱为铅直的 H 形规则断面,每次所用的数据相同,其劲性柱及模板的控制数据可直接从设计图纸上查取。

4）塔柱的施工放样方法

在塔柱的施工放样中,劲性骨架或劲性柱的放样和塔柱中心十字线的放样方法基本相同。这里仅以塔柱中心十字线的放样为例来具体说明。

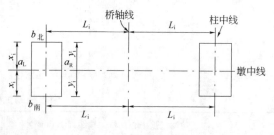

图10-42 中塔柱放样

下、中塔柱都是倾斜的柱体,其放样方法基本相同。下、中塔柱横桥向中心线与墩中线一致,放样比较方便,一般是在墩中心架设经纬仪,后视桥轴线方向,旋转望远镜90°就可直接投放不同高度上的横桥向中心线（高度较大时利用折角目镜投放）。但下、中塔柱的顺桥向中心线随着高度的不同,其到桥轴线的距离各不相同,如何根据上述各表中准备的放样数据放出塔柱顺桥向中心线,是塔柱放样的中心问题。

下、中塔柱顺桥向轴线的放样,都采用了经纬仪配合钢尺量距的方法进行。具体做法是:在墩中心点架设经纬仪,后视桥轴线方向,利用折角目镜可以建立起一个过桥轴线的铅直面,能够方便地确定不同高度上的桥轴线的位置,这样在上、下游塔柱的模板顶口高度处拉紧钢尺,读取钢尺在竖面上的读数,并指挥钢尺移动,使读数为 L_i,则在钢尺两端读数为零和 $2L_i$ 处即为上、下游塔柱在该高度上的塔柱中心点;用此法分别在塔柱的岸侧与河测标出中心点,它们的连线即为该节段模板顶处的塔柱顺桥向中心线。为方便模板的调整,塔柱中心十字线一般标定在相对稳定的劲性骨架或劲性柱上。该法只需在墩中心点设置经纬仪,在整个塔墩的范围内,相对来说避开了施工繁忙的危险区,受施工干扰较少。另外,上、下游拉钢尺丈量能够准确地保证上、下游柱之间的相对距离。但同时也应注意,钢尺悬空丈量且距离较长,为确保丈量精度,应使用弹簧秤保证每次丈量时的拉力与钢尺检定时一致。

下、中塔柱中心十字线放样时,因塔柱相对高度较大,随着塔柱的升高,视线逐渐增长,钢尺读数也逐渐困难,故应充分利用施工门架,投设临时测站点,把塔柱分成几个节段来进行控制。在下塔柱施工中只需设一个临时测站点,在下塔柱最后一节施工时,将墩中心点投至平衡架顶面,作为下塔柱顶节及下横梁施工控制;在中塔柱的施工中,随着施工门架的不断拼接,在其3道横梁上分别投设临时测站点,作为相应节段的塔柱的施工、顶层测站点兼作上横梁施工控制用。

上塔柱为H形断面的铅直柱体。其施工放样相对来说比较简单,在上横梁顶面的平面控制点(见图10-35)M、N、L、P上分别架设经纬仪,充分利用施工爬架与塔柱间的间隙空间。使用折角目镜,可建立起过测站点且分别平行于桥轴线和墩中线的两个铅直平面。在M点设站时则可在每节模板顶口处标定出图10-43中的a、b、c三点;同理在L点设站,可标定出e、f、g三点,这样就建立起了如图10-43的3条平面控制线。

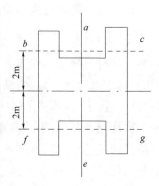

图10-43 上塔柱横断面图

塔柱每节段的轴线或基本控制线建立好后,就可根据塔柱的具体形状,选取塔柱模板特征控制点,以轴线或基本控制线为依据,直接量取模板的偏移值,以检查验收模板和进行竣工测量。

塔柱的成型精度,主要取决于塔柱轴线的放样精度,而轴线的精度与放样方法密切相关。本实例下、中塔柱顺桥向轴线采用经纬仪和钢尺放样,横桥向轴线采用直接投点;上塔柱轴线也采用直接上投方法。经计算分析,放样轴线点的精度均在±10mm以内,满足施工要求。

10.5.1.2 用外控法(三维坐标法)进行索塔柱的施工测量

内控法进行索塔施工测量是一种传统的测量方法,一般在塔柱远离施工控制网点的情况下采用。随着现代测量仪器的发展,特别是高精度全站仪的应用,对传统的测量方案、方法进行了一场变革,在索塔施工放样中也不例外。我国近年来兴建的数座特大型斜拉桥和悬索桥在索塔施工中均采用的是三维坐标法,该法称为外控法。此法测量工作相对简单和灵活,整个索塔施工的平面和高程放样均采用全站仪在两岸的施工控制网点上进行,放样元素为三维坐标。测量时,只需在岸上控制点架设全站仪,输入放样元素,指导索塔上的棱镜移动,通过棱镜将放样物(如劲性骨架、模板等)就位即可。当然,采用三维坐标法,施工控制网的精度必须予以保证,且整个索塔施工过程中必须保证控制点的稳定性。例如南京长江二桥在索塔施工前,按索塔施工要求对施工控制网进行了复测。由于施工控制网有14个控制点,复测工作量过大,仅选择其中的7个点构成了索塔施工控制网(见图10-25)。按国家二等三角网精度进行边角网观测,高程网按国家二等水准精度观测。$NC01$和$NC06$位于楼顶,其高程可采用精密三角高程测量方法传递。

在索塔柱和索道管施工中,均采用三维坐标法,南塔由$NC01$和$NC06$点控制,北塔由$NC05$和$NC08$点控制。作业程序为:

(1)定位劲性骨架,精度可适当降低(20mm左右)。

(2)安装定位斜拉索锚固钢套管。

(3)放样模板位置,其设计坐标由塔柱体的几何数学模型按实测高程反算;把模板底座抄平后,先安装内模再安装外模,模板与模板之间用法兰螺栓连接,然后根据已经精确定位的劲性骨架和其上面的纵横轴线测量放样点,用钢卷尺和垂球及手扳葫芦粗略调整定位。

(4)模板检测调校:用三维坐标法直接测定模板的各个角,控制模板的平面位置、倾斜度,经过反复调整直至符合规范和设计要求。

(5)浇注混凝土后,实测混凝土体特征点的三维坐标作为该节塔柱体的竣工资料。

(6)进行下一节段塔柱的劲性骨架定位。

10.5.2 高塔柱索道管精密定位测量

大型斜拉桥主要由塔、梁、索三大部分组成,是一种塔墩高、主梁跨度大的高次超静定结构体系。这种超静定结构体系对每个节点的要求都十分严格,节点坐标的变化都将影响结构内力的分配和成桥线形。为满足大型斜拉桥这种高次超静定结构的特点和设计要求,在斜拉桥高塔柱施工中,索道管的精密定位显得非常重要。受实际施工条件限制,高塔柱索道管的定位施工放样困难,但要求精度高。如南京长江二桥南汊桥主塔高度195.550m,定位精度要求平面位置偏差小于±5mm,高程偏差小于±10mm。如何比较好地解决索道管精密定位测量至关重要,对以后大桥的主梁施工和有效发挥斜拉索的垂直分力向上提拉起到关键作用,也直接影响到大桥结构内力分配和成桥线形。因此,针对主塔结构和索道管的布置,选择科学的方法,制定详细而周密的索道管定位方案是保证索道管定位质量的基础。

1)索道管的布置

斜拉索是连接主塔和主梁的纽带,如图10-44a)所示;而斜拉索索道管(也称锚固钢套管)是将缆索两端分别锚固在主塔和主梁上的定位构件,结构如图10-44b)、c)所示。为了防止缆索与索道管口发生摩擦而损坏缆索,影响工程质量,以及保证对称主塔两侧的各斜拉缆索位于同一设计平面上,防止锚固定偏心而产生的附加弯矩超过设计允许值,对索道管锚垫板中心和塔壁外侧套筒中心的三维空间坐标位置提出了很高的精度要求。缆索通常采用扇形布置,主塔上的索道管均布置在主塔的上塔柱段。它们分布密集,倾角变化大,在顺桥向,岸侧和江侧索道管近似对称于墩中心线。索道管的长度和塔柱形状、施工方法、张拉作业的空间布置和倾角等因素有关。南京长江二桥南汊桥索塔上、下游塔柱在高程127.834~182.084m间各布设20对索道管,其倾角最大79.1°,最小26.8°,索道管最长8.35m,最短1.56m。一般而言,索道管越长,体积越大,重量越大,则相应的定位难度越大。

在斜拉桥的主梁上,同样也布置有与主塔一一对应、数量相同的主梁索道管。它们的位置与主梁斜拉段的长度、梁体结构有关,一般来讲,相对主塔而言,索道管的布置要稀得多。例如,布置在南京长江二桥主梁的索道管,其间距约12m。

索道管由600mm×600mm×60(70)mm的厚钢板(称锚固板)和直径255~300mm、厚10~15mm的无缝钢管焊接而成。在锚固板中间挖有一直径等于钢管内径的圆孔,以供缆索的锚头通过。在锚固板和另一端管口处,均刻有代表管口中心位置的小冲眼标志。

为了便于索道管的支承与定位调整,有时还设置有专用的定位支架。如图10-44b)中,位于主塔的索道管,在钢管上焊接有专用的定位支座,支座的底板支承在定位架上,并设置有相应的水平和竖向微动螺杆,供调整定位时便于索道管位置的微动;埋设在主梁上的索道管,其锚固板直接支承在主梁底模上,并在底模上设置一定位框,以固定锚固板的位置。

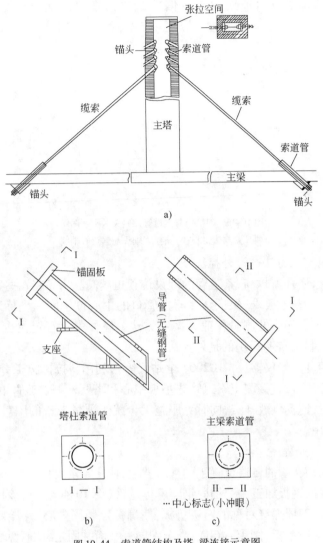

图 10-44 索道管结构及塔、梁连接示意图
a) 主塔、主梁连接示意图；b) 主塔索道管；c) 主梁索道管

2) 索道管的定位精度

由圆柱体的几何特性可知，索道管空间定位元素为六维，不必顾及绕索轴线的旋转量，因此可通过定位两端口中心（锚垫板中心和管口中心）来定位索道管的空间位置及姿态。根据《公路工程质量检验评定标准 第一册 土建工程》（JTG F80/1—2004）和《公路桥涵施工技术规范》（JTJ 041—2000），索道管的定位精度包括两个方面：一是锚固点空间位置的三维坐标允许偏差 ±10mm；二是索道管轴线与斜拉索轴线的相对允许偏差 ±5mm。根据两方面的要求和斜拉索的结构受力特性，索道管的定位应优先保证其轴线精度，其次才是锚固点位置的三维精度。

通过以上说明，可以作如下分析：斜拉索轴线的空间位置由塔、主梁索道管的锚垫板中心（亦即锚固点）所确定（如图 10-45a)），其三维坐标允许偏差 ±10mm；管口中心至实际索轴线的垂距即为索道管轴线与斜拉索轴线的相对偏差最大值（见图 10-45b)），允许值为 ±5mm。由于斜拉索的长度远大于锚固点的定位偏差值，斜拉索的空间方向余弦变化甚微

($<10^{-4}$),索道轴线与斜拉索轴线的相对偏差主要由索道两端口中心的相对定位精度决定。

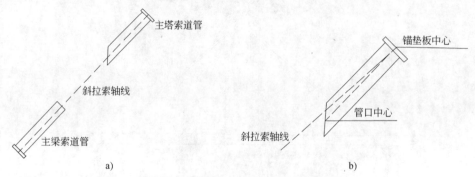

图 10-45 斜拉索与索道管几何关系示意图
a)斜拉索与索道管;b)斜拉索轴线与索道管轴线

3)高塔柱索道管定位方法——外控法

斜拉桥跨度越大,塔柱就越高,索道管的埋设位置也越高。为了将这些密集而庞大的物件一次性达到设计规定的精度要求,保证众多索道管口的中心位于同一坐标平面内,确定空间点的三维坐标,必须拟定相应的测量作业方案和方法。塔柱索道管定位也有外控法(三维坐标法)和内控法两种,目前普遍采用的是外控法。

借助于现代高精度测量仪器(如 TC2002 全站仪等),利用斜拉桥施工专用控制网,进行全站仪空间三维极坐标测量,直接测定索道管锚垫板中心和塔壁外侧索道管中心,从而进行定位调整。它将高精度、快速提供放样点,同时克服施工干扰给测量带来的困难,大大提高工作效率,已得到了广泛应用。

(1)外控法定位作业程序

①首先放样锚固钢套管的概略位置于劲性骨架上,使之基本就位。

②利用一定厚度的钢板加工一个锚固钢套管标定件(图 10-46a))。该标定件的直径与斜拉索索道管内径一致,四周焊接对称的四块垫板,精确标定圆周中心,并做好标记。将其放到索道管中心,使盘面与锚垫板(图 10-46b))吻合到同一平面并固定,此时盘心即为索道管锚垫板的中心。

③同样,用一定厚度(约 1cm)的钢板加一个半圆形的标定件(图 10-47a))。该标定件直径与斜拉索索道管内径一致,精确标定圆周中心并做好标记。将其插入预先标定好的索道管外管口(如图 10-47b)),使其吻合并固定,此时盘心即为外侧套筒中心位置。

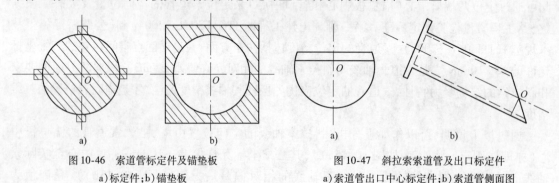

图 10-46 索道管标定件及锚垫板
a)标定件;b)锚垫板

图 10-47 斜拉索索道管及出口标定件
a)索道管出口中心标定件;b)索道管侧面图

④由控制点上的全站仪直接测量索道管的锚垫板中心和管口中心三维坐标,并由实测坐标计算两中心的间距。

⑤将锚垫板中心调整到设计位置并检测。

⑥由锚垫板中心实测坐标(调整到位后)、斜拉索的空间方向余弦(设计值)和两中心间距计算管口中心的设计坐标。

⑦将管口中心调整到设计位并检测,然后计算实测点位至斜拉索轴线的垂距(偏差值)。

⑧由于调校管口时可能引起锚垫板移动,故应复测锚垫板中心并再次调校。

⑨重复⑤~⑧,直至满足定位精度要求。

该方法的定位精度不受索道管及锚垫板焊接加工误差的影响。

塔柱索道管均位于上塔柱上,采用三维坐标法定位索道管,影响其定位精度的因素较多,在索道管定位中必须进行各项改正工作,如全站仪的气象改正、球气差改正、投影面的改正和仪器纵轴倾斜改正等,以提高索道管的定位精度。

(2)索道管定位精度分析

通过误差分析计算,可得到索道管定位精度的要求。

①锚固点定位精度要求。锚固点三维坐标中误差的允许值为:

$$M_X = M_Y = M_Z = \Delta_{限}/2 = \pm 5mm$$

②索道管轴线定位精度要求。索道管的轴线定位精度是由两端口中心的相对定位精度决定的,两端口中心三维坐标差的中误差允许值为:

$$M_{\Delta X} = M_{\Delta Y} = M_{\Delta Z} = M_D = \Delta_{D限}/2 = \pm 2.5mm$$

4)高塔柱索道管定位方法——内控法

该法首先建立过两坐标轴(桥轴坐标系)的铅垂竖面作基准面,然后利用空间点面关系确定空间点的平面坐标,利用塔柱的高程基准,辅以钢尺导入法联测高程。鉴于高塔柱很高,施工空间小而且现场干扰大,必须建立定位控制体系,设置专用的定位支架,以便于索道管的支承和定位调整,如图10-48所示。在索道钢管上焊接有专用的定位支座,支座的底板支承在定位架上,并设置相应的水平和竖向牵引微动螺杆,供索道管调整定位时使用。采用这种传统作业方法,必须建立矩形定位控制网和竖直基准面,并通常应考虑:定位基准(定位控制点线)位置的选择;基准面的建立与标定方法;基准面的精度与稳定性应满足索道管精密定位的要求;外界条件对建立基准面和索道管精度定位时的影响及消除方法。另外,建立的基准面应利于定位数据计算简单,并使空中作业方便安全。

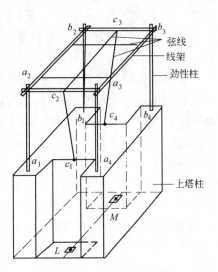

图10-48 索道管定位支架

该方法操作困难,工作量大,而且速度不易控制,尤其在连续的高空作业中不易满足要求。但在远离岸上控制点,三维坐标法无法实施时,该法还是很奏效的。下面结合武汉长江二桥索塔的施工实践,介绍高塔柱索道管精密定位的控制布设、竖直基准面的建立及索道管的定位方法。

该桥索道管的定位控制布设如前述图10-35所示。它是在主塔上横梁施工完毕后,结合上塔柱断面为 H 形的特点和索道管的位置,利用施工脚手架布置的间隙空间(即后期挂索施工时的张拉作业空间),在上横梁顶面布置了以墩中心点和桥轴线方向为基准的 4 个矩形定位控制点,它们均位于两上塔柱顺桥向的柱中线上。

建立这种矩形控制网时,墩中心点按精密天顶基准法将 +28.00m 平台上的墩中心向上传递至上横梁顶面(+100.52m 平台)。由误差分析可知,当投点高度小于 70m 时,其传递精度可达 ±1mm。根据墩中心点和桥轴线方向,采用测角量边的方法即可确定矩形控制网点的位置。在此局部范围内,定位控制点(即矩形控制网点)相对墩中心点 A 的误差可控制在 ±1mm 以内。

(1)竖直基准面与空中线架的建立

按照上述布置,由于定位控制点紧靠塔柱(距塔柱壁仅 0.5m 和 1.2m),欲利用在定位控制点上安置仪器建立竖直基准面,然后再直接用仪器观测进行索道管的紧密定位不仅不可能,而且也不安全。为此,在建立竖直基准面的实施过程中,采用了一种专用的空中线架标定竖直基准面的位置;然后再根据线架上的竖面标志采用空中弦线恢复竖面位置,并以空中弦线法进行索道管的精密定位。

为了便于索道管的精密定位与调整,根据上述定位控制点的布置,可以建立 3 个竖直基准面,如图 10-48 所示。其中一个竖直基准面是过上塔柱顺桥向中线(即图 10-35 中过 ML 或 NP)的 y 平面,另外两个平面分别过 M、L(或 N、P)而平行于墩中线(平行于 x 平面)且垂直于过柱中线的平面。

竖直基准面建立之前,先在上塔柱已浇段顶面上部的施工劲性柱上焊接一固定竖面的专用线架(见图 10-48)。线架焊接必须牢固,确保在该节段索道管调整期间稳定不动,并尽量避开施工干扰。

建立竖直基准面时,先将仪器置于上横梁顶面的定位控制点上(例如图 10-35 中的 M 点),利用具有竖盘自动补偿器的 T2 型(或同类型)仪器,先用照准部的水管准整平仪器,然后再用自动补偿器精确整平仪器,这时仪器纵轴的偏差为 $1''\sim2''$。再将望远镜视准轴置于柱中线方向 ML,取下望远镜目镜,换上折角目镜,此时由望远镜绕横轴转动的视准面即为过程中线 ML 的竖直基准面。在望远镜转动过程中,在望远镜十字丝照准的线架上做出相应的标志,此即为过柱中线方向的竖直基准面标志。

将照准部转动 90°,依上法即可标定出平行于墩中心线方向的竖直基准面标志。

由于该法利用仪器高精度的自动补偿器整平仪器,纵轴误差很小。在横轴与纵轴正交的情况下,可使竖直基准面的精度高达 $1''\sim2''$。当建立竖面标志的最大高度为 40m 时,竖面误差对索道管定位的影响也不超过 1mm。

为了确保建立竖直基准面的正确性,在设计定位控制点的布置方案时,应对所建立的空中基准面有足够的检核。例如,在上述方案中,可以利用两种方法进行检核:

①检查 A、B 平面的间距,它们应等于设计值 4.000m(图 10-48 中,A 平面由 $a_1a_2a_3a_4$ 组成,B 平面由 $b_1b_2b_3b_4$ 组成)。

②利用目视弦线法检查图 10-48 中 c_1c_2、c_2c_3、c_3c_4 三条弦线,它们均应位于同一平面(C 平面)内。

值得指出的是,在高塔柱的施工过程中,塔柱受到日照与大气温度变化的影响将产生扭转变形。因此,在不同的时刻建立竖直基准面,其竖面标志位置不相同。由中塔柱顶部变形观测结果可以看出,当大气温差为 $3\sim4°C$ 时,引起塔柱的扭转变形达 5mm 左右。这对于保证索道管定位的精度要求是一个不容忽视的影响因素,为此,必须选择建立竖直基准面的有利时间,以排除或减少外界条件引起塔柱变化对索道管精密定位的影响。

从理论和实用上讲,在线架上标定竖直基准面标志的合适时间应是塔柱不受外界条件影响,且处于铅直状态(扭转变形的平衡位置)的时间。因此,采用一定的方法测定塔柱变形以确定塔柱的平衡位置和时间也是索道管精度定位中值得研究的问题之一。对中塔柱变形观测结果表明:在22:00至次日10:00,塔柱的变化速率较慢,且接近于平衡位置。因此建立竖直基准面的时间应在此时间段内。

按照上述方法和时间段建立竖直基准面,并在线架上标定其位置时,竖面标志是在塔柱位于平衡位置时的正确位置。经过一段时间后,由于外界条件变化使塔柱偏离平衡位置,与此相应,竖面标志也随之偏离,并随着塔柱的扭转而扭转。一旦塔柱恢复到平衡位置,竖面标志亦恢复到铅直状态。

在上塔柱每施工节段3~4层索道管具体定位中,利用上述方法只需一次用仪器建立竖直基准面,然后再以线架上的竖面标志为依据采用空中弦线法进行定位作业。这种作业方法对于空间狭小的施工场地和确保高空作业中的人身和仪器安全无疑是十分有利的;同时,由于该法避免了大气温差与日照引起塔柱变形对精密定位的影响,可以全天候作业,有利于加快作业进度、缩短施工工期。

索道管高程定位控制点的布置如图10-35所示。它们是主塔上塔柱索道管定位和塔柱混凝土工程施工的高程基准,其高程根据+28.00m平台上的水准点采用检定过的钢卷尺以钢尺导入法联测求得。

(2)定位数据的准备

索道管实地定位之前,应先在室内根据设计图纸和定位控制编制相应的定位关系数据图表,如表10-23和图10-49所示。

索道管定位数据计算表　　　　　　　　　　表10-23

位置	管号	管长(m)	倾角 α (°)	与y平面夹角 γ (′)	顶 口 (m)			底 口 (m)		
					$l_{x顶}$	$y_{顶}$	$H_{顶}$	$l_{x底}$	$y_{底}$	$H_{底}$
河侧	C_2	8.207	70.66425	0	0.783	±0.300	112.888	0.500	±0.300	105.144
	⋮	⋮	⋮	⋮	⋮	⋮	⋮	⋮	⋮	⋮
	C_{10}	3.671	40.12571	0	0.693	±0.300	124.821	0.500	±0.300	122.455
	⋮	⋮	⋮	⋮	⋮	⋮	⋮	⋮	⋮	⋮
	C_{24}	3.133	23.50535	0	0.628	±0.300	139.117	0.500	±0.300	137.867
岸侧	C''_2	8.259	70.78993	0.44195	0.783	±0.800	112.913	0.500	±0.736	105.114
	⋮	⋮	⋮	⋮	⋮	⋮	⋮	⋮	⋮	⋮
	C'_{10}	3.705	40.82316	0.25308	0.696	±0.800	124.846	0.500	±0.784	122.424
	⋮	⋮	⋮	⋮	⋮	⋮	⋮	⋮	⋮	⋮
	C'_{24}	3.180	25.98558	0.13945	0.641	±0.800	139.183	0.500	±0.792	137.790

图10-49中,顶口中心的三维空间坐标 $x_{顶}$、$y_{顶}$、$H_{顶}$(河侧索道管)和 $x'_{顶}$、$y'_{顶}$、$H'_{顶}$(岸侧索道管)由设计给出,其余有关数据可根据它们的几何关系求得。

(3)索道管精密定位方法

现场定位时,先按前述原理在上塔柱已浇段顶面的施工劲性柱上焊接专用的定位控制线

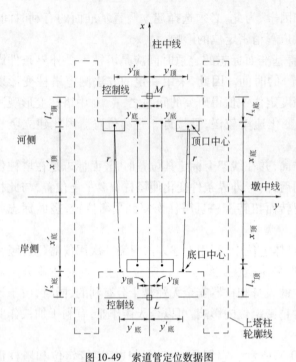

图 10-49 索道管定位数据图

注：x-河侧为正，岸侧为负；y-下游为正，上游为负；l_x-(l'_x)：顶口或底口中心到 A（或 B）平面的距离。

架，然后将经纬仪置于图 10-32 所示的定位控制点上，按上节所述的方法进行竖向扫瞄或投点，并在线架上标定出竖面标志（为便于固定弦线，常采用小钢锯锯口标示出竖面标志）。建立竖面时，由于 C 平面（见图 10-48）仅用于确定管口的 y 坐标，故只需在线架顶部和底部投出标志，便可用弦线标志竖面；对于 A、B 平面，则应在多层高程面处做出竖面标志。它们的层数与高程位置取决于该节段索道管的层数和它们的顶口与底口的高程位置。

竖面建立完毕并检查合格后，通常是根据书面标志以空中弦线法调整索道管的位置。调整索道管的 x 位置时，在距 A（或 B）平面 $l_{x顶}(l_{x底})$ 和 $l'_{x顶}(l'_{x底})$ 处拉紧一根平行于 A（或 B）平面的弦线，借助锤球线使该管管口标志（小冲眼）位于过 $l_{x顶}(l_{x底})$ 的竖直平面上，即表示该管管口中心的 x 坐标等于 $x_{顶}(x_{底})$；对于 y 方向的调整，则按图 10-48 所示的 3 根表示 C 平面的弦线，用目视法配合小钢尺量取管口 y 方向中心标志到 C 平面的距离，移动索道管，直至中心标志到 C 平面的距离等于表 10-23 中对应的 i 号管之 $y_{顶}(y_{底})$。

索道管的高程定位一般是先采用钢尺导入法将上横梁顶面高程定位控制点的高程引测至塔柱已浇段顶面的临时水准点上，然后再以几何水准测量配合竖向量距的方法测定索道管顶口和底口中心的高程。

根据索道管中心标志的位置，在定位过程中通常是取对称中心的一对标志的读数平均值作为索道管中心点三维坐标的最终值。

在调整定位过程中，通常是先进行高程方向的调整，然后再进行 x、y 方向平面位置的调整。采用这种调整程序，有利于提高定位速度。由于索道管体积庞大而且重量大，在调整定位过程中往往需要使用各种大型微动机械（如千斤顶、导链等）采用逐渐趋近的方法，经过多次反复移动、调整、量测，才能使顶口、底口中心的三维空间坐标同时位于设计位置。

为了确保定位的质量，在定位数据检测合格、索道管焊接固定之后，还必须进行独立的检核。其方法与建立竖直基准面的方法相同，区别在于检核时是直接用仪器测定小冲眼相对基准面的位置（偏距）。对于高程位置，同时也采用重复测量的方法进行检核。

(4) 索道管定位精度分析

根据由前述定位过程，索道管定位的主要误差见表 10-24，索道管口中心高程的定位误差来源见表 10-25。

经过详细分析和估算，索道管定位的精度约为 ±4.6mm，索道管口中心高程的定位精度约为 ±3.9mm。因此，利用上述拟定的作业方案进行定位完全可以满足 ±5mm 的定位精度要求。

索道管定位的主要误差   表10-24

序号	误差	含义
1	$m_{起}$	设置定位控制点 M、N、L、P 的误差
2	$m_{竖}$	在定位控制点上安置仪器,设置竖面的误差
3	$m_{标}$	在线架上标定竖面位置的标定误差
4	$m_{弦}$	根据竖面标志设置弦线的误差
5	$m_{中}$	用小冲眼表示索道管中心位置的误差
6	$m_{测}$	量取小冲眼到弦线(竖面)距离的误差
7	$m_{外}$	外界条件的影响

索道管口中心高程的定位误差来源   表10-25

序号	误差	含义
1	$m_{控}$	根据高程基准面测定高程定位控制点的高程误差
2	$m_{临}$	根据高程定位控制点建立临时高程点的测量误差
3	$m_{中}$	用小冲眼表示索道管中心位置的误差
4	$m_{测}$	根据临时高程点测量管口中心标志(小冲眼)的高程误差

值得指出的是:在索道管的整个调整定位过程中,空中控制线架是定位基准,不得因施工而产生任何碰动现象,并且,它与索道管的支承架必须分开。一旦定位合格后,应将索道管与支承架焊接成一个整体,以免在塔柱后续工序的施工中因焊接不牢而发生变动,这是确保定位质量的重要手段之一。

(5)索道管竣工测量

按照前述的定位方法,一次性将索道管设置在它们的支承架上,尽管力求焊接牢固,但由于后续工序的施工(钢筋绑扎、立模和混凝土浇注等),不可避免地对索道管的位置产生影响甚至导致位置变化。因此,在混凝土浇注后,在对塔柱形体进行竣工测量的同时,还应对索道管顶口和底口的三维空间坐标进行竣工测量。表10-26系根据竣工测量编制的管口坐标成果表,它是评定工程质量的重要依据之一。

主塔墩 C_{10}、C'_{10} 索道管竣工测量成果表(单位:m)   表10-26

柱别	管位	坐标	河 侧 管(C_i)						岸 侧 管(C'_i)					
			顶 口			底 口			顶 口			底 口		
			x	y	H	x	y	H	x	y	H	x	y	H
		设计值	-1.307	±0.300	124.821	1.500	±0.300	122.455	1.304	±0.800	124.846	-1.500	±0.784	122.424
上游	上管	竣工值	-1.303	+0.300	124.816	1.500	+0.304	122.452	1.303	+0.795	124.845	-1.500	+0.790	122.419
	下管		-1.307	-0.300	124.818	1.499	-0.295	122.451	1.308	-0.800	124.841	-1.505	-0.782	122.425
下游	上管		-1.302	+0.305	124.817	1.500	+0.298	122.449	1.306	+0.801	124.842	-1.497	+0.788	122.417
	下管		-1.303	-0.296	124.817	1.502	-0.300	122.451	1.299	-0.799	124.844	-1.502	-0.787	122.416

竣工测量的作业方法,其平面坐标系直接根据仪器建立的竖直基准面,以竖面扫描方式测量管口标志相对不同方向竖直基准面的偏距,最后计算出它们的平面坐标;而管口高程常采用钢尺竖向量距的方法测定,且必须顾及尺长与温度改正和拉力改正。

10.5.3 主梁索道管的精密定位测量

主梁锚固区是主梁结构的关键部位,其锚固方式视主梁采用的建筑材料、主梁结构类型、施工工艺等因素确定。

对于混凝土梁,目前一般常见的锚固方式如图 10-50 所示。

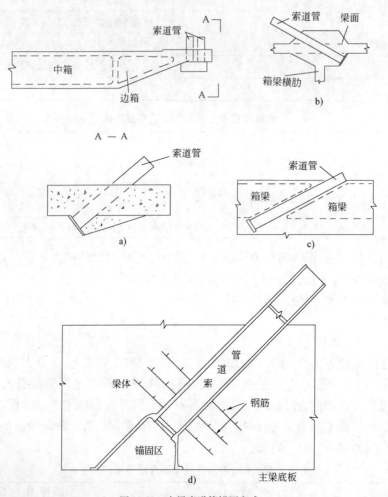

图 10-50 主梁索道管锚固方式

a)在主梁边箱外缘加劲梁处设置锚固块;b)在主梁顶板设置锚固块;c)箱梁内设置锚固块;d)在箱底设置锚固块

随着斜拉桥的索面布置不同,其锚固方式亦不相同。如图 10-50a),一般适用于双索面布置,与之对应,它的索道管也布置在梁体两侧;对于图 10-50b),一般适用于单索面布置,这时,索道管也布置在梁体中间桥轴线处。

对于钢梁或钢混复合梁斜拉桥,其锚固区直接布置在钢梁顶面,如图 10-51 所示。锚固板以焊接方式直接固定在钢梁腹板顶面的上翼板上,或将上翼板开孔,将锚板与钢梁腹板相连。

由上述内容可见,无论主梁与缆索采用何种方式连接,它们都是通过索道管来锚固缆索并固定在相应的位置。因此,索道管的精密定位也是主梁施工过程中的一项十分重要的测量工作。然而,对于不同建筑材料和结构类型的主梁,索道管的定位方法亦有差别。如图 10-51 所示,索道管直接固定在主梁的钢梁上,钢梁架设时,往往根据已加工杆件进行现场拼装。由于杆件在车间内加工精度较高,因此,索道管的定位可在车间内进行,这时,室内定位条件较好,可以保证它们与钢梁之间较高的相对位置精度。另外,钢梁的施工线形控制与调整,相对而言比混凝土梁容易,故在施工现场,只要钢梁的位置准确确定后,索道管的位置也随之正确确定。

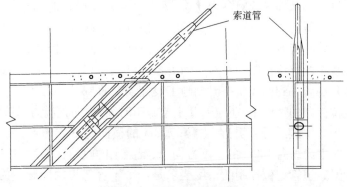

图 10-51　钢梁上的索道管布置

下面结合图 10-50a)所示类型的双索面混凝土梁上布置的双索道管,介绍主梁索道管精密定位的方法和特点。

1)主梁索道管的定位控制

为了保证主梁索道管与主塔索道管的相对位置关系,主梁索道管的定位控制必须以主塔索道管的定位控制为依据,它们的基准必须相同。控制点线的布置应结合主梁索道管的布置、间距以及主梁悬浇施工工艺、施工进度等综合考虑。在图 10-52 中,以前桥贯通测量(有时又称全桥联测)后确定的两主塔墩中心连线(桥轴线)为基准方向,在上、下游两侧布置了两条平行线(即图中的双索对称中心线),它们是主梁索道管顶口、底口中心 y 坐标控制线;同时,以主塔墩墩中心线为里程起算基准,并在主塔两中塔柱内侧设置有里程起算基准的固定标志,可以随时检测主梁里程线的变化。随着主梁悬浇施工的延伸,双索对称中心线、里程控制线也随之前延伸,并在两线交点处埋设固定标志。因此,主梁索道管定位控制(同时也是主梁施工控制)是对称于墩中心线,且逐渐向两端延伸的矩形格网。

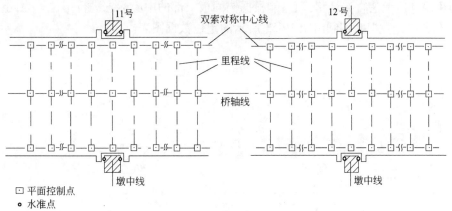

图 10-52　主梁索道管定位控制

索道管定位的高程控制仍应以主塔高程起算点为基准,图 10-52 中的高程控制点布置在上、下游中塔柱两侧(岸侧和河侧)便于施工放样的合适高度位置。它们是主梁施工和索道管精密定位的绝对高程基准。

鉴于这种混凝土主梁采用牵索挂篮悬浇施工工艺和主梁的重量主要靠斜拉缆索支承,以及梁体薄等特点,其动态施工特性显著,在施工荷载、索力以及大气温度变化时,都将引起梁面高程发生变化。为克服这种动态施工特性对索道管精密定位的影响,根据主梁施工中的监控程序和施工设计线形的要求,按照相对时间法的原理,加高索道管的高程定位分为两种状态:一种是以监控测量时刻为基准的绝对高程状态;另一种是具体定位时的相对状态。前者是在监控测量时刻测定主梁悬臂前端高程线性点的瞬时绝对高程;后者是在索道管定位期间,不管梁面高程是否受动态影响而发生变化,总是以前端高程线性点受监控时刻的瞬时高程为起算高程。利用这两种状态的定位控制和相对时间关系,解决了动态特性对梁面高程变化的影响,将索道管的定位高程都统一到监控状态时刻施工设计线形的高程系统内。

在建立主梁定位控制的过程中,还应顾及主梁施工时纵、横向预应力张拉和混凝土收缩徐变对控制点位的影响。实践经验表明:在主梁 27.8m 的横向宽度方向上,横向张拉引起的收缩量达 5mm 左右;在主梁纵向 100m 的长度方向上,混凝土的收缩徐变达 20~30mm。这种系统性的影响对于主梁索道管定位控制的精度要求是一个不容忽视的问题。为此,在主梁定位控制布设时,应适当顾及这种收缩量和徐变的影响。

2) 主梁索道管的精密定位

主梁索道管实地定位之前,应根据设计图纸提供的数据(包括各索道管底口中心里程 $x_{底}$、至桥轴线的距离 $y_{底}$、相对梁底的高差 h_0,以及它们的管长和倾角),结合主梁施工测量控制和主梁监控测量后提供的现浇块施工设计线形,按下式确定索道管底口中心的设计高程:

$$H_{底i+1} = H_{i+1} - \frac{H_i - H_{i+1}}{L}(x_{底i+1} - x_{i+1}) + h_0 \tag{10-8}$$

式中: L——悬浇块长度;

h_0——相对梁底的高差;

x_{i+1}——现浇块前端里程,由设计给定;

$x_{底i+1}$——C_{i+1} 或 C'_{i+1} 索道管底口中心的设计里程;

H_i、H_{i+1}——已浇块和现浇块前端里程,它们由监控测量后的施工设计线形确定。

根据主梁索道管的布置与结构,锚固板支撑在主梁底模上,因此位于锚固板底部的中心标志(参见图 10-44)无法直接量测,而只能根据锚固板上部的中心标志进行定位。为此,必须按下式计算有关定位数据并编制出图 10-53 所示的定位数据图表。

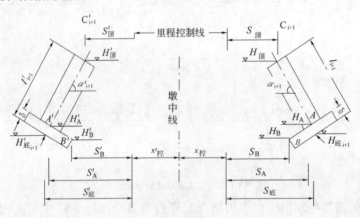

图 10-53 墩主梁索道管定位数据图表

对于河侧索道管:

$$S_A = x_{底i+1} - x_{控} - \delta \cdot \cos\alpha_{i+1}$$

$$H_A = H_{底i+1} + \delta \cdot \sin\alpha_{i+1}$$
$$l_{yA} = y_底 - y_控 = \pm 0.300\text{m}$$
$$S_顶 = x_{底i+1} - x_控 - l_{i+1} \cdot \cos\alpha_{i+1}$$
$$H_顶 = H_{底i+1} + l_{i+1} \cdot \sin\alpha_{i+1}$$
$$l_{y顶} = l_{yA}$$

对于岸侧索道管:

$$S'_A = x'_{底i+1} - x_控 - \delta \cdot \cos\alpha'_{i+1}$$
$$H'_A = H'_{底i+1} + \delta \cdot \sin\alpha_{i+1}$$
$$l'_{yA} = \pm 0.300\text{m}$$
$$S'_顶 = x'_{底i+1} - x_控 - l'_{i+1} \cdot \cos\alpha'_{i+1}$$
$$H'_顶 = H'_{底i+1} + l'_{i+1} \cdot \sin\alpha'_{i+1}$$
$$l'_{yA} = l'_A \pm l'_{i+1} \cdot \sin\gamma_{i+1} = \pm |0.300 + l'_{i+1} \cdot \sin\gamma_{i+1}|$$

式中: γ_{i+1} —— C'_{i+1} 索道管轴线与过双索对称中心线的铅直平面的夹角(由设计给定);

其余符号含义见图 10-53。

根据上述定位关系数据图表,在现场进行定位时,索道管各标志点相对于控制点线的关系数据便一目了然。

由于主梁索道管正好位于主梁加劲梁处,该处钢筋布置密集,为方便现场定位,在图 10-53 中还给出了便于直接量测的其他标志的定位数据(如图中的 B 点)。

与主塔索道管定位相比,随着主梁悬浇施工对称向两侧延伸,施工场地逐渐开阔。在这种情况下,一般采用经纬仪、水准仪等,同时直接测定管口中心的三维空间坐标。具体定位方法是:一台经纬仪置于索道管定位控制线(图 10-52 中的双索对称中心线)上,经整平、对中后,望远镜以双索对称中心线定向,即可由望远镜视准轴和仪器纵轴建立一个过双索对称中心线的铅直平面。然后根据基准线法的原理,利用具有毫米刻画的小钢尺在仪器视场内分别读取索道管顶口、底口中心标志的 y 坐标(即相对于铅直平面的偏距);x 方向的定位是根据里程控制线采用具有毫米刻划的钢卷尺用悬空丈量并配合锤球对点的方法直接测定管口中心标志的里程;高程方向的定位,通常是以主梁已浇段前端高程线性点的高程为起算高程,并以该点为后视,利用具有毫米刻划的钢尺,用一站水准测量的方法直接测定底口、顶口中心标志的高程。

为了使它们的三维空间坐标同时符合图 10-53 的定位数据,与主塔索道管定位调整过程相似,一般需要采用大型微动装置(千斤顶、导链等)采用多次移动、量测、调整等逐次趋近的方法,才能使三维坐标同时符合设计位置。在获取数据时,通常是根据对称中心的两个标志读数取其平均值作为最终定位数据。

3)主梁索道管定位精度分析

为了确保主梁索道管的定位精度,由前述定位作业过程得出影响索道管定位精度的误差来源。影响索道管平面位置的误差来源见表 10-27,索道管高程定位的误差来源见表 10-28。

索道管平面位置的误差来源 表 10-27

序 号	误 差	含 义
1	$m_起$	建立定位控制的误差影响
2	$m_{y测}$	在双索对称中心线上安置经纬仪测定管口中心 y 坐标的误差
3	$m_{x测}$	根据里程控制线量取索道管中心标志里程位置的误差
4	$m_中$	用小冲眼标志代表管口中心的标定误差

索道管高程定位的误差来源　　　　表 10-28

序 号	误 差	含 义
1	$m_{H起}$	测定已浇块前端高程线性点的高程误差
2	$m_{测}$	索道管口中心标志高程的测量误差

经过详细分析和估算,得:

$$m_x = \pm\sqrt{m_{x起}^2 + m_{x测}^2 + m_{x中}^2} = \pm 3.7 \text{mm}$$

$$m_y = \pm\sqrt{m_{y起}^2 + m_{y测}^2 + m_{y中}^2} = \pm 2.4 \text{mm}$$

$$m_H = \pm\sqrt{m_{H起}^2 + m_{测}^2} = \pm 2.3 \text{mm}$$

由此可见,采用前述的作业方案,可以使索道管管的定位精度达到 ±5mm 的设计要求。

4) 主梁动态特性对索道管精密定位的影响

在主梁索道管精密定位过程中,由于挂篮上立模、钢筋绑扎等施工荷载的增加,往往使现浇块底模前端下降,引起坡度发生变化而偏离设计坡度。如图 10-54 所示,AB 为现浇块设计坡度线,B 为现浇块前端点,AC 为水平线,α 为索道管倾角,i 为设计坡度,θ 为索道管轴线与设计坡度线的夹角。

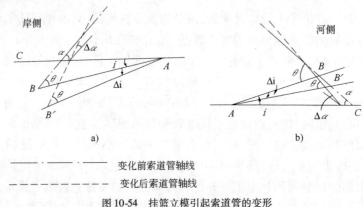

图 10-54　挂篮立模引起索道管的变形

由图 10-54 可知:

$$\theta = \alpha + i$$

当 AB 为上坡时,i 为正值;反之,i 为负值。当坡度变化为 Δi 时(取向下为正),B 的位置移至 B',为保证设计夹角 θ 不变,α 也必须作相应的改正。由上式和图 10-54 不难看出:

$$\Delta \alpha = \Delta i$$

根据上述原理,在每一悬浇块的索道管定位之前,应先测定挂篮上底模的当前实际坡度与设计坡度之差 Δi,由此可计算出改正后的倾角 α',即:

$$\alpha' = \alpha + \Delta i$$

根据 α',结合式(10-8),可计算管口中心的高程定位数据。

下面以某悬浇块为例,分析这种动态改正数的大小。若现浇块前端下降 10mm 时,它引起主梁索道管底口和顶口中心高程的变化量列入表 10-29 中。由表 10-29 可见,底口和顶口中心高程定位改正数分别达 9mm 和 5mm,且改正数的大小不同。从而看出,为满足索道管 ±5mm 的定位精度要求,必须顾及并消除主梁动态施工特性的影响。

按主梁施工程序,每悬浇块混凝土浇注前,必须通过调整牵索索力和挂篮前吊带,使挂篮的梁底坡度恢复到设计坡度 i。此时,索道管中心线的倾角亦为设计值 α,从而有效地克服了主梁动态施工的影响。

索道管底口和顶口中心标高变化量　　表10-29

位置	状态	H_B（m）	H_A（m）	$H_底$（m）	$H_顶$（m）	改正值(mm)	
						$\Delta H_底$	$\Delta H_顶$
岸侧	设计值	48.816	49.975	50.230	52.259	-9	-5
	变化后	48.806	49.975	50.221	52.254		
河侧	设计值	51.515	51.514	52.915	54.948	-9	-5
	变化后	51.505	51.514	52.906	54.943		

5)缆索垂曲对索道管精密定位的影响

索道管定位是斜拉桥施工中精度要求最高的一项测量工作。按照精密工程测量的原则,对影响它们位置精度的每一项误差因素都必须顾及,并加以消除或尽量减少其影响。

由上节对主塔和主梁索道管的定位方法和精度分析可以看出:影响索道管位置的误差因素除测量误差之外,主梁动态施工中荷载变化、索力作用、温度变化等都对管口位置发生影响。按照缆索必须与管口同心的工程要求,在设计和施工中还必须顾及缆索垂曲对索道管倾角数据的影响,这也是造成缆索与管口不同心的一个不可忽略的重要因素。

由于缆索自重作用将使拉紧的缆索形成一悬链线,其垂曲值可按下式计算:

$$f_x = \frac{q \cdot x(l-x)}{2 \cdot H \cdot \cos\alpha}$$

式中：q——单位索长质量；

l——索长水平投影；

H——作用在缆索上轴向拉力的水平分力；

α——缆索两端点连线的倾角；

x——至下端锚固点的平距。

11 隧道工程施工测量

隧道工程包括铁路与公路隧道、水利工程的输水隧洞、越江隧道等。由于工程性质和地质条件的不同,隧道工程施工方法和精度要求也不相同,但大体上都是先由地面通过洞口、竖井、斜井或平洞等在地下开挖隧道,然后再进行各种建(构)筑物的施工。在隧道工程施工测量中,以铁道隧道对测量的精度要求最高,也最为典型。本章主要以铁路隧道工程的施工测量为主,兼顾公路隧道进行介绍。

隧道工程施工测量主要包括下列内容:①地面平面与高程控制测量;②将地面控制点坐标、方向和高程传递到地下的联系测量;③地下洞内平面与高程控制测量;④根据洞内控制点进行施工放样,以指导隧道的正确开挖、衬砌与施工;⑤在地下进行设备安装与调校测量;⑥竣工测量等。所有这些测量工作的作用是在地下标出隧道设计中心线与高程,为开挖、衬砌与洞内施工确定方向和位置,保证相向开挖的隧道按设计要求准确贯通,保证设备的正确安装,并为设计与管理部门提供竣工资料。

因此,隧道工程施工测量责任重大,测量周期长,要求精度高,不能有一丝的疏忽和粗差,各项测量工作必须认真仔细做好,并采取多种措施反复核对,以便及时发现粗差加以改正。

11.1 隧道工程施工测量的精度标准

1)地面平面与高程控制测量
(1)三角测量的主要技术要求(见表 11-1 和表 11-2)

地面三角测量主要技术要求(铁路隧道)　　表 11-1

适用隧道长度 (km)	测角中误差 (″)	边长相对中误差		
		最弱边	起始边	基线
8~20	±1.0	1/50000	1/100000	1/200000
6~8	±1.0	1/30000	1/50000	1/100000
4~6	±1.8	1/25000	1/50000	1/100000
2~4	±2.5	1/25000	1/50000	1/100000
1.5~2	±2.5	1/15000	1/25000	1/50000
<1.5	±4.0	1/10000	1/25000	1/50000

地面三角测量主要技术要求(公路隧道)　　表 11-2

两开挖洞口间距离 (km)	测角中误差 (″)	边长相对中误差		
		最弱边	起始边	基线
4~6	±2	1/20000	1/20000	1/45000
2~4	±2	1/15000	1/20000	1/30000
1.5~2	±2.5	1/15000	1/20000	1/30000
<1.5	±4.0	1/10000	1/15000	1/25000

（2）导线测量的主要技术要求（见表 11-3 和表 11-4）

地面导线测量主要技术要求（铁路隧道） 表 11-3

适用隧道长度(km)	测角中误差(″)	边长相对中误差	适用隧道长度(km)	测角中误差(″)	边长相对中误差
8~20	±1.0	1/20000	2~4	±2.5	1/10000
6~8	±1.0	1/10000	<2	±4.0	1/10000
4~6	±1.8	1/10000			

地面导线测量主要技术要求（公路隧道） 表 11-4

两开挖洞口间距离(km)		测角中误差(″)	边长相对中误差		导线边最小边长(m)	
直线隧道	曲线隧道		直线隧道	曲线隧道	直线隧道	曲线隧道
4~6	2.5~4	±2	1/5000	1/15000	500	150
3~4	1.5~2.5	±2.5	1/3500	1/10000	400	150
2~3	1.0~1.5	±4.0	1/3500	1/10000	300	150
<2	<1.0	±10.0	1/2500	1/10000	200	150

注：表列精度按下列情况考虑，洞口投点为导线网端点，且距洞口为 150m；平曲线半径不小于 350m；一组测量；若平曲线半径小于 350m 及回头曲线隧道，应自行拟订，本表不适用。

（3）GPS 定位技术的主要技术指标（见表 11-5）

GPS 控制网主要技术指标 表 11-5

平均边长(km)	最弱点点位中误差(mm)	相邻点的相对点位中误差(mm)	最弱边的相对中误差	与原有控制网的坐标较差(mm)
2	±12	±10	1/90000	<50

（4）水准测量的规定（见表 11-6 和表 11-7）

各级水准测量的规定（铁路隧道） 表 11-6

测量等级	两洞口间水准路线长度(km)	水准仪型号	水准尺类型	备注
二	>36	DS_{05}、DS_1	线条式因瓦水准尺	按精密二等水准测量要求
三	13~36	DS_1	线条式因瓦水准尺	按精密二等水准测量要求
		DS_3	区格式木质水准尺	按三、四等水准测量要求
四	5~13	DS_3	区格式木质水准尺	按三、四等水准测量要求

水准测量的规定（公路隧道） 表 11-7

两洞口间水准路线长度(km)	水准仪型号	水准尺类型	高差闭合差允许值(mm)
10~20	DS_3	区格式水准尺	$±20\sqrt{L}$
<10	DS_3 或 DS_{10}	区格式水准尺	$±30\sqrt{L}$

注：L—单程水准路线长度（km）。

2）联系测量

联系测量包括定向测量和高程传递。定向测量的方法及其要求见表 11-8，高程传递及其要求见表 11-9。

定向测量的方法及其要求　　　　　　　　　　　　　　表11-8

方　法	地下定向边方位角中误差（″）	地下近井点位中误差（mm）	备　注
竖直导线定向法	±8	±10	平均边长60m，导线边竖直角≤30°
联系三角形法	±12	—	联系三角形布设应满足规定要求
铅垂仪、陀螺仪定向法	±20（一次）	±10	独立三次方位角中误差≤±8″

高程传递及其要求（通过竖井传递高程）　　　　　　　表11-9

方　法	测回数	测回间高差较差(mm)	由地面不同水准点传递地下高程较差(mm)
水准仪配合悬吊钢尺	3	±3	±5

注：地上、地下各一台水准仪同时对悬吊钢尺读数；钢尺应加尺长与温度改正；宜由地面2~3个已知水准点传递高程；如由平洞或洞口传递，可直接采用水准测量方法。

3）地下（洞内）平面与高程控制测量

地下（洞内）平面控制主要是导线测量，其主要技术要求见表11-10；地下高程控制主要是水准测量，其主要技术要求见表11-11。

地下导线测量主要技术要求　　　　　　　　　　　　表11-10

等级	两开挖洞口的长度(km)		测角中误差（″）	边长相对中误差	
	直线隧道	曲线隧道		直线隧道	曲线隧道
二	7~20	3.5~20	±1.0	1/5000	1/10000
三	3.5~7	2.5~3.5	±1.8	1/5000	1/10000
四	2.5~3.5	1.5~2.5	±2.5	1/5000	1/10000
五	<2.5	<1.5	±4.0	1/5000	1/10000

地下水准测量主要技术要求　　　　　　　　　　　　表11-11

等级	两开挖洞口水准路线长度(km)	水准仪等级	每公里高差中数的偶然中误差 M_Δ (mm)	水准尺类型	备　注
二	>32	DS_1	<±1.0	线条式因瓦水准尺	按二等精密水准要求
三	11~32	DS_3	<±3.0	区格式水准尺	按三等水准要求
四	5~11	DS_3	<±5.0	区格式水准尺	按四等水准要求
五	<5	DS_3	<±7.5	区格式水准尺	按五等水准要求

4）贯通误差的限差

铁路隧道贯通误差的限差见表11-12，公路隧道贯通误差的限差见表11-13。

铁路隧道贯通误差的限差　　　　　　　　　　　　　表11-12

两开挖洞口间长度(km)	<4	4~8	8~10	10~13	13~17	17~20
横向贯通限差(mm)	±100	±150	±200	±300	±400	±500
高程贯通限差(mm)	±50					

公路隧道贯通误差的限差　　　　　　　　　　　　　表11-13

两开挖洞口间长度(km)	<3	3~6	>6
横向贯通限差(mm)	±150	±200	视仪器设备及现场条件另行规定，并需报有关部门核备
高程贯通限差(mm)	±70		

4) GPS 定位技术(GPS 网)

采用 GPS 定位技术建立隧道地面平面控制网已普遍应用,它只需在洞口处布点,对于直线隧道,洞口点应选在隧道中线上。另外,再在洞口附近布设至少两个定向点,并要求洞口点与定向点间通视,以便于全站仪观测。对于曲线隧道,除洞口点外,还应把曲线上的主要控制点(如曲线起、终点)包括在网中。GPS 网选点与埋石基本上与常规方法相同,但应注意使所选的点位的周围环境适宜于 GPS 接收机测量。图 11-4 为采用 GPS 定位技术布设的隧道地面平面控制网方案。该方案每个点均有 3 条独立基线相连,可靠性较好。

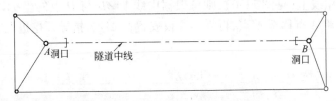

图 11-4　GPS 网地面平面控制

5) 小结

综上所述,这四种平面控制方法各有特点:中线法计算较为简单,但精度较低,仅适用于短的直线隧道;精密导线法现场布网灵活,测角工作量比之三角网法减少,边长精度高,如采用多个闭合环的闭合导线网形式,适用较长隧道的控制测量,并显示出巨大的优越性;三角锁(网)法布设受地形通视限制,测角工作量大,但方向精度高,边长精度较之导线网为低,如能采用边角混合网,可以大大改善三角锁(网)的精度;GPS 定位技术是近代先进方法,在平面精度方面高于常规的方法,由于不需要点位间通视,经济节省,速度快,自动化程度高,故已被广泛采用。

11.2.2　高程控制测量

隧道地面高程控制测量主要采用水准测量的方法,利用线路定测时的已知水准点作为高程起算数据,沿着拟定的水准路线在每个洞口至少埋设两个水准点,水准路线应构成闭合环线或者两条独立的水准路线,由已知水准点从一端洞口测至另一端洞口。

水准测量的等级,不仅取决于隧道的长度,还取决于隧道地段的地形情况,即取决于两洞口之间的水准路线的长度,详见表 11-11。

目前,光电测距三角高程测量方法已广泛应用,用全站仪进行精密导线三维测量,其所求的高程可以代替三、四等水准测量。

11.2.3　进洞测量

地面洞外控制测量完成之后,即可根据这些观测成果指导隧道的进洞开挖。洞内测量工作可以用地面导线点作为控制点,并由此来设立隧道中线点,也可以直接按隧道中线方向进洞,随着隧道的开挖将中线向前延伸。前者内容将在本章第 11.3 节、第 11.4 节叙述,这里仅介绍直接按隧道中线方向进洞的方法。

这种方法必须首先推算进洞关系数据,即根据洞口控制点坐标与其他控制点坐标关系,推算隧道开挖方向的起算数据(进洞数据)。推算方法随隧道形状不同而不同。

1) 直线隧道进洞

(1) 正洞

如图 11-5 所示,A、D 两点在隧道中线方向上,根据 A、B 和 C、D 点的坐标,分别计算放样

角度 β_1 和 β_2。引测时,仪器分别安置在 A 点,后视 B 点;安置在 D 点,后视 C 点;相应地拨角 β_1 和 β_2,就得到进洞方向,此法称为拨角法。

图 11-5　正洞拨角法

如果 A 点不在中线上(见图 11-6),则可根据中线上 ZD 与 D 点的坐标以及 A 点坐标,计算出 AA' 距离,然后将 A 点移至 A' 点,再将经纬仪安置在 A' 点,指导开挖进洞方向,此法称为移桩法。

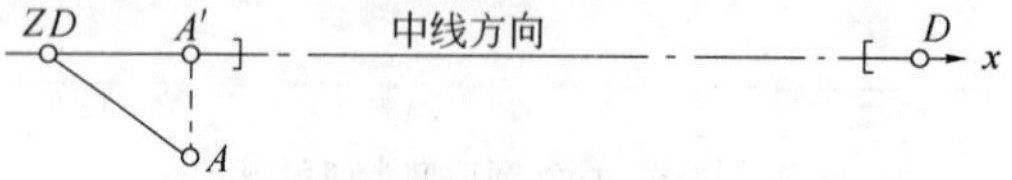

图 11-6　正洞移桩法

(2)横洞

如图 11-7 所示,A 为横洞的洞口点,横洞中线与隧道中线方向交点为 B,交角 γ 可由设计人员确定,β 角以及横洞 AB 的距离 D 就是我们所要计算的进洞关系数据。现对照图 11-7,可求得 β 与 D 的数值。

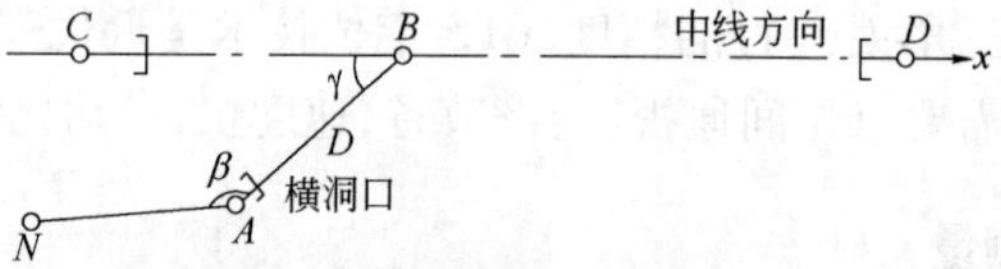

图 11-7　横洞进洞关系数据

设 B 点坐标为 x_B、y_B,按坐标反算公式求得:

$$\begin{cases} \alpha_{AB} = \arctan \dfrac{y_B - y_A}{x_B - x_A} \\ \alpha_{CB} = \arctan \dfrac{y_B - y_C}{x_B - x_C} \end{cases} \tag{11-2}$$

式中:$\alpha_{CB} = \alpha_{CD} = \arctan \dfrac{y_D - y_C}{x_D - x_C}$;

$\alpha_{AB} = \alpha_{CB} - \gamma$。

将已知坐标数据、γ 角值代入式(11-2)中,就可求得 B 点坐标 x_B、y_B。则进洞关系数据为:

$$D = \sqrt{(x_B - x_A)^2 + (y_B - y_A)^2}$$
$$\beta = \alpha_{AB} - \alpha_{AN}$$

式中:$\alpha_{AN} = \arctan \dfrac{y_N - y_A}{x_N - x_A}$。

然后,在 A 点安置经纬仪,后视 N 点,拨角 β 定出 AB 方向,由 A 点沿 AB 方向测设距离 D,就可标出 B 点。

2)曲线隧道进洞

曲线隧道进洞的关系较为复杂。圆曲线进洞和缓和曲线进洞都需要计算曲线的元素以及曲线上各主点在隧道施工坐标系内的坐标。

(1)圆曲线进洞

由于地面平面控制网精确测量的结果,使得原定测时的曲线位置所选择的洞口 A 点就不一定在新的曲线(隧道中线)上,故需要将 A 点沿曲线半径方向移至 A' 点。此时进洞关系就包括两部分:首先将 A 点移至 A' 的移桩数据(即图 11-8 中 β 和 D);然后就是 A' 点的进洞数据,即 A' 的切线方向与后视 N 方向的夹角 β'。

① 移桩数据计算

$$\left.\begin{array}{l} x_{A'} = x_0 + R\cos\alpha_{OA} \\ y_{A'} = y_0 + R\sin\alpha_{OA} \end{array}\right\} \tag{11-3}$$

其中:

$$\alpha_{OA} = \arctan\frac{y_A - y_0}{x_A - x_0}$$

式中:R——圆曲线半径,则有:

$$\beta = \alpha_{AA'} - \alpha_{AN}$$
$$D = \sqrt{(x_{A'} - x_A)^2 + (y_{A'} - y_A)^2}$$

在 A 点安置经纬仪,后视 N,拨角 β 定出 AA' 方向,由 A 点沿 AA' 方向测设 D,标出 A' 点。

② A' 点进洞数据计算

$$\beta' = \alpha_{A'T} - \alpha_{A'N} \tag{11-4}$$

式中:$\alpha_{A'T} = \alpha_{OA} + 90°$;

$\alpha_{A'N} = \arctan\dfrac{y_N - y_{A'}}{x_N - x_{A'}}$。

在 A' 点安置经纬仪,后视 N 点,拨角 β',就得 A' 点的切线方向,作为进洞的依据。

对照图 11-8,可得出 A' 点里程为:

$$A'_{里程} = ZY_{里程} + L_{ZY} - A' = ZY_{里程} + \frac{\pi R}{180°} \cdot \varphi_{A'}$$

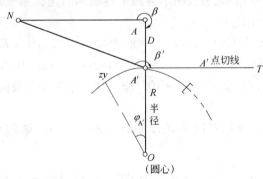

图 11-8 圆曲线进洞

(2)缓和曲线进洞

如图 11-9 所示,若缓和曲线起点 ZH 为坐标原点,则缓和曲线上各点坐标由下式计算:

$$\left.\begin{array}{l} x = L - \dfrac{L^5}{40R^2L_0^2} \\ y = \dfrac{L^3}{6RL_0} - \dfrac{L^7}{336R^3L_0^3} \end{array}\right\} \tag{11-5}$$

式中：L——计算点至 ZH 的缓和曲线的弧长；
L_0——缓和曲线全长；
R——圆曲线半径。

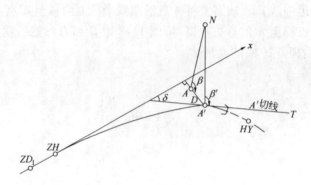

图 11-9 缓和曲线进洞

由此可得到缓和曲线上任一点与起点切线（x 轴）的交角 δ 为：

$$\delta = \frac{L^2}{2RL_0} \cdot \rho'' \tag{11-6}$$

如同图 11-8，缓和曲线的进洞关系也包括 A 点移至 A' 的移桩数据 β、D 以及 A' 点切线方向（β'）两部分。

先计算 A' 的坐标；假设 A' 点 x 坐标与 A 点的 x 坐标相同，即 $x_{A'} = x_A$，由于式(11-5)是高次方程式，难以直接解算 L 值，采用逐渐趋近法，先设一个 L 的近似值代入式(11-5)中，求出 $x_{A'}$，看 $x_{A'}$ 是否等于 x_A，若不等，再假设一个 L 值进行计算，直至满足式(11-5)的 L 值为止，然后可求得 $y_{A'}$。

由于 $x_{A'}$、$y_{A'}$ 是以 ZH 为原点的以 ZD_1—ZH 为 x 轴的施工坐标系内，有关点应先换算为施工坐标系统。进洞关系数据 β、D 及 β' 数值的计算同前述一致，现举例说明。

【例 11-1】 如图 11-9 所示，假设图示为施工控制网的坐标系统是以 ZD_1 为坐标原点，以 ZD_1—ZH 为 X 轴，各点坐标为：

$x_A = +284.7512\text{m}$ $x_N = +408.3805\text{m}$ $x_{ZH} = +201.3985\text{m}$
$y_A = +2.6851\text{m}$ $y_N = -569.8785\text{m}$ $y_{ZH} = 0.0000\text{m}$

又知：$R = 400\text{m}$，$L_0 = 90\text{m}$，ZH 里程为 K1+105.83。计算进洞关系数据。

解：① 计算 $x_{A'}$、$y_{A'}$

设 $x_{A'} = x - x_{ZH} = 284.7512 - 201.3985 = 83.3527\text{m}$，则假设 $L = 83.42\text{m}$，代入式(11-5)，得：

$$x_{A'} = L - \frac{L^5}{40R^2L_0^2} = 83.42 - 0.0779 = 83.3421\text{m} < 83.3527\text{m}$$

再假定 $L = 83.4327\text{m}$，则：

$$x_{A'} = 83.3547\text{m} > 83.3527\text{m}$$

再假定 $L = 83.4307\text{m}$，则：

$$x_{A'} = 83.3527\text{m}$$

当 $L = 83.4307\text{m}$ 时，$x_{A'} = 83.3527 + x_{ZH} = 284.7512\text{m}$（此处以 ZD_1 为原点），将 $L = 83.4307\text{m}$ 代入式(11-5)，得：

$$y_{A'} = +2.6868 \text{m}$$

②计算进洞关系数据 D、β 及 β'

$$D = \sqrt{(x_{A'} - x_A)^2 + (y_{A'} - y_A)^2} = \sqrt{0^2 + 0.0017^2} = 0.0017 \text{m}$$

$$\beta = \alpha_{AA'} - \alpha_{AN}$$

$$\alpha_{AA'} = \arctan \frac{y_{A'} - y_A}{x_{A'} - x_A} = 90°$$

$$\alpha_{AN} = \arctan \frac{y_N - y_A}{x_N - x_A} = 273°32'17.5''$$

$$\therefore \beta = 176°27'42.5''$$

$$\beta' = \alpha_{A'T} - \alpha_{A'N}$$

$$\alpha_{A'T} = \alpha_{ZD_1-ZH} + \delta$$

由式(11-6)得:

$$\delta = 5°32'20.9''$$

$$\alpha_{A'N} = \arctan \frac{y_N - y_{A'}}{x_N - x_{A'}} = 273°32'17.4''$$

$$\therefore \beta' = 5°32'20.9'' + 360 - 273°32'17.4'' = 92°00'03.5''$$

③$A'_{里程}$计算

$$A'_{里程} = ZH_{里程} + L = (K1 + 105.83) + 83.4307 = K1 + 189.26$$

根据进洞关系数据,可将 A 点移桩至 A' 点,同时在 A' 点可定出 A' 点的切线方向,由此可指导进洞开挖。可见进洞关系数据的计算非常重要,它关系到隧道能否准确贯通,所以务必认真计算并有可靠的校核。

11.3 竖井联系测量

对于山岭铁路隧道或公路隧道、过江隧道或城市地铁工程,为了加快工程进度,除了在线路上开挖横洞斜井增加工作面外,还可以用开挖竖井的方法增加工作面。此时为了保证两相向开挖隧道能准确贯通,就必须将地面洞外控制网的坐标、方向及高程,经过竖井传递至地下洞内,作为地下控制测量的依据。这项工作称为竖井联系测量。其中将地面控制网坐标、方向传递至地下洞内,称为竖井定向测量。

通过竖井联系测量,使地面与地下有统一的坐标与高程系统,为地下洞内控制测量提供起算数据。所以这项测量工作精度要求高,需要非常仔细地进行。

根据地面控制网与地下控制网联系的形式不同,定向测量形式可分为:①经过一个竖井定向(一井定向);②经过两个竖井定向(两井定向);③经过平坑(横洞)与斜井定向;④应用陀螺经纬仪定向等。每种定向形式也有不同的定向方法。

11.3.1 竖井定向测量(一井定向)

1)联系三角形定向法

对于山岭隧道或过江隧道,由于隧道竖井较深,一井定向大多采用联系三角形法进行定向测量,如图11-10所示。图11-10中,地面控制点 A 为近井点,它与地面其他控制点通视(如图中 T 方向),实际工作中至少有两个控制点通视。B 为地下洞内定向点(地下导线点),它与另

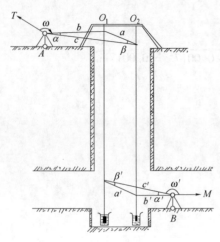

图 11-10 联系三角形定向法

一地下导线点 M 通视。O_1、O_2 为悬吊在井口支架上的两根细钢丝(直径 $\phi 0.4 \sim 0.7$mm 不等,视井深、吊锤重而定),钢丝下端挂上重锤,并将重锤置于机油桶内,使之稳定。

(1)联系三角形布设

按照规范规定,对联系三角形的形状要求是:联系三角形应是伸展形状,三角形内角 $\alpha(\alpha')$ 及 $\beta(\beta')$ 应尽可能小,在任何情况下,$\alpha(\alpha')$ 角都不能大于 3°;联系三角形边长 $\dfrac{b}{a}\left(\dfrac{b'}{a'}\right)$ 的比值应小于 1.5;两吊锤线($O_1 \sim O_2$)的间距 $a(a')$,应尽可能选择最大的数值,不得小于 5m。

(2)联系三角形测量

一般使用 DJ_2 级以上经纬仪或全站仪观测地上和地下联系三角形角度 α、α'、ω、ω' 各 4~6 测回,测角精度:地上联系三角形控制在 ±4″以内,地下联系三角形应在 ±6″以内;使用经检定的具有毫米分划的钢卷尺在施加一定拉力悬空水平丈量地上、地下联系三角形边长 a、b、c 和 a'、b'、c',每边往返丈量 4 次,估读至 0.1mm,边长丈量精度 $m_s = \pm 0.8$mm;地上与地下实量两吊锤间距离 a 与 a' 之差不得超过 ±2mm,同时实量值 a 与由余弦定理计算联系三角形得同一距离计算值之差也应小于 2mm。

(3)联系三角形地下定向边方位角及地下定向点坐标的计算

根据传递方向应选择小角 $\beta(\beta')$ 的路线原则,定向边坐标方位角 α_{BM} 为:

$$\alpha_{BM} = \alpha_{AT} + \omega + \beta - \beta' + \omega' + n' \cdot 180° \tag{11-7}$$

式中:α_{AT}——地面网已知坐标方位角;

ω、ω'——观测角值;

β、β'——联系三角形推算角值。

地下定向点 B 的坐标 x_B、y_B 为:

$$\left.\begin{array}{l} x_B = x_A + c \cdot \cos\alpha_{AO_2} + b' \cdot \cos\alpha_{O_2B} \\ y_B = y_A + c \cdot \sin\alpha_{AO_2} + b' \cdot \sin\alpha_{O_2B} \end{array}\right\} \tag{11-8}$$

式中:x_A、y_A——地面控制点(近井点)已知坐标;

c、b'——观测边长;

α_{AO_2}、α_{O_2B}——联系三角形 AO_2(c 边)、O_2B(b' 边)的推算坐标方位角。

这样,经过竖井联系三角形定向法,将地面控制点坐标、方向传递到地下洞内,α_{BM}、x_B、y_B 将作为洞内地下控制测量(地下导线测量)的起算数据。

(4)联系三角形定向法地下定向边方位角的精度

联系三角形定向法进行一井定向,其定向边方位角的误差来源自联系三角形本身测角与量边误差影响,以及悬吊钢丝的铅垂误差和仪器对中与目标偏心误差等影响。

假设:M_1 为联系三角形本身测角、量边等误差的综合影响,M_2 为悬吊两根钢丝铅垂误差对定向边方向的综合影响,M_3 为仪器对中误差与目标偏心误差的综合影响,则地下定向边方位角的中误差 M 为:

$$M = \sqrt{M_1^2 + M_2^2 + M_3^2} \tag{11-9}$$

$$M_1 = m_{\alpha_{AT}}^2 + m_\omega^2 + m_\beta^2 + m_{\beta'}^2 + m_{\omega'}^2$$

$$M_2 = \frac{\sigma}{D}\rho''$$

$$M_3 = 0$$

M_1 计算式中：$m_{\alpha_{AT}}$ 为地面上已知方位角的中误差；m_ω、$m_{\omega'}$ 为 ω、ω' 角度的测角中误差；m_β、$m_{\beta'}$ 为推算角度 β、β' 的角度中误差，可由公式求得。M_2 计算式中：σ 为一根钢丝下端偏离误差；D 为两根钢丝的间距；单根钢丝的铅垂误差的影响为 $M_2/\sqrt{2}$。对于 M_3，在隧道竖井联系三角形布设中，由于采用强制对中装置的固定观测墩或支架，故可以认为 $M_3=0$。

在具体测量中，为了提高定向精度，一般在进行一组测量后稍微移动吊锤线，使方向传递经过不同的三组联系三角形，这称为一次定向。所以一次定向的地下定向边方位角中误差 m_α 为：

$$m_\alpha = \frac{1}{\sqrt{3}}M \tag{11-10}$$

【**例 11-2**】 已知布设的联系三角形内角 $\alpha = \alpha' = 3°$（最大情况），$\frac{b}{a} = \frac{b'}{a'} = 1.5$，量边相对精度 $\frac{m_s}{s} = \frac{1}{3000}$，使用 DJ_2 经纬仪观测 4 测回，测角中误差 $m_\omega = m_{\omega'} = m_\alpha = m_{\alpha'} = \pm 1.4''$。悬吊钢丝重锤下端偏离误差 $\sigma = 0.4\text{mm}$，两根吊钢丝间距 $D = 10\text{m}$。假设地上、地下均埋设有强制对中设备的观测墩或支架，认为 $M_3 = 0$；地上已知方位角的误差忽略不计。试分析地下定向边方位角的精度。

解：先由公式计算联系三角形推算角度 β、β' 的精度 m_β、$m_{\beta'}$ 为：

$$m_\beta = \sqrt{\left(\frac{b}{a}\right)^2 m\alpha^2 + \left(\frac{m_s}{s}\right)^2 \left(1 + \frac{b^2}{a^2}\right)\alpha^2} = \pm 6.8''$$

$$m_{\beta'} = \sqrt{\left(\frac{b'}{a'}\right)^2 m\alpha^2 + \left(\frac{m_s}{s}\right)^2 \left(1 + \frac{b'^2}{a'^2}\right)\alpha'^2} = \pm 6.8''$$

$$\therefore M_1 = \sqrt{m_{\alpha_{AT}}^2 + m_\omega^2 + m_\beta^2 + m_{\beta'}^2 + m_{\omega'}^2}$$

$$= \sqrt{0^2 + 1.4^2 + 6.8^2 + 6.8^2 + 1.4^2} = \pm 9.8''$$

$$M_2 = \frac{\sigma}{D}\rho'' = \pm 8.2''$$

则：

$$M = \sqrt{M_1^2 + M_2^2 + M_3^2} = \sqrt{96.0 + 67.2 + 0} = \pm 12.8''$$

按式（11-10）计算，设一次定向边方位角中误差 m_α 为：

$$m_\alpha = \frac{1}{\sqrt{3}} \cdot M = \pm 7.4''$$

这个精度满足表 11-8 地下定向边方向传递精度 $\pm 12''$ 的要求。

(5) 注意事项

联系三角形的形状应优化布设，满足规定要求；联系三角形边长可使用全站仪配合紧贴在钢丝上的反射棱镜片进行测距，此法比钢尺量距方便、节省时间，而且丈量精度较高。笔者曾在南京地铁一号线新街口车站联系三角形定向测量中应用该方法,取得较好的效果。由于量距精度提高,可以改善联系三角形推算角度 β、β' 的精度;悬吊在钢丝下的重锤应置于机油桶中,以稳定钢丝,这点很重要,否则对测角带来较大影响,并直接影响地下方位角值;有时条件许可,也可以悬吊三根钢丝,组成双联系三角形,这样传递过程中,可以同时获取地下定向边的两个方位角,提高地下定向边的方位角精度。

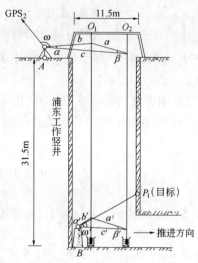

图 11-11　浦东工作竖井联系三角形法略图

(6)联系三角形定向法工程实例

【例 11-3】　上海市过黄浦江底大型顶管工程,由浦东工作竖井单向顶进到浦西接收井,全长 763.57m,浦东工作竖井深 31.5m,井径 11.5m。采用联系三角形定向法进行竖井定向测量。

图 11-11 为浦东工作竖井联系三角形布设略图,A 为近井控制点,GPS_2 为地面 GPS 网点,O_1、O_2 悬吊两根 $\phi 0.4$mm 的钢丝,B 为地下洞口中线上的带有强制对中装置的固定观测墩,P_1 为精心埋设在井壁上的能自动亮光的照准标牌(井壁上共埋设 3 处),联系三角形布设满足规范要求。

使用 T2 经纬仪测角 6 测回,使用经检定钢尺悬空丈量联系三角形边长往返 12 次,并加尺长与温度改正,测边相对精度达到 1/5000。

第一组测定后,稍动 O_2 处钢丝为 O'_2,又重新再进行一次,如两组推算地下定向边方位角较差在 5″以内,取其平均值作为本次最后成果。

在整个施工过程中,笔者先后进行了 6 次联系三角形定向测量,最后在浦西接收井处贯通面的横向贯通误差为 18mm(限差为 ±50mm),表明联系三角形定向法具有较高精度,也表明采取上述做法是合适的。

现以某次联系三角形测量数据为例,计算定向边坐标方位角及其精度。图 11-12 为联系三角形推算略图。某次观测数据与推算值列于表 11-16 中。

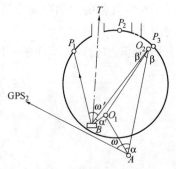

图 11-12　联系三角形略图

观测数据与推算值　　　　　表 11-16

数据 项目	第 一 组		第 二 组	
	地 上	地 下	地 上	地 下
$a(a')$(m)	6.9990	7.0013	6.9620	6.9636
$b(b')$(m)	3.1656	1.8298	3.1656	1.8298
$c(c')$(m)	10.1640	8.8292	10.1259	8.7919
$\alpha(\alpha')$	0°05′27.6″	0°36′57.7″	0°54′12.7″	0°19′12.0″
$\omega(\omega')$	52°03′54.1″	67°14′54.9″	51°15′09.0″	68°11′04.5″
推算 $\beta(\beta')$	0°02′28.2″	0°09′39.4″	0°24′38.8″	0°05′02.6″

经计算,第一组定向边 BP_1 坐标方位角 α_{BP_1} = 214°44′05.4″;第二组定向边 BP_1 坐标方位角 α_{BP1} = 214°44′09.5″。两组相差4.1″,取平均值作为结果 α_{BP1} = 214°44′07.4″,其方位角中误差 $m_{\alpha_{BP_1}}$ = ±4.60″。同时,我们使用 GAK1—T2 陀螺经纬仪用逆转点法实测地下定向边坐标方位角 α_{BP_1} = 214°44′07.7″,两者相差仅0.3″,表明由联系三角形定向法计算得定向边坐标方位角是可靠的。

2) 竖直导线定向法

有时,竖井联系三角形受竖井井径与施工现场条件的局限,难以布设有利形状的联系三角形,同时测角,尤其钢尺量边十分费时,悬吊的钢丝的垂准误差也影响了方向传递的精度。所以,对于竖井深度较浅的隧道(尤其城市地铁),宜采用竖直导线定向法进行定向测量。工程实践证明,这是定向精度较高的有效定向方法之一。南京地铁一号线采用竖直导线定向法取得良好的效果。

如图 11-13 所示,由地面近井控制点 A 开始,根据现场条件与竖井结构,沿着隧道工程轴线方向在竖井井壁上布设 C、D、E、……导线点,埋设具有强制对中装置的内外架式的金属吊篮,地面近井控制点 A 和地下定向边导线点 B、B_1 埋设具有强制对中装置的固定观测墩。竖直导线的各导线边的竖直角应小于30°,地面近井控制点 A 应与地面其他控制点通视(宜有两个可通视的控制点),以保证方向传递的精度。

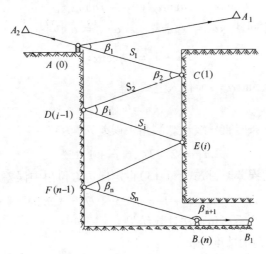

图 11-13 竖直导线定向法布设立面视图

(1) 观测与计算

竖直导线的角度宜采用双轴补偿的(Ⅰ、Ⅱ级)全站仪观测,导线边长应往返测量。则地下洞口定向边 BB_1 的坐标方位角 α_{BB_1} 为:

$$\alpha_{BB_1} = \alpha_{AA_1} + \sum_{i=1}^{n+1}(-1)^{i-1} \cdot \beta_i + (n-1) \times 180° \tag{11-11}$$

式中:α_{AA_1}——地面控制网已知坐标方位角;

β_i——导线的观测角度。

地下洞口定向点 B 的坐标 x_B、y_B 为:

$$\left. \begin{array}{l} x_B = x_A - \sum_{i=1}^{n} S_i \sin\theta_i \cdot \cos\alpha_{i-1,i} \\ y_B = y_A - \sum_{i=1}^{n} S_i \sin\theta_i \cdot \sin\alpha_{i-1,i} \end{array} \right\} \tag{11-12}$$

式中：S_i——竖直导线观测边长；
$\quad\quad \theta_i$——导线边的高度角；
$\quad\quad \alpha_{i-1,i}$——导线边坐标方位角；
$\quad\quad x_A、y_A$——地上近井控制点已知坐标。

注意由式(11-12)计算坐标系统应统一，不统一时应先进行换算。

(2) 地下定向边坐标方位角的精度估算

当不考虑地面控制网起算方位角误差时，并令 $m_{\beta_1} = m_{\beta_2} = \cdots = m_{\beta_{n+1}} = m_\beta$，由式(11-11)得定向边方位角中误差 $m_{\alpha_{BB_1}}$ 为：

$$m_{\alpha_{BB_1}} = m_\beta \sqrt{n+1} \tag{11-13}$$

式中：m_β——测角中误差；
$\quad\quad n$——导线边长。

【例 11-4】 图 11-11 为浦东工作竖井，假设采用竖直导线定向法，竖井深度 $L = 31.5\text{m}$，井径 $D = 11.5\text{m}$，布设竖直导线边，其竖直角 $\alpha \leq 25°$，使用 Wild T2 经纬仪观测 6 测回。试求：布设的竖直导线边数 n 应为多少？地下定向边方位角中误差 m_α 为多少？

解： 在竖井深度 L 和井径 D 确定条件下，导线各边竖直角 α 与井深的关系式为：

$$D\tan\alpha_1 + D\tan\alpha_2 + \cdots + D\tan\alpha_{n+1} = L$$

令导线边竖直角均相同，即 $\alpha_1 = \alpha_2 = \cdots = \alpha_{n+1} = \alpha$，则：

$$n + 1 = \frac{C}{D}\cot\alpha$$

将 $L = 31.5\text{m}, D = 11.5\text{m}, \alpha = 25°$ 代入上式，得：

$$n = 6$$

表明该竖井可布设 6 条竖直导线边。测角中误差 m_β 为：

$$m_\beta = 2''\sqrt{2}/\sqrt{6} = \pm 1.15''$$

当不考虑起算方位角误差时，按式(11-13)得定向边方位角中误差 m_α 为：

$$m_\alpha = m_\beta\sqrt{n+1} = 1.15 \times \sqrt{7} = \pm 3.04''$$

这个估算结果略高于联系三角形法计算结果。

(3) 地下定向边方位角的精度分析

首先，由式(11-13)知，当导线测角中误差一定时，地下定向边坐标方位角精度随着竖直导线边数 n 的增加而降低，故在布设导线时，在满足导线边竖直角小于 30°条件下，尽可能减少边数；同时导线测角的精度也直接影响着地下定向边方位角的精度，所以在竖直导线测角时应采取有效措施提高测角精度。例如，竖直导线点应埋设具有强制对中装置的内外架式金属吊篮或固定观测墩，以消除仪器对中与目标偏心误差；使用双轴补偿的经认真检校的高精度(I、II 级)全站仪测角，仔细整平仪器等措施，有利于减少仪器竖轴倾斜误差的影响。

其次，竖井中布设竖直导线实际上是一条支导线的形式，导线地下定向边为最弱的方位角边，所以除了上述减少导线边数的方法外，应视现场条件，尽可能布设构成闭合或附合的导线形式，以资检核并有效地提高定向边的方位角精度。南京地铁一号线某车站竖井采用竖直导线定向法，通过采取这些措施，取得良好的效果。详见工程实例。

(4) 工程实例

【例 11-5】 图 11-14 为南京地铁一号线某车站竖井定向测量所布设的竖直导线定向法略

图。图中 A_4、A_5 为近井点，A_2 为地面控制点，导线边 $n=1$，E_1、E_2 为地下定向边的导线点，导线边竖直角为 27°，全部点位均埋设带有强制对中装置的固定观测墩，由于现场条件许可，通过另一孔洞与近井点 A_5 联系，构成可校核的附合导线，有利于提高地下定向边的方位角精度。

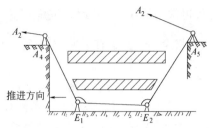

图 11-14 竖井竖直导线定向法布设略图

使用经检校后双轴补偿的 1″ 级全站仪观测角度 4 测回，边长往返观测。经严密平差计算，测角中误差 $m_\beta = \pm 0.65''$，洞口地下定向边导线点 E_1、E_2 点位中误差分别为 ± 1.64mm、± 1.34mm。

地下定向边坐标方位角 $\alpha_{E_1E_2} = 4°27'05.6''$，定向点 E_1 的坐标 $x_{E_1} = 45435.5042$m，$y_{E_1} = 29553.0640$m。

平差后地下定向边坐标方位角的中误差 $m_{\alpha_{E_1E_2}}$ 为：

$$m_{\alpha_{E_1E_2}} = \pm 0.62''$$

如果按式(11-13)估算，导线边数 $n=1$，构成附合导线形式，测角中误差 $m_\beta = \dfrac{1 \times \sqrt{2}}{\sqrt{4}} = \pm 0.71''$，则定向边方位角中误差 $m_{\alpha_{E_1E_2}}$ 为：

$$m_{\alpha_{E_1E_2}} = \frac{1}{\sqrt{2}} m_\beta \sqrt{1+1} = \frac{1}{\sqrt{2}} \times 0.71 \times \sqrt{2} = \pm 0.71''$$

这个估算值基本上与严密平差的结果 0.62″ 一致。如果不能构成附合导线形式，则只能按支导线形式估算，其定向边 E_1E_2 方位角中误差 $m_{\alpha_{E_1E_2}}$ 为：

$$m_{\alpha_{E_1E_2}} = m_\beta \sqrt{n+1} = 0.71 \times \sqrt{2} = \pm 1.0''$$

以上结果表明，构成附合或闭合导线形式有利于提高定向边的方位角精度。以上定向测量成果经甲方业主复核，其中定向边方位角 $\alpha_{E_1E_2}$ 相差仅 0.6″，定向点 E_1 坐标 x_{E_1}、y_{E_1} 最大相差值仅 0.3mm，表明用竖直导线法进行方向与坐标传递精度较高。

3) 铅垂仪与陀螺经纬仪联合定向法

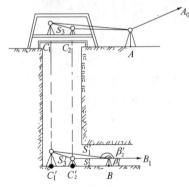

图 11-15 铅垂仪与陀螺经纬仪联合定向法略图

如图 11-15 所示，地面 A 为近井控制点，A_0 为地面上已知控制点，C_1、C_2 为竖井上方内外式支架内架井盖上安置铅垂仪或棱镜的点，地下 C_1'、C_2' 与地上井口 C_1、C_2 垂直对应的投测点，B、B_1 为地下洞内定向边的点。

该法是使用铅垂仪向井下投测点位(坐标)，使用陀螺经纬仪在地下测定定向边的陀螺方位角，使用全站仪在地面近井控制点和地下定向边点分别测定铅垂仪测站坐标和地下定向边的边长和角度。要求所用仪器、照准标牌及棱镜必须互相配套。对所用的铅垂仪、陀螺经纬仪及全站仪应严格检校满足规定的要求。

(1) 观测方法

首先，在地面竖井近井点 A 安置陀螺经纬仪，采用逆转点法或中天法测定已知控制边长 AA_0 的陀螺方位角 G'_{AA_0}，其次在井下 B 点安置陀螺经纬仪，同样测定洞内地下定向边 BB_1，以及边长 BC_1'、BC_2' 的陀螺方位角 G_{BB_1}、$G_{BC_1'}$ 及 $G_{BC_2'}$；最后又回到地面近井点 A 安置陀螺经纬仪,再次测量 AA_0 边陀螺方位角 G''_{AA_0},取平均值 $G_{AA_0} = \frac{1}{2}(G'_{AA_0} + G''_{AA_0})$。

将全站仪安置在近井点 A、后视控制点 A_0,测定井口 C_1、C_2 的坐标,并用对边测量方法测定 S_3 边长,以作校核。

再将全站仪安置在地下洞内的定向边 B 点,测定 β'_1、β'_2 角度,以及边长 S'_1、S'_2、S'_3。

(2)地下定向边坐标方位角计算

如图 11-16 所示,先计算仪器常数 Δ。

由图 11-16a),有:

$$\alpha_{AA_0} = A_0 - \gamma_A = G_{AA_0} + \Delta - \gamma_A$$

式中:A_0——真方位角。

上式整理得:

$$\Delta = A_0 - G_{AA_0} = \alpha_{AA_0} - G_{AA_0} + \gamma_A$$

对照图 11-16b),定向边 $BB1$ 坐标方位角为:

$$\alpha_{BB_1} = G_{BB_1} + \Delta - \gamma_B = \alpha_{AA_0} + (G_{BB_1} - G_{AA_0}) + (\gamma_A - \gamma_B) \tag{11-14}$$

式中:α_{AA_0}——地面已知控制边坐标方位角;

$\gamma_A - \gamma_B$——地上与地下测站点 A、B 的子午线收敛角之差,其大小可由下式计算:

$$\delta\gamma = \gamma_A - \gamma_B = \mu(y_A - y_B) \tag{11-15}$$

y_A、y_B——A、B 点的横坐标(km);

$\delta\gamma$ 以 s 为单位;$\mu = 32.3\tan\varphi(s/km)$,$\varphi$ 为当地纬度。

(3)地下定向点 B 的坐标计算

如图 11-17 所示,先计算 BC'_1、BC'_2 边的坐标方位角 $\alpha_{BC'_1}$、$\alpha_{BC'_2}$。

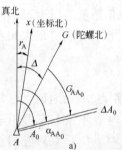
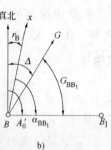

图 11-16 定向边坐标方位角推算
a)地上;b)地下

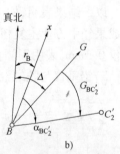

图 11-17 方位角的推算略图

由图 11-17a)得:

$$\alpha_{BC'_1} = G_{BC'_1} + \Delta - \gamma_B$$

由图 11-17b)得:

$$\alpha_{BC'_2} = G_{BC'_2} + \Delta - \gamma_B$$

检核:$|\alpha_{BC'_1} - \alpha_{BC'_2}| - |\beta'_2 - \beta''_2| \leq$ 规定值;$|S_3 - S'_3| \leq$ 规定值。

由图 11-15 得出:

$$\left.\begin{array}{l} x'_B = x_{C'_1} + S'_1\cos(\alpha_{BC'_1} \pm 180°) = x_{C_1} + S'_1\cos\alpha_{C'_1B} \\ y'_B = y_{C'_1} + S'_1\sin(\alpha_{BC'_1} \pm 180°) = y_{C_1} + S'_1\sin\alpha_{C'_1B} \end{array}\right\} \tag{11-16}$$

$$\left. \begin{array}{l} x''_B = x_{C'_2} + S'_2\cos(\alpha_{BC'_2} \pm 180) = x_{C_2} + S'_2\cos\alpha_{C'_2B} \\ y''_B = y_{C'_2} + S_2\sin(\alpha_{BC'_2} \pm 180) = y_{C_2} + S_2\sin\alpha_{C'_2B} \end{array} \right\} \quad (11\text{-}17)$$

式中：x_{C_1}、y_{C_1}、x_{C_2}、y_{C_2}——地上井上方 C_1、C_2 点坐标，由全站仪测得。

若 x'_B 与 x''_B、y'_B 与 y''_B 之差值在规定要求之内，则取平均值作为定向点 B 的坐标：

$$x_B = (x'_B + x''_B)/2$$
$$y_B = (y'_B + y''_B)/2$$

(4)定向边坐标方位角的精度分析

由式(11-14)得：

$$m^2_{\alpha_{BB_1}} = m^2_{\alpha_{AA_0}} + m^2_{G_{BB_1}} + m^2_{G_{AA_0}} + m^2_{\gamma_A} + m^2_{\gamma_B}$$

假设：$m_{\alpha_{AA_0}}$、m_{γ_A}、m_{γ_B} 的误差影响忽略不计，令：

$$m_{G_{BB_1}} = m_{G_{AA_0}} = m_G$$

则：

$$m_{\alpha_{BB_1}} = \sqrt{2} \cdot m_G$$

现分析陀螺经纬仪一次定向的中误差。目前生产单位使用的陀螺经纬仪一次定向的精度可以达到 ±20″左右。在实际观测中，要求陀螺边观测 3 测回，两条陀螺边共观测 6 测回，则由两条陀螺边归算同一定向边的定向中误差 m_G 为：

$$m_G = \pm \frac{20''}{\sqrt{6}} = \pm 8.2''$$

则一次定向的中误差 $m_{\alpha_{BB_1}}$ 为：

$$m_{\alpha_{BB_1}} = \pm \sqrt{2} \times 8.2'' = \pm 11.6''$$

一般规定要进行独立三次定向，则三次定向后地下定向边方位角平均值的中误差为：

$$M_{\alpha_{BB_1}} = \frac{m_{\alpha_{BB_1}}}{\sqrt{3}} = \pm 6.7''$$

由此可见，采用陀螺经纬仪三次定向，其定向边的方位角精度可以满足 ±8″以内的要求。此法曾应用在北京市地铁复八线的定向测量中，效果良好。

11.3.2 竖井定向测量（两井定向）

在隧道施工时，为了通风和出土方便，往往在竖井附近增加一通风井和出土井。此时，联系测量可采用两井定向法，以克服一井定向时的某些不足，有利于提高方向传递的精度。其方法有如下两种。

1）吊锤线与全站仪联合定向法

(1)外业工作

如图 11-18 所示，两竖井中分别悬挂一根锤线。为了使锤线稳定竖直，锤线下端挂上重锤并使重锤置于油桶里。用全站仪在地面近井点 A_1、A_2 精确测定 O_1、O_2 锤线点坐标。在井下洞内，将已布设在坑道（巷道）内的地下导线与竖井吊锤线连测，即图示中地下定向边 B_1B_1' 和 B_2B_2'，通过巷道，构成一个没有连接角的无定向导线。对此进行数据处理，可以求得地下定向边的方位角和定向点的坐标。所以，两井定向的外业工作主要包括：锤线投点、地面与地下连接测量。

(2)内业计算

两井定向的内业计算过程如下:

① 计算两吊锤线在地面的坐标系 xOy 中的坐标方位角与距离(见图11-19)

$$\alpha_{O_1O_2} = \arctan \frac{y_{O_2} - y_{O_1}}{x_{O_2} - x_{O_1}}$$

$$D_{O_1O_2} = \sqrt{(x_{O_2} - x_{O_1})^2 + (y_{O_2} - y_{O_1})^2}$$

（11-18）

式中：x_{O_1}、y_{O_1}、x_{O_2}、y_{O_2}——实测的坐标值。

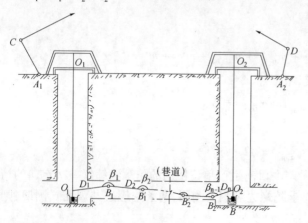

图 11-18　两井定向测量　　　　图 11-19　地面坐标系与假定坐标系

② 计算地下导线点在假定坐标系 $x'O_1y'$ 中的坐标

如图 11-19 所示，设以 O_1 为坐标原点，O_1B_1 为 x' 轴方向构成 $x'O_1y'$ 假定坐标系。此时，$\alpha'_{A1} = 0$，在此坐标系中地下各导线点的坐标为：

$$x'_i = \sum_1^n D_i \cos\alpha'_i$$

$$y'_i = \sum_1^n D_i \sin\alpha'_i$$

由此推得 O_2 点假定坐标(x'_{O_2}, y'_{O_2})及其坐标方位角与距离为：

$$x'_{O_2} = \Delta x'_{O_1O_2}$$

$$y'_{O_2} = \Delta y'_{O_1O_2}$$

$$\alpha'_{O_1O_2} = \arctan \frac{\Delta y'_{O_1O_2}}{\Delta x'_{O_1O_2}}$$

$$D'_{O_1O_2} = \sqrt{\Delta x'^2_{O_1O_2} + \Delta y'^2_{O_1O_2}}$$

在隧道工程中，由于竖井一般不太深，通常取地面与地下坑道高程的平均值作为投影面。这样，地面与地下导线边的投影改正数可以忽略不计。当 $\Delta D = D_{O_1O_2} - D'_{O_1O_2}$ 小于规定限差时，就可以按下式计算地下导线各点在地面坐标系中的坐标，即：

$$\begin{pmatrix} x_i \\ y_i \end{pmatrix} = \begin{pmatrix} x_{O_1} \\ y_{O_1} \end{pmatrix} + \begin{pmatrix} \cos\alpha_i & -\sin\alpha_i \\ \sin\alpha_i & \cos\alpha_i \end{pmatrix} \begin{pmatrix} x'_i \\ y'_i \end{pmatrix}$$

（11-19）

式中：α_i——地下导线各边在地面坐标系中的方位角；

$$\alpha_i = \alpha'_i + \Delta\alpha, \Delta\alpha = \alpha_{O_1O_2} - \alpha'_{O_1O_2}$$

③ 两竖井间地下导线的平差

由于测量误差，使 $D_{O_1O_2} \neq D'_{O_1O_2}$，导致地下导线在地面坐标系中计算得地下 O_2 点的 $x_{O_2下}$，

$y_{O_2下}$ 与原地面实测 O_2 点坐标 (x_{O_2}, y_{O_2}) 不相等,其坐标闭合差为:

$$f_x = x_{O_2下} - x_{O_2}$$
$$f_y = y_{O_2下} - y_{O_2}$$
$$f = \sqrt{f_x^2 + f_y^2}$$

其全长相对闭合差为:

$$K = \frac{f}{\sum D} = \frac{1}{\sum D/f}$$

当 K 满足规定要求时,可将 f_x、f_y 反号按边长成比例分配到地下导线各坐标增量上,再由 O_1 点推算地下各导线点的坐标值。

然后根据地下导线两端端点 B_1、B'_1 与 B_2、B'_2 平差后坐标反求定向边的坐标方位角为:

$$\alpha_{B_1B'_1} = \arctan \frac{y_{B'_1} - y_{B_1}}{x_{B'_1} - x_{B_1}}$$

$$\alpha_{B_2B'_2} = \arctan \frac{y_{B'_2} - y_{B_2}}{x_{B'_2} - x_{B_2}}$$

此法与一井定向法比较,外业工作较为简单,占用竖井时间较短;同时由于两吊锤线间距离增大,可减少投点误差引起的方向误差,有利于提高地下导线的精度。

应用此法时,应注意在两竖井之间的巷道内布设地下导线,尽可能长边、直伸;观测时,先做地面近井点和地下导线点与悬挂垂线的连接测量;当竖井不太深时,通常取地面与地下坑道高程的平均高程为作为投影面,其导线边投影改正可忽略不计。

(3) 精度分析

若进行两井定向,则无定向导线最后一条导线边的方位角中误差 m_{α_n} 为:

$$m_{\alpha_n} = m_\beta \sqrt{\frac{(n-1.5)}{3}}$$

式中:n——导线边数。

若不作两井定向,则按支导线推算最后一条边的方位角中误差 m'_{α_n} 为:

$$m'_{\alpha_n} = m_\beta \sqrt{n-1}$$

例如:布设 $n=5$ 条边,测角中误差 m_β 相同,两者比较:

$$\frac{m'_{\alpha_n}}{m_{\alpha_n}} = \frac{\sqrt{n-1}}{\sqrt{\frac{n-1.5}{3}}} = 2$$

即:

$$m_{\alpha_n} = \frac{1}{2} m'_{\alpha_n}$$

由此表明,采用两井定向(无定向导线)能明显提高导线最后一条边的方位角精度。

2) 铅垂仪与全站仪联合定向法

上述方法在竖井中是挂锤线,如果竖井深及重锤不稳,其垂准误差对地下定向边的方位角精度影响较大,且在竖井中悬挂锤线也不方便,有时会影响施工。现在,我们可以用激光铅垂仪代替悬挂锤线,不仅方便,而且可提高垂准精度。这种方法的基本原理与计算与上述方法相同,此处不再详述。现以南京地铁一号线某车站应用此法进行定向测量的工程实例以说明。

如图 11-20 所示,利用车站电梯井与预留井孔进行两井定向,两井之间的连接通道就是该车站二层站台,两洞孔相距 205m。

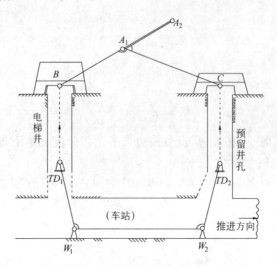

图 11-20　铅垂仪与全站仪联合定向法

图中 A_1、A_2 为地面平面网控制点,B、C 为投测竖井(孔)上方内外式支架的内架中心,在 B、C 处焊有一个 $20cm \times 20cm$ 正方形铜板,上面有一孔径略大于经纬仪基座螺旋直径的孔洞。地下 TD_1、TD_2、W_1、W_2 等点埋设具有强制对中装置的固定观测墩。注意在埋设时应使 B 点与 TD_1 点,C 点与 TD_2 点位于同一铅垂线上,以便于向上投测。

使用 $2''$ 级以上的激光铅垂仪,安置在 TD_1、TD_2 固定观测墩上,整平后按操作要求向上投测。在井口上方内架 B、C 处安置基座,根据铅垂仪红光点的位置指挥井上微动基座,使基座中心刚好位于红光点处,固定基座,安上照准标牌(棱镜),朝向 A_1 方向。在地面控制点 A_1 安置全站仪,瞄准 B、C 方向测角与测距。然后全站仪分别安置在地下定向边的导线点 W_1、W_2 上,测角与测距,用 $1''$ 级全站仪观测角度 4 测回(左、右角),边长往返 4 测回。

地下定向边 W_2W_1 的坐标方位角计算及 W_2 坐标计算的方法同前述。

经过无定向单导线平差计算,地下定向边 W_2W_1 的坐标方位角中误差 $m_{\alpha_{W_2W_1}} = \pm 1.27''$,地下定向边定向点 W_2 的横向中误差 $m_{W_2} = \pm 1.23mm$。

以上定向测量成果,经南京市地铁指挥部监理中心复核:定向边 W_2W_1 的坐标方位角的较差仅为 $-0.39''$,定向点 W_1、W_2 的坐标较差在 $2 \sim 5mm$ 以内。监理中心复核后认为成果合格,满足规范要求,可用于指导施工。

使用这一成果,指导盾构机单向推进,在另一车站洞门口贯通,其横向贯通误差为 9.5mm(限差 $\pm 50mm$),表明这种定向测量方法也是实用可靠的。

11.3.3　竖井高程传递

将地面高程传递到地下洞内时,随着隧道施工布置的不同,而采用不同的方法。在进行高程传递之前,必须对地面近井水准点或洞口外水准点的高程(含高程系统)进行检核。

1)水准测量方法

当通过洞口或横洞或坡度不大的斜井传递高程时,可由洞外已知高程的水准点用水准测量方法进行传递与引测,其精度应满足相应规范与工程的要求。

当通过竖井传递高程时,应在竖井内悬挂长钢尺或钢丝(用钢丝时井上需有比长器)与水准仪配合进行测量,如图 11-21 所示。

首先将经检定的长钢尺悬挂在竖井内,钢尺零点朝下,下端挂一重锤,并置于油桶里,使之稳定。在井上、井下各安置一台水准仪,精平后同时读取钢尺上读数 b、c,然后再读取井上、井下水准尺读数 a、d。测量时用温度计量井上与井下的温度。由此可求取井下水准点 B 的高程 H_B 为:

$$H_B = H_A + a - (b - c) - d + \Delta l_d + \Delta l_t$$
(11-20a)

$$\Delta l_d = \frac{\Delta l}{L_0} \times (b - c) \quad (11\text{-}20\text{b})$$

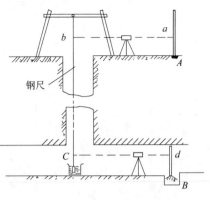

图 11-21 竖井高程传递(一)

$$\Delta l_t = 1.25 \times 10^{-5} \times (b - c) \times (t - t_0) \quad (11\text{-}20\text{c})$$

式中:H_A——地面近井水准点或洞口外水准点的已知高程;

Δl_d——尺长改正数;

Δl——钢尺经检定后的一整尺的尺长改正数;

L_0——钢尺名义长度;

Δl_t——温度改正数;

t——井上、井下温度平均值;

t_0——检定时温度(一般为 20℃)。

注意:如果是悬挂钢丝,则 $(b-c)$ 值应在地面上设置的比长器上求取;同时地下洞内一般宜埋设 2~3 个水准点,并应埋在便于保存、不受干扰的位置;地面上应通过 2~3 个近井水准点将高程传递到地下洞内,传递时应用不同仪器高,求得地下洞内同一水准点高程互差不超过 5mm。

2) 光电测距仪与水准仪联合测量法

当竖井较深或其他原因不便悬挂钢尺时,可使用光电测距仪代替钢尺的办法,能既方便又准确地将地面高程传递到井下洞内。当竖井深度超过 50m 时,尤其显示出此方法的优越性。

如图 11-22 所示,在地上井架内架中心上安置精密光电测距仪,装配一托架,使仪器照准头朝下直接瞄准井底的棱镜,测出井深 D,然后在井上、井下分别同时用 1 台水准仪,测定井上水准点 A 与测距仪照准头中心的高差 $(a-b)$、井下水准点 B 与棱镜面中心的高差 $(c-d)$。由此可得到井下水准点 B 的高程 H_B 为:

$$H_B = H_A + a - b - D + c - d \quad (11\text{-}21)$$

式中:H_A——地面井上近井水准点已知高程;

a、b——井上水准仪瞄准水准尺上的读数;

c、d——井下水准仪瞄准水准尺上的读数;

D——井深(由光电测距仪直接测得)。

注意:水准仪读取 b、c 读数时,由于 b、c 值很小,也可用钢卷尺竖立代替水准尺;本法也可以使用激光干涉仪(采用衍射光栅测量)来确定地上至地下垂距 D。这些都可以作为高精度传递高程的有效手段。

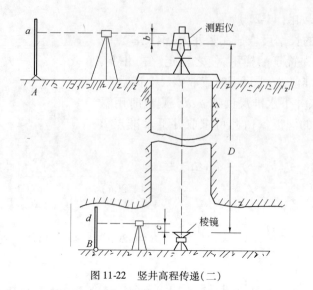

图 11-22 竖井高程传递(二)

11.4 地下洞内施工控制测量

地下洞内施工控制测量包括地下导线测量和地下水准测量。它们的目的是以必要的精度,根据联系测量传递到洞内的方位角、坐标及高程,建立地下平面与高程控制,用以指示隧道开挖方向,并作为洞内施工放样的依据,保证相向开挖隧道在精度要求范围内贯通。

11.4.1 地下洞内平面控制测量(地下导线测量)

隧道洞内平面控制测量,通常有两种形式:当直线隧道长度小于 1000m,曲线隧道长度小于 500m 时,可不作洞内平面控制测量而是直接以洞口控制桩为依据,向洞内直接引测隧道中线,作为洞内平面控制。但是当隧道长度较长时,必须建立洞内精密地下导线作为洞内平面控制。

地下导线测量的起算数据是通过联系测量或直接测定等方法传递至地下洞内定向边的方位角和定向点坐标,地下导线等级的确定,取决于隧道的长度与形状,参见表 11-10。

1)地下导线的特点和布设

(1)地下导线由隧道洞口等处定向点开始,按坑道开挖形状布设,在隧道施工期间,只能布设成支导线的形式,随隧道的开挖而逐渐向前延伸。

(2)地下导线一般采用分级布设的方法:先布设精度较低、边长较短(边长为 25～50m)的施工导线;当隧道开挖到一定距离后,布设边长为 50～100m 的基本导线;随着隧道开挖延伸,还可布设边长为 150～800m 的主要导线,如图 11-23 所示。三种导线的点位可以重合,有时基本导线这一级可以根据情况舍去,即直接在施工导线的基础上布设长边主要导线。长边主要导线的边长在直线段不宜短于 200m,曲线段不短于 70m,导线点力求沿隧道中线方向布设。对于大断面的长隧道,可布设成多边形闭合导线或主副导线环,如图 11-24 所示。有平行导坑时,应将平行导坑单导线与正洞导线联测,以资检核。

(3)洞内地下导线点应选在顶板或底板岩石坚固、安全、测设方便与便于保存的地方。控制导线(主要导线)的最后一点应尽量靠近贯通面,以便于实测贯通误差。对于地下坑洞的相交处,也应埋设控制导线点。

(4)洞内地下导线应采用往返观测。由于地下导线测量的间歇时间较长且又取决于开挖面进展速度,故洞内地下导线(支导线)采取重复观测的方法进行检核。

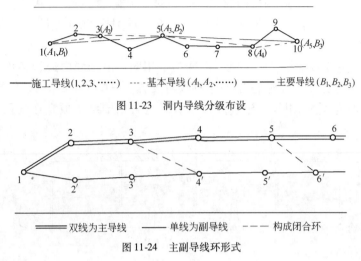

图 11-23 洞内导线分级布设

图 11-24 主副导线环形式

2)地下导线观测及注意事项

(1)每次建立新导线点时,都必须检测前一个"旧点",确认没有发生位移后,才能发展新点。

(2)有条件的地段,主要导线点应埋设带有强制对中装置的观测墩或内外架式的金属吊篮,并配有灯光照明,以减少对中与照准误差的影响,这有利于提高观测精度。

(3)使用 J_2 级经纬仪(或全站仪)观测角度,施工导线观测 1~2 测回,测角中误差为 ±6.0″以内。控制长边导线宜采用全站仪(Ⅰ、Ⅱ级)观测,左、右角两测回,测角中误差为±5.0″以内,圆周角闭合差±6.0″以内。边长往返观测两测回,往返测平均值较差小于 7mm。

(4)如导线长度较长,为限制测角误差积累,可使用陀螺经纬仪加测一定数量导线边的陀螺方位角。一般加测一个陀螺方位角时,宜加测在导线全长的 2/3 处的某导线边上;若加测两个以上陀螺方位角时,宜以导线长度均匀分布。根据精度分析,加测陀螺方位角数量宜以 1~2 个为好,对横向精度的增益较大。

(5)对于布设如图 11-24 所示主副导线环,一般副导线仅测角度,不测边长。对于螺旋形隧道,由于难以布设长边导线,每次施工导线向前引伸时,都应从洞外复测。对于长边导线(主要导线)的测量宜与竖井定向测量同步进行,重复点的重复测量坐标与原坐标较差应小于 10mm,并取加权平均值作为长边导线引伸的起算值。

11.4.2 地下洞内高程控制测量(地下水准测量)

地下水准测量应以通过水平坑道、斜井或竖井传递到地下洞内的水准点作为起算依据,然后随隧道向前延伸,测定布设在隧道内的各水准点高程,作为隧道施工放样的依据,并保证隧道在高程(竖向)上准确贯通。

地下水准测量的等级和使用仪器主要根据两开挖洞口间洞外水准路线长度确定,参见表 11-11 有关规定。

1)地下水准测量的特点和布设

(1)地下洞内水准路线与地下导线路线相同,在隧道贯通前,其水准路线均为支水准线,因而需要往返或多次观测进行检核。

(2)在隧道施工过程中,地下支水准路线随开挖面的进展向前延伸,一般先测定精度较低的临时水准点(可设在施工导线点上),然后每隔200～500m测定精度较高的永久性水准点。

(3)地下水准点可利用地下导线点位,也可以埋设在隧道顶板、底板或边墙上,点位应稳固、便于保存。为了施工方便,应在导坑内拱部边墙至少每隔100m埋设一个临时水准点。

2)地下水准测量观测与注意事项

(1)地下水准测量的作业方法与地面水准测量相同。由于洞内通视条件差,视距不宜大于50m,并用目估法保持前、后视距相等;水准仪可安置在三脚架上或安置在悬臂的支架上,水准尺可直接立在洞内底板水准点(导线点)上,有时也可用倒尺法顶立在洞顶水准点标志上,如图11-25所示。

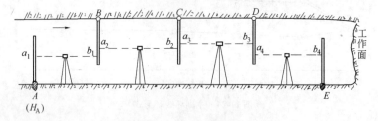

图11-25 地下水准测量(倒尺法)

此时,每一测站高差计算仍为 $h = a - b$,但对于倒尺法,其读数应作为负值计算。图11-25中各测站高差分别为:

$$h_{AB} = a_1 - (-b_1)$$
$$h_{BC} = (-a_2) - (-b_2)$$
$$h_{CD} = (-a_3) - (-b_3)$$
$$h_{DE} = (-a_4) - b_4$$

则:

$$h_{AE} = h_{AB} + h_{BC} + h_{CD} + h_{DE}$$

(2)在开挖工作面向前推进的过程中,对布设的支水准路线,要进行往返观测,其往返测不符值应在限差以内,取高差平均值作为最后成果,用以推算各洞内水准点高程。

(3)为检查地下水准点的稳定性,还应定期根据地面近井水准点进行重复水准测量,将所得高差成果进行分析比较。若水准标志无变动,则取所有高差平均值作为高差成果;若发现水准标志变动,则应取最近一次的测量成果。

(4)当隧道贯通后,应根据相向洞内布设的支水准路线,测定贯通面处高程(竖向)贯通误差,并将两支水准路线联成附合于两洞口水准点的附合水准路线。要求对隧道未衬砌地段的高程进行调整。高程调整后,所有开挖、衬砌工程均应以调整后高程指导施工。

11.4.3 洞内施工测量

在隧道施工过程中,根据洞内布设的地下导线点,经坐标推算而确定隧道中心线方向上有关点位,以准确指导较长隧道的开挖方向和便于日常施工放样。

1)洞内开挖方向的标定

对于较长的隧道施工,常用中线法指导掘进方向,如图11-26所示。图中1、2、3等为地下导线点,A为中心线上一点,其设计坐标可求得。根据2、3导线点可用全站仪放出中线点A的平面位置。然后将仪器安在A点,后视3点,用正倒镜取中法测设β_A即可定出中线方向。随开挖面推进，A 点远离开挖面，此时可根据地下导线点 4、5 放出中线点 B 的位置，继续上述方法定出开挖中线。

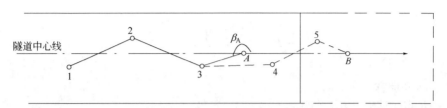

图 11-26　中线法指导开挖方向

随着激光技术的发展，中线法指导开挖时，可在中线 A、B 等点上设置激光导向仪，则可更方便、更直观地指导隧道的掘进工作。

采用开挖导坑法施工时，可用串线法指导开挖方向。此法是利用悬挂在两临时中线上的垂球线，直接用目估法标定开挖方向，如图 11-27 所示。

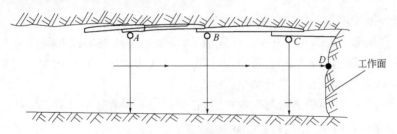

图 11-27　串线法指导开挖方向

图 11-27 中，施工临时中线点 A、B、C（一般埋设在导坑顶板上）可用前述的中线法设置，两临时中线点的间距不宜小于 5m。标定开挖方向时，在 A、B、C 三个临时中线点上悬挂垂球线，用目估法配合手电筒灯光，将 A、B、C 延长至工作面处，标示出 D 点。由于此法标定方向误差大，故要求 A 点到工作面的距离直线段不宜超过 30m，曲线段不宜超过 20m。如超过，应用经纬仪继续将临时中线点向前延伸，再引测两个临时中线点，再用串线法延伸，以指导开挖方向。为了保证开挖方向的正确，必须随时根据地下导线点检测中线点位置，便于及时纠正开挖方向。

对于曲线导坑，常用切线支距法和弦线偏距法，如图 11-28 所示。图中 A、B 为曲线上已定出两个临时中线点，如要向前延伸定出一个新中线点 C，要求弦长 $BC = AB = S$。此时，用钢尺由 B 点根据距离 S 和 d 交会出 D 点，在 D、B 悬挂垂球线，沿 DB 方向挂线向前掘进。当开挖到一定距离后，由 B 点沿 DB 方向向前量取 S，即得到新的临时中线点 C。用同样方法再从 BC 向前延伸。测设临时中线点的精度应在 ±5mm 以内。

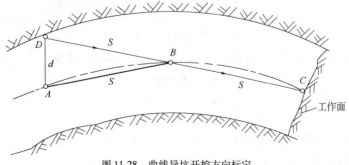

图 11-28　曲线导坑开挖方向标定

图 11-28 中,S 是施工中线点等弦长(一般为 5～10m)。图中 d 可按下式求得：

$$d = \frac{S^2}{R} \quad (圆曲线部分) \tag{11-22a}$$

或：

$$d = \frac{S^2}{R} \cdot \frac{L_B}{L_0} \quad (缓和曲线部分) \tag{11-22b}$$

式中：R——圆曲线半径；
L_0——缓和曲线的全长；
L_B——B 点到 ZH 或 HZ 的距离。

当隧道采用上、下导坑法施工时,上部导坑的中线每引伸一定的距离,都要与下部导坑的中线联测一次。联测一般是通过靠近上部导坑掘进面的漏斗口进行的,用长线垂球、垂准仪或经纬仪光学对点器将下导坑的中线点 A 引测到上导坑的顶板上 B 处,如图 11-29 所示。

移设 3 个中线测点后,应复核其准确性。开挖一段距离后及筑拱前,应再将中线点位由上导坑引下至下导坑核对。

2)隧道开挖断面测量和衬砌前的放样工作

隧道施工在拱部扩大和马口开挖工作完成后,需要根据线路中线和附近地下水准点进行开挖断面测量,检查隧道内轮廓是否符合设计要求,并用来确定超挖或欠挖工程量。一般常用极坐标法、直角坐标法及交会法进行测量。

在隧道衬砌之前,还需要进行衬砌放样,包括立拱架测量和边墙放样等工作。关于这些内容,读者可参考隧道施工测量方面有关书籍。

3)隧道腰线测设

为了控制隧道坡度和高程的正确性,通常在隧道岩壁上每隔 5～10m 标出比洞底地坪高出 1m 的抄平线,又称为腰线。腰线与洞底地坪的设计高程线是平行的。施工人员根据腰线可以很快地放样出坡度和各部位的高程,如图 11-30 所示。

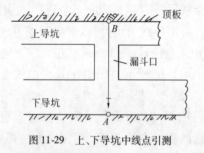

图 11-29 上、下导坑中线点引测　　图 11-30 腰线的测设

腰线的测设步骤：

①将水准仪安置在欲测设腰线的地方,后视洞内地下水准点 A,由水准尺读数为 a,即得视线高程 $H_i = H_A + a$,在洞壁上 B、C 处标出视线高程位置。

②根据腰线点 B、C 高程是它们设计高程 H_B、H_C 加上 1m(即 $H_B' = H_B + 1m$, $H_C' = H_C + 1m$),即可求得 B、C 点处视线高程与 H_B'、H_C'的差值为：

$$\Delta h_1 = H_B' - H_i$$
$$\Delta h_2 = H_C' - H_i$$

若 Δh_1 为正,则由视线高程处竖直向上量取 Δh_1,得腰线点 B;若 Δh_1 为负,则由视线高程处竖直向下量取 Δh_1,得腰线点 B。

标出腰线点 B、C 后，BC 连线称为腰线。

11.5 隧道贯通测量

在隧道施工中，由于洞外控制测量、联系测量和洞内控制测量的误差，导致相向开挖中两洞口的施工中线在贯通面处不能理想地衔接，而产生错开现象，其错开的距离称为贯通误差。它在线路中线方向上的投影长度称为纵向贯通误差；它在垂直于中线方向上的投影长度，称为横向贯通误差；它在高程（竖向）方向上投影长度，称为高程贯通误差。其中最关键的是横向贯通误差。各项贯通误差的允许值（限差）可参见表 11-12 与表 11-13。隧道贯通测量就是测定在贯通面处各项贯通误差的大小，以评价工程的质量，同时采取适当的方法将贯通误差加以调整，从而获取一个合格的对行车没有不良影响的隧道中线，作为扩大隧道断面、修筑衬砌以及铺设轨道的依据。

1）测定贯通误差的方法

（1）延伸中线法

由中线法标定隧道开挖方向时，贯通之后，可从相向开挖的两个中线方向各自向贯通面延伸中线，并各钉一临时桩 A、B，如图 11-31 所示。

丈量 A、B 之间的距离，即得到隧道实际的横向贯通误差。A、B 两临时桩的里程之差，即为隧道的实际纵向贯通误差。

（2）坐标法

采用洞内地下导线对隧道进行控制测量时，可由开测的任一方向，在贯通面附近钉设一临时桩点 A，然后由相向开挖的两个方向，根据靠近贯通面处的主要导线点，测定该临时桩点 A 的坐标，如图 11-32 所示。这样，可以得到两组不同的坐标值 (x_A', y_A')、(x_A'', y_A'')。则实际横向贯通误差为 $y_A' - y_A''$，实际纵向贯通误差为 $x_A' - x_A''$。

在临时桩点 A 上安置经纬仪测出夹角 β，以便计算导线的角度闭合差，即方位角贯通误差。

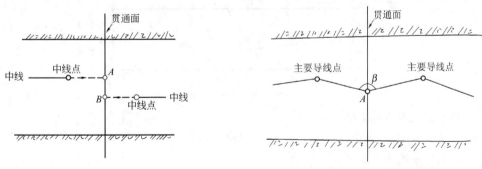

图 11-31　延伸中线法测定贯通误差　　　图 11-32　坐标法测定贯通误差

【例 11-6】　图 11-33 为某城市公路隧道示意图。该隧道由半径不同的三段曲线和两段直线组成，全长 $L = 2800\text{m}$，采用双向开挖。在图示贯通面处埋设临时桩点 A，使用 2″级全站仪，以一级导线测量精度，分别由地下主要导线点 5 和 6 点实测 A 点坐标，得 (x_A', y_A')、(x_A'', y_A'')。

由主要导线点 5—A 得：

$$x_A' = 5510.586\text{m}, y_A' = 59018.209\text{m}$$

由主要导线点 6—A 得：

$$x_A'' = 5510.578\text{m}, y_A'' = 59018.180\text{m}$$

则实际横向贯通误差为：

$$y_A' - y_A'' = +29\text{mm}$$

实际纵向贯通误差为：

$$x_A' - x_A'' = +8\text{mm}$$

对照本章表 11-13 规定，当公路隧道全长 $L < 3\text{km}$ 时，横向贯通限差为 $\pm 150\text{mm}$，纵向贯通限差一般取 $L/2000$，故本工程公路隧道纵向、横向贯通误差均满足要求。

注意：在实测贯通面处 A 点坐标前，应认真及时检测地下主要导线点 5 和 6 点坐标，并使之坐标系统统一。

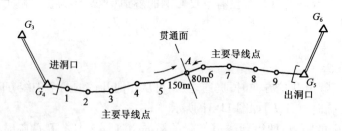

图 11-33　坐标法示意图

（3）水准测量法

由隧道两端洞口附近水准点向洞内各自进行水准测量（也可以由离开贯通面较近稳定的地下水准点），分别测出贯通面处同一水准点的高程，其高程之差即为实际的高程贯通误差。

【例 11-7】　图 11-34 为某高速公路隧道示意图。该隧道全长 $L = 1070.25\text{m}$，采用双向开挖。在图示贯通面附近埋设临时水准点 A，使用 DS₃ 型水准仪以四等水准测量精度分别由进洞口和出洞口处已知水准点向贯通面方向施测临时水准点 A 的高程，得 A 点高程为得 H_A'、H_A''。

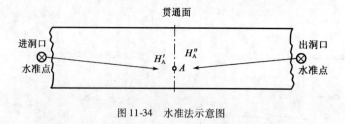

图 11-34　水准法示意图

由进洞口水准点—A 得：

$$H_A' = 744.592\text{m}$$

由出洞口水准点—A 得：

$$H_A'' = 744.615\text{m}$$

则实际高程贯通误差为：

$$H_A' - H_A'' = -23\text{mm}$$

对照本章表 11-13 规定，高程贯通面限差为 $\pm 70\text{mm}$，故本工程高程贯通误差满足要求。

注意：在实测贯通面处水准点 A 的高程前，应认真及时复测进洞口和出洞口已知水准点的高程，并使之高程系统统一。

当然，除水准测量方法外，也可利用全站仪光电测距三角高程测量方法，代替三、四等水准测量。

2）贯通误差的调整

隧道中线贯通后，应将相向两方向测设的中线各自向前延伸一段适当的距离。如贯通面附近有曲线的始点（或终点）时，则应延伸至曲线以外的直线上一段距离，以便调整中线。

调整贯通误差的工作，原则上应在未衬砌隧道地段上进行，不再变动已衬砌地段的中线位置，以防减小限界而影响行车。对于曲线隧道还应注意尽量不改变曲线半径和缓和曲线长度，否则应经上级批准。在中线调整后，所有未衬砌地段的工程，均应以调整后中线指导施工。

(1) 直线隧道贯通误差的调整

直线隧道中线调整可采用折线法，如图 11-35 所示。

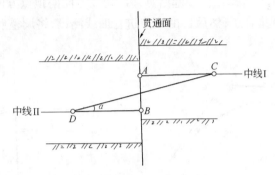

图 11-35 折线法调整贯通误差

当直线隧道贯通面处横向贯通误差在容许范围以内时，则将贯通面两侧的中线（I、II）上的 A、B 点各自向后延长一个适当距离至 C、D 点。若 CD 连线与原中线方向的转折角 α 在 5′ 以内时，可用 IID、DC、CI 折线代替该未衬砌地段的中线。

如果转折角 α 在 5′~25′ 时，可不设曲线，但应以转角 α 的顶点 D（或 C）内移一个外矢矩 E 值，得到中线位置。内移外矢矩 E 值的大小可根据半径 R 和转折角 α 计算。现列出半径 R =4000m 的不同转折角 α 的 E 值，见表 11-17。

各种转折角 α 的内移外矢距 E 值 表 11-17

转折角 α	5′	10′	15′	20′	25′
内移外矢距 E 值（mm）	1	4	10	17	26

注：若转折角 α 大于 25′，则应以圆曲线半径 R 加设反向曲线。

对于用地下导线精密测定的实际贯通误差的情况，若贯通误差在规定限差以内，可将实测的角度闭合差（方位角闭合差）反号平均分配到该段地下导线的各个角度上，按简易平差计算各导线点坐标，求得坐标闭合差；然后按导线边长成比例分配坐标闭合差，得到调整后的各导线点坐标，以此作为洞内未衬砌地段隧道中线点位放样的依据。

(2) 曲线隧道贯通误差的调整

当隧道贯通面位于圆曲线上，同时调整贯通误差的地段又全部在圆曲线上时，由曲线的两端向贯通面按长度比例调整中线，也可用调整偏角法进行调整，即在贯通面两侧每 20m 弦长的中线点上，增减 10″~60″ 的切线偏角值。

当贯通面位于曲线始（终）点附近时（见图 11-36），可由隧道一端经过 E 点测至圆曲线的终点 D，而另一端经由 A、B、C 诸点测至 $D′$ 点，D 点与 $D′$ 点不相重合。再自 $D′$ 点作圆曲线的切

线至 E' 点，DE 与 $D'E'$ 既不平行也不重合。为了调整贯通误差，可先采用"调整圆曲线长度法"使 DE 与 $D'E'$ 平行，即将圆曲线缩短（或增大）一小段长度 CC'，使 $DE // D'E'$。CC' 的近似值可由下式计算：

$$CC' = \frac{EE' - DD'}{DE} \cdot R \tag{11-23}$$

式中：R——圆曲线半径。

CC' 曲线长度对应圆心角 δ 为：

$$\delta = CC' \frac{360°}{2\pi R}$$

经过调整圆曲线长度后，尽管 $DE // D'E'$，但仍不重合，如图 11-37 所示。此时可采用"调整曲线始终点法"进行调整。即由曲线起始点 A 沿切线方向向顶点方向移动到 A' 点，使 $AA' = FF'$，这时 DE 与 $D'E'$ 就重合了；然后再由 A' 点进行曲线测设，将调整后的曲线标定在实地上。

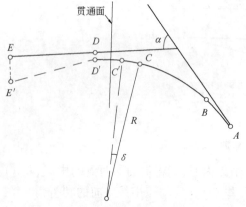

图 11-36 调整圆曲线长度法

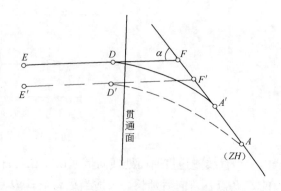

图 11-37 调整曲线始终点法

$AA'(FF')$ 可由下式计算：

$$AA' = FF' = \frac{DD'}{\sin\alpha} \tag{11-24}$$

式中：α——曲线的总偏角。

(3) 高程贯通误差的调整

高程贯通误差测定后，如在规定限差范围以内，则对于洞内未衬砌地段的各个地下水准点高程，可根据水准路线的长度对高程贯通误差按比例分配，得到调整后的各个水准点高程，以此作为施工放样的高程依据。

11.6 隧道竣工测量

隧道竣工后，为了检查主要结构物及线路位置是否符合设计要求并提供竣工资料，为将来运营中的检修工程和设备安装等提供测量控制点，必须进行竣工测量。竣工测量一般包括中线测量、高程测量和横断面测量。

1) 中线测量

竣工测量时，首先检测中线点，从一端洞口检测至另一端洞口。检测时，在直线地段每 50m、曲线地段每 20m，或需要加测断面处，打临时中线桩并加以标志，检测已设好的中线桩，核对施工时已设标石的里程及偏离中线的程度。当中线统一检测闭合后,于直线地段每200~250m埋设一个永久中线桩,曲线地段在主点埋设永久中线桩。

中线测量精度要求与复测时精度要求相同。

2)高程测量

在中线统一检测闭合后进行高程测量。每公里应埋设一个水准点,短于1km的隧道应至少埋设一个水准点,最好在两端洞门附近各设一个水准点,附合在洞外水准点上,进行平差后确定各点高程。全线必须采用统一高程系统。高程测量精度要求与复测时精度要求相同。

永久中线点、水准点经检测后,除了在边墙上加上标示之外,尚需列出实测成果表,注明里程(里程应自起点连续计算),必要时还需绘出示意图,作为竣工资料之一。

3)横断面测量

竣工测量另一项主要内容是横断面测量。采用极坐标法、直角坐标法、支距法,或摄影、激光扫描等方法测绘隧道的实际净空断面,应在直线地段每50m、曲线地段每20m,或需要加测断面处测绘隧道的实际净空断面,如图11-38所示。一般横断面应测定拱顶高程、起拱线宽度、轨顶水平宽度、铺底或仰拱高程等,均以线路中线为准。净空测量亦可以用自制各种简易工具。

横断面测量主要是检查横向尺寸,其误差不应超过规定值。

竣工测量后一般要求提供下列图表:隧道长度表、净空表、隧道回填断面图、水准点表、中桩表、断链表、坡度表。

最后,应进行整个隧道所有测量成果的整理,并撰写施工测量技术总结。

4)工程实例

南京地铁一号线鼓楼—玄武门为双洞单线,全长 $L=1064\text{m}$,于2003年10月完工,完工后即进行隧道竣工测量。

竣工测量的目的是检查建筑限界是否侵界,为工程验收、质量评定及后续施工等提交技术资料,也是编制竣工文件和竣工图的重要内容。

本工程竣工测量使用 Leica TCR702 免棱镜全站仪(2″级)和尼康 AS—2 精密水准仪(±0.4mm/km)。

竣工测量实施内容如下:

(1)测量点位布设

①控制点布设

所有竣工控制点均埋设混凝土观测墩,坐标和高程系统与原施工测量一致,平面按四等导线施测,高程按二等水准施测。布点时应注意相邻标段的合理衔接。

②中线点布设

直线段每10m、曲线段每5m布设一点,曲线五大桩、隧道结构变化处、渡线、道岔等断面变化处均加设一点。

③横断面测点布设

按限界设计、车辆型号和高速行车安全余量制约处的点位为必测点。图11-39为单洞双线马蹄形断面测点布设示意图。一般在隧道中线处顶部、底部、轨面线左右侧,隧道中线至轨面处以上1.95m、3.64m、4.42m处的左右侧横向平距等,横断面上共布设10个点。

(2)施测方法

①中线测量

以竣工平面控制点为起算坐标,按支导线作业。根据内业预先计算出的中线点坐标,使用全站仪进行放样,在实地定出中线点位置,再复测其坐标与相应设计值比较,满足规定要求后,在实地喷上红油漆标志点位,填写中线检测表。放样中线点位精度为±10mm。

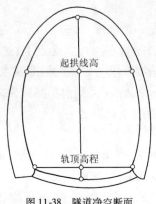

图11-38 隧道净空断面

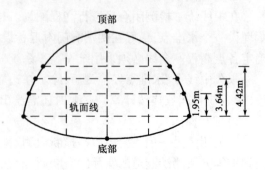

图11-39 单线双洞马蹄形横断面测点示意图

②高程测量

以洞口竣工高程控制点为起算点计算高程,使用水准仪实测中线点处里程的拱顶、拱底及轨面线左右侧点的高程,一般高程测量精度可达到±3mm(规范规定为±10mm),并与相应的设计高程作比较,填写高程记录表。

③横断面测量

使用 Leica TCR702 免棱镜全站仪,在所测横断面处中线点上安置仪器,可以很方便地实测横断面上多个测点的三维坐标,通过计算机数据处理,可以自动生成横断面图。将所测横断面图与设计图的净空尺寸比较,可直观地看出衬砌断面的变化情况。本工程实例实测的横断面测量精度均能控制在±5mm以内,满足规范要求。

使用免棱镜全站仪实测隧道横断面上测点,比较方便,仅需1~2人,平均每个横断面仅需几分钟即可完工,大大提高了工作效率,详见参考文献[77]。

12 地铁工程施工测量

12.1 地铁工程施工测量概述

12.1.1 地铁工程施工测量的内容及特点

地铁工程一般在建筑物稠密、地下管网繁多的城市环境中建设,不仅测量精度要求高,而且技术密集、造价昂贵;同时工程自身与工程环境的安全和稳定在施工和运营时间相互影响较大,因此地下铁道工程测量有其特殊方法和要求。

地铁土建工程主要由车站和隧道构筑物组成,多建于城市的地下,但也有些区段会采用地面或高架线路。如南京地铁一号线长度21.72km,全线设车站16座,其中就有5座车站及区间位于地面和高架桥上。地面或高架段线路的施工测量相对地下的要简单。地面车站和高架车站的施工测量方法和要求与工业及民用建筑类似。地面线路的施工测量主要是路基的施工测量,同公路路基施工测量类似;高架线路的施工测量和普通高架桥施工测量类似。因此,本章节主要介绍地铁地下工程的施工测量。

地下车站的施工方法有盖挖逆作法和明挖顺作法,隧道的施工方法有明挖法、矿山法和盾构掘进法。由于施工方法各异,施工测量也应配合施工工艺展开,其主要测量内容有:地面平面控制测量、地面高程控制测量、线路地面定线测量、联系测量、地下平面和高程测量、隧道(明挖或暗挖)施工测量、铺轨基标测量、设备安装测量等。可见,地铁施工测量不同于其他工程施工测量,有如下主要特点:

(1)地铁建在城市环境中,其设计采用三维坐标解析法,因此施工测量应根据设计资料以三维坐标放样。

(2)工程线路长,全线分区段施工,各区段开工时间、施工方法各异,又分别由不同的承包商施工。要保证贯通,每个区段不仅要完成本段测量任务,还要顾及与邻接工程的衔接。为了使全线满足设计要求,应由专业测量队(测量监理)对全线控制点及贯通进行检测。

(3)地下轨道交通工程有严格的限界规定,尤其在弯道地段,施工时应给结构轮廓预留一定的施工误差裕量。从降低工程成本方面考虑,裕量应尽量小,所以对施工测量精度、净空断面测量精度有较高的要求。

(4)地铁隧道内轨道结构采用维修量较小的整体道床,铺设轨道一次到位,几乎无调整的余地,所以对铺轨基标的测量精度要求为毫米级。

(5)地铁隧道施工对工程正上方及邻近的地表、建(构)筑物造成沉降、倾斜或位移,无论是采用矿山法还是盾构掘进法,地上、地下的沉降和变形监测须同步进行。

(6)隧道内及车站上的控制点在各个工序中经常使用,应按照有关细则要求布设满足精度要求的足够数量的控制点,精心埋设标志,要求点位稳定、可靠、清晰、易找(钢板上嵌入铜芯和螺帽)。

12.1.2 地铁工程施工测量的技术要求及精度标准

地铁施工测量标准主要根据《城市轨道交通工程测量规范》(GB 50308—2008),并参照《工程测量规范》(GB 50026—2007)、《城市测量规范》(GJJ 8—99)、《铁路工程测量规范》(TB 10101—2009)、《公路勘测规范》(JTG C10—2007)和《全球定位系统(GPS)测量规范》(GB/T 18314—2009)执行。由于各地区地铁工程有其特殊性,施工测量标准难以涵容,应根据实际施工工艺要求和经验,确定满足精度要求的施工测量指标。

1)地铁隧道贯通测量的精度指标

地铁工程隧道开挖的贯通误差规定为:横向100mm;纵向$L/5000$(L为两开挖洞口之间的距离);高程50mm。总贯通中误差的允许值取极限误差的一半。表12-1为地铁工程地面控制、联系测量及地下控制贯通误差的精度指标。

地铁工程各项贯通误差精度指标 表12-1

测 量 内 容	地面控制测量	联 系 测 量	地下控制测量	总贯通中误差
横向贯通中误差	≤±25mm	≤±15mm (≤±20mm)	≤±30mm	≤±50mm
纵向贯通中误差	—	—	—	$L/10000$
高程贯通中误差	≤±15mm	≤±9mm	≤±15mm	≤±25mm

注:1.(≤±20mm)为竖井联系测量有趋近导线时采用值。表列精度指标为各级测量方案设计的依据。
2. 本表所列精度指标是各等级测量,包括地面GPS控制网、精密导线网、联系测量、地下导线测量及洞内外高程测量的设计依据,最终必须满足总贯通中误差的要求。
3. L-两开挖洞口之间的距离。

2)地面平面控制测量

(1)GPS控制网

GPS网应以城市二等点为基础连接成长边,沿地铁线路布设GPS控制点,平均边长2km,原则上每个车站至少两个点,每个GPS点至少应与两个相邻GPS点通视,整个GPS网应重合3~5个原城市二等控制点,所有控制点均用异步环相连,组成闭合环或附合路线。网点应远离高压输电线和无线电发射装置,其间距分别不小于50m和200m。观测要求及数据处理均按GPS测量规范要求进行。

GPS网的主要技术要求参见本书第11章表11-5。

(2)精密导线网(四等)

精密导线点应沿地铁线路所经过的实际地形选定,可布设成挂在GPS点上的附合导线、多边形闭合导线或结点网。主要技术要求见表12-2。

四等精密导线测量的主要技术要求 表12-2

平均边长 (m)	导线总长度 (km)	每边测距中误差 (mm)	测距相对中误差	测角中误差 (″)	测回数 I级全站仪	测回数 II级全站仪	方位角闭合差 (″)	全长相对闭合差	相邻点的相对点位中误差 (mm)
350	3~5	±6	1/60000	±2.5	4	6	±5$\sqrt{n}$	1/35000	±8

注:n-导线的角度个数。

导线点点位可充分利用城市已埋设的永久标志,或按城市导线点标志埋设,点位可选在楼房上。精密导线点的位置必须选在地铁工程施工而发生沉降变形区域之外的地方,要稳定可靠,而且应能与附近的 GPS 点通视,并注意相邻边长较差不宜过大,个别边长不宜短于 100m,点位应避开地下管线等地下构筑物,GPS 控制点与相邻精密导线点间的垂直角不应大于 30°。

3) 地面高程控制测量

地面高程控制网应是在城市二等水准点下布设的精密水准网。精密水准测量的主要技术要求应符合表 12-3 的规定。每个车站、竖井、明挖段应至少设两个水准点,并保证点位稳固安全,能长期保存,便于寻找和施测。

精密水准测量的主要技术要求 表 12-3

每千米高差中数中误差(mm)		附合水准路线平均长度(km)	水准仪等级	水准尺	观测次数		往返较差、附合或环线闭合差(mm)	
偶然中误差 M_Δ	全中误差 M_W				与已知点联测	附合或环线	平坦地	山地
±2	±4	2~4	DS_1	因瓦尺	往返测各一次	往返测各一次	$±8\sqrt{L}$	$±2\sqrt{n}$

注:L-往返测段、附合或环线的路线长度(km);n-单程的测站数。

4) 联系测量

(1) 趋近测量

从地面控制点向地下传递坐标、方位和高程是通过洞口、竖井或两个以上钻孔来实现联系测量的,而从地面控制点向近井点引测坐标和方位的趋近测量,可采用边角三角形,或用趋近导线。趋近测量的技术要求见表 12-4。

趋近测量的技术要求 表 12-4

项目	要求	项目	要求
从高楼上向下引测	俯仰角不宜大于 20°	附合、闭合或往返导线	总长不大于 350m
趋近导线	折角个数不多于 3 个	相对点位中误差	≤±10mm

(2) 竖井定向

竖井定向的有关技术要求见表 12-5。

竖井定向的有关技术要求 表 12-5

项 目	方 法	要 求	备 注
竖井投点	每次投点独立进行,共投 3 次	三点互差≤±2mm	取中为最后位置
	按 0°、90°、180°、270° 四个方向投四点	边长≤2.5mm	取其重心为最后位置
	投点	误差≤±0.5mm	井深≤20m
陀螺经纬仪定向	井上陀螺定向边应为精密导线边或更高级边,井下定向边为靠近竖井长度大于 50m 的导线边	①应避免高压电磁场的影响 ②应采用精度稳定的仪器	如 Wild GAK-1 型陀螺经纬仪
矿山法暗挖区间和盾构区间	当竖井较浅时,也可以用优化布设的联系三角法作竖井定向测量,一般须独立定向 3 次	一次定向的方位角中误差≤±8″	取三次平均值作为最后结果
	当正线洞内掘进超过 50m 时,作第一次竖井定向,开挖到 1/3 贯通距处作第二次竖井定向,达到 2/3 全程时第三次竖井定向	各次定向互差≤±10″	可取平均值指导开挖

续上表

项 目	方 法	要 求	备 注
向下传递坐标和方位	可通过洞口、竖井直接测量（斜视线法）	从地面传到正线洞内基线端点相对点位中误差≤±12mm，横向≤±7mm	必须构成有检核的几何图形，且俯仰角不应超过30°
联系测量的基线边	矿山法开挖时	基线边两端点应埋设牢固的钢板桩，设铜心标志	桩的角上设螺帽（作高程点）
	盾构法开挖时	基线长度应大于50m，若车站条件允许最好大于100m	宜埋设稳定的标石
联测检查	当暗挖区间地下导线起始边（起始基线边）经竖井等联系测量后，还应与车站底板上的线路中线点进行联测检查	方位误差≤±12″，横向误差≤±10mm	可用作起始数据指导开挖

注：1. 竖井投点，应采用标称精度不低于1:200000的光学垂准仪。
2. 地下导线的起始边作为每次联系测量的基线边。

5）高程传递

向地下传递高程的次数，与坐标传递同步进行。先作趋近水准，再作竖井高程传递，或直接从洞口向下传递高程。高程传递的有关技术要求见表12-6。

高程传递的有关技术要求　　　　　　表12-6

项 目	方 法	要 求	备 注
地面趋近水准测量	按二等水准测量方法和仪器施测	闭合差≤±8$\sqrt{L}$mm	
明挖段经斜坡通道	按二等水准测量方法和仪器施测	闭合差≤±8$\sqrt{L}$mm	直接引测至底板上的水准点
竖井传递高程	采用悬吊钢尺方法，井上下两台水准仪同时观测读数，每次错动钢尺3~5cm，共测量3次	高差较差不大于3mm；当井深超过20m时，限差为±5mm	取平均值使用

6）地下控制测量

地下平面、高程的起始点、起始方位，是从地面通过竖井、斜井、明挖口传递到地下的坐标、方位、高程点，是以支导线、支水准路线形式布设在正线隧道内。导线点、水准点标石根据施工方法和隧道断面形状的不同，埋设在底板或中线方向上，亦可设在中线两侧；采用盾构施工的隧道，可埋设在边墙边或边墙上设强制对中点。

（1）地下平面控制测量

地下导线是保证正确开挖方向和平面贯通的地下控制网。地下各控制点的埋设应现场浇灌混凝土，采用φ16mm的不锈钢棒做标芯，或采用钢板，钻φ2mm深5mm孔，并镶入黄铜芯，点位要低于地面，并加设保护盖。点位要选在稳定、可靠、不易扰动之处。在盾构区间导线点可设在侧面管片上，安上支架置放仪器，导线点采用螺帽钻孔镶铜丝，可与高程点共用。地下导线测量的有关技术要求见表12-7。

地下导线测量的有关技术要求 表12-7

项 目	说 明	要 求	备 注
地下导线布设	当两车站间暗挖地段超过1000m时	地下导线可分成两级布设,即施工导线(边长30~50m)和基本导线(边长120m以上)	直线隧道平均200m设一点,特殊情况不短于100m,不长于300m;曲线段五大桩或五大桩附近设点
	当开挖地段不超过1000m时	地下导线一次布设,直线段边长120m,曲线段边长50~60m	
地下导线测量	按I级导线精度要求实施	测角中误差≤±5″,导线全长闭合差≤1/14000	施工控制导线最远点点位横向中误差应在25mm之内
	角度测量	采用左、右角观测,各测2测回,左右角平均之和与360°较差≤6″	观测时采用2″、3mm+2×$10^{-6}D$以上精度的全站仪
	边长测量	往返观测各2测回,往返平均值较差≤7mm	
地下导线复核测量	在隧道贯通前要进行3次	重复测量坐标值与原测坐标值≤±10mm	时间与竖井联系测量同步

地下导线测量要求开挖至隧道全长的1/3和2/3处,对地下导线按I级导线精度要求复测,确认成果正确或采用新成果,保障横向贯通精度。

(2)地下高程控制测量

地下高程控制测量包括地下施工水准测量和地下控制水准测量。地下高程控制测量应起算于地下近井水准点。地下水准点可与导线点兼用,亦可另设水准点,水准点密度与导线点数基本相同,曲线段可适当减少一些,一般每150~200m设一个。地下高程控制测量的技术要求见表12-8。

地下高程控制测量的技术要求 表12-8

项 目	说 明	要 求	备 注
地下控制水准测量	按二等水准要求进行施测	其闭合差≤±8$\sqrt{L}$mm	采用DS_1水准仪和因瓦尺
复测	应在隧道贯通前独立进行3次	重复测量的高程与原测高程之差≤5mm	与高程联系测量同步
地下施工水准测量	按四等水准要求进行施测	其闭合差≤±20$\sqrt{L}$mm	采用DS_3水准仪和3m木制板尺进行往返观测

注:L—水准路线长度(km)。

横通道贯通时,左右线水准点应联测,并整体平差。开挖至隧道全长的1/3和2/3处,对地下水准按二等水准精度要求复测,确认成果正确或采用新成果,保障高程贯通精度。

7)施工控制测量成果的检查和检测

为了确保隧道准确贯通和满足设计的净空限界,必须有严格的检查和检测制度。凡承包商的施工控制测量成果,还应经测量监理(一般是业主委托的第三方测量队)检测。检测均应按照规定的同等级精度作业要求进行,一般检测互差应小于2倍中误差,可用原测成果,若大于该值或发现粗差,应由驻地监理会同测量监理采取专项检测来处理。

承包商的测量成果与测量监理检测结果应满足表12-9的要求。

检测结果要求　　　　　　　　表12-9

项目	要求(mm)	项目	要求(mm)
地上导线点的坐标	互差≤±12	相邻水准点的高差	互差≤±3
地下导线点的坐标	互差≤±16	导线边的边长	互差≤±8
地上水准点的高程	互差≤±3	隧道中线点的坐标	互差≤±16
地下水准点的高程	互差≤±5	经竖井悬吊钢尺传递高程	互差≤±3

8)其他测量工作

(1)隧道贯通误差测量

平面贯通测量,在隧道贯通面处(对向开挖时贯通面一般在中间,盾构掘进是从车站到另一车站的进洞点)采用坐标法从两端测定贯通点坐标差,并归算到预留洞门的断面和中线上,求得横向贯通误差和纵向贯通误差进行评定。

高程贯通测量,用水准仪从贯通面两端测定贯通点的高程,其互差即为竖向贯通误差。

(2)地下控制网平差和中线调整

隧道贯通后,地下导线则由支导线经与另一端基线边联测变成了附合导线,支线水准也变成了附合水准,当闭合差不超过限差规定时,进行平差计算。按导线点平差后的坐标值调整线路中线点,改点后再进行中线点的检测,直线夹角不符值≤±6″,曲线上折角互差≤±7″,高程亦要应用平差后的成果。

隧道贯通后导线平差的新成果将作为净空测量、调整中线、测设铺轨基标及进行变形监测的起始数据。

12.2　地铁施工控制网的布设与观测

地铁控制网是地铁工程中的一个重要组成部分,主要特点表现在以下几个方面:

(1)地铁工程通常是整体规划和分期建设,控制网要保证各段隧道、各条线路的正确衔接;同时,还必须满足构筑物定位精度要求。

(2)地铁线路长,且主要在地下施工,控制网要采取分级分段建立。

(3)隧道贯通测量精度要求严格,在隧道施工的各个阶段必须对地面和地下控制网进行联系测量。

(4)地铁施工周期长、内容多,控制网要进行定期复测。

因此,应结合城市实际和地铁工程的特点建立合理、满足精度要求地铁施工控制网。

12.2.1　地面控制网的布设原则

1)首级 GPS 控制网

为使地铁与城市坐标系统相一致,GPS网应联测3~5个城市二等三角点。这样规定,一是可以形成骨架网,增加网形强度;二是作为 GPS 网的起算数据;三是保证 GPS 网精度均匀,减少尺度比的误差影响。考虑到城市的具体情况,市区内高楼林立,楼顶广告牌、霓虹灯多,边长太长易造成不通视,地铁沿线间 GPS 点平均边长1.5~2km,最短边不小于800m。

原则上每个车站设两个 GPS 点,每个点尽可能有两个以上通视方向,这样便于直接从 GPS 点上向洞口引测,也便于常规方法检测。

2)四等精密导线网

精密导线网应沿地铁路线方向布设成附合在 GPS 点上的附合导线、闭合导线或结点网。考虑到施工的需要,各车站、竖井口、车辆段等施工地段均应设导线点。点位要稳定、可靠、便于使用,并按规范要求埋设。

3)高程控制网

地铁沿线二等水准网要起闭于一等水准点,加密水准网要起闭于二等水准点。水准路线可布设成附合路线、闭合路线或结点网。为便于使用和检测,每个车站或施工口至少设两个二等水准点,点位要设在施工范围之外、稳定、可靠、便于使用之处。

12.2.2 控制网精度指标的确定

1)平面控制网各项精度指标的确定

地铁测量的重要任务之一是保证暗挖隧道的准确贯通。根据表12-1规定,一般地铁隧道横向贯通中误差≤±50mm,地面控制测量为≤±25mm,这是 GPS 网、精密导线网精度确定的依据。

根据地铁的实际情况和地下铁道测量的经验,经精度分析和计算得出:GPS 网最弱点位中误差不大于±15mm,相邻点最弱相对点位中误差不大于±10.6mm;精密导线网最弱点位中误差不大于±20mm,相邻点最弱相对点位中误差不大于±8.4mm。这样便可满足地面控制测量对横向贯通误差的影响不大于±25mm 的要求。

为了安全起见,参照《全球定位系统(GPS)测量规范》(GB/T 18314—2009)C 级网及《城市测量规范》(CJJ8—99)三等、四等导线精度指标,确定了 GPS 网精度指标主要技术要求(见本书第11章表11-5)和精密导线网主要技术要求(见本章表12-2)。外业观测应严格按照 GPS C 级网和城市四等导线有关要求作业。

2)高程控制网各项精度指标的确定

根据表12-1规定,地铁要求隧道竖向贯通中误差不大于±25mm,地面高程控制测量的中误差为±15mm。这是地面高程控制测量精度、规格设计的依据。

同样根据精度分析和计算,参照《城市测量规范》(CJJ 8—99)二等水准测量有关精度要求可确定出地面控制水准网主要技术要求,见表12-3。

12.2.3 工程实例:南京地铁一号线工程地面控制网布设与观测

1)工程概况

南京地铁一号线工程,南起小行,北至迈皋桥,西延至奥体中心,线路总长21.72km。线路贯穿南京主城区的中心腹地,把城市中心区商业、金融、文化、综合服务等繁华区及对外交通口等客流集散点连接起来,同时连接南北两个工业区,是南京南北线客流走廊的骨干交通线。全线设车站16座,其中高架站5座,地下站11座,在小行设车辆基地一处,在安德门和迈皋桥各设一座主变电站,控制中心设在市中心珠江路站东北侧,工程总投资为84.83亿元,平均造价为3.91亿元/km,工程建设周期为2001~2005年,建设总工期为5年。

南京地铁一号线工程地面控制网于2000年5月建立,由平面控制网和高程控制网组成。平面控制网包括一个二等(C 级)GPS 网和由其发展的一个四等导线控制网;高程控制网为二等水准网。

2) GPS 控制网

二等(C级)GPS 控制网,由 26 个控制点组成,其中包括劳山、紫金山、河海大学、棉花堤、土山、韩府山 6 个城市二等三角点,20 个地铁新建 GPS 点。全网最长边长 8.3km,最短边长 0.8km,平均边长 3.5km,并保证每座地铁车站附近有一对 GPS 控制点。网形见图 12-1。

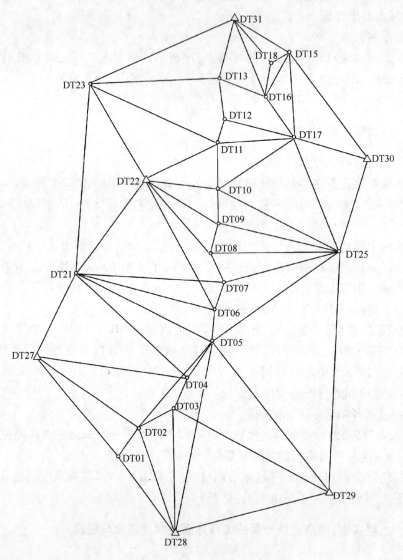

图 12-1 南京地铁一号线工程 GPS 平面控制网示意图

(1) GPS 控制网测量

采用 3 台美国 Ashtech Z_{12} 型 GPS 双频接收机进行观测,仪器标称精度为 $5mm + 1 \times 10^{-6}D$,配备有可抑止多路径效应的扼颈圈天线。作业方式采用静态相对定位模式。以同步三角形连接,扩展成空间 GPS 网。为了提高 GPS 观测的精度与可靠性,GPS 点间构成一定数量 GPS 独立边组成的非同步闭合环,使 GPS 网有足够的多余观测。考虑到该控制网的要求与用途,为提高精度与可靠性,每点至少设站两次,平均重复设站数大于 3 次,这样构成尽量多的三边形非同步闭合环,增加多余观测边数,提高网的可靠度。外业一共作业 15d,观测 30 个时段,共计观测 86 条基线。

GPS 的外业观测,严格按照规范要求进行,如:卫星高度切割角≥15°,有效观测卫星个数≥5,采样间隔为 20″,时段观测时间≥90min,PDOP≤4,每天观测 3~4 个时段;仪器严格整平,强制对中;为消除相位中心偏差对测量结果的影响,安置天线时应使天线指北线指向北方,并用罗盘定向,定向误差小于 5°;对天线严格整平,天线高在测量前后各量 1 次;天线量取时从 3 个不同方向分别量取,互差小于 1mm。

(2)观测数据的处理

①空间基线向量解算

基线向量的解算采用 GPS 接收机厂家随机提供的商用软件 Winprism 进行,对每天的观测数据进行及时处理,对解算结果不好的基线进行单独解算,通过增删卫星、重选基星、改变时段和高度角等方法改善基线解算结果,对于单独解算不满意的基线作重测处理和删除。

外业基线解算采用广播星历、相位观测值双差分技术,解算数据采用率达 99% 以上。基线结果采用双差固定解,表示精度的残差(Rms)均小于 1cm,满足规范规定要求,表示固定解可靠程度因子(Ratio)达 98% 以上。

②基线解算质量检核

为提高 GPS 测量的精度与可靠度,基线解算结束后,利用武测天任 Poweradj 软件进行数据预处理,计算同步环闭合差、非同步环闭合差以及重复基线的检查计算,各环闭合差符合规范要求。

经过计算所有的闭合环均小于限差要求,统计结果见表 12-10。

基线解算检验统计表　　　　　　　　　　　　　　　表 12-10

闭合差 $W/S(10^{-6})$	≤1	1~2	≥2	最大值(cm)	最小值(cm)	总　数
同步闭合环(个)	22	5	0	1.813	0.023	27
占总数百分比(%)	81.5	18.5	0			100
非同步闭合环(个)	5	9	3	2.789	0.235	17
占总数百分比(%)	29.4	52.9	17.7			100
重复基线(个)	8	9	8	3.253	0.037	25
占总数百分比(%)	32.0	36.0	32.0			100

由表 12-10 可知,构造的 27 个同步闭合环中有 22 个相对闭合差小于 1×10^{-6},占总数的 81.5%;构造的 17 个非同步闭合环中有 14 个相对闭合差小于 2×10^{-6},占总数的 82.3%;重复基线中有 17 条相对闭合差小于 2×10^{-6},占总数的 68%,说明观测值的精度和内部符合情况很好。

③GPS 网三维无约束平差

为了全面考察 GPS 网的内部符合精度,探测可能存在的粗差,在 WGS-84 坐标系下进行三维无约束平差。在基线解算质量检核的基础上,进一步评定 GPS 网的内部符合精度与外业观测的质量,利用基线向量改正数进行粗差的检验:$V_{\Delta x,\Delta y,\Delta z} \leq 3\sigma$。

利用 Ashtech 随机商用软件和武测天任 Poweradj 软件分别在 WGS-84 坐标系下进行三维无约束平差。经比较,两种结果十分接近,最后采用武测天任 Poweradj 软件的解算结果。

三维无约束平差以塑料厂(DT15)的单点定位解为起算数据。三维无约束平差的精度评定统计见表 12-11~表 12-13。

三维基线残差 表 12-11

基线残差(cm)	≤1.0	1.0~2.0	2.0以上	最大误差(cm)	最小误差(cm)	总数
X基线条数	79	4	0	-1.25	-0.01	83
占总数百分比(%)	95.2	4.8	0			100
Y基线条数	73	9	1	2.63	0.03	83
占总数百分比(%)	88.0	10.8	1.2			100
Z基线条数	70	12	1	2.00	-0.01	83
占总数百分比(%)	84.3	14.5	1.2			100

三维基线相对误差 表 12-12

相对误差区间	≤1/100万	1/100万~1/50万	≥1/50万	最佳值	最差值	总数
区间个数	37	23	23	1/5556万	1/16万	83
占总数百分比(%)	44.6	27.7	27.7			100

三维点位误差 表 12-13

点位误差(cm)	≤1.0	1.0~2.0	≥2.0	最大值(cm)	最小值(cm)	总数
区间个数	13	11	0	1.59	0.50	24
占总数百分比(%)	54.2	45.8	0			100

三维无约束平差对基线向量质量的检查一般可以通过分析基线向量三个分量的残差、最弱点点位误差、最弱边相对中误差以及验后单位权中误差等来判断。三维基线残差最大 X 误差为 -1.25cm,所在基线为 DT05(中华门)—DT25(中山门);残差最大 Y 误差为 +2.63cm,所在基线为 DT05(中华门)—DT28(韩府山);残差最大 Z 误差为 +2.00cm,所在基线为 DT16(玫瑰园招待所)—DT18(泰悦大厦)。最弱基线相对误差为 1/16 万,所在基线为 DT16(玫瑰园招待所)—DT18(泰悦大厦)。最弱点点位误差为 +1.59cm,所在网点为 DT29(土山)。经分析,GPS 网的测量精度较高,远远高于城市二等 GPS 网的精度要求。

④GPS 网二维约束平差

GPS 网二维约束平差分别采用 54 北京坐标系和 92 南京地方坐标系进行计算,选定中央子午线 118°50′,投影面为正常高 10m,南京地区大地水准面差距(高程异常)约为 57m。采用武测天任 Poweradj 软件进行二维约束平差,选取 DT31(劳山)、DT28(韩府山)为已知起算点,与原测网一致。92 南京地方坐标系平差结果统计分析见表 12-14~表 12-17。

三维基线残差统计 表 12-14

误差区间(cm)	0.0~1.0	1.0~2.0	2.0以上	最大误差(cm)	最小误差(cm)	总数
X基线条数	72	9	2	-2.58	0.01	83
占总数百分比(%)	86.8	10.8	2.4	DT05—DT28	DT13—DT23	100
Y基线条数	80	3	0	1.23	0.01	83
占总数百分比(%)	96.4	3.4	0	DT17—DT25	DT08—DT09	100

二维基线绝对误差统计 表 12-15

绝对误差(cm)	≤0.5	0.5~1.0	≥1.0	最大值	最小值	总数
区间个数	76	7	0	0.79	0.16	83
占总数百分比(%)	91.6	8.4	0	DT25—DT30	DT08—DT22	100

三维基线相对误差统计　　　　　　　　　　　　　　　　表12-16

相对误差	≤1/100万	1/100万~1/50万	≥1/50万	最佳值	最差值	总　数
区间个数	48	25	10	1/245万	1/20万	83
占总数百分比(%)	57.8	30.1	12.1	DT05—DT29	DT03—DT04	100

二维点位误差统计　　　　　　　　　　　　　　　　　表12-17

点位误差(cm)	≤0.5	0.5~1.0	≥1.0	最大值(cm)	最小值(cm)	总　数
区间个数	11	13	0	0.92	0.41	24
占总数百分比(%)	45.8	54.2	0	DT30	DT13	100

从平差数据分析可知，GPS网各点点位误差均小于1.0cm，近半数点位误差小于0.5cm，最弱点DT30（紫金山），点位误差为0.92cm，GPS网各二维基线中绝对误差均小于1.0cm，最弱边（DT03—DT04）的相对中误差为1/200000，满足《地下铁道、轻轨交通工程测量规范》（GB 50308—1999）要求：最弱点点位中误差小于1.2cm，最弱边边长误差小于1.0cm，最弱边相对误差小于1/90000（见本书第11章表11-5）。

3）四等导线网

四等导线控制网以二等GPS网点作为起算点，由69个控制点组成，其中包括15个二等GPS控制点、54个四等加密导线点，导线最长边长865m，最短边长112m，平均边长320m。图12-2是四等导线控制网的部分网形。

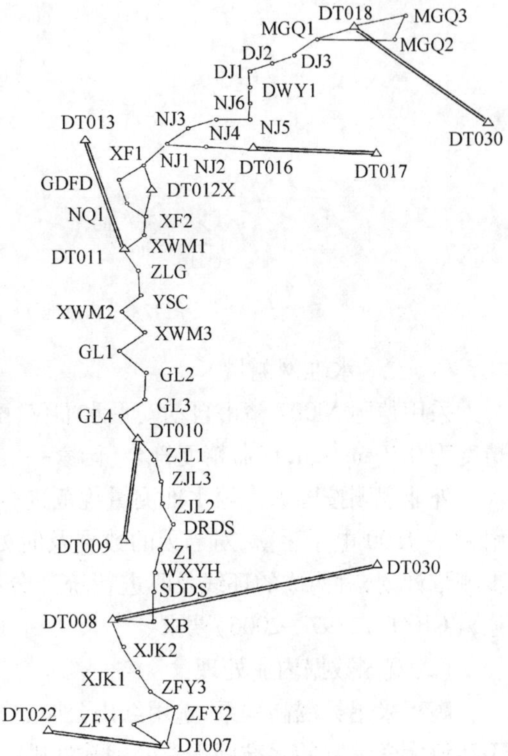

(1)四等导线网测量

采用瑞士TCA2003全站仪，其标称精度为$0.5″,1mm+1×10^{-6}D$。仪器精度符合四等导线测量规范要求。外业观测前，对所用观测仪器进行了全面检验，设备的状况及精度指标均符合四等导线规范要求。外业观测以四等导线测量相应的精度指标进行施测，角度观测按测回法观测4个测回，观测时奇数测回和偶数测回分别观测导线的左角和右角，左、右角平均值闭合差小于4″；边长进行对向观测分别观测4个测回，测回读数差小于3mm，并作气象（温度、气压等）改正。

(2)观测数据的处理

图12-2　南京地铁一号线工程四等导线控制网示意图

四等导线网平差采用92南京地方坐标系进行计算，中央子午线118°50′，投影面为正常高10m。选用15个已知GPS点，利用河海大学编制的控制网平差处理软件进行测量数据概算、平差处理、精度评定等。

导线全网构成3个闭合环线，闭合导线内角和最大为+5.4″，最小为+0.8″；构成11个附合环线，附合导线内角和最大为-9.5″，最小为+0.3″。观测精度满足四等导线测量要求，也符合《地下铁道、轻轨交通工程测量规范》(GB 50308—1999)要求。

4)高程控制网

高程控制网为二等水准网,由 38 个水准点组成,约有 40km 水准路线,其中包括红山公园、公安学校、九华山 3 个城市高级基岩点,35 个地铁二等水准点。网形见图 12-3。

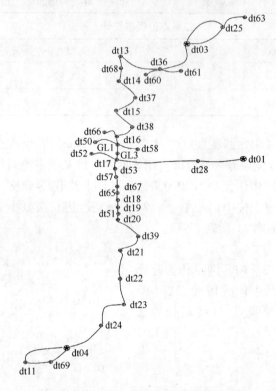

图 12-3　南京地铁一号线工程二等水准网示意图

(1)二等水准网测量

采用德国 Ni007 精密自动安平水准仪,配合一对精密因瓦钢尺及专用尺垫(5kg),其标称精度为 0.7mm/km,仪器精度符合《国家一、二等水准测量规范》(GB/T 12897—2006)要求。

外业观测按国家二等水准测量规范进行施测,测量前仪器进行了各项检核。外业记录采用 PC—1500 电子手簿,对当天的数据及时处理并打印,发现往返测量超限的,及时纳入下一步测量计划,对构成的环线及时进行统计分析,各项观测要求符合《国家一、二等水准测量规范》(GB/T 12897—2006)要求。

(2)观测数据内业处理

高程采用吴淞高程系,选用红山公园、公安学校、九华山 3 个高级点作为起算已知点。利用河海大学编制的水准网平差处理软件进行二等水准网概算、平差处理、精度评定等。平差结果每公里水准测量的高差偶然中误差为 0.58mm,小于 1mm/km 的二等水准限差要求,精度符合《国家一、二等水准测量规范》(GB/T 12897—2006)要求。

二等水准测量共计进行 37 段水准路线,路线最长为 2.66km,最短为 0.10km,往返差最大为 3.23mm(限差为 4.30mm),往返差最小为 0.0mm。构成 3 个附合水准路线,闭合差分别为 4.87mm、4.65mm、0.22mm,均远小于限差值,精度符合《地下铁道、轻轨交通工程测量规范》(GB/T 50308—1999)要求。

12.3 地下车站施工测量

地铁地下车站的施工测量根据施工方法的不同而异,目前广泛采用的施工方法有明挖顺作法(简称明挖法)和盖挖逆作法(简称盖挖法)。

12.3.1 明挖顺作法施工测量

明挖顺作法施工测量内容有基坑维护桩放样、主体结构测量和竣工验收测量等。下面以广州地铁二号线海珠广场站施工测量为例,介绍地铁车站明挖顺作法的施工测量方法。

1)工程简介

广州地铁二号线海珠广场站位于海珠广场西广场,车站全长147m,宽22.7m,采用800mm厚的地下连续墙并设置5~7层钢管支撑组成围护结构,地下为4层钢筋混凝土结构。主体结构的施工采用明挖法,平均开挖深度约25m,最大深度超过27m。

2)施工控制测量

(1)已有测量控制点

已有平面控制网包括GPS网和精密导线网。GPS网沿地铁二号线布设,采用广州市平面坐标系,投影面高程为广州高程系 $H=5$m。精密导线点沿地铁二号线布设成挂在GPS点上的附合导线网。位于海珠广场站测区内的控制点有广贸中心GPS点和SM_3精密导线点。

(2)平面控制网加密

施工平面控制网分二级布设,从经济、精度和可靠性等方面综合考虑,并结合现场地形特点,首级加密控制网布设成挂在SM_3和广贸中心GPS上的闭合导线(SM_3—M_1—M_2—M_3—广贸中心GPS),见图12-4。

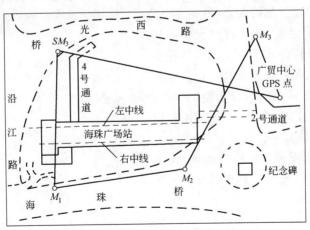

图12-4 海珠广场平面控制网示意图

首级加密平面控制网以SM_3和广贸中心GPS点为起算数据。采用全站仪按《广州地铁二号线施工测量管理细则》进行观测。平差之前先将测量边长归算至广州高程系 $H=5$m 的高程面上。经平差软件平差,首级控制网平差结果见表12-18。

首级控制网平差结果（m）　　　　表12-18

点　号	纵坐标(X)	横坐标(Y)
M_1	27810.0192	37694.4753
M_2	27917.0162	37640.5210
M_3	27947.5993	37503.4343

次级网是为了满足细部放样和轴线控制而布设的控制网。为满足施工的需要和保证施工质量，施工过程中进行了多次的次级网布设。

3）主体结构测量

（1）平面位置放样

在主体结构施工平面位置放样过程中，由于主体基坑开挖的深宽比大于1，且支撑密集，若采用直角坐标法或极坐标法会大大降低放样的精度，因此，采用建筑方格网的方法进行主体结构放样。建筑方格网既可以免除因细部众多而引起放样的紊乱，并且能严格保持所放样各元素之间存在的几何关系。

首先根据次级控制点在地面上放样出右中线、左中线及②轴的控制桩，YN、YB、ZN、ZB、SE和SW各点，见图12-5。

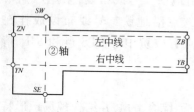

图12-5　轴线控制桩放样示意图

随着工程的进展，其他轴线可利用已布设的控制点和左右中线（或轴线）的控制桩进行放样。根据已建立的建筑方格网，利用轴线交会法确定主体结构的每一层及每一施工段各项细部的位置、形状和尺寸等。

（2）高程测量

高程测量包括地面高程控制、高程联系测量、基坑高程控制和点位放样。高程联系测量是主体结构的高程测量的关键。由于基坑开挖深度大，因此采用悬吊钢尺传递高程为理想的高程传递方案。一方面可以免除由于测站过多而引起的误差，另一方面又可不受钢支撑密集的影响。

在进行传递高程之前，首先将高程引测到基坑外方便使用且牢固的水准点上。在传递高程时，用两台水准仪、两根水准尺和一把经检验的钢尺同时测量。高程传递布置如图12-6所示。基坑内水准点的高程 H_2 可参照本书第11章式（11-20）进行计算。

传递高程时用3次仪器高进行观测，由不同仪器高所求得的地下水准点高程的互差不得超过±3mm。

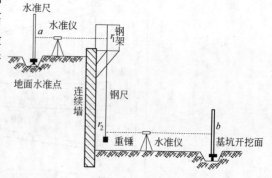

图12-6　高程传递示意图

4）竣工验收测量

竣工验收测量的目的是检验地铁车站施工完成后是否符合设计要求，主要包括以下内容：

（1）贯通后地下导线的测量和平差。

（2）根据平差结果调整中线后按规定的间距进行净空断面的测量。

（3）车站结构的竣工平面图测量和其他为积累竣工图素材和编制竣工图而进行的测绘

工作。

12.3.2 盖挖逆作法施工测量

地铁车站所处的建筑环境复杂,对于多层多跨的大型综合性地铁车站一般首选盖挖法施工。盖挖法是修建地铁车站和地下工程的主要方法,其主要优点是安全、占地少、对居民生活干扰少,通过合理组织施工及疏导交通基本上可以做到不影响交通,但施工速度比明挖法要低。目前,盖挖法已在我国的许多地铁车站、城市的地下商场、地下商业街等工程的施工中得到广泛应用。

盖挖法施工技术是先用连续墙、钻孔桩等形式作围护结构和中间桩,然后做钢筋混凝土盖板,在盖板、围护墙、中间桩保护下进行土方开挖和结构施工。图12-7是盖挖逆作法施工步骤。

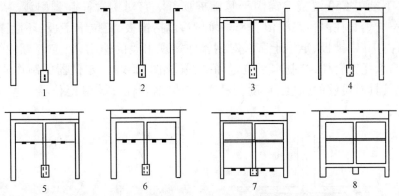

图12-7 盖挖逆作法施工流程图

1-矩形桩、中柱(桩)施工;2-土方开挖至顶板底高程,并施作地膜;3-施作顶板及防水层;4-顶板回填覆土,恢复道路;5-开挖站厅层土方至中板底高程,并施作中地膜;6-施作中板;7-开挖站台层土方至底板底高程,施作接地网、盲滤管、垫层;8-施作底板

盖挖法的施工测量比较简单,首先是平整施工场地,布设挖孔桩轴线控制点,编制桩位编号,现场导墙边线放样,考虑到施工误差,边线一般外放3cm;然后,进行孔口导墙施工,采取分段施工,每隔30~50m一段,以加强孔口护壁的完整性,同时便于测量放线校正挖孔桩垂直度,为保证钢筋安装时接驳器高程位置准确性,要将两侧导墙顶面高程严格控制在同一高程面,便于钢筋笼高程的控制。导墙形式一般为"┐┌"形,顶高出地面0.2m。孔口护壁完成后进行测量放线,在每根桩长度范围内护壁内侧打设两根8cm长的钢筋桩,在钢筋桩上布设孔轴线,施工中用吊线锤来检查每环模板安装,测量钢筋桩上轴线点到模板面的d、L值,即可保证模板的安装精度(见图12-8)。这样,既可以保证桩的垂直度,又可以保证桩的平面位置。

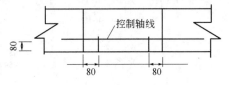

图12-8 桩位控制图(单位:mm)

孔桩开挖完成后,开始进行中间柱(桩)施工。中间立柱的位置偏差、尺寸大小、形状和垂直度均要求较高,必须采取有效的措施和测量方法加以控制。现以南京地铁新街口车站工程实例,介绍中间桩柱的测量定位方法。

1)工程概况

南京地铁新街口车站位于南京市新街口商业中心,全长362.7m,基坑开挖深24.7m,设计为3跨(局部多跨)箱形结构。整个车站由车站主体、16个出入口和3个通风道组成。车站主体又分为大圆盘、脖子段、直线段和南延段4个施工段。车站为南北走向,东西两侧高楼林立。站址地层为黏质土、软质土和粉砂质土。车站的梁板结构是由围护结构连续墙和中间柱来联合支撑的,连续墙与板的连接是通过预埋在连续墙上的接驳器实现的。车站由上至下逆筑各层层板。由于车站跨度大且埋置深,加上地质条件差,因此采用钻孔灌注桩作为中间钢管柱的基础,桩长约为24.7m。中间钢管柱的施工质量至关重要,直接影响到车站工程的整体施工质量。

2)中间钢管柱测量定位技术

(1)自动定位器的设计和作用

自动定位器是用钢板焊接而成的十字形锥体,加工时要求与钢管柱底端配对,以便钢管柱吊装时直接嵌套就位。依据每根钢管柱的平面位置、高程、垂直度,将定位器上端固定于钢套筒的底部,下端用C50混凝土锚固于基础桩顶部。它对钢管柱起到引渡、精确定位的作用。其锥底宽与钢管柱内径之间留有8mm间隙,包括锥板、定位十字板、环形锚固钢筋及定位铁件等构件。其中锥板、定位十字板对钢管柱实现引渡的作用,限定钢管柱的水平位移;环形锚固钢筋承托钢管柱,控制水平位置和高程(见图12-9)。定位器的制作质量必须严格控制,以保证其具有足够的强度、刚度及精度,确保钢管柱安装时定位器不发生破坏、变形和移位的现象。

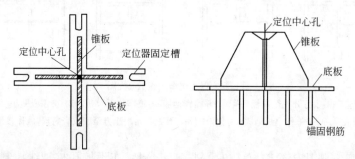

图12-9 定位器部件图

(2)中间钢管柱的精确控制

根据南京地铁测量控制网中的新街口导线点及高程水准点为基准,建立新街口车站的施工测量控制网(见图12-10),用以对车站中间钢管柱进行精确控制。

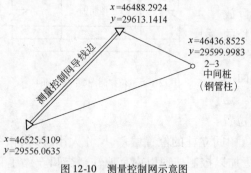

图12-10 测量控制网示意图

(3)初步测量放线

利用测量控制网确定桩心,做好桩位的轴线标记。桩位的测量放线根据钢管柱顺延外放,据此确定轴线准确无误。

(4)护筒中心的精确定位

为了使定位器初步定位尽可能不超过2mm误差范围,首先用全站仪根据控制网放出设计的钢管柱中心,在钢护筒的东西方向和南北方向各测设两点挂线以确定桩心位置。

(5)自动定位器初步定位

测放钢套筒顶部十字轴线。利用全站仪在钢套筒上端测放定位器中心(即相应的钢管柱中心),标记于钢套筒上。用一带孔的槽钢找中心定位架精确测定钢管柱的中心(即自动定位器的中心),先用钢丝铅锤线来进行自动定位器的初步安装,如图12-11所示。

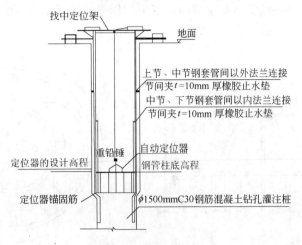

图12-11 定位器的初步定位

(6)自动定位器精确定位

利用车站控制网中的导线点,经过全站仪和配套使用的激光垂准仪(既是激光垂准仪又是棱镜机座)确定钢管柱的中心,进行定位器精确定位,应使误差小于3mm,见图12-12。

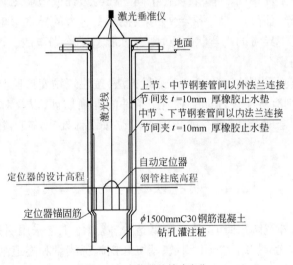

图12-12 定位器的精确定位

(7)自动定位器的安装

通过垂准仪从孔口将钢管中心点转投至孔底。根据所投的中心点确定定位器中心,同时测设自动定位器的高程,然后固定定位器。定位器用预埋连接螺栓固定,安装时反复测量调整锚固脚的高程及水平度,然后如图12-13所示进行固定。定位器的安装必须复测达到精度要求。

(8)钢管柱精确定位及固定

钢管柱采用上、下两端同时定位的方法定位。钢管柱下端定位主要依赖于自动定位器,上端采用安装3个方向索具螺旋扣实现固定(见图12-14),上部中心精确定位与自动定位器的定位方法相同。将钢管柱吊起,在钢管柱底部嵌入定位器,然后对钢管柱上端精确定位,上端钢管柱之间设3根索具螺旋扣的扣件,对钢管柱位置进行微调。经过对钢管柱的索具螺旋扣的精确校正,钢管柱中心位置及垂直度满足设计精度要求,并牢固焊接确保钢管柱的稳定性及强度。我们认为定位器一经安装就位就确定了中间钢管柱的位置参数,因为钢管柱下端的平面位置、高程、垂直度将由定位器来决定。

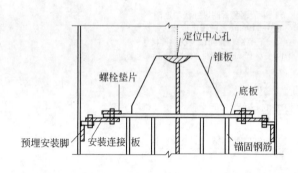

图 12-13　定位器的校正固定

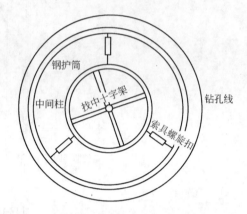

图 12-14　钢管柱上部的定位固定

3) 施工过程中边柱与中间柱之间的差异沉降量的监测及控制

采用盖挖逆作法施工,由于结构形式和受力条件的不同,特别是由于逆作施工的原因,使得结构各部分的受力条件不同,主要表现在中间立柱与边柱或边墙之间可能产生差异沉降。

墙、柱之间的差异沉降量过大,将会致使梁、板承受大的异常弯矩而开裂,再加上水平荷载的作用,使梁、板处于异常的压弯状态下,则有可能造成垮塌事故。因此施工中应进行差异沉降量的监测及控制。

差异沉降量的监测采用精密几何水准测量方法,按建筑物变形监测二级精度和要求测量;差异沉降量的控制,则有赖于设计部门对地层条件的准确估计,以及对结构,尤其是基础形式和对地基处理措施的合理选择,更有赖于施工单位按设计要求施工,建立差异沉降量的预警系统。

12.4　明挖法隧道的施工测量

地铁工程穿越城郊宽阔田野时,为了降低造价,隧道施工常采用明挖法。明挖法隧道的施工测量内容有隧道基坑维护结构施工测量、基坑开挖施工测量和隧道结构施工测量。

1) 基坑维护结构施工测量

明挖隧道施工的首要工作是放样隧道线路中心桩位。放样前要利用地铁首级施工控制网作起始点,加密一级导线网,导线网沿隧道线路两侧敷设;然后,采用全站仪极坐标法放样中心桩,中心桩一般每隔50～100m测设1个,曲线段30～50m测设1个;中心桩放样完毕后,再根据隧道开挖宽度,利用中心桩再在垂直于隧道中线的两侧放样出开挖边坡线(指自然边坡开挖式隧道)或基坑维护桩、连续墙施工控制线。

若用GPS RTK技术放样线路中心桩,则无须加密导线网,可以大大减少工作量。

2) 基坑开挖施工测量

采用自然边坡基坑的施工测量主要是在基坑开挖过程中控制边坡坡度,可用坡度尺或水准仪测量控制。采用维护桩或连续墙围护结构的基坑,测量工作主要是控制开挖深度,可用垂挂钢尺或水准仪测量控制。

基坑开挖至底部后,应采用附合导线形式将隧道线路中线桩再引测到基坑底部,同时采用水准测量方法或光电测距三角高程方法将高程引测到基坑基底,作为隧道结构的施工控制,要求:基坑线路中线纵向允许误差小于 ±10mm,横向允许误差小于 ±5mm,高程允许误差小于 ±5mm。

3)隧道结构施工测量

隧道结构施工测量的主要工作是放样底板钢筋绑扎位置和结构边、中墙及顶板模板支立位置,测量方法和一般的构筑物施工放样方法一样,不再赘述。

12.5 矿山法隧道的施工测量

隧道暗挖施工工艺分为盾构法和矿山法。盾构法隧道掘进速度快,自动化程度高和安全性好,已在地铁隧道施工中广泛采用。当地质条件复杂,地层土质或岩层不均匀时,盾构机会受到不均匀土压力作用,难以控制导向,或掘进困难,因此,传统的矿山法隧道仍是地铁隧道施工的常用方法,尤其是在大断面隧道或变截面隧道,以及折返线、渡线、联络通道等复杂断面结构的隧道工程中,矿山法已成为难以取代的方法。

隧道暗挖采用不同的施工工艺,其施工测量方法也有所不同。矿山法隧道施工测量包括:联系测量、隧道中导线测量、竖井高程传递测量、地下水准测量、隧道断面测量和贯通测量等。

1)联系测量

当竖井施工完成后即进行联系测量工作。联系测量的方法与本书第11章第11.3节介绍的内容类似,这里不再赘述。

矿山法暗挖区间隧道,当竖井较浅时,也可以通过洞口、竖井直接测量(斜视线法)向下传递坐标和方位,但必须构成有检核的几何图形,且俯仰角不宜超过30°。从地面传到正线洞内基线端点相对点位中误差 ≤ ±12mm,横向 ≤ ±7mm。

为了检测隧道定向的正确性,当隧道施工至 50~100m 时,需进行一次导线点坐标和方位检核,可采用陀螺仪定向的方法检核,使用的陀螺仪精度不得高于20″;也可在掌子面导线点上方钻一 ϕ500mm 竖孔(竖井),利用铅垂投点仪将导线点向上投影至地面,再通过地面控制网点检测导线点坐标的正确性;或通过地面控制网点、隧道定向点,通过该竖孔(井)向下传递。

2)导线测量

竖井和横通道施工完成后,利用联系测量的控制点坐标和方向,即可开始隧道中的导线测量。导线点应采用混凝土埋石标,布设在隧道一侧,且运土车不易碾压的位置。矿山法隧道中,空气湿、雾气大,导线边不宜太长,一般每隔 50~100m 布设 1 点,按一级导线精度要求观测。由于是支导线形式,应注意不要出现测量粗差。

为指导挖掘,便于工人目测挖掘方向,在隧道的顶端每隔 5~10m 设置 1 条"定向线"。"定向线"采用细绳制作,约 1m 长,上端系在隧道顶端的铁钉上,下端让其自由垂曲。铁钉位于隧道的中线方向线上。通过多根垂直细绳的目测吊线测量,即可确定挖掘方向。

隧道贯通后,要将导线贯穿区间隧道,以地面控制点或两端车站处的控制点为起(闭)点构成附合导线,进行复测和严密平差,供隧道二衬施工测量使用。

3）高程传递和水准测量

竖井完成，在联系测量的同时进行高程向下传递测量，采用挂钢尺的方法。具体做法参见本书第11章第11.3.3节。

隧道中地下水准测量用精密水准仪按二等水准精度施测，导线点可以兼作水准点。

4）隧道断面测量

矿山法隧道断面尺寸较难控制，应经常检查断面尺寸是否满足设计要求，采用断面测量仪测量，也可通过钢尺丈量隧道断面的多个直径尺寸来测量。

5）贯通测量

在相对挖掘的隧道相差约50～100m贯通时，进行全线贯通测量。将相对挖掘的两段隧道中的两条支导线通过地面控制点进行一次联测，修正挖掘方向线，以保证隧道的准确贯通。

12.6 盾构法掘进隧道施工测量

盾构法掘进隧道施工测量主要包括盾构井（室）测量、盾构拼装测量、盾构机姿态测量和衬砌环片测量。

1）联系测量

按照《地下铁道、轻轨交通工程测量规范》（GB 50308—1999）的规定，应采用合适的联系测量方法（详见本书第11章第11.3节），将地面平面和高程控制点传递到盾构井（室）中，并在井（室）中埋设有强制对中装置的固定观测墩或内外架式的金属吊篮。利用这些控制点，测设出线路中线点和盾构拼装时所需要的测量控制点。由于场地局限，这些线路中线点可在隧道拱顶上设置有强制对中装置的内外架式的金属吊篮。

测设值与设计值的较差应小于3mm。

2）盾构井（室）和盾构拼装测量

根据线路中线点和盾构安装时测设的控制点，使用全站仪极坐标法测设其平面位置，使用水准仪测设设计高程，进行盾构导轨安装测量。

安装盾构导轨时，测设同一位置的导轨方向、坡度和高程与设计值较差应小于2mm。

当盾构机拼装好后，应进行盾构纵向轴线和径向轴线测量，其主要测量内容包括刀口、机头与盾尾连接点中心、盾尾之间的长度测量，盾构外壳长度测量，盾构刀口、盾尾和支承环的直径测量。

3）盾构机掘进实时姿态测量

这项测量工作包括盾构机与线路中线的平面（左右）偏离、高程（上下）偏离、纵向坡度、横向旋转和切口里程的测量，各项测量误差应满足表12-19要求。

盾构机姿态测量误差技术要求 表12-19

测 量 项 目	测 量 误 差	测 量 项 目	测 量 误 差
平面偏离值	±5 mm	横向旋转角	±3′
高程偏离值	±5 mm	切口里程	±10 mm
纵向坡度	1%		

测定盾构机实时姿态时，最少应测量1个特征点和1个特征轴。一般应选择其切口中心作为特征点，纵轴作为特征轴。

利用隧道洞内施工控制导线点(详见本书第11章第11.4节)测定盾构纵向轴线的方位角,该方位角与盾构本身陀螺方位角的较差,应为陀螺方位角的改正值,并以此修正盾构掘进方向。

现代盾构机都装备有先进的自动导向系统,自动进行盾构机实时姿态测量。本节以南京地铁一号线 TA7 标段盾构法施工为例,简介该标段盾构掘进法施工使用的自动精密导向系统(德国 VMT 公司的 SLS-T 系统)。

(1)盾构机自动导向系统的组成与功能

德国 VMT 公司的 SLS-T 系统主要由四部分组成:第一,具有自动照准目标的全站仪,用于测量角度和距离,发射激光束;第二,ELS(电子激光系统),又称激光靶板,这是一台智能型传感器,它接收全站仪发出的激光束,测量水平方向和垂直方向的入射点,坡度和旋转也由该系统内的倾斜仪测量,偏角由 ELS 上激光器的入射角确认;ELS 固定在盾构机的机身内,安装时位置就确定,故相对于盾构机轴线的关系与参数均已知;第三,计算机和隧道掘进软件,SLS-T 软件是自动导向系统的核心,它从全站仪和 ELS 等通信设备接收数据,盾构机的位置在该软件中计算,并以数字和图形的形式显示在计算机的屏幕上;操作系统采用 Windows 2000,确保用户护操作方便;第四,黄色箱子,它主要给全站仪供电,并负责计算机和全站仪之间的通信和数据传输。

(2)盾构机自动导向测量的基本原理

地铁隧道洞内布设有地下施工导线,导线点随着盾构机掘进而延伸,考虑到本工程使用的盾构机内 ELS 的位置,地下施工导线点应布设在掘进方向的右上侧,埋设具有强制对中装置的内外架式的金属吊篮,如图 12-15a)所示。地下控制导线一般每 150~200m 布设 1 点。为便于测量,应布设在掘进方向的左侧管片壁距钢轨约 1.5m 高度处,如图 12-15b)所示。

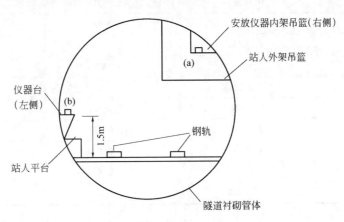

图 12-15 仪器台和吊篮示意图

将带有激光器的自动全站仪安装在右侧一个已知坐标(x,y,z)的地下施工导线点吊篮内架上,后视另一个已知坐标(x,y,z)的施工导线点(安装标牌与棱镜),然后自动全站仪自动转向盾构机上 ELS 棱镜,自动显示 ELS 棱镜平面坐标(x,y)和高程z。激光束对向 ELS,ELS 就可以测定激光相对于 ELS 平面的偏角,在 ELS 入射点之间测得折射角及入射角用于测定盾构机相对于隧道设计轴线(DTA)的偏角。坡度和旋转直接用安装在 ELS 内的倾斜仪测量。这个数据大约每秒钟两次传输至控制用的计算机。通过全站仪测出的与 ELS 之间的距离可以提供沿着 DTA 掘进的盾构机的里程长度。所有测得的数据由通信电缆传输至计算机,通过软件组合起来用于计算盾构机轴线上前后两个参考点的精确的空间位置,并与隧道设计轴线(DTA)比较,得出的偏差值显示在屏幕上,这就是盾构机的姿态。在推进时只要控制好姿态,盾构机就能精确地沿着隧道设计轴线掘进,保证隧道能顺利地按设计要求贯通。

(3)盾构机姿态位置的检测(棱镜法)

在隧道掘进过程中,必须独立于 SLS-T 系统定期对盾构机的姿态和位置进行检测。间隔时间取决于隧道的具体情况,在有严重的光折射效应的隧道中,每次检测之间的间隔时间应较短。在隧道测量时必须认真考虑这一效应的影响,尤其在长隧道中。

该系统采用棱镜法进行盾构机的姿态位置检测。本工程使用的盾构机内有 18 个参考点(M8 螺母),这些点在盾构机构建前就已经定好位了,它们相对于盾构机的轴线有一定的参数关系,参见表 12-20。它们与盾构机的轴线构成局部坐标系,如图 12-16 所示。

盾构机局部坐标系各参考点坐标值(m)　　　　表 12-20

点　号	y	x	z
1	-2.3692	-3.9519	1.1136
2	-2.2857	-3.9590	1.4371
3	-1.9917	-3.9567	1.6565
4	-1.6701	-3.9553	1.2943
5	-1.6992	-3.9537	0.9055
6	-1.5253	-3.9619	2.2475
7	-0.5065	-3.9662	2.6598
8	-0.3638	-3.9701	2.8150
9	0.3992	-3.9631	2.7112
10	0.5947	-3.9643	2.6543
11	1.4023	-3.9599	2.4068
12	1.5591	-3.9580	2.2341
13	1.9421	-3.9562	1.7753
14	2.1588	-3.9604	1.6007
15	2.3056	-3.9560	1.1695
16	1.8846	-3.9568	1.3641
17	1.8146	-3.9580	1.0731
18	-2.8549	-3.9605	0.5644

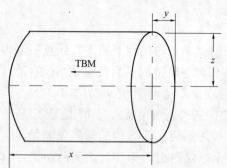

图 12-16　盾构机轴线局部坐标系

在进行测量时,只要将特制的适配螺栓旋到 M8 螺母内,再装上棱镜。目前这些参考点的测量可以达到毫米的精度,已知的坐标和测得坐标经过三维转换,与设计坐标比较,就可以计算出盾构机的姿态和位置参数。

(4)盾构机姿态位置的计算

计算方法如下:根据地下洞内控制导线点,只要测出 18 个参考点中的任意 3 个点(最好选取左、中、右 3 个点)的实际三维坐标,就可以解算盾构机的姿态。

对于以盾构机轴线为坐标系的局部坐标来说,无论盾构机如何旋转和倾斜,这些参考点与盾构机的盾首中心和盾尾中心的空间距离是不会变的,它们始终保持一定的值,这些值可以从它的局部坐标系中计算出来。

假设已经测出左、中、右(例如第3、8、15号)3个参考点的实际三维坐标分别为(x_1,y_1,z_1)、(x_2,y_2,z_2)、(x_3,y_3,z_3),并设盾首中心的实际三维坐标和盾尾中心的实际三维坐标分别为$(x_首,y_首,z_首)$、$(x_尾,y_尾,z_尾)$。从图12-16中可以看出,在以盾构机轴线构成的局部坐标系中,盾首中心为坐标原点,其坐标为$(0,0,0)$,盾尾中心坐标为$(-4.34,0,0)$。从表12-20中可以查出各参考点在局部坐标系的坐标值。

由以上数据可以列出两组三元二次方程组,求解出盾首中心和盾尾中心的实际三维坐标。方程组如下:

第一组(计算盾首中心三维坐标)

$(x_1 - x_首)^2 + (y_1 - y_首)^2 + (z_1 - z_首)^2 = (-3.9567)^2 + (-1.9917)^2 + (1.6565)^2$

$(x_2 - x_首)^2 + (y_2 - y_首)^2 + (z_2 - z_首)^2 = (-3.9701)^2 + (-0.3638)^2 + (2.8150)^2$

$(x_3 - x_首)^2 + (y_3 - y_首)^2 + (z_3 - z_首)^2 = (-3.9560)^2 + (2.3056)^2 + (1.1695)^2$

第二组(计算盾尾中心三维坐标)

$(x_1 - x_尾)^2 + (y_1 - y_尾)^2 + (z_1 - z_尾)^2 = (-3.9567 + 4.34)^2 + (-1.9917)^2 + (1.6565)^2$

$(x_2 - x_尾)^2 + (y_2 - y_尾)^2 + (z_2 - z_尾)^2 = (-3.9701 + 4.34)^2 + (-0.3638)^2 + (2.8150)^2$

$(x_3 - x_尾)^2 + (y_3 - y_尾)^2 + (z_3 - z_尾)^2 = (-3.9560 + 4.34)^2 + (2.3056)^2 + (1.1695)^2$

采用专业软件解算上述方程组,由棱镜法实测某里程盾构机上的3个参考点(第3、8、15号)的实际三维坐标分别为:3号,$x_1 = 45336.775\text{m}, y_1 = 29534.236\text{m}, z_1 = -1.434\text{m}$;8号,$x_2 = 45336.610\text{m}, y_2 = 29535.846\text{m}, z_2 = -0.263\text{m}$;15号,$x_3 = 45336.461\text{m}, y_3 = 29538.525\text{m}, z_3 = -1.885\text{m}$。

将以上数据代入第一组方程组,得到盾首中心实际三维坐标值为:

$$\begin{cases} x_首 = 45340.608\text{m} \\ y_首 = 29536.538\text{m} \\ z_首 = -2.975\text{m} \end{cases}$$

在该里程上盾首中心的设计三维坐标为:

$$\begin{cases} x_首 = 45340.610\text{m} \\ y_首 = 29536.520\text{m} \\ z_首 = -2.945\text{m} \end{cases}$$

则$\Delta x = -2\text{mm}, \Delta y = 18\text{mm}$,盾首中心左右偏差$= +\sqrt{(-2)^2 + 18^2} = +18(\text{mm})$(正号表示偏右),$\Delta z = -30\text{mm}$,盾首中心上下偏差$= -30\text{mm}$(负号表示偏下)。

再将以上数据代入第二组方程组,得到盾尾中心的实际三维坐标为:

$$\begin{cases} x_尾 = 45336.280\text{m} \\ y_尾 = 29536.209\text{m} \\ z_尾 = -3.083\text{m} \end{cases}$$

在该里程上盾尾中心的设计三维坐标为:

$$\begin{cases} x_{尾} = 45336.282\text{m} \\ y_{尾} = 29536.192\text{m} \\ z_{尾} = -3.055\text{m} \end{cases}$$

则 $\Delta x = -2\text{mm}, \Delta y = 17\text{mm}$，盾尾中心左右偏差 $= +\sqrt{(-2)^2 + 17^2} = +17(\text{mm})$（正号表示偏右），$\Delta z = -28\text{mm}$，盾尾中心上下偏差 $= -28\text{mm}$（负号表示偏下）。

盾构机的坡度 $= [-2.975 - (-3.083)]/4.34 = +2.5\%$。

从以上数据看出，在与对应里程上盾首中心和盾尾中心设计三维坐标比较后，就能得出盾构机轴线的左右偏差值和上下偏差值，以及盾构机的坡度，这就是盾构机掘进时的实时姿态。

用棱镜法将计算得出的盾构机实时姿态数据与自动导向系统在计算机屏幕上显示的姿态数据相比较，两者差值均在几毫米以内，满足表12-19的规定要求。根据有关施工部门的实践经验，只要两者差值不大于10mm，就可以认为自动导向系统是正确有效的。现列出盾构机某里程上用棱镜法测定与计算的数据、自动导向系统显示的数据，两者比较见表12-21。

某里程上盾构机姿态成果比较表　　　　表12-21

项　　目	自动导向系统姿态显示值		棱镜法姿态测量计算值	
	盾首中心	盾尾中心	盾首中心	盾尾中心
左右偏差(mm)	+21	+15	+18	+17
上下偏差(mm)	-27	-31	-30	-28
坡度(%)	+2.6		+2.5	
刀盘面里程(m)	6944.850		6944.849	

由于采取了以上方法和措施，保证了自动导向系统正确地指导盾构机掘进。在南京地铁一号线TA7标两区间上行、下行线盾构法施工中，横向（左右）贯通误差和高程（上下）贯通误差均能很好地满足设计规定的横向和高程贯通限差不大于50mm的要求，详见表12-22。

TA7标盾构法施工横向与高程贯通误差值（限差值±50mm）　　表12-22

区　　间	横向贯通误差(mm)	高程贯通误差(mm)
新街口—张府园	10.0	10.0
张府园—新街口	14.8	-4.0
张府园—三山街	17.5	1.3
三山街—张府园	9.5	-6.2

(5) 盾构机姿态位置的检测（前后标尺法）

前后标尺法是人工测量盾构姿态的传统方法，它原理简单、操作简便，目前仍被施工单位采用。在盾构始发前测量盾构机始发姿态，包括旋转角、坡度角，同时根据测量控制点测出盾尾、盾首中心（预先采用几何方法定出中心）以及前后水平标尺中心平面坐标，利用井下水准点测量盾首、盾尾及标尺高程，通过坐标转换，得到前后标尺在盾构局部坐标系中的坐标。

① 前后标尺法测量原理

在盾构机内壁顶部中心轴线上，固定一根水平前尺和水平后尺（见图12-17a)），前后标尺间距为1.550m。测定尺中心坐标，并根据盾首和盾尾坐标计算出前尺到盾首的距离为2.570m，后尺到盾尾的距离为2.051m。在盾构机左侧的前后竖立标尺（见图12-17b)），其中心至盾构竖轴线距离为2.712m、2.685m。

为了测定盾构机的旋转角，设置坡度板，如图12-18所示。

②盾首盾尾偏差计算

盾构姿态测量时,一般用2″级全站仪测量前后水平尺水平角和前后竖尺竖直角,观测1个测回。吊篮距盾构机前后尺一般不超过100m,其距离可根据管片宽度及拼装环累加得到(或按设计的坐标数据反算得到)。

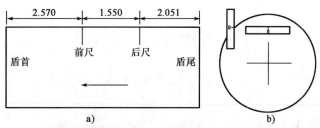

图12-17 前后标尺法测量原理(单位:m)
a)水平尺在盾构机上的位置;b)竖尺在盾构机上的位置

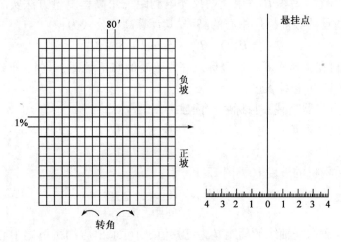

图12-18 坡度板示意图

前后尺偏差量计算公式为:

$$\Delta_{Q} = \frac{\beta_{Q测} - \beta_{理}}{\rho} S_{吊篮-前尺} \tag{12-1}$$

$$\Delta_{H} = \frac{\beta_{H测} - \beta_{理}}{\rho} S_{吊篮-后尺} \tag{12-2}$$

式中: Δ_Q——前尺到设计轴线的平偏;
  Δ_H——后尺到设计轴线的平偏;
  $\beta_{Q测}-\beta_{理}$——前尺水平角测量值与其理论值之差,″;
  $\beta_{H测}-\beta_{理}$——后尺水平角测量值与其理论值之差,″;
  $S_{吊篮-前尺}$——吊篮与盾构机前尺之间的水平距离;
  $S_{吊篮-后尺}$——吊篮与盾构机后尺之间的水平距离;
  $\rho=206265″$。

盾首和盾尾偏差计算式由相似三角形原理(见图12-19)得:

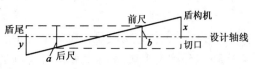

图12-19 偏差计算示意图

$$\frac{y+b}{1.550+2.051} = \frac{a+b}{1.550} \tag{12-3}$$

$$\frac{x+a}{1.550+2.570} = \frac{a+b}{1.550} \tag{12-4}$$

再考虑到前后尺在曲线段的修正值 e_Q、e_H，因此有：

盾首偏差

$$x = -2.658065(a+b) - a + e_Q \tag{12-5}$$

盾尾偏差

$$y = +2.323226(a+b) - b + e_H \tag{12-6}$$

式中：a——后尺平偏 Δ_Q；

b——前尺平偏 Δ_H。

③盾构中心高程偏差的计算

根据测站点(吊篮)高程 $H_{吊}$，用全站仪光电测距三角高程测量方法实测固定在盾构机盾尾的竖后标尺和盾首的竖前标尺中心的高程，其计算高程公式为：

$$H_{尺} = H_{吊} + S\sin\alpha + \delta + \zeta_h \tag{12-7}$$

式中：ζ_h——盾构机在旋转角 θ 引起竖标尺高程改变的修正量，$\zeta_h = l(1-\cos\theta)$；

l——图 12-18 中悬挂长度；

δ——测站点仪器高减去目标中丝读数；

α——竖标尺竖直角；

S——斜距。

由此可求得盾构机的坡度 i（见图 12-19）为：

$$i = \frac{H_{后尺} - H_{前尺}}{前后尺间距} = \frac{\Delta H}{1.550} \tag{12-8}$$

由于竖标尺至盾构竖轴线的间距 d 为已知值，则可求出盾构机盾尾中心和切口中心的高程（图 12-17a））为：

$$H_{尾} = H_{后尺} - d' - i \times 2.051 \tag{12-9}$$

$$H_{切口} = H_{前尺} - d' - i \times 2.570 \tag{12-10}$$

式中：d'——盾构机在旋转角 θ 后，竖标尺至盾构机中轴线的实际间距，$d' = d(1-\cos\theta)$；由此可计算盾构中心高程偏差为：

$$\Delta_h = H_{测量} - H_{设计} \tag{12-11}$$

通过精度分析及上海、南京地铁盾构导向测量实践，认为用前后标尺法进行盾构姿态测量的平面精度在 ±10mm 及高程精度在 ±15mm 以内是基本有保证的。

由前后标尺法原理可知，它是通过相似三角形原理推求盾尾和盾首的平面坐标，即基于盾构中心线与设计轴线之间的直线关系。但在曲线段，由于不是直线关系，会产生一定的计算误差，因此对于曲线段应顾及圆曲线和缓和曲线所产生的影响，详见参考文献[78]。

4）衬砌环片测量

这项测量工作包括测量衬砌环的环中心偏差、环的椭圆度和环的姿态。衬砌环片必须不少于 3~5 环测量 1 次，测量时每环都应测量，并应测定待测环的前端面。相邻衬砌环测量时应重合测定 2~3 环环片。环片平面和高程测量的允许误差为 ±15mm。这些测量内容均可用全站仪、水准仪或钢尺配合简易工具进行量测。

盾构测量资料整理后,应及时编制测量成果报表,报送盾构操作人员。

5)地铁盾构隧道断面测量

(1)一般规定

①分区、段施工的隧道线路中线贯通后,应根据贯通误差进行线路中线调整测量。线路中线贯通误差一般在区间线路上调整。

②在贯通面两侧的高级控制点(或车站施工控制点)之间进行附合导线形式的线路地下控制测量,经平差后的成果作为测设隧道中线与断面测量的依据。

③附合导线形式的地下控制测量采用Ⅰ级或Ⅱ级全站仪观测左右角各两测回,左、右角平均值之和与360°较差应小于5″,往返测距各两测回,往返两测回平均值较差应小于7mm。

④利用车站控制水准点对区间水准点重新进行附合水准测量,其技术要求与施工控制水准测量相同。

⑤以调整后的线路中线点(或按新的控制点成果测设的中线点)为依据,直线段每6~12m,曲线段上包括曲线元素点在内每5m应测量一个结构净空横断面。隧道断面结构变化处或变坡处均应加测净空横断面。

⑥隧道净空断面点的位置应为限界控制点(即按限界设计,车辆型号和高速行车安全余量制约处的点位),一般每个断面应测量8个与车辆限界接近的点,其中中墙3个、边墙3个、顶板2个、底板(中线点)1个。

例如,南京地铁一号线盾构隧道某区间结构横断面测量点如图12-20所示。

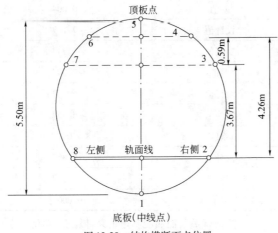

图12-20 结构横断面点位置

⑦结构横断面测量可采用Ⅲ级以上全站仪、激光断面仪等进行。测定断面点的里程允许误差应在±50mm以内,断面测量精度允许误差为±10mm,矩形断面高程误差应小于20mm,圆形断面高程偏差应小于10mm。

⑧应根据设计图计算断面点与线路中线点的横向距离,并按有关规范或工程要求编制净空断面测量成果表。

⑨如线路需要变更,应根据变更的线路平、剖面文件和车站线路两端的控制导线点重新测设线路中线点,并按上述要求依据新测设的中线点测量隧道结构净空断面。

(2)工程实例

南京地铁一号线某区间,采用盾构法施工,隧道横断面为圆形。为了保证轨道铺设的正常进行及评定盾构机推进质量,进行了净空断面测量,测定每个断面上8个位置点,如图12-20

所示。

根据业主要求,隧道直线段每10m(里程取10的整倍数)、曲线段(含曲线元素点)每5m(里程取5的整倍数)测量1个断面。本实例使用Ⅰ级免棱镜全站仪施测,具体做法如下:

①根据地铁贯通后经调整并平差后的地下控制点坐标,用极坐标法按照预先计算得各断面处中线点的设计坐标,实地测设每10m或每5m处的中线点位置,并用油漆标示在底板上(见图12-20中的1点),测设精度一般可控制在10mm以内。

②将免棱镜全站仪安置在测量断面处中线点上,定出垂直于中线方向的横断面方向,方向误差应小于5′(注意曲线段横断面方向的确定),量取仪器高,根据输入的有关已知数据及断面上各点的坐标与高程设计值,实测图12-20断面上2、3、4、5、6、7、8点的坐标与高差,并记录。

③根据车站内已知水准点,用水准测量方法联测各断面处中线点(中线底板上1点)的高程。

④按业主要求格式填写相应表格,并进行计算。现仅列出断面里程为6863.800m的隧道圆形断面高程测量和横距测量记录计算表,见表12-23和表12-24。

圆形隧道断面高程测量记录表(单位:m)　　　　　　　　表12-23

测量断面里程		6863.800	备 注
隧道中线顶板(5)	设计值	−2.247	
	实测值	−2.243	
	差值	−0.004	
隧道中线底板(1)	设计值	−7.747	
	实测值	−7.742	
	差值	−0.005	
轨面线左侧(8)	设计值	−6.857	
	实测值	−6.857	
	差值	0.000	
轨面线右侧(4)	设计值	−6.857	
	实测值	−6.857	
	差值	0.000	

圆形隧道断面横距测量记录计算表(单位:m)　　　　　　　表12-24

测量断面里程		6863.800	备 注
轨面线左侧(8)	设计值	2.025	
	实测值	2.030	
	差值	−0.005	
轨面线右侧(2)	设计值	2.025	
	实测值	2.028	
	差值	−0.003	
轨面线上3.67m左侧(7)	设计值	2.070	
	实测值	2.072	
	差值	−0.002	

续上表

测量断面里程		6863.800	备 注
轨面线上 3.67m 右侧(3)	设计值	2.070	
	实测值	2.073	
	差值	−0.003	
轨面线上 4.26m 左侧(6)	设计值	1.343	
	实测值	1.339	
	差值	+0.004	
轨面线上 4.26m 右侧(4)	设计值	1.343	
	实测值	1.340	
	差值	+0.003	

注：横距均为以隧道中线为准，向左、右侧断面点的平距。

以上测量成果均满足有关规定的要求。

使用免棱镜的全站仪，在断面处测量断面点 2、8 时，由于视距较短，距离无法显示，此时可用反射棱镜片安置在 2、8 点处，效果较好。

如果没有上述仪器，也可以采用Ⅰ级或Ⅱ级全站仪与激光经纬仪联合测绘断面的方法。在南京地铁一号线断面测量中，笔者曾用此法施测了两条线路，效果也很好，但是比较费时，不如免棱镜全站仪方便。这种方法是将激光经纬仪安置在断面处中线点，并设置横断面方向，在断面 2~8 点位置发射红光点，并置反射棱镜片，全站仪安置在隧道内地下导线控制点上，实测全站仪视线与红光点交会处的断面点坐标与高差，经计算也可以求得表 12-23 和表 12-24 的有关数据。

南京地铁建设指挥部测量中心使用 BJSD—2B 激光断面仪，对该区间四条线路断面进行检测，其结果与上述测量成果吻合，全部满足限界要求。

12.7 地铁铺轨施工测量

地铁铺轨施工测量工作主要是铺轨基标测量。铺轨基标是高标准轨道混凝土整体道床的轨道铺设的控制点，精确地测设铺轨基标是保证轨道铺设施工质量的关键。

铁路铺轨精度等同于线路施工复测的精度要求：距离（纵向）为 1/2000，曲线横向闭合差为 10cm。2000 年 6 月实施的《地下铁道、轻轨交通工程测量规范》（GB 50308—1999）对地铁中线各相邻点间纵、横向中误差规定：直线上纵向应小于 ±10mm，横向应小于 ±5mm；曲线上纵向应小于 ±5mm，曲线段横向应小于 ±3mm（曲线段小于 60m 时）或应小于 ±5mm（曲线段大于 60m 时）。根据铺轨综合设计图，利用调整好的线路中线点或施工控制导线点和水准点测设地铁铺轨基标（包括控制基标、加密基标和道岔铺轨基标）。由于轨道工程要铺设 330~550mm 厚的混凝土道床，中线只能与铺轨基一并定出，因此铺轨基标一般是根据施工控制导线点和水准点来测设的。由于测设精度要求高，用铁路线路测量方法已不能满足其测量精度要求，需要对测量所用的仪器、作业方法和流程进行严格控制。

12.7.1 铺轨基标设置位置和种类

铺轨基标一般设置在地铁线路中线上或线路一侧，并分为控制基标和加密基标。控制基标不但和加密基标一样作为铺轨的依据,而且是加密基标测设的控制点和地铁轨道竣工后轨道维修、保养的依据,必须永久保存。控制基标一般在直线段每120m左右设置1个;在曲线地段,除直缓(直圆)、缓圆、曲中和缓直(圆直)点设置外,每60m设置1个。在控制基标之间,利用控制基标测设加密基标,加密基标在直线段每6m、曲线段每5m测设1个。

铺轨基标与相应里程处的钢轨右轨的几何关系(即基标中心与右轨的距离、基标高程与右轨轨面高程的几何关系),可分为等距等高(指基标和右轨的距离、高差均为一常量)、等高不等距(高差为常量,距离为变量)、等距不等高(距离为常量,高差为变量)、不等距不等高(高差和距离均为变量)几种。每个基标的坐标和高程可以根据其与线路中线关系计算出来,铺轨基标的形状可以依照地铁隧道的现状和铺轨单位对基标的要求而进行设计。图12-21和图12-22为不同形状隧道中的铺轨基标标志图。

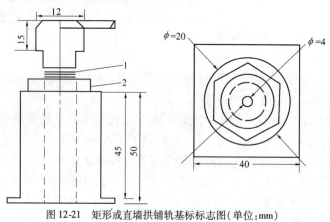

图12-21 矩形或直墙拱铺轨基标标志图(单位:mm)
1-M10×1.5 螺栓;2-螺母

12.7.2 铺轨基标测设前的准备工作

1)洞内施工控制导线和水准的检测或复测

在测设铺轨基标前,首先要对洞内施工控制导线点和水准点,以1~2个区间为单元进行检测或复测,确认点位是否准确和精度是否满足要求。为满足放样点的点位精度,洞内控制导线应按四等导线检测,角度按方向观测4测回(J^2或2″级全站仪),检测角与原有角度差值一般应小于±3.5″,限差应小于±7″;边长测量用全站仪,其测距标称精度至少为$2mm + 2×10^{-6}D$,测量值应加入仪器加、乘常数改正和气象(温度、气压)改正,往返测取其平均值,检测长度与原有长度的差值应小于±7mm;对附合导线(两端闭合到施工时的陀螺仪定向边)的方位角闭合差应小于±5″$\sqrt{n}$(n为导线角的个数),全长相对闭合差应小于

图12-22 马蹄形或圆形隧道铺轨基标
1-混凝土;2-隧道结构

1/35000。精密水准控制网复测的高差闭合差应小于$8\sqrt{L}$mm(L为水准点间的长度,以km计)。

对超出限差的导线点或水准点应做调整,调整方法是选定两端确认可靠的陀螺定向边和起始点对中间点整体严密平差,重新计算其坐标。

导线点间的距离,一般宜控制在120~150m。对过长、过短的地方可增加或去掉个别控制点,按四等导线测量纳入控制网整体严密平差,计算出新设控制点的坐标。注意在左右线间有渡线的地方和联络线处,需将其相邻的控制点联系测量后作整体平差处理。图 12-23 是广州地铁二号线某区间的线路控制导线点位示意图,左 9 与右 4-2 之间为渡线,K0 与右 4 之间为地铁一号线和二号线的联络线,原控制导线是左右相对独立的两条导线,检测结果见表 12-25。从表中角度和边长的差值可见,边长相差较小,都在限差之内;导线角相差较大,有的远远超过了限差,若不加以调整,放出的控制基标是不可能满足其精度要求的。

广州地铁二号线某区间部分控制点检查结果   表 12-25

测站	照准点	原有角度	检测角度	角度差值	原有边长(m)	检测边长(m)	边长差值(mm)
右 4-2	右 4	178°13′04.4″	178°13′33.4″	+29.0″	117.5830	117.5801	-2.9
	左 9				90.0946	90.0947	+0.1
右 6-1	右 4-2	182°24′36.3″	182°25′07.6″	+31.3″	81.4161	81.4112	-4.9
	右 8				84.3797	84.3852	+5.5
右 8	右 6-1	187°06′02.0″	187°06′15.4″	+13.4″	……	……	……
	右 10				59.0610	59.0580	3.0
右 10	右 8	179°44′28.8″	179°43′59.6″	-29.2″			
	右 12				56.4296	56.4257	3.9
左 9	左 11	168°58′38.6″	168°58′50.0″	+11.4″	79.8029	79.8000	-2.9
	右 4-2				……	……	……

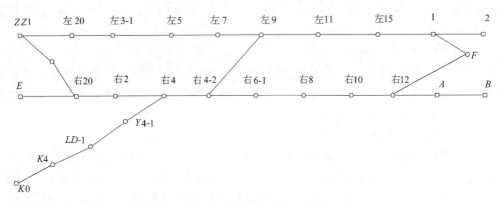

图 12-23　广州地铁二号线某区间线路控制点位示意图

2)铺轨基标测设数据计算

铺轨基标分为控制基标、加密基标和道岔铺轨基标。铺轨基标一般设置在线路中线上(也可设置在线路中线的右侧),道岔铺轨基标一般设置在直股和曲股的两侧。控制基标在直线上每 120m 设置 1 个,曲线上除曲线元素点设置控制基标外,还应每 60m 设置 1 个;加密基标在直线上每隔 6m、曲线上每隔 5m 设置 1 个;道岔铺轨基标应包括单开道岔、交分道岔、交叉渡线道岔的铺轨基标。分别根据铺轨综合设计图、道岔铺轨设计图计算出各铺轨基标的平面坐标和桩顶高程资料。桩顶高程 $H_{基}$ 的确定:当采用矩形及马蹄形隧道时,为对应轨顶高程减去 255mm;当采用圆形隧道弹性短轨枕道床时,为对应轨顶高程减去 420mm,普通短轨枕道床时,为对应轨顶高程减去380mm。对于基标设在中线外的情况,可参考基标距线路中线的距离:弹性短轨枕道床为1.35m,普通短轨枕道床为1.30m,浮置板道床为1.45m。按此计算其平面坐标(这样铺好整体道床后可露8~10mm高的铜标,方便后期铺轨拨轨使用),为后续的放桩工作准备好基础数据。

12.7.3 铺轨基标的测设方法

铺轨基标测设前的资料准备完成后,即可进行铺轨基标的测设工作。铺轨基标测设流程如图12-24所示。

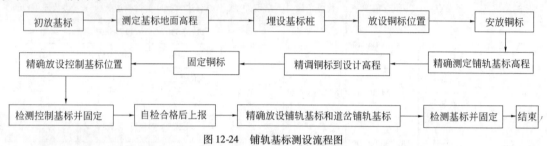

图12-24 铺轨基标测设流程图

1)初放铺轨基标桩位

根据洞内控制导线点、计算出的基标平面高程测设数据,放出基标桩位,测出其相应的地面高程,按 $H_{基} - H_{地} - 15mm$(15mm为考虑铜标高度和预留而设的可调整量)计算出基标埋桩高度,埋好桩供后面使用。此步测量用对中杆即可满足要求,以提高作业效率。

2)测设基标铜标埋设位置

在埋好基标桩后,根据洞内控制导线点和平面资料用极坐标放样的方法精确测出铜标埋设位置(铜标直径1cm,要保证后面所放点位不会下桩),并画出铜标中心十字线,钻眼埋好铜标。铜标露出高度宜为12~15mm。

3)精确调整使铜标达到设计高程

铜标埋好后,依次测定其桩顶高程(两端附合到施工控制水准点上,通过严密平差计算出各点高程),根据 $H_{基}$ 算出各点调整量进行调整,然后再测定1次,对不满足要求的个别点再次调整即可。固定铜标,供以后放点之用。

4)精确测设控制基标平面位置

在基标铜标埋设好且高程精确调到位的情况下,即可进行控制基标的平面精确定位。定位采用极坐标放样的方法,后视检测合格的导线点,用盘左、盘右两次所定方向取中,再测距、移点即可得到所放点位;重复以上步骤逐个测设控制基标。需注意的是每次拨角都要重新后视,以保证放样精度;放样边长一般尽量不超过该处两控制点间长度的2/3,在置镜下一控制点时,对相邻的最后一个放样点重新测设1次,取两次分中结果,以保证很好地搭接。

5)加密基标的测设

加密基标和道岔铺轨基标的测设在控制基标检测合格的基础上进行。在直线段依据控制基标间的方向,按加密基标的间距,在控制基标间埋设加密基标。埋设时以经纬仪定向、测距或在控制基标间张拉直线以钢尺量距等截距方法确定各加密基标的位置。

在曲线段将仪器安置在控制基标或曲线元素点上用偏角量距等方法设置加密基标。

加密基标高程依控制基标高程测量方法测定。

6)道岔铺轨基标的测设

地铁线路道岔有单开道岔、交分道岔、交叉渡线道岔,对这些道岔的铺轨基标测设应根据道岔铺轨基标图进行。测设时采用以上测量方法对单开道岔的岔心及其主线和侧线、交分道岔的两线交点和相交线与两条线路中线的4个交点、交叉渡线道岔的交点和相交线与两条线路中线的4个交点进行测设,然后根据铺轨基标与上述各线路中线和交点的关系,利用测设的道岔线路中心线和交点测设基标。也可以直接计算道岔铺轨基标的坐标,利用控制基标直接测设道岔铺轨基标。同样以精密水准测量方法确定其高程。

岔区基标测设在线路一侧,各种类型道岔的控制和加密基标位置各异,它是根据设计图规定并随施工方法与机具而变化的。由于道岔岔心定位及道岔结构各元素点相对精度要求高,而且自成一体,因此,在基标测设前首先要研究基标设计图,然后确定测设步骤。

12.7.4 铺轨基标检测和限差要求

控制基标的检测可置镜控制基标或导线点对两个或两个以上的控制基标用方向观测法测4测回进行夹角检测(或其左、右角各测两测回),距离检测往返各两测回,并应加入仪器加、乘常数改正和气象(温度、气压)改正。

1)控制基标

曲线段控制基标间的夹角与设计值较差计算出的线路横向偏差应小于2mm,弦长测量值与设计值较差应小于5mm。在施工控制水准点间应布设附合水准路线测定每个控制基标高程,其实测值与设计值较差应小于2mm。满足各项限差要求后,基标桩进行永久性固定。

2)加密基标

直线加密基标应满足纵向间距6m±5mm的要求,横向上加密基标偏离两控制基标间的方向线应小于2mm,高程上相邻加密基标实测高差与设计高差较差应小于1mm,每个加密基标的实测高程与设计高程较差应小于2mm。曲线加密基标平面上应满足纵向间距5m±5mm的要求,横向上加密基标相对于控制基标的横向偏距应小于2mm,高程上要求同直线加密基标。

3)道岔铺轨基标

道岔铺轨基标与线路的距离和设计值较差应小于2mm,相邻道岔铺轨基标间距离与设计值较差应小于2mm,相邻道岔铺轨基标间的高差与设计值较差应小于1mm,其高程与设计值较差应小于2mm。

以上铺轨基标经检测满足各项限差要求后,进行永久性固定,计算出对应处混凝土整体道床的灌注厚度、拨道量、起道量等数据,交付施工和后期运营使用。

12.8 地铁设备安装测量

地铁设备安装测量主要包括接触轨、接触网、隔断门、行车信号标志、线路标志、车站装饰及屏蔽门等安装测量。

设备安装主要是要保证设备不侵入限界、不影响行车安全,其测量精度及限差应按相关设备安装技术要求确定。设备安装完成后必须进行检查,确定设备不侵入限界。

1)接触轨、接触网安装测量

接触轨安装包括底座和轨条安装,轨条与相邻走行轨道的平面距离测量允许偏差为±6mm,高程测量允许偏差为±6mm;隧道外接触网安装应包括支柱、硬横跨钢梁、软横跨钢梁和定位装置的安装定位；隧道内接触网安装应包括支撑结构的底座、定位臂、弹性支撑以及接触悬挂等，安装定位测量误差应为安装允许偏差的1/2。

接触轨、接触网的安装可利用铺轨基标或线路中线点进行放样测量，采用全站仪极坐标方法确定接触轨（网）的平面位置，采用三角高程或水准测量方法测定接触轨（网）支架高程。安装后应对接触轨、接触网与轨道或线路中线的几何关系进行检查，其安装允许偏差应满足现行《地下铁道工程施工及验收规范》（GB 50299）的相关要求。

2）隔断门安装测量

隔断门安装测量需根据隔断门施工设计图并利用铺轨基标及贯通调整后的线路中线控制点对隔断门中心的位置、轴线及高程进行放样。

隔断门门框中心与线路中线的横向允许偏差为±2mm，门框高程与设计值较差应不大于3mm，平面放样测量中误差为±1mm，高程放样测量中误差为±1.5mm。

隔断门导轨支撑基础的高程应采用水准测量方法测定，其与设计高程的较差应不大于2mm，高程放样测量中误差为±1mm。

3）行车信号与线路标志安装测量

行车信号安装测量主要包括自动闭塞的信号灯支架和停车标志的放样测量，其里程位置允许误差为±100mm，放样测量中误差为±50mm。

线路标志安装测量主要包括线路的千米标、百米标、坡度标、竖曲线标、曲线元素标志、曲线要素标志和道岔警冲标位置的测设。线路标志应测定在隧道右侧距轨面1.2m高处边墙上或标定在钢轨的轨腰上，其里程允许误差为±100mm，轨腰上标志里程允许误差为±5mm，线路标志放样里程测量中误差分别为±50mm、±2.5mm。安装的信号标志和线路标志，必须确保其外缘不侵入限界。钢轨轨腰上的线路标志，应在整体道床施工和无缝钢轨锁定完毕后进行标定。

4）车站站台及屏蔽门安装测量

车站站台测量应包括站台沿位置和站台大厅高程测量，测量工作应根据施工设计图和有关施工规范的技术要求进行。车站站台沿测量应利用车站站台两侧铺轨基标或线路中线点进行测设，其与线路中线距离允许偏差为0~+3mm；站台大厅高程应根据铺轨基标或施工控制水准点，采用水准测量方法测定，其高程允许偏差为±3mm。

车站屏蔽门设置于地铁站台边缘，将列车与地铁站台候车区域隔离开来，在列车到达和出发时可自动开启和关闭，为乘客营造一个安全的装置。车站屏蔽门安装应根据施工设计图和车站隧道的结构断面进行，并应利用站台两侧的铺轨基标或线路中线点放样屏蔽门在顶、底板的位置，其实测位置与设计较差不应大于10mm。

车站屏蔽门在地铁设备安装测量中最为复杂且精度要求高，下面以一实例进行简介。

5）工程实例：上海地铁一号线人民广场站车站屏蔽门安装测量

地铁屏蔽门的类型有全封闭式屏蔽门和半封闭式屏蔽门。全封闭式屏蔽门是一道自上而下的玻璃隔离墙和活动门，沿着车站站台边缘和两端头设置，能把站台候车区与列车进站停靠区完全隔离；半封闭式屏蔽门是一道上不封顶的玻璃隔离墙和活动门或不锈钢篱笆门，与全封闭式安装位置基本相同，但结构简单，高度低。

屏蔽门系统安装中的关键是屏蔽门精密测设定位。首先正确定位屏蔽门安装的基准线，然后根据基准线将屏蔽门安装到正确位置上。由于屏蔽门是站台上离运行列车最近的设施，其安装位置将直接影响到地铁列车进、出站及过站的安全。屏蔽门安装工程中基准线应确保屏蔽门的安装不侵入列车动态包络线。要求屏蔽门在轨道侧的外轮廓(在列车高度范围内)至轨道中心线安装距离的误差不超出±10mm范围,实际安装结果控制在±5mm范围。

屏蔽门安装测量工作内容有控制网测量、屏蔽门设计前的测量和屏蔽门的安装测量。

(1)安装测量控制网的建立

屏蔽门安装测量控制网是根据车站站台区空间情况建立的微型控制网。由于地铁各车站站台屏蔽门是相互独立的,所以,每个车站屏蔽门测量的控制网均建立成独立网并采用独立的坐标系和高程系。每个站台的上下行线均布置一对控制点,组成如图12-25所示的微型大地四边形网。图中三角形为平面控制点,圆形为高程控制点。为了保证全站仪距离屏蔽门放样点的最短视距和照准精度要求,网点距放样点边长控制在6~95m之间。这样,控制点布设在测量区域整体长度(实际上就是站台长度)的1/4和3/4处的轨道中间,对应的高程控制点距最近的平面控制点约8~16m,利用轨道中间的地铁沉降观测点或者地铁中线作为控制点。

为了保证各站台控制点的独立性,在控制点的命名上作了规范。在站台上行线的控制点名称中有字母 R(RIGHT),站台下行线的控制点名称中有字母 L(LEFT)。

上下行线的两个控制点的命名是按方向的顺序命名为"1"和"2",平面控制点命名为"? $R1$"、"? $R2$"、"? $L1$"和"? $L2$",高程控制点对应的命名为"? $BM1R$"、"? $BM2R$"、"? $BM1L$"和"? $BM2L$"。其中"?"为各车站的拼音代码,每座车站各不相同。图12-25中的"M"则表示"人民路车站"。

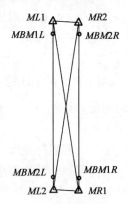

图12-25 屏蔽门安装微型控制网图

(2)精度估算

①控制网精度估算

控制网以满足最高的定位精度为设计前提。屏蔽门门柱预埋螺栓的定位限差最高为±5mm。按照控制点误差对放样点位误差不发生显著影响的原则进行估算,控制网测量的点位误差为:

$$M_P = 0.4 \times M = 0.4 \times (\pm 5) = \pm 2\text{mm}$$

式中:M_P——控制点误差;

M——施工对象定位安装后的限差。

控制网测量的平均点位中误差:

$$M_0 = (\pm 2)/\sqrt{2} = \pm 1.4\text{mm}$$

经过对 $ML1$、$ML2$、$MR1$、$MR2$ 所构成的大地四边形实测,观测所有的角度和距离,经平差获得最弱点点位精度优于±2mm,最弱边精度优于1/35000。

②放样点精度的估算

a. 测边中误差

测边中误差按下式来估算:

$$M_{边} = a + b \times S \tag{12-12}$$

式中:a——固定误差,测量使用的TC2003全站仪的标称值为1mm(鉴定值为0.31mm);

b——比例误差,标称值为1mm(鉴定值为0.20mm);

S——控制网的平均边长,取100m,综合实际情况取 $M_{边}$ 为0.7mm。

b. 测角中误差

使用 TC2003 全站仪观测角度,测角误差由下面几个因素组成:

(a)仪器误差:在观测前对仪器进行严密的校正,且用合适的操作方法精心进行,以减小仪器系统误差。

(b)读数误差:TC2003 全站仪采用电子读数,不存在人为的读数误差。

(c)照准误差:人眼分辨率约60″,仪器望远镜的放大倍数为32,则照准误差 $m_3 = \pm 60''/32 = \pm 1.9''$。

(d)仪器与觇牌对中误差:

$$m_e = \pm \rho \sqrt{\frac{a^2 e_A^2 + b^2 e_B^2 + e_C^2(a^2 + b^2 - 2ab\cos\beta)}{2a^2 b^2}} \quad (12\text{-}13)$$

式中:a——仪器站至定向点的距离;
    b——仪器站至放样点的距离;
    e_A、e_B——觇标在定向点、放样点的对中误差;
    e_C——仪器的对中误差;
    β——放样角。

取 $e_A = e_B = e_C = 0.8\text{mm}$,$a = 30\text{m}$,$b = 100\text{m}$,当 $\beta = 180°$ 时,误差最大,$m_e = \pm 6.5''$。

用 TC2003 采用测回法或全圆法测角 4 个测回,减弱后两项的影响。若取其他因素产生的测角中误差 $m_1 = \pm 1.0''$,则测角中误差 $m_角 = \sqrt{m_1^2 + m_e^2 + m_3^2} = \pm 6.8''$,方向观测中误差 $m_方 = \pm 4.8''$。

③高程观测控制

高程观测精度要求按照二等水准观测使用 N3 水准仪,配套 3m 因瓦水准标尺、5kg 尺垫承尺观测,使用科傻电子手簿记录。

(3)屏蔽门设计前的测量

屏蔽门设计前的测量是为设计服务的,是把现在站台空间的实际情况反映到设计图上,也就是测量安装屏蔽门时站台各相关设施的相对位置。其测量内容有标记断面和断面数据采集。

标记断面是从站台起点开始每隔 3m 采集 1 个断面,利用鉴定过的钢尺从起点开始量距,每隔 3m 对断面位置进行标记并且对其进行编号,依次标记为 01、02、03……上下行各有 62 个断面。

断面测量数据是组成地铁车站空间数据的基础,共要采集得到上(下)行每个断面的 11 个数据,包括有两条铁轨、D2、D3、D4、D5、D6、D8 等几何尺寸(见图 12-26)。采集的铁轨数据用来计算轨道的中心坐标。

断面数据采集是在上(下)行线的一个平面控制点上架设 TC2003 全站仪,用上(下)行线的另一个平面控制点定向,用极坐标法和三角高程法获取各断面设施特征点(碎部点)的三维坐标,每个断面要求测量 11 个数据。由于天花板下面是地铁输电线(电流强度很大),而且在测量作业时间里不断电,为了安全起见,D1 的数据采用徕卡测距仪进行测量。

为了提高测量精度,高度尺寸采用不量仪器高、固定棱镜高的三角高程测量法测量获得。其测量原理是用全站仪测量离设站点最近的一个高程控制点,然后测量各个碎部点,即先用徕卡的小棱镜(固定高为 0.10m)架设在高程控制点上测量获得高程起算数据,然后用固定高的圆棱镜测量铁轨,铁轨外的碎部点都用徕卡小棱镜进行测量。

假设测量时测站至高程控制点距离为 S_0，天顶距为 T_0，根据三角高程的计算公式，高程控制点到测站的高差为：

$$\Delta H_0 = I - V_0 + S_0 \cdot \cos T_0 \tag{12-14}$$

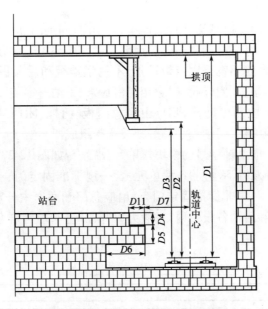

图 12-26 人民广场站站台断面数据图

式中：I——测站仪器高，不量；

V_0——架设在高程控制点上的镜高，是固定的（如徕卡小棱镜各侧面及上下端至棱镜中心的距离在镜座上均有标称）。

假定测量时碎部点至测站的距离为 S_1，天顶距为 T_1，那么碎部点到测站的高差为：

$$\Delta H_1 = I - V_1 + S_1 \cdot \cos T_1 \tag{12-15}$$

式中：I——测站仪器高；

V_1——碎部点镜高。

由于屏蔽门测量时所采用的棱镜杆均是定制的（一是徕卡配套的小棱镜及测杆，另外是定制的测量铁轨的带圆棱镜的支架），V_1 也是固定长度，无须量取，所以碎部点到起算点的高差 ΔH_S 为：

$$\Delta H_S = \Delta H_1 - \Delta H_0 = I - V_1 + S_1 \cdot \cos T_1 - (I - V_0 + S_0 \cdot \cos T_0)$$

即为：

$$\Delta H_S = V_0 - V_1 + S_1 \cdot \cos T_1 - S_0 \cdot \cos T_0 \tag{12-16}$$

因使用的支撑杆均为徕卡厂家直接加工，精度比较好，在不量仪器高的情况下认为碎部点高程的精度决定于全站仪测量天顶距和距离的精度。TC2003 测角中误差为 $\pm 0.5''$，测距为 $1 + 1 \times 10^{-6} D$。对式 (12-16) 进行微分：

$$\delta(\Delta H_S) = \delta S_1 \cdot \cos T_1 - S_1 \cdot \sin T_1 \cdot \delta T_1/\rho - \delta S_0 \cdot \cos T_0 + S_0 \cdot \sin T_0 \cdot \delta T_0/\rho \tag{12-17}$$

根据实际情况，测量最大的 S_1 为 92m，最大的 S_2 为 8m，所有的正弦和余弦值取为 1，$\rho = 206265$，式 (12-17) 中各项取绝对值相加，将微分写为中误差，则仪器直接带来的高程中误差为：

$$m_h = \pm(1.092 + 92000 \times 0.5/206265 + 1.008 + 8000 \times 0.5/206265) = \pm 2.34 \text{mm}$$

优于设计要求的精度。由于上面推算高程中误差时对式(12-17)中各项是取绝对值相加的,实际达到的精度应在 ±2.0mm 以内。

(4)屏蔽门的安装测量

屏蔽门系统门体结构由支撑结构、门槛、顶箱、滑动门、固定门、应急门和端门组成。

支撑结构包括底部支承部件、门梁、立柱、顶部自动伸缩装置等部分;门槛包括固定门门槛和活动门门槛;顶箱由站台侧不锈钢固定板铰接、不锈钢盖板和后盖板等组成;滑动门(PSD)由门玻璃、门框、门吊挂连接板、门导靴、门缘相交密封条、手动解锁装置等组成;固定门(FSD)由门玻璃和铝制门框等组成;应急门(EED)由应急门板、门框、闭门器、推杆锁等组成;端门(PED)由门玻璃、门框、闭门器、门锁和手动解锁装置等组成。

屏蔽门门体一般设计成4种型号的模块式单元,沿站台如图 12-27 布置。A 型单元:含两扇标准固定门和两扇中分双开活动门;B 型单元:含一扇标准固定门、一扇应急门和两扇中分双开活动门;C 型单元:含一扇非标准固定门、一扇应急门和两扇中分双开活动门;D 型单元:即备用门,在站台的前端和后端各设一扇,一般为单开铰链门,填补屏蔽门到站台两端转角处的空当区域。

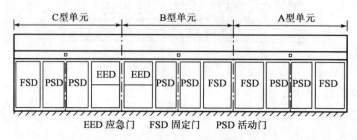

图 12-27 屏蔽门单元布置示意图

屏蔽门设计成4种型号的屏蔽门单元,具有代表性的 B 型单元结构如图 12-28 所示。机械部分由钢架结构、上支撑架、下支撑架、活动门、固定门、应急门等组成。安装测量的一项任务就是定位下面支撑架基座的位置,一般简称为门柱位置。

屏蔽门安装测量的具体方法是:

①定出门柱的概略位置。用停车位确定起算线。停车位如图 12-29。

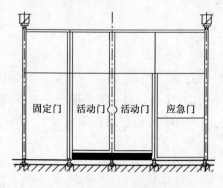

图 12-28 屏蔽门 B 型单元构造示意图

图 12-29 停车位

用钢尺量取停车位的中线,延伸至站台做标志线,如图 12-30 所示。

停车位的中线 +275mm(往列车行驶的相反方向)为列车第三个门中心线的位置(对应屏

蔽门系统第三个滑动门中心线的位置),即起算线,如图12-31。这样定位的方法可以满足停车误差±350mm要求。

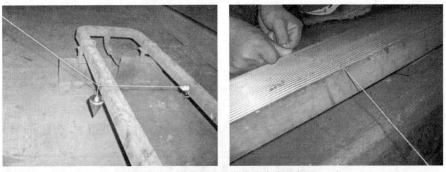

图12-30 定位站台上停车位中线示意图

图12-31 第三个滑动门中心线位置定位示意图

首先由起算线的设计相关距离确定站台中心线的位置,然后根据站台中心线确定各滑动门柱的位置,按滑动门柱的设计间隔距离(站台两端由于长度不规则,另外安装屏蔽门,即端门),在站台上用鉴定过的钢尺依次量出各门柱的位置,刻画站台标记点。按照地铁列车每节车厢标准的长度(22.8m),一节车厢的屏蔽门单元有1个C型单元、1个B型单元和3个A型单元,共有5扇滑动门,如图12-32所示。屏蔽门系统中的滑动门要比地铁车厢的门大,在列车停位有偏差的时候,乘客仍能从屏蔽门的滑动门进入地铁车厢。

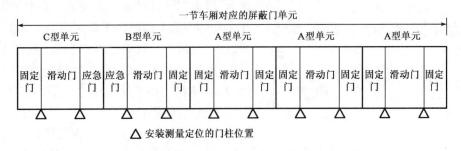

图12-32 一节车厢对应的屏蔽门单元示意图

安装测量并没有定位全部门柱位置,其原因一是定位全部门柱位置比只定位滑动门两边门柱位置的工作量超过两倍,二是控制滑动门的位置就可以控制屏蔽门所有单元的位置。站台标记点沿着铁轨的方向刻画。由于安装时需要切割站台边缘,无法保留门柱位置所做的标记点,所做站台标记点并未做到站台边缘真正的门柱位置,一般是在距站台边缘0.8m左右的地方,避开为安装屏蔽门切割的区域。由于站台标记点无法做到门柱的位置,1 个点是不能确定门柱位置的,因此相应地在站台侧面边缘混凝土板上做对应站台标记点的侧面标记点,如图12-33 所示。根据两点确定一条直线的原理,站台标记点与侧面标记点组成一条直线段,门柱点的位置在这条直线段区间内,修正后根据这条直线段以及门柱与轨道中心线的相对关系即能确定门柱的位置。

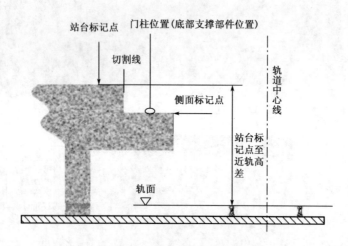

图 12-33　屏蔽门安装测量示意图

②测量标记点(包括站台标记点和侧面标记点)的位置及与近轨的高差,并得到标记点的相关改正数。用徕卡 TC2003 全站仪测量标记点与铁轨。将测量计算得到的标记点与轨道中心线展绘在 CAD 电子图上,从起点线定位,按设计门柱间隔距离做轨道中心线的垂线(见图12-34),直接量取标记点沿轨道方向改正数(也可以计算,比较烦琐),然后在现场用钢尺归化改正,做出一次改正标记点。按照切割线与轨道中心线的相对关系计算出站台标记点到切割线的距离,指导施工确定切割线的位置。

直线段站台比较简单,而有些站的轨道是曲线,辅助垂线的选取是有讲究的。上海地铁一号线站台中漕宝路站整个站台都是曲线。设计圆曲线半径是 800m,实地每隔 2m 测量轨道点,拟合得出圆曲线段的半径也是 800m。在曲线站台,屏蔽门设计的要求是屏蔽门门体边缘至列车之间的空隙不得超出正常间隙 7cm。在做辅助垂线时,轨道中心线就使用若干段线段来代替,线段的距离一般取一节标准车厢长度的 2/3,即 15.2m。取漕宝路的轨道中心线最小半径 800m,取圆上两点,使得弦长为 15.2m,可以计算得到超过标准空隙约 3.6cm;另外,在沿轨道方向上,经实际比对,按此方法做辅助垂线,设计距离和辅助垂线间门线距离较差≤0.2mm。所以这样做辅助垂线得到的测量数据是满足屏蔽门安装要求的。因此采用折线段的轨道中心线辅助垂线为曲线段的偏移基准。

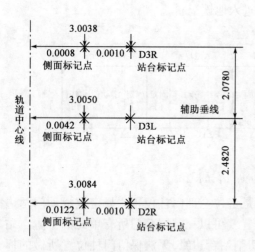

图 12-34　标记点改正数示意图(单位:m)

(5)轨道中心线数据处理

无论是在建地铁还是已建成地铁,屏蔽门系统安装测量中首先必须确定轨道中心线的位置,它是屏蔽门安装的基准线,对门的正确定位安装非常重要。轨道中心线实地并不存在,只能通过精密测量铁轨计算出来。即先利用测量出来的轨道点求出对应轨道中心点的坐标,再采用适当的曲线拟合的方法计算出轨道中心线的方程,并与设计的轨道中心线进行比较。

　　由于多项式最小二乘拟合计算比较简便,在轨道中心线的计算中常采用此方法。也可以采用 MATLAB 拟合轨道中心线。该方法能利用其函数编程,或直接利用其自带的曲线拟合工具箱计算。具体方法参见相关文献,这里不做详细介绍。

13 高速铁路施工测量

高速铁路具有输送能力大、速度快、安全性好、舒适方便等优点,在我国已进入高速发展阶段。高速铁路设计时速高达200～350km/h,运行目标是高安全性和高乘坐舒适性,任何一个小小的颠簸,都会给旅客列车带来严重的安全事故。因此,要求轨道结构必须具备高平顺度和高稳定性。而轨道具备高平顺性和高稳定性的条件,除轨道结构的合理外形尺寸、良好的材质和制造工艺外,轨道的高精度铺设是实现轨道初始高平顺性的保证。而这些必须依靠精密测量才能完成。

进入"高铁时代"的铁路测量,也随着高速铁路的要求发生了重大变革。由于高速铁路比普通铁路线路变得更直、曲线长度变得更长、隧道和桥梁的增加、轨道演变为无砟轨道、测量控制网的变化、沉降监控量测的高精度和持久性、测量工作时间的变化等等,给铁路建设维护中的精密工程测量带来很多新课题,测量的理论、方法、规范、仪器都需要革新和变化。

13.1 高速铁路施工测量的精度标准

高速铁路工程测量执行的国家规范有《高速铁路工程测量规范》(TB 10601—2009)、《铁路工程卫星定位测量规范》(TB 10054—2010)、《铁路工程测量规范》(TB 10101—2009)及《国家一、二等水准测量规范》(GB/T 12897—2006)。

13.1.1 平面控制测量的精度标准

高速铁路工程测量的控制网,按施测阶段、施测目的及功能可分为勘测控制网、施工控制网、运营维护控制网。平面控制网应在框架控制网CP0基础上分CPI、CPII、CPIII三级布设。按逐级控制原则布设的平面控制网,其设计的主要技术要求应符合表13-1的规定。

各级平面控制网设计的主要技术要求　　表13-1

控制网	测量方法	测量等级	点间距	相邻点的相对中误差(mm)	备 注
CP0	GPS	—	50km	20	
CPI	GPS	二等	≤4km一对点	10	点间距≥800m
CPII	GPS	三等	600～800m	8	
	导线	三等	400～800m	8	附合导线网
CPIII	自由设站边角交会	—	50～70m一对点	1	

表13-1中CPII采用GPS测量时,CPI可按4km一个点布设;相邻点的相对中误差为平面 x、y 坐标分量中误差。

CP0、CPI、CPII各级平面控制网GPS测量的精度指标应符合表13-2的规定;CPII控制网导线测量的主要技术要求应符合表13-3的规定;CPIII平面网的主要技术要求应符合表13-4的规定。

CP0、CPI、CPII 控制网 GPS 测量的精度指标　　　　表 13-2

控制网	基线边方向中误差(″)	最弱边相对中误差
CP0	—	1/2000000
CPI	≤1.3	1/180000
CPII	≤1.7	1/100000

CPII 控制网导线测量的主要技术要求　　　　表 13-3

控制网	附合长度（km）	边长（m）	测距中误差（mm）	测角中误差（″）	相邻点的相对中误差（mm）	导线全长相对闭合差限差	方位角闭合差限差（″）	导线等级
CPII	≤5	400~800	5	1.8	8	1/55000	±3.6$\sqrt{n}$	三等

CPIII 平面网的主要技术要求　　　　表 13-4

控制网名称	测量方法	方向观测中误差（″）	距离测量的中误差（mm）	可重复性测量精度（mm）	相邻点相对点位中误差（mm）
CPIII 平面网	自由测站边角交会	±1.8	±1.0	±1.5	±1.0

表 13-4 中可重复性测量精度是指控制点两次测量，其 x、y 方向坐标差的中误差；相对点位中误差是指相邻两点间相对点位误差椭圆长短轴平方和的平方根。

GPS 控制测量应符合表 13-5 的规定。当基线长度小于 500m 时，一、二、三等边长中误差应小于 5mm，四等边长中误差应小于 7.5mm，五等边长中误差应小于 10mm。

各等级 GPS 测量控制网的主要技术指标　　　　表 13-5

等级	固定误差 a（mm）	比例误差系数 b（mm/km）	基线方位角中误差（″）	约束点间的边长相对中误差	约束平差后最弱边边长相对中误差
一等	≤5	≤1	0.9	1/500000	1/250000
二等	≤5	≤1	1.3	1/250000	1/180000
三等	≤5	≤1	1.7	1/180000	1/100000
四等	≤5	≤2	2	1/100000	1/70000
五等	≤10	≤2	3	1/70000	1/40000

导线控制网可布设成附合导线、闭合导线或导线网。测量应符合表 13-6 规定。当边长短于 500m 时，二等边长中误差应小于 2.5mm，三等边长中误差应小于 3.5mm，四等、一级边长中误差应小于 5mm，二级边长中误差应小于 7.5mm。

导线测量的主要技术要求　　　　表 13-6

等级	测角中误差（″）	测距相对中误差	方位角闭合差（″）	导线全长相对闭合差	测回数 0.5″级仪器	1″级仪器	2″级仪器	6″级仪器
二等	1	1/250000	2$\sqrt{n}$	1/100000	6	9	—	—
隧道二等	1.3	1/250000	2.6$\sqrt{n}$	1/100000	6	9	—	—
三等	1.8	1/150000	3.6$\sqrt{n}$	1/55000	4	6	10	—
四等	2.5	1/80000	5$\sqrt{n}$	1/40000	3	4	6	—
一级	4	1/40000	8$\sqrt{n}$	1/20000	—	2	2	—
二级	7.5	1/20000	15$\sqrt{n}$	1/12000	—	—	1	3

注：n-测站数。

三角网测量应符合表 13-7 的规定。

三角形网测量的技术要求　　　　　　　　　　　　　　　　　表 13-7

等级	测角中误差 (″)	三角形最大闭合差(″)	测边相对中误差	最弱边边长相对中误差	测回数		
					0.5″级仪器	1″级仪器	2″级仪器
二等	1.0	3.5	1/250000	1/120000	6	9	—
三等	1.8	7.0	1/150000	1/70000	4	6	9
四等	2.5	9.0	1/100000	1/40000	2	4	6

13.1.2 高程控制测量的精度标准

高速铁路工程测量的高程系统应采用 1985 国家高程基准。当个别地段无 1985 国家高程基准的水准点时,可引用其他高程系统或以独立高程起算。但在全线高程测量贯通后,应消除断高,换算成 1985 国家高程基准;有困难时亦应换算成全线统一的高程系统。

高程控制网按施测阶段、施测目的及功能可分为勘测控制网、施工控制网、运营维护控制网。高程控制网分两级布设:第一级线路水准基点控制网,为高速铁路工程勘测设计、施工提供高程基准;第二级轨道控制网(CPIII),为高速铁路轨道施工、维护提供高程基准。

高程控制测量等级划分为二等、精密水准、三等、四等、五等。各等级技术要求应符合表 13-8 的规定。

高程控制网的技术要求　　　　　　　　　　　　　　　　　表 13-8

水准测量等级	每千米高差偶然中误差 M_Δ (mm)	每千米高差全中误差 M_W (mm)	附合路线和环线周长的长度(km)	
			附合路线长	环线周长
二等	≤1	≤2	≤400	≤750
精密水准	≤2	≤4	≤3	—
三等	≤3	≤6	≤150	≤200
四等	≤5	≤10	≤80	≤100
五等	≤7.5	≤15	≤30	≤30

线路水准基点控制网、轨道控制网(CPIII)的高程测量等级及布点要求应按表 13-9 的要求执行。

高程控制测量等级及布点要求　　　　　　　　　　　　　　表 13-9

控制网级别	测量等级	点间距
线路水准基点测量	二等	≤2km
CPIII 控制点高程测量	精密水准	50～70m

各级高程控制测量宜采用水准测量。山岭、沼泽及水网地区,水准测量有困难时,三等及以下高程控制测量可采用光电测距三角高程测量,二等高程控制测量可采用精密光电测距三角高程测量。水准测量各等级水准测量限差应符合表 13-10 的规定,光电测距三角高程测量观测的主要技术要求应符合表 13-11 的规定。

水准测量限差要求(mm) 表13-10

水准测量等级	测段、路线往返测高差不符值		测段、路线的左右路线高差不符值	附合路线或环线闭合差		检测已测测段高差之差
	平原	山区		平原	山区	
二等	$±4\sqrt{K}$	$±0.8\sqrt{n}$	—	$±4\sqrt{L}$		$±6\sqrt{R_i}$
精密水准	$±8\sqrt{K}$		$±6\sqrt{K}$	$±8\sqrt{L}$		$±8\sqrt{R_i}$
三等	$±12\sqrt{K}$	$±2.4\sqrt{n}$	$±8\sqrt{K}$	$±12\sqrt{L}$	$±15\sqrt{L}$	$±20\sqrt{R_i}$
四等	$±20\sqrt{K}$	$±4\sqrt{n}$	$±14\sqrt{K}$	$±20\sqrt{L}$	$±25\sqrt{L}$	$±30\sqrt{R_i}$
五等	$±30\sqrt{K}$		$±20\sqrt{K}$	$±30\sqrt{L}$		$±40\sqrt{R_i}$

注：K-测段水准路线长度(km)；L-水准路线长度(km)；R_i-检测测段长度(km)；n-测段水准测量站数。

光电测距三角高程测量的限差要求(mm) 表13-11

测量等级	对向观测高差较差	附合或环线高差闭合差	检测测段的高差之差
三等	$±25\sqrt{D}$	$±12\sqrt{\sum D}$	$±20\sqrt{L_i}$
四等	$±40\sqrt{D}$	$±20\sqrt{\sum D}$	$±30\sqrt{L_i}$
五等	$±60\sqrt{D}$	$±30\sqrt{\sum D}$	$±40\sqrt{L_i}$

注：D-测距边长(km)；L_i-测段间累计测距边长(km)。

13.1.3 隧道测量的精度标准

高速铁路的隧道平面控制测量应结合隧道长度、平面形状、辅助坑道位置，以及线路通过地区的地形和环境条件等，采用 GPS 测量、导线测量、三角形网测量及其综合测量方法，坐标系宜采用以隧道平均高程面为基准面，以隧道长直线或曲线隧道切线（或公切线）为坐标轴的施工独立坐标系。高程控制测量可采用水准测量、光电测距三角高程测量，高程系统应与线路高程系统相同。

隧道两相向开挖洞口施工中线在贯通面上的横向和高程贯通误差应符合表13-12的规定。

隧道贯通误差规定 表13-12

项 目	横 向 贯 通 误 差							高程贯通误差
相向开挖长度(km)	$L<4$	$4≤L<7$	$7≤L<10$	$10≤L<13$	$13≤L<16$	$16≤L<19$	$19≤L<20$	
洞外贯通中误差(mm)	30	40	45	55	65	75	80	18
洞内贯通中误差(mm)	40	50	65	80	105	135	160	17
洞内外综合贯通中误差(mm)	50	65	80	100	125	160	180	25
贯通限差(mm)	100	130	160	200	250	320	360	50

隧道洞外控制测量的设计要素应满足表 13-13 和表 13-14 的规定。山区水准测量平均每千米单程测站数 n 大于 25 站时，测段往返测高差不符值应符合表 13-15 的规定。

平面控制测量设计要素　　　　　　　　　　　　　　　　　表 13-13

测量部位	测量方法	测量等级	适用长度（km）	洞口联系边方向中误差（″）	测角中误差（″）	边长相对中误差
洞外	GPS 测量	一等	6~20	1.0		1/250000
		二等	4~6	1.3		1/180000
		三等	<4	1.7		1/100000
	导线测量	二等	8~20		10	1/200000
			6~8			1/100000
		三等	4~6		1.8	1/80000
		四等	1.5~4		2.5	1/50000
	三角形网测量	二等	8~20		10	1/200000
			6~8			1/150000
		三等	4~6		1.8	1/100000
		四等	1.5~4		2.5	1/50000
洞内	导线测量	二等	9~20		1.0	1/100000
		隧道二等	6~9		1.3	1/100000
		三等	3~6		1.8	1/50000
		四等	1.5~3		2.5	1/50000
		一级	<1.5		4.0	1/20000

高程控制测量设计要素　　　　　　　　　　　　　　　　　表 13-14

测量部位	测量等级	两开外洞口间高程路线长度（km）	每千米高程测量偶然中误差（mm）
洞外	二等	>36	≤1.0
	三等	13~36	≤3.0
	四等	5~13	≤5.0
	五等	<5	≤7.5
洞内	二等	>32	≤1.0
	三等	11~32	≤3.0
	四等	5~11	≤5.0
	五等	<5	≤7.5

往返测高差不符值的限差　　　　　　　　　　　　　　　　表 13-15

水准测量等级	测段往返测高差不符值限差（mm）
二等	$0.8\sqrt{n}$
三等	$2.4\sqrt{n}$
四等	$4.0\sqrt{n}$
五等	$6.0\sqrt{n}$

注：n-测站数。

洞内平面控制测量应采用导线控制测量方法,精度应符合表13-16的规定;高程测量应采用水准测量进行往返观测,其精度应符合表13-17的规定。

洞内导线测量精度要求　　　　　　　　　　　　　　　　　　　表13-16

测量等级	适用长度(km)	测角中误差(″)	边长相对中误差
二等	9~20	1.0	1/100000
隧道二等	6~9	1.3	1/100000
三等	3~5	1.8	1/50000
四等	1.5~4	2.5	1/50000
一级	<1.5	4.0	1/20000

洞内高程测量精度要求　　　　　　　　　　　　　　　　　　　表13-17

测量等级	两开挖洞口间高程路线长度(km)	每千米高程测量偶然中误差(mm)
二等	>32	≤1.0
三等	11~32	≤3.0
四等	5~11	≤5.0
五等	<5	≤7.5

13.1.4 桥涵测量的精度标准

桥涵测量应在线路控制网(CPI、CPII和线路水准基点)基础上进行,其平面控制网的测量等级和精度要求应符合表13-18的规定。

桥梁施工平面控制网的测量等级和精度(单位:mm)　　　　　　表13-18

测量等级			桥轴线边相对中误差	最弱边相对中误差
GPS测量	三角形网测量	导线测量		
一等	—	—	1/250000	1/180000
二等	—	—	1/200000	1/150000
三等	二等		1/150000	1/100000
四等	三等	三等	1/100000	1/70000

桥梁墩台位置允许偏差应满足表13-19a的要求;梁部位置允许偏差应满足表13-19b的要求。

桥梁墩台允许偏差(单位:mm)　　　　　　　　　　　　　　　表13-19a

项目	偏差
墩台纵、横向中心距设计中心的距离	±20
梁一端两支承垫石顶面高程差	4
支承垫石顶面高程	0~-10

梁部允许偏差(单位:mm)　　　　　　　　　　　　　　　　　表13-19b

项目	偏差	
	CRTS II S 轨道结构	其他轨道结构
梁全长	±20	±20
梁面平整度	≤3mm/4m	≤3mm/m
相邻梁端桥面高程	≤10	≤10

13.1.5　构筑物变形测量的精度标准

高速铁路在施工和运营期间,应对铁路及其附属建筑物进行变形测量,其内容包括路基、涵洞、桥梁、隧道、车站以及道路两侧高边坡和滑坡地段的垂直位移监测和水平位移监测。变形监测的精度应按监测量的中误差小于允许值的 1/10~1/20 的原则进行设计。变形测量的等级划分和精度要求应符合表 13-20 的规定;水平位移变形监测基准网和垂直位移监测网主要技术要求应符合表 13-21 和表 13-22 的规定。

变形测量的等级划分和精度要求　　　　　　表 13-20

变形测量等级	垂直位移测量		水平位移观测
	变形观测点的高程中误差（mm）	相邻变形观测点的高差中误差（mm）	变形观测点的点位中误差（mm）
一等	0.3	0.1	1.5
二等	0.5	0.3	3.0
三等	1.0	0.5	6.0
四等	2.0	1.0	12.0

水平位移监测网的主要技术要求　　　　　　表 13-21

等级	相邻基准点的点位中误差(mm)	平均边长（m）	测角中误差（"）	测边中误差（mm）	水平角观测测回数		
					0.5"级仪器	1"级仪器	2"级仪器
一等	1.5	≤300	0.7	1.0	9	12	—
		≤200	1.0	1.0	6	9	—
二等	3.0	≤400	1.0	2.0	6	9	—
		≤300	1.8	2.0	4	6	9
三等	6.0	≤450	1.8	4.0	4	6	9
		≤350	2.5	4.0	3	4	6
四等	12.0	≤600	2.5	7.0	3	4	6

垂直位移监测网的主要技术要求　　　　　　表 13-22

等级	相邻基准点高差中误差（mm）	每站高差中误差（mm）	往返较差、附合或环线闭合差（mm）	检测已测高差较差（mm）	使用仪器、观测要求及方法
一等	0.3	0.07	$0.15\sqrt{n}$	$0.2\sqrt{n}$	DS_{05} 型仪器,视线长度≤15m,前后视距差≤0.3m,视距累计差≤1.5m。宜按国家一等水准测量的技术要求施测
二等	0.5	0.15	$0.3\sqrt{n}$	$0.4\sqrt{n}$	DS_{05} 型仪器,宜按国家一等水准测量的技术要求施测
三等	1.0	0.30	$0.6\sqrt{n}$	$0.8\sqrt{n}$	DS_{05} 或 DS_1 型仪器,宜按《高速铁路工程测量规范》(TB 10601)二等水准测量的技术要求施测
四等	2.0	0.70	$1.40\sqrt{n}$	$2.0\sqrt{n}$	DS_1 或 DS_3 型仪器,宜按《高速铁路工程测量规范》(TB 10601)三等水准测量的技术要求施测

注:n-测站数。

13.1.6 轨道施工测量的精度标准

高速铁路轨道铺设精度应满足表 13-23、表 13-24 中轨道静态平顺度允许偏差的要求。

高速铁路轨道静态平顺度允许偏差　　　　　表 13-23

序号	项目	无砟轨道		有砟轨道	
		允许偏差	检测方法	允许偏差	检测方法
1	轨距	±1mm	相对于1435mm	±1mm	相对于1435mm
		1/1500	变化率	1/1500	变化率
2	轨向	2mm	弦长 10m	2mm	弦长 10m
		2mm/(8a)	基线长 48a	2mm/5m	基线长 30m
		10mm/(240a)	基线长 480a	10mm/150m	基线长 300m
3	高低	2mm	弦长 10m	2mm	弦长 10m
		2mm/(8a)	基线长 48a	2mm/5m	基线长 30m
		10mm/(240a)	基线长 480a	10mm/150m	基线长 300m
4	水平	2mm		2mm	
5	扭曲(基线长 3m)	2mm	—	2mm	—
6	与设计高程偏差	10mm		10mm	
7	与设计中线偏差	10mm		10mm	

注：a-轨枕(扣件)间距。

高速铁路道岔(直向)静态平顺度允许偏差　　　　　表 13-24

项目	高低	轨向	水平	扭曲(基线长 3m)	轨距	变化率
幅值(mm)	2	2	2	2	±1	1/1500
弦长(m)	10			—		

无砟轨道混凝土底座及支承层平面放样应依据轨道控制网 CPIII，采用全站仪自由设站极坐标法测设；高程测量可采用全站仪自由设站三角高程或几何水准施测。采用自由设站点的精度应符合表 13-25 的规定；完成自由设站后，CPIII 控制点的坐标不符值应满足表 13-26 的规定。

自由设站点的精度要求　　　　　表 13-25

项目	X	Y	H	方向
中误差	≤2mm	≤2mm	≤2mm	≤3″

CPIII 控制点的坐标不符值限差要求　　　　　表 13-26

项目	X	Y	H
控制点余差	≤2mm	≤2mm	≤2mm

加密基标平面测量应依据 CPIII 控制点，采用全站仪自由设站极坐标法或光学准直法测设，高程测量应采用几何水准方法施测。自由设站点的精度应符合表 13-27 的规定。

自由设站点的精度要求　　　　　表 13-27

项目	X	Y	H	方向
中误差	≤0.7mm	≤0.7mm	≤0.7mm	≤2″

CRTS I 型轨道板安装定位(精调)可采用速调标架法或基准器法进行。轨道板定位限差横向和纵向应分别不大于 2mm 和 5mm；高程定位限差不应大于 1mm。相邻轨道板搭接限差横向和高程应分别不大于 2mm 和 1mm。轨道板精调后的允许偏差应满足表 13-28 的规定。

轨道板精调后允许偏差 表 13-28

项　目	允许偏差(mm)
板内各支点实测与设计值的横向偏差	0.3
板内各支点实测与设计值的竖向偏差	0.3
轨道板竖向弯曲	0.5
相邻轨道板间横向偏差	0.4
相邻轨道板间竖向偏差	0.4

13.2 高速铁路平面控制测量

高速铁路工程测量包括了勘测设计、线下工程施工、轨道施工、竣工验收测量,整个测量周期长,其间还包括施工期间平面高程控制网的复测与维护。由于高速铁路线路长、地区跨越幅度大,地形、地质条件变化大,因此要求高速铁路工程测量工作开展前,勘测设计单位需根据线路走向、地形地貌特点、地质特征等进行测量总体设计,明确控制网形式、坐标系统、基准、精度和建网时机等主要原则。

高速铁路工程测量平面坐标系应采用工程独立坐标系统,在对应的线路轨面设计高程面上坐标系统的投影长度变形值不宜大于 10mm/km。高速铁路工程测量平面控制网应在框架控制网(CP0)基础上分三级布设:第一级为基础平面控制网(CPI),主要为勘测、施工、运营维护提供坐标基准;第二级为线路平面控制网(CPII),主要为勘测和施工提供控制基准;第三级为轨道控制网(CPIII),主要为轨道铺设和运营维护提供控制基准。三级平面控制网之间的相互关系如图 13-1 所示。

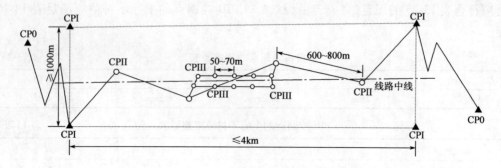

图 13-1　高速铁路三级平面控制网示意图

高速铁路为了实现三网合一,要求勘测、施工、营运维护各阶段的平面控制基准统一且相互衔接,即:勘测阶段的基础平面控制网 CPI 应附合到 CP0 控制网上;作为线下工程施工控制的线路平面控制网 CPII 应附合到 CPI 控制网上,保证施工的线路平面位置与设计的线路平面位置一致;作为轨道施工控制的轨道控制网 CPIII 应附合到 CPII 控制网上,保证轨道工程施工的线路位置与线下工程施工的线路位置一致。

CPIII 控制网是高速铁路测量最基本的控制网。在高速铁路的修建过程中,从线路的中线放样、底座混凝土钢模放样方案、轨道板调整到钢轨精调系统以及后期线路维护都离不开 CPIII,所以 CPIII 控制网在施工中显得极为重要。有关 CPIII 平面控制网的内容将在下节重点介绍,本节主要介绍高速铁路线下控制网。

13.2.1 框架控制网(CP0)

为满足平面 GPS 控制测量三维约束平差的要求,在平面控制测量工作开展前,应首先采用 GPS 测量方法建立框架控制网(CP0)。

高速铁路线路长、地区跨越幅度大且平面控制网沿高速铁路呈带状布设,为了控制带状控制网的横向摆动,沿线必须每隔一定间距联测高等级的平面控制点。但是由于沿线既有的国家高级控制点之间的精度偏低,且兼容性极差,特别是省界结合部位的三角点,有的坐标相差 1m 以上,还有就是既有国家三角点布设时间早,部分点位破坏严重,有的整个点位破坏,有的标芯无法正常识别,这些都会使高精度的基础平面控制网 CPI 经国家点约束后发生扭曲,大大降低了 CPI 控制点间的相对精度,个别地段经国家点约束后的 CPI 控制点间甚至不能满足 1/170000 的要求。在测量中不得不采用一个点和一个方向的约束方式进行 CPI 控制网平差,但这种平差方式给 CPI 控制网复测带来不便。基于此原因,我国早期建设的高速铁路等客运专线为满足线路平面控制测量起闭联测的要求,都普遍采用 GPS 精密定位测量方法建立了高精度的框架控制网 CP0,作为高速铁路平面控制测量的起算基准,不仅提高了 CPI 控制网的精度,也为平面控制网复测提供了基准。因此新编的《高速铁路工程测量规范》(TB 10601—2009)规定:在平面控制测量工作开展前,可首先采用 GPS 测量方法建立高速铁路框架控制网(CP0),作为全线勘测设计、施工、运营维护的坐标基准。所以,CP0 网实际上就是高速铁路工程测量平面控制网的基础基站网,被称作高速铁路工程建设的基础框架平面控制网。CP0 控制网应以 2000 国家大地坐标系为坐标基准。

1) CP0 点位布置及埋石

CP0 网按照《全球定位系统(GPS)测量规范》(GB/T 18314)建立。根据《客运专线无砟轨道铁路工程测量暂行规定》(铁建设[2006]189 号)第 3.3.5 条规定:CPI 应与沿线不低于国家二等三角点或 GPS 点联测,依此,CP0 点宜每 50km 左右布一个点,点位离设计线路中心为 200m~5km 为佳,不宜大于 10km,周围 200m 范围内不得有强电磁干扰源或强电磁反射源。按照基岩点要求进行埋石,根据沿线地层情况,埋设至持力层;或建在周边稳固的建筑物上。标石必须能够长期保存。

CP0 控制点标石埋设如图 13-2 所示。

2) CP0 构网联测

CP0 控制网应与 IGS 参考站或国家 A、B 级 GPS 点进行联测。全线联测的已知站点数不应少于两个,且在网中均匀分布。每个 CP0 控制点与相邻的 CP0 连接数不得小于 3。IGS 参考站或国家 A、B 级 GPS 点与其相邻的 CP0 连接数不得小于 2。为了保证起点与已建成的高速铁路无缝衔接,也应联测周边已有线路高级控制点。

3) CP0 观测

CP0 网应使用标称精度不低于 $5mm + 1 \times 10^{-6}D$ 的双频 GPS 接收机,同步观测的 GPS 接收机不应少于 4 台。各项技术要求应符合表 13-29 的规定,观测时段分布宜昼夜均匀,夜间观测时段数应不少于 1 个。每个观测时段不宜跨越北京时间早 8 点(世界协调时 0 点)。

CP0 观测技术要求   表 13-29

卫星高度截止角	采样历元间隔	同步观测有效卫星数	有效卫星的最短连续观测时间	有效同步观测时段数	有效同步观测时段长度
15°	30s	≥4	≥15min	≥4	≥300min

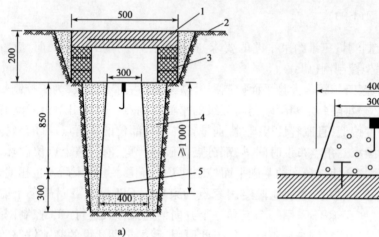
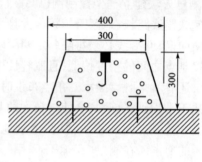

图 13-2　CP0 控制点标石埋设图(单位:mm)
a)基岩标;b)建筑物上标石
1-盖板;2-地面;3-保护井;4-素土;5-混凝土

4)CP0 网数据处理

CP0 数据处理应采用适合长基线的高精度 GPS 解算软件进行基线向量解算,如:Gaimet、Beness 软件。基线向量应采用精密星历进行多基线解算模式进行基线解算,计算结果应包括基线向量的各坐标分量及其协方差阵等平差所需的元素。基线向量解算引入的起算点坐标位置基准应为国际地球参考框架(ITRF)中的坐标成果,该坐标框架应与采用的精密星历坐标框架保持一致。起算点选用联测的 IGS 参考站或国家 A、B 级 GPS 点,其点位坐标精度应优于 0.1m。CP0 控制网基线处理结果应符合:

(1)同一基线不同时段的基线向量各分量及边长较差应满足式(13-1)要求:

$$\begin{aligned} d_{\Delta X} &\leqslant 3\sqrt{2} R_{\Delta X} \\ d_{\Delta Y} &\leqslant 3\sqrt{2} R_{\Delta Y} \\ d_{\Delta Z} &\leqslant 3\sqrt{2} R_{\Delta Z} \\ d_{\Delta S} &\leqslant 3\sqrt{2} R_{S} \end{aligned} \quad (13\text{-}1)$$

式(13-1)中,R 按下式计算:

$$R = \left(\frac{\dfrac{n}{n-1} \sum_{i=1}^{n} \dfrac{(C_i - C_m)^2}{\sigma_{C_i}^2}}{\sum_{i=1}^{n} 1/\sigma_{C_i}^2} \right)^{1/2}$$

式中:n——同一基线重复观测的总时段数;

i——时段号;

C_i——i 时段基线的某一坐标分量或边长;

C_m——各时段基线的某一坐标分量或边长加权平均值;

$\sigma_{C_i}^2$——相应于 i 时段基线的某一坐标分量或边长的方差。

(2)基线向量的独立(异步)闭合环或附合路线的各坐标分量闭合差(W_x、W_y、W_z)应满足式(13-2)要求：

$$W_x \leq 2\sigma_{Wx}$$
$$W_y \leq 2\sigma_{Wy}$$
$$W_z \leq 2\sigma_{Wz} \tag{13-2}$$

$$\sigma_{Wx} = \left(\sum_{j=1}^{r} \sigma_{\Delta x(j)}^2\right)^{1/2}$$

$$\sigma_{Wy} = \left(\sum_{j=1}^{r} \sigma_{\Delta y(j)}^2\right)^{1/2}$$

$$\sigma_{Wz} = \left(\sum_{j=1}^{r} \sigma_{\Delta z(j)}^2\right)^{1/2}$$

式中：j——闭合环(线)中第 j 条基线；
r——闭合环(线)基线数；
$\sigma_{\Delta x(j)}^2$、$\sigma_{\Delta y(j)}^2$、$\sigma_{\Delta z(j)}^2$——第 j 条基线 Δx、Δy、Δz 分量的方差。

(3)环线全长闭合差 W 应满足式(13-3)要求：

$$W \leq 3\sigma_W \tag{13-3}$$

$$\sigma_W = \left(\sum_{j=1}^{r} W D_j W^T\right)^{1/2}$$

$$W = \left[\frac{W_x}{W_s} \frac{W_y}{W_s} \frac{W_z}{W_s}\right]$$

$$W_s = \sqrt{W_x^2 + W_y^2 + W_z^2}$$

式中：D_j——闭合环(线)中第 j 条基线的方差—协方差阵。

CP0 网平差采用无约束平差，平差前应进行外部数据处理质量检核，联测站点的已知坐标成果与无约束平差成果间差值的绝对值应小于 0.2m，且由此计算的基线长度相对误差应小于 $0.3 \times D \times 10^{-6}$；平差中基线向量各分量的改正数绝对值应满足式(13-4)要求：

$$V_{\Delta x} \leq 3\sigma$$
$$V_{\Delta y} \leq 3\sigma$$
$$V_{\Delta z} \leq 3\sigma \tag{13-4}$$

整体约束平差所采用的约束点应为 IGS 参考站或国家 A、B 级 GPS 点的 2000 国家大地坐标系成果；基线向量各分量改正数与无约束平差同一基线改正数较差的绝对值应满足式(13-5)要求：

$$dV_{\Delta x} \leq 2\sigma$$
$$dV_{\Delta y} \leq 2\sigma$$
$$dV_{\Delta z} \leq 2\sigma \tag{13-5}$$

无约束平差应输出 ITRF 或 IGS 国际地球参考框架下各点的三维坐标、各基线向量平差值、各基线的坐标分量、改正数及其精度；整体约束平差应输出 2000 国家大地坐标系中各点的地心坐标和大地坐标、各基线向量平差值、各基线的坐标分量、改正数及其精度。

5)实例介绍：合肥至蚌埠客运专线 CP0 网建立

合肥至蚌埠客运专线(简称合蚌客专)北起安徽省蚌埠市京沪高铁蚌埠高速站,南至合肥市,设计速度350km/h。合蚌客专作为了京福客专一部分,将构成我国南北又一条纵线。

(1)CP0 点选点与埋设

合蚌客专全线总长120km,按照50km 布设一个点,全线布设三个,即起点蚌埠、中部长丰县、终点合肥市。按照 GPS 选点要求合理选择 CP0 点,CP0 点离设计线路中心为200m~5km。CP0 点按照基岩点要求进行埋设。根据沿线地层情况,埋设至持力层,预计深度60m,不足60m 的必须钻孔至基岩深0.5m。

(2)深埋桩施工工艺

根据所选点位,现场确定具体点的埋设位置;采用 GC150~300 型工程钻机、ϕ130mm 三翼钻头钻进至要求层位深度,测定孔深。基岩桩位于裸露的基岩时,必须打至基岩下0.8m;如1.4m 以下未至基岩,必须开挖一个深1.4m,面积大于盖板的桩孔,放入一个扎好的钢筋笼并固定至钢管桩上,使钢管桩、钢筋笼、标心一体。

(3)CP0 网观测

合蚌客专起点接于京沪高铁蚌埠高速站。为了便于和京沪高铁无缝衔接,CP0 网联测京沪高铁 CP0 点一个 JZ12,网联测 IGS 台站两个(北京房山站 BJFS 和上海站 SHAO),采用和京沪高铁相同的 WGS-84 坐标系。外业观测分别于2009年2月22日、23日和24日进行,使用4台检测合格的天宝5800,分四个时段观测,其中一个时段在夜间,每个时段最少6h,采样率设置为15s。

(4)CP0 网数据处理

①CP0 网网型

数据处理使用 Bernese GPS4.2 软件。该软件主要应用于长基线的 GPS 解算。考虑到接收机同步观测所能构成的同步基线边非常多,实际数据处理过程中无须全部解算。考虑联测的 IGS 站点与网内其他点的连接数为"2",以及网内任意点与网内其他点的连接数不少于"3"的条件,实际基线处理采用如图13-3所示的基线网结构,其基本网形为大地四边形,具有很好的图形强度。

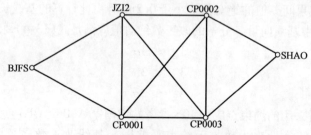

图13-3 合蚌客专 CP0 网网型示意图

对外业观测数据的初步质量检查采用基于宽波组合观测值的粗差和周跳探测,并用粗差和周跳清理后的相位观测值对伪距观测值进行相位平滑处理。对各测站采用平滑伪距观测值进行接收机钟差同步计算后,使用载波相位三差观测值进行测站相对定位解算。

②GPS 基线精解

Bernese GPS4.2 软件采用以空间直角坐标为未知参数的 GPS 网平差方式。GPS 基线网平差首先在同步观测网中进行,然后作异步网整体平差处理。基线精解按如下步骤进行:

采用电离层无关组合观测值进行测站的对流层延迟估计,并建立相应的延迟改正模型,存储观测值残差。利用观测值残差的均方差(RMS)统计结果,对所有观测值残差绝对值大于3

倍 RMS 的观测值进行数据屏蔽。

利用先前建立的对流层延迟改正模型和经过数据屏蔽后的相位观测值进行 L1、L2 的双差整周模糊度的解算。解算采用固定解和浮动解相结合的方式,凡在 $a=0.05$ 置信水平下能固定的模糊度则取固定解,否则取其实数浮动解。

③网平差与检核

将解算的模糊度作为已知值,利用电离层无关组合观测值分时段组成测站坐标求估的法方程,分时段进行坐标估计。同步网平差计算以 BJFS 为位置基准,采用松弛法,赋予 BJFS 坐标 1mm 的点位坐标中误差。

将不同时段的法方程进行融合,并充分考虑异步基线之间的方差—协方差阵,进行多时段整体的基线网三维空间自由平差。

将不同时段的法方程进行融合,并充分考虑异步基线之间的方差—协方差阵,进行多时段整体的基线网三维空间强制约束平差。平差计算以 BJFS、SHAO 为位置基准(赋予 BJFS、SHAO 坐标 0.1mm 的坐标中误差)。

作为 GPS 基线网平差结果精度和可靠性的外部检查手段,比较 SHAO 站点的整体自由网平差结果和 IGS 公布的精确已知坐标。基线 BJFS ~ SHAO 长 1058.437km。以 IGS 公布的 BJFS 坐标为强制位置基准,按自由网平差求得的 SHAO 坐标与 IGS 公布的 SHAO 已知坐标的较差(见表 13-30)反映合蚌 GPS 基准站网的数据观测质量和基线的解算精度。表 13-30 充分说明:本次合蚌客专基准站网的坐标计算成果具有很高的精度,达到了基准站网的设计精度要求。

SHAO 参考站位置比较　　　　　　　　　　　　　　表 13-30

SHAO	IGS 坐标	整体自由网平差坐标	坐 标 较 差	点位相对误差
$X(m)$	-2831733.6396	-2831733.6402	0.0006	
$Y(m)$	4675665.9072	4675665.9165	-0.0093	0.023×10^{-6}
$Z(m)$	3275369.3766	3275369.3990	-0.0224	

作为 GPS 基线网平差结果精度和可靠性的内部检查手段,对所有异步基线组成的异步环进行闭合差的检验。异步环采用独立三角形形式,全网需检查的三角形图形共 6 个,其闭合差检验结果均满足规定要求(见表 13-31)。

CP0 异步环闭合差统计(部分)　　　　　　　　　　　表 13-31

闭　合　环	$\Delta X(m)$	$\Delta Y(m)$	$\Delta Z(m)$	闭合差相对精度
BJFS-JZ12-CP001	-0.0015	0.0089	0.0058	0.01×10^{-6}
JZ12-CP001-CP002	0.0091	-0.0193	-0.0111	0.40×10^{-6}
CP001-CP002-CP003	-0.0082	0.0182	-0.0043	0.27×10^{-6}
CP002-CP003-SHAO	0.0082	-0.0061	0.0096	0.04×10^{-6}
JZ12-CP001-CP003	0.0112	-0.0095	-0.0024	0.19×10^{-6}
JZ12-CP002-CP003	0.0117	-0.0232	-0.0065	0.30×10^{-6}

④CP0 成果坐标

合蚌客运专线 GPS 坐标基准站网成果是将 BJFS 和 SHAO 两个 IGS 台站的已知坐标约束到基线网平差成果,起算坐标的参考历元为 2009 年 2 月 22 日。为与京沪高速铁路的坐标保持一致,将合蚌客专 CP0 坐标成果通过 BJFS 点平移到京沪高速铁路 CP0 成果的起算历元。

为了更进一步检核 CP0 成果的正确性,在基础平面控制网(CPI)中联测京沪高铁 CPI 点两个,坐标较差最大为 3.4mm,说明合蚌客专与京沪高铁实现了无缝衔接,间接说明了合蚌客专 CP0 网的成果可靠性。

13.2.2 基础平面控制网(CPI)

作为线路平面控制网起闭基准的基础平面控制网 CPI,是在基础框架平面控制网(CP0)或国家高等级平面控制网的基础上,沿线路走向布设,并附合于 CP0 或国家或城市三等及以上平面控制点上,点间距为 4km 左右,测量精度为 GPS B 级网。

CPI 控制网与沿线的国家或城市平面控制点联测的目的是将高速铁路工程独立坐标系引入国家坐标系统或城市平面坐标系统;而当需要提供国家坐标系统或城市平面坐标系统坐标时,通过联测的国家三角点或城市平面控制点,对 CPI 控制网进行约束平差,将高速铁路工程独立坐标转换为国家或城市独立坐标。

CPI 控制网宜在初测阶段建立,最迟也应在定测前完成。构网采用边联结方式,形成由三角形或大地四边形组成的带状网,并在线路勘测设计起点、终点或与其他铁路平面控制网衔接地段,至少与两个 CPI 控制点相重合。全线(段)应一次布网,统一测量,整体平差。

1)CPI 标石选埋

CPI 控制点应按表 13-1 的要求沿线路走向布设。点位设在距线路中心 50～500m 范围内不易被施工破坏、稳定可靠、便于 GPS 测量、易于长期保存的地点。控制点需兼顾桥梁、隧道及其他大型构(建)筑物布设施工控制网的要求,并按图 13-4 形式埋石。

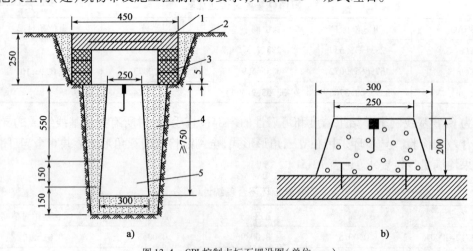

图 13-4 CPI 控制点标石埋设图(单位:mm)
a)深埋标;b)建筑物上标石
1-盖板;2-地面;3-保护井;4-素土;5-混凝土

2)CPI 控制网观测

CPI 控制网采用 GPS 静态相对定位方法测量。应与沿线的国家或城市三等及以上平面控制点联测,引入国家或城市平面坐标系统。一般宜每 50km 联测一个平面控制点,全线(段)联测平面控制点的总数不得少于 3 个,特殊情况下不得少于两个。当联测点数为两个时,应尽量分布在网的两端;当联测点数为 3 个及其以上时,宜在网中均匀分布。CPI 控制网宜与附近的已知水准点联测,以获得 CPI 控制网的正常高。

GPS 控制测量外业观测和基线解算应执行现行《铁路工程卫星定位测量规范》

(TB 10054)和《高速铁路工程测量规范》(TB 10601)的相关规定。

3)CPI控制网观测数据处理

CPI控制网平差首先进行GPS基线网三维无约束平差,以检查CPI控制网GPS测量的内符合精度、环闭合差是否满足要求。各项指标合格后,再进行约束平差。

由于CP0控制点具有高精度的三维空间坐标,为CPI控制网的三维约束平差提供了条件。因此可将已联测的CP0控制点作为固定点进行CPI控制网的三维约束平差,计算CPI控制点的空间直角坐标;再根据独立坐标系投影带的划分,将CPI控制网的空间直角坐标分别投影到相应的坐标投影带中,计算CPI控制点的工程独立坐标。

引入国家或城市平面坐标系统时,应在GPS基线网三维无约束平差的基础上,以联测的国家或城市平面控制点作为固定点进行CPI控制网的二维约束平差,计算CPI控制点的国家或城市平面坐标。

CPI基线向量解算,同一时段观测值的数据剔除率宜小于10%,同一基线不同时段重复观测基线较差应满足:

$$d_s \leq 2\sqrt{2}\sigma$$

式中:σ——基线弦长标准差(mm),按相应等级计算(d取环平均边长)。

由若干条独立基线边组成的独立环或附合路线各坐标分量W_x、W_y、W_z及全长W_s闭合差应满足:

$$W_x \leq 3\sqrt{n}\sigma$$
$$W_y \leq 3\sqrt{n}\sigma$$
$$W_z \leq 3\sqrt{n}\sigma$$
$$W_s \leq 3\sqrt{3n}\sigma \tag{13-6}$$

式中:n——闭合环的边数。

4)实例介绍:贵广铁路贺广段CPI控制测量

贵阳至广州铁路南起广州市番禺新广州火车站,与正在建设的武广客专、广深港客专和广珠城际相联,经过广西壮族自治区,西至贵阳市。贵广铁路属于双线Ⅰ级高速铁路,线路总长度约为776km,旅客列车设计行车速度200km/h。其中广西贺州(AK567)到广州(AK823)约257km。

(1)平面控制测量要求

布网原则与要求按照《客运专线无砟轨道铁路工程测量暂行规定》(铁建设〔2006〕189号)、《时速200~250公里有砟轨道铁路工程测量指南(试行)》(铁建设函〔2007〕76号)的要求,按分级布网、逐级控制的原则,建立贵广线CPIGPS平面控制网。布网及精度要求见表13-32。

平面控制网布网及精度要求　　　　表13-32

线路类型	测量等级	点间距(m)	基线边方向中误差(″)	最弱边相对中误差	备注
无砟轨道	B级	≥1000	≤1.3	1/170000	≤4km一对点
有砟轨道	C级	≥1000	≤1.7	1/100000	

(2)控制网的设计与观测

①控制网的布设

根据要求,CPI控平面制网按3~4km在线路设计路线两侧50~100m范围内布设一个点。由于隧道洞内平面控制点CPII需用导线测量,故在大于600m的隧道进出口与斜井处布设一对相互通视的CPI点,每对点间距不小于1000m。由于沿线多丘陵高山,很多地方小隧道成群分布,若在每个隧道进出口处都成对布设,易导致控制点过密,基线边过短,达不到控制网观测精度要求,所以在选点布网时对这些隧道群综合考虑,仍旧按照3~4km在隧道进出口处布设点对。

②选点

点位选在周围便于安置GPS接收机、视野开阔的地方,在地面高度角15°内无成片的障碍物,并考虑远离大功率无线电发射源,其距离不小于200m;远离高压输电线和微波无线电信号传送通道,其距离不小于50m;点位附近无大面积水域或强烈反射卫星信号的物体;以及交通方便、地面基础稳定、易于长期保存,并有利于其他测量手段扩展和联测的地方。

③造标埋石

所有控制点采用埋设预制桩,规格为:上顶20cm×20cm,下底30cm×30cm,桩高为95cm;桩中心预制不锈钢质球面中心标志。标志中心刻制长10mm、深粗各小于0.5mm的"十"字丝作为GPS观测的对中点。桩面刻点号和"贵广铁路"字样。

④观测

外业采用8台Trimble 5700 GPS接收机同时进行静态定位测量。观测前进行了详细的作业设计,保证整网采用大地四边形和三角网的形式进行传递,并尽量保证较强的图形强度。GPS观测的技术指标如下:天线对中精度为±1mm;天线高量取精度为±1mm;卫星高度角≥15°;数据采样间隔为15s;每一时段观测时间为≥60min;观测时段数为2;PDOP或GDOP≤6;同一时段有效卫星总数≥5。

在作业前特别检校了对中设备,以保证对中准确。在测前、测后分别测定天线高符合要求后并取平均值;在卫星分布较差或电离层较活跃的时间段停止观测。另外,在外业观测设计中特别注意了以下几点:

a. 第二观测时段开始前必须重新架设仪器,以防对中有误,便于后期检核。

b. 由于布设CPI时,部分方案尚未稳定,对于要求中提及的长度大于6km的隧道洞外,应按B级网精度要求进行观测。

c. 为了与初测阶段成果进行比较,此次作业过程中对原初测时GPS桩进行了部分联测,全线共联测原GPS桩8个。

d. 按照项目要求,采用工程独立坐标系并引入北京54坐标,以方便与地方坐标联系和后续工作;同时为了与初测成果有可比性,全线共联测原初测时国家二等三角点4个、三等点1个。

e. 为了保证与其他相关铁路项目和全线坐标系统的一致性,在终点新广州站与武广客专GPS桩进行联测(广深港客专、广珠城际均与此联测);在贺州站与中国中铁二院设计标段进行了联测。

(3)控制网成果分析

①基线解算与检核

对于外业观测要求合格的数据,采用Leica随机软件LGO4.0对全网共91个点、587条基线向量进行解算。将解算合格的基线,利用武汉大学商业平差软件COSA GPS 4.0,进行全网三维无约束平差和二维约束平差;并对GPS网的重复基线、闭合环、基线边方向中误差和最弱边相对中误差进行检核,结果见表13-33、表13-34。由此可见,该控制网内符合精度较高,观测值中不含粗差,可用于平差后提交成果。

重复基线检核统计　　　　　　　　　　　　　　　　　　　　　　表 13-33

项　　目	边长(m)	重复基线差(mm)	限差(mm)
最大重复差值	11892.0978	-46.6	170.5
最小重复差值	4857.1319	0	74.3

环闭合差检验统计　　　　　　　　　　　　　　　　　　　　　　表 13-34

项　　目	DX	DY	DZ	所在环的限差
最大坐标分量闭合差(mm)	1.0	39.2	47.0	268.7
最小坐标分量闭合差(mm)	0	0	-0.1	107.7

②网平差及精度评定

环闭合差、重复基线精度全部合格,证明基线向量成果正确可靠。因此将整网利用 COSA GPS 4.0 进行网的预分析及平差计算。

在成果计算时,首先进行 WGS—84 坐标系下的三维无约束平差,得到各点的伪 WGS—84 坐标 XYZ、GPS 三维基线向量观测值、三维基线向量残差(表 13-35)、三维基线向量内外部可靠性、平差后边长及精度。其中,三维基线向量平均内部可靠性为 0.85。平差后最弱边相对精度为 1/388000,即 2.58×10^{-6}。

无约束平差三维基线向量残差　　　　　　　　　　　　　　　　　表 13-35

项　　目	DX	DY	DZ	限　　差
最大坐标分量残差(mm)	0.97	3.96	3.58	22.48
最小坐标分量残差(mm)	-0.01	-0.02	0.01	6.74

再利用这些成果及已知的国家三角点和武广客专及中国中铁二院 GPS 点,在北京 54 坐标系中进行二维约束平差。

由于 1954 年北京坐标系三角点没有进行整体平差,区与区之间有较大隙距,三角点间的精度不统一;而与武广客专和中国中铁二院标段必须协调统一,因此在平差过程中通过检查点法和边长比较法,对所联测的 5 个国家三角点和两端共 4 个 GPS 已知点的可靠性匹配性逐个进行比较分析,确认两个国家三角点和 4 个 GPS 点精度较高,满足精度要求。由于采用工程独立坐标系,为了保证较高的平差精度,最后采用 1 个国家三角点和 1 个 GPS 已知点进行二维约束平差。求得各点在二维平面直角坐标系中的坐标、点位中误差、二维基线向量残差、二维基线向量内外部可靠性和平差后方位角、边长及精度(表 13-36),其中最弱点点位中误差为 0.85cm。各项指标均满足规范及设计标准要求。

最大方向中误差和最弱边相对中误差　　　　　　　　　　　　　　表 13-36

最　弱　边	边长(m)	最大方向中误差(s)	边长相对中误差	备注
CPI016～中国中铁二院 2 号	760.4160	0.51	1/338000	2.96×10^{-6}

③坐标系统与投影分析

由于高速铁路对控制网要求精度较高,无砟轨道段对边长投影变形要求不大于 10 mm/km,有砟轨道段对边长投影变形要求不大于 25mm/km。平面坐标系使用北京 54 坐标系统,采用任意中央子午线结合高程补偿来削弱投影变形。全线东西跨越 111°33′～113°15′,而高差变化较

大,东部85高程仅1m多,而海拔最高处高程达240m。根据0投影面投影变形公式:

$$\beta = \left[\frac{(y - 500000)^2}{2 \times 6378245^2} - \frac{H}{6378245}\right] \times 1000000$$

式中:y——东坐标;
H——大地高。

如果投影至大地高 H_0 的投影面,则计算其投影变形公式为:

$$\beta = \left[\frac{(y - 500000)^2}{2 \times (6378245 + H_0)^2} - \frac{H - H_0}{6378245 + H_0}\right] \times 1000000$$

通过调整投影面大地高 H_0 和坐标换带,将投影变形控制在限差以内。因此,经过计算分析,全线共划分为3个中央子午线、6个投影高程面,其中最大边长投影变形19.3mm/km。由于个别点和本带内其他点高差过大,导致投影变形较大,但为了整段坐标系统的一致性和方便使用的原则,没有再进行投影改正。

13.2.3 线路平面控制网(CPII)

线路控制网CPII是线路定测放线和线下工程施工测量的基础,一般在线路方案确定后定测阶段施测,并利用其进行定测放线,使定测放线和线下工程施工测量都能以CPII控制网作为基准,因此CPII控制网宜在定测阶段完成。

线路控制网(CPII)在基础平面控制网(CPI)上沿线路附近布设,它也是未来轨道控制网CPIII的起闭基准。可用GPS静态相对定位原理测量或常规导线网测量,测量精度为GPS C级网或三等导线。

1)CPII控制点的选埋

CPII控制点一般选在离线路中线50~100m处,采用GPS测量时应满足有良好的对空通视条件,点间距应为800~1000m,相邻点之间应通视,特别困难地区至少有一个通视点,以满足定测放线或施工测量的需要。应分段起闭于CPI控制点,采用边联结方式构网,形成由三角形或大地四边形组成的带状网,并与CPI联测构成附合网。采用导线网时,应按照三等导线要求选埋点。

埋设标结构如图13-5所示,建在稳定的建筑物上,标志结构如图13-4b)所示。

2)CPII控制网的观测

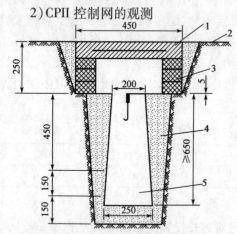

图13-5 CPII控制点标石埋设图(单位:mm)
1-盖板;2-地面;3-保护井;4-素土;5-混凝土

CPII控制网采用GPS测量时,构网用边联结方式,形成由三角形或大地四边形组成的带状网,并与CPI联测构成附合网,按三等GPS测量要求施测。在线路起、终点及不同测量单位衔接地段,应联测两个及以上CPII控制点作为共用点。观测按三等GPS标准要求作业。

采用导线测量时,则用导线网方式布网,导线网的边数以4~6条为宜,起闭于CPI控制点。观测按三等导线测量的技术要求作业。

隧道洞内CPII控制网应在隧道贯通后进行导线测量。洞内CPII导线测量主要技术要求应符合表13-37的规定。

洞内 CPII 导线测量主要技术要求　　　　　表 13-37

附合长度 (km)	边长 (m)	测距中误差 (mm)	测角中误差 (″)	相邻点位坐标中误差 (mm)	导线全长相对闭合差限差	方位角闭合差限差 (″)	导线等级	备注
$L \leq 2$	300~600	3	1.8	7.5	1/55000	$\pm 3.6\sqrt{n}$	三等	单导线
$2 < L \leq 7$	300~600	3	1.8	7.5	1/55000	$\pm 3.6\sqrt{n}$	三等	导线网
$L > 7$	300~600	3	1.3	5	1/100000	$\pm 2.6\sqrt{n}$	隧道二等	导线网

注：n—测站数。

隧道洞内 CPII 导线观测应采用标称精度不低于 1″、$2mm + 2 \times 10^{-6}D$ 的全站仪施测。水平角观测的测回数及限差按表 13-38 的要求执行。导线边长测量，读数至毫米，按表 13-39 要求执行。

CPII 导线测量水平角观测技术要求　　　　　表 13-38

仪器等级	测回数	半测回归零差(″)	2C较差(″)	同一方向各测回间较差(″)
DJ_{05}	3	6	9	6
DJ_1	4	6	9	6
DJ_2	6	8	13	9

距离观测限差　　　　　表 13-39

仪器精度等级	测距中误差 (mm)	同一测回各次读数互差 (mm)	测回间读数较差 (mm)	往返测平距较差
I	<5	5	3	$2m_D$
II	5~10	10	7	

3) CPII 控制网的内业数据处理

GPS 观测无约束平差中基线向量各分量的改正数的绝对值应满足式(13-4)的要求，用作 CPI 控制网约束平差的约束点间边长相对中误差应满足表 13-5 的规定。CPII 网坐标转换应在 GPS 基线网三维无约束平差的基础上，以联测 CPI 控制点作为约束点进行平差，计算 CPII 控制点的工程独立坐标。约束平差中基线向量各分量改正数与无约束平差同一基线改正数较差的绝对值应满足式(13-5)要求，并提供约束平差后相应坐标系的空间直角坐标、二维平面直角坐标、基线向量及其改正数和其精度信息。

导线成果计算应在方位角闭合差及导线全长相对闭合差满足要求后，采用严密平差方法计算。

4) CPII 控制网加密与复测

CPI、CPII 控制网经过数年外界环境变化和施工的影响可能会发生位移变化。为了保证 CPI、CPII 控制网的精度满足 CPIII 网附合的要求，在 CPIII 控制网测量前需对全线的 CPI、CPII 控制网进行加密与复测。

CPII 加密的主要目的是为了方便轨道控制网 CPIII 的观测，以及弥补被损毁的和无法利用的 CPII 点。在路基、桥梁地段，CPII 加密可采用 GPS 测量在原精密平面控制网基础上按同精度内插方式加密；隧道地段应根据隧道长度布设相应精度要求的洞内 CPII 控制网。

考虑到既有 CPI 和 CPII 的情况，应优先采用 GPS 进行 CPII 的加密工作。

(1) 选点埋石

CPII 加密点应采用强制对中标,在桥梁部分 CPII 加密点需上桥,应单独埋设 CPII 预埋件,并且沿线路前进方向埋设于桥梁的固定支座顶端的防撞墙顶(纵横向均固定);路基段应在路肩处埋设加密桩,加密桩应高出轨面(保证 CPIII 网联测条件),埋设应满足《高速铁路工程测量规范》(TB 10601)中 CPII 控制桩要求,需埋设在两个接触网杆之间稳固可靠,不影响行车安全,并方便 CPIII 网联测的地方。

(2) 观测

加密测量采用的方法、使用的仪器和精度应符合相应等级的规定。测量前应检查联测标石的完好性,对丢失和破损的标石应按原测标准用同精度内插方法恢复或增补;观测前要对网形进行设计,保证 CPII 加密点间的基线长度(不应太短)在 600m 左右,并不短于 4km 联测一个原精测网中的 CPI 或 CPII 点,以保证梁上与梁下的平面坐标系统统一。

CPIII 建网前应对 CPII 加密完成的精测网进行一次全面复测。复测与原测成果较差应满足表 13-40a、表 13-40b 的规定。

CPI、CPII 控制点复测坐标较差限差要求(单位:mm)　　　　　　表 13-40a

控制点类型	坐标较差限差
CPI	20
CPII	15

相邻点间坐标差之差的相对精度限差　　　　　　表 13-40b

控制网等级	相邻点间坐标差之差的相对精度限差
CPI	1/130000
CPII	1/80000

(3) 数据处理

加密 CPII 控制网原始观测数据可采用随机软件进行基线向量解算,在对 CPII 加密点进行整体平差前,应先对网中的原 CPI 和 CPII 点的稳定性进行分析。对不满足精度要求的原 CPI 和 CPII 进行剔除,满足要求的全部作为起算点。

基线质量检验的独立环(附合路线)坐标分量闭合差满足式(13-6),重复观测基线较差满足 $d_s \leq 2\sqrt{2}\sigma$。在基线的质量检验符合要求后,应以所有独立基线构成控制网,以三维基线向量及其相应的方差—协方差阵作为观测信息,以一个点的 WGS—84 的三维坐标为起算数据,进行无约束平差。无约束平差基线向量改正数的绝对值应满足式(13-4)要求。

GPS 网无约束平差合格后,应引入网中联测的 CPI 和 CPII 点坐标进行三维约束平差,引入的已知数据应进行稳定性评定。约束平差后基线向量的改正数与同名基线无约束平差相应改正数的较差应满足式(13-5)要求。平差后加密点 CPII 的点位精度应小于 10mm,基线边方向中误差≤1.7″,最弱边相对中误差限差为 1/100000。

(4) 导线加密 CPII 网

导线加密 CPII 网的方法与原测 CPII 导线网相同。计算测角中误差≤±1.8″,导线全长相对闭合差≤1/55000,方位角闭合差≤ ±3.6$\sqrt{n}$(n 为测站数)。CPII 控制点的绝对精度应满足点位误差 m_x、m_y ≤ ±10mm,相对点位精度≤ ±10mm。

(5) 复测成果引用

当复测与原测成果较差满足限差要求时,采用原测成果;当较差超限时,采用同精度扩展方式处理的复测成果。

13.3 轨道平面控制网测量

轨道平面控制网 CPIII 又名基桩控制网,是高速铁路轨道铺设、精调以及运营维护的基准。为了保证在轨道的铺设、精调以及运营维护阶段有一个安全、可靠、稳定的控制基准,CPIII控制网应在线下工程通过沉降和变形评估后施测。

轨道控制网 CPIII 是沿线路布设的三维控制网,起闭于基础平面控制网(CPI)或线路控制网(CPII)。CPIII 网按自由设站边角交会方法测量,点间距纵向为 60m 左右,横向为线路结构物宽度,测量精度为相邻点位的相对点位中误差小于 1mm。

13.3.1 CPIII 控制网的特点

(1)控制点数量众多。沿线路方向通常每公里有 16 对即 32 个控制点。

(2)精度要求高。每个控制点与相邻 5 个控制点的相对点位中误差均要求小于 1mm。

(3)控制的范围长。线路有多长,控制网的长度就有多长。

(4)三维共点。CPIII 是一个平面位置和高程位置共点的三维控制网,目前平面和高程是分开测量后合并形成共点的三维网,但其使用时却是平面和高程同时使用的。

(5)控制点的位置、标志不同于传统控制点。控制点通常设置在接触网杆上(路基部分)、防撞墙上(桥梁部分)和围岩上(隧道部分)。CPIII 测量标志由永久性的预埋件、平面测量杆、高程测量杆和精密棱镜组成。CPIII 的三维坐标点,是一个虚拟的控制点,其对应的位置是 CPIII 目标组件中棱镜的几何中心。水准尺无法立在 CPIII 高程所对应的点上进行水准测量。

(6)测量方法有别于传统方法。CPIII 平面网是一个边角控制网,但其测量方法较传统边角网测量有很大差异。传统的边角网测量仪器都是架设在控制点上进行观测,距离必须进行往返观测,但 CPIII 平面网却采用自由设站进行边角交会测量,而其距离只能进行单程观测。

(7)测量高度自动化。CPIII 控制网测量的仪器均采用高精度和自动化程度高的电子测量仪器。其平面网测量要求全站仪具有电子驱动、目标自动搜索和操作系统功能的测量机器人(如 Leica TCA2003 和 TCRA1201、Trimble S_6 和 S_8 系列全站仪等);高程测量一律采用电子水准仪(如 Trimble DiNi12、Leica DNA03 等)。

(8)网型结构标准。图形规则对称,是一个标准的带状控制网,其纵向精度高、横向精度略差,多余观测数多,可靠性强。

(9)控制网的使用较传统方法有很大不同。首先是采用自由测站后方边角交会测量的方式确定测站点的三维坐标,然后用三维极坐标测量的方式进行无砟轨道板和长钢轨的粗调、精调和精测以及轨道的维护管理等。另外,测站和测点均强制对中,测点标志要求具有互换性和重复安装性,X、Y、Z 三维互换性和重复安装性误差要求小于 0.3mm。

13.3.2 CPIII 点的布设

有砟轨道和无砟轨道 CPIII 点布设略有不同。

1)有砟轨道 CPIII 平面控制点布设要求

(1)有砟轨道CPⅢ平面控制点布设应兼顾施工及运营维护要求,距线路中心2.5~3.5m,沿线路每隔150~200m,相邻点间必须相互通视,相邻点宜按左右侧交替埋设,也可在铁路同侧埋设。控制点元器件采用工厂精加工元器件,观测标志应用不易生锈及腐蚀的金属材料制作,能够长期保存、不变形、体积小、结构简单、安装方便,标心为"+",标心清晰,对中误差小于±1mm。

(2)路基地段应埋设在接触网杆基座内侧方便架设全站仪的地方。埋设在接触网杆基座上的标志应采用混凝土取孔器取一直径不小于80mm、深不小于250mm的孔洞,再安置直径为10~16mm、长度不小于200mm的钢钉,最后用混凝土或强力黏合剂将测量标志固稳,标志头应比接触网杆基座顶高5~8mm;埋设在路肩上的标志一般距线路中心2.9m(接触网杆基座内侧联线)。

(3)桥梁地段CPⅢ平面控制桩宜设在挡渣墙顶端,安置强制对中器,点位应设于避车台处挡渣墙顶(避车台附近)。

(4)隧道地段CPⅢ平面控制桩设在电缆槽顶,安全稳固、不受干扰、便于保存的地方。洞内CPⅢ埋设时,采用冲击钻钻好孔,再埋设测量标志,最后用水泥或强力黏合剂将测量标志固稳。

2)无砟轨道CPⅢ控制点布设要求

无砟轨道CPⅢ点应成对布设,距离布置一般为50~70m,个别特殊情况下相邻点间距最短不小于40m,最长不大于80m。CPⅢ控制点埋设于接触网杆桩柱、桥梁防撞墙、电缆槽靠线路侧等位置上。同一点对里程差不大于3m,CPⅢ点布设高度应大致等高,点位设置高度不应低于轨道面0.3m。且应设置在稳固、可靠、不易破坏和便于测量的地方,并应防冻、防沉降和抗移动。控制点标识要清晰、齐全,便于准确识别和使用。

CPⅢ点应设置强制对中标志,一般采用预埋方式进行布设;对于后埋的,应采用水泥砂浆进行固定,确保CPⅢ标志预埋件的稳固。

(1)桥梁段CPⅢ点的布设

CPⅢ点宜布设在简支梁固定端距梁端0.5m的位置,如图13-6所示。

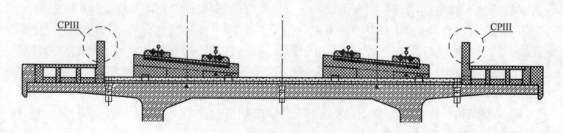

图13-6 桥梁部分CPⅢ点布置图

简支梁部分:对于24m或32m简支梁,每两孔布设一对CPⅢ点,相邻两对CPⅢ点相距约为64m、56m或48m。对于连续24m简支梁,根据实际情况也可每三孔布设一对CPⅢ点。

普通连续梁:对于连续梁,CPⅢ应优先布设于固定端上方。对于跨度超过80m的连续梁,应在跨中50~80m间均匀布设一对或几对CPⅢ点,对跨中CPⅢ点对应尽可能保证施测与使用的外部环境相同,使用前应对整个连续梁段进行复核。

大跨连续梁和特殊结构:结合梁跨结构形式、跨度、材料的不同,按CPⅢ点对布设要求和间距进行布点,可适当增大相邻点对间距,但最长不超过90m。

(2)路基段 CPIII 点的布设

一般路基地段 CPIII 点宜布置在专门的混凝土立柱上。待基础稳定后,在基础使用水泥砂浆埋设 CPIII 标志预埋部分,位置布置如图 13-7 所示。路基段 CPIII 通常布设于接触网杆基础大里程端侧线路方向,控制点纵向间距 50~70m 布设一对,其基础须与接触网杆基础形成整体;埋设应特别注意不能与接触网补偿下锚坠砣及电力开关操作箱冲突。当冲突时,其基础应设置在线路小里程端。

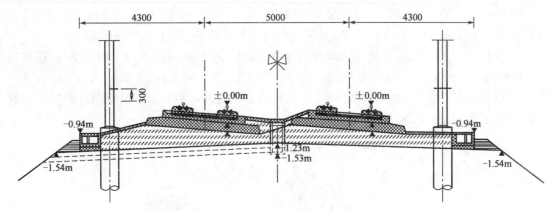

图 13-7 路基上 CPIII 点布置图(单位:mm)

(3)隧道段 CPIII 点的布设

隧道里 CPIII 点一般布置在电缆槽线路侧顶端以上 300~500mm 的边墙内衬上,布置形式如图 13-8 所示。

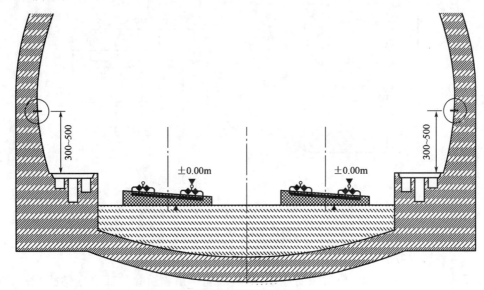

图 13-8 隧道内 CPIII 控制点埋设示意图(单位:mm)

13.3.3 CPIII 点的标志构件及测量元器件要求

1)CPIII 点的标志构件加工要求

CPIII 控制点是平面和高程测量共用标志,必须满足如下要求:具有强制对中,观测时能进行平面、高程标互换,能在其上安置和整平棱镜,可将标志上的高程准确地传递到棱镜中心,能够校准棱镜上的圆水准气泡等功能,而且能够长期保存,不变形、体积小、结构简单、安装方便。所以,CPIII 控制点的标志及元器件必须采用不易生锈及腐蚀的金属材料,通过工厂数控机床精加工制作,标志几何尺寸的加工误差不应大于 0.05mm。棱镜组件安装精度及使用应满足:

(1)同一套测量标志在同一点重复安装的空间位置偏差应该小于 ±0.5mm,分解到 X、Y 方向的重复安装偏差不应大于 ±0.4mm,Z 方向的重复安装偏差不应大于 ±0.2mm。

(2)不同套测量标志在同一点重复安装的空间位置偏差也应该小于 ±0.5mm,分解到 X、Y 方向的重复安装偏差不应大于 ±0.4mm,Z 方向的重复安装偏差不应大于 ±0.2mm。

(3)同一段线路上的轨道施工精调和精测单位、竣工时的轨道线形竣工测量单位、运营期间的轨道维护和测量单位,必须使用同一型号的 CPIII 控制网测量标志。

图 13-9 是无砟轨道 CPIII 通用预埋构件图,图 13-10、图 13-11 为与预埋构件配套使用的平面观测棱镜连接杆和高程观测棱镜连接杆。

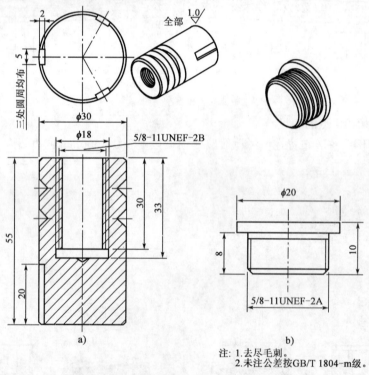

图 13-9 CPIII 通用预埋件及防尘盖(单位:mm)
a)预埋件;b)防尘盖

2)预埋件埋设方法

在路基段,CPIII 标志桩、桥梁段防撞墙、隧道电缆槽顶预留孔位或竖立钻孔,采用 50mm 左右直径钻头,钻深 80mm。埋设时应注意预埋件应尽量竖直,采用水泥砂浆填充孔位,安放预埋件,竖立安装调整预埋件,让预埋件管口平行于结构物顶面,并清理干净沿预埋件外壁四周被挤出的水泥砂浆。待水泥砂浆凝固后进行复检,标志须稳固,不可晃动,标志内须无任何异物,并检查保护管是否正常。预埋件埋设完成及不使用时,必须加设防尘盖,以防异物进入预埋件内影响预埋件使用及其精度。

3)CPIII 标志的使用与保管

平面测量时选择和已安装的预埋件配套一致的棱镜测量杆 12 根,把棱镜测量杆螺丝旋进预先安置好的预埋件,使棱镜测量杆的突出横截面和预埋件管口严密连接。将棱镜安装在棱镜测量杆插头上,旋转棱镜头正对准全站仪,测量完将用防尘盖将预埋件盖上。需要注意的是 CPIII 平面测量点位随棱镜不同而变化,因此采用的仪器和棱镜必须配套,而且复测、精调也必须采用和测量时同样的仪器、棱镜。

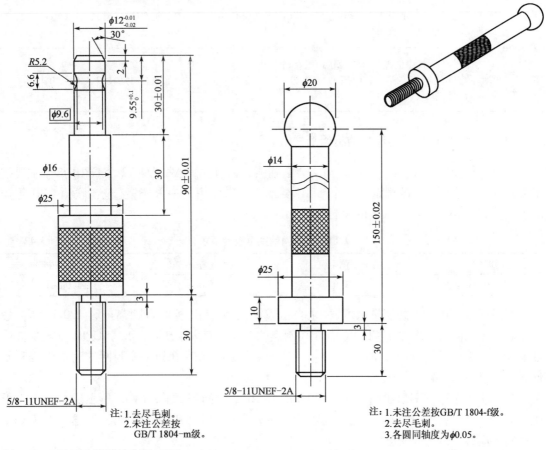

图 13-10 CPIII 平面观测棱镜连接杆(单位:mm)　　图 13-11 CPIII 高程观测棱镜连接杆(单位:mm)

高程测量时选择 4 根和已安装的预埋件配套一致水准测量杆,把水准测量杆旋进预先安置好的预埋件,使水准测量杆的突出横截面和预埋件管口严密连接。将因瓦水准尺安装在水准测量杆球头上,测量完将用防尘盖将预埋件盖上。

CPIII 标志属精密测量元器件,禁用扳手、锤子等工具强力安装棱镜(水准)测量杆;搬运、运输过程中应用纸包裹棱镜(水准)测量杆,防止相互碰撞、磨损。安装完成后,每次测量完应及时将防尘盖盖上;每 3 个月检查一次预埋件和塞子是否损坏,用小毛刷刷除预埋件内灰尘。竖立的预埋件如果灰尘积太厚,则用高压气枪吹净。

13.3.4 CPIII 控制点编号规则

CPIII 控制点按照公里数递增进行编号,其编号反映里程数,最后两位为 1km 内的编号。所有处于线路里程增大方向轨道左侧编号为奇数,里程增大方向轨道右侧编号为偶数。在有长短链地段应注意编号不能重复。

CPIII 编号统一为六位数(见表 13-41),具体规则为:×××(里程整公里数)+3(表示 CPIII)+××(该公里段序号)。

CPIII 平面网的主要技术要求   表 13-41

点编号示例	含 义	数 字 代 码	在里程内点的位置
054301	表示线路里程 DK054 范围内线路前进方向左侧的第 1 个 CPIII 点,点名为 1 号,"3"代表"CPIII"	054301	(轨道左侧)奇数 1、3、5、7、9、11 等
054302	表示线路里程 DK054 范围内线路前进方向右侧的第 1 个 CPIII 点,点名为 2 号,"3"代表"CPIII"	054302	(轨道右侧)偶数 2、4、6、8、10、12 等

13.3.5 CPIII 平面网测量的构网形式

CPIII 控制网应采用自由设站边角交会法施测,每个自由设站观测 12 个 CPIII 点。主要技术要求应符合表 13-42 的规定。每个 CPIII 测量组中需使用同一批棱镜(包含联测 CPII 等控制点),并做好棱镜常数等参数的设置工作。

CPIII 平面网的主要技术要求   表 13-42

测 量 方 法	方向观测中误差	距离观测中误差	相邻点的相对中误差
自由设站边角交会	±1.8″	±1.0mm	±1.0mm

为了保证自由设站的测量精度,要求自由设站点距 CPIII 控制点距离应为 120m 左右,最大不超过 180m;自由设站距 CPI 或 CPII 控制点的距离不宜大于 300m;每个 CPIII 点至少应保证有 3 个自由设站的方向和距离观测量。按照这些要求,根据 CPIII 控制网的测量内容和条件,一般采取如下形式构网。

(1)通常情况下采用测站间距为 120m 的 CPIII 平面网型,如图 13-12 所示。因遇施工干扰或观测条件稍差时,也可采用测站间距为 60m 左右(见图 13-13)的构网形式,这时每个 CPI-II 控制点应有 4 个方向交会。

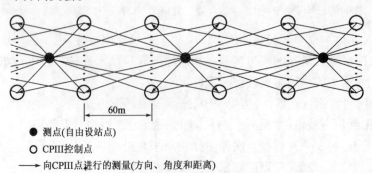

图 13-12 测站间距为 120m 的 CPIII 平面网构网形式

(2)CPIII 控制网应每隔 600m 左右(500~700m)联测一个 CPI 或 CPII 控制点。与上一级 CPI、CPII 控制点联测时,应至少通过两个或以上自由设站进行联测,如图 13-13 所示。联测 CPI、CPII 控制点时观测视距不应大于 300m。当 CPII 点位密度和位置不满足 CPIII 联测要求时,应按同精度内插方式加密 CPII 控制点。在自由站上测量 CPIII 的同时,将靠近线路的全部

CPII 点进行联测,纳入网中。应确保线路两侧 200m 范围内可视的 CPII 控制点密度达到 400~800m,否则应按同精度加密 CPII 控制点。

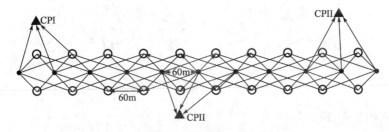

图 13-13　测站间距为 60m 的 CPIII 平面网构网形式

（3）若从自由设站上到 CPI 或 CPII 不能直接观测,可通过加密的自由设站 JM001 和 JM002（见图 13-14）,使 CPIII 网点和 CPII 点间接发生关系。加密的自由设站点 JM001 和 JM002 在地面上可以没有任何测量标志。

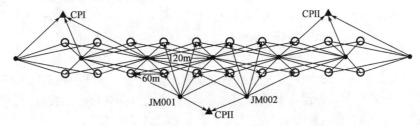

图 13-14　与 CPI、CPII 控制点通过自由设站的间接联测示意图

（4）联测 CPI、CPII 控制点时也可采取如图 13-15 所示的测量网形,即在 CPI 或者 CPII 点上设站,尽可能多地观测控制网中的 CPIII 点,至少应联测 3 个以上的 CPIII 网点,观测视距不应大于 300m。

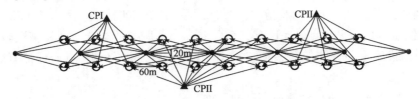

图 13-15　CPI 或者 CPII 点上设站联测的 CPIII 测量网形示意图

（5）CPIII 平面网可根据施工需要分段测量,分段测量的区段（CPIII 网的区段定义为在上一级控制网点约束下进行本次平差计算的 CPIII 网的范围）长度不宜小于 4km,区段间重复观测不应少于 6 对 CPIII 点,每一独立测段首尾必须封闭。区段接头不应位于车站范围内。CPIII 平面网测段及测段衔接网型如图 13-16 和图 13-17 所示。

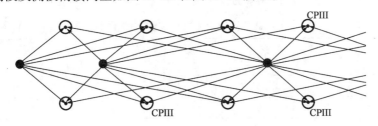

图 13-16　CPIII 平面网测段首尾网型示意图

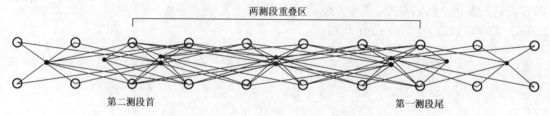

图 13-17 CPIII 平面网重叠测段衔接网型示意图

13.3.6 CPIII 平面网观测

1）外业观测应具备的条件与要求

用于 CPIII 测量的全站仪应具有自动目标搜索、自动照准、自动观测、自动记录功能，其标称精度应满足：方向测量中误差不大于 ±1″，测距中误差不大于 ±$(1mm + 2 \times 10^{-6}D)$，如莱卡 TCA2003、TCRP1201 + R400、天宝 S8 智能测量机器人（观测前，应对全站仪进行检验和校正）；配套的温度计量测精度不低于 ±0.5℃，气压计量测精度不低于 ±500Pa；棱镜组件重复性和各标志点间互换性安装误差均应 ≤ ±0.3mm。

CPIII 平面控制网在施测前，应进行详细的技术方案设计。技术方案设计应包括以下内容：CPIII 点的埋设与编号设计、与上一级控制点的联测方案设计、CPIII 观测网形设计、测量方法与精度设计、所需要的仪器设备及其周期检定计划、内业数据处理方法设计、人员组织计划、应提交的成果资料清单和质量保障措施以及安全生产的注意事项等。

CPIII 平面控制网观测前应做好以下准备工作：CPIII 点的埋设与编号，全站仪、棱镜、木质脚架、温度计、气压计、外业采集软件等测量仪器和设备的准备，人员的组织与分工，内业数据处理软件的准备与培训等。

CPIII 平面控制网的外业观测应采用全站仪自由测站边角交会的测量方法，宜从区段的一端依次观测至区段的另一端。通视情况较好时，可按 120m 间距自由设站，每一测站应观测 6 对 CPIII 控制点，每一 CPIII 点应保证有三个方向和三个距离的交会。通视情况较差时，可按 60m 间距自由设站，每一测站应该观测 4 对 CPIII 控制点，每一 CPIII 点应保证有四个方向和四个距离的交会。

2）CPIII 平面网水平方向观测应满足的要求

（1）每测站 CPIII 控制点均应采用多测回全圆方向观测法观测。

（2）同一测站的所有 CPIII 控制点可以一次或分组观测；分组观测时应保证分组的零方向相同，且至少有一个 CPIII 点在两组中均观测。两组中，重复观测的同一个 CPIII 点其归零后的方向值较差应不大于6″。

（3）CPIII 平面网的水平方向观测的技术要求应满足表 13-43 的规定。

CPIII 平面网水平方向观测技术要求　　　　表 13-43

仪器等级	测回数	半测回归零差	不同测回同一方向 2C 互差	同一方向归零后方向值较差	2C 值
0.5″	2	6″	9″	6″	≤ ±15″
1″	3	6″	9″	6″	≤ ±15″

3）CPIII 平面网距离测量应满足的要求

（1）CPIII 控制点的距离测量应与全圆方向观测同时进行。

(2)距离测量采用多测回距离观测,方向观测时,盘左和盘右分别对同一 CPIII 点进行距离测量,盘左和盘右距离测量的平均值为一测回的距离测量值。

(3)CPIII 点距离测量的测回数应与水平方向相同,距离测量应满足表 13-44 的规定。

CPIII 平面网距离观测技术要求　　　　表 13-44

测　回	半测回间距离较差	测回间距离较差	备　注
≥2	±1mm	±1mm	盘左、盘右各测量一次为一测回

4) CPIII 平面网外业观测中应该注意的问题

(1)每个自由测站测量前,均应量测温度和气压,并实时输入全站仪对距离进行气象改正。温度和气压量测误差应分别不大于 0.5℃ 和 50Pa。

(2)自由测站附近有 CPI 或 CPII 时应进行联测,每个 CPI 或 CPII 被联测的方向数应不少于 2 个,宜为 3 个。

(3)平面观测时间宜安排在晚上或阴天进行。晚间观测时应注意视线方向不能有强光直射,测站附近不能有震动干扰。

(4)置于 CPIII 控制点的棱镜杆与预埋件连接应保证两者完全套合。应确保棱镜在棱镜杆上安装到位并应正对全站仪。

(5)在 CPIII 自由测站边角交会法测量中,应采用与平差软件兼容的数据采集软件进行自动记录,观测数据存储之前,必须对观测数据的质量进行检核。同时记录"CPIII 测站信息表",它是 CPIII 测量的重要原始数据。

5) 外业观测质量评定与重测

CPIII 平面网外业观测成果的质量评定与检核的内容应该包括:半测回归零差、同一测回各方向 2C 较差、不同测回同一方向归零后方向值互差、同一 CPIII 点各测回距离较差、由相邻测站测量的观测值计算的相邻 CPIII 点横向和纵向距离的相对闭合差等的检核。在下列情况下,CPIII 平面网的外业观测值应该部分或全部重测:

(1)外业观测的半测回归零差、同一测回各方向 2C 互差、不同测回同一方向归零后方向值较差和同一 CPIII 点各测回距离较差的测站数据超过表 13-43 和表 13-44 的要求时,应重测该测站。

(2)当由相邻测站测量的观测值计算的相邻 CPIII 点横向和纵向距离的相对闭合差,分别超过 1/5200 和 1/9000 时,则相邻测站的观测数据都应该重测。

(3)在 CPIII 平面网复测时,若建网测量和复测联测上一级控制点的方法和数量相同,则约束平差后两次测量 CPIII 点坐标的较差,应不大于 ±4mm,否则复测的 CPIII 平面网数据应补测或重测。

(4)当 CPIII 自由网平差后,各 CPIII 点的方向改正数应不超过 ±3.5″,否则该测站的方向观测值应该重测;各 CPIII 点的距离改正数应不超过 ±2.0mm,否则该测站的距离观测值应重测;若 CPIII 自由网平差后的验后单位权中误差超过 ±1.8″,则首先应重测区段内方向或距离改正数较大的测站。

6) 平差计算和基础控制资料选用应满足的要求

(1) CPIII 平面网外业观测数据全部合格后方可进行内业的平差计算。计算取位应符合表 13-45 的规定,CPIII 平面自由网平差后应满足表 13-46 的规定,约束平差后的精度应满足表 13-47 的规定。

CPIII 平面网平差计算取位的规定 表 13-45

等　　级	水平方向观测值	水平距离观测值	方向改正数	距离改正数	点位中误差	点　位　坐　标
CPIII 平面网	0.1″	0.1mm	0.01″	0.01mm	0.01mm	0.1mm

CPIII 平面自由网平差后的主要技术要求 表 13-46

控制网名称	方向改正数	距离改正数
CPIII 平面网	3″	2mm

CPIII 平面网平差后的主要技术要求 表 13-47

控制网名称	与 CPI、CPII 联测		与 CPIII 联测		点位中误差
	方向改正数	距离改正数	方向改正数	距离改正数	
CPIII 平面网	4.0″	4mm	3.0″	2mm	2mm

(2) CPIII 平面网应采用约束联测的上一级控制点坐标的方法进行平差计算,平差后任意相邻 CPIII 点的相对点位中误差应该满足表 13-4 中的限差要求。

(3) 当 CPIII 自由网平差后任意相邻 CPIII 点的相对点位中误差,能够满足表 13-4 中的限差要求,而约束联测的上一级控制点坐标平差后,任意相邻 CPIII 点的相对点位中误差不能够满足表 13-4 的限差要求时,应检测上一级控制点的稳定性和精度。若上一级控制点的稳定性欠佳或原测量精度未能满足 CPII 控制网的精度要求,则该控制点不能作为 CPIII 平面网约束平差的起算点。当确认上一级控制点的稳定性欠佳或精度不符合规定要求时,应对上一级控制点的成果进行改正。

(4) CPIII 网区段与区段之间,至少应该有六对(12 个)CPIII 点作为公共点在相邻的两区段中都要测量;这些点在各自区段中的观测和平差计算应满足 CPIII 网的精度要求;除此之外,还要满足各自区段平差后的公共点 X、Y、H 坐标较差应小于 ±3mm 的要求;在达到上述要求后,前一区段 CPIII 网的平差结果不变,后一区段的 CPIII 网要再次平差。再次平差时除要约束本区段联测的上一级 CPI、CPII 控制网点外,还要约束重叠段前测段 CPIII 公共点中至少一个公共点的坐标;这样其他未约束的公共点在两个区段分别平差后的坐标差值应 ≤ ±1mm,以确保 CPIII 网的整体精度。最后公共点的坐标,应该采用前一区段 CPIII 网的平差结果。

(5) 当区段跨越投影带边缘时,该区段的 CPIII 平面网应分别采用相邻两个投影带的 CPI、CPII 坐标进行约束平差,并提交相邻投影带两套 CPIII 平面网的坐标成果,两套坐标的 CPIII 测段长度不应小于 800m,其坐标成果均应满足表 13-4 的精度要求。用于约束该区段 CPIII 平面网的 CPII 点也应有左右投影带中的两套坐标(可通过专用的坐标换带计算公式进行换带计算)。

7) CPIII 平面网测量成果的整理与提交

(1) CPIII 平面网测量任务完成后,应及时进行技术总结。技术总结应对 CPIII 平面网技术方案设计和技术标准执行情况、完成质量和主要技术问题的处理情况进行分析和总结。技术总结应由单位主要技术负责人审核签名,方可上交。

(2) 经测量单位检查验收和审核后的 CPIII 平面控制网成果,应按区段进行资料整理、装订成册、编制目录和开列清单,并把整理后资料上交给有关资料审查和管理部门。

(3) CPIII 平面网测量和数据处理后,应提交下列成果资料:

①技术方案设计书；
②各区段CPIII平面控制网示意图；
③各区段全站仪外业观测的原始数据文件电子文本；
④各区段CPIII平面控制网约束平差的原始资料；
⑤各区段CPIII平面控制网CPIII点坐标平差成果表；
⑥智能型全站仪的检定资料；
⑦技术总结报告。

13.3.7 CPIII测量数据采集与处理软件简介

CPIII平面网控制网测量具有很强的专业性,测量程序复杂,限差和限制条件众多。为了保证CPIII平面网测量能满足高速铁路施工进度的要求,其外业测量必须采取外业数据自动采集、限差检查和测站成果评价;平差计算软件符合CPIII观测特点和要求。因此,我国一些测绘单位针对CPIII控制网测量开发了CPIII外业数据采集软件和内业数据处理软件,为高质量地进行CPIII控制网测量提供了保证。

1) CPIII数据采集软件功能简介

CPIII数据采集软件是专为我国无砟轨道客运专线铁路施工中,CPIII控制网测量数据采集而设计的外业观测自动化软件,适用在Leica1800/2003、Leica1201、TrimbleS6/S8、Sokkia NET05等智能全站仪上,可运行在Windows Mobile操作系统的外业手簿上或普通的商务PDA上;并通过数据电缆或无线数传电台控制智能型全站仪,进行相应的设置之后即可自动完成多测回全圆方向和距离观测,并保存合格数据。采集软件的主要功能有：

(1)可以设置CPIII控制网外业数据采集的各项限差,包括:半测回归零差、$2C$差、指标差、$2C$互差、指标互差、水平角互差、竖直角互差、距离互差等。

(2)具有学习待观测的目标点位置,并选择和管理已学习目标点集的功能。

(3)能够按照用户选取待观测目标点集。

(4)按照CPIII控制网外业数据采集数据的各项限差的规定,采集符合规范要求的质量合格的CPIII控制网原始数据。

(5)原始观测数据保存在全站仪CF卡内,按照测站名分别存储在规定格式的数据文件中。

(6)可以将观测数据文件直接导入CPIII网数据处理系统软件进行CPIII平面控制网的平差计算和CPIII高程控制网的平差计算,最终得到CPIII控制网的三维坐标。

2) CPIII数据处理软件功能简介

平面数据处理功能包括建立工程项目、测站数据检查、生成平差文件、闭合环搜索、闭合差计算、输出观测手簿、解算概略坐标、自由网平差校正、约束网平差处理、自由网平差置平、CPIII点间相对精度分析、网图显绘和误差椭圆绘制等功能。平面处理结果后可输出平面控制网方向、距离观测值的平差值及改正数,点的平差坐标、点位精度及误差椭圆要素,点间方位角、边长、相对精度及相对误差椭圆要素,平差后的验后单位权中误差,控制网网形图和外业观测手簿等。

高程数据处理功能包括建立项目、生成高差文件、生成平差文件、闭合差计算、网平差处理、输出观测手簿等功能。数据处理结果可输出CPIII高程控制网测段实测高差数据,高程平差值及其精度,高差改正数、平差值及其精度,平差后的验后单位权中误差,外业观测手簿等。

13.4 高速铁路高程控制测量

高速铁路高程控制测量的目的是为线下工程施工和轨道施工、营运维护提供高程控制基准,为了满足线下工程施工的要求,需建立全线统一的高程控制基准,即线路水准基点。在轨道施工和营运维护阶段,线路水准基点的密度不能满足轨道施工和营运维护的要求,因此在线路水准基点控制网基础上建立第二级永久性的轨道高程控制网CPIII。

13.4.1 线路水准基点控制网测量

1) 线路水准基点选埋

线路水准基点是沿高速铁路线路敷设的首级高程控制点,一般每2km左右布设一个,重点工程(大桥、长隧及特殊路基结构)地段应根据实际情况增设水准基点,点位距线路中线50~300m为宜,并与国家高等级水准基点构成附合路线或闭合环形式的高程控制网。

在地表沉降不均匀及地质不良地区,宜按每10km设置一个深埋水准点,每50km设置一个基岩水准点。深埋水准点应沿线路走向根据地面沉降及地质情况,埋设在相对稳定的持力层上;基岩水准点应埋设在地壳基岩层上易于永久性保存位置。基岩水准点和深埋水准点应尽量利用国家或其他测绘单位埋设的稳定的基岩水准点和深埋水准点。

线路水准基点选埋的原则:

(1) 水准点应选在土质坚实、安全僻静、观测方便和利于长期保存的地方。

(2) 严寒冻土地区普通水准点标石应埋设至冻土线0.3m以下,以保证线路水准基点的稳定。

(3) 普通水准点标石可采用预制桩或现浇桩,并按图13-18标石要求埋设。

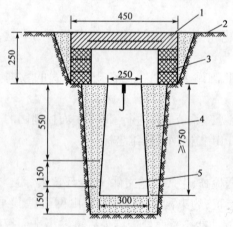

图13-18 二等水准点标石埋设图(单位:mm)
1-盖板;2-地面;3-保护井;4-素土;5-混凝土

(4) 水准基点可与平面控制点共用。共桩点的埋设标石规格应符合水准点埋设的标石规格要求。

2) 线路水准基点控制网测量

线路水准基点控制网按二等水准精度建立,水准路线一般长150km,宜与国家一、二等水准点联测,最长不应超过400km。线路水准基点控制网应全线(段)一次布网测量。

在勘测阶段不具备二等水准测量条件时,可根据勘测设计的需要建立相应的高程控制。在线下工程施工前,全线再建立二等线路水准基点控制网。

(1) 几何水准测量方法

线路水准基点控制网通常采用国家二等几何水准测量方法施测,应采用后—前—前—后、前—后—后—前的观测顺序,与已知点联测、附合或闭合环线均应往返测。测站观测技术要求按表13-48、表13-49执行,详细作业方法参见《国家一、二等水准测量规范》(GB 12897—2006)。

水准观测的主要技术要求(单位:m)　　　　　　表 13-48

等级	水准仪最低型号	水准尺类型	视距		前后视距差		测段的前后视距累积差		视线高度		数字水准仪重复测量次数
			光学	数字	光学	数字	光学	数字	光学（下丝读数）	数字	
二等	DS_1	因瓦	≤50	≥3 且 ≤50	≤1.0	≤1.5	≤3.0	≤6.0	≥0.3	≤2.8 且 ≥0.55	≥2 次
精密水准	DS_1	因瓦	≤60	≥3 且 ≤60	≤1.5	≤2.0	≤3.0	≤6.0	≥0.3	≤2.8 且 ≥0.45	≥2 次

水准观测的测站限差(单位:mm)　　　　　　表 13-49

项目 等级	基、辅分划(黑红面)读数之差	基、辅分划(黑红面)所测高差之差	检测间歇点高差之差	上下丝读数平均值与中丝读数之差
二等	0.5	0.7	1	3
精密水准	0.5	0.7	1	3

外业测量完成后,应进行观测数据质量检核。检核的内容包括测站数据、水准路线数据、附合路线和环线的高差闭合差。对测段往返测高差和闭(符)合环线往返测高差检验应满足表 13-10 要求。当测段往返测高差不符值超限时,应先就可靠程度较小的往测或返测进行整段重测,并按下列原则进行取舍:

①若重测的高差与同方向原测高差的较差超过往返测高差不符值的限差,但与另一单程高差的不符值不超出限差,则取用重测结果。

②若同方向两高差不符值未超出限差,且其中数与另一单程高差的不符值亦不超出限差,则取同方向中数作为该单程的高差。

③若①中的重测高差(或②中两同方向高差中数)与另一单程的高差不符值超出限差,应重测另一单程。

④若超限测段经过两次或多次重测后,出现同向观测结果靠近而异向观测结果间不符值超限的分群现象时,如果同方向高差不符值小于限差之半,则取原测的往返高差中数作为往测结果,取重测的往返高差中数作为返测结果。

数据质量合格后,方可进行平差计算。首先应以测段往返测高差不符值,按式(13-7)计算每千米高差偶然中误差 M_Δ,结果应满足 $M_\Delta \leq \pm 1.0 \text{mm}$。当高程控制网的附合路线或环线超过 20 个时,还应以附合或环线闭合差,按式(13-8)计算每千米高差全中误差 M_W,结果应满足 $M_W \leq \pm 2.0 \text{m}$。

$$M_\Delta = \sqrt{\frac{1}{4n}\left[\frac{\Delta\Delta}{L}\right]} \tag{13-7}$$

$$M_W = \sqrt{\frac{1}{N}\left[\frac{WW}{L}\right]} \tag{13-8}$$

式中:Δ——测段往返高差不符值(mm);
　　　L——测段长或环线长(km);
　　　n——测段数;
　　　W——附合或环线闭合差(mm);

N——水准路线环数。

当山区水准测量每公里测站数 $n \geq 25$ 时,采用测站数计算高差测量限差。

二等水准测量平差计算所采用的高差可根据实际情况,进行水准标尺长度、水准标尺温度、正常水准面不平行、重力异常、环线闭合差等项计算改正。控制网测量应采用严密平差方法进行整体平差,并计算各点的高程中误差。测量数据取位应符合表 13-50 的规定。

高程控制测量数据取位要求 表 13-50

等 级	往(返)测距离总和 (km)	往(返)测距离中数 (km)	各测站高差 (mm)	往(返)测高差总和 (mm)	往(返)测高差中数 (mm)	高程 (mm)
二等精密水准	0.01	0.1	0.01	0.01	0.1	0.1

(2)其他高程测量方法

线路水准基点控制网在无法用水准测量方法实施时,也可考虑使用 GPS 高程测量、精密光电测距三角高程测量、自由测站三角高程测量等方法。

采用 GPS 高程测量时,拟合网段已知点间距不宜大于 50km,每个网段联测的已知水准点不宜少于 4 个,且应采用多种拟合方法进行检核比较,并取已知高程点为检核点,检核点高程较差不应大于 10cm。

精密光电测距三角高程测量主要用于困难山区代替二等水准测量,所采用的全站仪应具自动目标识别功能,仪器标称精度不应低于 $0.5''$、$1mm + 1 \times 10^{-6}D$。使用的全站仪应经过特殊加工,能在全站仪把手上安装反射棱镜,反射棱镜的安装误差不得大于 0.1mm,并使用特制的水准点对中棱镜杆。

精密光电测距三角高程测量观测时应采用两台全站仪同时对向观测,在一个测段上对向观测的边数为偶数,不量取仪器高和觇标高,观测距离一般不大于 500m,最长不应超过 1000m,竖直角不宜超过 10°。测段起、止点观测应为同一全站仪、棱镜杆,观测距离在 20m 内,距离大致相等。

精密光电测距三角高程测量应采用往返观测,观测中应测定气温和气压。气温读至 0.5℃,气压读至 100Pa,并在斜距中加入气象改正。观测的主要技术要求应符合表 13-51 的规定。其他精度指标应满足表 13-8 和表 13-10 的规定。

精密光电测距三角高程测量观测的主要技术要求 表 13-51

等级	边 长 (m)	测回数	指标差较差 ('')	测回间垂直角较差 ('')	测回间测距较差 (mm)	测回间高差较差 (mm)
二等	≤100	2	5	5	3	$\pm 4\sqrt{S}$
	100~500	4				
	500~800	6				
	800~1000	8				

注:S-视线长度(km)。

13.4.2 轨道控制网(CPIII)高程测量

CPIII 高程控制网也称轨道控制网,主要为高速铁路轨道施工、运行期维护提供高程基准,应在线下工程竣工且沉降和变形评估通过后施测。CPIII 高程控制点与 CPIII 平面控制点共点,测量通常安排在 CPIII 平面控制网观测完成后进行。

CPIII 高程控制网采用"精密水准"方法测量,它是介于二等水准和三等水准测量精度的一个等级,专用于 CPIII 高程测量。施测前应对全线的二等线路水准基点进行复测,构网联测测区内所有复测合格的二等线路水准基点。

1)CPIII 高程控制网测量网形

(1)中视法

中视法 CPIII 高程网观测采用往返观测的方式进行,其往测水准路线如图 13-19 所示。图中实线表示主测水准路线前后视,虚线表示中视。从图中可以看出,该方法往测时以轨道一侧(图中下方)的 CPIII 点为主线进行前后视贯通水准测量,而另一侧(图中上方)的 CPIII 点则以中视的方式联测其高程。返测时刚好相反,即以另一侧(图中上方)的 CPIII 水准点为主线进行前后视贯通水准测量,而对侧(图中下方)的 CPIII 点也是以中视的方式联测其高程。返测示意如图 13-20 所示。

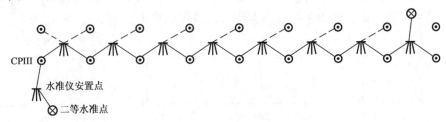

图 13-19 中视法往测水准路线示意图

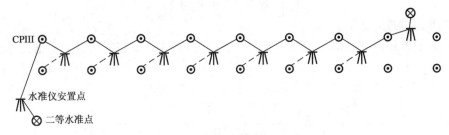

图 13-20 中视法返测水准路线示意图

中视法往返测高差及其所形成的闭合环情况如图 13-21 所示。其中单箭头为往测高差,双箭头为返测高差,箭头方向为高差的传递方向。

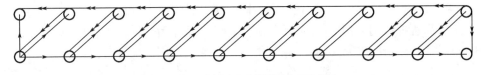

图 13-21 中视法水准测量闭合环示意图

(2)矩形法

矩形法观测的水准路线如图 13-22 所示,其中实心黑点表示水准仪测站点,空心圆表示 CPIII 高程点,空心箭头表示高差传递方向。假设 CPIII 网的高程测量从左侧推向右侧,则在最左侧 4 个 CPIII 点中间设置测站,测量 4 个 CPIII 点间的四段高差。考虑到这四段高差所组成四边形闭合环的独立性,这四段高差至少应该设置两个测站完成测量(如在第一测站完成前三段高差的测量,第四段高差测量时应稍微挪动仪器或在原地改变仪器高后再测量);随后水

391

准仪搬迁至紧邻的4个CPIII点中间,进行第二个四边形闭合环的高差测量,由于此闭合环中有一个测段的高差在第一个闭合环中已经观测,此时只需设置一个测站完成第二个四边形闭合环中三个测段高差的测量。因为第二个四边形中的四个测段高差是由不同测站测量的,因此,其闭合差是独立的。其他四边形各测段高差测量的方法与第二个四边形相同,依此类推一直把所有四边形的测段高差观测完。

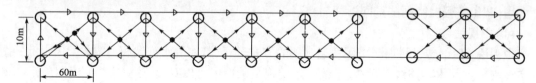

图13-22 矩形法CPIII高程网测量原理示意图

由于上述CPIII高程网测量方法形成的四边形闭合环(图中空心箭头组成的图形)为规则的矩形,因此简称此方法为矩形法。矩形法CPIII高程网测量可只进行单程观测。

矩形法水准测量闭合环的情况如图13-23所示。图中箭头方向为高差传递方向。由图可知,每相邻两对CPIII点均构成独立的矩形闭合环,方便形成闭合差检核,可靠性高。

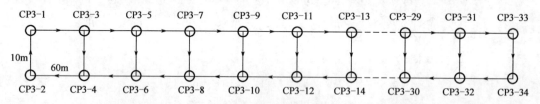

图13-23 矩形法水准测量闭合环示意图

2)CPIII高程控制测量

CPIII高程控制网在施测前,应进行详细的技术方案设计。技术方案设计的内容应包括:CPIII点的埋设方案与编号设计、与上一级水准点的联测方案设计、水准路线设计、测量方法与精度设计、所需要的仪器设备及其周期检定计划、内业数据处理方法设计、人员组织计划、应提交的成果资料清单和质量保障措施以及安全生产的注意事项等。

CPIII高程控制网观测前应做好下列准备工作:CPIII点的埋设与编号,水准仪、水准尺、尺垫、木质脚架等测量仪器和设备的准备,人员的组织与分工,内业数据处理软件的培训等。在具备充分准备的条件下按下列要求实测测量:

(1)CPIII高程控制网的首次测量与平差计算,应该独立地进行两次。所谓"独立地进行两次"是指两次测量和平差计算应该在完全不同的两个时间段内进行。

(2)CPIII高程控制网采用"精密水准"方法观测,按照"后—前—前—后"或"前—后—后—前"的顺序测量。宜使用DS_1及以上精度的电子水准仪及因瓦尺进行测量。

(3)应附合于二等线路水准基点,与测区内二等线路水准基点的联测时,采用独立往返精密水准测量的方法进行,每两公里联测一个线路水准基点,每一区段应至少与三个水准基点进行联测,形成检核。

(4)CPIII点与CPIII点之间的水准路线,应该采用"中视法"或"矩形法"的水准路线形式,以保证每相邻的4个CPIII点之间都构成一个闭合环。

(5)CPIII控制点水准测量应对相邻4个CPIII点所构成的水准闭合环进行环闭合差检核,相邻CPIII点的水准环闭合差不得大于1mm。

(6)区段之间衔接时,前后区段独立平差重叠点高程差值应≤±3mm。满足该条件后,后一区段CPIII网平差,应采用本区段联测的线路水准基点及重叠段前一区段连续1~2对CPIII点高程成果进行约束平差。相邻CPIII点高差中误差不应大于±0.5mm。

3) CPIII高程传递测量

当桥面与地面间高差大于3m,线路水准基点高程直接传递到桥面CPIII控制点上困难时,应选择桥面与地面间高差较小的地方采用不量仪器高和棱镜高的中间设站三角高程测量法传递高程,且要求变换仪器高观测两次,每次要求人工观测4个测回。两组高差较差不应大于2mm,满足限差要求后,取两组高差平均值作为传递高差。

中间设站三角高程测量方法,就是在没有仪器高和棱镜高量取误差的情况下,求出点 A 和点 B 的高差。其测量原理如图13-24所示。也可在同一侧设置观测点,如图13-25所示。

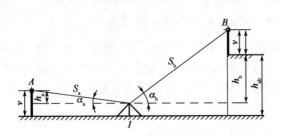

图13-24 中间法三角高程测量原理示意图　　图13-25 同侧中间法三角高程测量原理示意图

中间法三角高程测量作业实施时,前后视所用的棱镜必须是同一个,且观测时棱镜高不变。仪器到棱镜的距离一般应小于100m,最大不应超过150m。仪器到前视棱镜和后视棱镜的距离应尽量相等,一般差值不宜超过5m。观测时要准确测量温度、气压值,以便进行边长改正。中间法三角高程测量作业主要技术要求见表13-52。

中间法三角高程测量实施时,可选择在桥下桥墩侧面和桥上挡墙外侧各埋设1个水准转点,转点标志和埋设方法与CPIII点相同。

不量仪器高和棱镜高的三角高程测量技术要求　　表13-52

垂 直 角 测 量				距 离 测 量			
测回数	两次读数差(″)	测回间指标差互差(″)	测回差(″)	测回数	每测回读数次数	4次读数差(mm)	测回差(mm)
4	5.0	5.0	5.0	4	4	2.0	2.0

4) CPIII控制网自由设站三角高程测量

CPIII控制点高程测量可以利用CPIII平面网测量的边角观测值,采用CPIII控制网自由设站三角高程测量方法与CPIII平面控制测量合并进行。其测量方案是:

根据经过球气差改正后的自由设站到各CPIII点的单向三角高差,计算CPIII相邻点间的高差,如图13-26所示;由单个CPIII测站12个测点可计算16段CPIII相邻点间的高差,则多个测站所形成的CPIII控制网自由设站三角高程,如图13-27所示。

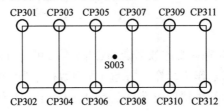

图13-26 单个测站CPIII控制网自由设站三角高程网示意图

从图 13-23 可以看出，相邻 CPIII 点间都有 2~3 个测站所测量的高差,按照图 13-23 构成 CPIII 控制网自由设站三角高程测量控制网,按间接平差法开列高差观测值的误差方程进行平差计算。

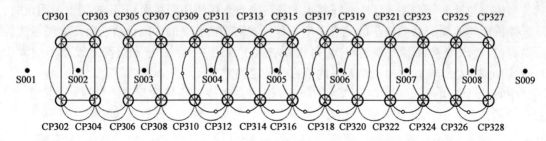

图 13-27　多个测站 CPIII 控制网自由设站三角高程网示意图

CPIII 自由设站三角高程网应附合于线路水准基点,每 2km 左右与线路水准基点进行高程联测。CPIII 高程网与线路水准基点联测时,应按精密水准测量要求进行往返观测。用于构建 CPIII 控制网自由设站三角高程的观测值,除满足 CPIII 平面网的外业观测要求外,还应满足表 13-53 的规定。

CPIII 控制网自由设站三角高程外业观测的主要技术要求　　　　表 13-53

全站仪标称精度	测回数	测回间距离较差	测回间竖盘指标差互差	测回间竖直角互差
$\leq 1''$、$1mm + 1 \times 10^{-6}D$	≥ 3	$\leq 1mm$	$\leq 9''$	$\leq 6''$

CPIII 自由设站三角高程网应采用线路水准基点进行固定数据严密平差,构网平差时,由不同测站测量的同名高差应采用距离加权平均值。平差后的各项精度指标,应满足表 13-54 的规定。

CPIII 自由设站三角高程网应进行环闭合差和附合路线闭合差统计,并计算每千米高差偶然中误差和每千米高差全中误差,各项指标应符合表 13-8 和表 13-10 中精密水准测量的要求。

CPIII 控制网自由设站三角高程网平差后的精度指标　　　　表 13-54

高差改正数	高差观测值的中误差	高程中误差	平差后相邻点高差中误差
$\leq 1mm$	$\leq 0.5mm$	$\leq 2mm$	$\pm 0.5mm$

CPIII 自由设站三角高程网可分区段构网平差,区段长度不宜小于 4km,区段与区段之间重叠点不应少于 6 对,重叠点的高程较差不应大于 3mm。满足要求后,后一区段的平差,应采用本区段联测的线路水准基点及重叠段前一区段的 1 对 CPIII 点作为约束点进行平差计算。

5) 内业数据处理

CPIII 高程网外业观测成果的质量评定与检核的内容,应该包括:测站数据检核、水准路线数据检核。CPIII 高程网"精密水准"测量测站应符合表 13-48 和表 13-49 的技术要求;水准路线应满足表 13-10 的规定。

CPIII 高程网水准测量的外业观测数据全部合格后,方可进行内业平差计算。平差采用联测的稳定线路水准基点的高程作为起算数据进行固定数据平差计算。平差计算取位应符合表 13-50 的规定,平差后控制网的主精度应满足表 13-8 的规定,即:按式(13-7)计算每千米高差偶然中误差满足 $M_\Delta \leq \pm 2.0mm$;当 CPIII 水准网的附合(闭合环)数超过 20 个时,按式(13-8)

计算每千米高差全中误差满足 $M_W \leqslant \pm 4.0\text{m}$。

在下列情况下，CPIII 高程网的外业观测值应该部分或全部重测：

(1) 当 CPIII 高程网水准测量的测站数据质量不满足表 13-48 和表 13-49 的要求时，该测站的数据应该重测。

(2) 当 CPIII 高程网水准路线的限差超过表 13-8 的要求时，该水准路线的数据应该重测。

(3) 当根据闭合环闭合差计算的每千米水准测量的高差全中误差超限时，首先应对闭合差较大的闭合路线进行重测，重测后 M_W 仍超限，则整个 CPIII 高程网水准测量的数据都应该重测。

CPIII 高程网复测时，若建网测量和复测联测上一级水准点的方法和数量相同，则约束平差后两次测量 CPIII 点高程的较差，应不大于 ±3mm，否则复测的 CPIII 高程网数据应补测或重测。

6) CPIII 高程区段接边处理

CPIII 高程测量分段方式与 CPIII 平面测量分段方式保持一致，前后段接边时应联测另外一段两对 CPIII 点。区段之间衔接时，前后区段独立平差重叠点高程差值应 ≤ ±3mm。满足该条件后，后一区段 CPIII 网平差应采用本区段联测的线路水准基点及重叠段前一区段连续 1~2 对 CPIII 点高程成果进行约束平差。

7) CPIII 高程成果的取用

CPIII 高程复测采用的网形和精度指标应与原测相同。CPIII 点复测与原测成果的高程较差 ≤ ±3mm，且相邻点的复测成果高差与原测成果高差较差 ≤ ±2mm 时，采用原测成果。较差超限时应分析判断超限原因，确认复测成果无误后，应对超限的 CPIII 点采用同级扩展方式更新成果。

8) CPIII 网的复测与维护

为了保证无砟轨道施工的精度，在施工过程中应根据无砟轨道板、轨道精调等施工阶段及施工组织计划安排对 CPIII 网进行复测。CPIII 网在竣工验收时必须进行一次复测。

复测在区域沉降漏斗区 CPIII 网测量完成与后续各工序（轨道基准点的测量、铺板和轨检）开始进行，时间不宜相隔太长，以减少桥梁或路基可能发生沉降对 CPIII 点精度的影响。

CPIII 高程网复测采用的精度指标、计算软件及联测上一级线路水准基点的方法和数量均应与原测相同。CPIII 点复测与原测成果的高程较差应 ≤ ±3mm，且相邻点的复测与原测高程成果增量较差应 ≤ ±2mm。较差超限时应结合线下工程结构和沉降评估结论进行分析判断，并根据分析结论采取补测或重测措施。高程增量较差应按下式计算：

$$\Delta H_{ij} = (H_j - H_i)_\text{复} - (H_j - H_i)_\text{原}$$

复测完成后，应对 CPIII 网复测精度进行评价，满足要求后，对复测数据和原测数据进行对比分析和评价，对超限的点位认真进行原因分析。确认复测成果无误后，为保证 CPIII 点位的相对精度，对超限的 CPIII 点应按照同精度内插的方式更新 CPIII 点的坐标。最终应选用合格的复测成果和更新成果进行后续作业。

13.5　高速铁路轨道施工测量

无砟轨道是高速铁路建设中优先选用的轨道形式，是以钢筋混凝土道床取代散粒体道砟道床的整体式轨道结构。它具有良好的稳定性、连续性和平顺性，结构耐久，维修工作量少，能避免高速行车时道砟击打列车等。世界上现有的无砟道床形式主要有：CRTS I 型板式无砟道床、CRTS II 型板式无砟道床、CRTS III 型板式无砟道床、CRTS I 型双块式无砟道床、CRTS II 型双块式无砟道床，主要施工技术有博格板、旭普林及雷达技术等。

CRTS I 型板式无砟轨道的轨道板定位方法有两种：一种是采用加密基标（基准器）进行定位；另一种方法不用加密基标（基准器），利用 CPIII 控制网采用全站仪自由设站直接对轨道板进行定位。

CRTS II 型板式无砟轨道的加密基标又称为基准点，轨道板通过基准点进行定位。

CRTS I 型双块式无砟轨道利用 CPIII 控制网采用全站仪自由设站直接对轨排粗调和精调，将轨排浇筑在混凝土底座及支承层上，不需要测设加密基标。

CRTS II 型双块式无砟轨道的加密基标又称为支脚点，轨排通过支脚点定位后将轨枕嵌入道床板混凝土中。

CRTS I 型轨道板安装定位测量应符合下列规定：

（1）采用速调标架法或螺栓孔适配器法测量时，全站仪自由设站每一测站精调的轨道板不应多于 5 块，换站后应对上一测站的最后一块轨道板进行检测。

（2）采用基准器精调轨道板时，应使用三角规控制轨道板扣件安装中心线，同时实现轨道板纵、横向及竖向的调整。

（3）轨道板定位限差横向和纵向应分别不大于 2mm 和 5mm；高程定位限差不应大于 1mm。相邻轨道板搭接限差横向和高程应分别不大于 2mm 和 1mm。

CRTS II 型轨道板安装定位测量应符合下列规定：

（1）全站仪设于待调轨道板端基准点上，完成定向后，测量待调轨道板上 6 个棱镜的三维坐标。根据实测值与设计值较差，对轨道板进行横向和竖向调整。全站仪距待调轨道板的距离应在 6.5～19.5m 范围内。

（2）更换测站后，应依据待调轨道板末端的基准点，检测已调整的最后一块轨道板板首端承轨槽上的精调标架，检测的横向和竖向偏差均不应大于 2mm，纵向偏差不应大于 10mm。

（3）轨道板定位点的精度应满足表 13-55 的要求。

轨道板定位点的精度要求　　　　　　　　　　　　　　　表 13-55

轨道板定位点的放样距离	轨道板定位点平面定位允许偏差	轨道基准点平面定位允许偏差
≤100m	≤5mm	≤5mm

高速铁路无砟轨道施工测量包括混凝土底座及支承层、凸形挡台放样、加密基标测设、轨道安装（轨道板铺设、轨排粗调精调）及轨道精调等工序。为了保证各工序之间的顺利衔接，轨道施工各工序均以轨道控制网 CPIII 为基准进行测量控制。

无砟轨道混凝土底座及支承层平面施工可采用全站仪自由设站直接进行模板三维坐标放样，一次完成；也可先采用全站仪自由设站测设轨道中心线，模板平面位置由轨道中心线放出，模板高程采用几何水准施测。测量使用的全站仪精度不应低于 $(2'', 2mm + 2 \times 10^{-6}D)$，水准仪精度不应低于 3mm/km。自由设站观测的 CPIII 控制点不宜少于 3 对；更换测站后，相邻测站重叠观测的 CPIII 控制点不宜少于两对。自由设站点的精度应符合表 13-25 的规定。完成自由设站后，CPIII 控制点的坐标不符值应符合表 13-26 的规定。

自由设站是高速铁路轨道施工中最常采用的测量方法，在工作区域的线路中线附近任意一点架设全站仪，测量线路两侧多对轨道控制网 CPIII 点的方向和距离，通过多点边角后方交会原理获取仪器中心点的平面和高程位置,然后再依据仪器的三维坐标进行其他测量和测设。该方法充分利用了智能全站仪在特定条件下测角、测距具有极高的精度以及自动搜索这一特点。为了保证测量精度,必须要有一定的多余观测量。另外为了相邻设站间的平顺搭接,要求相邻设站间必须有一定的重复观测点。比如规定在混凝土底座及支承层平面施工中,自由设站观测的 CPIII 控制点不宜少于 3 对;更换测站后,相邻测站重叠观测的 CPIII 控制点不少于两对,就是这个目的。

加密基标(轨道基准点)的作用是为轨道板定位,需根据轨道类型和施工工艺要求进行测设。无砟轨道结构类型有 CRTS I 型板式、CRTS II 型板式、CRTS I 型双块式和 CRTS IIII 型双块式等。不同结构类型其施工工艺和测量方法也不同。

由于加密基标直接用于轨道板定位,其测设精度要求要比底座混凝土要高。因此,加密基标采用自由设站的各项指标均高于底座混凝土放样时的自由设站。CRTS I 型板式无砟轨道加密基标(基准器)粗测采用全站仪自由设站方式按极坐标放样法分组进行。自由设站宜后视 4 对 CPIII 控制点,完成测站的建站工作。基准器点位放样限差:平面 ±3mm。换站时,相邻测站后视两对重叠的 CPIII 控制点,保证相邻测站之间放样点位的平顺性。完成放样后,依据基准器粗测点位钻孔、注胶、埋设基准器固定装置定位螺栓。将基准器基座固定于凸形挡台上,按自由设站方式精确测定基准器位置。

CRTS II 型板式无砟轨道的加密基标(轨道基准点)是 II 型轨道板精调的基础控制点。基准点的布设,要在确定 CPIII 准确无误的情况下,才能开始对轨道基准点(GRP)进行实测。其布设应满足轨道板精调需要。基准点之间的相对精度应满足:水平位置 0.2mm,高程 0.1mm。故满足 CRTS II 型板安装施工要求的高精度测量工作,才能用基准点的精度来保证每块轨道板的几何位置,保证各项轨道几何参数的实现。下面重点介绍 CRTS II 型板式轨道基准点(GRP)测量。

13.5.1 轨道基准点(GRP)测量

1)轨道基准点放样

CRTS II 型无砟轨道的轨道基准点和轨道板定位点的位置如图 13-28 所示。每个轨道板板缝处设置一个轨道基准点和轨道板定位点。轨道基准点和轨道板定位点分别位于线路中线左右两侧,距离线路中线 10cm。轨道基准点在曲线地段应该位于线路中线的内侧。

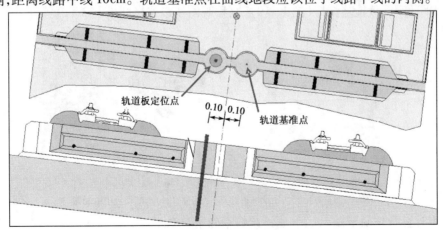

图 13-28 轨道基准点和轨道板定位点位置示意图(单位:m)

轨道基准点和轨道板定位点埋设之前,首先需要利用线路设计参数、轨道板设计参数和轨道基准点的设计里程,计算直线段、圆曲线段和缓和曲线段上轨道基准点的设计坐标。计算时应考虑圆曲线段和缓和曲线段的线路超高对轨道基准点设计位置的影响,以保证后续轨道基准点放样和测量工作的顺利开展。轨道基准点和轨道板定位点的坐标利用布板软件计算。

在混凝土底座板或支承层施工完成后,依据轨道控制点(CPIII),采用全站仪自由设站极坐标法测设轨道板定位点和轨道基准点。轨道板定位点应满足下列要求:

(1)轨道板定位点的放样距离不应大于100m;轨道板定位点平面定位允许偏差不应大于5mm;轨道基准点平面定位允许偏差不应大于5mm。

(2)轨道板定位点和轨道基准点(基标钉见图13-29b))应埋设于混凝土底座板或支承层上,轨道板定位点与轨道基准点连线应垂直于轨道中线,并分别向左和向右偏离轨道中线0.10m。轨道板定位点的位置应以轨道中线为基准,垂直于钢轨顶面连线,投影到混凝土底座板或支承层表面上。

(3)曲线地段轨道基准点应分设于轨道中线的内侧,轨道板定位点设于轨道中线的外侧。直线地段应将轨道板定位点与轨道基准点分设于线路中线两侧,轨道板定位点(轨道基准点)一般应位于线路中线的同一侧。当直线段前后的轨道基准点不在同一侧时,应在直线段予以变换调整,不得在曲线段上进行。

2)轨道基准点编号

轨道基准点按左右线分别编号,沿线路里程增加方向编号,一般为7位,规则为:L(左线)/R(右线)+×××(里程整公里数)+×××(该公里段GRP序号)。也可采用6位编号形式:L(左线)/R(右线)+×××××),后五位为大里程方向的轨道板编号。

3)轨道基准点测量

轨道基准点三维坐标采用平面坐标和高程分别施测的方法进行。平面坐标观测时间应在夜间或阴天的白日进行,高程测量时间不限。

(1)轨道基准点测量的仪器配置和精度要求

①全站仪应具有自动目标搜索、自动照准、自动观测、自动记录功能,其标称精度应满足:方向测量中误差不大于±1″,测距中误差不大于±(1mm+2×10^{-6}D)。

②电子水准仪的精度不应低于0.5mm/km,配套的因瓦水准尺。

③测量的附件应相互匹配,如GRP测量点精密基座(图13-29a))、水准尺适配器(图13-29c))、平面观测棱镜连接杆(图13-10)、高程观测棱镜连接杆(图13-11)等。

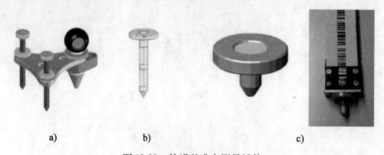

图13-29 轨道基准点测量辅件
a)GRP测量点精密基座及棱镜;b)GRP基标钉;c)水准尺对中适配器

④温度计读数精确至0.5℃,气压计读数精确至50Pa。

⑤各种测量仪器(全站仪、水准仪、水准尺)必须在有效期内鉴定,施测前应进行检核。在

长时间作业过程中,要定期校正仪器,进行气象改正等。

(2)平面测量

轨道基准点的平面测量应在底座板张拉连接并锁定后,粗铺轨道板之前进行,左右线路分别测量。采用全站仪自由设站极坐标法进行观测,直接测量各点的坐标,外业采用自动记录方式,特别注意点号输入的正确性。自由设站点应尽量靠近所测线路(左线或右线)的中线。

自由设站测量采用局部独立坐标系。设站观测的 CPIII 点不应少于 4 对,测站设置在所联测 4 对 CPIII 点的中间并置于线路中线附近。CPIII 置镜点上应采用与 CPIII 控制网测量时一致的棱镜连接标志。全站仪设在更换测站后,相邻测站重叠观测的 CPIII 点不应少于两对。轨道基准点平面测量如图 13-30 所示。

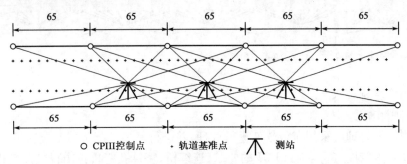

图 13-30　GRP 平面测量示意图(单位:m)

同一测站 CPIII 点和轨道基准点均采用全站仪盘左(正镜)进行观测,进行多个测回观测。每个测回程序如下:

①顺次观测 8 个 CPIII 点。

②由远及近顺次观测所有轨道基准点。

③上述为完成了一个完整测回,按照同样的顺序进行第 2 个测回测量。

④3 个测回结束后,再顺次观测所有 CPIII 点。

实际上在一个测站上轨道基准点观测了 3 次(测回),CPIII 点观测了 4 次(半测回)。此为一个测站的观测程序,一个测站结束后搬至下一站后按同样的程序进行测量。

每站观测距离约 70m,至少观测 11 个轨道基准点,重复观测上一测站的 CPIII 点不应少于两对,重复观测上一测站观测的轨道基准点 3~5 个。本站观测的所有轨道基准点(包含重复观测上一站的轨道基准点)都必须位于测站的同一侧。

每站轨道基准点测量时,采用同一组棱镜三脚座和精密棱镜。在观测轨道基准点时,应由远及近完成全部轨道基准点测量。每次安置棱镜三脚座时,都要精确整平棱镜三脚座。在棱镜三脚座移动过程中,棱镜应始终面对全站仪。对于 CPIII 棱镜组件和棱镜三脚座上棱镜不一致的,需要检查仪器中输入的棱镜常熟是否正确。

(3)高程测量

高程测量应该在轨道板摆放或粗铺之后进行,采用几何水准方法,按照附合水准方法和中视水准测量方法相结合进行施测。轨道基准点一般作为中视点,除首末 CPIII 点外,其余 CPIII 点作为附合水准路线的转点。左右线路的轨道基准点的高程可同时施测。

采用电子水准仪进行往返观测,起闭于 CPIII 点,附合水准路线长度约为 300m。在轨道基准点上立尺时,水准尺须使用水准尺适配器;在 CPIII 点立尺时,不使用水准尺适配器,须使用与 CPIII 网测量时一致的水准测量杆。

水准尺适配器常数需准确测定,同时保证水准尺适配器与轨道基准点测钉的匹配。在同一站内的所有轨道基准点高程测量时应采用同一把水准尺及其配套水准尺适配器。水准尺适配器常数在外业不输入的,在内业数据处理中进行修正。

测量的具体程序为:在两个CPIII点中部安置水准仪,后视一个CPIII点(如CPIII1),前视另一个CPIII点(如CPIII2)或轨道基准点,采用中视法测量该区间所有的轨道基准点(可以包括左右两条线路的轨道基准点),然后搬站至CPIII2和CPIII3之间,重复上一个测站过程。相邻两站之间应该至少重叠1个轨道基准点。相邻测段之间应重叠3~5个轨道基准点。观测程序如图13-31所示。

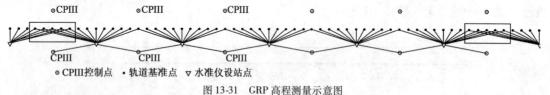

图13-31 GRP高程测量示意图

4)观测精度指标要求

(1)平面观测精度指标

平面观测数据处理应采用布板软件进行处理,并进行复核。测量精度应满足下列要求:

①自由设站点精度应符合表13-27的要求,连续桥、特殊孔跨桥自由设站点精度可放宽至1.0mm。

②自由设站后测量的CPIII点的坐标不符值应满足表13-26的要求。当某个CPIII点坐标不符值X、Y大于表13-26的规定时,该CPIII点不应参与平差计算。每一测站参与平差计算的CPIII点不应少于6个。

③相邻的轨道基准点平面相对精度不大于0.2mm;各测回测量的坐标值与其平均值间的较差≤0.4mm。

④重叠轨道基准点的平面位置允许偏差:横向≤0.3mm,纵向≤0.4mm。

(2)高程观测精度指标

①单程水准测量起闭于CPIII点的闭合差限差应满足下式要求:

$$f_h = 0.5 + 2\sqrt{S} \tag{13-9}$$

式中:S——单程水准测量线路长度(km)。

②轨道基准点往返测高程值与其平均值间的较差不应大于0.3mm。

③重叠区内轨道基准点高程较差不应大于0.3mm。

④相邻轨道基准点间的高程相对精度不大于0.1mm。

(3)精度的定义

平面精度0.2mm的定义:在一站内测定GRP时,各GRP是相对于测站本身的离散支点,视其均为真值。各次重复测量值与其均值之最大横向偏差规定为0.3mm,即限差为0.3mm。中误差取为1/2限差,即为0.15mm。本测站内相邻点间中误差为$\sqrt{2} \times 0.15 = 0.21$mm。各次重复测量值与其均值之最大纵向偏差规定为0.4mm。

高程精度0.1mm的定义:在一站内,测量各水准点时,相邻基准点间高差的测量精度。各GRP在测量时是相对于测站本身的离散支点。目前大量使用的电子水准仪为0.3mm/km级,重复测量结果表明,相邻基准点间高差的测量精度可以达到0.1mm,故规定GRP高程精度为0.1mm。

5）数据处理

将相关的 CPIII 点坐标文件和轨道基准网理论值文件直接导入布板软件的数库。软件根据全站仪实测平面坐标的原始观测记录数据、电子水准仪实测高程原始记录数据进行处理。

平面数据处理采用本站联测的 CPIII 点和各轨道基准点坐标的均值（独立坐标）作为观测值，根据本站联测 CPIII 点的已知坐标，采用最小二乘平差的方法求解两套坐标的转换参数，然后根据转换参数对各轨道基准点的独立坐标均值进行转换，从而获得各轨道基准点点的工程独立坐标系坐标。

根据求得的转换参数，对各 CPIII 点的坐标均值进行转换，如转换后的 CPIII 点的坐标与原 CPIII 坐标的差值在 2mm 以内，则本站测量合格，否则本站应该重新进行测量。坐标转换后，搭接的轨道基准点本站测量的坐标与上一站测量的轨道基准点的坐标 X、Y 方向较差均应小于 0.4mm。

高程数据处理是根据测量数据计算一站内任意两个相邻的 CPIII 之间高差是否超限，再计算各点往测与返测高程平均值，并计算与平均值之差。各项指标满足要求后，计算本站观测的各轨道基准点高程。

对于各项指标满足要求后，相邻测站间重复观测的轨道基准点的平面坐标和高程采用余弦函数加权平均的方法进行平滑搭接。

非搭接区域及已完成搭接的搭接区域的轨道基准点成果可供轨道精调系统使用。

轨道基准点是为轨道板定位而测设的。在道板定位完成前，应采取有效的措施，加强轨道基准点的保护和维护。

13.5.2 轨道安装定位测量

1）施工前期准备

(1)仪器配备：传输信号的电台两部，用于数据处理的计算机 1 台，全站仪 1 台，后视棱镜 1 台，每组标准标架 1 台，用于校准标架。标架 4 台，每台标架上设两个棱镜，用 6 台显示器分别显示棱镜所在位置点需调整的数值。1 号标架上的棱镜分别为 1 号和 8 号棱镜；2 号标架上的棱镜分别为 2 号和 7 号棱镜；3 号标架上的棱镜分别为 3 号和 6 号棱镜；4 号标架上的棱镜分别为 4 号和 5 号棱镜。1 号、2 号、3 号、4 号棱镜都放置在标架的接触端。

(2)粗铺前底座板验收：轨道板粗铺前，将底座板清理干净；然后对底座板进行验收，对凹凸不平或破损的部位进行整修，达到验收标准后开始铺板工作。

(3)控制点测量、圆锥体安装：根据防撞墙上测设的 GVP 点在底座板上测出 GRP 控制点（即基准点）和圆锥体定位锥的安装位置点，基准点和圆锥体定位点位于轨道板端头半圆形凹槽处，基准点接近轨道板的纵向轴线，圆锥体的轴线与安装点重合。精调时全站仪和后视棱镜的三脚架架设在基准点上；圆锥体为轨道板安装的辅助工具，可使安装精度达到 10mm，减少精调工作量。圆锥体用硬塑料制成，高 120mm，外直径为 135mm，中心有一直径 20mm 的孔。根据安装测点用钻孔机钻孔（孔径 20mm。孔深：直线上、曲线上超高≤45mm 时，为 150mm；曲线上超高>45mm 时，为 200mm），锚孔钻好后，用鼓风器将浮尘吹干净，安上锚杆并填充合成树脂胶泥，1~2h 后达到强度，然后装上圆锥体并用翼形螺帽固定。轨道板安装后利用夹具将圆锥体从圆筒形窄缝中取出，重复使用。锚杆在砂浆灌注时作为压紧装置的螺杆使用，灌注后拆除压紧装置的同时拆除锚杆。

(4)在底座板的相应位置摆设 300mm×50mm×35mm 的轨道板垫木，粗铺时龙门吊吊起轨道板直接落在垫木上。

(5)对龙门吊进行检修,准备小型安装机具,如撬棍等。

(6)在轨道板精调装置的安装部位放上发泡材料制成的U形模制件,并用硅胶固定于底座板的相应位置,以防CA砂浆泄漏、污染精调装置。

2)粗铺

采用龙门吊铺设轨道板,液压锁闭起吊横梁起吊,锁闭时侧面的抓钩依垂直方向旋入,锁闭机的4个抓夹点的螺栓经检查完全封闭后起吊轨道板。轨道板起吊前,先检查板号、板的方向是否正确,承轨台是否有裂纹,轨道板是否有损坏,如混凝土剥落,深度不得超过5mm,面积不得超过50cm,剥落点不得侵入板边缘25mm,长度不得超过100mm。轨道板吊起后,用附加绞盘在起吊横梁上调整横向倾斜度,以便能以相应的超高将轨道板安放在混凝土底座板上。龙门吊将轨道板移至安装点正上方后缓慢放下,落在底座板上的实现摆好的垫木上,人工配合作业,一端和已安装好的轨道板对齐,另一端将轨道板的半圆形凹槽直接定位在圆锥体上。

13.5.3 轨道精调测量

轨道精调测量应在长钢轨应力放散并锁定后,采用全站仪自由设站方式配合轨道几何状态测量仪进行。采用全站仪自由设站配合特制测量标架进行,单元板精调的方法是我国自主创新研发的I型轨道板安装定位方法。

1)人员、仪器和数据准备

精调前,将所需的精调数据拷贝到工控机电脑内。精调的数据分为两大类:一是基桩CPIII的加密桩GRP的数据,包括平面坐标和高程,本部分数据来源是在博格板粗铺前通过全站仪(采用TCA2003)自由设站边角交会测设坐标,通过电子水准仪,采用Trimble DNA03测设高程,并经过平差得到;二是博格板的板设计文件,即每块板需调整的承轨台的坐标和高程数据,一般每块板调整10个承轨台、3个截面。

每组采用徕卡1201全站仪1台,附带小型强制对中三脚支架两个及后视配套棱镜1个。每个测量组配置标准标架(编号为5号)1个,用于检核测量标架并测得其参数;测量标架四个(分别编号为1号、2号、3号、4号)。每个标架配两个小型观测棱镜:1号标架(放置在博格板前端第一个承轨台)棱镜编号分别为1号和8号;2号标架(放置在板中)棱镜编号分别为2号和7号;3号标架(放置在板最后一个承轨台)棱镜编号分别为3号和6号;4号标架(放置在参考板第一个承轨台上)棱镜编号分别为4号和5号棱镜。1号、2号、3号、4号棱镜都放置在标架与承轨台的接触端。装有南方II型板铺板软件的计算机1台及相关数据线、数传电台两个、调节值显示器6个。

测量人员应详细了解南方II型板铺板软件的原理、每一步骤出现的菜单和每个符号的含义、精调工作的流程,熟悉现场操作。

2)仪器的安装

(1)全站仪的架设:把两对强制对中三角架架设在前后两个GRP点上,这两个GRP点间隔了3个轨道板。把全站仪放在小里程的GRP点上,将配套的棱镜放在大里程的GRP点上,假设全站仪上是1号GRP点,棱镜架设的是2号GRP点。GRP点的坐标是由全站仪自由设站测量CPIII点得到。

(2)标架的架设:总共有5个标架,1号标架放在所测II型板的第一号承轨台上,1号标架上的棱镜为1号和8号,2号标架放在第五个承轨台上,2号标架上的棱镜为2号和7号棱镜。

3号标架放在第十个承轨台上,3号标架上的棱镜为3号和6号棱镜。4号标架放在上一个调好的调好的板的第一个承轨台上,4号标架上的棱镜为4号和5号棱镜,用于仪器的定向。所有标架要与承轨台紧紧密贴在一起。

(3)Ⅱ型板的特征:有10个承轨台,每个承轨台的数据都已经设计好,在板文件中给出。精调的目的就是将Ⅱ型板放样到它所设计的位置上。

(4)仪器的连接:将全站仪与安装有Ⅱ型板测量系统的计算机连接起来。把全站仪与一配置好的电台用数据线进行连接,电脑与另一个电台连接,选择好参考系数,进行全站仪与电脑的连接。连接成功后仪器的安装结束。

3)标架的检校

每天测量开始前,都要进行标架的检校。用标准标架进行仪器的检校。取出标准标架,放在Ⅱ型板的任一承轨台上,与承轨台紧紧密贴好,放一个标准棱镜在标准标架上,用全站仪测量标准标架上的棱镜,测回3次。将标准标架旋转180°,与承轨台密贴。进行测量,保存数据。取下标准标架,放上1号标架,与承轨台密贴好。测量得出数据,与标准数据进行比较,设置1号标架的参考参数,分为绝对参考参数和相对参考参数。依次设置好1号到4号标架的参考参数,仪器校正结束,可以进行无砟轨道板的精调了。

4)定向

全站仪和后视棱镜整平对中结束后,进行定向测量。

对全站仪常数设置:进行温度、气压、棱镜常数改正。强制对中三角架的使用,棱镜高为一常数60cm。棱镜选择莱卡小棱镜,棱镜常数为17.5mm。

在连接好的计算机中导入需要使用的数据:板文件数据(FFE、FFD格式),包括板上承轨槽上3个面,30个点的数据。GRP点数据(DPU格式),需要使用到的GRP点的点坐标,由CPⅢ点测量出来。

打开南方Ⅱ型板精调板软件,新建文件,新建文件中有四个文件夹和一个工程文件名。打开工程文件名,测量得到的数据全部保存在这个文件中。一个文件夹是系统文件(logs),一个文件夹放有板文件,一个文件放GRP数据,一个文件存放测量数据。

进行仪器定向:选择相对应的GRP点进行定向,全站仪的GRP点为1号点,在电脑上选择一号点坐标,定向棱镜为2号GRP点,选择2号点进行后视,把全站仪对准定向棱镜测量,定向成功,查看定向精度,精度达到要求,定向完成。

5)精调工作

定向成功后,即可开始进行精确调板工作。就是把粗略放置的CRTSⅡ板放置到设计好的位置。调板通常先调1号、8号点。测量1号、8号点时,可采用单点测量,亦可采用跟踪测量,在1号标架上设有倾角传感器,采用视距法测定棱镜1,再借助倾角传感器得到8号棱镜的高差或采用视距法测定8号棱镜,再借助倾角传感器得到1号棱镜的高差。通常采用跟踪测量,在跟踪测量时,工人调板的时候可显示板的位置和高程,工人可根据显示器上显示的数据调板。跟踪测量的缺点为精度不高。在精调时,1号、8号点的两工人要同时以同样的速度同样的频率转动扳手,先调方向,再调高程。如果不同步,就有可能将板底的钢板拉出,或者千斤顶蹦出或高程、方向出现大幅度的变化,影响精调。1号、8号点调完后,接着采用跟踪测量分别测出3号、6号棱镜高程及板的位置。通过1号、3号、6号、8号棱镜对板的横向位置和高程的偏移进行改正后,接着测量2号、7号棱镜,对板中央处的弯曲进行测定。测量2号、7号棱镜可采用单点测量也可采用跟踪测量进行改正。2号、7号点只能调整板中央高程而不能进行横向调节,但在调节板中央高程时可能会使板发生拧动或四角高程发生变化,因此接下来采用四点测量,对板进行整体观测,对横向和高程进行进一步的改正。如出现微小的超限,对该点进行改正和单独复测,而不需要对所有的棱镜进行复测。四点测量后进行完测或快速完测。快速完测是采用视距法测量 1 号、2 号、3 号棱镜,然后借助倾角传感器得到 7 号、8 号棱镜的高差,而 3 号标架没设倾角传感器,因此无法测出 6 号棱镜高差。而快速完测数据不作为最后的保存数据。完测则是采用视距法测定 1~8 号棱镜。在板与板的过渡处再次显示位置及高程差。轨道精调流程如图 13-32 所示。

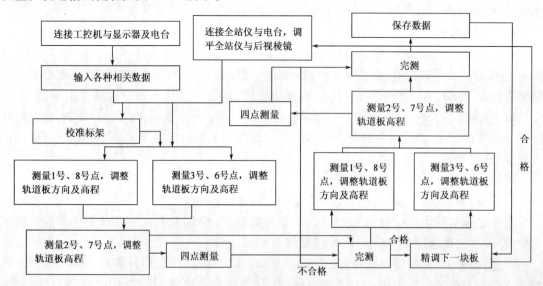

图 13-32 轨道精调流程图

13.5.4 双块式无砟道床轨排架法施工测量

双块式无砟道床采用轨排架法施工,其调整分为粗调和精调两步,在施工过程中均以 CPIII 点的三维坐标为基准,采用输入测量程序来控制轨排架中心线和高程的偏差,通过调整达到轨道铺设验收标准的要求。

1)轨排架法施工测量原理

无砟轨道精密测量是以 CPIII 点的三维坐标为基准,全站仪自由设站(采用后方交会法),全站仪自带程序计算出当前设站点的坐标,然后照准放置在轨道仪器上的棱镜,在全站仪内输入正确的棱镜常数。在粗调过程中,仪器自带程序计算出棱镜所在点高程和中线的实测值与设计值的偏差;在精调过程中,GEDO CE 小车和全站仪连接,通过小车自带传感器在全站仪手簿上面显示轨排架的各项几何参数与设计的偏差,然后根据数据偏差调整轨排架的位置,以使轨排架达到设计要求的状态。

2)轨排架法施工测量步骤

(1)线路中线放样

在底板凿毛完成并冲洗干净后,使用徕卡 TCA1201 全站仪调用 RR 道路测设程序放样线路中心线,在线路中心线每隔 6.25m 放样一个点,隧道底板打入钢钉作为标志。在放样线路中心线时,要保证标志点的距离和中线的偏差不超过 2mm,依此确定轨排架就位时中心所对位置。

(2)轨排架就位

轨排架就位时,严格控制内轨顶面的高程偏差和轨排架的中心线偏差在允许范围内。在轨排架两端中心位置处悬挂垂球,控制轨排架中心位置。用钢卷尺控制两股钢轨的轨面高程,直线段为566cm,曲线段由于有超高,根据超高值分别控制相应的高程,用φ25mm冲击钻在距边模1m位置钻孔,孔间距为2m,孔深10~15cm。插上φ22mm钢筋,用于支撑轨排架横向支撑螺杆。安装保护竖向螺杆的PVC管。轨排架的就位精度高程和中线偏差均控制在5~10mm。

根据实践经验,在轨排架就位时应遵循"宁低勿高、宁外勿内"的原则。原因是,在高程调整过程中,上升相对容易;在中线调整过程中,由边墙向中心水沟方向调整也相对容易。

(3)轨排架粗调

轨排架的粗调使用徕卡TCA1201全站仪配合自制简易分中器,通过4个或6个CPIII点进行自由设站(设站点距最远的轨排架调整点60~80m)。

①粗调设站步骤

a. 全站仪精确整平(shift + F12)后自由设站(设站方式为赫尔默特后方交会),主菜单界面先按2键(程序),而后按4键(道路测设),再按F3键(设站)。

b. 输入测站点点号后按继续(F1),输入CPIII点点号对应瞄准墙上所装棱镜,按ALL(测量并保存),直至测量完所需的全部点后按计算(F5),换页后查看设站精度。

c. 精度合格后继续,直至出现带有模板界面并按模板键(F6),将线路关系通过左右键改变成线路中线后继续,到出现结束界面时按结束键(F1)。

d. 瞄准架设在上一工作面预留的轨排架上分中器的棱镜,精确瞄准后按测距键(F2)出现粗调需要的理论与实测差值,至此设站完成。

e. 在所有CPIII点测完之后查看设站精度,当精度达到设站要求后方可进行下一步操作,否则重新设站。

②粗调方法

设站完成后,将轨距分中器和万能道尺放在轨排架前端的粗调螺杆位置处,采用全站仪测量轨排架轨面高程和中线位置,万能道尺控制左右轨的轨面水平。根据测量数据,指挥工人调整竖向粗调螺杆和横向支撑螺杆;指挥粗调时,测量员根据道尺的水平偏差和RX1250测量手簿的显示数值适时报出偏差读数,两侧粗调工人根据偏差读数,协调配合调整。

在缓和曲线段,根据圆曲线的最终超高值和缓和曲线长按照线性插值法计算缓和曲线当前里程的外轨超高值,使用万能道尺来控制超高值,通过RX1250手簿的数据控制高程和中线的偏差,将误差尽量控制在最小范围内;在圆曲线上,中线的偏差还是由RX1250手簿的数据读出,轨距分中器的高程偏差为超高值的一半,在调整过程中,先根据RX1250手簿显示的数据将高程调整到0,然后用万能道尺通过外升内降将超高值调整出来。在粗调过程中,每个轨排架调整两端的两对点,如果在轨排架就位时高程和中线的各项数据偏差较大,必须分2~3次调整轨排架,不能一次性调整到位,以免由于轨排架受力不均匀引起轨排架的变形。粗调完成后,保证轨排架的高程偏差控制在-1~1mm,中线偏差控制在0~2mm内。

③粗调具体步骤

a. 将轨距分中器和万能道尺放在轨排架的第二根轨枕中心处(即第一对螺杆调节器的地方),根据手簿的显示数据先将高程调整到2mm的误差范围内,最后将中线调整到位。在调整中线时,由于靠近中心水沟侧的横向支撑螺杆倾斜角度过大,在调整时轨排架容易向上浮动并引起高程的变化,故应避免较大幅度调整横向支撑螺杆。

b. 再将轨距分中尺和万能道尺安放到第九根轨枕中心处(即第三对螺杆调节器的地方),同样根据手簿的显示数据调整轨排架。

c. 在第九根轨枕块的地方调整好后,再次将轨距分中器和万能道尺安放到第二根轨枕中心处查看数据,如有变化再次调整直到数据全部达到规范要求。

d. 按此种调整方法依次调整直到第一站完成。

e. 将全站仪搬到距最后一个轨排架有效测量范围内安置仪器,再次设站依照同样方法调整剩余的轨排架。

(4)轨排架精调

轨排架的精调使用 Trimble S6 全站仪配合 GEDO CE 轨检小车,通过 8 个 CPIII 点进行自由设站(设站点距最远的轨排架调整点 60~80m)。

①精调设站步骤

精测前先将 CPIII 各点的点号和与其对应的三维坐标输入到手簿中。

a. 全站仪粗略整平后,首先对全站仪进行仪器的补偿器校正,7~10d 进行视准轴校正。

补偿器校正:将仪器架设好→粗平→开机→选择设置→设置→下一步→找到调整→补偿器校正→按回车→开始校正→等待全站仪自动完成。

视准轴校正:选择设置→设置→下一步→找到调整→参考水平角→在 100m 外放置一棱镜,(确保校正视准轴时无外界影响)照准棱镜→按回车,等待全站仪自动完成。完成这些步骤后退出到开机界面,打开手簿的设站软件,等待仪器和手簿的全自动连接→电子气泡整平→回车→Esc。

b. 在隧道两侧边墙上安置 8 个 CPIII 点处的棱镜(确保棱镜安置好,将销子完全插入到预留孔中),注意在设站点前后各安置 4 个棱镜。

c. 打开设站软件→新建任务(点名)→选择键入菜单→依次输入点号及三维坐标。

d. 打开文件的文件夹→新任务→建新任务→回车→任务间复制→将设站需要的 8 个 CPIII 点号复制到当前任务中→回车→打开测量文件夹→后方交会→输入一个仪器点名(即设站点名)→回车→输入点名(从列表选择)→找到第一个仪器方向右侧的第一个点并照准→测量→找到顺时针的第二个点→照准棱镜→测量→按选择键设置仪器自动照准顺序和测回数目→回车→+点→列表选择→旋转→测量→依次照完 8 个 CPIII 点(即盘左完成)→结束盘→等待仪器的两个测回完成→检查各个 CPIII 点的误差,确保 8 个点全部合格→回车→储存→设站完成。文件→导出→导出自定义格式文件→回车→回车→退出设站软件。

e. 设站完成后连接 GEDO CE 轨检小车开始进行轨排架的精调工作,Start→选择 GEDO CE 软件→new job(键入任务名)→job setting→选择线路关系(中线、高程、超高)→回车。

f. 测量→连接 S6→打开小车开关→选择测量→开始测量→进入测量界面→输入 1 个点号→选择基准轨→回车开始测量→选择跟踪测量界面→开始跟踪测量→开始调整轨排架。

②精调方法

a. 在精调的过程中,在两次设站之间设有搭接段,搭接段长度为 25m。在第一次设站时记录下搭接段的后端头的调整数据,用第二次设站时此点的显示数据减去第一次调整后的数据,用这个差值除以搭接段中需要调整的点数,得出的数值分到每一个点,打出一个虚拟的坡度,以减小系统精度的误差。

b. 曲线段的精调和直线段的精调大致相同,因为已经将缓和曲线和圆曲线的线路关系输入到全站仪中,所以手簿中显示的调整数据还是以 0 为基准,通过线路关系计算出的超高值在手簿中最终数据还是以 0 为准,而中线的偏差还是以第 2、9 轨枕块中心处调 0,即轨排架的两端的可调节螺杆调 0。因为在缓和曲线段,中线的偏差值很小,所以在每一榀轨排架的中间位置还是调到 0,但有意识地偏 0.1mm。

c. 在精调完成后,需要对轨排架的各项指标和数据进行复测,要求钢轨的水平和高程均达到验标要求,而且不可出现 10m 弦超限,保证数据不能有较大波动。复测是在浇注混凝土前对轨排架的最后一次微调。

3)施工测量的质量控制措施

(1)粗、精调过程中,移动棱镜时要始终面向全站仪。在棱镜移动过程中,全站仪与棱镜之间不得有阻碍物。

(2)轨排架精调时,无关车辆不得进入工作区域(全站仪前、后 30m),龙门吊也要避免靠近,尽量减少人员车辆移动对测量仪器的影响;另外,精调时除测量人员外,任何人员都不得站在轨排架上。在整个测量过程中,始终保持轨排架轨面的清洁。

(3)如果因粗调的精度不够,造成精调时轨排架的每一对可调节点的调整量都很大,在调整过程中必须把鱼尾夹板拆掉,以免造成轨排架的扭曲。

(4)在精调过程中,由于轨排架由鱼尾夹板连接在一起成为一个整体,所以在轨排架的调整时要对连续的 2~3 榀轨排架进行联测,即调整完一榀轨排架后,要对与其连接已经调整过的轨排架进行复核检测,检测已经调整过的轨排架是否受到影响,如有影响则需要再进行微调。

(5)在精调的设站过程中,全站仪所观测的 8 个 CPIII 点要全部满足不超限要求。如有特殊情况需舍去 1 个点,优先选择仪器后方的点,但必须保证有 7 个 CPIII 点完全合格;否则需要重新设站,到满足要求为止。

(6)在精调过程中,除去要考虑使轨排架的 3 对可调节点均达到验标的指标要求外,还要考虑轨排架的两股钢轨的水平平顺性和高程平顺性,以保证 10m 弦(曲线正矢)的验标要求,避免出现三角坑。

(7)在精调时,每个设站点都做一个标记,以便于轨排架复测时,仪器仍在原设站点附近设站,以保证测量精度。

(8)在粗调和精调的设站过程中,要尽量使全站仪和棱镜在同一水平线上,仪器尽量架设低些,以减小因三角高程的高差计算带来的误差。

13.6 高速铁路检测工作

13.6.1 建立维护基标

在轨道控制网(CPIII)基础上测设,为无砟轨道养护维修时所需的永久性基准点,应根据运营养护维修方法确定其设置位置,称为维护基准。

轨道维护基标布设的密度和位置根据高速铁路轨道结构形式和运营养护管理的检测维修方式确定。运营维护也可直接利用 CPIII 控制网进行轨道检测维护,而不建轨道维护基标。

高速铁路安全、平稳运行的根本条件是满足设计标准的轨道的形和位,要维持轨道的形和位必须进行运营维护测量,才能准确反映轨道的几何状态和线路及其附属建筑物的稳定性。

运营阶段,运营部门需继续做好精测网的复测、维护和管理工作,保证运营测量及养护维修测量有稳定可靠的测量基准。轨道维修标准见表13-56。

轨道铺设和维修标准　　　　　　　表13-56

项　目	铺轨误差	维修误差
轨距	±2mm	±2mm
水平	±2mm	±5mm
高低	±3mm/10m	±5mm/10m
三角坑	±1.5mm/2.5m	±3mm/2.5m
轨向	±2mm/10m	±3mm/10m

13.6.2　轨道铺设竣工测量

竣工测量的目的:一是对高速铁路的线下工程空间位置、几何形态、轨道平顺性进行客观的评定,为工程验收提供必要的基础资料;二是高速铁路交付运营后,竣工测量的成果将作为运营维护管理基础资料。

按照铁道部铁建设〔2009〕20号文件的规定,高速铁路工程测量CP0、CPI、CPII、CPIII控制网和线路水准基点属于高速铁路工程的一部分,纳入竣工验收范畴。竣工测量应按照规范要求对CPIII控制点进行复测,复测结果在限差以内时采用原测成果;超限时应检查原因,确认原测成果有错时,应采用复测成果。

竣工测量还包括线路竣工测量、隧道竣工测量、桥涵竣工测量、轨道竣工测量等。

1)线路竣工测量

线路竣工测量应进行中线测量、高程测量和横断面测量,并应符合下列规定:

(1)线路中线竣工测量的加桩设置,应满足编制竣工文件的需要。中线上应钉设公里桩和加桩,并宜钉设百米桩。直线上中桩间距不宜大于50m;曲线上中桩间距宜为20m。在曲线起终点、变坡点、竖曲线起终点、立交道中心、桥涵中心、大中桥台前及台尾、每跨梁的端部、隧道进出口、隧道内断面变化处、车站中心、道岔中心、支挡工程的起终点和中间变化点等处均应设置加桩。

(2)线路中线加桩应利用CPII控制点或施工加密控制点测设,中线桩位限差应满足纵向$S/20000+0.01$m(S为转点至桩位的距离,以m计)、横向±10mm的要求。

(3)线路中线加桩高程应利用线路水准基点测量,中桩高程限差为±10mm。

(4)利用贯通后的线路中线,测量路基、桥梁和隧道是否满足限界要求。

(5)横断面竣工测量应在恢复中线后采用全站仪或水准仪进行测量。路基横断面测点应包括线路中心线及各股道中心线、路基面高程变化点、线间沟、路肩等。路基面范围各测点高程测量中误差为±10mm。

(6)路基面竣工测量成果应作为工序交接和无砟轨道混凝土支承层施工和变更的依据。

2)隧道竣工测量

隧道竣工测量应包括以下内容：洞内 CPII 控制网测量、隧道二等水准贯通调整测量、隧道内线路贯通测量、隧道断面测量。隧道竣工测量应符合如下规定：

(1) 隧道长度大于 800m 的隧道竣工后，应按规范要求进行洞内 CPII 控制网测量。

(2) 洞内水准点每千米埋设 1 个，水准路线起闭于隧道进、出口两端的线路水准基点，按二等水准测量要求施测。长度小于 1km 的隧道至少应设 1 个，并在边墙上绘出标志。标志应符合规定。

(3) 隧道洞内水准贯通高差闭合差满足 $\leqslant 6\sqrt{L}$ 时，以隧道进、出口两端的二等水准点为固定点进行高程平差。当隧道洞内水准贯通高差闭合差不满足 $\leqslant 6\sqrt{L}$ 时，应将水准路线向两头延伸，使之满足 $\leqslant 6\sqrt{L}$ 后，固定两端点的高程，对该段水准路线进行约束平差，并调整平差范围内的二等水准点，消除隧道高程断高。

(4) 隧道线路中线贯通测量应利用 CPII 控制点测设，中线桩位限差应满足纵向 $S/20000+0.01m$ (S 为转点至桩位的距离，以 m 计)、横向 $\pm 10mm$、高程 $\pm 10mm$ 的要求。

(5) 隧道净空断面应以竣工测量的线路中线为准，采用测距精度不低于 $5mm + 2 \times 10^{-6}D$ 的全站仪或断面仪进行测量，断面点测量中误差应 $\leqslant 10mm$。

3) 桥涵竣工测量

(1) 桥梁基础施工放样及其竣工测量可采用 GPS 实时动态测量系统（RTK）。应建立作用范围和实时定位精度满足大桥桩基施工放样要求的 GPS 参考站，参考站的设置应符合现行《铁路工程卫星定位测量规范》(TB 10054) 的技术要求。

(2) 用 RTK 进行桥梁桩基、承台的平面和高程施工放样及竣工测量，其主要技术要求应符合现行《铁路工程卫星定位测量规范》(TB 10054) 的规定。

(3) 沉井竣工测量应由两岸施工控制点精密测定沉井顶部位置，并与沉井中心比较。

(4) 沉井竣工测量应检查并调整沉井顶部十字线及基准面，推算沉井顶部及底部的位移、倾角、扭角、刃脚高程。

4) 轨道竣工测量

(1) 轨道竣工测量应采用轨检小车进行测量，轨检小车测量步长宜为 1 个轨枕间距。

(2) 轨道竣工测量主要检测线路中线位置、轨面高程、测点里程、坐标、轨距、水平、高低、扭曲。

(3) 轨道竣工测量的限差应符合相关验收标准的规定。

5) 竣工测量成果资料

(1) CPI、CPII、CPIII 控制点及水准基点的坐标、高程成果及点之记。

(2) 内业计算资料及成果表。

(3) 技术总结，包括执行标准、施测单位、施测日期、施测方法、使用仪器、精度评定和特殊情况处理等内容。

(4) 竣工测量的原始观测值和记录项目必须在现场记录，不得涂改或凭记忆补记，基桩的名称必须记录正确。计算成果必须做到真实准确，格式统一，并应装订成册，长期保管。

13.6.3 线下结构变形监测

高速铁路变形监测的内容包括路基、桥梁、隧道、车站以及道路两侧高边坡和滑坡地段的垂直位移监测和水平位移监测。

1) 变形监测网布设原则

变形监测网(水平位移监测网、垂直位移监测网)应按如下原则建立:

(1)水平位移监测网可采用独立坐标系统按三等精度要求建立,并一次布网完成。不能利用CPI和CPII控制点的监测网,至少应与两个CPI或CPII控制点联测,以便引入客运专线无砟轨道铁路工程测量平面坐标系统,实现水平位移监测网坐标与施工平面控制网坐标的相互转换。

(2)垂直位移监测网可根据需要独立建网,按二等水准测量精度施测,并采用施工高程控制网系统。不能利用水准基点的监测网,在施工阶段至少应与1个线路水准点联测,使垂直位移监测网与施工高程控制网高程基准一致。

2) 变形测量点布设规定

变形测量点分为基准点、工作基点和变形观测点。其布设应符合下列规定:

(1)每个独立的监测网应设置不少于3个稳固可靠的基准点,且基准点的间距不大于1km。

(2)工作基点应选在比较稳定的位置。对观测条件较好或观测项目较少的工程,可不设立工作基点,在基准点上直接测量变形观测点。

(3)变形观测点应设立在变形体上能反映变形特征的位置,并与建筑物稳固地连接在一起。

(4)高速铁路变形监测的精度等级应按照监测量的中误差应小于允许变形值的1/10~1/20的原则进行设计,并符合表13-57规定。

高速铁路变形测量等级及精度要求 表13-57

变形测量等级	垂直位移测量		水平位移观测
	变形观测点的高程中误差(mm)	相邻变形观测点的高差中误差(mm)	变形观测点的点位中误差(mm)
一等	±0.3	±0.1	±1.5
二等	±0.5	±0.3	±3.0
三等	±1.0	±0.5	±6.0
四等	±2.0	±1.0	±12.0

3) 水平位移监测规定

水平位移监测应符合下列规定:

(1)采用前方交会法时,交会角应在60°~120°之间,并宜采用三点交会。

(2)采用极坐标法时,其边长应采用全站仪测定。

(3)采用视准线法时,其测点埋设偏离基准线的距离,不应大于2cm;对活动觇标的零位差,应进行测定。

(4)水平位移观测点的施测精度按变形监测的等级精度要求执行。

4) 垂直位移监测规定

垂直位移监测应符合下列规定:

(1)垂直位移观测的各项记录,必须注明观测时的气象和荷载变化情况。

(2)垂直位移观测点的精度和观测方法应符合表13-58的规定。

垂直位移观测点的精度要求和观测方法 表13-58

等 级	高程中误差（mm）	相邻点高差中误差（mm）	观 测 方 法	往返较差、附合或环线闭合差（mm）
一等	±0.3	±0.15	除宜按国家一等精密水准测量外，尚需设双转点，视线≤15m，前后视距差≤0.3m，视距累积差≤1.5m	≤0.15$\sqrt{n}$
二等	±0.5	±0.3	宜按国家一等精密水准测量	≤0.30$\sqrt{n}$
三等	±1.0	±0.5	宜按《客运专线无砟轨道铁路工程测量暂行规定》二等水准测量	≤0.60$\sqrt{n}$
四等	±2.0	±1.00	宜按《客运专线无砟轨道铁路工程测量暂行规定》三等水准测量	≤1.40$\sqrt{n}$

注：n-测站数。

为满足对客运专线无砟轨道铁路线下构筑物变形评估的需要，并确定无砟轨道的铺设时机，以及为运营养护和维修提供依据，同时为确保高速铁路勘测、施工和运营的安全，应对高速铁路及其附属建筑物进行变形观测，主要包括路基、桥梁、隧道、车站以及道路两侧高边坡和滑坡地段的垂直位移监测和水平位移监测。

高速铁路变形监测网的平差计算采用专业的变形监测数据处理软件进行处理。平差计算前，先绘出平差网图，注明线路方向、高差和长度，检查各环线闭合差是否符合限差要求。

用平差结果直接分析出起算点的兼容情况，弃用不兼容的起算点后再平差计算。平差后得每个待定点的高程和高程中误差及按$[pvv]$计算的单位权中误差，分析成果中偶然误差和系统误差的影响程度，对水准网的观测质量作综合评定。

检算各项闭合差符合要求后，计算每千米高差中数偶然中误差和全中误差以及各点的偶然中误差、最弱点中误差和相邻点相对高程中误差，作出精度评价。

各监测点高程中误差、观测所得沉降量的中误差等精度信息。用严密的整体平差方法求出各监测点的高程及相对上一期和第一期的沉降量。

5) 技术总结报告

全部观测工作完成后，在编写的《无砟轨道线路垂直位移监测技术总结报告》中汇入各种图表及数据，作为工程总结和技术档案，并应提交下列综合成果资料：

(1) 施测方案与技术设计书；
(2) 控制点与观测点平面布置图；
(3) 标石、标志规格及埋设图；
(4) 仪器检验与校正资料；
(5) 观测记录手簿；
(6) 平差计算、成果质量评定资料及测量成果表；
(7) 变形过程和变形分布图表；
(8) 变形分析成果资料；
(9) 变形测量技术报告。

13.6.4 轨道变形检测

高速铁路线下等构筑物除了不可避免地会发生变形外，其轨道还会在不受荷条件下显现出轨道几何形位偏差(称为静态不平顺),以及在轮载作用下显现的暗坑吊板、轨枕失效、扣件不密贴、各部分有间隙、钢轨基础弹性不均等(称为隐性不平顺)。

国内外研究成果及经验表明,在车辆性能、线路平纵断面、通信信号等满足要求的条件下,轨道的平顺性是列车速度能否提高的制约因素。要保持良好的轨道平顺状态,必须考虑3个方面的因素:①采用高标准的线路、轨道等设计标准;②采用新的施工工艺和技术措施,如采用无缝线路避免短轨过渡等,钢轨铺设后消除钢轨焊接接头初始短波不平顺;③建立科学的轨道检、养、修体制,制定严格的轨道不平顺管理标准,保障列车安全、高速、舒适地运行。因此,对高速铁路轨道静态平顺度提出了严格地要求,见表13-59和表13-60。

三维精测网又称CPIII轨道控制网,是无砟轨道施工的测量控制基准,也是轨道平顺性检测的控制基准。

高速铁路轨道静态平顺度允许偏差 表13-59

序号	项目	允许偏差(mm) 无砟轨道	允许偏差(mm) 有砟轨道	检验方法
1	轨距	±2	±2	
2	高低	2	2	10m弦量
2	高低	2		弦长30m,测点间距5m
2	高低	10		弦长300m,测点间距150m
3	轨向	2	2	10m弦量
3	轨向	2		弦长30m,测点间距5m
3	轨向	10		弦长300m,测点间距150m
4	水平	2	2	
5	扭曲	3	2	基长3m
6	与设计高程偏差	+4,-6(紧靠站台+4,0)	±20(建筑物上±10)	
7	与设计中线偏差	10	30	

道岔铺设静态(直向)平顺度允许偏差 表13-60

序号	项目	允许偏差(mm)
1	高低(10弦量)	2
2	轨向(10弦量)	2
3	轨距	1

下面主要介绍轨道不平顺检测工作。轨道不平顺检测即长波长和短波长不平顺检测,是运营检测的主要作业内容。在高速铁路列车运行中,长波长不平顺直接影响旅客乘车舒适度,短波长不平顺对车轮钢轨产生巨大的冲击荷载,影响机车车辆轨道部件的使用寿命。轨道不平顺检测主要涉及以下5个方面。

1)中线坐标及轨面高程

轨道中线坐标和轨面高程的检测,是对轨道工程质量状况的最基本的评价。通过检测轨道实测坐标和高程值与线路设计值进行比较得出差值,可以全面直观地反映轨道工程质量。

在进行轨道中线坐标和轨面高程检测时,使用高精度全站仪实测出轨检小车上棱镜中心的三维坐标,然后结合事先严格标定的轨检小车的几何参数、小车的定向参数、水平传感器所测横向倾角及实测轨距,即可换算出对应里程处的中线位置和低轨的轨面高程。进而与该里程处的设计中线坐标和设计轨面高程进行比较,得到实测的线路绝对位置与理论设计之间的差值,根据技术指标对轨道的绝对位置精度进行评价。

检测前,应将 CPIII 轨道控制网坐标系通过坐标变换建立图 13-33 所示的轨检小车独立坐标系。

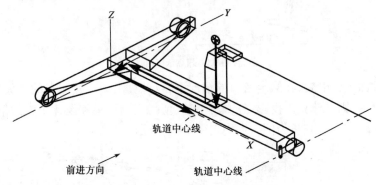

图 13-33 轨检小车独立坐标系示意图

2) 轨距检测

轨距指两股钢轨头部内侧轨顶面下 16mm 处两作用边之间的最小距离。轨距不合格将使车辆运行时产生剧烈的振动。我国标准轨距的标称值为 1435mm。在轨距检测时,通过轨检小车上的轨距传感器进行轨距测量。

轨检小车的横梁长度须事先严格标定,则轨距可由横梁的固定长度加上轨距传感器测量的可变长度而得到,进而进行实测轨距与设计轨距的比较,如图 13-34 所示。

图 13-34 轨距示意图(单位:mm)

3) 水平超高检测

列车通过曲线时,将产生向外的离心作用。该作用使曲线外轨受到很大的挤压力,不仅加速外轨磨耗,严重时还会挤翻外轨导致列车倾覆。为平衡离心作用,在曲线轨道上设置外轨超高。

检测时,由轨检小车上搭载的水平传感器测出小车的横向倾角,再结合两股钢轨顶面中心间的距离,即可求出线路超高,进而进行实测超高与设计超高的比较。在每次作业前,水平传感器必须校准,如图 13-35 所示。

4)轨向/高低检测

轨向指轨道的方向,在直线上是否平直,在曲线上是否圆顺。如果轨向不良,势必引起列车运行中的摇晃和蛇行运动,影响到行车的速度甚至危及行车安全。高低是指钢轨顶面纵向的高低差。高低差的存在将使列车通过这些钢轨时,钢轨受力不再均匀,从而加剧钢轨与道床的变形,影响行车速度与旅客舒适性。

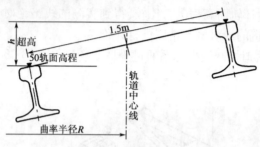

图 13-35 超高示意图

实测中线平面坐标以后,在给定弦长的情况下,可计算出任一实测点的正矢值。该实测点向设计平曲线投影,则可计算出投影点的设计正矢值。实测正矢和设计正矢的偏差即为轨向/高低值。轨向/高低(10m 弦长为例)检测如图 13-36 所示。

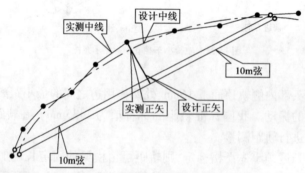

图 13-36 轨向/高低检测示意图

5)短波和长波不平顺

(1)短波不平顺

假定钢轨支承点的间距,或者说轨枕间距为 0.625m。采用 30m 弦线,按间距 5m 设置一对检测点,则支承点间距的 8 倍正好是两检测点的间距 5m。检测示意如图 13-37 所示。

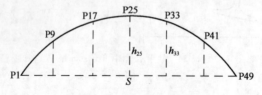

图 13-37 短波不平顺检测示意图

图 13-37 中的点是钢轨支承点的编号,以 P1 到 P49 表示。P25 与 P33 间的轨向检测按下式计算:

$$\Delta h = |(h_{25设计} - h_{33设计}) - (h_{25实测} - h_{33实测})| \leq 2\text{mm}$$

由于 P1 与 P49 的正矢为零,故可检测 P2 对应点 P10 到 P40(对应点 P48)的轨向。新的弦线则从已检测的最后一个点 P40 开始。

(2) 长波不平顺

假定钢轨支承点的间距,或者说轨枕间距为 0.625m。采用 300m 弦线,按间距 150m 设置一对检测点,则支承点间距的 240 倍正好是两检测点的间距 150m。检测示意如图 13-38 所示。

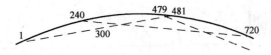

图 13-38　长波不平顺检测示意图(单位:m)

图 13-38 中的点是钢轨支承点的编号,以 P1 到 P481 表示。P25 与 P265 间的轨向检测按下式计算:

$$\Delta h = |(h_{25\text{设计}} - h_{265\text{设计}}) - (h_{25\text{实测}} - h_{265\text{实测}})| \leqslant 10\text{mm}$$

由于 P1 与 P481 的正矢为零,故可检测 P2 对应 P242 到 P240 对应点 P480 的轨向。新的弦线则从已检测的最后一个点 P240 开始。

通过在三维 CPIII 轨道控制网下对上述指标的检测,可以最快地检测出轨道几何状态的异样,从而进行合理的调整,保证轨道正常的几何形位状态。为了保证检测的可靠性,在检测轨道之前首先要进行不定期的三维网复测,保证网形的精度。

第四篇

变形测量

14 变形测量的方法和内容

14.1 变形测量的基本要求

1) 变形测量的精度要求

变形测量的精度要求,取决于该工程建筑物预计的允许变形值的大小和进行观测的目的。1971年,在第13届国际测量工作者联合会(FIG)会议上,工程测量委员会提出:"如果观测的目的是为了确保建筑物的安全,使其变形值不超过某一允许的数值,则其观测的中误差应小于允许变形值的1/20~1/10;如果观测的目的是为了研究其变形的过程和规律,则其观测的中误差应比这个数值小得多。"1981年,在第16届FIG国际会议上,工程测量委员会提出了比较明确的精度指标:"为实用目的,观测值中误差不应超过允许变形值的1/20~1/10,或者1~2mm;为科研目的,应取1/100~1/20,或者0.2mm。"长期以来,如何确定变形测量的精度,国内外存在着各种不同的看法。

1997年,我国制定了《建筑变形测量规程》(JGJ/T 8—97);2007年,中华人民共和国建设部发布公告,批准《建筑变形测量规范》(JGJ 8—2007)为行业标准,自2008年3月1日起施行。如何确定变形测量的精度,新颁布的《建筑变形测量规范》(JGJ 8—2007)有明确规定。

现将《建筑变形测量规范》(JGJ 8—2007)中有关变形测量精度的主要内容分别列于表14-1~表14-3,以供读者参考。

(1) 变形测量精度等级划分(见表14-1)

(2) 沉降量测定中误差的要求

① 按照设计的沉降观测网,计算网中最弱观测点高程的协因数 Q_H、待求观测点间高差的协因数 Q_h;

② 再按照以下公式估算单位权中误差 μ:

$$\mu = m_s / \sqrt{2Q_H} \tag{14-1}$$

$$\mu = m_{\Delta s} / \sqrt{2Q_h} \tag{14-2}$$

式中:m_s——沉降量 s 的测定中误差(mm);

$m_{\Delta s}$——沉降差 Δs 的测定中误差(mm)。

③ 公式中的 m_s 和 $m_{\Delta s}$ 应按表14-2中的规定确定。

建筑变形测量的级别、精度指标及其适用范围   表 14-1

变形测量等级	沉降观测 观测点测站高差中误差（mm）	位移观测 观测点坐标中误差（mm）	主要适用范围
特级	±0.05	±0.3	特高精度要求的特种精密工程的变形测量
一级	±0.15	±1.0	地基基础设计为甲级的建筑的变形测量；重要的古建筑和特大型市政桥梁等变形测量等
二级	±0.5	±3.0	地基基础设计为甲、乙级的建筑的变形测量；场地滑坡测量；重要管线的变形测量；地下工程施工及运营中变形测量；大型市政桥梁变形测量等
三级	±1.5	±10.0	地基基础设计为乙、丙级的建筑的变形测量；地表、道路及一般管线的变形测量；中小型市政桥梁变形测量等

注：1. 观测点测站高差中误差，系指水准测量的测站高差中误差或静力水准测量、电磁波测距三角高程测量中相邻观测点相应测段间等价的相对高差中误差。
2. 观测点坐标中误差，系指观测点相对测站点（如工作基点等）的坐标中误差、坐标差中误差以及等价的观测点相对基准线的偏差值中误差、建筑或构件相对底部固定点的水平位移分量中误差。
3. 观测点点位中误差为观测点坐标中误差的$\sqrt{2}$倍。
4. 本规范以中误差作为衡量精度的标准，并以二倍中误差作为极限误差。

测定中误差的要求（沉降量 s 或沉降差 $\triangle s$）   表 14-2

序号	观测项目或观测目的	测定中误差（m_s 或 $m_{\triangle s}$）的要求
1	绝对沉降（如沉降量、平均沉降量等）	①对于一般精度要求的工程，可按低、中、高压缩性地基土的类别，分别选±0.5mm、±1.0mm、±2.5mm；②对于特高精度要求的工程可按地基条件，结合经验与分析具体确定
2	①相对沉降（如沉降差、基础倾斜、局部倾斜等）；②局部地基沉降（如基坑回弹、地基土分层沉降）以及膨胀土地基变形	不应超过其变形允许值的1/20
3	建筑物整体性变形（如工程设施的整体垂直挠曲等）	不应超过允许垂直偏差的1/10
4	结构段变形（如平置构件挠度等）	不应超过变形允许值的1/6
5	科研项目变形量的观测	可视所需提高观测精度的程度，将上列各项测定中误差乘以 1/5～1/2 系数后采用

(3) 位移量测定中误差的要求

①按照设计的位移观测网，计算网中最弱观测点坐标的协因数 Q_X、待求观测点间坐标差的协因数 $Q_{\Delta X}$；

②再按照以下公式估算单位权中误差 μ：

$$\mu = m_d / \sqrt{2Q_X} \tag{14-3}$$

$$\mu = m_{\Delta d}/\sqrt{2Q_{\Delta x}} \tag{14-4}$$

式中：m_d——位移分量 d 的测定中误差(mm)；

$m_{\Delta d}$——位移分量差 Δd 的测定中误差(mm)。

③公式中的 m_d 和 $m_{\Delta d}$ 应按表 14-3 中的规定确定。

测定中误差的要求(位移分量 d 或位移分量差 Δd)　　　　表 14-3

序号	观测项目或观测目的	测定中误差(m_d 或 $m_{\Delta d}$)的要求
1	绝对位移(如建筑物基础水平位移、滑坡位移等)	通常难以给定位移允许值，可直接由表 14-1 选取精度等级
2	①相对位移(如基础的位移差、转动挠曲等)；②局部地基位移(如受基础施工影响的位移、挡土设施位移等)	不应超过其变形允许值分量的 1/20(分量值按变形允许值的 $1/\sqrt{2}$ 倍采用，下同)
3	建筑物整体性变形(如建筑物的顶部水平位移、全高垂直度偏差、工程设施水平轴线偏差等)	不应超过其变形允许值分量的 1/10
4	结构段变形(如高层建筑层间相对位移、竖直构件的挠度、垂直偏差等)	不应超过其变形允许值分量的 1/6
5	科研项目变形量的观测	可视所需提高观测精度的程度，将上列各项测定中误差乘以 1/5～1/2 系数后采用

2）变形测量的精度等级确定原则

对一个实际工程，变形测量的精度等级应先根据各类建(构)筑物的变形允许值按表 14-2 和表 14-3 的规定进行估算，然后按以下原则确定：

（1）当仅给定单一变形允许值时，应按所估算的观测点精度选择相应的精度等级；

（2）当给定多个同类型变形允许值时，应分别估算观测点精度，并应根据其中最高精度选择相应的精度等级；

（3）当估算出的观测点精度低于表 14-1 中三级精度的要求时，宜采用三级精度；

（4）对于未规定或难以规定变形允许值的观测项目，可根据设计、施工的原则要求，参考同类或类似项目的经验，对照表 14-1 的规定，选取适宜的精度等级。

对于变形测量精度等级的选择，读者可参看本章第 14.2 节的工程示例。

3）首次观测要求

变形测量的时间性很强，它反映某一时刻变形体相对于基点的变形程度或变形趋势，因此首次观测值(初始值)是整个变形观测的基础数据，应认真观测，仔细复核。规范规定，建筑变形测量的首次(即零周期)观测应连续进行两次独立观测，并取观测结果的中数作为变形测量初始值。

4）观测周期

（1）建筑变形观测量中观测点与控制点应按照变形观测周期进行观测，其观测周期应根据变形体的特征、变形速率和变形观测精度要求及外界影响等综合确定。当有多种原因使某一变形体产生变形时，可分别以各种因素考虑观测周期后，以其最短周期作为观测周期。

（2）一个周期的观测应在尽可能短的时间内完成，以保证同一周期的变形观测数据在时态上基本一致。对于不同周期的变形测量，应采用相同的变形观测网形(路线)和观测方法，并使用同一仪器和设备等观测措施。其目的是为了尽可能减弱系统误差影响，提高观测精度，确保质量。

5) 特殊要求

当建筑变形观测过程中发生下列情形之一时,必须立即报告委托方,同时应及时增加观测次数或调整变形测量方案:

(1) 变形量或变形速率出现异常变化;
(2) 变形量达到或超出预警值;
(3) 周边或开挖面出现塌陷、滑坡;
(4) 建筑本身、周边建筑及地表出现异常;
(5) 由于地震、暴雨、冻融等自然灾害引起其他变形异常情况。

14.2 变形测量精度等级的选择

14.2.1 沉降观测工程示例

设计沉降观测网如图 14-1 所示,A、B、C 为已知水准基点,1、2、3 为沉降观测点。假设各测段测站为:$n_1=1$,$n_2=1$,$n_3=2$,$n_4=2$,$n_5=2$,$n_6=2$,$n_7=1$。

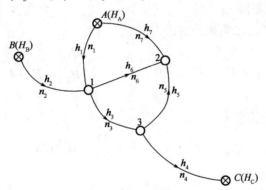

图 14-1 沉降观测网示意图

1) 计算网中最弱沉降观测点高程的协因数 Q_H 和高差协因数 Q_h

(1) 根据图 14-1,列出误差方程式:

$$V = A \cdot H + L$$

$$\begin{cases} h_1 + v_1 = H_1 - H_A \\ h_2 + v_2 = H_1 - H_B \\ h_3 + v_3 = H_3 - H_1 \\ h_4 + v_4 = H_C - H_3 \\ h_5 + v_5 = H_2 - H_3 \\ h_6 + v_6 = H_2 - H_1 \\ h_7 + v_7 = H_2 - H_A \end{cases} \quad \text{整理得:} \quad \begin{pmatrix} v_1 \\ v_2 \\ v_3 \\ v_4 \\ v_5 \\ v_6 \\ v_7 \end{pmatrix} = \begin{pmatrix} 1 & 0 & 0 \\ 1 & 0 & 0 \\ -1 & 0 & 1 \\ 0 & 0 & -1 \\ 0 & 1 & -1 \\ -1 & 1 & 0 \\ 0 & 1 & 0 \end{pmatrix} \begin{pmatrix} H_1 \\ H_2 \\ H_3 \end{pmatrix} + \begin{pmatrix} L_1 \\ L_2 \\ L_3 \\ L_4 \\ L_5 \\ L_6 \\ L_7 \end{pmatrix}$$

(2) 定权:$p_i = 1/n_i$(取一测站观测高差为单位权)。

$$p = \begin{pmatrix} 1 & & & & & & \\ & 1 & & & & & \\ & & 0.5 & & & & \\ & & & 0.5 & & & \\ & & & & 0.5 & & \\ & & & & & 0.5 & \\ & & & & & & 1 \end{pmatrix}$$

(3) 计算高程 H 的协因数阵 Q_{HH}。

$$N = A^T \cdot P \cdot A = \frac{1}{2}\begin{pmatrix} 6 & -1 & -1 \\ -1 & 4 & -1 \\ -1 & -1 & 3 \end{pmatrix}$$

$$Q_{HH} = N^{-1} = \frac{2}{57}\begin{pmatrix} 11 & 4 & 5 \\ 4 & 17 & 7 \\ 5 & 7 & 23 \end{pmatrix}$$

该网最弱点应为第 3 点,其协因数(权倒数) $Q_{H_3} = \frac{2}{57} \times 23 = 0.8070$。

(4) 计算高差的协因数阵 Q_h

现计算第 3 点与第 2 点之间高差的协因数 Q_h。由:

$$h_{32} = H_2 - H_3 = (0 \quad 1 \quad -1)\begin{pmatrix} H_1 \\ H_2 \\ H_3 \end{pmatrix} = F^T \cdot H$$

再根据协方差传播定律有:

$$Q_{h_{32}} = F^T \cdot Q_{HH} \cdot F = \frac{52}{57} = 0.9123$$

2) 沉降观测精度等级的选择

(1) 假设利用图 14-1 的沉降观测网对某平置构件挠度进行观测,其挠度变形允许值设为 4mm,则按规范(见表 14-2),取变形允许值的 1/6 作为沉降量 s 的测定中误差,即 $m_s = \pm 0.67$mm。此时,可采用式(14-1)来估算观测点测站高差中误差 μ:

$$\mu = m_s / \sqrt{2 Q_{H_3}} = \pm 0.53 \text{mm}$$

对照表 14-1,用本例水准网(见图 14-1)进行沉降观测,其测量级别应取二级。

(2) 假设利用图 14-1 的沉降观测网对某建筑物基础倾斜进行观测,其相对沉降变形允许值为 6mm,则按规范(见表 14-2),取变形允许值的 1/20 作为沉降差的测定中误差,即 $m_{\Delta s} = \pm 0.3$mm。此时可采用式(14-2)来估算观测点测站高差中误差 μ:

$$\mu = m_{\Delta s} / \sqrt{2 Q_{h_{32}}} = \pm 0.23 \text{mm}$$

对照表 14-1,用本例水准网(见图 14-1)进行沉降观测,其测量等级应取一级。

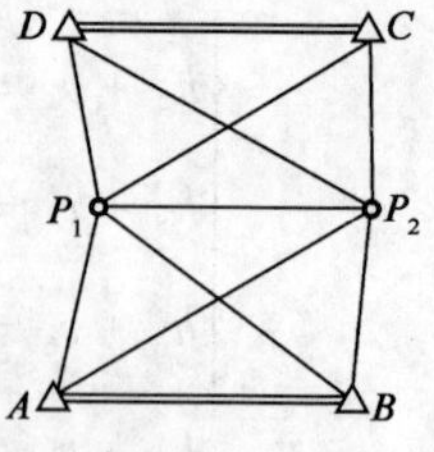

14.2.2 水平位移观测工程示例

设计某测边网如图 14-2 所示,用它来观测水平位移。网中

图 14-2 位移观测控制网示意图

A、B、C、D 为已知工作基点,P_1、P_2 为位移观测点。本网为测边网,观测所有边长。

1)计算网中最弱位移观测点的坐标协因数 Q_{xx} 和坐标差协因数 $Q_{\Delta x}$

要计算 Q_{xx},需要知道测边网各边的概略边长和 A、B、C、D 的平面坐标,假设 A、B、C、D 的平面坐标和各边的边长,见表 14-4。

测边网已知数据表 表 14-4

点 号	坐标值(m)	边 号	边长值(m)
A	$X_A = 6174.16$	AP_1	336.52
	$Y_A = 2827.51$	AP_2	410.87
B	$X_B = 6256.18$	BP_1	447.34
	$Y_B = 3076.77$	BP_2	307.78
C	$X_C = 6770.10$	CP_1	302.01
	$Y_C = 2778.93$	CP_2	303.92
D	$X_D = 6747.40$	DP_1	279.76
	$Y_D = 2603.59$	DP_2	433.28
		P_1P_2	307.86

(1)根据网列出误差方程式(推导过程略)。

$$V = A \cdot X + L$$

$$\begin{pmatrix} V_1 \\ V_2 \\ V_3 \\ V_4 \\ V_5 \\ V_6 \\ V_7 \\ V_8 \\ V_9 \end{pmatrix} = \begin{pmatrix} +0.91 & -0.41 & 0 & 0 \\ +0.50 & -0.86 & 0 & 0 \\ -0.96 & -0.29 & 0 & 0 \\ -0.95 & +0.31 & 0 & 0 \\ 0 & 0 & +0.92 & +0.40 \\ 0 & 0 & +0.96 & -0.28 \\ 0 & 0 & -0.72 & +0.70 \\ 0 & 0 & -0.45 & +0.89 \\ -0.23 & -0.97 & +0.23 & 0.97 \end{pmatrix} \begin{pmatrix} X_1 \\ Y_1 \\ X_2 \\ Y_2 \end{pmatrix} + \begin{pmatrix} l_1 \\ l_2 \\ l_3 \\ l_4 \\ l_5 \\ l_6 \\ l_7 \\ l_8 \\ l_9 \end{pmatrix}$$

(2)求法方程系数阵 N。

设按等精度观测平差,法方程系数为:

$$N = A^T \cdot A = \begin{pmatrix} 2.9551 & -0.5961 & -0.0529 & -0.2231 \\ -0.5961 & 2.0288 & -0.2231 & -0.9409 \\ -0.0529 & -0.2231 & 2.5418 & -0.5822 \\ -0.2231 & -0.9409 & -0.5822 & 2.4614 \end{pmatrix}$$

(3)计算坐标的协因数阵 Q_{xx}。

协因数阵(权逆阵) Q_{xx} 为:

$$Q_{xx} = N^{-1} = \begin{pmatrix} 0.3816 & 0.1686 & 0.0480 & 0.1104 \\ 0.1686 & 0.7048 & 0.1381 & 0.3174 \\ 0.0480 & 0.1381 & 0.4437 & 0.1621 \\ 0.1104 & 0.3174 & 0.1621 & 0.5759 \end{pmatrix}$$

即：$Q_{X1} = 0.3816, Q_{Y1} = 0.7048, Q_{X2} = 0.4437, Q_{Y2} = 0.5759$。

则最弱位移观测点坐标为 P_1 点的 Y 坐标，其协因数为：$Q_{Y1} = 0.7048$。

(4) 计算坐标差的协因数阵 $Q_{\Delta X}$。

由 $\Delta y_{12} = y_2 - y_1 = \begin{pmatrix} 0 & -1 & 0 & 1 \end{pmatrix} \begin{pmatrix} x_1 \\ y_1 \\ x_2 \\ y_2 \end{pmatrix} = F^T \cdot X$，再根据协方差传播定律有：

$$Q_{\Delta Y_{12}} = F^T \cdot Q_{XX} \cdot F = 0.6459$$

2) 水平位移观测精度等级的选择

(1) 假设利用图 14-2 的位移观测控制网来监测某大型桥梁的水平位移。设该大型桥梁的整体水平位移（变形）允许值为 20mm，根据规范（见表 14-3），测定中误差不应超过其变形允许值的 1/10，若取 Y 坐标分量，则不应超过其变形允许值的 $\dfrac{1}{10\sqrt{2}}$，即 $m_y = \pm 1.42$mm。此时，可采用式(14-3)估算位移观测点坐标中误差 μ：

$$\mu = \dfrac{m_y}{\sqrt{2Q_{Y1}}} = \pm 1.20 \text{mm}$$

对照表 14-1，用本例测边网（见图 14-2）进行水平位移观测，其测量等级应取一级。

(2) 假设利用图 14-2 的位移观测控制网对某高层建筑进行变形监测。设该高层建筑层相对位移的变形允许值为 30mm，根据规范（见表 14-3），测定中误差 $m_{\Delta d}$ 不应超过变形允许值的 1/6，若取 Y 坐标分量，则 $m_{\Delta Y}$ 不应超过变形允许值的 $\dfrac{1}{6\sqrt{2}}$，即 $m_{\Delta Y} = \pm 3.54$mm。此时，可采用式(14-4)估算观测点坐标中误差 μ：

$$\mu = \dfrac{m_{\Delta Y}}{\sqrt{2Q_{\Delta Y_{12}}}} = \pm 3.12 \text{mm}$$

对照表 14-1，用本例测边网（见图 14-2）进行水平相对位移观测，其测量等级应取二级。

14.3 沉 降 观 测

14.3.1 沉降观测概述

1) 沉降观测的目的

监测建筑物在垂直方向上的位移（沉降），以确保建筑物及其周围环境的安全。建筑物沉降观测应测定建筑物地基的沉降量、沉降差及沉降速度并计算基础倾斜、局部倾斜、相对弯曲及构件倾斜。

2) 沉降产生的主要原因

(1) 自然条件及其变化，即建筑物地基的工程地质、水文地质、大气温度、土壤的物理性质等；

(2) 与建筑物本身相联系的原因，即建筑物本身的荷重、建筑物的结构、形式及动荷载（如风力、震动等）的作用。

3) 沉降观测原理

定期地测量观测点相对于稳定的水准点的高差以计算观测点的高程,并将不同时间所得同一观测点的高程加以比较,从而得出观测点在该时间段内的沉降量:

$$\Delta H = H_i^{(j+1)} - H_i^{(j)}$$

式中:i——观测点点号;

j——观测期数。

4) 沉降观测点的布置

沉降观测点的布置,应以能全面反映建筑物地基变形特征并结合地质情况及建筑结构特点确定。点位宜选设在下列位置:

(1) 建筑物的四角、大转角处及沿外墙每 10 ~ 15m 处或每隔 2 ~ 3 根柱基上;

(2) 高低层建筑物、新旧建筑物、纵横墙等交接处的两侧;

(3) 建筑物裂缝和沉降缝两侧、基础埋深相差悬殊处、人工地基与天然地基接壤处、不同结构的分界处及填挖方分界处;

(4) 宽度大于或等于 15m 或小于 15m 而地质复杂以及膨胀土地区的建筑物,在承重内隔墙中部设内墙点,在室内地面中心及四周设地面点;

(5) 邻近堆置重物处、受震动有显著影响的部位及基础下的暗浜(沟)处;

(6) 框架结构建筑物的每个或部分柱基上或沿纵横轴线设点;

(7) 片筏基础、箱形基础底板或接近基础的结构部分之四角处及其中部位置;

(8) 重型设备基础和动力设备基础的四角、基础形式或埋深改变处以及地质条件变化处两侧;

(9) 电视塔、烟囱、水塔、油罐、炼油塔、高炉等高耸建筑物,沿周边在与基础轴线相交的对称位置上布点,点数不少于 4 个。

5) 沉降观测点的埋设

沉降观测的标志,可根据不同的建筑结构类型和建筑材料,采用墙(柱)标志、基础标志和隐蔽式标志(用于宾馆等高级建筑物)等形式。各类标志的立尺部位应加工成半球形或有明显的突出点,并涂上防腐剂。标志的埋设位置应避开如雨水管、窗台线、暖气片暖水管、电气开关等有碍设标与观测的障碍物,并应视立尺需要离开墙(柱)面和地面一定距离。普通观测点的埋设见图 14-3,隐蔽式沉降观测点标志的形式见图 14-4。

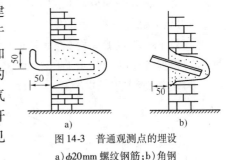

图 14-3 普通观测点的埋设

a) $\phi 20mm$ 螺纹钢筋;b) 角钢

6) 观测精度要求

参照本章第 14.2 节的工程示例,选择测量的精度等级。

7) 观测周期

沉降观测的周期和观测时间,可按下列要求并结合具体情况确定:

(1) 建筑物施工阶段的观测,应随施工进度及时进行。一般建筑,可在基础完工后或地下室砌完后开始观测;大型、高层建筑,可在基础垫层或基础底部完成后开始观测。观测次数与间隔时间应视地基与加载情况而定。民用建筑可每加高 1 ~ 2 层观测 1 次;工业建筑可按不同施工阶段(如回填基坑、安装柱子和屋架、砌筑墙体、设备安装等)分别进行观测。如建筑物均匀增高,应至少在增加荷载的 25%、50%、75% 和 100% 时各观测 1 次。施工过程中如暂时停工,在停工时及重新开工时应各观测1次。停工期间,可每隔2~3个月观测1次。

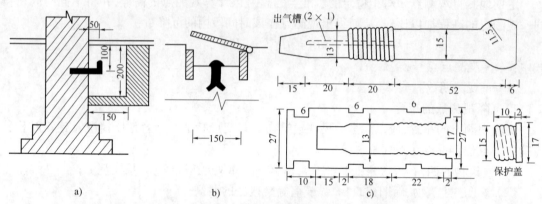

图14-4 隐蔽式沉降观测点标志

a)窨井式标志(适用于建筑物内部埋设);b)盒式标志(适用于设备基础上的埋设);c)螺栓式标志(适用于墙体上的埋设)

(2)建筑物使用阶段的观测次数,应视地基土类型和沉降速度大小而定。除有特殊要求者外,一般情况下,要在第一年观测3~4次,第二年观测2~3次,第三年后每年1次,直至稳定为止。观测期限一般不少于如下规定:砂土地基2年,膨胀土地基3年,黏土地基5年,软土地基10年。

(3)在观测过程中,如有基础附近地面荷载突然增减、基础四周大量积水、长时间降雨等情况,均应及时增加观测次数。当建筑物突然发生大量沉降、不均匀沉降或严重裂缝时,应立即进行几天一次,或逐日,或一天几次的连续观测。

(4)沉降是否进入稳定阶段,有几种方法进行判断:

①根据沉降量与时间关系曲线来判定;

②对重点观测和科研观测工程,若最后3期观测中,每期沉降量均不大于$2\sqrt{2}$倍测量中误差,则可认为已进入稳定阶段;

③对于一般观测工程,若沉降速度小于0.01~0.04mm/d,可认为已进入稳定阶段,具体取值宜根据各地区地基土的压缩性确定。

8)沉降观测的工作方式

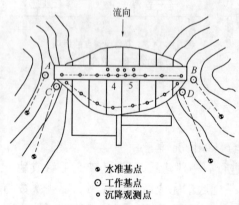

图14-5 大坝沉降观测的测点布置图

作为建筑物沉降观测的水准点一定要有足够的稳定性,水准点必须设置在受压、受震的范围以外。同时,水准点与观测点相距不能太近,但水准点和观测点相距太远会影响观测精度。为了解决这个矛盾,沉降观测一般采用"分级观测"方式。将沉降观测的布点分为三级:水准基点、工作基点和沉降观测点。图14-5为大坝沉降观测的测点布置图。在图14-5中,为了测定坝顶和坝基的垂直位移,分别在坝顶以及坝基处各布设了一排平行于坝轴线的垂直位移观测点。一般要在每个坝段布置1个观测点,重要部位则应适当增加。由于图中4、5坝段处于最大坝高处,且地质条件较差,所以每坝段增设一点。此外,为了在该处测定大坝的转动角,在上游方向增设观测点,故在第4、5坝段内各布设了4个水平位移观测点。

沉降观测分两级进行:

(1)水准基点——工作基点;

(2)工作基点——沉降观测点。

工作基点相当于临时水准点,其点位也应力求坚固稳定。定期由水准基点复测工作基点,由工作基点观测沉降点。

如果建筑物施工场地不大,则可不必分级观测,但水准点应至少布设3个,并选择其中最稳定的1个点作为水准基点。水准点的稳定性判断见本章第14.7.1节。

9)提交成果

(1)工程平面位置图及基准点分布图;

(2)沉降观测点位分布图;

(3)沉降观测成果表;

(4)$p\text{-}t\text{-}s$(荷载、时间、沉降量)曲线图;

(5)建筑物等沉降曲线图;

(6)沉降观测分析报告。

14.3.2 高程控制测量

1)高程控制的网点布设要求

(1)对于建筑物较少的测区,宜将控制点连同观测点按单一层次布设;对于建筑物较多且分散的大测区,宜按两个层次布网,即由控制点组成控制网、观测点与所联测的控制点组成扩展网。

(2)控制网应布设为闭合环、结点网或附合高程路线。扩展网亦应布设为闭合或附合高程路线。

(3)每一测区的水准基点不应少于3个;对于小测区,当确认点位稳定可靠时可少于3个,但连同工作基点不得少于3个。水准基点的标石,应埋设在基岩层或原状土层中。在建筑区内,点位与邻近建筑物的距离应大于建筑物基础最大宽度的2倍,其标石埋深应大于邻近建筑物基础的深度。在建筑物内部的点位,其标石埋深应大于地基土压缩层的深度。

(4)工作基点与联系点布设的位置应视构网需要确定。作为工作基点的水准点位置与邻近建筑物的距离不得小于建筑物基础深度的1.5倍。工作基点与联系点也可在稳定的永久性建筑物墙体或基础上设置。

(5)各类水准点应避开交通干道、地下管线、仓库堆栈、水源地、河岸、松软填土、滑坡地段、机器振动区以及其他能使标石、标志易遭腐蚀和破坏的地点。

2)高程测量精度等级和方法的确定

(1)测量精度的确定

先根据表14-2,确定沉降量测定中误差;再根据式(14-1)或式(14-2)估算单位权中误差μ;最后根据μ与表14-1的规定选择高程测量的精度等级(可参考本章第14.2节工程示例)。

(2)测量方法的确定

高程控制测量宜采用几何水准测量方法。当测量点间的高差较大且精度要求较低时,亦可采用短视线光电测距三角高程测量方法。

3)几何水准测量的技术要求(见表14-5~表14-8)

水准测量的仪器型号和标尺类型 表14-5

级　别	使用的仪器型号			标尺类型		
	DS_{05}、DSZ_{05}型	DS_1、DSZ_1型	DS_3、DSZ_3型	因瓦尺	条码尺	区格式木制标尺
特级	√	×	×	√	√	×
一级	√	×	×	√	√	×
二级	√	√	×	√	√	×
三级	√	√	√	√	√	√

注：表中"√"表示允许使用；"×"表示不允许使用。

一、二、三级水准测量观测方式 表14-6

级　别	高程控制测量、工作基点联测及首次沉降观测			其他各次沉降观测		
	DS_{05}、DSZ_{05}型	DS_1、DSZ_1型	DS_3、DSZ_3型	DS_{05}、DSZ_{05}型	DS_1、DSZ_1型	DS_3、DSZ_3型
一级	往返测	—	—	往返测或单程双测站	—	—
二级	往返测或单程双测站	往返测或单程双测站	—	单程观测	单程观测	—
三级	单程双测站	单程双测站	往返测或单程双测站	单程观测	单程观测	单程双测站

水准观测的技术指标（单位：m） 表14-7

级　别	视线长度	前后视距差	前后视距差累积	视线高度
特级	≤10	≤0.3	≤0.5	≥0.8
一级	≤30	≤0.7	≤1.0	≥0.5
二级	≤50	≤2.0	≤3.0	≥0.3
三级	≤75	≤5.0	≤8.0	≥0.2

注：1. 表中的视线高度为下丝读数。
2. 当采用数字水准仪观测时，最短视线长度不宜小于3m，最低水平视线高度不应低于0.6m。

水准观测的限差要求（单位：mm） 表14-8

级　别		基辅分划读数之差	基辅分划所测高差之差	往返较差及附合或环线闭合差	单程双测站所测高差较差	检测已测测段高差之差
特级		0.15	0.2	≤$0.1\sqrt{n}$	≤$0.07\sqrt{n}$	≤$0.15\sqrt{n}$
一级		0.3	0.5	≤$0.3\sqrt{n}$	≤$0.2\sqrt{n}$	≤$0.45\sqrt{n}$
二级		0.5	0.7	≤$1.0\sqrt{n}$	≤$0.7\sqrt{n}$	≤$1.5\sqrt{n}$
三级	光学测微法	1.0	1.5	≤$3.0\sqrt{n}$	≤$2.0\sqrt{n}$	≤$4.5\sqrt{n}$
	中丝读数法	2.0	3.0			

注：1. 当采用数字水准仪观测时，对同一尺面的两次读数差不设限差，两次读数所测高差之差的限差执行基辅分划所测高差之差的限差。
2. n-测站数。

14.3.3 基准点观测

现以大坝变形观测为例，介绍沉降观测分级观测的具体实施过程。首先介绍基准点观测，其后介绍沉降点观测（见本章第14.3.4节）。

1)观测内容

采用精密几何水准测量方法测量水准基点与工作基点之间的高差,水准路线宜构成闭合形式。

2)观测周期

基准点观测的周期一般为1年或半年,即1年观测1次或1年观测2次。

3)精度要求

精度要求为每公里水准测量高差中数的中误差不大于0.5mm,即:

$$m_0 = \mu_{km} = \sqrt{[pdd]/(4n)} \leq 0.5 \text{mm}$$
$$p_i = 1/R_i$$

式中:d——各测段往返测高差之差值;

n——测段数;

p_i——各测段的权值;

R_i——各测段水准路线长度(km)。

4)观测方法

采用国家一等水准测量方法;或根据1km水准测量的测站数n_{km},由$\mu_{km}/\sqrt{n_{km}}$估算"测站高差中误差",再参考表14-1,变形测量等级取"特级"或"一级";或参考本章第14.2节工程示例,根据计算结果与表14-1的规定选择高程测量的精度等级。

5)具体措施

(1)观测前,仪器、标尺应晾置30min以上,以使其与作业环境相适应。

(2)各期观测应固定仪器、固定标尺和固定观测人员。

(3)各期观测应固定仪器位置,即安置水准仪时要对中。

(4)读数基辅差互差$\Delta K \leq 0.15$mm(特级)或$\Delta K \leq 0.30$mm(一级)。

14.3.4 沉降点观测

1)观测内容

采用精密几何水准测量方法测量工作基点与沉降观测点之间的高差,水准路线多构成闭合形式,或在多个工作基点之间构成附合形式。

2)观测周期

不同建筑物沉降观测的周期和观测时间,可根据建筑物本身的具体要求并结合具体情况确定。大坝变形观测是长期的,沉降观测的周期一般为30d,即每月观测1次。

3)精度要求

大坝沉降观测最弱点沉降量的测量中误差应满足±1mm的精度要求,即:

$$m_{H_i} \leq \pm 1.0 \text{mm}$$

4)观测方法

采用国家二等水准测量方法;或由m_H估算"测站高差中误差",再参考表14-1,变形测量等级取"一级"或"二级";或参考本章第14.2节工程示例,根据计算结果与表14-1的规定选择高程测量的精度等级。

5)具体措施

大坝沉降观测大部分是在大坝廊道内进行的,有的廊道净空高度偏小,作业不便,有的廊道(如基础廊道)高低不平,坡度变化大,视线长度受限制,给精密水准测量带来了很大困难。

为了保证精度,除执行国家规范的有关规定外,还应根据生产单位的作业经验,对沉降观测补充如下具体措施:

(1)每次观测前(包括进出廊道前后),仪器、标尺应晾置 30min 以上。
(2)各期观测要固定仪器、固定标尺和固定观测人员。
(3)设置固定的架镜点和立尺点,使每次往返测量能在同一线路上进行。
(4)读数基辅差互差 $\Delta K \leqslant 0.30$mm(一级)或 $\Delta K \leqslant 0.50$mm(二级)。
(5)在廊道内观测时,要用手电筒以增强照明。

14.3.5 沉降观测数据处理

1)观测资料的整理
(1)校核:校核各项原始记录,检查各次变形观测值的计算有否错误。
(2)填表:对各种变形值按时间逐点填写观测数值表。
(3)绘图:绘制各种变形过程线、建筑物变形分布图等。

2)沉降观测中常遇到的问题及其处理

图 14-6 为模拟示例图。正常点的沉降曲线图是施工前期沉降量较大,施工后期至封顶沉降量较小,封顶之后,沉降量更小,并逐渐趋于稳定(如图 14-6 中的 103 号点)。对于沉降曲线不正常的点应进行认真分析。

(1)曲线在首次观测后即发生回升现象(见图 14-6 中 101 号点)

在第二次观测时即发现曲线上升,至第三次后,曲线又逐渐下降。发生此种现象,一般都是由于首次观测成果存在较大误差所引起的。此时,如周期较短,可将第一次观测成果作废,而采用第二次观测成果作为首测成果。因此,为避免发生此类现象,笔者建议首次观测应适当提高测量精度,认真施测,或进行两次观测,以资比较,确保首次观测成果可靠。

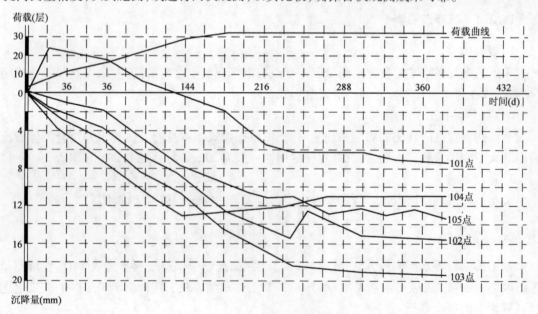

图 14-6 南京某大厦沉降观测点沉降曲线图

(2)曲线在中间某点突然回升(见图 14-6 中 102 号点)

发生此种现象的原因,多半是因为水准基点或沉降观测点被碰所致,如水准基点被压低,或沉降观测点被撬高。此时,应仔细检查水准基点和沉降观测点的外形有无损伤。如果众多沉降观测点出现此种现象,则水准基点被压低的可能性很大,此时可改用其他水准点作为水准基点来继续观测,并再埋设新水准点,以保证水准点个数不少于3个;如果只有1个沉降观测点出现此种现象,则多半是该点被撬高(如果采用隐蔽式沉降观测点,则不会发生此现象)。如观测点被撬后已活动,则需另行埋设新点;若点位尚牢固,则可继续使用。对于该点的沉降量计算,则应进行合理处理。

(3) 曲线自某点起渐渐回升(见图14-6中104号点)

产生此种现象一般是由于水准基点下沉所致。此时,应根据水准点之间的高差来判断出最稳定的水准点,以此作为新水准基点,将原来下沉的水准基点废除。另外,埋在裙楼上的沉降观测点,由于受主楼的影响,有可能会出现属于正常的渐渐回升现象。

(4) 曲线的波浪起伏现象(见图14-6中105号点)

曲线在后期呈现微小波浪起伏现象,其原因一般是测量误差所造成的。曲线在前期波浪起伏所以不突出,是因下沉量大于测量误差之故;但到后期,由于建筑物下沉极微或已接近稳定,因此在曲线上就出现测量误差比较突出的现象。此时,可将波浪曲线改成为水平线。后期测量宜提高测量精度等级,并适当地延长观测的间隔时间。

14.4 水平位移观测

14.4.1 水平位移观测概述

1) 水平位移观测的内容

建筑物水平位移观测包括位于特殊性土地区的建筑物地基基础水平位移观测、受高层建筑基础施工影响的建筑物及工程设施水平位移观测,以及挡土墙、大面积堆载等工程中所需的地基土深层侧向位移观测等,应测定在规定平面位置上随时间变化的位移量和位移速度。

2) 观测点的布设

(1) 水平位移观测点位的选设

观测点的位置,对建筑物应选在墙角、柱基及裂缝两边等处;地下管线应选在端点、转角点及必要的中间部位;护坡工程应按待测坡面成排布点;测定深层侧向位移的点位与数量,应按工程需要确定。控制点的点位应根据观测点的分布情况来确定。

(2) 水平位移观测点的标志和标石设置

建筑物上的观测点,可采用墙上或基础标志;土体上的观测点,可采用混凝土标志;地下管线的观测点,应采用窨井式标志。各种标志的形式及埋设方法,应根据点位条件和观测要求设计确定。

控制点的标石、标志,应按《建筑变形测量规范》(JGJ 8)中的规定采用。对于如膨胀土等特殊性土地区的固定基点,亦可采用深埋钻孔桩标石,但须用套管桩与周围土体隔开。

3) 精度要求

参照本章第14.2节的工程示例,选择测量的精度等级。

4) 观测措施

(1) 仪器:尽可能采用先进的精密仪器。

(2)采用强制对中:设置强制对中固定观测墩(见图14-7),使仪器强制对中,即对中误差为零。目前一般采用钢筋混凝土结构的观测墩。观测墩各部分有关尺寸可参考图14-7,观测墩底座部分要求直接浇筑在基岩上,以确保其稳定性。并在观测墩顶面常埋设固定的强制对中装置,该装置能使仪器及觇牌的偏心误差小于0.1mm。满足这一精度要求的强制对中装置式样很多,有采用圆锥、圆球插入式的,有采用埋设中心螺杆的,也有采用置中圆盘的(见图14-8)。置中圆盘的优点是适用于多种仪器,对仪器没有损伤,但加工精度要求较高。

(3)照准觇牌:目标点应设置成(平面形状的)觇牌,觇牌图案应自行设计。视准线法的主要误差来源是照准误差,研究觇牌形状、尺寸及颜色对于提高视准线法的观测精度具有重要意义。一般来说,觇牌设计应考虑以下五个方面:

①反差大:用不同颜色的觇牌所进行的试验表明,以白色作底色,以黑色作图案的觇牌效果最好。白色与红色配合,虽然能获得较好的反差,但是它相对于前者而言容易使观测者产生疲劳。

②没有相位差:采用平面觇牌可以消除相位差,在视准线法观测中一般采用平面觇牌。

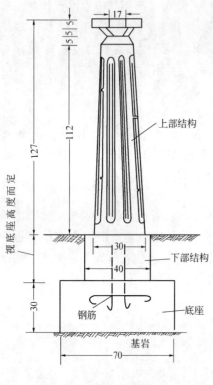

图14-7 观测墩(单位:cm)

③图案应对称。

④应有适当的参考面积:为了精确照准,应使十字丝两边有足够的比较面积,图案间隔应根据观测点与目标点之间的距离来确定。同心圆环图案对精确照准是不利的。

⑤便于安置:所设计的觇牌希望能随意安置,即当觇牌有一定倾斜时仍能保证精确照准。

图14-9为部分觇牌设计图案。观测时,觇牌也应该强制对中。

5)观测方法

水平位移观测的主要方法有:前方交会法、精密导线测量法、基准线法等。而基准线法又包括:视准线法(测小角法和活动觇牌法)、激光准直法、引张线法等。水平位移的观测方法可根据需要与现场条件选用,见表14-9。

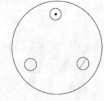

图14-8 强制对中装置

水平位移观测方法的选用　　　　　表14-9

序号	具体情况或要求	方法选用
1	测量地面观测点在特定方向的位移	基准线法(包括视准线法、激光准直法、引张线法等)
2	测量观测点任意方向位移	可视观测点的分布情况,采用前方交会法或方向差交会法、精密导线测量法或近景摄影测量等方法
3	对于观测内容较多的大测区或观测点远离稳定地区的测区	宜采用三角、三边、边角测量与基准线法相结合的综合测量方法
4	测量土体内部侧向位移	可采用测斜仪观测方法

6) 观测周期

水平位移观测的周期,对于不良地基土地区的观测,可与一并进行的沉降观测协调考虑确定;对于受基础施工影响的位移观测,应按施工进度的需要确定,可逐日或隔数日观测 1 次,直至施工结束;对于土体内部侧向位移观测,应视变形情况和工程进展而定。

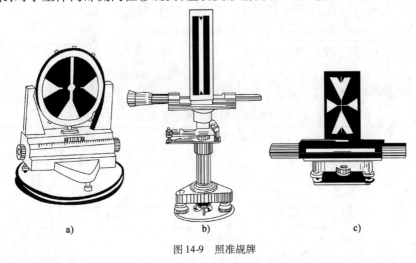

图 14-9 照准觇牌

7) 提交成果

(1) 水平位移观测点位布置图;

(2) 水平位移观测成果表;

(3) 水平位移曲线图;

(4) 观测成果分析资料。

14.4.2 平面控制测量

1) 平面控制的网点布设要求

(1) 对于建筑物地基基础及场地的位移观测,宜按两个层次布设,即由控制点组成控制网,由观测点及所联测的控制点组成扩展网;对于单个建筑物上部或构件的位移观测,可将控制点连同观测点按单一层次布设。

(2) 控制网可采用测角网、测边网、边角网或导线网,扩展网和单一层次布网可采用测角交会、测边交会、边角交会、基准线或附合导线等形式。各种布网均应考虑网形强度,长短边不宜悬殊过大。

(3) 基准点(包括控制网的基线端点、单独设置的基准点)、工作基点(包括控制网中的工作基点、基准线端点、导线端点、交会法的测站点等)以及联系点、检核点和定向点,应根据不同布网方式与构形,按《建筑变形测量规范》(JGJ 8)中的有关规定进行选设。每一测区的基准点不应少于两个,每一测区的工作基点亦不应少于两个。

(4) 对特级、一级、二级及有需要的三级位移观测的控制点,应建造观测墩或埋设专门观测标石,并应根据使用仪器和照准标志的类型,顾及观测精度要求,配备强制对中装置。强制对中装置的对中误差不应超过 ±0.1mm。

(5) 照准标志应具有明显的几何中心或轴线,并应符合图像反差大、图案对称、相位差小和本身不变形等要求。根据点位不同情况可选用重力平衡球式标、旋入式杆状标、直插式觇牌、屋顶标和墙上标等形式的标志。

(6)对用作基准点的深埋式标志、兼作高程控制的标石和标志、特殊土地区或有特殊要求的标石和标志及其埋设应另行设计。

2)平面控制测量精度等级的确定

(1)先根据表14-3,确定位移量测定中误差。

(2)再根据式(14-3)或式(14-4)估算单位权中误差μ。

(3)最后根据μ与表14-1的规定选择位移测量的精度等级(可参考本章第14.2节工程示例)。

3)平面控制网的技术要求(见表14-10和表14-11)

平面控制网技术要求 表14-10

级别	平均边长(m)	角度中误差(″)	边长中误差(mm)	最弱边边长相对中误差
一级	200	±1.0	±1.0	1:200000
二级	300	±1.5	±3.0	1:100000
三级	500	±2.5	±10.0	1:50000

注:1. 最弱边边长相对中误差中未计及基线长度误差影响。
   2. 有下列情况之一时,不宜按本规定,应另行设计:
   (1)最弱边边长中误差不同于表列规定时;
   (2)实际平均边长与表列数值相差大时;
   (3)采用边角组合网时。

导线测量技术要求 表14-11

级别	导线最弱点点位中误差(mm)	导线总长(m)	平均边长(m)	测边中误差(mm)	测角中误差(″)	导线全长相对闭合差
一级	±1.4	750C_1	150	±0.6C_2	±1.0	1:100000
二级	±4.2	1000C_1	200	±2.0C_2	±2.0	1:45000
三级	±14.0	1250C_1	250	±6.0C_2	±5.0	1:17000

注:1. C_1、C_2为导线类别系数。对附合导线,$C_1=C_2=1$;对独立单一导线,$C_1=1.2$,$C_2=2$;对导线网,导线总长系指附合点与结点或结点间的导线长度,取$C_1\leq 0.7$,$C_2=1$。
   2. 有下列情况之一时,不宜按本规定,应另行设计:
   (1)导线最弱点点位中误差不同于表列规定时;
   (2)实际导线的平均边长和总长与表列数值相差大时。

4)水平角观测的技术要求(见表14-12~表14-16)

仪器精度要求及观测方法 表14-12

变形测量等级	选用仪器型号	水平角观测方法
特级、一级	DJ$_{05}$型或DJ$_1$型经纬仪	"全组合测角法"或"方向观测法"
二级、三级	DJ$_1$型或DJ$_2$型经纬仪	"方向观测法"或"测回法"

水平角观测测回数 表14-13

级别	一级	二级	三级
DJ$_{05}$	6	4	2
DJ$_1$	9	6	3
DJ$_2$	—	9	6

方向观测法的限差（″）　　　　　　　　　　　　　　　　　　表 14-14

仪器类型	两次照准目标读数差	半测回归零差	一测回内 2C 互差	同一方向值各测回互差
DJ$_{05}$	2	3	5	3
DJ$_1$	4	5	9	5
DJ$_2$	6	8	13	8

注：当照准方向的垂直角超过 ±3° 时，该方向的 2C 互差可按同一观测时间段内相邻测回进行比较，其差值仍按表中规定。

全组合测角法限差（″）　　　　　　　　　　　　　　　　　　表 14-15

仪器类型	两次照准目标读数差	上下半测回角值互差	同一角度各测回角值互差
DJ$_{05}$	2	3	3
DJ$_1$	4	6	5
DJ$_2$	6	10	8

水平角测量之闭合差限差　　　　　　　　　　　　　　　　　　表 14-16

序 号	测量方法	项 目	限差要求
1	测角网	三角形最大闭合差	不应大于 $2\sqrt{3}\, m_\beta$
2	导线测量	每测站左、右角闭合差	不应大于 $2\, m_\beta$
3	导线测量	方位角闭合差	不应大于 $2\sqrt{n}\, m_\beta$

注：n-测站数。

5）距离测量的技术要求（见表 14-17 和表 14-18）

电磁波测距的技术要求　　　　　　　　　　　　　　　　　　表 14-17

级别	仪器精度等级（mm）	每边测回数 往	每边测回数 返	一测回读数间较差限值（mm）	单程测回间较差限值（mm）	气象数据测定的最小读数 温度（℃）	气象数据测定的最小读数 气压（mmHg）	往返或时段间较差限值
一级	≤1	4	4	1	1.4	0.1	0.1	$\sqrt{2}(a+b\cdot 10^{-6}D)$
二级	≤3	4	4	3	5.0	0.2	0.5	
三级	≤5	2	2	5	7.0	0.2	0.5	
	≤10	4	4	10	15.0	0.2	0.5	

注：1. 仪器精度等级系根据仪器标称精度 $(a+b\cdot 10^{-6}D)$，以相应级别的平均边长 D 代入计算的测距中误差划分。
2. 一测回是指照准目标一次，读数 4 次的过程。
3. 时段是指测边的时间段，如上午、下午和不同的白天。可采用不同时段观测代替往返观测；
4. 1mmHg = 133.322Pa。

因瓦尺及钢尺距离丈量的技术要求　　　　　　　　　　　　　　表 14-18

级别	尺子类型	尺数	丈量总次数	定线最大偏差（mm）	尺段高差较差（mm）	读数次数	最小估读值（mm）	最小温度读数（℃）	同尺各次或同段各尺的较差（mm）	经各项改正后的各次或各尺全长较差（mm）
一级	因瓦尺	2	4	20	3	3	0.1	0.5	0.3	$2.5\sqrt{D}$
二级	因瓦尺	1 2	4 2	30	5	3	0.1	0.5	0.5	$3.0\sqrt{D}$
二级	钢尺	2	8	50	5	3	0.5	0.5	1.0	$3.0\sqrt{D}$
三级	钢尺	2	6	50	5	3	0.5	0.5	2.0	$5.0\sqrt{D}$

5) GPS 测量的技术要求(见表 14-19 和表 14-20)

GPS 接收机的选用　　　　　　　　　　表 14-19

级别	一、二级	三级
接收机类型	双频或单频	双频或单频
标称精度	$\leq(3\text{mm}+1\times10^{-6}D)$	$\leq(5\text{mm}+1\times10^{-6}D)$

GPS 测量基本技术要求　　　　　　　　表 14-20

级别		一级	二级	三级
卫星截止高度角(°)		≥15	≥15	≥15
有效观测卫星数		≥6	≥5	≥4
观测时段长度(min)	静态	30～90	20～60	15～45
	快速静态	—	—	≥15
数据采样间隔(s)	静态	10～30	10～30	10～30
	快速静态	—	—	5～15
PDOP		≤5	≤6	≤6

14.4.3 前方交会法

1) 测量原理

图 14-10 所示为双曲线拱坝变形观测图。为精确测定 B_1、B_2、……、B_n 等观测点的水平位移,首先在大坝的下游面合适位置处选定供变形观测用的两个工作基准点 E 和 F;为对工作基准点的稳定性进行检核,应根据地形条件和实际情况,设置一定数量的检核基准点(如 C、D、G

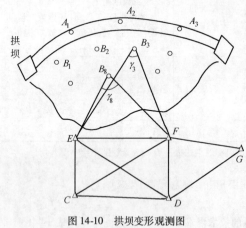

图 14-10　拱坝变形观测图

等),并组成良好图形条件的网形,用于检核控制网中的工作基准点(如 E、F 等)。各基准点上应建立永久性的观测墩,并且利用强制对中设备和专用的照准觇牌。对 E、F 两个工作基点,除满足上面的这些要求外,还必须满足以下条件:用前方交会法观测各变形观测点时,交会角 γ(见图 14-10)不得小于 30°,且不得大于 150°。

变形观测点应预先埋设好合适的、稳定的照准标志,标志的图形和式样应考虑在前方交会中观测方便、照准误差小。此外,在前方交会观测中,最好能在各观测周期由同一观测人员以同样的观测方法,使用同一台仪器进行。

利用前方交会法测量水平位移的原理如下:如图 14-11 所示,A、B 两点为工作基准点,P 为变形观测点,假设测得两水平夹角为 α 和 β,则由 A、B 两点的坐标值和水平角观测值 α、β 可求得 P 点的坐标。

从图 14-11 可见:

$$x_p - x_A = D_{AP}\cos\alpha_{AP}$$
$$= \frac{D_{AP}\sin\beta}{\sin(\alpha+\beta)}\cos(\alpha_{AB}-\alpha)$$
(14-5a)

$$y_P - y_A = D_{AP}\sin\alpha_{AP}$$
$$= \frac{D_{AP}\sin\beta}{\sin(\alpha+\beta)}\sin(\alpha_{AB}-\alpha) \quad (14\text{-}5b)$$

其中 D_{AB}、α_{AB} 可由 A、B 两点的坐标值通过"坐标反算"求得,经过对式(14-5)的整理可得:

$$\begin{cases} x_P = \dfrac{x_A\cot\beta + x_B\cot\alpha - y_A + y_B}{\cot\alpha + \cot\beta} \\ y_P = \dfrac{y_A\cot\beta + y_B\cot\alpha + x_A - x_B}{\cot\alpha + \cot\beta} \end{cases} \quad (14\text{-}6)$$

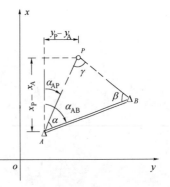

图 14-11 角度前方交会法测量原理

第一次观测时,假设测得两水平夹角为 α_1 和 β_1,由式(14-6)求得 P 点坐标值为 (x_{P1},y_{P1});第二次观测时,假设测得的水平夹角为 α_2 和 β_2,则 P 点坐标值变为 (x_{P2},y_{P2})。那么,在此两期变形观测期间,P 点的位移可按下式解算:

$$\begin{cases} \Delta X_P = X_{P2} - X_{P1} \\ \Delta Y_P = Y_{P2} - Y_{P1} \end{cases}$$
$$\Delta P = \sqrt{\Delta X_P^2 + \Delta Y_P^2}$$

P 点的位移方向 $\alpha_{\Delta P}$ 为:

$$\alpha_{\Delta P} = \arctan\frac{\Delta Y_P}{\Delta X_P}$$

2) 前方交会法的种类

前方交会法有三种:测角前方交会法、测边前方交会法、边角前方交会法。其观测值和观测仪器见表 14-21。

前方交会法的种类　　　　　　　　　　表 14-21

种　类	测角交会法	测边交会法	边角交会法
观测值	β_1,β_2	D_1,D_2	β_1,β_2,D_1,D_2
观测仪器	精密经纬仪	光电测距仪	精密全站仪

3) 测角前方交会法误差分析

下面以测角前方交会法为例来说明前方交会法测定观测点水平位移的误差来源。主要误差来源有如下四个方面:

(1) 测角误差

若设 $m_\alpha = m_\beta = m$,则可推出由测角误差而产生的点位位移值的误差为(推导过程略):

$$M = \pm \frac{S_{AB}}{\rho}\frac{m}{\sin^2(\alpha+\beta)}\sqrt{\sin^2\alpha + \sin^2\beta}$$

前方交会时测角中误差 m 是位移测定时误差的主要来源之一。测角精度除与仪器精度等级、测回数和作业人员的水平有关外,还与仪器的对中精度、觇牌的图案等因素有关。

(2) 交会角 γ 及图形的影响

图形的好坏对测角前方交会法有重要影响。经过误差分析(有兴趣的读者可参看有关参考书),可以得出以下两点结论:①在交会角 γ 不变的情况下,当水平角 $\alpha = \beta$(对称交会)时,交会最为有利,即此时位移值的测量精度最高;②假设 $\alpha=\beta$,在对称交会时不同的交会角 γ 所得到的 P 点误差椭圆如图 14-12 所示;当 $\gamma=90°$ 时,P 点的误差椭圆为误差圆;当 $\gamma=109°$ 左右时精度最好;当 $\gamma>90°$ 时,与基线 AB 平行的方向,其误差较大;当 $\gamma<90°$ 时,与基线 AB 垂直的方向,其误差较大。一般规定:交会角 γ 不应小于 30°,且不应大于 150°。以上结论对制定变形观测方案有较大的帮助。

(3)交会基准线丈量精度的影响

如图 14-13,若 AB 为正确的交会基线,AB' 是含有误差 m_s 的交会基线。PP_1 为正确的位移值,$P'P'_1$ 为在误差 m_s 影响下所测得的位移值。

由图可得:

$$\frac{AB'}{AB} = \frac{AP'_1}{AP_1} = \frac{P'P'_1}{PP_1}$$

所以:

$$\frac{AB'-AB}{AB} = \frac{P'P'_1 - PP_1}{PP_1}$$

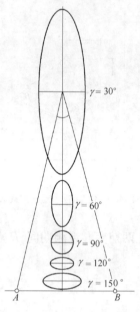

图 14-12 测角交会法误差椭圆

即:

$$\frac{BB'}{AB} = \frac{\Delta}{PP_1}$$

又:

$$\frac{BB'}{AB} = \frac{m_s}{S}$$

PP_1 是 P 点的位移值,以 ΔP 表示,那么有:

$$\frac{m_s}{S} = \frac{\Delta}{\Delta P}$$

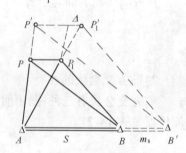

图 14-13 角度前方交会法基线丈量精度的影响

由上式可知,基线丈量精度与 P 点位移值的范围 ΔP 以及位移值的测定精度 Δ 有关。如果 P 点水平位移的范围估计为 $\Delta P=100\text{mm}$,而测定精度要求 $\Delta=\pm0.05\text{mm}$,那么基线丈量的精度要求达到 $\frac{m_s}{S}=\frac{1}{2000}$ 就可以了。当然,尽管在前方交会中对工作基点之间的丈量精度要求不高,但是,为了要检验工作基点的稳定性,一般仍应把工作基点包括在一个有较高精度的变形控制网中。

(4)外界条件的影响

许多大坝都建立在深山峡谷之中,太阳轮流把坝区两岸的山坡照晒,由于热辐射的作用使两岸山坡附近处大气密度有较大变化,因而折光场是不均匀的。在坝区前方交会中,应该特别注意旁折光的影响,一定要保证视线离开障碍物有一定距离并尽量选取有利的观测时间进行观测工作,这对提高交会精度有很大帮助。

4)测边交会法测量水平位移

随着高精度的光电测距仪在工程中的应用,大坝变形观测已经广泛利用测边交会进行变形点的变形观测。测边交会法与测角交会法一样,具有布置灵活、简单的优点,而且在精度上有较大的提高。

如图 14-14 所示，A、B 为两个工作基点且 S 已知。测边交会时，可在 A、B 两点上架设测距仪，测量出水平距离 a、b，根据余弦定理可得：

$$\begin{cases} \cos\alpha = \dfrac{b^2 + S^2 - a^2}{2bS} \\ \cos\beta = \dfrac{a^2 + S^2 - b^2}{2aS} \end{cases} \quad (14\text{-}7)$$

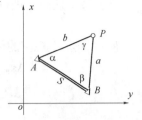

图 14-14　测边交会法测量水平位移

设方位角 α_{AB} 为已知，那么：

$$\begin{cases} x_P = x_A + b\cos(\alpha_{AB} - \alpha) = x_B + a\cos(\alpha_{BA} + \beta) \\ y_P = y_A + b\sin(\alpha_{AB} - \alpha) = y_B + a\sin(\alpha_{BA} + \beta) \end{cases} \quad (14\text{-}8)$$

经误差分析可知，测边交会精度的变化较小，即受图形结构的影响较小，而测角交会精度受图形影响较大，所以测边交会在实际工作中实用价值更高些，并且精度相对于测角交会来讲更高些。此外，对某些特殊变形观测点，仅靠测角交会或者测边交会不能满足其精度要求时，可采用边角交会法（同时测量角度和距离），这样可以有效提高对这些特殊观测点的测量精度。

5）前方交会法测量注意事项

(1) 各期变形观测应采用相同的测量方法，固定测量仪器、固定观测人员。

(2) 应对目标觇牌图案进行精心设计。

(3) 采用角度前方交会法时，应注意交会角 γ 要大于 $30°$，小于 $150°$。

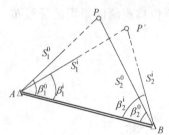

图 14-15　前方交会法测量水平位移

(4) 仪器视线应离开建筑物一定距离（防止由于热辐射而引起旁折光影响）。

(5) 为提高测量精度，有条件最好采用边角交会法。

6）实例

【例 14-1】　如图 14-15，已知：$x_A = 2471.2145\text{m}$，$y_A = 6324.2871\text{m}$，$x_B = 2229.2866\text{m}$，$y_B = 6509.9063\text{m}$，$S_{AB} = 304.9321\text{m}$。（角度前方交会法）首次测量（角度）值：$\beta_1^0 = 60°31'25.5''$，$\beta_2^0 = 63°11'36.3''$；第 i 次测量（角度）值：$\beta_1^i = 60°31'29.8''$，$\beta_2^i = 63°11'41.3''$。试求第 i 次观测的位移值。

解：按式(14-6)计算，首次观测时，P 点坐标值为：

$$x_P^0 = 2516.8708\text{m}, \quad y_P^0 = 6648.2877\text{m}$$

同样按式(14-6)计算，第 i 次观测时，P 点坐标值为：

$$x_P^i = 2516.8795\text{m}, \quad y_P^i = 6648.3004\text{m}$$

所以，第 i 次观测的位移值为：

$$\Delta x_P = x_P^i - x_P^0 = 8.7\text{mm}, \quad \Delta y_P = y_P^i - y_P^0 = 12.7\text{mm}$$

$$\Delta P = \sqrt{\Delta x_P^2 + \Delta y_P^2} = 15.4\text{mm}$$

$$\alpha_{\Delta P} = \arctan\frac{\Delta y_P}{\Delta x_P} = 55°35'14''$$

【例 14-2】　如图 14-15，起始数据同【例 14-1】。（测边前方交会法）首次测量（边长）值：$S_1^0 = 327.2016\text{m}$，$S_2^0 = 319.1458\text{m}$；第 i 次测量（边长）值：$S_1^i = 327.2141\text{m}$，$S_2^i = 319.1598\text{m}$。试求第 i 次观测的位移值。

解：按式(14-7)和式(14-8)计算，首次观测时，P 点坐标值为：

$$x_P^0 = 2516.8708\text{m}, \quad y_P^0 = 6648.2877\text{m}$$

同样按上述公式进行计算,第 i 次观测时,P 点坐标值为:

$$x_P^i = 2516.8808\text{m}, \quad y_P^i = 6648.2989\text{m}$$

所以,第 i 次观测的位移值为:

$$\Delta x_P = x_P^i - x_P^0 = 10.0\text{mm}, \quad \Delta y_P = y_P^i - y_P^0 = 11.2\text{mm}$$

$$\Delta P = \sqrt{\Delta x_P^2 + \Delta y_P^2} = 15.0\text{mm}$$

$$\alpha_{\Delta P} = \arctan\frac{\Delta y_P}{\Delta x_P} = 48°14'23''$$

14.4.4 精密导线测量

对于非直线形建筑物,如重力拱坝、曲线形桥梁以及一些高层建筑物的位移观测,宜采用导线测量法、前方交会法以及地面摄影测量等方法。

与一般测量工作相比,由于变形观测是通过重复观测,由不同周期观测成果的差值而得到观测点的位移,因此用于变形观测的精密导线在布设、观测及计算等方面都具有其自身的特点。

1)导线的布设

应用于变形观测中的导线,是两端不测定向角的导线。可以在建筑物的适当位置(如重力拱坝的水平廊道中)布设,其边长根据现场的实际情况确定。导线端点的位移,在拱坝廊道内可用倒锤线来控制。在条件许可的情况下,其倒锤点可与坝外三角点组成适当的联系图形,定期进行观测以验证其稳定性。图14-16 为在拱坝水平廊道内进行位移观测而采用的导线布置形式示意图。

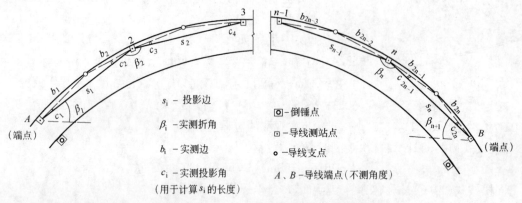

图14-16 某拱坝位移观测的精密导线布置形式

导线点上的装置,在保证建筑物位移观测精度的情况下,应稳妥可靠。它由导线点装置(包括槽钢支架、特制滑轮拉力架、底盘、重锤和微型觇标等)及测线装置(为引张的因瓦丝,其端头均有刻划,供读数用。固定因瓦丝的装置越牢固,则其读数越方便且读数精度稳定)等组成。其布置形式如图14-17a)所示。图中微型觇标供观测时照准用,当测点要架设仪器时,微型觇标可取下。微型觇标顶部刻有中心标志供边长丈量时用,如图14-17b)所示。

2)导线的观测

在拱坝廊道内,由于受条件限制,一般布设的导线边长较短。为减少导线点数,使边长较长,可由实测边长 b_i 计算投影边长 S_i(见图14-16)。实测边长 b_i 应用特制的基线尺,来测定两导线点间(即两微型觇标中心标志刻划间)的长度。为减少方位角的传算误差,提高测角效率,可采用隔点设站的办法,即实测转折角 β_i 和投影角 c_i(见图14-16)。

3)导线的平差与位移值的计算

由于导线两端不观测定向角 β_1、β_{n+1}(见图 14-16),因此,导线点坐标计算相对要复杂一些。假设首次观测精密地测定了边长 S_1、S_2、……、S_n 与转折角 β_2、β_3、……、β_n,则可根据无定向导线平差(有兴趣的读者可参看有关参考书),计算出各导线点的坐标作为基准值。以后各期观测各边边长 S'_1、S'_2、……、S'_n 及转折角 β'_2、β'_3、……、β'_n,同样可以求得各点的坐标,各点的坐标变化值即为该点的位移值。值得注意的是,端点 A、B 同其他导线点一样,也是不稳定点,每期观测均要测定 A、B 两点的坐标变化值(δ_{xA},δ_{yA},δ_{xB},δ_{yB})。端点的变化对各导线点的坐标值均有影响,其具体计算方法请参阅有关参考书。

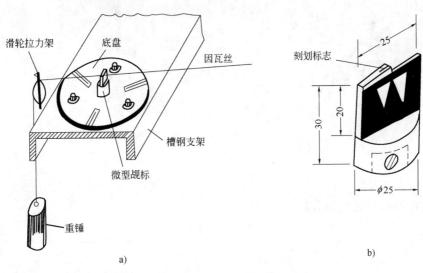

图 14-17 导线测量用的小觇标(单位:mm)

14.4.5 基准线法

1)概述

对于直线形建筑物的位移观测,采用基准线法具有速度快、精度高、计算简便等优点。

基准线法测量水平位移的原理是以通过大型建筑物轴线(例如大坝轴线、桥梁主轴线等)或者平行于建筑物轴线的固定不变的铅直平面为基准面,根据它来测定建筑物的水平位移。由两基准点构成基准线,此法只能测量建筑物与基准线垂直方向的变形。

图 14-18 为某坝坝顶基准线示意图。A、B 分别为在坝两端所选定的基准线端点。经纬仪安置在 A 点,觇牌安置在 B 点,则通过仪器中心的铅直线与 B 点处固定标志中心所构成的铅直平面 P 即形成基准线法中的基准面。这种由经纬仪的视准面形成基准面的基准线法,我们称之为视准线法。

视准线法按其所使用的工具和作业方法的不同,又可分为"测小角法"和"活动觇牌法"。测小角法是利用精密经纬仪精确地测出基准线方向与置镜点到观测点的视线方向之间所夹的小角,从而计算出观测点相对于基准线的偏离值。活动觇牌法则是利用活动觇牌上的标尺,直接测定此项偏离值。

随着激光技术的发展,出现了由激光光束建立基准面的基准线法,称为激光准直法。根据其测量偏离值的方法不同,该法有"激光经纬仪准直法"和"波带板激光准直法"两种。

在大坝廊道的特定条件下,采用通过拉直的钢丝的竖直面作为基准面来测定坝体偏离值具有一定的优越性，这种基准线法称之为引张线法。

由于建筑物的位移一般来说都很小，因此，对位移值的观测精度要求很高（例如混凝土坝位移观测的中误差要求小于±1mm），因而在各种测定偏离值的方法中都要采取一些高精度的措施，对基准线端点的设置、对中装置构造、觇牌设计及观测程序等均进行不断的改进。

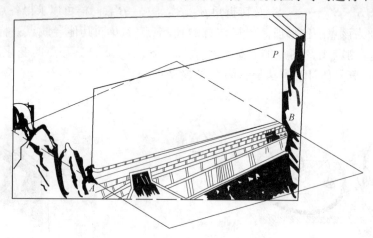

图 14-18 基准线法测量水平位移

2）分类

基准线法的分类见表 14-22。

基准线法的分类　　　　　　　　　　　表 14-22

序　号	基准线法名称	说　明
1	视准线法	又分为"测小角法"和"活动觇牌法"两种
2	激光准直法	有"激光经纬仪准直法"和"波带板激光准直法"两种
3	引张线法	

3）激光准直法

（1）激光经纬仪准直法

采用激光经纬仪准直时，活动觇牌法中的觇牌是由中心装有两个半圆的硅光电池组成的光电探测器。两个硅光电池各连接在检流表上，如激光束通过觇牌中心时，硅光电池左右两半圆上接收相同的激光能量，检流表指针在零位。反之，检流表指针就偏离零位。这时，移动光电探测器使检流表指针指零，即可在读数尺上读取读数。为了提高读数精度，通常利用游标卡尺，可读到 0.1mm。当采用测微器时，可直接读到 0.01mm。

激光经纬仪准直法的操作要点为：

①将激光经纬仪安置在端点 A 上，在另一端点 B 上安置光电探测器。将光电探测器的读数安置到零上。调整经纬仪水平度盘微动螺旋，移动激光束的方向，使在 B 点的光电探测器的检流表指针指零。这时，基准面即已确定，经纬仪水平度盘就不能再动。

②依次在每个观测点处安置光电探测器，将望远镜的激光束投射到光电探测器上，移动光束探测器，使检流表指针指零，就可以读取每个观测点相对于基准面的偏离值。

为了提高观测精度，在每一观测点上，探测器的探测需进行多次。

（2）波带板激光准直法

波带板激光准直系统由三个部件组成：激光器点光源、波带板装置和光电探测器。

用波带板激光准直系统进行准直测量如图 14-19 所示。

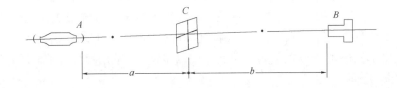

图 14-19　波带板激光准直测量

在基准线两端点 A、B 分别安置激光器点光源和探测器。在需要测定偏离值的观测点 C 上安置波带板。当激光管点燃后,激光器点光源就会发射出一束激光,照满波带板,通过波带板上不同透光空的绕射光波之间的相互干涉,就会在光源和波带板连线的延伸方向线上的某一位置形成一个亮点(采用图 14-20 所示的圆形波带板)或十字线(采用图 14-21 所示的方形波带板)。根据观测点的具体位置,对每一观测点可以设计专用的波带板,使所成的像正好落在接收端点 B 的位置上。利用安置在 B 点的探测器,可以测出 AC 连线在 B 点处相对于基准面的偏离值 $\overline{BC'}$,则 C 点对基准面的偏离值为(见图 14-22):

$$l_c = \frac{s_c}{L} \overline{BC'}$$

图 14-20　圆形波带板

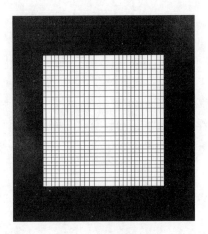

图 14-21　方形波带板

波带板激光准直系统中,在激光器点光源的小孔光栏后面安置一个机械斩波器,使激光束称为交流调制光,这样即可大大削弱太阳光的干涉,可以在白天成功地进行观测。

尽管一些试验表明,激光经纬仪准直法在照准精度上可以比直接用经纬仪时提高 5 倍,但对于很长的基准线观测,外界影响(旁折光影响)已经成为精度提高的障碍,因而有的研究者建议将激光束包在真空管中以克服大气折光的影响。

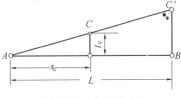

图 14-22　偏离值计算

4)引张线法

在坝体廊道内,利用一根拉紧的不锈钢丝所建立的基准面来测定观测点的偏离值的引张线法,可以不受旁折光的影响。

为了解决引张线垂曲度过大的问题,通常采用在引张线中间设置若干浮托装置,它使垂径大为减少且保持整个线段的水平投影仍为一直线。

(1) 引张线装置

引张线的装置由端点、观测点、测线(不锈钢丝)与测线保护管等四部分组成。

①端点：它由墩座、夹线装置、滑轮、重锤连接装置及重锤等部件组成(见图14-23)。夹线装置是端点的关键部件，它起着固定不锈钢丝位置的作用。为了不损伤钢丝，夹线装置的V形槽底及压板底部嵌镶铜质类软金属。端点处用以拉紧钢丝的重锤，其质量视允许拉力而定，一般在10~50kg之间。

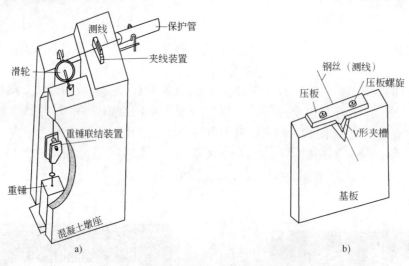

图14-23　引张线的端点
a)端点；b)夹线装置

②观测点：由浮托装置、标尺、保护箱组成，如图14-24所示。浮托装置由水箱和浮船组成。浮船置入水箱内，用以支撑钢丝。浮船的大小(或排水量)可以依据引张线各观测点间的间距和钢丝的单位长度重量来计算。一般浮船体积为排水量的1.2~1.5倍，而水箱体积为浮

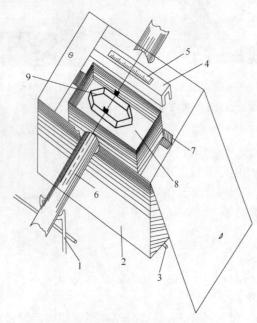

图14-24　引张线观测点
1-保护管支架；2-保护箱；3-钢筋；4-槽钢；5-标尺；6-测线保护管；7-角钢；8-水箱；9-浮船

船体积的 1.5～2 倍。标尺系由不锈钢制成,其长度为 15cm 左右。标尺上的最小分划为 1mm。它固定在槽钢面上,槽钢埋入大坝廊道内,并与之牢固结合。引张线各观测点的标尺基本位于同一高度面上,尺面应水平,尺面垂直于引张线,尺面刻划线平行于引张线。保护箱用于保护观测点装置,同时也可以防风,以提高观测精度。

③测线:测线一般采用直径为 0.6～1.2mm 的不锈钢丝(碳素钢丝),在两端重锤作用下引张为一直线。

④测线保护管:保护管保护测线不受损坏,同时起防风作用。保护管可以用直径大于 10cm 的塑料管,以保证测线在管内有足够的活动空间。

(2)引张线读数

引张线法中假定钢丝两端点固定不动,因而引张线是固定的基准线。由于各观测点上的标尺是与坝体固连的,所以对于不同的观测周期,钢丝在标尺上的读数变化值,就直接表示该观测点的位移值。

观测钢丝在标尺上的读数的方法很多,现介绍读数显微镜法。该法是利用由刻有测微分划线的读数显微镜进行的,测微分划线最小刻划为 0.1mm,可估读到 0.01mm。由于通过显微镜后钢丝与标尺分划线的像都变得很粗大,所以采用测微分划线读数时,应采用读两个读数取平均值的方法。图 14-25 给出了观测情况与读数显微镜中的成像情形。如图 14-25 所示,钢丝左边缘读数为 $a=72.30$mm,钢丝右边缘读数为 $b=73.40$mm,故该观测值结果为 $\frac{a+b}{2}=72.85$mm。

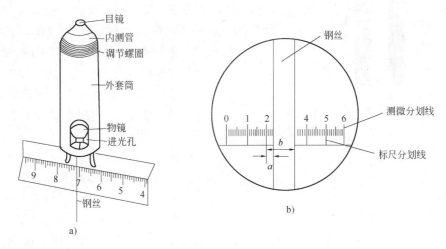

图 14-25 引张线读数

通常观测是从靠近端点的第一个观测点开始读数,依次观测到测线的另一端点,此为 1 个测回,每次需要观测 3 个测回。各测回之间应轻微拨动中间观测点上的浮船,使整条引张线浮动,待其静止后,再进行下一个测回的观测工作。各测回之间观测值互差的限差为 0.2mm。

为了使标尺分划线与钢丝的像能在读数显微镜场内同样清晰,观测前加水时,应调节浮船高度到使钢丝距标尺面 0.3～0.5mm。根据生产单位对引张线大量观测资料进行统计分析的结果,3 测回观测平均值的中误差约为 0.03mm。可见,引张线测定水平位移的精度是较高的。

5)视准线法

(1)测小角法

测小角法是视准线法测定水平位移的常用方法。测小角法是利用精密经纬仪精确地测出基准线与置镜点到观测点(P_i)视线之间所夹的微小角度 β_i（见图 14-26），并按下式计算偏离值：

$$\Delta P_i = \frac{\beta_i}{\rho} \cdot D_i \tag{14-9}$$

式中：D_i——端点 A 到观测点 P_i 的水平距离；

$\rho = 206265''$。

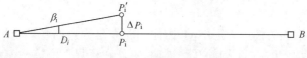

图 14-26　视准线测小角法

(2) 活动觇牌法

活动觇牌法是视准线法的另一种方法。观测点的位移值是直接利用安置于观测点上的活动觇牌（见图 14-27）直接读数来测算，活动觇牌读数尺上最小分划为 1mm，采用游标可以读数到 0.1mm。

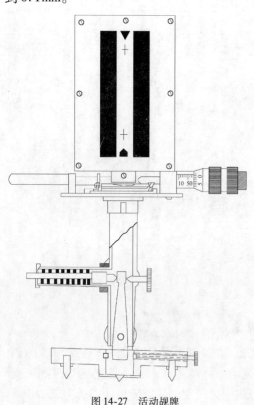

图 14-27　活动觇牌

观测过程如下：在 A 点安置精密经纬仪，精确照准 B 点目标（觇标）后，基准线就已经建立好了，此时，仪器就不能左右旋转了；然后，依次在各观测点上安置活动觇牌，观测者在 A 点用精密经纬仪观看活动觇牌（注：仪器不能左右旋转），并指挥活动觇牌操作人员利用觇牌上的微动螺旋左右移动活动觇牌，使之精确对准经纬仪的视准线，此时在活动觇牌上直接读数，同一观测点各期读数之差即为该点的水平位移值。

(3) 误差分析

由于视准线法观测中采用了强制对中设备，所以其主要误差来源是仪器照准觇牌时的照准误差。

测小角法对于距离 D_i 的观测精度要求不高，一般取相对精度为 1/2000 即可满足要求。所以在测小角法中，边长只需丈量一次，并且在以后各周期观测中，此值可以认为不变。

对于照准误差，从实际观测来看，影响照准误差的因素很多，它不仅与望远镜放大倍率、人眼的视力临界角有关，而且与所用觇牌的图案形状、颜色也有关；另外，不同的视线长度、外界条件的影响等也会改变照准误差的数值。因此，要保证测小角法的精度，关键是提高照准精度。由于测小角度的主要误差为照准误差，故有：

$$m_\beta = m_V$$

式中:m_V——照准误差,若取肉眼的视力临界为60″,则照准误差为:

$$m_V = \frac{60''}{V} \tag{14-10}$$

V——望远镜的放大倍数。

测小角法测量小角度的精度要求可按下式估算。由式(14-9)对β_i全微分得:

$$m_{\beta i} = \frac{\rho}{D_i} m_{\Delta P i} \tag{14-11}$$

已知$m_{\Delta Pi}$,根据现场所量得的距离D_i,即可计算对小角度观测的要求。

【例 14-3】 设某观测点到端点(置镜点)距离为100m。若要求测定偏离值的精度为±0.3mm,试问用测小角度法观测时,测量小角度的精度m_β应为多少?

解:将已知数值代入式(14-11),可求得:

$$m_\beta \leq \pm 0.62''$$

【例 14-4】 续【例 14-3】,若设$m_V = \frac{60''}{V}$,则当采用望远镜放大倍数为40倍的DJ_1型精密经纬仪观测时,小角度至少应观测几个测回?

解:由式(14-10)可计算得小角度观测一测回的中误差为:

$$m_{\beta 1} = m_V = \frac{60''}{40} = 1.5''$$

所以要使小角度达到±0.62″的测量精度,则小角度观测的测回数n应满足下式:

$$m_\beta = \frac{m_{\beta 1}}{\sqrt{n}} = \frac{1.5''}{\sqrt{n}} \leq 0.62''$$

由上式求得$n \geq 5.9$,即小角度应至少观测6个测回。

14.4.6 全站仪自由设站法

1)概述

传统的交会法主要有测角前方交会、侧方交会、后方交会和边角交会。随着全站仪在测量中的广泛应用,边角交会得到了很大的发展。全站仪的精确、高效、灵活,加上自由设站的特点可以解决测量中出现的各种问题。如在工程施工中,由于施工过程中车辆等移动设备、临时堆积材料等阻碍视线,常常不能从控制点直接测定所需要的点位。全站仪自由设站法可以方便、快速地测定临时控制点的坐标,再从临时控制点测定其他点位,可以大幅度提高实际测量工作的效率。

自由设站法测站点位选取方便,既克服了后方交会危险圆问题,又弥补了测边交会的不足。作业中,有时不必设置点位标志,不需要仪器对中,节省作业时间。一般工程实践中,往往观测2~3个已知点即可满足测量精度的要求。

2)全站仪自由设站法原理

全站仪自由设站法实质上是边角后方交会。这种交会法的原理是:在待定点安置全站仪,测出待定点到已知控制点之间的距离和方向值,根据方向观测值和边长观测值建立方向误差方程式与边长误差方程式,然后按最小二乘原理计算待定点的坐标。

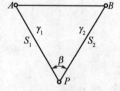

图 14-28 全站仪自由设站法测量原理图

如图 14-28 所示,A、B 为已知点,P 为待定点。在 P 点安置全站仪,瞄准 A、B 方向,测出各自的方向值 γ_1、γ_2 及距离 S_1、S_2。根据间接平差,列出误差方程式:

$$V = A \cdot X - L \quad (14\text{-}12)$$

其中:

$$A = \begin{bmatrix} \dfrac{\rho\sin\alpha_{PA}^0}{S_{PA}^0} & -\dfrac{\rho\cos\alpha_{PA}^0}{S_{PA}^0} \\ \dfrac{\rho\sin\alpha_{PB}^0}{S_{PB}^0} & -\dfrac{\rho\cos\alpha_{PB}^0}{S_{PB}^0} \\ -\cos\alpha_{PA}^0 & -\sin\alpha_{PA}^0 \\ -\cos\alpha_{PB}^0 & -\sin\alpha_{PB}^0 \end{bmatrix}$$

$$X^T = \begin{bmatrix} \delta_{xp} & \delta_{yp} \end{bmatrix}$$

$$L^T = \begin{bmatrix} \gamma_1 - \gamma_1^0 & \gamma_2 - \gamma_2^0 & S_1 - S_1^0 & S_2 - S_2^0 \end{bmatrix}$$

利用最小二乘平差得:

$$X = QA^TPL$$
$$Q = (A^TPA)^{-1}$$

式中:P——观测值权阵。

坐标改正数协因素阵为:

$$Q_{xx} = \begin{bmatrix} Q_{11} & Q_{12} \\ Q_{21} & Q_{22} \end{bmatrix}$$

P 点点位中误差为:

$$m_p = \pm\sqrt{m_x^2 + m_y^2} \quad (14\text{-}13a)$$
$$m_x = \pm m_0\sqrt{Q_{11}} \quad (14\text{-}13b)$$
$$m_y = \pm m_0\sqrt{Q_{22}} \quad (14\text{-}13c)$$

式中:m_0——单位权中误差。

3)全站仪自由设站法精度分析

自由设站的点位精度有两个方面的影响因素:一是交会角的变化对设站点精度的影响;二是控制点数目对设站点精度的影响。下面在独立网中用一组模拟数据从控制点数目和交会角两个方面来讨论构成图形对设站点位精度的影响。

(1)控制点数目对自由设站点位精度的影响

假设全站仪测距精度为 $\pm(5\text{mm} + 5 \times 10^{-6}D)$,测角精度为 $\pm 5''$,在 2 个控制点、3 个控制点、4 个控制点(在 P 点同侧或异侧)等不同条件下,分别估算出待定点 P 点坐标的精度(参考图 14-29 ~ 图 14-31)。如这 3 个图中,A、B、C、D 为已知控制点,坐标为(模拟数据,单位为

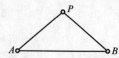

图 14-29 两个控制点下的自由设站

m): $A(200,100)$、$B(200,600)$; $C(400,300)$、$C_T(200,300)$; $C_0(700,100)$、$D_0(700,600)$; $C_1(100,300)$、$D_1(100,400)$。在待定点 P 点安置全站仪,P 点近似坐标为 $P(300,350)$。不同控制点情况下,可以利用式(14-13)估算出 P 点的点位精度(见表14-23)。

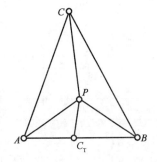

图 14-30 三个控制点下的自由设站

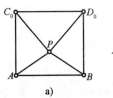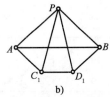

图 14-31 四个控制点下的自由设站
a)控制点分布在异侧;b)控制点分布在同侧

不同控制点情况 P 点精度估算表　　　　表 14-23

控制点情况	自由设站观测值	P 点的点位精度(mm)	备注
2 个控制点	2 个方向,2 个距离	±4.2	图 14-29
3 个控制点(C_T,同侧)	3 个方向,3 个距离	±3.7	图 14-30
3 个控制点(C,异侧)	3 个方向,3 个距离	±3.4	图 14-30
4 个控制点(C_1、D_1,同侧)	4 个方向,4 个距离	±2.8	图 14-31
4 个控制点(C_0、D_0,异侧)	4 个方向,4 个距离	±2.2	图 14-31

再增加已知控制点数目,自由设站的点位误差与控制点数的关系如图 14-32 中上面两条曲线所示。如果全站仪的测角精度提高到 ±2″,自由设站的点位误差如图 14-32 中下面两条曲线所示。

由以上算例可以得到以下结论:增加已知控制点数目,设站点的点位精度会相应提高;已知控制点分布在待定点异侧时,比分布在同侧的精度要高;在控制点数增加到 5 个以上时,精度提高的幅度就会减小。在实际的工程中,不但要考虑精度是否达标,还要顾及到工程的施工时间和成本,因此在实际测量中一般选择 3~5 个控制点是比较合适的。

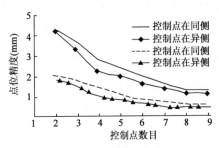

图 14-32 控制点数量与 P 点精度关系

(2)夹角变化对自由设站的精度影响

由经验得到 P 点在 AB 点中间区域的精度要比其他区域高,因此以下只讨论 P 点在 A、B 点中间区域的精度。假设全站仪测边精度为 ±(1mm + 1×10⁻⁶D),测角精度为 ±1″,AB = 500m。如图 14-33 所示,沿 AB 的垂直平分线,分别计算出 γ 角从 10°~150°之间 P 点精度的变化情况(见表 14-24)。

γ角变化对P点精度的影响　　　　　表 14-24

γ (°)	点位精度 (mm)	γ (°)	点位精度 (mm)	γ (°)	点位精度 (mm)
10	±9.24	70	±3.73	130	±2.59
20	±7.73	80	±3.48	140	±2.46
30	±6.04	90	±3.21	150	±2.22
40	±5.67	100	±3.13	160	±2.33
50	±4.52	110	±2.94	170	±2.30
60	±4.20	120	±2.87	180	±2.12

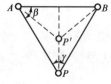

图 14-33　夹角对精度的影响

由表 14-24 的数据可以得到以下结论：随着交会角 γ 的增大，设站点点位精度也会相应地提高；当 γ>40°时，P 点的点位精度就小于 ±5mm，能够满足一般测量要求。

4）自由设站法在深基坑水平位移监测中的应用

某大型建筑物深基坑长 115m，宽 106m，设计开挖深度为 15.5m。如图 14-34 所示，距基坑东侧围护墙约 3m 处有 3 栋 6 层建筑物，南侧距基坑边约 13m 有两栋 9 层建筑物，距基坑西侧约 20m 即为交通主干道，北侧紧邻正在施工的某大厦。施工场地狭小，周围环境比较复杂。图 14-34 中，K_1、K_2 是根据现场施工条件和地质条件布设的两个基准点，距基坑约 55m，大于 3 倍的基坑深度，其点位位于基坑变形的影响区域以外。K_1、K_2 基点使用强制对中观测墩。$D_{01} \sim D_{15}$ 为围护墙顶水平位移监测点。由于受现场通视条件的限制，在基准点上不能直接观测到 15 个监测点，为了能及时准确地获取水平位移监测量，方案采用"自由设站"加"极坐标法"监测水平位移量（类似具体工程实例可以参看第 15 章第 15.1 节）。

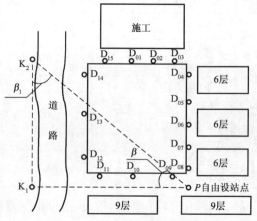

图 14-34　基坑监测点布设示意

14.4.7　建筑场地滑坡观测

1）建筑场地滑坡观测的内容

建筑场地滑坡观测，应测定滑坡的周界、面积、滑动量、滑移方向、主滑线以及滑动速度，并视需要进行滑坡预报。

2）建筑场地滑坡观测点位的布设

（1）滑坡观测点位的布置

①滑坡面上的观测点应均匀布设；滑动量较大和滑动速度较快的部位，应适当多布点。

②滑坡周界外稳定的部位和周界内比较稳定的部位，均应布设观测点。

③当需要选设测定滑坡深度的点位时，应注意到滑坡体上的局部滑动和可能具有的多层滑动面。

④控制网可按沉降观测和水平位移观测的有关规定布设，有条件时也可建立三维控制网，

但各种控制点均应选设在滑坡体以外的稳定位置。

(2) 滑坡观测点位的标石、标志及其埋设

① 土体上的观测点,可埋设预制混凝土标石;根据观测精度要求,顶部的标志可采用具有强制对中装置的活动标志或嵌入加工成半球状的钢筋标志;标石埋深不宜小于 1m,在冻土地区,应埋至标准冻土线以下 0.5m;标石顶部须露出地面 20~30cm。

② 岩体上的观测点,可采用砂浆现场浇固的钢筋标志;凿孔深度不宜小于 10cm,埋好后,标志顶部须露出岩体面约 5cm。

③ 必要的临时性或过渡性观测点以及观测周期不长、次数不多的小型滑坡观测点,可埋设硬质大木桩,但顶部须安置照准标志,底部须埋至标准冻土线以下。

④ 控制点的标石、标志,应符合国家规范的有关规定;对于建立三级平面控制网点的小测区,可采用混凝土标石或岩层标石。

3) 建筑场地滑坡观测点的位移观测方法

(1) 当建筑物较多、地形复杂时,宜采用以三方向交会为主的测角前方交会法,交会角宜在 50°~110°之间,长短边不宜悬殊;也可采用测边交会法、边角法以及极坐标法。

(2) 对视野开阔的场地,当面积不大时,可采用放射线观测网法,从两个测站点上按放射状布设交会角在 30°~150°之间的若干条观测线,两条观测线的交点即为观测点;每次观测时,以解析法或图解法测出观测点偏离两测线交点的位移量。当场地面积较大时,采用任意方格网法,其布设和观测方法与放射线观测网相同,但需增加测站点与定向点。

(3) 对带状滑坡,当通视较好时,可采用测线支距法,在与滑动轴线的垂直方向,布设若干条测线,沿测线选定测站点、定向点与观测点;每次观测时,按支距法测出观测点的位移量与位移方向;当滑坡体窄而长时,可采用十字交叉观测网法。

(4) 对于抗滑墙(桩)和要求较高的单独测线,可选用基准线法。

(5) 对于可能有较大滑动的滑坡,除采用测角前方交会等方法外,亦可采用多摄站近景摄影测量方法同时测定观测点的水平和垂直位移。

(6) 滑坡体内测点的位移观测,可采用测斜仪观测方法。

4) 建筑场地滑坡观测点的高程测量方法

滑坡观测点的高程测量,可采用几何水准测量法,困难点位可采用三角高程测量法。各种观测路线,均应组成闭合或附合网形。

5) 建筑场地滑坡观测的精度

滑坡观测点的施测精度,除有特殊要求另行确定者外,高精度滑坡监测,可按本书表 14-1 中所列二级精度指标施测,其他的可按三级精度指标施测。

6) 建筑场地滑坡观测的周期

滑坡观测的周期,应视滑坡的活跃程度及季节变化等情况而定。在雨季每半月或一月测 1 次,干旱季节可每季度测 1 次。如发现滑速增快,或遇暴雨、地震、解冻等情况时,应及时增加观测次数。在发现有大滑动可能时,应立即缩短观测周期,必要时,每天观测 1 次或 2 次。

7) 建筑场地滑坡预报

滑坡预报应采用现场严密监视和资料综合分析相结合的方法进行。每次观测后,应及时整理绘制出各观测点的滑动曲线。当利用回归方程发现有异常观测值,或利用位移对数和时间关系曲线判断出有拐点时,应在加强观测的同时,密切注意观察滑前征兆,并结合工程地质、水文地质、地震和气象等方面资料,全面分析,做出滑坡预报,及时报警以采取应急措施。

8)提交成果

(1)滑坡观测系统点位布置图;
(2)观测成果表;
(3)观测点位移与沉降综合曲线图(见图14-35);
(4)观测成果分析资料;
(5)滑坡预报说明资料。

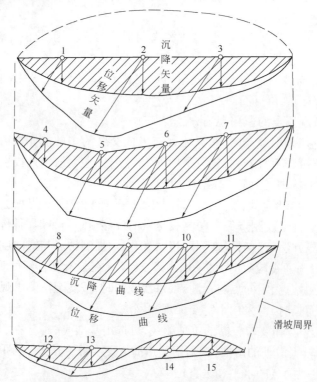

图14-35 某滑坡观测点位移与沉降综合曲线图

注:观测点平面位置比例尺为1:500,位移与沉降矢量比例尺为1:10。

14.5 倾 斜 观 测

14.5.1 倾斜观测概述

1)产生倾斜的原因

建筑物产生倾斜的原因主要有:地基承载力不均匀;建筑物体形复杂(有部分高重、部分低轻),形成不同荷载;施工未达到设计要求,承载力不够;受外力作用结果,例如风荷、地下水抽取、地震等。一般用水准仪、经纬仪或其他专用仪器来测量建筑物的倾斜度。

2)倾斜观测的内容

建筑物主体倾斜观测,应测定建筑物顶部相对于底部或各层间上层相对于下层的水平位移与高差,分别计算整体或分层的倾斜面度、倾斜方向以及倾斜速度。

对具有刚性的建筑物整体倾斜,亦可通过测量顶面或基础的相对沉降间接测定。

3)倾斜观测点的布设

(1)主体倾斜观测点位的布置

①观测点应沿对应测站点的某主体竖直线,对整体倾斜按顶部、底部,对分层倾斜按分层部位、底部上下对应布设。

②当从建筑物外部观测时,测站点或工作基点的点位应选在与照准目标中心连线呈接近正交或呈等分角的方向线上,距照准目标 1.5~2.0 倍目标高度的固定位置处;当利用建筑物内竖向通道观测时,可将通道底部中心点作为测站点。

③按纵横轴线或前方交会布设的测站点,每点应选设 1~2 个定向点;基线端点的选设应顾及其测距或丈量的要求。

(2)主体倾斜观测点位的标志设置

①建筑物顶部和墙体上的观测点标志,可采用埋入式照准标志形式;有特殊要求时,应专门设计。

②不便埋设标志的塔形、圆形建筑物以及竖直构件,可以照准视线所切同高边缘认定的位置或用高度角控制的位置作为观测点位。

③位于地面的测站点和定向点,可根据不同的观测要求,采用带有强制对中设备的观测墩或混凝土标石。

④对于一次性倾斜观测项目,观测点标志可采用标记形式或直接利用符合位置与照准要求的建筑物特征部位;测站点可采用小标石或临时性标志。

4)精度要求

(1)如果是通过测量建筑物顶点相对于底点的水平位移来确定建筑物的主体倾斜,则可根据给定的倾斜量容许值,结合表 14-3,确定最终位移量观测中误差;再根据式(14-3)或式(14-4)估算单位权中误差 μ;最后根据表 14-1 的规定选择位移测量的精度等级。

(2)如果是通过测量建筑物基础相对沉降来测量建筑物的倾斜,则先根据表 14-2,确定最终沉降量观测中误差;再根据式(14-1)或式(14-2)估算单位权中误差 μ;最后根据表 14-1 的规定选择高程测量的精度等级(可参考本章第 14.2 节工程示例)。

5)倾斜观测的方法(见表 14-25)

倾斜观测的方法　　　　　　　　　　表 14-25

序　号	倾斜观测内容	观测方法选取
1	测量建筑物基础相对沉降	1. 几何水准测量 2. 液体静力水准测量(大坝)
2	测量建筑物顶点相对于底点的水平位移	1. 前方交会法 2. 投点法 3. 吊垂球法 4. 激光铅直仪观测法
3	直接测量建筑物的倾斜度	气泡倾斜仪

6)观测周期

主体倾斜观测的周期,可视倾斜速度每 1~3 个月观测 1 次。如遇基础附近因大量堆载或卸载、场地降雨长期积水等而导致倾斜速度加快时,应及时增加观测次数。施工期间的观测周期,可根据要求参照沉降观测周期的规定确定。倾斜观测应避开强日照和风荷载影响大的时间段。

7)提交成果

(1)倾斜观测点位布置图;

(2)观测成果表、成果图;

(3) 主体倾斜曲线图；
(4) 观测成果分析资料。

14.5.2 水准仪观测

建筑物的倾斜观测可采用精密水准测量的方法。如图 14-36 所示，定期测出基础两端点的不均匀沉降量（差异沉降量）Δh，再根据两点间的距离 L，即可算出基础的倾斜度 α：

$$\alpha = \frac{\Delta h}{L}（弧度）= \frac{\Delta h}{L} \cdot \frac{180°}{\pi}（度） \tag{14-14}$$

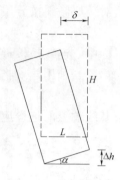

图 14-36 基础倾斜观测

如果知道建筑物的高度 H，则可推算出建筑物顶部的倾斜位移值 Δ：

$$\Delta = \delta = \alpha \cdot H = \frac{\Delta h}{L} \cdot H \tag{14-15}$$

【例 14-5】 某混凝土重力坝在基础廊道上布置了两个沉降观测点 C205、C206，两点相距 20.6m，现采用精密水准仪按国家二等水准测量要求施测，两期观测高程成果见表 14-26。试计算在这一段时间内该大坝坝体产生的倾斜角 α。

沉降观测点高程成果表　　　　表 14-26

点 号	C205	C206
第一期高程观测值	15.8728m	15.8761m
第二期高程观测值	15.8713m	15.8758m

解： 经计算，在这一段时间内，C205 点的沉降量为 1.5mm，C206 点的沉降量为 0.3mm，两点的差异沉降量为 $\Delta h = 1.2$mm。已知 $L = 20.6$m，代入式 (14-14) 得：

$$\alpha = \frac{\Delta h}{L} \cdot \frac{180°}{\pi} = 12''$$

14.5.3 经纬仪观测

利用经纬仪测量出建筑物顶部的倾斜位移值 Δ，再根据式 (14-15) 可计算出建筑物的倾斜度：

$$\alpha = \frac{\Delta}{H}（弧度）= \frac{\Delta}{H} \cdot \frac{180°}{\pi}（度） \tag{14-16}$$

1) 角度前方交会法

对于建筑物顶部的倾斜位移值 Δ，可用角度前方交会法测量。如图 14-37，在烟囱附近布设基线 AB，分别安置经纬仪于 A、B 两点，测定顶部 P' 两侧切线与基线的夹角，取其平均值，即可得图中之 α_1、β_1。利用前方交会公式，即 (14-6) 可计算出 P' 的坐标，同法可得 P 点的坐标，则 P' 与 P 两点间的平距 $D_{PP'}$ 可由坐标反算公式求得，实际上 $D_{PP'}$ 即为倾斜位移值 Δ。

2) 经纬仪投点法

利用经纬仪在两个互相垂直的方向上进行交会投点，将建筑物向外倾斜的一个上部角点投影至平地，直接量取其与下部角点的倾斜位移值分量 δ_x、δ_y，则倾斜位移值 $\Delta = \delta = \sqrt{\delta_x^2 + \delta_y^2}$，如图 14-38 所示。

3) 悬挂垂球法

此法是测量建筑物上部倾斜的最简单方法,适合于内部有垂直通道的建筑物。从上部挂下垂球,根据上、下应在同一位置上的点,直接测定倾斜位移值 Δ,再根据式(14-16)计算倾斜度 α。

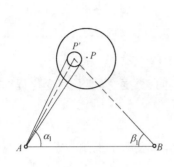

图 14-37 前方交会法观测倾斜

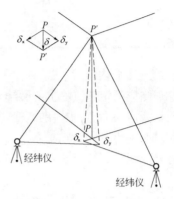

图 14-38 经纬仪投点法观测倾斜

4) 激光铅直仪观测法

在顶部适当位置安置接收靶,在其垂线下的地面或地板上安置激光铅直仪或激光经纬仪,按一定周期观测,在接收靶上直接读取或量出顶部的水平位移量和位移方向,再根据式(14-16)计算倾斜度 α。作业中,仪器应严格置平、对中。

14.5.4 气泡倾斜仪观测

气泡倾斜仪由一个高灵敏度的气泡水准管 e(见图 14-39)和一套精密的测微器组成。测微器中包括测微杆 g、读数盘 h 和指标 k。气泡水准管 e 固定在支架 a 上,a 可绕 c 点转动,a 下装一弹簧片 d,在底板 b 下有置放装置 m。将倾斜仪安置在需要的位置上以后,转动读数盘,使测微杆向上或向下移动,直至水准管气泡居中为止。此时,在读数盘上读数,即可得出该处的倾斜度。

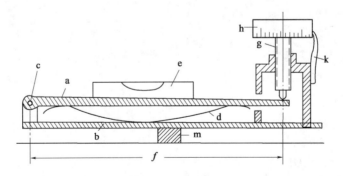

图 14-39 气泡倾斜仪

我国制造的气泡倾斜仪,灵敏度为 2″,总的观测范围为 1°。气泡倾斜仪适用于观测较大的倾斜角或量测局部区域的变形,例如测定设备基础和平台的倾斜。

为了实现倾斜观测的自动化,可采用电子水准器,它是在普通的玻璃管水准器(内装酒精和乙醚的混合液,并留有空气气泡)的上、下面装上 3 个电极形成差动电容器的一种装置。这种电子水准器可固定地安置在建筑物(如大坝、桥梁)或设备的适当位置上,能自动地进行倾斜观测,因而特别适用于作动态观测。当测量范围在200″以内时,测定倾斜值的中误差在±0.2″以下。

14.6 特殊变形测量

14.6.1 裂缝观测

1)裂缝观测的内容

裂缝观测应测定建筑物上的裂缝分布位置,裂缝的走向、长度、宽度及其变化程度。观测的裂缝数量视需要而定,主要的或变化大的裂缝应进行观测。

2)裂缝观测点的布设

对需要观测的裂缝应统一进行编号。每条裂缝至少应布设两组观测标志,一组在裂缝最宽处,另一组在裂缝末端。每组标志由裂缝两侧各一个标志组成。

裂缝观测标志,应具有可供量测的明晰端面或中心,如图14-40所示。观测期较长时,可采用镶嵌或埋入墙面的金属标志、金属杆标志或楔形板标志;观测期较短或要求不高时可采用油漆平行线标志或用建筑胶粘贴的金属片标志。要求较高、需要测出裂缝纵横向变化值时,可采用坐标方格网板标志。使用专用仪器设备观测的标志,可按具体要求另行设计。

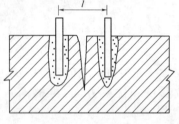

图14-40 裂缝观测标志

3)裂缝观测方法

对于数量不多、易于量测的裂缝,可视标志形式不同,用比例尺、小钢尺或游标卡尺等工具定期量出标志间距离求得裂缝变位值,或用方格网板定期读取"坐标差"计算裂缝变化值;对于较大面积且不便于人工量测的众多裂缝宜采用近景摄影测量方法;当需连续监测裂缝变化时,还可采用测缝计或传感器自动测记方法观测。

裂缝观测中,裂缝宽度数据应量取至0.1mm。每次观测应绘出裂缝的位置、形态和尺寸,注明日期,附必要的照片资料。

4)裂缝观测的周期

裂缝观测的周期应视其裂缝变化速度而定。通常开始可半月观测1次,以后一月左右观测1次。当发现裂缝加大时,应增加观测次数,直至几天或逐日一次的连续观测。

5)提交成果

(1)裂缝分布位置图;

(2)裂缝观测成果表;

(3)观测成果分析说明资料;

(4)当建筑物裂缝和基础沉降同时观测时,可选择典型剖面绘制两者的关系曲线。

14.6.2 挠度观测

1)挠度观测的内容

挠度观测包括建筑物基础和建筑物主体以及独立构筑物(如独立墙、柱等)的挠度观测,应按一定周期分别测定其挠度值及挠曲程度。

建筑物基础挠度观测,可与建筑物沉降观测同时进行。观测点应沿基础的轴线或边线布设,每一基础不得少于3点。标志设置、观测方法与沉降观测相同。

建筑物主体挠度观测,除观测点应按建筑物结构类型在各不同高度或各层处沿一定垂直方向布设外,其标志设置、观测方法按倾斜观测的有关规定执行。挠度值由建筑物上不同高度点相对于底点的水平位移值确定。

2)挠度观测的周期

挠度观测的周期应根据荷载情况并考虑设计、施工要求确定。

3)挠度观测的精度

建筑物基础挠度观测,其观测的精度可按沉降观测的有关规定确定。

建筑物主体挠度观测,其观测的精度可按水平位移观测的有关规定确定。

4)提交成果

(1)挠度观测点位布置图;

(2)观测成果表与计算资料;

(3)挠度曲线图;

(4)观测成果分析说明资料。

14.6.3 日照变形观测

1)日照变形观测的内容

日照变形观测应在高耸建筑物或单柱(独立高柱)受强阳光照射或辐射的过程中进行,应测定建筑物或单柱上部由于向阳面与背阳面温差引起的偏移及其变化规律。

2)日照变形观测的时间

日照变形的观测时间,宜选在夏季的高温天。一般观测项目,可在白天时间段观测,从日出前开始,日落后停止,每隔约1h观测1次;对于有科研要求的重要建筑物,可在全天24h内,每隔约1h观测1次。在每次观测的同时,应测出建筑物向阳面与背阳面的温度,并测定风速与风向。

3)日照变形观测的方法

(1)当建筑物内部具有竖向通视条件时,应采用激光铅直仪观测法。在测站点上可安置激光铅直仪或激光经纬仪,在观测点的水平位移值和位移方向,亦可借助附于接收靶上的标示光点设施,直接获得各次观测的激光中心轨迹图,然后反转其方向即为实测日照变形曲线图。

(2)从建筑物外部观测时,可采用测角前方交会法或方向差交会法。对于单柱的观测,按不同量测条件,可选用经纬仪投点法、测顶部观测点与底部观测点之间的夹角法或极坐标法。按上述方法观测时,从两个测站对观测点的观测应同步进行。所测顶部的水平位移量与位移方向,应以首次测算的观测点坐标值或顶部观测点相对底部观测点的水平位移值作为初始值,与其他各次观测的结果相比较后计算求取。

4)日照变形观测的精度

日照变形观测的精度,可根据观测对象的不同要求和不同观测方法,具体分析确定。用经纬仪观测时,观测点相对测站点的点位中误差,对投点法不应大于±1.0mm,对测角法不应大于±2.0mm。

5)提交成果

(1)日照变形观测点位布置图;

(2)观测成果表;

(3) 日照变形曲线图（见图14-41）；

(4) 观测成果分析说明资料。

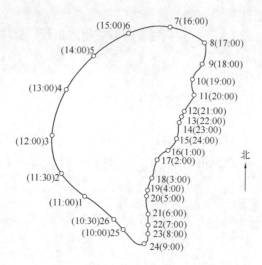

图 14-41　某电视塔顶部日照变形曲线图

注：1. 图中顺序号为观测次数编号，括号内数字为时间。
　　2. 曲线图由激光铅直仪直接测出的激光中心轨迹反转而成。

14.7　变形分析

大型建筑物的变形测量大多分两级进行：第一级是"校核基点"与"工作基点"之间的连测，其目的是利用校核基点来检查工作基点的稳定性，同时也检查校核基点本身的稳定性。校核基点和工作基点都应选在相对稳定的地段，以尽量保证基准点的稳定性；此项工作周期较长，一般是一年进行1～2次测量。第二级是利用"工作基点"对"变形监测点"进行变形观测，这也是变形观测的主要任务。此项工作周期较短，观测次数较为频繁，一般是一月进行一次或多次观测。

鉴于此，变形分析大体上包括以下内容：

(1) 基准点稳定性分析：根据实际情况，采取相应的平差模型进行平差计算，再根据平差结果，利用数理统计方法来分析基准点（包括校核基点和工作基点）的稳定性。近年来，此项变形分析的发展取得了很大进步，各种分析方法相继出现，但仍有很多问题需要深入研究。

(2) 对变形观测点进行变形分析。具体内容包括：

① 用合适的方法尽可能排除或减少测量误差的干扰，计算不同时间观测点位置的差异量。

② 分析这些差异量是属于误差干扰还是变形体形变的信息。

③ 对变形点的变形规律进行分析，即研究变形量与各种影响因素之间的函数关系，并进一步对变形成因作出物理解释。

这项工作多采用回归分析法、确定模型法、神经网络方法等。这项工作的主要目的是对引起变形的原因进行分析和解释，并根据变形规律来预报变形发展趋势，以及对目前和未来的工程安全作出判断。

14.7.1　稳定性分析

14.7.1.1　基准点的稳定性检验

变形观测与分析的重要步骤之一是点位稳定性分析。只有经过这一步分析才能确定点位的差异是真正的位移,或者只不过是观测误差引起的;才能确定哪些点是稳定点,哪些点是移动点。据此,就能决定选取哪些点作为固定点或拟稳点,并采取相应的平差方法进行平差。

下面介绍相关规范的规定及几种基准点的稳定性检验方法。

1) 规范规定

《建筑变形测量规范》(JGJ 8—2007)规定:变形测量几何分析应对基准点的稳定性进行检验和分析。

(1) 当基准点设置在稳定地点时

基准点的稳定性检验,可采用下列方法进行分析判断:

① 当基准点单独构网时,每次基准点复测后,均应根据本次复测数据与上次数据之间的差值,通过组合比较的方式对基准点的稳定性进行分析判断。

② 当基准点与观测点共同构网时,每次变形观测后,均应根据本期基准点观测数据与上次数据之间的差值,通过组合比较的方式对基准点的稳定性进行分析判断。

(2) 当基准点可能不稳定时

基准点的稳定性应通过统计检验的方法进行检验,并找出变动的基准点。检验方法有:

① 稳定点的检验可采用统计检验方法。先作整体检验,在判别有动点后再作局部检验,找出变动点予以剔除,最后确定出稳定点组。亦可采用按单点高程、坐标变差和观测量变差的 u、χ^2、t、F 检验法,或采用按两期平差值之差与测量限差之比的组合排列检验法。

② 非稳定点的检验应在以稳定点或相对稳定点定义的参考系条件下进行。可采用比较法,当点两期的高程或坐标平差值之变差 Δ 符合下列条件时,可判断点位稳定。

$$\Delta < 2\mu_0 \sqrt{2Q}$$

$$\mu_0 = \pm\sqrt{\frac{[f\mu^2]}{[f]}}$$

式中:μ_0——单位权中误差(mm);

Q——检验点高程或坐标的权倒数;

μ——各期观测的单位权中误差(mm);

f——各期网形的多余观测数。

当多余观测很少时,μ 值可取经验数值。对于平面监测网中的非稳定点检验,宜绘制置信椭圆;当计算的变位值落在置信椭圆外时,可判断其变位值是点位变动所致。

2) 限差检验法

此法的基本思想是:假定观测网中各个点都是等概率变形点,利用自由网平差方法求得各点坐标,根据两期观测可得各点的坐标差 $(\Delta x_i, \Delta y_i)$。如果点位位移值 Δx_i、Δy_i 大于该点点位中误差的 t 倍(即该点的极限误差,t 一般取 2 或 3),则认为该点是不稳定点,否则,就认为该点是稳定点。

设平面控制网有 n 个点,进行两期观测,对两期观测分别作自由网平差,根据平差求得网中 i 点 I、II 两期坐标,则该点坐标差为:

$$\begin{cases} \Delta X_i = X_i^{II} - X_i^{I} \\ \Delta Y_i = Y_i^{II} - Y_i^{I} \end{cases}$$

平差时求得的两期坐标权逆阵为 Q_x^I、Q_x^{II},则 $Q_{\Delta X} = Q_x^I + Q_x^{II}$;当两期网形一致时,$Q_{\Delta X} = 2Q_X$。设用 q_{ij} 表示权逆阵 $Q_{\Delta X}$ 中的元素,于是,Δx_i、Δy_i 的中误差为:

$$\begin{cases} M_{\Delta Xi} = \mu_0 \sqrt{q_{\Delta Xi \Delta Xi}} \\ M_{\Delta Yi} = \mu_0 \sqrt{q_{\Delta Yi \Delta Yi}} \end{cases}$$

设以 t 倍误差作为限差,则可写出检验式:

$$\begin{cases} |\Delta X_i| \leq t\mu_0 \sqrt{q_{\Delta Xi \Delta Xi}} \\ |\Delta Y_i| \leq t\mu_0 \sqrt{q_{\Delta Yi \Delta Yi}} \end{cases} \tag{14-17}$$

式中:μ_0——两期观测的单位权中误差的综合估计值,由下式计算:

$$\mu_0 = \pm \sqrt{\frac{(n-t)_1 \mu_1^2 + (n-t)_2 \mu_2^2}{(n-t)_1 + (n-t)_2}} = \pm \sqrt{\frac{V_1^T P_1 V_1 + V_2^T P_2 V_2}{r_1 + r_2}}$$

当一个点的两个坐标差均满足式(14-17)时,才能认为是稳定点,否则应认为该点存在位移。

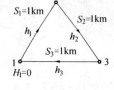

图 14-42 水准网

【例 14-6】 设有水准网如图 14-42 所示。第一期观测数据为:$h_1 = 3.371\text{m}, h_2 = -1.372\text{m}, h_3 = -1.996\text{m}$。第二期的观测数据为:$h_1 = 3.383\text{m}, h_2 = -1.381\text{m}, h_3 = -2.005\text{m}$。试用限差法判断点位稳定性。

解:先进行第一期观测自由网平差。取 $H_1^0 = 0\text{m}, H_2^0 = 3.371\text{m}, H_3^0 = 1.999\text{m}$。各观测值为等权观测结果。设 1.0km 观测为单位权观测,权阵 $P = I$(单位矩阵)。

$$V = A\delta_X + L = \begin{pmatrix} -1 & 1 & 0 \\ 0 & -1 & 1 \\ 1 & 0 & -1 \end{pmatrix} \begin{pmatrix} \delta H_1 \\ \delta H_2 \\ \delta H_3 \end{pmatrix} + \begin{pmatrix} 0 \\ 0 \\ -3 \end{pmatrix}, P = \begin{pmatrix} 1 & 0 & 0 \\ 0 & 1 & 0 \\ 0 & 0 & 1 \end{pmatrix} = I$$

$$N = A^T P A = \begin{pmatrix} 2 & -1 & -1 \\ -1 & 2 & -1 \\ -1 & -1 & 2 \end{pmatrix}$$

$$\delta_X = -N(NN)^- A^T P L = \begin{pmatrix} 1 \\ 0 \\ -1 \end{pmatrix} \text{mm}$$

注:$(NN)^-$ 表示矩阵的广义逆。

$$\tilde{X} = X + \delta_X = \begin{pmatrix} \tilde{H}_1 \\ \tilde{H}_2 \\ \tilde{H}_3 \end{pmatrix} = \begin{pmatrix} 0.001 \\ 3.371 \\ 1.998 \end{pmatrix} \text{m}$$

$$Q_X^I = N(NN)^- N(NN)^- N = \frac{1}{9} \begin{pmatrix} 2 & -1 & -1 \\ -1 & 2 & -1 \\ -1 & -1 & 2 \end{pmatrix}$$

$$\mu_0 = \pm \sqrt{\frac{V^T P V}{n-t}} = \pm \sqrt{3} \text{ mm}$$

第二期观测自由网平差结果:

$$\widetilde{X} = \begin{pmatrix} \widetilde{H}_1 \\ \widetilde{H}_2 \\ \widetilde{H}_3 \end{pmatrix} = \begin{pmatrix} -0.006 \\ 3.378 \\ 1.998 \end{pmatrix} m$$

$$Q_X^{II} = Q_X^{I} = \frac{1}{9}\begin{pmatrix} 2 & -1 & -1 \\ -1 & 2 & -1 \\ -1 & -1 & 2 \end{pmatrix}$$

$$\mu_2 = \pm\sqrt{3} \text{ mm}$$

下面用限差法来判断点位稳定性:

$$\mu_0 = \sqrt{\frac{V_1^T P_1 V_1 + V_2^T P_2 V_2}{r_1 + r_2}} = \pm\sqrt{\frac{3+3}{1+1}} = \pm\sqrt{3}$$

$$Q_{\Delta H} = Q_X^{I} + Q_X^{II} = \frac{1}{9}\begin{pmatrix} 4 & -2 & -2 \\ -2 & 4 & -2 \\ -2 & -2 & 4 \end{pmatrix}$$

$$q_{\Delta H1} = q_{\Delta H2} = q_{\Delta H3} = \frac{4}{9}$$

取 $t=2$,按式(14-17)对各点进行检验:

$|\Delta H_1| = 7\text{mm} \leqslant 2 \times \sqrt{3} \times \sqrt{\frac{4}{9}} = 2.3\text{mm}$,不成立。

$|\Delta H_2| = 7\text{mm} \leqslant 2 \times \sqrt{3} \times \sqrt{\frac{4}{9}} = 2.3\text{mm}$,不成立。

$|\Delta H_3| = 0\text{mm} \leqslant 2 \times \sqrt{3} \times \sqrt{\frac{4}{9}} = 2.3\text{mm}$,成立。

因此,点 3 是稳定点,而点 1、点 2 是不稳定点(动点)。

3)平均间隙法

平均间隙法是检验网点整体稳定性的一种方法。设任意两期坐标 X^K、X^L 其权逆阵为 Q_X^K、Q_X^L,计算网内各点两期坐标差(即间隙或位移量):

$$\begin{cases} d = X^L - X^K \\ Q_d = Q_X^K + Q_X^L \end{cases} \tag{14-18}$$

相应权阵为:

$$P_d = Q_d^+ \text{(矩阵的伪逆)} \tag{14-19}$$

设间隙加权平方和记为 R,则有:

$$R = d^T P_d d \tag{14-20}$$

作统计量:

$$F_1 = \frac{R}{f \cdot \mu_0^2} \tag{14-21}$$

式中:f——d 的自由度;

μ_0——两期单位权中误差的综合估计值,计算式为:

$$\mu_0 = \pm\sqrt{\frac{(n-t)_K \mu_K^2 + (n-t)_L \mu_L^2}{(n-t)_K + (n-t)_L}}$$

由上式可看出,μ_0的多余观测数为两期多余观测数之和,记为:
$$f_0 = (n-t)_K + (n-t)_L$$
由数理统计知:式(14-21)的F_1服从$F(f,f_0)$分布,在一定的显著性水平α下,作显著性检验,若:
$$F_1 > F_\alpha(f,f_0)$$
则应认为网中存在动点(位移显著),否则可认为整个控制网无显著位移。平均间隙法检验对位移的判断是相对于平均点位而言的,因此,经检验认为位移显著时,不见得所有的点位移都显著;反之,经检验位移被认为是不显著的,但个别点上位移可能还不小。

【例 14-7】 设有水准网如图 14-43 所示,两期观测及路线的权列于表 14-27,试用平均间隙法检验其整体稳定性。

两 期 观 测 数 据　　　　　　　　　　表 14-27

h	Ⅰ期	Ⅱ期	权
1	3.371m	3.383m	1
2	-1.372m	-1.381m	1
3	-1.996m	-2.005m	1
4	0.493m	0.497m	1
5	0.882m	0.887m	1

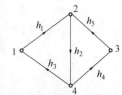

图 14-43 水准网

解: 第一期秩亏平差结果为:
$$X_1 = (0 \quad -0.75 \quad +0.75 \quad 0)^T \text{ mm}$$
$$[V^T PV]_1 = 4.5, (n-t)_1 = 2$$
$$Q_X^I = \frac{1}{16}\begin{pmatrix} 5 & -1 & -1 & -3 \\ -1 & 3 & -1 & -1 \\ -1 & -1 & 3 & -1 \\ -3 & -1 & -1 & 5 \end{pmatrix}$$

第二期秩亏平差结果为:
$$X_2 = (-7.75 \quad 5.75 \quad -0.25 \quad 2.25)^T \text{ mm}$$
$$[V^T PV]_2 = 9, (n-t)_2 = 2$$
$$Q_X^{II} = Q_X^I$$

由式(14-18)、式(14-19)可得:
$$d^T = (X_2 - X_1)^T = (-7.75 \quad 6.5 \quad -1.0 \quad 2.25)^T \text{ mm}$$
$$Q_d = Q_X^I + Q_X^{II}$$
$$P_d = Q_d^+ = Q_d(Q_d Q_d)^- Q_d(Q_d Q_d)^- Q_d = \frac{1}{2}\begin{pmatrix} 2 & -1 & -1 & 0 \\ -1 & 3 & -1 & -1 \\ -1 & -1 & 3 & -1 \\ 0 & -1 & -1 & 2 \end{pmatrix}$$

按式(14-20)可算出:
$$R = d^T P_d d = 166.75, f = 3, \mu_0 = \pm 1.84$$

再按式(14-21)作统计量:

$$F_1 = \frac{R}{f \cdot \mu_0^2} = 16.47$$

取 $\alpha = 0.05$,本例 $f_0 = 4$,查 F 分布表得 $F_{0.05(3,4)} = 6.56$。经检验,$F_1 = 16.47 > F_{0.05(3,4)}$ 成立,则应认为网中存在动点。

如检验出网中存在动点,则可继续用"分块间隙法"来进一步探查哪些点可能是动点。限于篇幅,本书对此不作介绍。如本例的水准网中存在动点,经分块间隙法检验得:1、2 是动点,3、4 是稳定点。

4) t 检验法

t 检验法是检验控制网中单点稳定性的一种方法。设两期观测精度相同,则可用 t 检验法逐点作位移显著性检验。为此,构成统计量:

$$t = \frac{d}{m_d}$$

式中:d——某点两期坐标之差,$d = X^{II} - X^{I}$

$$m_d = \mu_0 \sqrt{q_{xx}^{I} + q_{xx}^{II}}$$

μ_0——两期综合单位权中误差;

q_{xx}^{I}、q_{xx}^{II}——两期平差某点坐标的权倒数。

选定显著性水平 α 后,查出 $t_{\alpha/2}$,若 $|t| > t_{\alpha/2}$,则认为位移是显著的。对于一个点来说,仅当 (X,Y) 坐标的检验都认为不显著时,才能认为是稳定的。

为了证实两期观测精度相同,往往在作 t 检验前,先作 F 检验以判断两期精度是否相同。

【**例 14-8**】 承例 14-7,试用 t 检验法作单点稳定性检验。

解:由【例 14-7】知:

$$[V^T PV]_1 = 4.5, (n-t)_1 = 2, [V^T PV]_2 = 9, (n-t)_2 = 2$$

于是:

$$\mu_1^2 = \frac{4.5}{2}$$

$$\mu_2^2 = \frac{9.0}{2}$$

统计量 F 为:

$$F = \frac{\mu_2^2 (n-t)_1}{\mu_1^2 (n-t)_2} = 2$$

取 $\alpha = 0.05$,查得 $F_{0.025}(2,2) = 39$,显然 $F < F_{0.025}(2,2)$,故可认为两期观测是同精度的。证实了两期观测同精度,于是可用 t 检验法。现将各点位移的显著性检验列于表 14-28 中。由表 14-28 看出,关于点位稳定性的判断与分块间隙法是吻合的。

单点稳定性检验 表 14-28

项目 \ 点号	1	2	3	4	备 注
$d = X^{II} - X^{I}$	-7.75	6.5	-1.0	2.25	
$q_d = 2q_{xx}$	0.625	0.375	0.375	0.625	
$m_d = \mu_0 \sqrt{q_d}$	1.455	1.127	1.127	1.455	$\mu_0 = \pm 1.84$
$t = \dfrac{d}{m_d}$	-5.33	5.77	-0.89	1.55	$t_{0.025} = 2.3$
判断	动点	动点	稳定点	稳定点	

14.7.1.2 观测点的变位检验

1)规范规定

观测点的变动分析应基于以稳定的基准点作为起始点而进行的平差计算成果,并规定:

(1)二、三级及部分一级变形测量,相邻两期观测点的变动分析可通过比较观测点相邻两期的变形量与最大测量误差(取中误差的两倍)来进行。当变形量小于最大误差时,可认为该观测点在这两个周期间没有变动或变动不显著。

(2)特级与有特殊要求的一级变形测量,当观测点两期间的变形量 Δ 符合式(14-22)时,可认为该观测点在这两个周期间没有变动或变动不显著:

$$\Delta < 2\mu\sqrt{Q} \tag{14-22}$$

式中:μ——单位权中误差,可取两期平差单位权中误差的平均值;

Q——观测点变形量的协因数。

另外,在每期观测后,还要作综合分析。当相邻周期平差值之差虽很小,但呈现一定趋势时,也应视为有变位。对于要求严密的变形分析,可按基准点稳定性检验方法进行。

2)变形误差椭圆法

变形误差椭圆是指同一点的两期坐标差的误差椭圆。点位误差椭圆能直观地反映出点位的量测精度,同样,变形误差椭圆能直观地反映量测点位位移的精度。

此法常用于观测点的变位检验,而且此法同样适用于基准点的稳定性检验。

设第一期平差后,网中任一点的协因数阵为:

$$Q_{\mathrm{I}} = \begin{pmatrix} Q_{XX}^{\mathrm{I}} & Q_{XY}^{\mathrm{I}} \\ Q_{YX}^{\mathrm{I}} & Q_{YY}^{\mathrm{I}} \end{pmatrix}$$

第二期平差后,该点的协因数阵为:

$$Q_{\mathrm{II}} = \begin{pmatrix} Q_{XX}^{\mathrm{II}} & Q_{XY}^{\mathrm{II}} \\ Q_{YX}^{\mathrm{II}} & Q_{YY}^{\mathrm{II}} \end{pmatrix}$$

$$\Delta X_{\mathrm{I,II}} = \begin{pmatrix} \Delta X \\ \Delta Y \end{pmatrix} = \begin{pmatrix} X_{\mathrm{II}} \\ Y_{\mathrm{II}} \end{pmatrix} - \begin{pmatrix} X_{\mathrm{I}} \\ Y_{\mathrm{I}} \end{pmatrix}$$

其协因数阵为:

$$Q_{\Delta X\mathrm{I II}} = Q_{\mathrm{I}} + Q_{\mathrm{II}} = \begin{pmatrix} Q_{\Delta X \Delta X} & Q_{\Delta X \Delta Y} \\ Q_{\Delta X \Delta Y} & Q_{\Delta Y \Delta Y} \end{pmatrix} \tag{14-23}$$

其中:

$$\begin{cases} Q_{\Delta X \Delta X} = Q_{XX}^{\mathrm{I}} + Q_{XX}^{\mathrm{II}} \\ Q_{\Delta Y \Delta Y} = Q_{YY}^{\mathrm{I}} + Q_{YY}^{\mathrm{II}} \\ Q_{\Delta X \Delta Y} = Q_{XY}^{\mathrm{I}} + Q_{XY}^{\mathrm{II}} \end{cases} \tag{14-24}$$

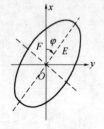

图 14-44 误差椭圆参数

则该点的点位位移误差椭圆(即变形误差椭圆)长半轴 E、短半轴 F、长半轴与坐标纵轴夹角 φ(见图 14-44)可按下式求得:

$$\begin{cases} E = \mu_0 \sqrt{\dfrac{Q_{\Delta X\Delta X} + Q_{\Delta Y\Delta Y} + H}{2}} \\ F = \mu_0 \sqrt{\dfrac{Q_{\Delta X\Delta X} + Q_{\Delta Y\Delta Y} - H}{2}} \\ H = \sqrt{(Q_{\Delta X\Delta X} - Q_{\Delta Y\Delta Y})^2 + 4Q_{\Delta X\Delta Y}^2} \\ \tan 2\varphi = \dfrac{2Q_{\Delta X\Delta Y}}{Q_{\Delta X\Delta X} - Q_{\Delta Y\Delta Y}} \end{cases} \quad (14-25)$$

式中:μ_0——两期综合单位权中误差。

变形误差椭圆法就是取 $2E$、$2F$ 为长短半轴在每一点上作一极限变形误差椭圆,然后检查点的位移向量是否落在该极限变形误差椭圆内。若是,则认为该点是稳定点,即无显著性位移;反之,应认为不稳定。

【**例 14-9**】 现对某大坝水平位移监测网进行了两期观测,其平差结果见表 14-29。请用变形误差椭圆法对所有点作点位位移显著性判断。

某大坝水平位移监测网平差结果　　　表 14-29

点号	水平位移(mm)		坐标权逆阵 Q_I			坐标权逆阵 Q_{II}			极限椭圆元素($t=2$)		
	ΔX	ΔY	Q_{XX}^{I}	Q_{XY}^{I}	Q_{YY}^{I}	Q_{XX}^{II}	Q_{XY}^{II}	Q_{YY}^{II}	E	F	φ
1	0.0	+0.2	0.046	0.012	0.041	0.094	0.042	0.072	0.80	0.50	37°58′
2	+0.1	0.0	0.006	−0.001	0.010	0.008	−0.003	0.024	0.36	0.21	10°54′
3	−0.1	−0.3	0.044	0.005	0.026	0.099	0.015	0.035	0.72	0.45	13°00′
4	−0.7	−1.5	0.249	0.027	0.153	0.514	0.083	0.219	1.67	1.10	14°40′
5	+0.5	0.0	0.358	−0.010	0.325	0.659	0.003	0.502	1.89	1.70	177°54′
6	−1.1	−2.6	0.775	0.056	0.553	1.481	−0.073	1.049	2.82	2.37	178°31′
7	+1.1	−0.8	0.678	−0.071	0.660	1.328	−0.062	0.996	2.69	2.38	161°23′

解:按式(14-24)、式(14-25)进行计算,可得各点的变形误差椭圆元素。取 $t=2$,可算出各点的极限变形误差椭圆元素(结果在表 14-29 中)。

然后进行绘图判断(见图 14-45)。从图 14-45 中可清楚地看出:4、6 两点位移显著,而其他 5 个点位移不显著。

14.7.2 观测资料整理

1)概述

变形观测除了现场进行观测取得第一手资料外,还必须进行观测资料的整理分析。

观测资料整理分析主要包括两个方面的内容:

(1)观测资料的整理和整编:这一阶段的主要工作是对现场观测所取得的资料加以整理。编制成图表和说明,使它成为便于使用的成果。

(2)观测资料的分析,这一阶段是分析归纳建筑变形过程、变形规律、变形幅度。分析变形的原因、变形值与引起变形因素之间的关系,找出它们之间的函数关系;进而判断建筑物的工作情况是否正常。在积累了大量观测数据后,又可以进一步找出建筑物变形的内在原因和规律,从而修正设计的理论以及所采用的经验系数。

2)校核

校核各项原始记录,检查各次变形观测值的计算有否错误。

(1)原始观测记录应填写齐全,字迹清楚,不得涂改、擦改和转抄;凡画改的数字和超限画去的成果,均应注明原因,并注明重测结果的所在页数。

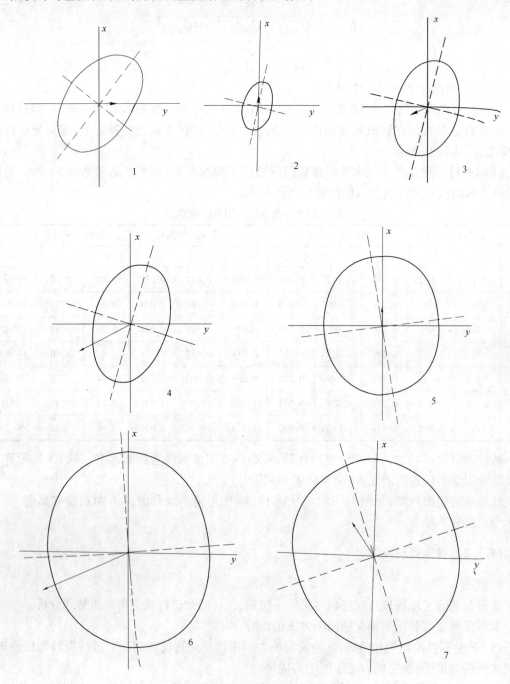

图14-45 各点极限变形误差椭圆

(2)平差计算成果、图表及各种检验、分析资料,应完整、清晰、无误。

(3)使用的图式、符号,应统一规格,描绘工整,注记清楚。

(4)观测成果计算和分析中的数字取位要求见表14-30。

观测成果计算和分析中的数据取位要求　　　　表14-30

级别	高差(mm)	角度(″)	边长(mm)	坐标(mm)	高程(mm)	沉降值(mm)	位移值(mm)
特级	0.01	0.01	0.01	0.01	0.01	0.01	0.01
一级	0.01	0.01	0.1	0.1	0.01	0.01	0.1
二、三级	0.1	0.1	0.1	0.1	0.1	0.1	0.1

3)变形观测资料的插补

当由于各种主、客观条件的限制,实测资料出现漏测时,或在数据处理时需要利用等间隔观测值时,则可利用已有的相邻测次或相邻测点的可靠资料进行插补工作。

(1)按内在物理联系进行插补

按照物理意义,根据对已测资料的逻辑分析,找出主要原因量之间的函数关系,再利用这种关系,将缺漏值插补出来。

(2)按数学方法进行插补

①线性内插法。由某两个实测值内插此两值之间的观测值时,可用:

$$y = y_i + \frac{t - t_i}{t_{i+1} - t_i}(y_{i+1} - y_i)$$

式中:y——效应量;

t——时间。

②拉格朗日内插计算。对变化情况复杂的效应量,可按下式计算:

$$y = \sum_{i=1}^{n} y_i \sum_{\substack{j=1 \\ j \neq i}}^{n} \left(\frac{x - x_j}{x_i - x_j} \right)$$

式中:y——效应量;

x——自变量。

③用多项式进行曲线拟合,即:

$$y = f(x) = a_0 + a_1 x + a_2 x^2 + \cdots + a_n x^n$$

式中,方次和拟合所用点数必须根据实际情况适当选择。

④周期函数的曲线拟合,即:

$$y_t = a_0 + a_1 \cos\omega t + b_1 \sin\omega t + a_2 \cos2\omega t + b_2 \sin2\omega t + \cdots + a_n \cos n\omega t + b_n \sin n\omega t$$

式中:y_t——时刻t的期望值;

ω——频率,$\omega = 2\pi/M$;

M——在一个季节性周期中所包含的时段数,如以一年为周期,每月观测一次,则$M=12$。

⑤多面函数拟合法。多面函数拟合曲面的方法是美国Hardy教授1977年提出并用于地壳形变分析,任何一个圆滑的数学表面总可用一系列有规则的数学表面的总和以任意的精度逼近,一个数学表面上点(x,y)处速率$s(x,y)$可表达成:

$$s(x,y) = \sum_{j=1}^{u} \alpha_j Q(xyx_j y_j)$$

式中: u——所取结点的个数;

$Q(xyx_j y_j)$——核函数;

α——待定函数。

核函数可以任意选用。为了简单,一般采用具有对称性的距离型,例如:

$$Q(xyx_jy_j) = [(x-x_j)^2 + (y-y_j)^2 + \delta^2]^{\frac{1}{2}}$$

式中:δ^2——光滑因子,称为正双曲面型函数。

4)填表

对各种变形值按时间逐点填写观测数值表。例如,某大坝变形观测点,根据观测记录整理填写的位移数值表见表 14-31。

某大坝 5 号观测点 1967 年累计位移数值表(单位:mm)　　　表 14-31

观测日期	1月10日	2月11日	3月10日	4月11日	5月10日	6月10日	7月11日	8月11日	9月10日	10月11日	11月11日	12月10日
累计位移值 ΔP	+4.0	+6.2	+6.5	+4.2	+4.3	+5.0	+2.2	+3.8	+1.5	+2.0	+3.5	+4.0

5)绘图

绘制各种变形过程线、建筑物变形分布图等。观测点变形过程线可明显地反映出变形的趋势、规律和幅度,对于初步判断建筑物的工作情况是否正常是非常有用的。图 14-46 是根据表 14-31 绘制的某大坝 5 号观测点的位移过程线。图中横坐标表示时间,纵坐标为观测点的累计位移值。

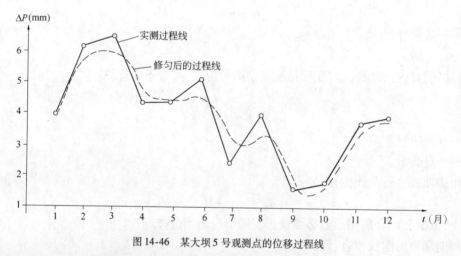

图 14-46　某大坝 5 号观测点的位移过程线

在实际工作中,为了便于分析,常在各种变形过程线上画出与变形有关因素的过程线,例如库水位过程线、气温过程线等。图 14-47 为某土石坝 160m 高程处沉降观测点的沉降过程线。图上绘出了气温过程线。因为横坐标(时间)是两个过程线公用的,故画在两个过程线的中间。

14.7.3　变形观测资料分析概述

变形的几何分析仅对变形体的形状和大小的变化作几何描述,还不能对变形的原因作出解释。确定变形体的变形和变形原因之间的关系,是变形观测物理解释的任务。

变形体的变形往往是由多方面的因素引起的。例如,高层建筑物的变形可能是由建筑物本身的重量、日照、风荷载等作用产生的。混凝土大坝的变形是由水库中水压力的作用、坝体内温度的变化、建筑材料的徐变、基础地质的塑性变形所造成的。

一般情况下,观测资料的分析包括以下内容:

(1)成因分析(定性分析):成因分析是对结构本身(内因)与作用在结构物上的荷载(外因)以及观测本身,加以分析、考虑,确定变形值变化的原因和规律性。

(2)统计分析(变形规律分析):根据成因分析,对实测数据进行统计分析,从中寻找规律,并导出变形值与引起变形的有关因素之间的函数关系。确定变形体的变形和变形原因之间的关系有两种基本的方法:统计分析法(或回归分析)和确定函数(模型)法,详见本章14.7.4节。

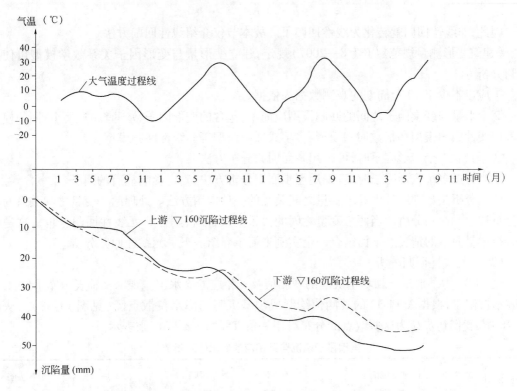

图14-47 某土石坝160m高程处沉降观测点的沉降过程线

(3)变形预报:在成因分析和统计分析的基础上,可根据求得的变形值与引起变形因素之间的函数关系,预报未来变形值的范围和判断建筑物的安全程度。从数学观点来说,"拟合"、"内插"、"预报"在本质上没有什么区别:对已有观测值用一数学函数来表达称"拟合";由拟合之曲线来推求观测值时域内或空间域内的数值称"内插";当所求值在观测值之时域外或空间域外时则称"预报"。所以前面所介绍的插补方法均可用于预报。

(4)安全判断:根据变形预报值对变形体是否安全进行判断。安全判断需要知道变形体的变形临界值或变形极限值;另外,在一般情况下,预警值取极限变形值或变形临界值的0.5~0.7倍。

14.7.4 变形规律分析

变形规律分析有两种基本的方法:统计分析法(或回归分析)和确定函数(模型)法。目前,神经网络方法也已经广泛应用于变形分析。

1)回归分析方法

(1)概述

回归分析法是通过分析所观测的变形（效应量）和外因（原因量）之间的相关性,来建立荷载—变形之间关系的数学模型。回归分析法利用过去的变形观测数据,因此具有"后验"的性质。

目前用得比较广泛的方法是回归分析法。回归分析有线性与非线性之分。由于实际工作中,很多非线性回归可以通过变量变换转化成线性回归,例如,多项式回归：

$$y = a_0 + a_1x + a_2x^2 + \cdots + a_nx^n$$

可以通过变量变换：$z_1 = x, z_2 = x^2, \cdots, z_n = x^n$,转化成：

$$y = a_0 + a_1z_1 + a_2z_2 + \cdots + a_nz_n$$

因此,非线性回归就转化为线性回归了。故本节仅介绍线性回归方法。

《建筑变形测量规范》(JGJ 8—2007)规定,建立变形量与变形因子关系数学模型可使用回归分析方法：

①应以不少于10个周期的观测数据为依据。

②变形量与变形因子之间的回归模型应简单,包含的变形因子数不宜超过两个；回归模型可采用线性回归模型和指数回归模型、多项式回归模型等非线性回归模型。

③当只有1个变形因子时,可采用一元回归分析方法。

④当考虑多个变形因子时,宜采用逐步回归分析方法,确定影响显著的因子。

回归分析是数理统计中处理变量之间关系的一种常用方法。处理两个变量之间关系的回归分析称一元回归分析。当两个变量之间的关系为线性时,则称一元线性回归分析。这是回归分析中最简单的情况。下面结合一个实例来简单介绍一下一元线性回归分析。

(2) 一元线性回归分析

表14-32为某混凝土坝坝基沉陷的观测值及其相应的库水位。现以 x 轴表示库水位,以 y 轴表示沉陷量,根据表14-32的观测值绘制成坝基沉陷与库水位散点图(见图14-48)。从图14-48中,我们初步认为这些散点的分布可用一条直线"$y = a + bx$"来表示。

某坝段坝基沉陷及相应的库水位观测值　　　　表14-32

观测编号	库水位 x (m)	坝基沉陷 y (mm)	观测编号	库水位 x (m)	坝基沉陷 y (mm)	观测编号	库水位 x (m)	坝基沉陷 y (mm)
1	114.37	-1.78	17	130.71	-4.76	33	146.01	-7.62
2	95.50	-0.98	18	144.45	-5.33	34	145.37	-7.11
3	100.44	-0.87	19	144.12	-5.57	35	145.48	-7.16
4	112.17	-2.99	20	142.49	-6.34	36	142.42	-7.56
5	124.91	-3.00	21	143.98	-4.87	37	136.74	-6.20
6	125.76	-3.13	22	143.02	-4.87	38	136.74	-6.20
7	127.64	-4.30	23	142.01	-5.04	39	142.97	-7.39
8	129.59	-4.74	24	144.09	-6.23	40	149.24	-9.41
9	127.85	-5.18	25	141.52	-6.43	41	152.14	-6.99
10	118.56	-3.70	26	142.20	-6.54	42	152.14	-6.99
11	119.73	-1.98	27	144.70	-6.02	43	144.41	-5.81
12	134.60	-4.41	28	144.70	-6.02	44	137.81	-5.42
13	133.75	-3.78	29	149.96	-7.17	45	142.97	-5.55
14	131.26	-4.84	30	149.61	-6.97	46	146.83	-6.87
15	131.02	-5.42	31	145.07	-6.98	47	157.53	-8.31
16	128.35	-5.70	32	144.10	-7.02	48	154.40	-8.14

由于因变量 y 与自变量 x 关系的不确定性,对观测数据可以写成:
$$y_i + v_i = a + bx_i$$

或:
$$v_i = a + bx_i - y_i$$

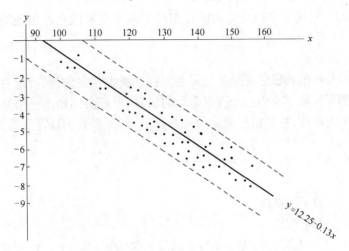

图 14-48 坝基沉陷与库水位散点图

式中:v_i——y_i 的改正值,写成矩阵表达式为:

$$V = \begin{pmatrix} v_1 \\ v_2 \\ \vdots \\ v_n \end{pmatrix} = \begin{pmatrix} 1 & x_1 \\ 1 & x_2 \\ \vdots & \vdots \\ 1 & x_n \end{pmatrix} \begin{pmatrix} a \\ b \end{pmatrix} + \begin{pmatrix} -y_1 \\ -y_2 \\ \vdots \\ -y_n \end{pmatrix} = AX + L, P = I$$

根据观测数据,采用最小二乘法(读者可参看有关测量平差书),可以计算出参数 a、b 的最佳估值。在 $[vv] = \min$ 条件下,可得法方程式:
$$NX + C = 0$$

式中:$N = A^T PA = \begin{pmatrix} n & [x] \\ [x] & [x^2] \end{pmatrix}$

$C = A^T PL = \begin{pmatrix} -[y] \\ -[xy] \end{pmatrix}$

上式的展开式为:

$$\left. \begin{array}{l} n\hat{a} + [x]\hat{b} - [y] = 0 \\ [x]\hat{a} + [xx]\hat{b} - [xy] = 0 \end{array} \right\} \tag{14-26}$$

式中:n——观测值个数。

将表 14-32 的数据代入式(14-26)即可求得参数 a、b 的最佳估值,从而得到坝基沉陷 y 与库水位 x 的关系式:
$$\hat{y} = 12.25 - 0.13x$$

另外,我们还可求得用该回归直线方程求因变量 y 估值的中误差 m_y,记为 S:
$$S = \pm \sqrt{\frac{[vv]}{n-2}}$$

式中：$[vv] = \sum v_i^2$；

$v_i = y_i - \hat{a} - \hat{b}x_i$。

对于上述例子，$S = \pm 0.813$mm。

当用回归直线预报未来变形值时，通常在回归直线两侧根据 $2S$ 画两条平行线（见图14-48中的虚线）。这两条平行线以内的范围即为未来变形值允许出现的区间。当观测值超出这一区间时，就应作专门分析。

(3) 线性相关的程度

一元线性回归分析的前提是变量 y 与 x 必须存在线性相关，否则所配直线方程就无实际意义。绘制散点图固然给了我们一个直观定性的估计，但还必须给出一个数量指标来描绘这两个变量线性相关的程度，这个指标就是相关系数 ρ。相关系数的计算公式为：

$$\rho = \frac{S_{xy}}{S_x S_y} = \frac{\sum[(x - \bar{x})(y - \bar{y})]}{\sqrt{\sum(x - \bar{x})^2} \cdot \sqrt{\sum(y - \bar{y})^2}}$$

式中：$\bar{x}$——自变量 x 的平均值；

$\bar{y}$——因变量 y 的平均值。

当 ρ 愈接近 ± 1 时，表明随机变量 x 与 y 线性相关愈密切。对于上述例子，计算求得 $\rho = 0.908$，经查相关系数分位值表知，该例变量之间线性相关密切，配置的回归直线是有效的。（一定置信水平 α 下的相关系数分位值表可参看有关数理统计参考书。）

上面我们介绍的是一元线性回归分析，应该说这是最简单的情况。在实际资料分析中，仅仅利用一元线性回归有时还不能解决问题。为此，我们需要采用多元线性回归分析。限于篇幅，多元线性回归分析内容请读者参看有关文献。

2）确定模型法

变形分析的"确定函数模型法"，应以大量变形信息和变形因素的观测资料为依据，利用荷载、变形体的几何性质和物理性质以及应力—应变间的关系来建立数学模型。当变形体的几何形状和边界条件复杂时，可采用有限单元法；当需要提高函数模型的精确度时，可采用联合使用函数方法与回归方法的"函数—回归分析"方法。

例如，混凝土坝在水压和温度等荷载作用下产生位移。因此，按其成因，混凝土坝的位移可分为水压分量 $f(H)$、温度分量 $f(T)$ 以及由于混凝土的徐变和基岩流变引起的时效分量 $f(\theta)$。即：

$$\delta = f_H(t) + f_T(t) + f_\theta(t)$$

首先假设坝体和基岩的变形参数，用有限元计算水压分量和温度分量，时效分量用统计模式计算，然后与实测值拟合而建立的模型称为确定性模型。

下面简单介绍一下混凝土坝测点位移确定性模型的建立。

(1) 水压分量 $f_H(t)$

在线弹性范围内，在水压荷载作用下坝体任一点的位移由坝体本身位移、坝基位移和库盘变形引起的位移等三部分组成。当已知坝体混凝土弹模与基岩变之比（$R = E_r/E_c$），并且库盘基岩与坝基的变模相同时，水压分量的计算公式为：

$$f_H(t) = x \sum_{i=1}^{m_1} a_i H^i$$

$$x = F(E_{c0}/E_c, E_{r0}/E_r, \mu_c, \mu_r)$$

式中:a_i——待定系数；

H^i——库水位。

不同水位下坝的位移,可由有限元计算;一般重力坝m_1取3,拱坝和连拱坝m_1取4;x不仅反映坝体位移与坝体混凝土弹模成反比,而且还与地基弹性模量、泊松比有关。

其他情况下$f_H(t)$的计算公式请参看有关参考文献。

(2)温度分量$f_T(t)$

$f_T(t)$是由于坝体混凝土变温所引起的位移。这部分位移一般在总位移中占相当大的比重,尤其是拱坝和连拱坝。所以正确处理$f_T(t)$对建立确定性模型是至关重要的。当坝体和边界设置足够数量的温度计,并连续观测温度时,$f_T(t)$的计算公式为:

$$f_T(t) = J\sum_{i=1}^{m_2}[\Delta\overline{T}_i(t)b_{1i}(x,y,z) + \Delta\beta(t)b_{2i}(x,y,z)]$$

$$J = \frac{\alpha_c}{\alpha_{c0}}$$

式中: $\Delta\overline{T}_i(t)$、$\Delta\beta(t)$——变温场的等效温度的平均温度和梯度；

$b_{1i}(x,y,z)$、$b_{2i}(x,y,z)$——单位平均变温($\Delta\overline{T}_i(t)$ = 1℃或10℃)、单位梯度的位移值(即载常数)；

m_2——温度计的层数。

其他情况下的$f_T(t)$计算公式请参看有关参考文献。

(3)时效分量$f_\theta(t)$

大坝产生时效分量的原因较为复杂,这综合反映了坝体混凝土和基岩的徐变、塑性变形以及基岩地质构造的压缩变形,同时还包括坝体裂缝引起的不可逆变形以及自生体积变形。

一般正常运行的大坝,时效位移($\delta\theta \sim \theta$)的变化规律为初期变化急剧,后期渐趋稳定。其时效位移的数学模式为(见有关参考文献):

$$f_\theta(t) = C_1\theta + C_2\ln\theta$$

(4)确定性模型的表达式

$$\delta = x\sum_{i=1}^{m_1}a_iH^i + J\sum_{i=1}^{m_2}[\Delta\overline{T}_i(t)b_{1i}(x,y,z) + \Delta\beta(t)b_{2i}(x,y,z)] + C_1\theta + C_2\ln\theta \quad (14-27)$$

(5)参数估计

式(14-27)中有很多待定参数。根据已知值,利用最小二乘法可求得待定参数值,从而建立起测点位移的确定性模型。

14.7.5 变形建模与预报

在本章第14.7.4节变形规律分析之后,根据变形规律分析得到的回归分析模型或确定性模型,可以预报未来变形值的范围;然后,再根据变形预报值对变形体是否安全进行判断。具体内容包括:

(1)变形建模

变形建模是在成因分析和统计分析的基础上,建立变形值与引起变形因素之间的函数关系模型。变形建模的方法有回归分析法、确定性模型法(统计模型法)以及神经网络方法等。

(2)变形预报。

变形建模的主要目的之一是变形预报。利用建立的变形模型预报该建筑物未来变形值的范围。

(3)安全判断。

变形预报的目的是帮助进行安全判断。根据变形预报值和建筑物的变形临界值或变形极限值,从而判断出建筑物的安全程度。

下面结合一个具体工程实例进行分析。

1)工程概况

本节以华东地区CC大坝(电站)为分析对象。CC大坝以发电为主,同时可发挥防洪、灌溉、养殖、航运等效益,是一座综合性中型水利枢纽工程。CC大坝坝址以上控制流域面积为2800km^2。多年平均降水量为1734mm,平均径流量为87.1m^3/s,平均来水量27.5亿m^3。百年一遇洪水位为122.2m(设计水位),千年一遇洪水位为124.6m(校核水位),保坝水位为127.7m;汛后最高蓄水位为119.0m,汛期限制水位为117.0m。库水周围山势陡峻,集流时间短,洪水涨落快,洪峰流量大,洪水次数频繁。

2)变形观测数据说明

变形分析资料采用CC大坝的原位观测数据。目前的CC大坝原型观测资料的采集有人工采集和自动化采集两种方式。大量的统计数据表明,人工观测数据的可靠性存在较多问题,而自动化监测资料在精度和时效性方面与人工监测资料相比虽有了比较大的提高,但其可靠性并没有得到明显的提高。因此,在数据分析处理之前,必须对监测数据进行可靠性检验,剔除粗差的影响,以确保监测数据的准确、可靠。

经过数据预处理,CC大坝某观测点1999年1月～2006年12月的垂直位移资料见表14-33。该观测点共有107个样本。为了分析比较不同变形分析模型的效果,现将107个样本分成三部分:"学习样本"、"检验样本"和"预测样本"。具体为:从1999年～2005年的90个样本中,随机挑选60个样本作为"学习样本"(该60个样本是用来建立变形分析模型的),另外30个样本作为"检验样本"(该30个样本是用来检验已经建立的变形分析模型的效果),将2006年的17个样本作为"预测样本"(该17个样本是用来检验已经建立的变形分析模型的预测效果)。

3)变形分析模型

为了比较不同模型的效果,本节选择4个模型进行大坝变形分析:一元线性回归模型、统计模型(详见本章14.7.4节)、常规BP神经网络模型(BP算法)、神经网络融合模型(H-BP算法)。

(1)一元线性回归模型

假设大坝变形δ只与库水位H有关,且为线性关系:

$$\delta = a + b \cdot H \tag{14-28}$$

可以将60个学习样本值代入公式(14-28)中,从而建立起60个误差方程式,再根据最小二乘法,求出一元线性回归分析模型中的待定系数a和b;求出a和b之后,一元线性回归分析模型就建立起来了。

(2)统计模型

混凝土大坝在水压和温度等荷载作用下,任一点产生的变形δ,按其成因可以分成主要的三部分:水压分量δ_H、温度分量δ_T和时效分量δ_θ。采用下列模型(参看本章14.7.4节):

$$\delta = \delta_H + \delta_T + \delta_\theta$$
$$= a_0 + \sum_{i=1}^{4} a_i H^i + \sum_{i=1}^{2}\left(b_{1i}\sin\frac{2\pi it}{365} + b_{2i}\cos\frac{2\pi it}{365}\right) + c_1\theta + c_2\ln\theta \tag{14-29}$$

垂直位移资料

表 14-33

日期	H(m)	y(mm)	日期	H(m)	y(mm)	日期	H(m)	y(mm)
1999-1-11	14.12	0.62	2002-1-21	14.65	1.14	2005-1-17	15.06	1.03
1999-2-6	13.01	1.01	2002-2-18	15.26	1.19	2005-2-20	20.25	2.01
1999-3-17	13.73	1.78	2002-3-19	18.79	1.18	2005-3-1	20.2	1.81
1999-4-13	17.90	1.29	2002-4-17	20.45	0.61	2005-3-12	17.98	1.83
1999-5-17	17.92	0.11	2002-5-15	23.68	0.76	2005-4-8	16.14	1.01
1999-6-15	19.92	-0.35	2002-6-18	19.51	-0.66	2005-5-1	15.7	0.37
1999-7-12	26.04	-0.30	2002-7-16	24.01	-1.14	2005-5-18	17.48	-0.07
1999-8-10	24.20	-1.11	2002-8-20	25.10	-1.35	2005-6-10	16.98	-0.61
1999-9-14	26.18	-1.78	2002-9-24	22.78	-1.85	2005-6-27	15.89	-1.02
1999-10-12	23.59	-1.39	2002-10-22	20.95	-0.95	2005-7-5	15.84	-1.21
1999-11-16	20.43	-0.94	2002-11-19	19.98	-0.65	2005-7-31	17.29	-1.82
1999-12-13	18.39	-0.36	2002-12-24	21.29	0.44	2005-8-23	16.9	-2.08
2000-1-19	16.54	1.47	2003-1-14	21.01	1.09	2005-8-31	17.06	-2.02
2000-2-16	16.23	1.75	2003-2-18	20.85	1.81	2005-10-3	17.62	-1.74
2000-3-13	16.26	2.04	2003-3-25	23.65	1.64	2005-10-22	17.17	-1.43
2000-4-18	12.92	1.03	2003-4-22	22.81	1.27	2005-11-19	15.5	-0.56
2000-5-16	11.71	0.02	2003-5-13	23.04	0.65	2005-12-4	13.97	-0.31
2000-6-20	16.48	-0.59	2003-6-24	17.37	-0.68	2005-12-18	13.22	-0.15
2000-7-11	17.45	-1.35	2003-7-15	20.60	-1.26	2006-1-6	13.27	0.36
2000-8-15	15.73	-2.14	2003-8-12	18.62	-1.97	2006-1-19	14.02	0.82
2000-9-19	17.29	-1.96	2003-9-19	16.89	-2.04	2006-2-4	16.04	1.04
2000-10-16	17.20	-1.46	2003-10-14	16.31	-1.51	2006-2-28	18.14	1.41
2000-11-14	15.54	-0.56	2003-11-11	14.71	-1.11	2006-3-10	18.54	1.45
2000-12-11	15.85	0.04	2003-12-15	14.60	0.28	2006-4-11	18.82	0.76
2001-1-15	15.6	0.96	2004-1-13	14.43	0.73	2006-4-18	19.59	0.91
2001-2-20	17.09	1.58	2004-2-25	14.53	1.09	2006-5-15	20.85	0.19
2001-3-13	16.84	1.43	2004-3-23	15.31	1.37	2006-6-6	20.12	-0.31
2001-4-17	13.68	0.95	2004-4-14	15.23	0.83	2006-6-21	19.34	-0.78
2001-5-15	18.20	0.14	2004-5-19	20.62	0.12	2006-8-11	18.37	-2.11
2001-6-12	19.01	-0.30	2004-6-21	20.04	-0.71	2006-8-30	17.34	-1.81
2001-7-16	20.59	-1.35	2004-7-14	24.03	-1.14	2006-9-13	16.98	-1.71
2001-8-14	20.95	-1.6	2004-8-18	21.89	-1.87	2006-11-6	16.53	-1.77
2001-9-18	19.26	-1.98	2004-9-15	21.39	-1.76	2006-11-24	16.38	-1.11
2001-10-16	17.31	-1.58	2004-10-13	18.65	-1.47	2006-12-9	16.61	-0.54
2001-11-19	13.35	-0.98	2004-11-16	15.81	-1.20	2006-12-29	16.42	-0.39
2001-12-24	14.18	0.56	2004-12-21	15.81	-0.33			

式中：a_i——水压因子回归系数（$i = 0 \sim 4$）；

H——坝前水深,即库水位;

b_{1i}、b_{2i}——温度因子的回归系数($i = 1 \sim 2$);

t——观测日至建模时段首次观测日的累计天数;

c_1、c_2——时效因子回归系数;

θ——观测日至始测日的累计天数除以100;每增加1d,θ增加0.01。

同样,可以将60个学习样本值代入式(14-29)中,从而建立起60个误差方程式,再根据最小二乘法,求出统计模型中的11个待定系数;由此,统计分析模型也建立起来了。

(3)常规BP神经网络模型(BP算法)

将影响混凝土大坝变形的各个影响因子(本例,取水压、温度和时效分量等10个因子): H、H^2、H^3、H^4、$\sin\frac{2\pi t}{365}$、$\cos\frac{2\pi t}{365}$、$\sin\frac{4\pi t}{365}$、$\cos\frac{4\pi t}{365}$、θ、$\ln(\theta)$ 作为神经网络的模型输入向量,垂直方向位移值作为模型的输出向量。因此,BP算法的模型结构为:$10 \times P \times 1$。其中P为隐含层节点数。

对于本工程实例,根据笔者所做的多次试验,BP神经网络的参数选取为:学习速率取为1.2,平滑因子取1.5,隐含层节点数P取为15,学习误差取为0.01。

(4)神经网络融合模型(H-BP算法)

融合模型的BP网络结构为$(n+1) \times p \times 1$,具体网络结构见图14-49。

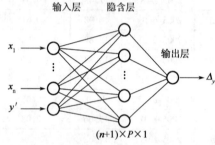

图14-49 融合模型的神经网络结构

本例神经网络模型结构为:$11 \times P \times 1$。具体说明如下:

①融合模型的输入层为影响大坝变形的n个因子和统计模型拟合值y',本例为:H、H^2、H^3、H^4、$\sin\frac{2\pi it}{365}$、$\cos\frac{2\pi it}{365}$、$\sin\frac{4\pi it}{365}$、$\cos\frac{4\pi it}{365}$、θ、$\ln(\theta)$ 和统计模型的变形拟合值y'。即:本例$n = 10$,神经网络的输入层为$(n+1) = 11$。

②隐含层的节点数为P;P的选取一般根据试算结果确定。

③输出层节点数为1:为实测位移值与统计模型的拟合值之间的差值Δy。

④融合模型的拟合结果为:$y = y' + \Delta y$。式中,y'是统计模型的拟合值,Δy是神经网络模拟值。

⑤对于本工程实例,根据笔者所做的多次试验,BP神经网络的参数选取为:学习速率取为1.2,平滑因子取1.5,隐含层节点数P取为15,学习误差取为0.01。

4)比较分析

4种模型模拟结果汇总表见表14-34。

不同模型结果比较表(单位:mm) 表14-34

方　　法	一元线性回归模型	统计模型	常规BP神经网络模型(BP算法)	神经网络融合模型(H-BP算法)
学习样本中误差(60个样本)	±1.20	±0.37	±0.23	±0.19
检验样本中误差(30个样本)	±1.27	±0.38	±0.32	±0.26
预测样本中误差(17个样本)	±1.19	±0.38	±0.34	±0.28

从表 14-34 中的"预测样本中误差"可以看出:一元线性回归模型效果较差,而统计模型的效果很好,其预测样本中误差为 ±0.38mm;与统计模型相比较,常规 BP 神经网络模型的预测效果有所改善,而神经网络融合模型的预测效果最好,其预测样本中误差为 ±0.28mm,比统计模型的预测精度提高了大约 25%。现将统计模型和神经网络融合模型对 2006 年 17 个样本的预测结果列于表 14-35。从表中可以看出:与统计模型相比较,神经网络融合模型的预测效果有明显改善。

预测结果对比表　　　　　表 14-35

观测日期	实测值(mm)	统计模型		神经网络融合模型	
		预报值(mm)	残差(mm)	预报值(mm)	残差(mm)
2006-1-6	0.36	0.62	-0.26	0.48	-0.12
2006-1-19	0.82	1.03	-0.21	0.70	0.12
2006-2-4	1.04	1.23	-0.19	0.97	0.07
2006-2-28	1.41	1.72	-0.31	1.42	-0.01
2006-3-10	1.45	1.61	-0.16	1.50	-0.05
2006-4-11	0.76	1.49	-0.73	1.31	-0.55
2006-4-18	0.91	1.21	-0.30	1.17	-0.26
2006-5-15	0.19	0.83	-0.64	0.61	-0.42
2006-6-6	-0.31	0.21	-0.52	0.10	-0.41
2006-6-21	-0.78	-0.34	-0.44	-0.34	-0.44
2006-8-11	-2.11	-1.52	-0.59	-1.71	-0.40
2006-8-30	-1.81	-1.76	-0.05	-1.81	0.00
2006-9-13	-1.71	-1.98	0.27	-1.92	0.21
2006-11-6	-1.77	-1.44	-0.33	-1.57	-0.20
2006-11-24	-1.11	-1.26	0.15	-1.17	0.06
2006-12-9	-0.54	-0.86	0.32	-0.75	0.21
2006-12-29	-0.39	-0.09	-0.30	-0.15	-0.24

5)小结

(1)变形建模是很重要的一项工作。变形分析模型的选择会影响到变形预报的精度,而变形预报是否准确又会影响到安全判断。因此,变形分析模型需要进一步深入研究。

(2)从本实例来看,一元线性回归分析模型,效果一般。与一元线性回归分析模型相比,统计模型效果有明显改善。因此,目前在大坝变形分析中,统计模型已被广泛采用。

(3)与统计模型相比较,常规 BP 神经网络模型效果有较大改善,但该方法结果的稳定性较差;而笔者提出的神经网络融合模型效果最好,且该方法结果的稳定性也很好,值得推广。

14.8 变形测量成果的提交

每一工程项目的变形测量任务完成后,应提交下列综合成果资料:
(1)施测方案与技术设计书;
(2)控制点与观测点平面布置图;
(3)标石、标志规格及埋设图;
(4)仪器检验与校正资料;
(5)观测记录(手簿);
(6)平差计算、成果质量评定资料及测量成果表;
(7)变形过程和变形分布图表;
(8)变形分析成果资料;
(9)技术报告。

15 变形观测工程实例

15.1 基坑支护工程变形监测

15.1.1 基坑支护工程变形监测的一般规定和精度要求

下面根据《建筑基坑工程监测技术规范》(GB 50497—2009),简要介绍基坑支护工程变形监测的一般规定和监测精度要求。

1) 基坑支护工程变形监测一般规定

(1) 基坑支护工程监测方法的选择应根据基坑类别、设计要求、场地条件、当地经验和方法适用性等因素综合考虑,监测方法应合理易行。

(2) 变形监测网的基准点、工作基点布设应符合以下要求:

① 每个基坑工程至少应有 3 个稳定、可靠的点作为基准点。

② 工作基点应选在相对稳定和方便使用的位置。

③ 监测期间,应定期检查工作基点和基准点的稳定性。

2) 水平位移监测精度要求

基坑围护墙(边坡)顶部、基坑周边管线、邻近建筑水平位移监测精度应根据其水平位移报警值按表 15-1 确定。

水平位移监测精度要求　　　　　　　　　　表 15-1

水平位移报警值	累计值 D(mm)	$D<20$	$20 \leqslant D<40$	$40 \leqslant D \leqslant 60$	$D>60$
	变化速率 v_D(mm/d)	$v_D<2$	$2 \leqslant v_D<4$	$4 \leqslant v_D \leqslant 6$	$v_D>6$
监测点坐标中误差(mm)		$\leqslant 0.3$	$\leqslant 1.0$	$\leqslant 1.5$	$\leqslant 3.0$

注:1. 监测点坐标中误差,是指监测点相对测站点(如工作基点等)的坐标中误差,为点位中误差的 $1/\sqrt{2}$。
2. 当根据累计值和变化速率选择的精度要求不一致时,水平位移监测精度优先按变化速率报警值的要求确定。
3. 以中误差作为衡量精度的标准。

3) 竖向位移监测精度要求

基坑围护墙(边坡)顶部、立柱、基坑周边地表、管线和邻近建筑竖向位移监测精度应根据其竖向位移报警值按表 15-2 确定。

竖向位移监测精度要求　　　　　　　　　　表 15-2

竖向位移报警值	累计值 S(mm)	$S<20$	$20 \leqslant S<40$	$40 \leqslant S \leqslant 60$	$S>60$
	变化速率 v_S(mm/d)	$v_S<2$	$2 \leqslant v_S<4$	$4 \leqslant v_S \leqslant 6$	$v_S>6$
监测点测站高差中误差(mm)		$\leqslant 0.15$	$\leqslant 0.3$	$\leqslant 0.5$	$\leqslant 1.5$

注:监测点测站高差中误差是指相应精度与视距的几何水准测量单程一测站的高差中误差。

4)坑底隆起(回弹)监测精度要求(见表15-3)

坑底隆起(回弹)监测精度要求(mm)　　　　　　　　　　　表15-3

坑底回弹(隆起)报警值	≤40	40~60	60~80
监测点测站高差中误差	≤1.0	≤2.0	≤3.0

15.1.2 基坑工程概述

基坑工程是指建(构)筑物基础工程或其他地下工程(如地铁车站、地下车库、地下商场和人防通道等)施工中所进行的基坑开挖、降水、支护(围护)和土体加固等综合性工程。基坑开挖深度有深浅之分,一般≥6m者称为深基坑工程。

1)基坑开挖

基坑开挖将引发以下诸多问题:坑壁土体重力下滑、坡面渗流失稳、坑底土体卸荷回弹和浸水软化、坑底土体承载力不足隆起、坑底土体下卧承压水层反压顶破"突涌"、坑底土体渗流管涌和倒渗流沙流土、支护桩墙倾覆或滑移失稳、支护桩墙强度不足断裂、坑内支撑压屈、坑外锚杆拔移失效等。

基坑开挖分为三种施工法:

(1)放坡开挖;

(2)支护开挖;

(3)上段放坡下段支护开挖。

在城郊地区,场地土质较硬时可采用第(1)种施工法,较软时用第(3)种施工法;在繁华市区,大都采用第(2)种施工法。在软土地区,尚需坑内或坑外降水,必要时坑壁或坑底加固土体。

2)基坑降水

基坑降水的目的是为了获得坑壁稳定和坑底干燥的施工条件,这是软土地区基坑开挖的首要任务。支护开挖须在基坑内距离基础周边0.4m外设置集水明沟和集水井。对于地下潜水涌水量不大的降水可采用明排水方案,在沟体和井周应做好反滤层,以免渗流管涌发生。

当采用支护开挖时,通常在坑内设置降水井而支护采用止水(截水)挡土结构,但不可忽视坑内外地下水位高差引起的渗流作用,它将导致坑底土体由下向上倒渗出现的流沙流土现象。在设计时应考虑加长支护结构的入土深度,得以延长渗流长度,即可减小渗流力(动水力),或采用对坑底土体加固的方案。

3)基坑支护

基坑支护是指基坑开挖过程中所设置的坑壁支护结构和撑锚体系。支护结构的功能是挡土止水、节约施工用地、保护周围环境或可利用作为建筑物地下空间的外墙结构等。支护结构分为桩墙式和重力墙式两类。桩墙包括板桩墙、地下连续墙、排桩墙等。钢板桩可回收;地下连续墙造价高,施工难度大,可利用作为地下空间的外墙结构;排桩刚度大、分离式、压顶圈梁连接,桩与桩的间隙加以注浆构成止水挡土结构。重力墙包括水泥土墙、土钉墙等。

4)基坑土体加固

基坑土体加固的用途是增加基坑土体的强度(承载力)和稳定性,降低土的渗透性,减小主动土压力,增大被动土压力等。基坑土体加固分为坑内土体加固、坑外土体加固和边坡加固3种。坑内土体加固的目的是抗坑底隆起失稳、抗坑底"突涌"失稳、抗坑底管涌或抗流沙流土失稳、增大被动侧土压力(弥补支护结构入土深度不够)、减少支护结构坑内倾斜水平位移(保护周边环境)等。坑外土体加固的目的主要是止水(保护周围环境),并可减少主动土压力(弥补桩墙强度不足刚度不够)。边坡加固的目的主要是抗边坡整体失稳。

15.1.3 基坑工程监测项目与测点布置

基坑工程或者其他岩土工程的现场检验与监测工作,在施工过程中对时间和空间的准确性要求很高,工作拖延或失误造成的影响往往是难以补救的。因此,在基坑开挖前应制定现场监测方案,主要内容包括监测目的、监测内容、测点布置、监测方法、监测项目报警值、监测结果、信息化施工。监测对象和项目的选择,关系到基坑工程的安全施工,盲目增加监测项目是对工程费用的浪费;但任意削减监测项目,可能造成严重事故的发生。应根据基坑工程的安全等级(见表15-4)选择确定监测对象和项目(见表15-5)。

基坑工程的安全等级　　　　　　　　表15-4

安全等级	破坏后果	
一	支护结构破坏、土体失稳或过大变形对基坑周边环境及地下结构施工的影响	很严重
二		严重
三		不严重

1)基坑工程监测的目的
(1)监测基坑工程的变化,确保基坑工程的安全。
(2)做好信息化施工。
(3)信息反馈优化设计,指导施工。
(4)用反分析法修正计算参数和理论公式,指导设计。

2)基坑工程监测内容

基坑工程监测是指基坑工程在施工全过程中对基坑岩土体反应性状、地下水位、坑边放坡变形、支护结构内力和变形、支护结构侧土压力、撑锚体系轴力和变形以及周围建筑变形等内容的观测或测试。所谓建筑变形,包括建(构)筑物本身(基础和上部结构)变形,以及建筑地基及其场地道路、地下建筑、地下管线等的变形。建筑变形分为沉降与位移两类。沉降类包括建筑物(基础)沉降、基坑回弹、地基土分层沉降、建筑场地沉降等;位移类包括建筑物水平位移、主体倾斜、裂缝、挠度、日照变形、风振变形以及场地滑坡等。

3)监测项目

在基坑工程中,现场量测的主要项目有:
(1)基坑围护桩(墙)的水平变位,包括桩(墙)的测斜和桩(墙)顶部的隆沉量及水平位移;
(2)地层分层沉降量(或回弹量);
(3)各立柱桩的隆沉量及水平位移;
(4)支撑围檩的变形及弯矩;
(5)基坑围护桩(墙)的弯矩;
(6)基坑周围地下管线、房屋及其他重要构筑物的沉降和水平位移;
(7)基坑内外侧的孔隙水压力及水位;
(8)结构底板的反力及弯矩;
(9)基坑内外侧的水土压力值。

基坑工程监测项目 表15-5

序号	监测对象	监测项目	基坑工程安全等级		
			一级	二级	三级
1	自然环境	雨水、气温、洪水等	△	△	△
2	周围地面	超载状况	△	△	△
3		裂缝	△	△	○
4		沉降	△	○	×
5	周围建(构)筑物	裂缝	△	△	△
6		沉降	△	△	△
7		倾斜	△	△	△
8		水平位移	○	×	×
9	周围地下管线等设施	定位状况	△	△	△
10	土方分层开挖	高程	△	△	△
11	地下水位	坑内、坑外变化	△	△	○
12	边坡土体	渗、漏水状况	△	△	△
13		顶部水平位移	△	△	△
14		顶部垂直位移	△	△	×
15	支护结构	裂缝、漏水状况	△	△	△
16		墙顶、墙身水平位移	△	△	△
17		墙顶垂直位移	△	○	△
18		墙身内力	△	△	△
19		墙侧土压力	○	○	×
20		墙侧土体分层沉降、孔隙水压力	○	×	×
21	撑锚体系	支撑轴力、变位	△	○	×
22		锚杆拉力	△	△	×
23		立柱桩隆沉、水平位移	△	△	×
24	基坑底面	渗、漏水状况	△	△	△
25		回弹、隆起	△	○	×

注：△-必测；○-宜测；×-可不测。

在工程中选择监测项目时,应根据工程实际及环境需要而定。一般来说,大型工程均需测量这些项目,特别是位于闹市区的大中型工程;而中、小型工程则可选择其中几项监测项目。基坑工程中,测斜及支撑结构轴力的量测必不可少,因为它们能综合反映基坑变形、基坑受力情况,直接地反馈基坑的安全度。具体监测项目的选定可参考表15-5。

4) 监测点布置

设置在围护结构里的测斜管,按对基坑工程控制变形的要求,一般情况下,基坑每边设1~3点;测斜管深度与结构入土深度一样。围护桩(墙)顶的水平位移、垂直位移测点应沿基坑周边每隔10~20m设1点,并在远离基坑(大于5倍的基坑开挖深度)的地方设基准点,对此基准点要按其稳定程度定时测量其位移和沉降。

环境监测应包括基坑开挖深度3倍以内的范围。地下管线位移量测有直接法和间接法两种,所以测点亦有两种布置方法。直接法就是将测点布置在管线本身上;而间接法则是将测点设在靠近管线底面的土体中,为分析管道纵向弯曲受力状况或在跟踪监测跟踪注浆调整管道差异沉降时,间接法必不可少。房屋沉降量测点则应布置在墙角、柱身(特别是代表独立基础及条形基础差异沉降的柱身)、门边等外形突出部位,测点间距以能充分反映建筑物各部分的不均匀沉降为宜。

立柱桩沉降测点直接布置在立柱桩上方的支撑面上。每根立柱桩的隆沉量、位移量均需测量,特别对基坑中多个支撑交汇受力复杂处的立柱应作为重点测点。对此重点,变形与应力量测应配套进行。

围护桩(墙)弯矩测点应选择基坑每侧中心处布置,深度方向测点间距一般以 1.5~2.0m 为宜。支撑结构轴力测点需设置在主撑跨中部位,每层支撑都应选择几个具有代表性的截面进行测量。对测轴力的重要支撑,宜配套测其在支点处的弯矩,以及两端和中部的沉降及位移。底板反力测点按底板结构形状在最大正弯矩和负弯矩处布置测点。

在实际工程中,应根据工程施工引起的应力场、位移场分布情况分清重点与一般,抓住关键部位,做到重点量测项目配套,强调量测数据与施工工况的具体施工参数配套,以形成有效的整个监测系统;使工程设计和施工设计紧密结合,以达到保证工程和周围环境安全和及时调整优化设计及施工的目的。

15.1.4 基坑工程监测的警戒值

在工程监测中,每一项测试项目都应根据实际情况的客观环境和设计计算书,事先确定相应的警戒值,以判断位移和受力状况是否会超过容许的范围,判断工程施工是否安全可靠,是否需调整施工工序或优化原设计方案。因此,测试项目警戒值的确定至关重要。一般情况下,每个警戒值应由两部分控制,即总允许变化量和单位时间内允许变化量。

1)警戒值确定的原则

(1)满足设计计算的要求,不可超出设计值。

(2)满足测试对象的安全要求,达到保护目的。

(3)对于相同的保护对象,应针对不同的环境和不同的施工因素而确定。

(4)满足各保护对象的主管部门提出的要求。

(5)满足现行的相关规范、规程的要求。

(6)在保证安全的前提下,综合考虑工程质量和经济等因素,减少不必要的资金投入。

2)警戒值的确定

根据以上原则,并结合实践经验,对一些项目提出以下警戒值,以供参考:

(1)基坑围护墙测斜:对于只存在基坑本身安全的测试,最大位移一般取80mm,每天发展不超过10mm。对于周围有需严格保护构筑物的基坑,应根据保护对象的需要来确定。例如上海市地铁一号线隧道,周围施工对其影响所造成的位移不得超过20mm。

(2)煤气管道变位:沉降或水平位移均不得超过10mm,每天发展不得超过2mm。

(3)自来水管道变位:沉降或水平位移均不得超过30mm,每天发展不得超过5mm。

(4)基坑外水位:坑内降水或基坑开挖引起坑外水位下降不得超过1000mm,每天发展不得超过500mm。

(5)立柱桩差异隆沉:基坑开挖中引起的立柱桩隆起或沉降不得超过10mm,每天发展不超过2mm。

(6) 弯矩及轴力：根据设计计算书确定，一般将警戒值定在80%的设计允许最大值内。

(7) 另外，对于测斜、围护结构纵深弯矩等光滑的变化曲线，若曲线上出现明显的折点变化，也应作出报警处理。

以上是警戒值的确定方法和原则，在具体的监测工程中，应根据实际情况取舍，以达到监测的目的，保证工程的安全和周围环境的安全，使主体工程能够顺利地进行。

15.1.5 基坑工程监测实例

水平位移观测的传统方法有很多，诸如视准线法、引张线法、导线法以及前方交会法等（详见第14章第14.4节）。结合施工工地的特点，对支护工程的水平位移观测大多采用视准线法，即建立一条基线，利用精密经纬仪测小角从而计算出水平位移。参看第14章图14-26，P 点的水平位移值 ΔP 为：

$$\Delta P = \frac{\Delta \beta}{\rho} \cdot D \tag{15-1}$$

式中：D——测站点 A 到观测点 P 之间的平距；

$\rho = 206265''$。

这种方法方便易行，在工地中被广泛采用。但这种方法也有缺点：对于一般的长方形基坑，需要布设4条基线进行观测，经纬仪安置次数多会大大降低工作效率；现在城市工地施工空间很小，要想实现4条基线的愿望肯定是困难重重。而且目前基坑形状大多不是长方形，而是多边形。因此，视准线法已经很难适应当前的工程需要。近十年来，全站仪自由设站法已经在建筑物基坑支护工程的变形观测中得到广泛应用。

图15-1为南京市某建筑物基坑工程全站仪观测平面示意图。该工程基坑开挖面积近 $2000m^2$，基坑支护采用深搅施工，支护结构采用 $\phi 700mm$ 双轴深层搅拌桩，重力墙的墙宽度为 3.2m，水泥掺入比为 15%，基坑开挖深度为 5m。下面简单介绍该基坑工程变形监测的实践。

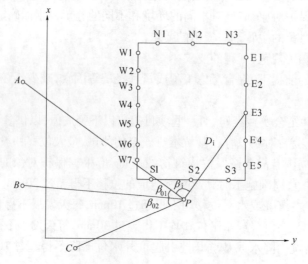

图15-1 南京市某基坑支护工程平面示意图

1) 用全站仪监测水平位移

(1) 测量原理

根据现场踏勘，监测方案采用全站仪"自由设站法"加"极坐标法"来监测水平位移量。"自由设站法"的测量原理请参看第14章第14.4.6节。而"极坐标法"的测量原理比较简单：对某测点 i，利用全站仪同时测定水平角 β_i 和水平距离 D_i，则可利用观测值 (β_i, D_i) 来计算出该点的平面直角坐标 (x_i, y_i)：

$$x_i = x_P + D_i \cdot \cos(\alpha_{PA} + \beta_i) \tag{15-2a}$$

$$y_i = y_P + D_i \cdot \sin(\alpha_{PA} + \beta_i) \tag{15-2b}$$

式中：(x_P, y_P) ——自由设站点 P 的坐标；

α_{PA} ——基准线 PA 的方位角，两期观测结果之差 $(\Delta x_i, \Delta y_i)$ 即是 i 点的水平位移；其中 Δx_i 为南北方向位移值，Δy_i 为东西方向位移值。

(2) 精度估算

这种方法能否满足基坑支护变形监测的要求呢？需要根据误差传播定律进行详细分析。限于篇幅，此处只列出精度分析结果。

① 自由设站点 P。假设水平角用 2″级全站仪各测 2 测回，平距只测 1 测回（读数 4 次），经间接平差精度估算可得：P 点坐标精度为 $m_{xP} = m_{yP} = \pm 0.72\text{mm}$，$PA$ 边的方向中误差为：$m_{\alpha PA} = \pm 2.2″$。

② 观测点精度估算。对式(15-2)进行全微分，再根据误差传播定律可得：

$$m_{xi} = \sqrt{m_{xP}^2 + \cos^2(\alpha_{PA} + \beta_i) \cdot m_D^2 + D_i^2 \cdot \sin^2(\alpha_{PA} + \beta_i) \cdot \frac{m_\beta^2 + m_{\alpha PA}^2}{\rho^2}} \tag{15-3a}$$

$$m_{yi} = \sqrt{m_{yP}^2 + \sin^2(\alpha_{PA} + \beta_i) \cdot m_D^2 + D_i^2 \cdot \cos^2(\alpha_{PA} + \beta_i) \cdot \frac{m_\beta^2 + m_{\alpha PA}^2}{\rho^2}} \tag{15-3b}$$

式中：m_{xP}、m_{yP}、$m_{\alpha PA}$ ——P 点的起始数据误差；

$\rho = 206265″$。

现场监测采用 2″级全站仪，水平角观测 2 测回；测距标称精度为：$m_D = \pm(1\text{mm} + 2 \times 10^{-6} D)$。根据现场实际情况，取 $D_i = 60\text{m}$，取 $(\alpha_{PA} + \beta_i) = 45°$。将有关数据代入式(15-3)，则预估出观测点坐标的精度：

$$m_{xi} = \pm 1.32\text{mm} \tag{15-4a}$$

$$m_{yi} = \pm 1.32\text{mm} \tag{15-4b}$$

$$m_i = \pm \sqrt{m_{xi}^2 + m_{yi}^2} = \pm 1.86\text{mm} \tag{15-4c}$$

一般基坑支护工程变形观测要求：点位测量中误差应 ≤2mm。因此，该法是可以满足工程需要的。

(3) 计算软件

对于基坑支护变形观测，建设单位总是希望在观测之后立即提供变形数据。因此，为了满足工程需要，我们用 Visual Basic 5.0 开发了相应的计算软件。该软件的主要功能包括自由设站点坐标计算；观测点坐标计算；水平位移值计算；在 Office 软件支持下，水平位移成果可以用电子表格形式输出。有此软件支持，在观测结束后，我们可以立即提交变形监测成果，为建设单位及时解决施工中出现的问题提供了方便。

2) 实测数据分析

测量成果见表 15-6。

部分观测点的水平位移监测成果 表 15-6

时间	观测点点号、位移方向、位移值(mm)										
	E1 西移	E3 西移	E5 西移	S2 北移	W1 东移	W2 东移	W3 东移	W4 东移	W5 东移	W6 东移	N2 南移
第1天	0.0	0.0	0.0	0.0	0.0	0.0	0.0	0.0	0.0	0.0	0.0
第2天	2.5	5.9	0.6	5.8	6.3	12.5	22.9	18.1	12.4	4.9	3.0
第3天	6.9	8.8	3.0	12.6	16.6	41.1	50.0	36.7	21.8	1.7	8.7
第4天	7.2	19.9	5.0	16.8	29.0	66.0	80.5	56.6	33.4	6.3	11.2
第5天	7.2	22.9	6.0	19.8	35.6	77.5	89.4	65.0	38.1	4.3	12.2
第6天	7.2	23.1	5.4	22.2	35.9	80.9	91.5	66.9	40.4	6.8	12.4
第8天	7.3	26.7	5.6	32.9	43.5	83.2	97.6	75.7	44.2	8.1	13.6
第9天	7.7	26.5	4.9	36.5	47.2	91.0	98.7	78.9	45.0	9.8	13.5
第11天	4.5	27.2	5.0	43.2	50.6	96.9	106.8	破坏	46.7	9.8	13.2
第13天	7.2	30.0	7.0	50.1	54.5	104.9	116.2	—	52.3	9.7	15.8
第15天	8.0	29.8	6.5	55.2	56.2	111.3	122.0		58.1	9.7	14.9
第17天	8.9	30.3	8.8	60.2	56.9	111.8	128.3		59.3	9.8	15.5
第26天	9.9	33.3	9.8	74.7	57.8	115.7	134.6		66.3	9.9	17.5
第31天	11.6	34.1	8.9	79.8	60.1	117.9	137.7		68.8	9.8	17.3
第37天	12.3	37.2	11.9	83.1	60.8	121.4	139.7		71.0	10.0	20.8

表 15-6 中的数据规律很明显(只有个别数据异常)。前几天的测量结果表明:西侧 W2、W3 和 W4 三点的水平位移值较大,且发展速度较快,如 W3 点的第 3 天的日位移量达 27mm,已严重影响基坑支护结构的稳定性,而且周围的建筑物也出现了裂缝。我们及时将监测成果通报建设单位,建议他们对西侧支护工程及时加固。基坑东侧由于支护桩埋入土层相对较深,故东侧各点的水平位移值较小。

我们根据对基坑工程的稳定性分析,结合本工程的具体情况,与建设单位一起,在岩土专家的指导和建议下,商议基坑开挖时水平位移的报警速率为 10mm/d(即每天的水平位移变化值应小于 10mm)。从表 15-6 中的数据可以看出,西侧 W2、W3 和 W4 三点在前 5 天的观测中,水平位移速率均大于报警值。我们及时向建设单位报警。在第 5 天基坑西侧有部分土层坍塌之后,当晚,建设单位立即讨论了基坑支护工程应急方案:

①在西北角处加斜撑;

②基坑西侧北段在承台外边线与深层搅拌桩之间浇注 C25 混凝土,间隔 1.5m 插入长 4.0m 钢管(ϕ48mm),钢管底插入坑底 2.0m;

③基坑西侧南段增设一排钻孔灌注桩。

由于建设单位果断采取了加固措施,消除了安全隐患。之后,西侧各点水平位移内倾速度明显减缓,所有各点水平位移内倾速率均小于报警值,因此,基坑工程顺利进行到 ±0。

3)几点经验和体会

(1)自由设站法能有效解决城市深基坑施工复杂空间的通视问题,主要解决了因基坑开挖施工引起周边土体变形,从而导致工作基点不稳定影响监测精度的关键问题。

(2) 自由设站加极坐标法监测基坑围护墙顶水平位移,设站灵活,作业效率高,能满足基坑变形监测的精度要求,可以实现深基坑施工快速、准确反馈变形信息的目的。

(3) 观测点应做在支护桩圈梁上,与圈梁连成一体。具体做法是:用水泥或通过电焊把钢筋埋在圈梁上,并在钢筋顶部画上"+"标志;最好再在点旁边做醒目标志,以便找点。

(4) 由式(15-3)的精度分析可知,$m_{\beta i}$和m_{Di}对观测点坐标结果的精度影响都比较大,因此,在现场观测中,要尽可能提高水平角和平距的测量精度。具体经验是:

①观测角度β_i时,用细钢钎插在观测点的"+"标志上,仪器直接瞄准细钢钎根部。

②观测平距D_i时,用对中杆架设棱镜方便、迅速,且精度高,但对中杆上的气泡要经常检校;也可用小型对中杆架设棱镜或反射片。

③为避免出现粗差,每个点的β_i和D_i各观测两次,确保$\Delta\beta_i \leq 2''$和$\Delta D_i \leq 1mm$。

(5) 监测成果应及时反馈,与建设单位、施工单位及时沟通,及时解决施工中出现的问题。设立基坑变形报警值是十分必要的。

15.2 高层建筑变形监测

15.2.1 高层建筑变形监测的精度要求

高层建筑从施工准备起,到全部工程竣工后的一段时间内,应按施工与设计的要求,进行沉降、位移和倾斜等变形观测。一般分两部分:一部分是观测高层建筑施工造成周围邻近建(构)筑物和护坡桩的变形以及日照等对建筑物施工影响的变形,以保证安全和正确指导施工;另一部分是在整个施工过程中和竣工后,观测高层建筑各部位的变形,以检查施工质量和工程设计的正确性,并为有关地基基础与结构设计反馈信息。

根据《高层建筑混凝土结构技术规程》(JGJ 3—2002)的规定,对于20层以上或造型复杂的14层以上的建筑物,应进行沉降观测,并应符合行业标准《建筑变形测量规范》(JGJ 8—2007)的有关规定。现参考《建筑变形测量规范》(JGJ 8—2007)和参考文献[40],将高层建筑物变形监测的精度要求列于表15-7。

高层建筑变形测量的精度要求及其适用范围 表15-7

变形测量等级	沉降观测 观测点测站 高差中误差 (mm)	位移观测 观测点 坐标中误差 (mm)	适 用 范 围
特级	±0.05	±0.3	变形特别敏感的高层建筑、高耸构筑物、重要古建筑等
一级	±0.15	±1.0	变形比较敏感的高层建筑、高耸构筑物、古建筑和重要建筑场地的滑坡监测等
二级	±0.5	±3.0	一般性的高层建筑、高耸构筑物、滑坡监测等
三级	±1.5	±10.0	观测精度要求较低的建筑物、构筑物和滑坡监测等

15.2.2 监测项目清单

监测项目清单见表15-8。

高层建筑监测项目清单 表15-8

监测项目		监测内容
沉降观测	1. 施工对邻近建（构）筑物影响的观测	打桩和采用井点降低水位等，均会使邻近建（构）筑物产生不均匀的沉降、裂缝和位移等变形。为此，应在打桩、井点降水影响范围以外设基准点，对距基坑一定范围的建（构）筑物上设置沉降观测点；并进行沉降观测；并针对其变形情况，采取安全防护措施
	2. 施工塔吊基座的沉降观测	高层建筑施工使用的塔吊，吨位和臂长均较大。随着施工的进展，塔吊可能会因塔基下沉、倾斜而发生事故。因此，要根据情况及时对塔基四角进行沉降观测，检查塔基下沉和倾斜状况，以确保塔吊运转安全
	3. 地基回弹观测	一般基坑越深，挖土后基坑底面的原土向上回弹得越多，建筑物施工后其下沉也越大。为了测定地基的回弹值，基坑开挖前，在拟建高层建筑的纵、横主轴线上，用钻机打直径100mm的钻孔至基础底面以下300~500mm处，在钻孔套管内压设特制的测量标志，测定其高程。当套管提出后，测量标志即留在原处。待坑挖至底面时，测出其高程，然后，在浇筑混凝土基础前，再测一次高程，从而得到各点的地基回弹值。地基回弹值是研究地基土体结构和高层建筑物地基下沉的重要资料
	4. 地基分层和邻近地面的沉降观测	这项观测是了解地基下不同深度、不同土层受力的变形情况与受压层的深度，以及了解建筑物沉降对邻近地面由近及远的不同影响。这项观测的目的和方法基本与地基回弹观测相同
	5. 建筑物自身的沉降观测	这是高层建筑沉降观测的主要内容。当浇筑基础垫层时，就在垫层上设计指定的位置，埋设好临时观测点。一般施工一层观测一次，直至竣工。工程竣工后的第一年内要测4次，第二年测两次，第三年后每年1次，直至下沉稳定为止。一般砂土地基测两年，黏性土地基测5年，软土地基测10年
位移观测	1. 护坡桩的位移观测	无论是钢板护坡桩还是混凝土护坡桩，在基坑开挖后，由于受侧压力的影响，桩身均会向基坑方向产生位移。为监测其位移情况，一般要在护坡桩基坑一侧500mm左右设置平行控制线。用经纬仪视准线法，定期进行观测，以确保坡桩的安全
	2. 日照对高层建筑物上部位移变形的观测	这项观测对施工中如何正确控制高层建（构）筑物的竖向偏差具有重要作用。观测随建（构）筑物施工高度的增加，一般每30m左右实测1次。实测时应选在日照有明显变化的晴天天气进行，从清晨起每1小时观测1次，至次日清晨，以测得其位移变化数值与方向，并记录向阳面与背阳面的温度。竖向位置以使用天顶法为宜
	3. 建筑物本身的位移观测	由于地质或其他原因，当建筑物在平面位置上发生位移时，应根据位移的可能情况，在其纵向和横向上分别设置观测点和控制线，用经纬仪视准线或小角度法进行观测
倾斜观测	1. 建（构）筑物竖向倾斜观测	一般要在进行倾斜监测的建（构）筑物上设置上、下两点或上、中、下多点观测标志，各标志应在同一竖直面内。用经纬仪正倒镜法，由上而向下投测各观测点的位置，然后根据高差计算倾斜量；或以某一固定方向为后视，用测回法观测各点的水平角及高差，再进行倾斜量的计算
	2. 建（构）筑物不均匀下沉对竖向倾斜影响的观测	这是高层建筑中最常见的倾斜变形观测，利用沉降观测的数据和观测点的间距，即可计算由于不均匀下沉对倾斜的影响

15.2.3 变形监测的特点

1)精度要求高

为了能准确地反映出建(构)筑物的变形情况,一般规定测量的误差应小于变形量的 1/10~1/20。为此,变形观测中应使用精密测量仪器和精密的测量方法。具体精度要求参见第 14 章表 14-1~表 14-3。

2)观测时间性强

各项变形观测的首期观测时间必须按要求及时进行,否则得不到初始数据,从而使整个观测失去意义。其他各阶段的复测,也必须根据工程进展定时进行,不得漏测,这样才能得到准确的变形量及其变化情况。

3)提交观测成果要及时

对于施工期间的变形监测,一定要及时提交监测成果,以便进行信息化施工;另外,观测成果要可靠、资料要完整,这是进行变形分析的需要,否则得不到符合实际的结果。

15.2.4 变形监测的基本措施

为了保证变形观测成果的精度,除按规定时间一次不漏地进行观测外,在观测中还应采取"一稳定、四固定"的基本措施。

1)"一稳定"

"一稳定"是指变形观测依据的基准点和工作基点,其点位要稳定。基准点是变形观测的基本依据,每项工程至少要有 3 个稳固可靠的基准点,并每半年复测 1 次。工作基点是观测中直接使用的依据点,要选在距观测点较近但比较稳定的地方。对通视条件较好或观测项目较少的高层建筑,可不设工作基点,而直接依据基准点观测。变形观测点应设在被观测物上最能反映变形特征,且便于观测的位置。

2)"四固定"

"四固定"是指:

(1)所用仪器、设备要固定。

(2)观测人员要固定。

(3)观测的时间要固定。

(4)观测的路线、镜位、程序和方法要固定。

15.2.5 电子水准仪在高层建筑沉降观测中的应用

日本 TOPCON 公司生产的电子水准仪 DL—101C 的标称精度为 ±0.4mm/km,完全能够达到沉降观测所需要的二等水准测量的精度要求。笔者利用电子数字水准仪 DL—101C 进行高层建筑的沉降观测,取得良好效果。

1)仪器实测精度分析

我们用电子数字水准仪 DL—101C 对南京某高层住宅楼(28 层)进行了沉降观测,从该楼 ±0.000 开始至封顶期间共进行了 26 次沉降观测,每盖一层观测 1 次。每次观测均构成 1 条闭合水准路线,根据测量数据可以求得当次的高差闭合差,监测中有 6 次观测因现场条件的原因而没有闭合。现将 20 次实测高差闭合差 f_h(即 W)列于表 15-9。

沉降观测实测精度分析表 表15-9

序号 m	测站数 n	闭合差 W (mm)	W^2 ($\times 10^{-4}$)	序号 m	测站数 n	闭合差 W (mm)	W^2 ($\times 10^{-4}$)
1	6	-0.21	441	11	6	0.43	1849
2	6	0.04	16	12	6	0.26	676
3	6	0.33	1089	13	6	-0.11	121
4	6	-0.15	225	14	6	0.62	3844
5	6	0.47	2209	15	6	-0.25	625
6	6	0.31	961	16	6	-0.18	324
7	6	-0.17	289	17	6	-0.46	2116
8	6	-0.06	36	18	6	-0.28	784
9	6	0.19	361	19	6	0.01	1
10	6	-0.52	2704	20	6	0.26	676

$$[WW] = 1.9347, m = 20, n = 6$$

每测站高差中误差:$m_0 = \pm \sqrt{\dfrac{[WW]}{mn}} = \pm 0.13 \text{mm}$

沉降观测最弱点高程测量精度:$m_R = \pm m_0 \sqrt{\dfrac{n}{2}} = \pm \sqrt{3} m_0 = \pm 0.22 \text{mm}$

从表中的统计计算可知,电子数字水准仪DL—101C应用于高层建筑的沉降观测,虽然现场观测条件较差,但其实测精度是比较高的,完全能够满足沉降观测的精度要求。

2)数据通信

DL—101C电子数字水准仪,带有PCMCIA卡(以下简称PC卡),PC卡与仪器内存之间的数据通信可通过仪器菜单"工具模式(Utility)"的操作来实现(详见仪器操作手册)。存有数据的PC卡,可直接插入到计算机的PC卡驱动器中,从而将测量数据传输给计算机。

3)应用软件开发

电子数字水准仪最大的一个优点是野外观测数据能自动记录并存储在仪器内存中,通过PC卡,又可将仪器内存中的原始观测数据传送到计算机。这就为内业数据处理的自动化提供了方便。沉降观测是定期进行观测的,观测周期长,观测次数多,人工进行成果整理费时费力,且容易发生差错,因此,为了提高工作效率,进行应用软件开发是很有必要的。

4)实例结果

南京某28层高层住宅楼布设了沉降观测点15个,从主体施工开始至竣工后1年,共进行了46期观测。利用该软件计算得到的沉降成果电子表格见表15-10(注:因保密原因,表中只列出了部分点的数据),沉降曲线图见图15-2。有此软件支持,可以实现沉降观测内外业一体化技术。

另外,本软件同样适用于常规仪器沉降观测的内业处理。利用光学精密水准仪(如Ni007,NA2等)进行沉降观测时,记录方式有电子手簿记录和人工记录两种。如果是电子手簿记录,则先要设法将电子手簿记录的原始数据传送到计算机。本软件亦可对此原始记录数据进行平差计算、自动生成沉降成果电子表格和绘制沉降曲线图。如果是手工记录,则要将各次观测平差成果通过人工输入到计算机,并保存在一数据文件中,利用本软件可以自动生成沉降成果电子表格和绘制沉降曲线图。

南京某高层住宅部分沉降观测点沉降监测成果表(单位:mm)　　　　表15-10

观测日期	观测点号	101	104	106	110
第23期 1997.08.30（第23层）	高程值	8011.4	8007.9	8009.3	8000.0
	本次沉降	−0.7	−0.6	−0.9	−1.1
	累计沉降	−11.7	−11.1	−13.7	−16.0
第24期 1997.09.05（第24层）	高程值	8010.4	8007.0	8008.1	7998.3
	本次沉降	−1.0	−0.9	−1.2	−1.7
	累计沉降	−12.7	−12.0	−14.9	−17.7
第25期 1997.09.13（第25层）	高程值	8010.3	8006.8	8007.9	7998.0
	本次沉降	−0.1	−0.2	−0.2	−0.3
	累计沉降	−12.8	−12.2	−15.1	−18.0
第26期 1997.09.18（第26层）	高程值	8009.5	8005.8	8006.5	7996.8
	本次沉降	−0.8	−1.0	−1.4	−1.2
	累计沉降	−13.6	−13.2	−16.5	−19.2
第27期 1997.09.24（第27层）	高程值	8008.4	8005.0	8005.8	7995.6
	本次沉降	−1.1	−0.8	−0.7	−1.2
	累计沉降	−14.7	−14.0	−17.2	−20.4
第28期 1997.09.29（第28层）	高程值	8007.8	8004.4	8004.9	7994.7
	本次沉降	−0.6	−0.6	−0.9	−0.9
	累计沉降	−15.3	−14.6	−18.1	−21.3

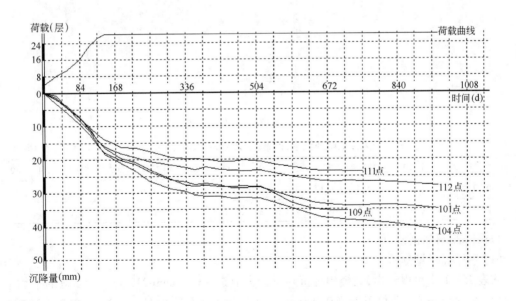

图15-2　南京市某高层住宅沉降观测点沉降曲线图

15.2.6 某高教公寓主体沉降监测数据分析

为高质量地建设南京某高教公寓,掌握大楼施工过程中的变形情况,建设单位委托东南大学对南京某高教公寓大楼主体进行沉降监测。

高层建筑主体的沉降观测一般可分为以下三个阶段:

(1) 主体施工阶段(即从 ±0.000 到结构封顶);

(2) 封顶至竣工阶段;

(3) 竣工后至沉降稳定为止。

现将大楼主体施工阶段的沉降监测情况作简要介绍。

1) 沉降监测成果

南京某高教公寓大楼布设了 12 个沉降观测点,其点位布置图见图 15-3。根据《工程测量规范》(GB 50026),主体施工阶段,大楼每施工 1~2 层观测 1 次。大楼是在 1998 年 10 月 19 日基础施工完毕之后作首次观测的,至 1999 年 5 月 20 日结构封顶(32 层)共进行了 20 次观测,观测结果见表 15-11。

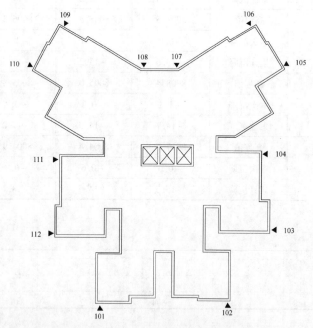

图 15-3 沉降观测点平面位置布置图

大楼沉降监测累计沉降量成果表(单位:mm)　　　　表 15-11

观测日期	201	202	203	204	205	206	207	208	209	210	211	212
1998 年 10 月 19 日	-0.0	-0.0	-0.0	-0.0	-0.0	-0.0	-0.0	-0.0	-0.0	-0.0	-0.0	-0.0
1999 年 05 月 20 日	-9.2	-5.3	-10.2	-9.3	-5.4	-5.4	-7.1	-10.2	-11.5	-9.6	-8.1	-12.7

2) 沉降监测数据分析

(1) 累计沉降量分析

从表 15-11 中可以看出,大楼累计沉降量最大值是 -12.7mm(212 点),212 点的平均下沉速度为 -0.060mm/d(即每天下沉 0.060mm);累计沉降量最小值是 -5.3mm(202 点),202 点的平均下沉速度为 -0.025mm/d;累计沉降量的平均值是 -8.67mm,平均下沉速度为

-0.041mm/d。从累计沉降量和下沉速度来看,数值均较小。这些情况均属正常,且较为理想。

(2)不均匀沉降分析

不均匀沉降对建筑物的结构影响较大。《地基基础实用手册》(中国建筑工业出版社)对多层、高层建筑由不均匀沉降引起的倾斜度提出限差如下:设建筑物总高度为 H,当 $H \leqslant 24m$ 时,限差为 0.4%;当 $24m < H \leqslant 60m$ 时,限差为 0.3%;当 $60m < H \leqslant 100m$ 时,限差为 0.2%;当 $H > 100m$ 时,限差为 0.15%。大楼为 96m 高,故由不均匀沉降引起的倾斜度不得超过 0.2%。

现将大楼的 7 条边由不均匀沉降引起的倾斜度结果列于表 15-12。

大楼不均匀沉降分析表　　　　　　　　　　　　　表 15-12

A 幢边号	201~202	203~204	205~206	206~207	208~209	209~210	211~212
倾斜度(%)	0.021	0.008	0	0.013	0.010	0.026	0.042

由表 15-12 中数据可以看出,由不均匀沉降引起的倾斜度的最大值为 0.042%,在限差要求范围之内,且远小于限差值。

15.3 高速公路施工沉降监测

15.3.1 高速公路施工沉降监测的精度要求

路面设计使用年限内残余沉降(简称工后沉降)不满足表 15-13 的要求时,应针对沉降进行处治设计。

容许工后沉降(单位:m)　　　　　　　　　　表 15-13

公 路 等 级	工 程 位 置		
	桥台与路堤相邻处	涵洞或箱形通道处	一般路段
高速公路、一级公路	≤0.10	≤0.20	≤0.30
二级公路(采用高级路面)	≤0.20	≤0.30	≤0.50

为了计算工后沉降,高速公路施工期、运营期都应进行地基的稳定性监测。地基的稳定性可通过观测地表面位移边桩的水平位移和地表隆起量而获知。一般路段沿纵向每隔 100~200m 设置 1 个观测断面。水平位移观测可采用视准线法、前方交会法等,仪器宜采用全站仪,测角精度为 1s 或 2s,按照第 14 章表 14-1 的二级要求进行观测;地表隆起可采用几何水准测量方法(沉降板观测法),仪器应采用 S_1 或 S_3 型水准仪,按照第 14 章表 14-1 的二级要求进行观测。

15.3.2 路基填筑期沉降监测细则

1)沉降动态观测的目的

在路堤施工中必须进行地表沉降量的动态观测。其主要目的有:

(1)根据观测数据控制、调整填土速率。

(2)预测沉降趋势,确定预压卸载时间和结构物及路面施工时间。

(3)提供施工期间沉降土方量的计算依据。

(4)预测工后沉降,使工后沉降控制在设计允许范围之内。

(5)通过实测沉降量,预测沉降量并验证设计合理性;进行设计的再优化,控制和保证工程的建设质量。

2)沉降观测点的布置原则

根据观测目的,结合设计图纸,合理布置沉降观测点的位置。布点原则如下:

(1)一般路线约100~200m在路中心设1个测点,桥头、路堤高度大于4m的断面,须设置左、中、右3个观测点。

(2)通道只在中心设置1个观测点。

(3)桥头引道路段测点应设置在桥头搭板末端。

3)沉降观测的基本要求

观测工作分路堤填筑期观测、预压期观测、路面施工期观测等3个阶段。各期观测均应有准备阶段、现场观测阶段和资料汇总阶段。具体要求为:

(1)观测工作必须严格执行技术规范、操作规程,确定观测精度、频率,使观测资料可靠、完整、连续。

(2)路基填筑期的沉降观测精度应不低于四等水准测量要求。

(3)每填筑一层应观测1次,间歇期较长时要增加测次,每15天至少观测1次。

(4)观测仪器应符合规范要求,观测用表及资料整理应规范。

(5)为了消除观测中的系统误差,尽可能使观测条件相同,观测工作应做到"五固定"的观测原则。"五固定"是:后视尺固定(例如用4.687水准尺专门放在水准点上)、测站位置固定、仪器固定、观测人员(操作仪器及持尺人员)固定、转点固定。"五固定"中重点是测站固定和持尺人员固定,特别是持尺人员应受过专门的训练。

4)沉降板的制作与埋设

(1)沉降板的制作

路基观测前应按观测点布置表埋设沉降板。布置表中"位置"的"中"为路线中心线偏右侧0.7m处[此位置为水稳基层的坡脚处,目的是使得沉降板(标)在路面施工期及运营期都能利用,保证沉降观测的连续性],"左"、"右"为左右土路肩外缘向内侧0.5m处。沉降板上部的沉降标由底座管节(带螺纹钢管及管箍,每测点按填高不同为n套),保护竹管帽(每测点1个)三个部分组成,构造见图15-4。

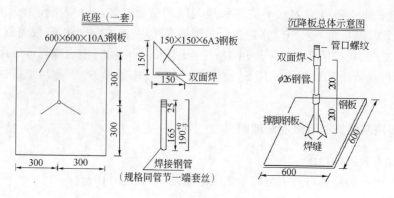

图15-4 沉降板示意图(单位:mm)

(2)沉降板的埋设位置

沉降板埋设在路基的位置:

①一般地段在原地面以上压实两层土时埋设。
②有砂垫层地段在砂垫层上压实1层土时埋设,见图15-5。
③粉喷桩地段在粉喷桩顶上压实两层土时埋设,见图15-6。

埋设在土上的底板,应先在钢板下铺5cm左右厚的砂层,安放沉降板时,注意底板水平,并在砂垫层上适当揉搓,使底板与砂垫层完全接触,避免局部虚空。再回填土夯实。

为了使沉降板上部的沉降标的管顶不受施工碾压破坏,压实后的管顶应低于压实面20cm。如图15-6中管顶离第二层压实面为20cm。

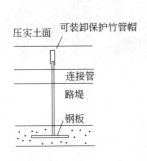

图15-5 砂垫层路段沉降板埋设示意图　　图15-6 粉喷桩路段沉降板埋设示意图(单位:cm)

(3)沉降板的埋设步骤

沉降板的具体埋设步骤为:
①施工两层实土后,即可开始埋设沉降板。
②开挖压实土两层至原地面,或至砂垫层层顶,或至粉喷桩桩顶。
③铺设5cm砂垫层,如已有砂垫层可不再铺设。
④沉降板底座就位、整平。
⑤回填细颗粒土,夯实至管顶以下2cm。
⑥建立管顶高程的初读数。
⑦加设保护帽。

施工单位应注意对沉降观测点的保护和沉降标的修复工作,一旦发现沉降标被破坏,应立即进行修复,修复后的沉降标应与原沉降板连为一体(参看图15-4),以便保证沉降观测数据的连续性和可靠性,否则应重新埋设沉降板。

(4)沉降标的接管工作

沉降标接管工作见图15-7中①~④。具体步骤为:
①接管前沉降标管顶应确保在实土面以下第二层。
②摊铺虚土整平开挖至杆顶以下。
③观测管顶高程后,接管后管顶距实土面不小于5cm。
④回填细粒土,夯实至管顶以下2cm。
⑤观测管顶高程后加保护帽。

5)水准点的布设

水准点分地面水准点、桥上水准点和通道水准点3种,埋设位置有不同的要求。

(1)地面水准点

地面水准点的密度应能满足沉降观测断面的要求,一般为每 200m 一个,以便一个测站视距不超过 80m 完成测点的观测工作。水准点设在土质坚硬便于使用和长期保存的地点,并埋设混凝土水准标石,统一用 BM 表示。标石、标志应符合有关规定。

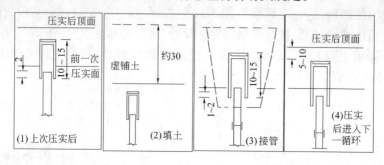

图 15-7　沉降标接管工作示意图(单位:cm)

(2)桥上水准点

路堤填筑到"95 区"时,为了减少转点传递对观测标高的影响,适时将地面水准点转移到灌注桩基础的桥上,位置可先转设在桥背墙顶上,对于南北(东西)走向的公路,统一设在东南(西南)角背墙顶上(中、小桥),若为大桥,则在东南(西南)角、东北(西南)角背墙上各设一个。为了避免桥背墙顶上受施工的影响,桥上水准点再转设在中央分隔带的水泥板上(与路面接边处),实为长久之计。

水准点位置选定后,在桥背墙施工时,预埋 1 根 $\phi18 \sim 20$mm、长 20cm 的钢筋(上端用砂轮先磨圆),筋头露出混凝土顶面 $1 \sim 2$cm,或用射钉枪打入标志。桥上水准点一律用 BM 标段号 + 序号表示。如 BMJ3~1 表示 J3 标第一个桥上水准点(序号由小到大编制)。桥上水准点埋好后,由地面水准点用三等水准往返观测引测,高差闭合差为 $\pm 4\sqrt{n}$ mm(n 为测站数)。

(3)通道水准点

若二桥相距甚远,为了工作的需要,也可在中间选择一个经观测确保稳定的通道水准点,所谓稳定是指通道测点连续三次月沉降速率小于 $1 \sim 2$mm/月。

6)三、四等水准测量的仪器及精度

为满足三、四等水准的精度要求,水准仪采用自动安平水准仪($28 \sim 32$ 倍放大率)。水准仪必须定期检查及校正(如外观检查、圆水准器检校、十字丝检校、气泡式水准仪交叉误差检校、i 角检校等),并确保 i 角小于 $20''$。水准尺采用 3m 长的木质双面水准尺(配对),严禁用塔尺。

沉降观测的精度随施工期的内容不同而不同。一般说来,随着路基不断筑高,沉降量逐步减小(由厘米级减少为毫米级)。沉降量越小,要求精度越高。预压期及路面施工期的观测精度要求较高。一般规定路堤填筑期观测精度为 $2 \sim 3$mm;预压期及路面施工期的观测精度为 $1 \sim 2$mm,相应采用四等水准(路堤施工期)和三等水准(预压期及路面施工期)。有条件的施工单位,在路面施工期或工后期用二等水准(使用精密水准仪和线条式因瓦水准尺进行观测)。

7)外业手簿与资料整理

外业手簿是长期保存和使用的基本资料,应做到记录认真、字迹清晰、整洁、格式统一。记录不得转抄或涂改,如观测、记录数据有误,应在观测记录时立即将错误数据用单线画去,在其上方写上正确数字,正确数字及被画去数字均应清晰可辨认,手簿及其他资料图表应有专人保管,不得遗失。

根据观测记录手簿进行数据整理,并从中取出有关特征数据进行分析。如我们通过计算沉降速率,来分析是否要控制填土速率。沿路堤中线地面沉降速度每昼夜不宜大于1.0cm。当路堤施工沉降速率出现异常情况而可能失稳时,应立即停止加载并采取果断措施,待路堤恢复稳定后,方可继续填筑。另外,为了获得清晰、系统、完整的沉降资料,应绘制系列图表。如时段沉降量及累计沉降量汇总表;最近几个月的月沉降速率汇总表,并根据沉降速率变化提供施工指导意见;绘制路线全程月沉降速率分布图;绘制各沉降观测点沉降过程曲线图,用于分析沉降趋势的变化等。

15.3.3 预压期沉降监测细则

1)预压土方标准

"95区"结束后进入预压期。预压期是指堆载、等载或超载的预压土方填筑完毕至达到稳定可施工路面结构层的期间,该期间一般为180~270d。预压土方的高度依设计而定。若前1~2次观测的月沉降速率较大(>3~5cm/月),则应考虑再加载土方、超载高度,预压土方应有足够的宽度,长度为50m,同时应有80%的压实度,预压土方顶面应平整。

2)观测频率与观测精度

(1)预压期的观测频率视沉降量变化情况而定。根据沪宁高速公路的观测资料分析,预压期头一个月的沉降量较大,之后逐渐减小为几个毫米的沉降量,故在预压期第一个月观测4次,第二、三个月每月观测3次,以后为每月观测两次。

(2)预压期沉降速率逐渐减小。当减小到小于10mm/月时,应按三等水准测量要求观测。

3)接管与卸管工作

为便于挖点,每个测点的管顶应接高,即接到预压土压实面以下5~20cm,即管顶不超过土面。具体言之,堆载路段的测点应在"95区"(路床顶面)以下5~20cm;等、超载处测点应在等、超载压实面以下5~20cm。因此在预压期观测前,要检查堆载路段的接管是否到位;等、超载处测点接管是否接到位。接杆的方法可以逐接加高,也可以用一根自来水管连接到位。

预压土卸载时要保证沉降管的保护工作,沉降管应卸至"95区"顶以下5~20cm。

4)水准点移设

预压期开始时,桥梁工程基本结束,应适时将地面水准点转到桥上。

预压期观测用的水准点大部分是桥背墙角水准点向两端(北向和南向)各控制500m范围内的沉降观测点,组成支水准路线(一般为1个转点),若超过两个转点,应进行往返观测。如观测断面有左、右观测点,可当做中视点观测。观测前绘制好观测略图,在图上设计好固定的测站位置及转点、中视点等。当无桥背墙角水准点时,则与路堤填筑期一样,用原地面水准点观测。

5)稳定标准与卸载程序

(1)预压期的稳定标准采用双标准控制:即要求推算的工后沉降量小于设计容许值(一般路段30cm,箱涵及箱形通道处取20cm,其他人工构筑物与路堤毗邻处取10cm);同时要求连续2~3个月的月速率小于5~8mm/月时,方可卸载并开始路面铺筑。

(2)等、超载填土路段,当确认沉降达到稳定标准,由指挥部批准给予卸载。任何施工单位不能擅自卸土。在卸载前应观测一次,观测后挖出沉降板的管杆,按卸载厚度拆除相应的杆长。卸载完成后,对保留在"95区"下的管顶再观测一次。

15.3.4 路面施工期沉降监测细则

1)底基层和基层施工期的沉降观测

(1)观测频率

当厚度大于或等于30cm时,底基层和基层分两次碾压,一般每碾压半层或一层观测一次。若一个层次两次碾压时间相对很短,则可合并一次观测。

(2)观测精度

按三等水准测量要求进行。

(3)沉降观测点的转换

底基层和水稳基层的施工过程中,要及时进行沉降管接管,沉降管周围要用混凝土固定,便于查找和免受施工破坏。如果施工过程中沉降管遭到破坏,最好挖出深层沉降管并接高、固定,实在无法找到的,可埋设水泥墩沉降标,其规格和埋设要求要做到:

①水泥墩沉降标尺寸:长130cm,上下边长为20cm,配置4根ϕ16mm纵向钢筋和7根ϕ8mm箍筋,桩顶预埋ϕ10mm的钢筋测标,钢筋测标露出桩顶外5mm。

②位于桥头路段的沉降标要埋设在与桥头距离小于10m的范围之内。

③沉降标埋设在线路中线前进方向的右侧,沉降标中心与线路中线的距离严格为70cm。

④位于左右路幅预留缺口处的沉降标要移位至位于分隔带的路段上,以免施工破坏。

⑤施工临时行车道要离开沉降标15m以上,以免施工车辆对水泥墩沉降标的影响。

⑥水泥墩沉降标底部埋设至"95区"顶以下30cm,埋设时周围要用混凝土回填。

2)路面施工期沉降标和水准点的设置

路面施工期间,将开挖通信电缆沟,形成级配碎石(砂砾)盲沟之后,在底基层至盲沟顶范围内铺设防渗土工布,最后在中心线位置铺设通信管道,回填土,安装防护栏,种植树草。

(1)主线沉降标的设置

采用基层施工期的沉降管,盲沟开挖和中分带施工要注意保护沉降标。

(2)匝道沉降标的设置

路面施工期各互通匝道桥桥头和收费站路段,需增设沉降观测点。一般断面仅设中点,大型收费站设左、右、中3点。桥头沉降标距离桥头15~20cm。

①单向匝道桥头油面两层施工完毕后,在路中心用临时沉降标埋设。

②双向匝道桥头基层施工完毕后,在路中心用水泥墩沉降标埋设。水泥墩尺寸为20cm×20cm×65cm。水泥墩下端埋入基层深度不得小于20cm;上部高出基层顶45cm。其他均同主线水泥墩沉降标。

③收费站路段钢筋混凝土面层施工后,在(左)中(右)收费站口打钉设置沉降观测标志;待收费站构造物装修完毕后,在构造物上设置沉降观测标志。

(3)桥头、箱头水准点的设置

桥头已完成临时水准点的设置;箱头因在填筑期的沉降量较大,未设置水准点。路面施工期,待桥梁、通道施工完成后,应设置永久水准点。

①桥梁两端桥头均应设置水准点,以便于对桥梁的纵向沉降差进行监测。通道在靠近沉降标一头设置水准点。

②永久水准点设置于桥梁、通道中间带的右侧路缘石上。水准点纵向距离桥头、箱头80cm,距离过近会在桥头结构缝施工时遭到破坏;横向距离路缘石外侧边缘10cm。设置可采

用打膨胀螺丝,旋紧螺母,使螺杆露出0.5cm;或浇筑路缘石,预埋φ10mm、长20cm钢筋,使钢筋头露出1cm。

3) 沥青面层施工期的沉降观测

(1) 观测频率

沥青面层由表面层、中面层、底面层三层结构组成。每填筑一层观测一次。

(2) 测线观测段绘制

沥青面层施工期间,路桥基本贯通,桥背墙角水准点已经建立。观测前,绘制观测点与水准点测线观测段注记图。在图上设计测站固定位置及观测点的前、后视。一般一个桥背水准点向南或向北控制500m内的人孔观测点,组成支水准路线。各标段观测人员在观测前绘制测线段观测略图,样图如图15-8所示。

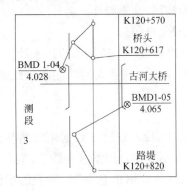
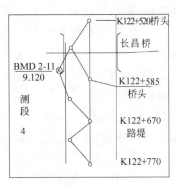

图15-8 沉降观测点与水准点位置简图

(3) 观测精度

路面施工期的沉降量一般为几个毫米,观测精度要求很高,至少按三等水准测量要求观测,宜用二等精密水准测量方法实施。

15.3.5 数据库技术在路基施工沉降观测数据处理中的应用

高速公路路基施工过程中,为确保路基的稳定性,都要进行路基施工沉降监测。高速公路一般路程较长,沉降观测点很多,且观测时间长、观测次数频繁、观测资料数据量极大,因此,利用计算机数据库编程技术来进行路基施工沉降监测的数据处理是十分必要和方便的。本节主要介绍笔者利用ACCESS数据库在某高速公路路基施工沉降观测工程中的应用。

1) 工程概况

某高速公路长约150km,大部分路段属于软土路段。路基施工沉降观测工作一般只在软土地基段才进行,而该工程出于科研目的出发,在全长150km所有路段(包括非软土地基段)在路基施工阶段都进行沉降观测。按照设计文件,该工程先后埋设沉降观测点2200多个,观测了近4年时间,平均每点观测了100次左右,大约有220000多组数据,而每组数据又包括以下信息:观测点编号(桩号)、标段号、埋设部位、原地面土质、地基处理方法、设计堤高、"95堤高"、原地面高程、沉降标埋设时间、沉降标底板高程、沉降观测日期、填土地面高程、累计填土高度、沉降标管顶高程、本次沉降量、累计沉降量、加载情况等。因此,总信息量大约为3700000。此为原始信息量,加上各种数据处理(如计算沉降速率、沉降速率变化值、平均沉降量等),可以想象,全部信息量是很大的。刚开始,对这些信息我们是采用人工进行数据处理、人工整理生成各类成果报表的,每次成果报告都要花费大量人力和物力,花费时间也较长,而且差错率较高。因此我们利用计算机数据库技术来管理路基施工沉降观测数据,取得良好的效果。

2) 路基施工沉降观测数据库的建立

(1) ACCESS 数据库简介

作为 Microsoft Office 软件的组件之一,ACCESS 是一个基于关系型数据库的中小型数据库应用系统,它具有以下主要功能:

①数据库中可以包含多个表,每个表可以分别表示和储存不同类型的信息。

②通过建立各个表之间的关联,从而将存储在不同表中的相关数据有机地结合起来。

③通过创建查询,用户可以在表中检索、更新和删除记录,并且可以对数据库中的数据执行各种计算。

④建立联机窗体,用户可以对各个记录执行查看和编辑操作。

⑤可以创建各类报表,以便进行数据分析和成果打印。

⑥利用宏或 VBA 将数据库对象组织起来,可以形成一个数据库应用系统。

因此,虽然 ACCESS 的"出道"时间比较晚,但由于它的强大的功能和出众的易用性,现已成为最通用的数据库软件之一。

(2) 建立沉降观测数据库

结合路基施工沉降观测的特点,笔者选用了 ACCESS 来建立数据库。路基施工沉降观测每组数据包含的十多个信息当中,有些信息是固定不变的。根据这一特点,笔者将这些信息分类建立两个数据表——"观测点基本信息表"和"观测数据信息表"。各表的字段名和数据类型详见表 15-14 和表 15-15。

观测点基本信息表　　表 15-14

字段名	数据类型
观测点(桩)号	文本
标段号	文本
埋设部位	文本
原地面土质	文本
地基处理方法	文本
设计堤高	单精度数字
95 堤高	单精度数字
原地面高程	单精度数字
沉降标埋设时间	日期/时间
沉降标底板高程	单精度数字

观测数据信息表　　表 15-15

字段名	数据类型
观测点(桩)号	文本
观测时间	日期/时间
填土地面高程	单精度数字
累计填土高度	单精度数字
沉降标管顶高程	单精度数字
本次沉降量	整型数字
累计沉降量	整型数字
加载情况	文本

特别说明:表 15-14 中定义"观测点号"为主关键字,表 15-15 不设主关键字,表 15-15 中有 3 个字段(如"累计填土高"、"本次沉降量"、"累计沉降量")的数据无须人工输入,可通过编程进行计算。

ACCESS 同一数据中的多个表是相互独立的实体,但它们并不是孤立的,可以通过关联建立关系。这样一来,数据处理较为方便,且数据库容量将大为减小。如上述表 15-14 和表 15-15,可以通过字段号"观测点号"来建立关联。关联关系为:

$$(表\ 15\text{-}14\ "点号"):(表\ 15\text{-}15\ "点号") = 1:\infty$$

上式意为：在表 15-14 中同一"点号"的信息只有也只能有 1 组，对应于表 15-14 中的同一"点号"，它在表 15-15 中的信息可以有很多组(因为同一沉降观测点要观测很多次)。

(3) 窗体技术

在进行沉降观测数据的查看、添加、修改等工作中，我们总希望把同一观测点号的所有信息显示在同一窗体中，利用 ACCESS 提供的窗体技术可以实现这一目的。建立步骤为：

①先建立一个用来显示表 15-14 中某一记录的"基本窗体"，窗体中设置有关按钮，可以在表 15-14 中前后翻动不同的记录。

②再建立一个基于"基本窗体"的"子窗体"，用来显示表 15-15 当中与表 15-14 某一"记录"有关联的所有记录。

需补充说明的是：表 15-15 中同一点号的数据应先设置一个"排序"子程序，让它按观测时间的先后顺序进行排序。这样，在同一窗体中，查看某一观测点的所有数据便十分直观、方便。利用 ACCESS 提供的窗体技术设计好的窗体图示例见图 15-9，观测点号为"K087+700 中"的所有原始数据信息尽显窗中。在此窗口中可修改数据，也可添加最新观测数据(注：由于窗体的关联关系，表 15-15 之"桩号"字段值无须人工输入，这一特点给数据输入带来了极大方便)。

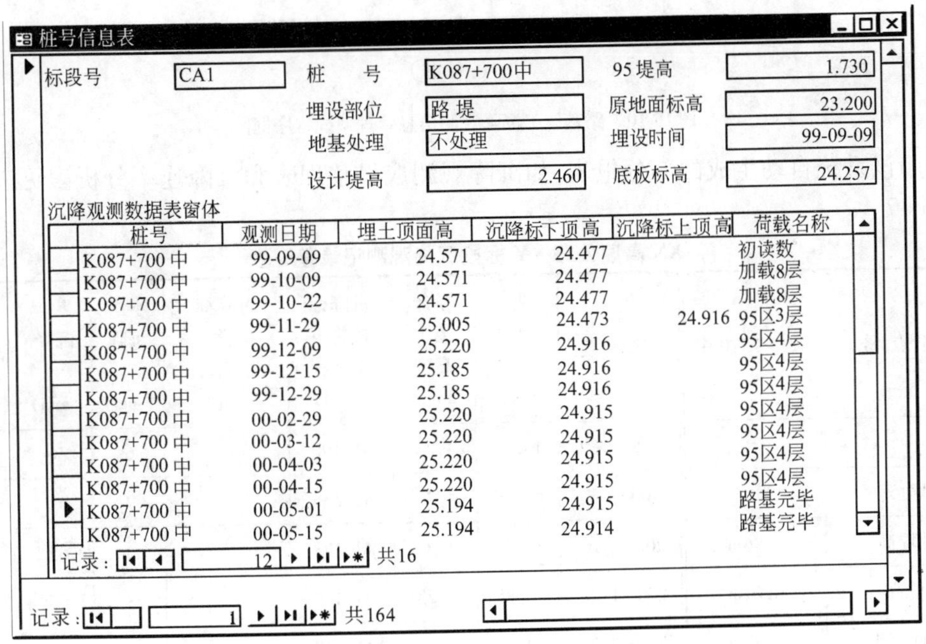

图 15-9 数据库窗体图

3) 沉降观测信息管理系统

系统是使用 Microsoft 推出的可视化编程设计语言 Visual Basic 6.0 进行开发的。通过该管理系统，能实现沉降观测资料中的各类信息的查询和自动快速提取，自动生成各类成果电子报表(如沉降观测成果整理表、沉降成果汇总表、沉降速率分析表等，对于工程中经常遇到的沉降观测点在受到破坏后重建，程序也能自动识别与处理)。另外，该管理系统还能对沉降结果、沉降速率进行分析、自动绘制沉降曲线图，能预报沉降量，利用其中的"施工决策支持"模块，还能为各级领导和技术人员进行施工决策提供技术帮助等。程序框图见图 15-10。

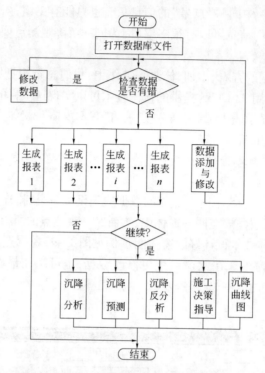

图 15-10 路基施工沉降观测信息管理系统程序框图

利用该系统自动生成的部分报表,如沉降观测成果整理表和沉降速率分析表见表 15-16 和表 15-17。

XX 高速公路 YY 标段沉降观测记录整理表　　　　　表 15-16

观 测 点 号	K213+220 中	观测日期	埋土顶面高程（m）	累计填土高度（m）	沉降标接管下顶高程（m）	沉降标接管上顶高程（m）	本次沉降（mm）	累计沉降（mm）	荷载名称
		1999-12-26	40.85	4.23	41.190		6	50	预压期
地基处理	强夯	2000-1-6	40.85	4.23	41.183		7	57	预压期
设计堤高	4.96m	2000-1-16	40.85	4.23	41.178		5	62	预压期
95 堤高	4.21m	2000-1-26	40.85	4.23	41.175		3	65	预压期
原地面高程	36.63m	2000-2-21	40.85	4.23	41.168		7	72	预压期
沉降标埋设时间	1998-10-1	2000-3-6	40.85	4.23	41.165		3	75	预压期
沉降标底板高程	36.90m	2000-3-24	40.85	4.23	41.159		6	81	预压期
		2000-4-11	40.85	4.23	41.155		4	85	预压期
		2000-4-27	40.85	4.23	41.152		3	88	预压期
		2000-5-19	40.85	4.23	41.151		1	89	预压期
		2000-7-19	40.85	4.23	41.147		4	93	预压期
		2000-7-30	40.85	4.23	41.146		1	94	预压期

XX高速公路YY标段沉降速率分析表　　　　　表15-17

观测桩号	K213+220中	起讫时间段开始日期	起讫时间段结束日期	时段天数	累计填土高(m)	时段沉降量(mm)	累计沉降量(mm)	沉降速率(mm/月)	沉降速率(mm/日)
地基处理	强夯	1999-12-26	2000-1-26	31	4.23	15	65	14.52	0.48
设计堤高	4.96m	2000-1-26	2000-3-6	40	4.23	10	75	7.50	0.25
95堤高	4.21m	2000-3-6	2000-4-11	36	4.23	10	85	8.33	0.28
原地面高程	36.63m	2000-4-11	2000-5-19	38	4.23	4	89	3.16	0.11
沉降标埋设时间	1998-10-1	2000-5-19	2000-7-19	61	4.23	4	93	1.97	0.07
沉降标底板高程	36.90m	2000-7-19	2000-7-30	11	4.23	1	94	2.73	0.09

表15-16中的"累计填土高"、"本次沉降量"、"累计沉降量"等都是通过计算机编程自动计算的,且可通过VB6.0提供的"EDIT"语句,将上述3个数值自动添加到ACCESS数据库的表15-15("观测数据信息表")的相应的字段中。也就是说,"观测数据信息表"中上述3个字段之数值无须人工输入。表15-16中的示例为观测点"K213+220中"在"预压期"内的所有沉降观测数据和沉降量成果。

表15-17中的示例为观测点"K213+220中"在"预压期"内的沉降速率分析表。规范规定:①预压期应大于3个月;②预压期沉降稳定标准为,连续2个月的沉降速率小于5~8mm/月,本高速公路取5mm/月。从示例表15-17中可明显看出,观测点"K213+220中",1999年12月26日至2000年4月11日,虽然预压期已超过3个月,但路基尚未稳定,需继续预压;2000年4月11日至2000年7月30日,连续3个月的沉降速率小于5mm/月,说明路基已经稳定,可以卸压,并抓紧进行路面施工。沉降速率的变化也可利用沉降曲线图来帮助分析。

4) 几点结论

(1) 高速公路路基施工沉降观测工作,观测点多、观测时间长、观测次数频繁,数据信息量大,实例表明,利用计算机数据库技术来管理数据是十分方便的。

(2) 笔者初步开发的相应数据处理软件和路基施工沉降观测信息管理系统,可以自动生成各类成果报表,可以进行各种分析,大大提高了内业工作效率。目前,国内有几千公里的高速公路正在或将要进行建设,因此,该系统具有推广与实用价值。

15.3.6　资料分析与施工决策

软土路基的沉降观测工作和沉降速率分析就成为提高高速公路建设质量的关键技术之一。目前,公路路基施工中的沉降观测都采用埋设沉降标的测量方法。沉降观测工作分路基填筑期观测、预压期观测、路面施工期观测等3个阶段。各期观测的具体要求见本章第15.3.2节。下面通过某高速公路路基施工沉降观测实例分析,说明沉降观测工作与施工决策之间的密切关系。

1) 路基填土速率控制

路基施工沉降观测的主要目的之一就是通过计算沉降速率来控制填土速率。路堤中心线地面沉降速率每昼夜大于10mm时,应立即停止路堤填筑。目前,在高速公路路基施工设计中,软土地基都要进行地基处理,而未处理之处一般是土质较好或填土高度不大的路段,因此,实测的沉降速率一般都远远小于规范控制标准。例如,某高速公路路基填筑期大部分观测点的沉降速率都很小,说明地基处理效果较好。观测点 A 是沉降速率相对较大的点,其沉降曲线图见图 15-11,上部是填土高,下部是沉降量。图 15-11 是利用东南大学开发的专用软件自动绘制的。从图中可以看出:填土速率越快,沉降速率越大;另外,经过计算,其平均沉降速率约为 1.2mm/d。针对该高速公路建设的实际情况,我们每月对沉降速率大于 60mm/月 的观测点都要进行分析,以便及时发现问题。

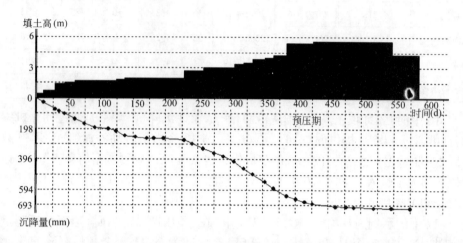

图 15-11　观测点 A 的填土高、沉降量与时间关系曲线

2)预压段沉降数据分析

路堤施工到"95 区"顶之后,预压段要立即堆土对路基进行预压,预压期一般为 6～12 个月。某高速公路的工期要求较严,因此,我们决定利用沉降速率来控制卸载时间。此时应加强沉降观测工作,待沉降速率满足要求后方可卸载,并立即进行二灰土施工。该高速公路预压期沉降稳定标准为连续两个月的月沉降速率小于 5mm/月。

观测点 B 的沉降曲线图见图 15-12,其沉降速率变化图见图 15-13。在图 15-13 中,左侧柱形代表填土高,右侧柱形代表沉降速率。该点位于等载预压路段,它是 2002 年 11 月 4 日开始

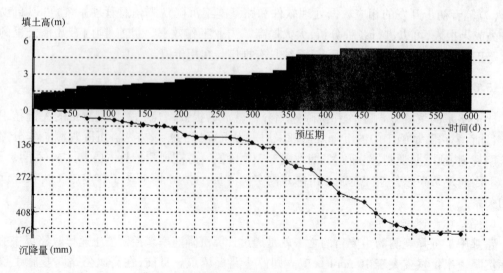

图 15-12　观测点 B 的填土高、沉降量与时间关系曲线

预压的,预压初期,其沉降速率为 90mm/月,到 2003 年 1 月 4 日,其沉降速率为 28mm/月,沉降速率减少缓慢,离稳定标准还差很多。在经过对地质等条件仔细分析论证之后,我们决定进行超载预压,经过计算,再加载 50cm 土。超载预压之后,加大了沉降观测频率。观测结果表明,超载初期,沉降量较大,但沉降速率迅速减少。该点于 2003 年 6 月中旬卸载,保证了施工工期。

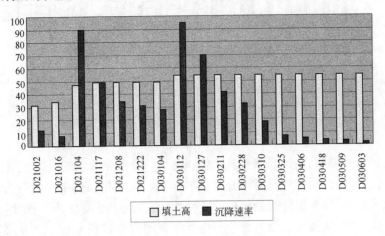

图 15-13　观测点 B 的沉降速率变化柱状图

3) 非预压段沉降数据分析

路堤施工到"95 区"顶之后,非预压段也不能立即进行二灰土施工,要进行沉降速率分析,如果最近两个月的沉降速率小于 5mm/月,才可以进行二灰土施工。因此,非预压段在路基施工过程中,一定要保证沉降观测数据的连续性。

观测点 C 的沉降曲线图见图 15-14,其沉降速率变化图见图 15-15。该点位于非预压段,于 2002 年 11 月 5 日施工到"95 区"顶,但沉降观测数据表明,其沉降速率较大,为 52mm/月,不满足二灰土施工要求,故暂时停工。停工期间,一直加强沉降观测工作,到 2002 年 12 月 22 日,其沉降速率仍然较大,为 32mm/月,离稳定标准还差很多。在经过仔细分析论证之后,我们决定进行等载预压。预压之后,加大了沉降观测频率,观测结果表明,预压初期,沉降量较大,但沉降速率迅速减少,很快满足了稳定标准。该点于 2003 年 6 月中旬卸载,保证了施工工期。

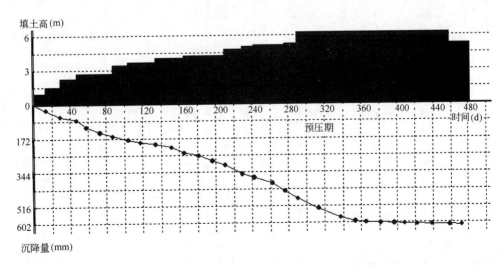

图 15-14　观测点 C 的填土高、沉降量与时间关系曲线

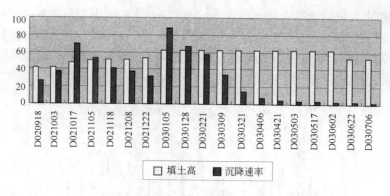

图 15-15 观测点 C 的沉降速率变化柱状图

4) 小结

由以上实例分析说明,高速公路软基沉降观测是一项十分重要的工作,它对高速公路施工决策、对提高高速公路建设质量都有十分重要的作用。在实际工作中,一方面,要加强沉降观测工作的组织和管理,确保沉降观测数据的正确性、可靠性和连续性;另一方面,要加强对沉降观测数据的分析工作,从而真正做到充分利用沉降观测数据来指导施工。从某高速公路的实际建设情况来看,沉降观测与分析工作发挥了积极作用。

15.4 地铁工程变形监测

15.4.1 变形监测的精度要求

根据《地下铁道、轻轨交通工程测量规范》(GB 50308—1999)对变形测量的一般规定,地铁沉降测量和水平位移测量的等级划分、精度要求和适用范围列于表 15-18。

地铁沉降测量和水平位移测量的等级划分、精度要求和适用范围 表 15-18

变形测量等级	沉降测量		水平位移测量	适用范围
	变形点的高程中误差(mm)	相邻变形点的高差中误差(mm)	变形点的点位中误差(mm)	
1	±0.3	±0.1	±1.5	线路沿线变形特别敏感的超高层、高耸建筑物,精密工程设施,重要古建筑和地下管线等
2	±0.5	±0.3	±3.0	线路沿线高层、高大建筑物,地铁施工中的支护、结构、管线,隧道拱下沉、结构收敛和运营中结构、线路变形等
3	±1.0	±0.5	±6.0	线路沿线多层建筑物、地表沉降及施工和运营中的次要结构

15.4.2 变形监测的内容和方法

1) 监测的意义

地铁在修建和运营期间进行变形观测是非常必要的,其监测的意义如下:

(1) 随时掌握隧道本身及其周围环境(地面建设、地下水、不良地质等)影响引起的沉降和位移大小,采取措施防止继续变形、危害结构和运营安全。

(2) 积累监测数据,分析变形规律,为地铁轨道、设备检修及后续地铁设计、施工提供参考依据。

2) 监测的内容

变形监测是保障地下铁道工程建设的质量、沿线建筑环境保护以及车辆运营安全的重要手段。地铁在修建施工及运营期间的变形监测工作有3个方面:

(1) 对车站等构筑物基坑开挖引起的边墙及周围地基、建筑物的变形观测,对隧道内部拱顶、底部的沉降观测。

(2) 对因盾构机掘进和矿山法开挖引起的地表道路、两侧建筑物、高层楼房等沉降、倾斜、裂缝观测。

(3) 对地下隧道结构和车站的长期位移和沉降监测。

地下铁道变形监测的项目和内容见表15-19。

地铁变形监测的项目和内容 表15-19

监测项目	监测内容
支护、结构变形测量	钢架内力及承受荷载量测;锚杆轴力量测;结构和支护应力、应变量测;结构拱顶、支护桩、墙和高架结构沉降变形测量;结构净空水平收敛测量;边坡支护桩、墙位移和倾斜测量
地表环境变形测量	沿线重要建筑物变形测量 沿线地下管线变形测量 沿线地表沉降观测 围岩变形及压力量测
地下隧道变形测量	断面及建筑物变形测量 车站站厅与出入口沉降观测 沉降缝、接头处沉降观测 隧道顶部沉降观测 轨道中心道床变形测量

3) 监测的方法

地下铁道变形监测的方法和仪器见表15-20。

地铁变形监测的方法和仪器 表15-20

测量内容	测量方法	常用测量仪器
边坡支护桩、墙位移测量	大地测量、物理量测	精密水准仪、测斜仪、全站仪
结构拱顶沉降测量	大地测量	精密水准仪
结构净空水平收敛量测	物理量测	收敛仪(计)
结构和支护的应力应变量测	物理量测	应变计、应变片
锚杆轴力量测	物理量测	锚杆测力计
钢架内力及承受荷载量测	物理量测	钢筋应力计
围岩内部变形及压力量测	物理量测	压力盒、磁环式沉降仪
地表沉降及建筑物变形测量	大地测量	精密水准仪、精密全站仪
地下隧道及建筑物变形测量	大地测量、自动化测量	精密水准仪、精密全站仪、智能全站仪

15.4.3 变形监测网(点)的布设方案

从地铁变形监测内容来看,支护结构变形测量仅涉及局部范围,多数用物理仪器量测或按中等精度作沉降位移测量,一般由各施工单位完成。而在施工过程中对地表、建筑物的变形观测和对地下隧道结构的变形监测涉及的范围大、要求的精度高和监测的时间长,必须作整体考虑,拟订统一的布设和实施方案。

1)变形测量基准网(点)的建立

(1)平面变形监测基准网(点)

地铁地面控制网沿线路分两级布设,首级 GPS 网和精密导线网,其精度等于或高于城市三、四等,将它作为平面位移的基准网(点)是可行的。但是,为了满足对基准点稳定可靠的要求,在地铁施工期间应该对平面控制网(点)进行定期检核测量,若发现某些点不稳定,应及时对平面位移监测成果进行改正处理,或停止使用。

(2)地面沉降监测基准网(点)

地铁地面高程控制网的首级网为二等水准网,可作为沉降观测的基准。为了保证沉降基准网(点)的稳定可靠和长期使用,还应在二等水准网中沿线路建立一定数量的深埋于新鲜岩石上的基岩水准点。选择基岩水准点的位置时,不仅要求全线均匀分布,而且还要考虑在盾构开挖段和暗挖段中地面建筑密集地区适当增加点数。在地铁施工期间,对作为地铁沉降监测的二等水准基点,必须进行定期检测,保证其稳定可靠。南京地铁一号线工程在施工期间对地面平面控制网和高程控制网每年进行一次复核测量,保证了全线变形测量基准网(点)的稳定可靠。

(3)地下隧道内基准网(点)

地下隧道结构的变形监测虽然在施工的早期有部分地段已经开始,但全面建立地下变形监测系统,只能在隧道贯通后铺轨前开始,因为只有当道床铺设好以后,建立起来的变形监测点才可能不被破坏而长期保存下来。选择地下平面位移和沉降监测基准网(点)时,应当充分利用在车站上、竖井底部及横通道内的导线点和水准点,在施工过程中已经对其作过多次检查测量,而且贯通后按附合路线重新平差,其平面和高程数据及点的稳定性都比较可靠。当因打道床铺轨中这些点有可能被破坏时,则需要结合做控制基标选择新的基准点组(每组不少于3点),并及时测定坐标和高程,作为地下监测的起始点。

2)地表沉降监测点的布设

在地铁暗挖包括盾构机掘进和矿山法开挖地段,如果遇到不良地质和穿过主干道路时,或线路两侧高层建筑林立的地区,为了保证施工期间地面隆升和沉降控制在 +10 ~ -30mm 的限差以内,以防止道路建筑物产生裂缝、倾斜危及安全,必须沿线路进行地表及建筑物的沉降观测。通过对地表及建筑物沉降监测和信息反馈,可以及时调整盾构机的施工参数;或掌握施工中围岩和支护的力学动态及稳定程度,以便修改设计和调整工作程序,确保施工安全和支护结构的稳定,以及为区分建筑物损坏程度追究责任提供依据。

地表沉降观测点沿地铁线路布置,观测点间距根据地铁埋深、掘进方法和隧道开挖宽度确定。一般沿线路中心每30m布设1点,但在距掘进工作面50m以内时观测点间距应等于或小于15m。为了观察地下掘进对地面影响的范围和规律,还要在每个中线观测点上布置横断面监测点,自中心点向两侧不少于18m的范围布设5~14个横向监测点。同时沿线路选择位于地铁开挖影响范围之内的高大重要建筑物进行沉降观测,每栋楼房设置的沉降观测点数6~

10个,埋在基础的墙壁上。

南京地铁一号线工程在盾构机掘进的5个区间段和矿山法暗挖的两个区间段均进行了地表及建筑物沉降观测,沉降观测点的布设为:分别沿左、右线路中心纵向每隔15m布设1个监测点,每个区间段布设1~3个横断面,盾构机掘进段每个断面布置8~10个点,矿山法暗挖段每个断面布置8~14个点。横断面上的监测点数及间距主要是根据地下的地质情况和隧道埋深确定。实践表明,由于及时进行沉降观测,地表沉降控制得较好,盾构段的沉降量一般在+5~-15mm范围,矿山法暗挖路段最大沉降控制在20mm以内,均小于限差,保证了周边建筑、管线的安全。

3) 地下变形监测点的布设及标志

地下隧道结构变形与沉降观测,主要是建立一个从打道床开始直到运营后若干年的长期监控系统,需要布设大量的基准点、控制点和监测点。布点位置及密度应根据隧道经过地区的地质、地下水、地面建筑负载情况及施工方法而定,在地质不良及盾构机掘进地段宜密,其他地段可稀一些。

(1) 地下平面位移监测点布设

原则上所有暗挖区间及其车站的轨道中心均应布设平面位移监测点,并埋设永久性铜质标志。地下平面位移监测系统,分3种类型布点:

① 基准点,设在车站及其附近,每个车站不少于3个,点间距离大于100m,点位设在较稳定的线路一侧,可与所作的控制基标点重合,也可利用原有的地下导线点。

② 监测控制点,设在轨道中央,每个区间8~12个点,点间距80~120m,把它作为控制导线,兼作位移观测点。

③ 变形监测点,是对控制点的加密,点间距在地质条件较差地段约25m,一般地段约35m。

(2) 地下沉降监测点的布设

沉降监测点位于暗挖区间及其车站的道床中央,除平面点兼作沉降点外,还要进行加密。在暗挖地段加密至每10m一个点,盾构地段直线上每10m一个点,曲线上每5m一个点。此外,在有沉降缝、接头缝处(车站与区间接头处,车站站厅与出入口接头处等)和隧道部分拱顶设沉降观测点。

(3) 位移沉降监测点的标志

地下平面位移及沉降观测的基准点标志应在埋设控制基标的同时,进行设计和埋设,可位于道床一侧的水沟中,高出水沟底部约10mm,采用混凝土标石,中央嵌入铜心标志,并加保护罩。

道床中央的位移和沉降监测点,可分别埋设直径16mm、8mm,长约60mm的圆头实心铜质标志。盾构隧道两侧及拱顶沉降点利用管片连接螺栓。净空断面上的测点可用油漆标志。

15.4.4 变形观测的周期与频率

变形监测周期原则上应根据地铁工程的环境以及施工期间地表与地下结构可能产生变形量的大小来确定。一般变形观测初期监测周期宜短,频率宜高,当某些局部地段的变形较快较明显时,宜缩短观测周期,反之应延长观测周期。

(1) 地表及高层建筑沉降观测周期

对于不良地质及地面建筑密集的盾构机掘进地段及个别浅埋暗挖地段,初期及施工掘进期间每日观测1次,约2~3个月后,沉降基本趋于稳定(沉降速度小于0.1~0.2mm/d)时,观测周期改变为3~5d一次,直至沉降速度小于0.04mm/d进入稳定阶段为止。

(2)地下隧道拱顶与底部沉降观测周期

从地铁施工开始到贯通期间,对暗挖地段隧道的拱顶与底部作跟踪沉降观测,对沉降量大的地段应采取注浆加固等措施控制继续沉降。观测周期定为在掘进工作面前后的30m段每日1次,其他地段为每周1次或每月1次,到基本稳定为止。

(3)地铁隧道变形观测的周期

地铁隧道变形观测分为两个阶段:第一阶段为地铁贯通做好道床到正式通车运营期间,每3个月观测1次;第二阶段为地铁开始运营以后,每半年或一年观测1次,直至稳定。对发现变形与沉降较大的区间,应酌情缩短观测周期,反之可延长周期。

15.4.5 工程实例

1)南京地铁一号线南京站工程概况

南京地铁一号线南京站位于京沪铁路南京站地区,为地下两层岛式车站,主体结构分南区、北区和过站区三部分,过站区隧道以80°角穿越既有京沪铁路南京站站场,地面共有8股轨道,其中Ⅱ道、Ⅷ道为不停车道,其余为站线轨道。斜穿的地铁过站区顶板埋深6.69~8.06m,为暗挖双洞式车站隧道,单洞长为65.56m,内设4m站台,左、右线隧道中心线间距15.46m,中间设两个长为6.1m的联络通道。

地铁南京站址场地位于山前平原与古河道交界地带,场地南端处于河漫滩之上,中、北部位于阶地之上,基岩面落差大。设计地层为强风化、中风化岩,穿越地层土质不均,包括人工填土层,中、晚全新世冲淤积土层等。地下水埋深0.6~3.0m,为第四纪孔隙水。车站南、北区采用明挖顺作法施工,过站区暗挖隧道采用CRD法施工,南北联络通道过地面站场段采用CD法暗挖施工,并采用大管棚和小导管注浆配合作为预支护措施。

2)过站区隧道施工变形监控

地铁车站深基坑和过站区隧道的开挖是个动态的过程,与之有关的周边稳定和环境影响也是个动态的过程。车站的施工开挖导致施工影响区内外土体应力状态发生变化,开挖面周边的土压力既与土体的特性有关,也与开挖和支护的过程有关。因此,必须在施工过程中加强监测和安全监控分析,及时发现问题并采取最优的工程对策,做到信息化施工,确保施工安全。

(1)影响安全因素

地铁车站过站区隧道穿越京沪铁路南京站既有站场轨道时,地面铁路运输交通繁忙,施工地质条件复杂,在过站区矿山隧道CRD法施工和开挖过程中,易发生周边地表变形、沉降,影响地面既有轨道,甚至可能引起破坏,中断交通,必须加强施工区地表和既有轨道的安全监测,确保既有南京火车站铁路交通运行的安全。结合实际情况,通过综合分析,影响因素主要包括:

①过站区地铁隧道开挖引起土体在施工过程中的变形。虽然在施工期间采取了架设施工便梁和对行车限速等措施,但隧道开挖造成的土体变形仍有可能对地面列车的运行产生重大影响,必须确保施工安全和京沪铁路畅通。

②过站区隧道矿山法开挖采用CRD法,分4个闭合单元进行,各部分进度不同,左、右线隧道施工进度也不同步,并且左、右隧道之间净距较小。故施工过程中开挖顺序的不同对土体稳定的影响仍然必须加以关注。

③地铁隧道穿越站场既有轨道对周围环境的影响。为确保施工后期主体结构和周边环境

的安全,必须对地铁主体结构多种变形参数(沉降、位移等)的进行跟踪监测,了解其在施工期的变形状况,确保地铁主体结构和周边环境安全。

(2)监控测点布设

根据南京站过站区施工的特点和设计要求,对地铁过站区隧道进行隧道拱顶下沉、洞径水平收敛、施工拱架应力、周围土体位移(水平、垂直)监测及围岩压力测试,同时对铁路站场既有轨道进行轨道沉降、水平位移监测。其中每5m布设一个隧道拱顶下沉和水平收敛监测断面,共计13个;每20m布设一个监测主断面,同时设置土体压力测试、土体水平位移和垂直位移监测,共计3个;每5m布设一个地面既有轨道的水平位移、沉降监测点。具体布设如图15-16所示。

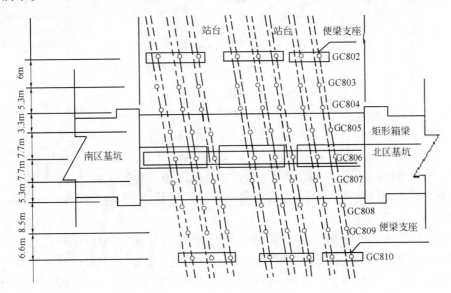

图15-16　过站区轨道监测点布置图

(3)监测频率

具体的监测频率要结合现场的施工步骤,尤其是在车站地铁过站区隧道开挖期间,根据开挖情况区分为重点监测区和非重点监测区。

对于重点监测区,各监测项目的监测频率与离开挖面的距离远近有关,按离开挖面前后$0 \sim 2B$时$1 \sim 2$次/d(注:B为开挖面的洞径),离开挖面前后$(2 \sim 5)B$时1次/2d,离开挖面前后大于$5B$时1次/周的频率进行监测,并视围护体的变形情况可加密监测频率,关键部位随施工进行跟踪监测。对于非重点监测区,在上述原则的基础上适当减少监测频率。

(4)预警

当隧道拱顶下沉大于35mm,水平收敛大于30mm,立即报警,其他各项检测项目的报警根据监测数据的变化率确定。

3)实测数据分析

在地铁过站区隧道CRD法开挖过程中,从2003年6月27日开始到2003年10月5日,对过站区隧道左、右线施工进行跟踪监测,共跟踪监测100d,并对各项目监测数据进行了比较、分析,总结监测状况和形变规律,验证施工开挖控制效果,为后续施工的优化调整提供依据。

(1)地面既有轨道沉降监测

对过站区地面既有轨道Ⅶ道、Ⅷ道各布置11个监测点,选取地面轨道沉降较为典型的6个沉降监测点,监测结果绘制成时态曲线如图15-17所示。

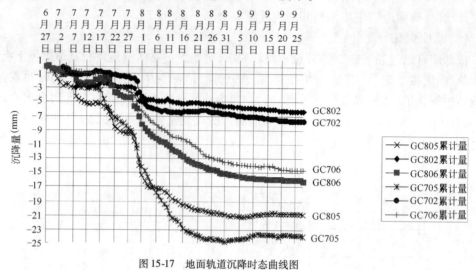

图15-17 地面轨道沉降时态曲线图
注:"+"代表上升;"-"代表下降。

由监测数据分析可知,在过站区隧道施工开挖期,从6月27日跟踪监测至10月5日,监测点沉降变化率最大为-0.12mm/d(GC805,左线中线),变化率最小为-0.02mm/d,累计沉降值最大为23.96mm(GC705,左线中线),累计沉降值最小为6.37mm。隧道开挖掌子面完全通过且初衬拱圈封闭稳定一个月后,地表沉降基本上趋于稳定,平均沉降≤0.1mm/d,满足南京地铁建设验收要求。

由图15-17分析可知,在施工开挖早期轨道沉降变化较显著,其中位于隧道左线中线上的监测点(GC805、GC705点)沉降较位于便梁支座上的其他点明显,变化幅度也相对较大。说明采取便梁对既有轨道的加固是有效的,能减少施工对既有铁路正常运行的影响,为京沪铁路列车行车安全提供了保证。监测点的沉降至8月16日趋于平稳,日变化率明显减小,主要原因是:此时开挖面逐渐远离该监测断面。因此,过站区隧道施工在穿越地面既有轨道前期和穿越期间应加强支护,保证地铁施工和地面行车的安全。

(2)隧道拱顶沉降监测

隧道拱顶沉降观测选取了有代表性的6个监测点,其中隧道左线4个、右线2个监测点。监测结果绘制成时态曲线,如图15-18所示。

由监测数据分析可知,从7月5日开始观测至10月3日,隧道左、右线拱顶累计沉降最大值分别为:左线13.5mm(ZGC255)、右线13.7mm(YGC260),隧道主体结构无明显下沉开裂现象。隧道开挖掌子面完全通过且初衬拱圈封闭稳定1个月后,拱顶沉降基本上趋于稳定,平均沉降≤0.1mm/d,满足南京地铁建设验收要求。

由图15-18分析可知,拱顶监测点的沉降出现有显著的时间差异性,主要由于各监测点所处里程不同,受隧道开挖先后顺序影响不同造成的结果。说明隧道开挖完成后的初期支护及二次衬砌的浇筑时间差异、钢筋混凝土达到设计强度的时间先后差异对隧道拱顶沉降的影响显著。因此,必须加强对开挖隧道的支护和二次衬砌的连续性,保证隧道开挖的安全和地面既有铁路轨道的运营安全。

(3)隧道水平收敛监测

对于过站区隧道水平收敛监测选取了具有代表性的4个监测点,其中左线3个、右线1个监测点。监测结果绘制成时态曲线图如图 15-19 所示。

由监测数据分析可知,从 7 月 29 日开始观测至 10 月 2 日,隧道左、右线水平收敛累计最大值分别为:左线 6.04mm(ZSL248)、右线 6.13mm(YSL260),隧道开挖掌子面完全通过且初衬拱圈封闭稳定一个月后,拱脚收敛基本上趋于稳定,平均收敛≤0.01mm/d,满足南京地铁建设验收要求。

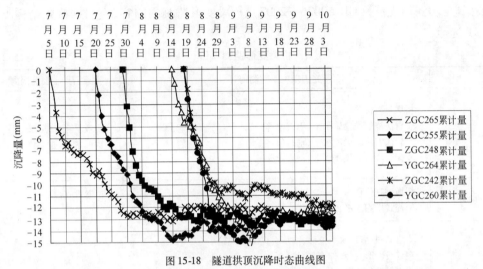

图 15-18　隧道拱顶沉降时态曲线图

注:"+"代表上抬"-"代表下沉;ZGC265 为左线里程 K14+265 处的拱顶沉降,其余类同

由图 15-19 分析可知,监测断面的水平收敛情况在时间上差异性较大。主要由于隧道在开挖过程中采用了不同单元开挖、左右线路先后开挖,虽然采取了对围岩进行封闭、施作锚杆、打造格栅、施作工字钢横梁等支护措施,但开挖前期及开挖过程中围岩及周边土体对隧道的压力仍然影响较大,造成隧道的水平收敛显著,后期由于二次衬砌的浇筑和注浆填实及周围土体变形趋于稳定,水平收敛变化也趋于平稳。因此,必须加强开挖初期支护与二次衬砌的连续性,并且提高二次衬砌的质量,防止出现二次衬砌与防水层之间形成空隙,确保隧道主体结构和周边环境安全。

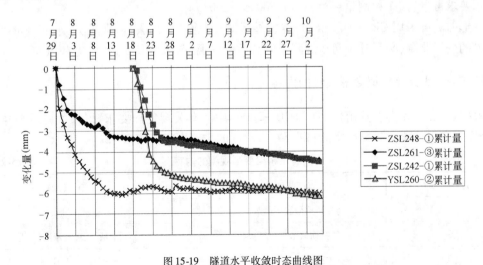

图 15-19　隧道水平收敛时态曲线图

注:"+"表示向外位移,"-"表示向内位移;ZSL248-①为左线隧道①区里程 K14+248 处的水平收敛,其余类同。

15.5 桥梁工程变形监测

15.5.1 桥梁工程变形观测的精度要求

根据《工程测量规范》(GB 50026—2007),桥梁变形监测的内容,应根据桥梁结构类型按表 15-21 选择。

桥梁变形监测项目　　　　　　　　　　　　　　　　　　表 15-21

类　型	施工期主要监测内容	运营期主要监测内容
梁式桥	桥墩垂直位移 悬臂法浇筑的梁体水平、垂直位移 悬臂法安装的梁体水平、垂直位移 支架法浇筑的梁体水平、垂直位移	桥墩垂直位移 桥面水平、垂直位移
拱桥	桥墩垂直位移 装配式拱圈水平、垂直位移	桥墩垂直位移 桥面水平、垂直位移
悬索桥、斜拉桥	索塔倾斜、塔顶水平位移、塔基垂直位移 主缆线性形变(拉伸变形) 索夹滑动位移 梁体水平、垂直位移 散索鞍相对转动 锚碇水平、垂直位移	索塔倾斜、垂直位移 桥面水平、垂直位移
桥梁两岸边坡	桥梁两岸边坡水平、垂直位移	桥梁两岸边坡水平、垂直位移

桥梁变形监测的精度,应根据桥梁的类型、结构、用途等因素综合确定,特大型桥梁的监测精度,不宜低于二等,大型桥梁不宜低于三等,中小型桥梁可采用四等,各等级的具体精度指标和技术要求可参看《工程测量规范》(GB 50026—2007)。

变形监测可采用 GPS 测量、极坐标法、导线测量、前方交会法、正垂线法、水准测量等。大型桥梁的变形监测,必要时应同步观测梁体和桥墩的温度、水位和流速、风力和风向。

15.5.2 大跨度桥梁变形观测的内容

根据《公路技术养护规范》(JTG H10—2009)中的有关规定和要求,以及大跨度桥梁塔柱高、跨度大和主跨梁段为柔性梁的特点,变形观测的主要内容见表 15-22。

大跨度桥梁变形观测的内容　　　　　　　　　　　　　　表 15-22

序　号	观测内容	观测仪器
1	桥梁墩台沉降观测	精密水准仪
2	桥面线形与挠度观测	全站仪、精密水准仪
3	主梁横向水平位移观测	准直仪、全站仪、GPS 技术
4	高塔柱摆动观测	智能全站仪、GPS 技术

大型桥梁,如斜拉桥、悬索桥,其结构特点是跨度大、塔柱高,主跨段具有柔性特性。尽管目前一些桥梁已建立了"桥梁健康监测系统",它对于了解桥梁结构内力的变化、分析变形原因无疑有着十分重要的作用。然而,要真正达到桥梁安全监测之目的,了解桥梁的变化情况,还必须及时测定它们几何量的变化及大小。因此,研究采用大地测量原理和各种专用的工程测量仪器和方法建立大跨度桥梁的监测系统仍是十分必要的。

变形监测的方法与测量技术、计算机技术和传感器的发展密切相关。目前常用的方法有:

(1)常规大地测量方法,即用常规测量仪器(经纬仪、测距仪、水准仪、全站仪)测量角度、边长和高程的变化来测定变形量;

(2)特殊测量手段,包括各种准直测量、倾斜仪测量及应变计测量等;

(3)摄影测量方法,包括近景摄影测量和地面立体摄影测量等;

(4)GPS定位技术;

(5)智能全站仪或测量机器人(TCA),即由电动机驱动的全站仪和计算机软件组成的测量系统。

15.5.3 变形观测系统的布置

(1)水平位移监测基准点布置

水平位移观测基准网应结合桥梁两岸地形地质条件和其他建筑物分布、水平位移观测点的布置与观测方法,以及基准网的观测方法等因素确定,一般分两级布设,基准网布设在岸上稳定的地方并埋设深埋钻孔桩标志;在桥面用桥墩水平位移观测点作为工作基点,用它们测定桥面观测点的水平位移。

(2)垂直位移监测基准网布置

为了便于观测和使用方便,一般将岸上的平面基准网点纳入垂直位移基准网中,同时还应在较稳定的地方增加深埋水准点(宜埋设基岩水准点)作为水准基点,它们是大桥垂直位移监测的基准;为统一两岸的高程系统,在两岸的基准点之间应布置了一条过江水准路线。

(3)桥墩沉降与桥面线形观测点的布置

桥墩(台)沉降观测点一般布置在与墩(台)顶面对应的桥面上;桥面线形与挠度观测点布置在主梁上。对于大跨度的斜拉段,线形观测点还与斜拉索锚固着力点位置对应;桥面水平位移观测点与桥轴线一侧的桥面沉降和线形观测点共点。

(4)塔柱摆动观测点布置

塔柱摆动观测点布置在主塔上塔柱的顶部、上横梁顶面以上约1.5m的上塔柱侧壁上,每柱设两点。

15.5.4 变形观测方法

(1)GPS定位技术建立平面基准网

为了满足变形观测的技术要求,考虑到基准网边长相差悬殊,对基准网边长相对精度应达到不低于1/120000和边长误差小于±5mm的双控精度指标;由于工作基点多位于大桥桥面,它们与基准点之间难以全部通视,可采用GPS定位技术施测。为了在观测期间不中断交通,且避开车辆通行引起仪器的抖动和干扰GPS接收机的信号接收,对设置在桥面工作基点的观测时段应安排在夜间作业,尽可能使其符合静态作业条件以提高观测精度。

(2)精密水准测量建立高程基准网和沉降观测

高程基准网与桥面沉降观测均按照"国家一、二等水准测量规范"的二等技术规定要求实施。并将垂直位移基准网点、桥面沉降点、过江水准路线之间构组成多个环线。高程基准网的观测采用精密水准仪;高程基准网中的过江水准测量,可采用三角高程测量方法,用两台精密全站仪同时对向观测。

(3)全站仪坐标法观测横向水平位移

众所周知,直线型建筑物的水平位移常采用基准线法观测,它的实质测定垂直于基准线方向的偏离值。为充分发挥现代全站仪的优点,桥面水平位移观测可采用类似基准线法原理的坐标法,以直接测定观测点的横坐标。桥梁桥面水平位移监测的精度要求为±3mm。

(4)智能型全站仪(测量机器人)测定高塔柱的摆动

塔柱摆动可观测采用当代最先进的智能型全站仪 TCA2003,其标称精度为:测角,±0.5″;测距,$\pm(1mm+1\times10^{-6}D)$。它可以实现自动寻找和精确照准目标,自动测定测站点至目标点的距离、水平方向值和天顶距,计算出三维坐标并记录在内置模块或计算机内。由于它不需要人工照准、读数、计算,有利于消除人差的影响、减少记录计算出错的概率,特别是在夜间也不需要给标志照明。该仪器每次观测记录一个目标点不超过7s,每点观测4测回也仅30s。一周期观测10个点以内一般不会超过5min,其观测速度之快是人工无法比拟的。

15.5.5 润扬大桥悬索桥全站仪法挠度变形观测

1)桥梁静载试验概述

随着经济建设的发展,我国交通事业的发展也日新月异,而其大型桥梁在跨径、规模、工程造价上的纪录也不断刷新。在大型桥梁进行竣工验收时都要进行静载试验,目的是为了测定桥梁控制截面在试验荷载作用下的应力和挠度变形,以了解整个结构体系的实际工作状态,为评价结构体系的使用性能提供科学的依据,同时可以为评价工程的施工质量、设计的可靠性和合理性以及为竣工鉴定提供可靠依据。

润扬长江公路大桥2005年建成通车,是当时我国规模最大的索支承结构桥梁。它由特大型悬索桥和斜拉桥组成,是一座组合桥梁,其中斜拉桥为主跨406m的(3跨176m+406m+176m)双塔双索面钢箱梁桥,悬索桥为主跨1490m的单跨双铰简支钢箱梁桥,悬索桥跨度为当时中国第一,世界第三。作为我国建桥史上规模空前的特大型桥梁,对其建设和运营期间的健康监测、诊断以及各种灾害影响下的损伤预测和损伤评估,具有重要的现实意义。润扬大桥静载试验的主要项目有:应力应变测量(静应变、动应变)、梁端位移测量、倾角测量、动挠度测量、静挠度测量以及悬索索力测量等。本节主要介绍润扬大桥的静挠度测量情况。

2)挠度变形观测方法介绍

目前桥梁挠度变形观测的方法有很多种,大体可以分为两类:一类为接触式的,即仪器或仪表与被观测变形点直接接触以产生形变进行读数。常见的有:简易挠度计法、挠度仪法、百分表法等。这几种方法的优点是设备简单、精度可靠、可以多点检测,但缺点也不少:准备工作时间过长、人力物力耗费大、布设繁杂、安装不方便等。因此,目前这几种方法在实际工程中的采用已逐渐减少。另一类为非接触式的,即仪器或仪表与被观测变形点之间不直接接触,通过仪器观测安置在变形点上的目标装置从而间接测出变形量的方法。比较常见的有:连通管法、桥梁动挠度惯性测量法、激光图像挠度测量法、倾角仪法、水准仪法、全站仪法等,其中,桥梁动挠度惯性测量法和激光图像挠度测量法基本上还处于试验与研究阶段,在目前的实际工程中还较少采用;连通管法、倾角仪法、水准仪法、全站仪法则由于测点布设方便、操作简单、精度可靠而被广泛采用。笔者负责的项目组在此次静载试验中的主要任务是对主跨为1490m的悬索桥进行挠度变形观测。根据悬索桥的实际情况，拟采用全站仪法进行挠度变形观测。

3）全站仪法挠度变形观测原理与精度分析

全站仪法是目前针对中大型桥梁挠度变形观测采用得较为广泛的方法之一，它的测量原理是利用全站仪内置的三角高程测量程序，直接观测测站点和目标点之间的高差，由于测站点保持不动，则加载前后的两次高差之差即为目标点的挠度变化量。顾及地球曲率和大气折光影响的全站仪高差计算的公式为：

$$h_1 = D_1 \tan\alpha_1 + i_1 - v_1 + (1 - K_1)D_1^2/(2R) \tag{15-5a}$$

$$h_2 = D_2 \tan\alpha_2 + i_2 - v_2 + (1 - K_2)D_2^2/(2R) \tag{15-5b}$$

式中：D——平距；

α——竖直角；

i——仪器高；

v——棱镜高；

K——大气折光系数；

R——地球曲率半径。

由于加载前后仪器和棱镜都未移动，则有 $i_1 = i_2, v_1 = v_2, D_1 = D_2$；又因在桥梁静载测试时的时间间隔一般为10~20min，可近似认为气象条件变化不大，即 $K_1 = K_2$，则由式(15-5)可知挠度变化量 Δh 为：

$$\Delta h = h_2 - h_1 = D(\tan\alpha_2 - \tan\alpha_1) \tag{15-6}$$

对式(15-6)全微分，利用误差传播定律可得：

$$m_{\Delta h} = \sqrt{2\tan^2\alpha m_D^2 + \frac{D^2 \sec^4\alpha}{\rho^2}m_\alpha^2} \tag{15-7}$$

对式(15-7)进行分析可知，全站仪法挠度测量精度受竖直角 α 大小的影响较小，受测程远近的影响较大。如采用测角精度±2″，测距精度±(2mm + 2×10⁻⁶D)的全站仪进行桥梁挠度测量时，取 $\alpha = 5°$，其精度见表15-23。

全站仪法挠度测量精度试验结果 表15-23

距离 D(m)	精度(mm)	距离 D(m)	精度(mm)
40	±0.6	200	±2.8
80	±1.1	260	±3.4
120	±1.6	320	±3.9
160	±2.2	400	±4.5

全站仪法同水准仪法一样，具有准备工作简单、操作方便的优点，此外，全站仪法同水准仪法比较，不受纵坡大小的影响，观测速度也要快很多。因此，全站仪法比较适合一些挠度变形量较大的大桥或特殊大桥的挠度测量。

4）润扬大桥挠度变形观测方案设计

由表15-21可知，当测程达400m时，观测精度约为±4.5mm。深入分析可知，测程越远精度越差，且目标瞄准也越困难。在本次项目中，如果将仪器架设在相对稳定的两索塔处观测时，最远目标点的测程将达到750m，其测试结果是很难满足精度要求的。经研究，项目组决定改变以往把仪器架设在"桥墩位置(索塔)"的一贯做法,而将 4 台全站仪分别架设在桥梁 $L/4$ 分点和 $3L/4$ 分点 A、B、C、D 处(如图 15-20 所示,分下游一侧和上游一侧),分别观测下游基准点 X_a、X_b 和上游基准点 S_a、S_b。这 4 个基准点设在桥墩位置(索塔)处,见图 15-20。如此最远目标点的测程则变为原来的一半,观测精度将大大地提高,经详细分析,其测量精度是可以满足测试要求的。

具体挠度变形观测方案为:

(1)在相对稳定的索塔所在处布设了 4 个基准点(X_a、X_b;S_a、S_b),具体位置见图 15-20。在静载试验之前,先用全站仪测量出 4 点之间的高差,以资检核(S 表示上游,X 表示下游)。

(2)在桥梁 $L/4$ 分点处和 $3L/4$ 分点处设定标志 A、B、C、D,作为假设全站仪的大致位置。

(3)观测点布置:根据润扬大桥静载试验方案,在大桥上游一侧和下游一侧的桥梁 1/8 分点各布设 7 个点,记为:S_1、S_2、……、S_7;X_1、X_2、……、X_7。其中 S_4 和 X_4 为桥梁中分点(如图 15-20所示)。

(4)在观测点的设计位置上,用强力胶将金属纽扣粘贴在桥面上,观测时,棱镜对中杆直接放置在金属纽扣孔中。金属纽扣粘贴好后,应注意检查,确保其牢固、不会松动。采用全站仪内置的三角高程测量程序进行观测。

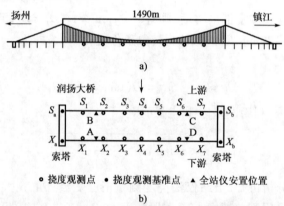

图 15-20　润扬大桥全站仪法挠度变形观测点位布设示意图
a)立面示意;b)平面示意

5)挠度变形观测结果分析

项目组用有限元程序对各种加载情况下的桥梁挠度值进行了推算。理论计算模型的几何尺寸和有关参数按设计文件取用,加载量按现场实际加载的大小和位置进行了计算。取其中 4 个工况的全站仪实测值与理论计算值进行比较,其结果见表 15-24。由表 15-24 可以看出,实测值与理论计算值的差值很小,说明了全站仪观测结果的可靠性。

主梁竖向挠度全站仪检测结果与理论计算值的对照表(单位:m)　　表 15-24

工况	1 号测点		2 号测点		3 号测点		4 号测点		5 号测点		6 号测点		7 号测点	
	实测	理论	实测	理论	实测	理论	实测	理论	实测	理论	实测	理论	实测	理论
1	-1.4415	-1.382	-2.8465	-2.828	-1.4790	-1.539	0.1060	0.074	1.0175	1.000	1.2855	1.247	0.9350	0.885
2	0.4225	0.418	0.0615	0.058	-1.1565	-1.071	-2.4160	-2.414	-1.1470	-1.076	0.0820	0.054	0.4605	0.417
3	0.8825	0.885	1.2110	1.247	0.9720	1.001	0.0815	0.076	-1.4200	-1.535	-2.8045	-2.828	-1.4390	-1.386
4	0.3245	0.316	0.0610	0.043	-0.8370	-0.814	-1.7995	-1.831	-0.8465	-0.817	0.0745	0.040	0.3425	0.315

注:挠度以向下为正。

15.6 滑坡监测

15.6.1 滑坡监测的精度要求

下面根据《工程测量规范》(GB 50026—2007),简要介绍滑坡监测的精度要求和其他规定。

1)精度指标要求

滑坡监测的内容,应根据滑坡危害程度或防治工程等级,按表 15-25 选择;滑坡监测的精度,不应超过表 15-26 的规定。

滑坡监测内容　　　　　　　　　　　　　　　　表 15-25

类型	阶段	主要监测内容
滑坡	前期	地表裂缝
	整治期	地表的水平位移和垂直位移、深部钻孔测斜、土体或岩体应力、水位
	整治后	地表的水平位移和垂直位移、深部钻孔测斜、地表倾斜、地表裂缝、土体或岩体应力、水位

注:滑坡监测,必要时还应监测区域的降雨量和进行人工巡视。

滑坡监测的精度要求　　　　　　　　　　　　　　　表 15-26

类 型	水平位移监测的点位中误差 (mm)	垂直位移监测的高程中误差 (mm)	地表裂缝的观测中误差 (mm)
岩质滑坡	6	3.0	0.5
土质滑坡	12	10	5

2)其他规定

(1)滑坡水平位移观测,可采用交会法、极坐标法、GPS 测量和多摄站摄影测量方法;深层位移观测,可采用深部钻孔测斜方法。垂直位移观测,可采用水准测量和电磁波测距三角高程测量方法。地表裂缝观测,可采用精密测距方法。

(2)滑坡监测变形观测点位的布设,应符合下列规定:

①对已明确主滑方向和滑动范围的滑坡,监测网可布设成十字形和方格形,其纵向应沿主滑方向;对主滑方向和滑动范围不明确的滑坡,监测网宜布设成发射形。

②点位应选在地质、地貌的特征点上。

③单个滑坡体的变形观测点不宜少于 3 点。

④地表变形观测点,宜采用强制对中装置的墩标,困难地段也应设立固定照准标志。

(3)滑坡监测周期,宜每月观测 1 次。并可根据旱、雨季或滑移速度的变化进行适当调整。邻近江河的滑坡体,还应监测水位变化。水位监测次数,不应少于变形观测的次数。

(4)滑坡整治后的监测期限,当单元滑坡内所有监测点 3 年内变化不显著,并预计若干年后周边环境无重大变化时,可适当延长监测周期或结束阶段性监测。

(5)工程边坡和高边坡监测的点位布设,可根据边坡的高度,按上中下成排布点。其监测方法、监测精度和监测周期与滑坡监测的基本要求一致。

15.6.2 滑坡监测工程实例

现实世界,随着环境的恶化,各种地质灾害如地震、溃坝、滑坡等发生的越来越频繁,给国家造成了巨大损失。其中尤以滑坡对人民生命财产和国民经济造成的危害最为巨大。如 2010 年 8 月 7 日,中国甘肃舟曲发生特大泥石流,泥石流冲进县城,造成沿河房屋被冲毁,泥石流阻断白龙江,形成堰塞湖。舟曲特大泥石流灾害中有 1400 多人遇难。所以建立安全可靠的滑坡监测系统显得尤为重要。滑坡监测需要综合多种方法进行。滑坡监测包括滑坡体整体变形监测、滑坡体内应力应变监测、外部环境(如降雨量、地下水)监测等,其中,滑坡体整体水平位移监测是其中的重要内容,也是判断滑坡是否危险的重要依据。

1)滑坡变形监测方法

以往主要利用常规大地测量方法对滑坡体进行变形监测,即平面位移采用经纬仪导线或三角测量方法,高程采用水准测量方法。20 世纪 80 年代中期出现全站仪后,利用全站仪导线和电磁波测距三角高程方法进行监测。但上述方法都需要人到现场观测,工作量大,特别在南方山区,树木杂草丛生,作业十分困难,也很难实现无人值守监测。随着科学技术的进步和对变形监测要求的不断提高,变形监测技术也在不断地向前发展。全球定位系统 GPS 作为 20 世纪的一项高新技术,由于具有定位速度快、全天候、自动化、测站之间无须通视等特点,对经典大地测量以及地球动力学研究的诸多方面产生了极其深刻的影响,在滑坡监测方面的应用也越来越广泛。本节以三峡库区某滑坡为例,介绍 GPS 用于滑坡变形监测的整个过程。

2)GPS 技术在滑坡变形监测中的应用

(1)滑坡体介绍

该滑坡体位于长江左岸,前缘高程 139m,后缘高程 400m,滑坡面积约 30 万 m^2。1954 年该滑坡临江地带 200m 高程以下部分曾崩滑入江,之后每遇特大暴雨即有崩滑迹象。2002 年以来,滑体 300~400m 高程地段出现多条横向裂缝,最长约 100m,40 余户农户被迫于 2003 年 7 月搬出。

(2)滑坡 GPS 监测网布设

GPS 监测网由基准网和变形网构成。首级网为监测系统的基准网,二级网由滑坡监测点组成。在基准网控制下,比较滑坡监测点各期观测量与首期观测值的坐标差值,即可判断滑坡稳定性。

滑坡监测点根据滑坡体特点来选择,这些点要能反映滑坡体整体变形方向和变形量,又要能反映滑坡体范围变形速率。同时每个点还要考虑接收卫星信号情况,测点上空不要有大面积遮挡物。为此根据对现场条件的野外勘察,按照布网原则布设了如图 15-21 所示的 GPS 变形监测网。其中 ZG101~ZG102 为布设在该滑坡体以外稳定基岩上的基准点,ZG201~ZG206 为布设在本滑坡体外上的 6 个监测点。各点之间的平均距离为 280.3m,最长距离为 558.562m,最短距离为 46.285m。基准点和监测点上都埋设了观测墩,并配有强制对中装置。

(3)数据采集与数据处理

在对该滑坡进行监测过程中,分别在 2008 年 9 月和 2008 年 11 月对其进行了两期监测。外业观测的仪器:基准点用两台双频 GPS 接收机,监测点用 6 台单频 GPS 接收机。观测方法:采用静态相对定位的方法进行野外数据采集,数据采样率为 15s。观测时,基准点上观测 3 个时段,每时段 4h;监测点上连续观测 2h。

观测完毕后,利用随机软件进行解算。数据的解算包括:闭合环的检验和 GPS 网平差等。本监测网两期观测数据经约束平差后的各项精度指标都能达到预期目标,在精度、可靠性和置信度 3 个方面均达到了预期的设计要求。

(4)监测结果分析

得到滑坡监测点两期观测坐标后,可得到该滑坡两期变形信息,统计结果如表15-26所示。从表15-27中数据可以看出,该滑坡的6个监测点均发生了不同程度的变形,其中变形最大的位移点为ZG202($D_x = -18mm, D_y = 7mm$)。同时由图15-22可以看出,该滑坡6个监测点的变形方向基本一致,即与长江水流方向垂直,并有向长江水流方向滑动的趋势。

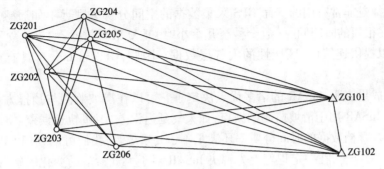

图15-21　GPS变形监测网示意图

点位位移统计表(mm)　　　　　　　　　　　　　　表15-27

点　名	D_x	D_y	点　名	D_x	D_y
ZG101	0	0	ZG203	-15	8
ZG102	0	0	ZG204	-15	4
ZG201	-18	4	ZG205	-18	1
ZG202	-18	7	ZG206	-13	5

3)展望——InSAR技术在滑坡变形监测中的应用

自从1969年首次应用合成孔径雷达干涉技术以来,InSAR技术得到发展。近十年来,欧美等发达国家已开始致力于研究使用该技术监测形变,特别是其形变探测精度可达毫米级的潜能及连续空间覆盖的能力,已被认为是前所未有的新的空间观测技术。

将InSAR技术用于滑坡变形监测,与其他监测方法(如常规大地测量方法、GPS技术等)相比,InSAR的技术优势有:①主动式遥感,全天候成像;②对地物几何形状、地球表面粗糙度敏感,对土壤和植物冠体具有一定的穿透力;③空间分辨率高;④覆

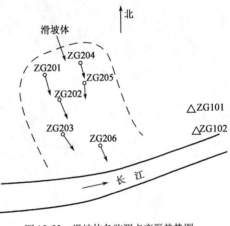

图15-22　滑坡体各监测点变形趋势图

盖范围大,方便迅速,可以获得某一地区连续的地表形变信息。滑坡的发生具有偶发性并伴有恶劣的天气条件,甚至发生在夜晚,利用InSAR技术在滑坡的监测中可以发挥不可替代的重要作用。

但InSAR用于滑坡监测的也有明显的缺点,如对于大气延迟误差、卫星轨道误差和地表覆盖的变化非常敏感;干涉像对之间空间基线和时间基线的挑选也受到一定的限制;高山地区成像时存在雷达波束叠掩和雷达阴影现象;在滑坡监测时,其存档数据的时间分辨率还满足不了要求等。而且虽然覆盖范围大,但在每一个点位变化量的精确程度不如由地面测量或GPS测量所得到的成果。针对这一问题,可采用InSAR和GPS技术相结合的解决方法。

519

在空间范围上，GPS的监测范围仅仅局限于一定区域，而利用InSAR可以监测大范围的滑坡，能得出一个地表整体连续的变化趋势。空间分辨率，InSAR可以达到很高，就星载In2SAR来说已达到10m以内，采用D-InSAR技术对地观测的分辨率可达到毫米级，且雷达差分干涉测量所得图像是连续覆盖的，由此得到的地面形变也是连续覆盖的，这对分析滑坡形变分布及发展规律是非常有用的。而GPS采集数据的空间分辨率则远不如遥感。而时间分辨率，GPS可以在很短的时间间隔(数十秒至几个小时)重复采集数据；如果建立了GPS连续运行站网，更可以提供连续的、区域性的大气层数据。因此，GPS与InSAR具有很强的技术互补性。

目前研究成果表明，InSAR的诸多优点决定了它可以在滑坡监测与预报方面即将有广泛的应用。对于InSAR用于滑坡监测的缺点，如大气延迟误差、卫星轨道误差、空间基线和时间基线去相关以及存档数据的时间分辨率还满足不了要求等等，我们可以利用GPS和InSAR的互补性特点，二者结合，在一定程度上为解决InSAR对于大气参数的变化敏感，提高综合技术的时间分辨率和空间分辨率提供了途径。

参 考 文 献

[1] 中华人民共和国国家标准.GB 50026—2007　工程测量规范.北京:中国计划出版社,2008.
[2] 中华人民共和国国家标准.GB/T 18314—2009　全球定位系统(GPS)测量规范.北京:中国标准出版社,2009.
[3] 中华人民共和国国家标准.GB/T 12897—2006　国家一、二等水准测量规范.北京:中国标准出版社,2006.
[4] 中华人民共和国国家标准.GB/T 12898—2009　国家三、四等水准测量规范.北京:中国标准出版社,2009.
[5] 中华人民共和国国家标准.GB 50308—1999　地下铁道、轻轨交通工程测量规范.北京:中国计划出版社,2000.
[6] 中华人民共和国国家标准.GB 50497—2009　建筑基坑工程监测技术规范.北京:中国计划出版社,2009.
[7] 中华人民共和国国家标准.GB 50205—2001　钢结构工程施工质量验收规范.北京:中国计划出版社,2001.
[8] 中华人民共和国国家标准.GB 50021—2001　岩土工程勘察规范.北京:中国建筑工业出版社,2002.
[9] 中华人民共和国行业标准.CJJ 8—99　城市测量规范.北京:中国建筑工业出版社,1999.
[10] 中华人民共和国行业标准.JGJ 8—2007　建筑变形测量规范.北京:中国建筑工业出版社,2007.
[11] 中华人民共和国行业标准.JTJ/T 066—98　公路全球定位系统(GPS)测量规范.北京:人民交通出版社,1998.
[12] 中华人民共和国行业标准.JTG C10—2007　公路勘测规范.北京:人民交通出版社,2007.
[13] 中华人民共和国行业标准.TB 10212—2009　铁路钢桥制造规则.北京:中国铁道出版社,2009.
[14] 中华人民共和国行业标准.TB 10601—2009　高速铁路工程测量规范.北京:中国铁道出版社,2010.
[15] 中华人民共和国行业标准.JTJ 017—96　公路软土地基路堤设计与施工技术规范.北京:人民交通出版社,1997.
[16] 中华人民共和国行业标准.JTG F10—2006　公路路基施工技术规范.北京:人民交通出版社,2006.
[17] 中华人民共和国行业标准.JTG F80/1—2004　公路工程质量检验评定标准　第一册　土建工程.北京:人民交通出版社,2004.
[18] 中华人民共和国行业标准.JTJ 041—2000　公路桥涵施工技术规范.北京:人民交通出版社,2000.
[19] 中华人民共和国行业标准.JGJ 3—2002　J 186—2002　高层建筑混凝土结构技术规程.北京:中国建筑工业出版社,2002.
[20] 中华人民共和国行业标准.DB 11/489—2007　建筑基坑支护技术规程.北京:中国建

筑工业出版社,2007.
[21] 中华人民共和国行业标准. TB 10054—2010 铁路工程卫星定位测量规范.北京:中国铁道出版社,2010.
[22] 中华人民共和国行业标准. TB 10101—2009 铁路工程测量规范.北京:中国铁道出版社,2009.
[23] 胡伍生,潘庆林.土木工程测量(3 版).南京:东南大学出版社,2007.
[24] 李青岳,陈永奇.工程测量学(3 版).北京:测绘出版社,2008.
[25] 华锡生,黄腾.精密工程测量技术及应用.南京:河海大学出版社,2002.
[26] 顾孝烈,鲍峰,程效军.测量学(3 版).上海:同济大学出版社,2006.
[27] 胡伍生,沙月进.交通土建施工测量.北京:人民交通出版社,2002.
[28] 刘大杰,施一民,过静珺.全球定位系统(GPS)的原理与数据处理.上海:同济大学出版社,1996.
[29] 胡伍生,高成发. GPS 测量原理及其应用.北京:人民交通出版社,2002.
[30] 刘培文.公路施工测量技术.北京:人民交通出版社,2003.
[31] 陈明宪.斜拉桥建造技术.北京:人民交通出版社,2003.
[32] 吴栋材,谢建纲.大型斜拉桥施工测量.北京:测绘出版社,1997.
[33] 黄声享,尹辉,蒋征.变形监测数据处理.武汉:武汉大学出版社,2003.
[34] 陈永奇,吴子安,吴中如.变形监测分析与预报.北京:测绘出版社,1998.
[35] 聂让,许金良,邓云潮.公路施工测量手册.北京:人民交通出版社,2000.
[36] 吴中如.水工建筑物安全监控理论及其应用.南京:河海大学出版社,1990.
[37] 陶本藻.自由网平差与变形分析.武汉:武汉测绘科技大学出版社,2001.
[38] 袁曾任.人工神经元网络及其应用.北京:清华大学出版社,1999.
[39] 胡伍生.神经网络理论及其工程应用.北京:测绘出版社,2006.
[40] 吴来瑞,邓学才.建筑施工测量手册.北京:中国建筑工业出版社,1997.
[41] 杨嗣信,侯君伟.高层建筑施工手册(2 版).北京:中国建筑工业出版社,2001.
[42] 王永臣.放线工手册.北京:中国建筑工业出版社,1990.
[43] 葛茂荣. GPS 卫星精密定轨理论及软件研究[博士学位论文].武汉:武汉测绘科技大学,1995.
[44] 胡伍生. GPS 精密高程测量原理与方法及其应用研究[博士学位论文].南京:河海大学,2001.
[45] 葛茂荣,刘经南. GPS 定位中对流层折射估计研究.测绘学报,1996(4).
[46] 邵占英,刘经南. GPS 精密相对定位中用分段线性法估算对流层折射偏差的影响.地壳形变与地震,1998(3).
[47] 胡伍生,华锡生,张志伟.平坦地区转换 GPS 高程的混合转换法.测绘学报,2002(2).
[48] 胡伍生,华锡生,吴中如.用神经网络方法探测数学模型误差.大坝观测与土工测试,2001(3).
[49] 潘庆林.高层建筑内控法竖向投测的精度研究.工程勘察,2001(3).
[50] 余顺水,葛文明.金陵饭店施工中竖向偏差的控制.测绘技术,1983(3).
[51] 高俊强.高层建筑施工轴线控制中有关问题的研究.南京建筑工程学院学报,1998(3).
[52] 王穗辉,潘国荣.对大型不规则建筑的测量布控及其精度定位.铁路航测,1998(2).

[53] 高俊强,樊增龙,李基千.钢结构安装施工测量方案及精度指标探讨.工程勘察,1999(2).
[54] 冯金江,庄桂成.大连远洋大厦钢结构工程测量与校正.施工技术,1999(6).
[55] 潘庆林,张清波,张涛.超高层建筑分段投测轴线精度的研究.工程勘察,2009(1).
[56] 胡伍生,刘丹萍,张兵.全站仪三角高程测量在路线勘测中的应用.东南大学学报,2001(3A).
[57] 黄腾,孙泽信,李桂华,等.大跨度预应混凝土箱梁桥的挠度监测与预测.工程勘察,2009(5).
[58] 黄腾,张书丰,章登精,等.大跨径预应力混凝土连续梁施工控制技术.河海大学学报,2003(6).
[59] 黄腾,孙景领,陶建岳,等.地铁隧道结构沉降监测及分析.东南大学学报,2006(2).
[60] 黄腾,华锡生,岳东杰.精密 GPS 过江水准在特大桥梁工程中的应用.水利水电科技进展,2001(5).
[61] 黄腾,金明,高波,等.南京长江二桥北汊主桥施工的线形控制研究.工程勘察,2003(6).
[62] 陈光保,魏浩翰,黄腾.南京长江三桥钢索塔施工测量技术.公路交通科技,2008(9).
[63] 黄腾,李桂华,陈建华,等.特大型斜拉桥钢塔柱架设精密测控技术.工程勘察,2008(12).
[64] 黄张裕,赵仲荣,黄腾.大型斜拉桥高塔柱索道管精密定位测量方法研究.工程勘察,2000(3).
[65] 吴栋材.三维坐标法放样高塔柱的几个问题.测绘通报,1997(2).
[66] 贺志勇,盛飞.大跨度桥梁的变形监测及其精度分析.华南理工大学学报,2001(8).
[67] 吴栋材.大跨度斜拉桥变形监测研究.测绘学报,2002(3).
[68] 贺志勇,吴克勤.番禺大桥变形监测.国外桥梁,2002(1).
[69] 郝静野.工程测量新技术、新方法在地铁施工中的应用.技术经济与管理,2002(9).
[70] 魏本现.广州地铁二号线海珠广场站深基坑施工测量.测绘通报,2001(3).
[71] 冯冬健,潘庆林,张凤梅.地铁盾构施工中盾构机姿与定位测量的研究.工程勘察,2003(5).
[72] 潘庆林,高俊强,吉文来.南京地铁一号线定向测量方法及其精度的研究.测绘工程,2004(3).
[73] 张志坤,杨开武.南京地铁新街口站中间桩柱测量定位技术.铁道建筑,2003(12).
[74] 刘永忠,郑传发.深圳地铁一期工程地面控制测量技术规定的制定原则.四川测绘,2000(2).
[75] 秦长利.地铁铺轨基标测量方法探讨.铁路航测,1999(3).
[76] 郭平,段太生,梁红朝.地铁轨道工程铺轨基标的测设方法.铁路航测,2002(4).
[77] 申劲松,邱建平,易增林.地铁暗挖隧道竣工测量实施方案.江西测绘,2006(2).
[78] 高俊强,王维.基于前后标尺法的盾构姿态测量及精度研究.工程勘察,2010(1).
[79] 潘庆林.城市地下工程竖直导线定向法的研究.工程勘察,2002(6).
[80] 潘庆林.过江外排顶管工程工作竖井定位及其精度的研究.工程勘察,1999(3).
[81] 潘庆林.城市地下工程自动导向测量系统.南京工业大学学报,2002(5).
[82] 潘庆林.城市地下工程自动精密导向系统的应用.中国建筑学会工程勘察分会第七届年

会论文集"工程勘察技术",北京:知识产权出版社,2004.
[83] 赵景民.基于三维精测网的轨道检测技术运用.煤炭技术,2010(9).
[84] 王海彦,侯晗,彭彦彬.高速铁路无砟轨道施工测量方法综述.石家庄铁路职业技术学院学报,2009(8).
[85] 滕焕乐.贵广铁路贺广段CPI控制测量分析.铁道勘测与设计,2008(3).
[86] 朱锦富.合肥至蚌埠客运专线CP0网建立.江西测绘,2010(1).
[87] 胡伍生,朱小华,丁育华.基坑支护工程变形监测.东南大学学报,2001(3A).
[88] 胡伍生,支和帮.基于神经网络的基坑支护工程变形预报.第一届全国交通工程测量学术研讨会论文集.2003.
[89] 王军,胡伍生.深基坑支护桩水平位移监测实例分析.华东建工勘察,2005(1).
[90] 李岭,胡伍生,马骉.电子数字水准仪及其在沉降观测中的应用.江苏测绘,1999(1).
[91] 胡伍生,汪中洲,马骉.龙江高教公寓沉降监测数据分析.东南大学学报,1999(9).
[92] 胡伍生,邓永锋,方磊.数据库技术在路基施工沉降观测中的应用.东南大学学报,2000(6A).
[93] 胡伍生,张兵.高速公路软基沉降观测与施工决策.第一届全国交通工程测量学术研讨会论文集.2003.
[94] 胡伍生,方磊.动态预测软土路基沉降的神经网络模型研究.测绘科学,2008(6).
[95] 李美娟,胡伍生.基于神经网络的大坝位移模型分析.测绘工程,2010(2).
[96] 胡伍生,李美娟.GPS水准精密高程测量关键技术.河海大学学报,2008(5).
[97] 于来法.论地下铁道的变形监测.测绘通报,2000(5).
[98] 任权,胡伍生.三维变形监测网的数据处理.大坝观测与土工测试,1989(5).
[99] 程效军,缪盾.全站仪自由设站法精度探讨.铁道勘察,2008(6).
[100] 金建平,赵仲荣.自由设站法在深基坑水平位移监测中的应用与分析.勘察科学技术,2008(5).
[101] 梁小勇,胡伍生,陈刚.电子水准仪在桥梁挠度观测中的应用.现代测绘,2003(增刊).
[102] 朱小华,胡伍生.润扬大桥悬索桥全站仪法挠度变形观测.公路交通科技,2006(7).
[103] 张建坤,黄声享,李翅,等.GPS技术在滑坡变形监测中的应用.地理空间信息,2009(6).
[104] 范青松,汤翠莲,陈于,等.GPS与InSAR技术在滑坡监测中的应用研究.测绘科学,2006(5).
[105] 吴北平,李征航,徐绍铨.GPS定位技术在三峡库区崩滑地质灾害监测中的试验分析.中国地质大学学报,2001(6).
[106] 过静珺,杨久龙,丁志刚,等.GPS在滑坡监测中的应用研究——以四川雅安峡口滑坡为例.地质力学学报,2004(1).